前　言

电力工业是国家国民经济的支柱产业，其安全稳定运行不仅关系到国家的经济发展，而且与社会稳定密切相关。电力企业始终如一坚决贯彻“安全第一，预防为主”的方针。

风险管理是通过危害辨识、风险评价，对风险实施有效的控制和妥善处理风险所致损失和后果，期望达到以最少的成本获得最大安全保障的目标。在风险管理过程中，危害辨识是基础、风险评价是关键、风险控制是目的。工作安全分析（JSA，Job Safety Analysis）是将一件工作依照其作业程序找出可能发生的危害，寻求消除或控制该项危害的方法。工作安全分析是工作分析与预知危险的结合，因为工作分析要求工作人员清楚每件工作的详细步骤、流程、内容和规范，而预知危险则是将每件工作中所存在的潜在危险与可能危害，事先加以预知、讨论而决定最佳的行动目标或工作方法，以此为根据采取可靠防范措施，从而达到防范事故发生的目的，确保安全工作。作业风险辨识与控制采用工作安全分析重点进行危害辨识，明确电力生产作业过程中存在的各种安全（S—Safety）风险，以及健康（H—Health）和环境（E—Environmen）风险，防患于未然。

在火力发电企业中利用现代风险管理理论和工作安全分析方法进行工作分析与预知危险，实际上是应用现代化的管理方法和手段贯彻“安全第一，预防为主”的方针，推动安全生产全员、全方位、全过程闭环管理的方法。火力发电企业运行和检修作业人员必须在工作前针对现场实际工作内容，采用工作安全分析单分析、查找和预知危险，然后评价和防范，掌握工作过程中的潜在风险和应采取的应对措施，生产工作过程中的安全才能得到保证，火力发电企业生产安全的实现就有了坚实的基础。

本书在编写过程中学习和借鉴了大量现场资料，得到了有关专业人士和安全专家的大力支持，揭兴松教授级高工和白继亮高工参与本书的编写和审核，在此表示衷心感谢。由于编者水平所限，书中难免有错误与不足之处，恳请读者批评指正，我们将不胜感激。

编　者

2013 年 3 月

目 录

第1章 锅 炉 专 业

1.1 锅炉运行

1.1.1 锅炉冷态上水

作业项目	锅炉冷态上水		
序号	辨识项目	辨识内容	典型控制措施
一	公共部分（健康与环境）		
1	身体、心理素质	作业人员的身体状况，心理素质不适于高处作业	（1）不安排此次作业。 （2）不安排高处作业，安排地面辅助工作。 （3）现场配备急救药品。 ⋮
2	精神状态	作业人员连续工作，疲劳困乏或情绪异常	（1）不安排此次作业。 （2）不安排高强度、注意力高度集中、反应能力要求高的工作。 （3）作业过程适当安排休息时间。 ⋮
3	环境条件	作业区域上部有落物的可能；照明充足；安全设施完善	（1）暂时停止高处作业，工作负责人先安排检查接地线等各项安全措施是否完整，无问题后可恢复作业。 ⋮
4	业务技能	新进人员参与作业或安排人员承担不胜任的工作	（1）安排能胜任或辅助性工作。 （2）设置专责监护人进行监护。 ⋮
5	作业组合	人员搭配不合适	（1）调整人员的搭配、分工。 （2）事先协调沟通，在认识和协作上达成一致。 ⋮

续表

序号	辨识项目	辨识内容	典型控制措施
6	工期因素	工期紧张、作业人员及骨干人员不足	（1）增加人员或适当延长工期。 （2）优化作业组合或施工方案、工序。 ⋮
⋮	⋮	⋮	⋮
二	作业内容（安全）		
1	S	1. 调节不当	（1）密切监视补水箱水位，及时关小、关闭补水门。 （2）密切注意启动炉蒸发量与补水量，维持两者平衡。 （3）加强与化学运行人员报道经，了解除盐水泵的启停时间及其运行工况。 （4）防止因减温水量的减少而引起补水箱水位的上升
		2. 上水前空气门未开	（1）上水前检查并确认各空气门已开启。 （2）加强现场检查，发现气塞立即重新开启空气门排空气

1.1.2 风烟系统

作业项目	引风机（轴流式静叶可调、离心式液力耦合器调速等）投运		
序号	辨识项目	辨识内容	典型控制措施
一	公共部分（健康与环境）		
［表格内容同 1.1.1 公共部分（健康与环境）］			
二	作业内容（安全）		
1	S	1. 触电：电动机的外壳接地不合格，电动机外壳带电发生人身触电	电动机停运 15 天及以上，或出现电动机过热、受潮等异常情况，启动前，应测量电动机绝缘合格；检查接地良好
		2. 外力：人员误触风机转动部分；风机启动时异物飞出伤人	（1）防止人员误触风机转动部分的措施：检查联轴器和风扇的防护罩应完好，固定牢固。 （2）防止风机启动时异物飞出伤人的措施：集控室人员与就地人员联系确认后，方可启动引风机；启动时就地人员必须站在引风机轴向位置 【重点是电动机接地线良好；防止机械部件飞出伤人】

续表

序号	辨识项目	辨识内容	典型控制措施
1	S	3. 带负荷启动造成的电动机过热或烧坏	启动前，引风机入口静叶（动叶、勺管）及出口挡板（入口烟气挡板）应关闭严密
		4. 绝缘不合格启动造成的电动机损坏	（1）停运15天及以上，或出现电动机过热、受潮等异常情况，启动前应测量电动机绝缘合格。 （2）投入电动机所有保护。 （3）引风机启动后，电流应在规定时间内返回，否则应立即停止运行
		5. 引风机反转及轴承油位、油质不合格；润滑油压不足造成的轴承损坏	（1）保持冷却水畅通（冬季应检查冷却水系统保温正常）。 （2）引风机油站油温、油压正常，油质合格，油泵联锁及保护投入。 （3）启动后风机轴承温度超过保护动作值，应立即停止风机运行
		6. 引风机挡板入口处不畅或堵塞，风机出现喘振	（1）修后确认引风机烟道无杂物。 （2）烟气挡板完好无损，开关灵活，开度指示正确。 （3）喘振保护投入。 （4）风机启动并列时应加强调整，防止喘振发生
		7. 锅炉一台引风机运行中，另一台引风机启动，造成炉膛负压波动大，燃烧不稳定甚至灭火	引风机启动前，入口静叶（动叶、勺管）及出口挡板（入口烟气挡板）在关闭位置，启动后缓慢调整入口静叶（动叶、勺管），确保炉膛燃烧稳定，直至两台引风机出力均衡。 【重点是所有保护投入】

作业项目	引风机（轴流式静叶可调、离心式液力耦合器调速等）停运		
序号	辨识项目	辨识内容	典型控制措施
一	公共部分（健康与环境）		
	［表格内容同1.1.1公共部分（健康与环境）］		
二	作业内容（安全）		
1	S	1. 单台引风机停运，造成炉膛负压波动大，燃烧不稳定	调整风量应缓慢进行，必要时投油助燃

序号	辨识项目	辨识内容	典型控制措施
1	S	2. 引风机停运后倒转	（1）就地核对引风机入口静叶（动叶、勺管）和出口挡板（入口烟气挡板）确已关至“0”位，必要时可配合手动关闭严密 （2）必要时，采取制动措施
		3. 排烟温度偏差增大	（1）控制机组负荷。 （2）调整两侧预热器烟气再循环挡板开度。 （3）调整送风机出力。 【重点是保持炉膛负压稳定并防止风机停运后倒转】

作业项目	送风机（轴流式静叶可调、离心式液力耦合器调速等）投运		
序号	辨识项目	辨识内容	典型控制措施
一	公共部分（健康与环境）		
	［表格内容同 1.1.1 公共部分（健康与环境）］		
二	作业内容（安全）		
1	S	1. 触电：电动机的外壳接地不合格，电动机外壳带电发生人身触电	电动机停运 15 天及以上，或出现电动机过热、受潮等异常情况，启动前，应测量电动机绝缘合格；检查接地良好
		2. 外力：人员误触风机转动部分；风机启动时异物飞出伤人	（1）防止人员误触风机转动部分的措施：检查联轴器和风扇的防护罩应完好、固定牢固。 （2）防止风机启动时异物飞出伤人的措施：集控室人员与就地人员联系确认后，方可启动引风机；启动时就地人员必须站在引风机轴向位置 【重点是电动机接地线良好；防机械部件伤人】
		3. 带负荷启动造成的电动机过热或烧坏	启动前，送风机动叶（静叶、勺管）及出口（入口）挡板应关闭严密
		4. 绝缘不合格启动造成的电动机损坏	（1）停运 15 天及以上（或出现电动机过热、受潮等异常情况），启动前应测量电动机绝缘合格。 （2）送风机启动后，电流应在规定时间内返回，否则应紧急停止运行。 （3）投入电动机所有保护

续表

序号	辨识项目	辨识内容	典型控制措施
1	S	5. 送风机反转及轴承油位、油质不合格造成的轴承损坏	（1）保持轴承油位在正常范围内。 （2）检查送风机转向应正确。 （3）送风机油站油温、油压正常，油质合格，油泵联锁及保护投入。 （4）启动后风机轴承温度超过规定值，应停止风机运行
		6. 送风机挡板入口处不畅或堵塞，风机出现喘振	（1）修后对送风机风道全面清理干净。 （2）风道挡板完好无损，开关灵活，开度指示正确。 （3）喘振保护投入
		7. 锅炉一台送风机运行中，另一台送风机启动，造成炉膛负压波动大、燃烧不稳定	（1）送风机启动前，送风机入口动叶（静叶、勺管）和出口（入口）挡板关至“0”位。 （2）启动后在确保炉膛负压稳定的条件下，缓慢调整两台送风机入口动叶（静叶、勺管），直至两台送风机出力均衡 【重点是所有联锁保护投入】

作业项目	送风机（轴流式静叶可调、离心式液力耦合器调速等）停运		
序号	辨识项目	辨识内容	典型控制措施
一	公共部分（健康与环境）		
	［表格内容同 1.1.1 公共部分（健康与环境）］		
二	作业内容（安全）		
1	S	1. 单台送风机停运，造成炉膛负压波动大，燃烧不稳定	风量调节时缓慢进行，若负压自动失灵应改为手动调节
		2. 送风机停运后倒转	（1）就地核对送风机动叶（静叶、勺管）和出口（入口）挡板确已关至“0”位，必要时可配手动关闭严密。 （2）必要时采取制动措施
		3. 机组负荷过高，造成炉膛严重缺风	调整机组负荷至 50%左右，保持正常的氧量值
		4. 排烟温度偏差增大	（1）调整两侧空气预热器烟气再循环挡板开度。 （2）若两台引风机运行，调整两台引风机出力偏差 【重点是保持炉膛负压稳定并防止锅炉】

作业项目	回转式空气预热器投运		
序号	辨识项目	辨识内容	典型控制措施
一	公共部分（健康与环境）		
	［表格内容同 1.1.1 公共部分（健康与环境）］		
二	作业内容（安全）		
1	S	1. 触电：电动机的外壳接地不合格，电动机外壳带电发生人身触电	电动机停运 15 天及以上，或出现电动机过热、受潮等异常情况，启动前，应测量电动机绝缘合格；检查接地良好
		2. 外力：人员误触空气预热器转动部分	（1）防止人员误触风机转动部分的措施：检查联轴器和风扇的防护罩应完好，固定牢固。 （2）防止风机启动时异物飞出伤人的措施：集控室人员与就地人员联系确认后，方可启动引风机；启动时就地人员必须站在引风机轴向位置 【重点是电动机接地线良好；防止机械部件飞出伤人】
		3. 电动机绝缘不合格，烧坏电动机	空气预热器停运 15 天及以上，或出现电动机过热、受潮等异常情况，启动前应测量电动机绝缘合格
		4. 空气预热器轴承损坏，转子卡涩	（1）检查空气预热器上、下轴承及变速箱油位正常、油质良好、轴承温度不超过规定值、冷却水畅通。 （2）启动后检查电流、轴承温度应正常，本体、电动机及传动装置无异音，否则立即停止运行
		5. 由于启停炉油枪雾化不良，投粉初期燃烧不完全，未燃尽的油和煤粉混合物黏附在空气预热器受热面上，易造成尾部烟道发生二次燃烧	（1）锅炉启动时，应连续投入空气预热器吹灰。 （2）排烟温度达到规程规定值时，应立即停止锅炉运行。 （3）锅炉停炉后当烟温小于规定值，方能停止空气预热器运行。 （4）正常运行中尾部烟道发生二次燃烧，关闭空气预热器入口烟气挡板，及时投入空气预热器吹灰及空气预热器水冲洗 【重点是防止二次燃烧，核心措施是保持空气预热器清洁】

作业项目	回转式空气预热器停运		
序号	辨识项目	辨识内容	典型控制措施
一	公共部分（健康与环境）		
	[表格内容同 1.1.1 公共部分（健康与环境）]		
二	作业内容（安全）		
1	S	1. 空气预热器入口烟温大于规定值停运空气预热器，造成空气预热器转子变形	（1）空气预热器入口烟温小于规定值时，方可停止运行。 （2）若机组运行中停止一台空气预热器运行，调整电负荷小于 50%。关闭其烟气入口挡板、热风出口挡板。 （3）对空气预热器进行盘车
		2. 未燃尽的油和煤粉黏附在尾部烟道上，造成尾部烟道二次燃烧	（1）锅炉投油过程中，应投入空气预热器连续吹灰。 （2）锅炉熄火后，按规定对炉膛吹扫后停止引风机。电动机绝缘不合格，烧坏电动机：空气预热器停运 15 天及以上，或出现电动机过热、受潮等异常情况，启动前应测量电动机绝缘合格。 （3）空气预热器轴承损坏，转子卡涩： 1）检查空气预热器上、下轴承及变速箱油位正常、油质良好、轴承温度不超过规定值、冷却水畅通。 2）启动后检查电流、轴承温度应正常，本体、电动机及传动装置无异音，否则立即停止运行。 （4）由于启停炉油枪雾化不良，投粉初期燃烧不完全，未燃尽的油和煤粉混合物黏附在空气预热器受热面上，易造成尾部烟道发生二次燃烧： 1）锅炉启动时，应连续投入空气预热器吹灰。 2）排烟温度达到规程规定值时，应立即停止锅炉运行。 3）锅炉停炉后当烟温小于规定值，方能停止空气预热器运行。 4）正常运行中尾部烟道发生二次燃烧，关闭空气预热器入口烟气挡板，及时投入空气预热器吹灰及空气预热器水冲洗 【重点是防止二次燃烧，核心措施是保持空气预热器清洁】
		3. 单台空气预热器故障停运时，造成排烟温度偏差增大	（1）关闭停运侧空气预热器烟气挡板及送风挡板。 （2）调整电负荷小于 50%。 （3）若两台引、送风机运行时，调整两台引、送风机出力，减少两侧烟温、风温偏差。 （4）投入空气预热器盘车，不成功则进行人工盘车。当空气预热器出口温度达到规程规定值时，应立即停止锅炉运行

作业项目	中间储仓式乏气（热气）送粉排粉机投运		
序号	辨识项目	辨识内容	典型控制措施
一	公共部分（健康与环境）		
	[表格内容同 1.1.1 公共部分（健康与环境）]		
二	作业内容（安全）		
1	S	1. 触电：电动机的接地不合格，发生人身触电	电动机停运 15 天及以上，或出现电动机过热、受潮等异常情况，启动前，应测量电动机绝缘合格；检查接地良好
		2. 外力：人员误触风机转动部分	（1）防止人员误触风机转动部分的措施：检查联轴器和风扇的防护罩应完好，固定牢固。 （2）防止风机启动时异物飞出伤人的措施：集控室人员与就地人员联系确认后，方可启动引风机；启动时就地人员必须站在引风机轴向位置 【重点是电动机接地线良好；防外力主要是工作票终结及人员误触转动部件伤人】
		3. 带负荷启动造成的电动机过热或烧坏	（1）乏气送粉系统：启动前，应微开回风门并保持 4 只一次风挡板在开启位置。 （2）热风送粉系统：启动前，应微开排粉机入口风门，全开排粉机出口三次风门
		4. 绝缘不合格启动造成的电动机损坏	（1）带负荷启动造成的电动机过热或烧坏：启动前，引风机入口静叶（动叶、勺管）及出口挡板（入口烟气挡板）应关闭严密。 （2）绝缘不合格启动造成的电动机损坏： 1）停运 15 天及以上，或出现电动机过热、受潮等异常情况，启动前应测量电动机绝缘合格。 2）投入电动机所有保护。 3）引风机启动后，电流应在规定时间内返回，否则应立即停止运行
		5. 排粉机反转及轴承油位、油质不合格造成的轴承损坏	引风机反转及轴承油位、油质不合格；润滑油压不足造成的轴承损坏： 1）保持冷却水畅通（冬季应检查冷却水系统保温正常）。 2）引风机油站油温、油压正常，油质合格，油泵联锁及保护投入。 3）启动后风机轴承温度超过保护动作值，应立即停止风机运行。 引风机挡板入口处不畅或堵塞，风机出现喘振： 1）修后确认引风机烟道无杂物。 2）烟气挡板完好无损，开关灵活，开度指示正确。 3）喘振保护投入。 4）风机启动并列时应加强调整，防止喘振发生

续表

序号	辨识项目	辨识内容	典型控制措施
1	S	5. 排粉机反转及轴承油位、油质不合格造成的轴承损坏	锅炉一台引风机运行中，另一台引风机启动，造成炉膛负压波动大，燃烧不稳定甚至灭火： 引风机启动前，入口静叶（动叶、勺管）及出口挡板（入口烟气挡板）在关闭位置，启动后缓慢调整入口静叶（动叶、勺管），确保炉膛燃烧稳定，直至两台引风机出力均衡 【重点是所有保护投入】
		6. 锅炉正常运行中启动备用排粉机，造成炉膛负压波动大，汽温、汽压上升	（1）注意炉膛负压变化，适当调整引、送风机出力，保持炉膛负压稳定。 （2）调整排粉机入口风门应缓慢，保持排粉机出口风压稳定。 （3）缓慢、对应投入给粉机，控制主汽压力上升速度，及时投入减温水 【重点是防止锅炉燃烧不稳】

作业项目	中间储仓乏气（热风）送粉排粉机停运		
序号	辨识项目	辨识内容	典型控制措施
一	公共部分（健康与环境）		
	[表格内容同 1.1.1 公共部分（健康与环境）]		
二	作业内容（安全）		
1	S	1. 排粉机停止时振动大，造成设备损坏	（1）逐个停止对应给粉机，适量关闭一次风挡板。保持排粉机出口风压稳定。 （2）避免排粉机在不稳定区长时间运行
		2. 排粉机停运时，炉膛负压波动大（特别是停运中间层火嘴对应的排粉机时，易造成炉膛燃烧不稳定，严重时锅炉灭火）	（1）适当调整引、送风机风量。 （2）逐渐降低排粉机出口风压至零后，再停止排粉机运行。 （3）在停运中间层火嘴对应的排粉机时，其他运行给粉机转速应保持在 500r/min 以上，机组负荷应不得低于 80%的额定负荷，否则投入油枪助燃
		3. 排粉机停运时，锅炉汽温、汽压剧烈变化	注意汽温、汽压变化，及时调整相应给粉机转速和减温水量
		4. 一次风管（三次风管）吹扫不彻底，造成积粉自燃	停止给粉机后至少吹扫 2min，方可关闭一次风（三次风管）挡板

续表

序号	辨识项目	辨识内容	典型控制措施
1	S	5. 风门及挡板关闭不严密，造成排粉机倒转	排粉机停止后，应严密关闭回风门（入口风门）及其冷、热风门和对应的一次风（三次风门）挡板，必要时可配合手动关闭严密 【重点是防止锅炉燃烧不稳】

作业项目	一次风机投运		
序号	辨识项目	辨识内容	典型控制措施
一	公共部分（健康与环境）		
	［表格内容同 1.1.1 公共部分（健康与环境）］		
二	作业内容（安全）		
1	S	1. 触电：电动机的外壳接地不合格，电动机外壳带电发生人身触电	电动机停运 15 天及以上，或出现电动机过热、受潮等异常情况，启动前，应测量电动机绝缘合格；检查接地良好
		2. 外力：人员误接触风机转动部分；风机启动时异物飞出伤人	（1）防止人员误触风机转动部分的措施：检查联轴器和风扇的防护罩应完好，固定牢固。 （2）防止风机启动时异物飞出伤人的措施：集控室人员与就地人员联系确认后，方可启动引风机；启动时就地人员必须站在引风机轴向位置 【重点是电动机接地线良好；防止机械部件飞出伤人】
		3. 带负荷启动造成的电动机过热或烧坏	（1）一次风机启动前，入口调节挡板及出口挡板开度关至“0”位。 （2）启动后缓慢调整入口调节挡板，确保炉膛负压及一次风母管压力稳定，调整两台一次风机出力均衡
		4. 绝缘不合格启动造成的电动机损坏	带负荷启动造成的电动机过热或烧坏：启动前，引风机入口静叶（动叶、勺管）及出口挡板（入口烟气挡板）应关闭严密。 绝缘不合格启动造成的电动机损坏： （1）停运 15 天及以上，或出现电动机过热、受潮等异常情况，启动前应测量电动机绝缘合格。 （2）投入电动机所有保护。 （3）引风机启动后，电流应在规定时间内返回，否则应立即停止运行

续表

序号	辨识项目	辨识内容	典型控制措施
1	S	5. 一次风机反转及轴承油位、油质不合格；润滑油压不足造成的轴承损坏	引风机反转及轴承油位、油质不合格，润滑油压不足造成的轴承损坏： （1）保持冷却水畅通（冬季应检查冷却水系统保温正常）。 （2）引风机油站油温、油压正常，油质合格，油泵联锁及保护投入。 （3）启动后风机轴承温度超过保护动作值，应立即停止风机运行
		6. 锅炉单台一次风机运行中，另一台启动，造成炉膛负压波动大，燃烧不稳定	引风机挡板入口处不畅或堵塞，风机出现喘振： （1）修后确认引风机烟道无杂物。 （2）烟气挡板完好无损，开关灵活，开度指示正确。 （3）喘振保护投入。 （4）风机启动并列时应加强调整，防止喘振发生。 锅炉一台引风机运行中，另一台引风机启动，造成炉膛负压波动大，燃烧不稳定甚至灭火：引风机启动前，入口静叶（动叶、勺管）及出口挡板（入口烟气挡板）在关闭位置，启动后缓慢调整入口静叶（动叶、勺管），确保炉膛燃烧稳定，直至两台引风机出力均衡 【重点是所有保护投入】

作业项目	一次风机停运		
序号	辨识项目	辨识内容	典型控制措施
一	公共部分（健康与环境）		
	[表格内容同 1.1.1 公共部分（健康与环境）]		
二	作业内容（安全）		
1	S	1. 停止单台一次风机时，造成炉膛负压波动大	（1）风机停止前，调整电负荷至50%左右。 （2）解除引风机、送风机、一次风机自动，改为手动调节
		2. 一次风机停止后，倒转	（1）就地核对一次风机入口调节挡板和出口挡板确已关至“0”位，必要时可配合手动关闭严密。 （2）必要时，采取制动措施
		3. 单台一次风机停止时，造成直吹式制粉系统磨煤机出力下降	调整电负荷至50%左右

续表

序号	辨识项目	辨识内容	典型控制措施
1	S	4. 单台一次风机停止时，造成排烟温度偏差增大	（1）调整停止侧空气预热器烟气入口挡板开度。 （2）若两台引、送风机运行时，调整两台引、送风机出力
		5. 一次风管吹扫时间不够，造成一次风管积粉自燃	对热风送粉制粉系统一次风管吹扫 3min 后，停止一次风机

作业项目	制粉系统启动运		
序号	辨识项目	辨识内容	典型控制措施
一	公共部分（健康与环境）		
	[表格内容同 1.1.1 公共部分（健康与环境）]		
二	作业内容（安全）		
1	S	1. 磨煤机润滑油管路、阀门泄漏	（1）检查并确认各排污阀关闭严密。 （2）经常检查并确认各油管道、阀门无泄漏。 （3）经常就地检查各油压显示是否正常，磨煤机大瓦下油是否正常
		2. 磨煤机润滑油进油滤网堵塞	（1）确保油质合格，发现油质不合格及时联系更换。 （2）经常就地检查各油压显示是否正常，磨煤机大瓦下油是否正常。 （3）发现进油滤网堵塞，应及时倒换滤网，适时停运制粉系统及油泵，并联系检修人员清理滤网
		3. 回油管、回油滤网堵塞	（1）确保油质合格，发现油质不合格及时联系更换。 （2）加强现场的巡查。 （3）发现加油滤网堵塞，应及时停运制粉系统及油泵，并联系检修人员清理滤网。 （4）发现加油管有堵塞迹象，可使用敲击加油管等方法疏通；若仍无效果，则应及时停运制粉系统及油泵，并联系检修人员
		4. 磨煤机润滑油压、进油阀开度调节不当	（1）经常就地检查各油压显示是否正常，磨煤机大瓦下油是否正常。 （2）合理使用再循环，保证油压合适。 （3）调节进油阀开度适当

续表

序号	辨识项目	辨识内容	典型控制措施
1	S	5. 磨煤机油站冷油器冷却水中断或水量不够	（1）加强现场巡查，确认冷却水系统畅通，管路无堵塞。 （2）油站投运前检查冷油器进水阀、回水阀确已开启。 （3）运行中注意检查冷油器外壳温度正常
		6. 磨煤机油站冷油器内冷却水管破裂	（1）加强现场巡查。 （2）发现问题，及时判断处理
		7. 磨煤机油站电加热器联锁故障，不能停下	（1）确认电加热器联锁启、停动作正常。 （2）发现电加热器联锁故障停不下时，手动停运电加热器
		8. 磨煤机油站电加热器故障，不能启动	（1）检查并确认电加热器联锁启、停动作正常。 （2）必要时将凝汽器旁路关闭
		9. 磨煤机油站油箱补油阀内漏或补油量过大	（1）不补油时确保补油阀严密关闭。 （2）补油时要有人在现场，以防满油。 （3）强现场巡视。 （4）油站照明正常
		10. 磨煤机启动过程中未充分暖管	（1）磨煤机启动过程中应充分暖管。 （2）停运时间较长的制粉系统启动前要全面检查、确保系统通畅。 （3）运行中加强对磨煤机入出口差压、排粉机电流、磨煤机出口温度及各段负压的监视
		11. 给煤量过大	（1）合理控制给煤量。 （2）加强巡查，确认各锁气器动作正常。 （3）运行中加强对磨煤机入出口差压、排粉机电流、磨煤机出口温度及各段负压的监视
		12. 给煤机煤层太厚	（1）合理控制煤层厚度及给煤机转速。 （2）发现给煤机电流突然增大或大幅度摆动时，应紧急停运给煤机，并现场检查。 （3）将给煤机上煤层厚度调节挡板关小
		13. 给煤机内有较大杂物	（1）燃料运输人员搞好原煤管理，尽量避免较大杂物进入给煤机。 （2）加强设备巡查，发现给煤机内有较大杂物时，应及时停运给煤机取出杂物。 （3）发现给煤机电流突然增大或大幅度摆动时，就紧急停运给煤机，现场检查是否有杂物卡塞

续表

序号	辨识项目	辨识内容	典型控制措施
1	S	14. 各风门调节不当	（1）合理调节各风门开度。 （2）加强巡查，确认各锁气器动作正常。 （3）运行中加强对磨煤机入出口差压、排粉机电流、磨煤机出口温度及各段负压的监视
		15. 钢球装载量过多	（1）严格按规定定时适量加入钢球。 （2）注意监视磨煤机电流不超标
		16. 钢球装载量过少	（1）严格按规定定时适量加入钢球。 （2）注意监视磨煤机电流不过低
		17. 粉位过低（过高）	保证粉位合适
		18. 测粉后，粉标未放至较高位置	每次测完粉位后，将粉标放至最高位置
		19. 测粉时，摇柄脱手、自由落下	测粉位时，小心轻放
		20. 未及时清理木块分离器	（1）定时清理木块分离器内杂物。 （2）原煤中杂物较多时，要缩短清理木块分离器的间隔时间。 （3）注意监视系统各段负压、及时发现问题
		21. 磨煤机油质不合格，或有杂物落入磨煤机轴瓦	（1）保证合格的油质。 （2）密切监视磨煤机轴温，发现轴温超过规定值，立即停运该制粉系统。 （3）防止杂物落入。 （4）经常就地检查下油情况，回油温度及振动、摩擦情况
		22. 磨煤机喷油装置故障	（1）定期校验喷油装置自动工作的可靠性。 （2）停运超过1天的磨煤机，启动后立即喷油一次。 （3）加强对大、小牙轮的检查巡视。 （4）“自动”有故障的，应及时手动喷油。 （5）定期联系化学运行人员化验油质，确保合格。 （6）加强就地检查，坚持定时测温、测振

作业项目	中间储仓式乏气（热风）送粉式制粉系统磨煤机启动		
序号	辨识项目	辨识内容	典型控制措施
一	公共部分（健康与环境）		
	［表格内容同 1.1.1 公共部分（健康与环境）］		
二	作业内容（安全）		
1	S	1. 触电：电动机的外壳接地不合格，电动机外壳带电发生人身触电	电动机停运 15 天及以上，或出现电动机过热、受潮等异常情况，启动前，应测量电动机绝缘合格；检查接地良好
		2. 外力：人员误触磨煤机转动部分；启动时异物飞出伤人；制粉系统防爆门鼓破	（1）防止人员误触风机转动部分的措施：检查联轴器和风扇的防护罩应完好，固定牢固。 （2）防止风机启动时异物飞出伤人的措施：集控室人员与就地人员联系确认后，方可启动引风机；启动时就地人员必须站在引风机轴向位置 【重点是制粉系统运行的防爆门处不可逗留】
		3. 电动机绝缘不合格，磨煤机反转，轴承温度异常升高造成设备损坏	绝缘不合格启动造成的电动机损坏： （1）停运 15 天及以上，或出现电动机过热、受潮等异常情况，启动前应测量电动机绝缘合格。 （2）投入电动机所有保护。 （3）引风机启动后，电流应在规定时间内返回，否则应立即停止运行
		4. 磨煤机启动时温度调整不及时造成制粉系统爆燃	（1）调整磨煤机进口热、冷风门，控制磨煤机出口温度不超过规定值。 （2）排粉机出口温度小于规定值时方可启动磨煤机 【重点是控制磨煤机出口温度】
		5. 粗、细粉分离器堵塞，造成燃烧波动、汽温汽压异常升高	（1）及时清理小筛子。 （2）加强粉仓粉位测量，防止粉仓满粉。 （3）检查锁气器动作灵活
		6. 磨煤机启动过程中造成制粉系统扰动大	启动后缓慢调节制粉系统各风门，保持排粉机出口风压稳定
		7. 输粉机积粉自燃	（1）输粉机停止输粉后，继续运行 10min，待煤粉走净后，反向运行 5min，然后停止输粉机运行。 （2）在 CRT 或就地操作箱将所有输粉机下粉挡板保持全开，预防积粉。 （3）制粉系统运行过程中应始终开启输粉机吸潮阀。 （4）运行巡检时用红外测温仪测量输粉机各部位温度，发现异常及时处理 【重点是控制温度异常升高部位】

续表

序号	辨识项目	辨识内容	典型控制措施
1	S	8. 粉仓跑粉，污染环境	（1）根据粉仓粉位，及时停止制粉系统运行。 （2）加强粉仓粉位监视和测量。 （3）根据粉仓粉位情况，及时停止输粉机运行
		9. 运行调整不当及粗粉分离器堵塞，造成磨煤机满磨	（1）保持锁气器动作灵活，回粉管畅通。 （2）严密监视磨煤机前后差压在正常范围内。 （3）严格控制给煤量。 （4）及时清理木块分离器并保持畅通

作业项目	中间储仓式乏气（热气）送粉式制粉系统磨煤机停止		
序号	辨识项目	辨识内容	典型控制措施
一	公共部分（健康与环境）		
	［表格内容同 1.1.1 公共部分（健康与环境）］		
二	作业内容（安全）		
1	S	1. 制粉系统放炮造成人身伤害	禁止在制粉系统防爆门等处逗留
		2. 给煤量及排粉机调整不当，造成燃烧不稳	（1）缓慢减煤，将给煤量减到“0”时，再停止给煤机。 （2）调整排粉机出口风压保持在正常范围内
		3. 制粉系统抽粉不彻底，造成积粉爆燃	（1）抽粉时，严格控制磨煤机出口温度不超过规定值。 （2）乏气制粉系统给煤机停止，磨煤机抽尽余粉后停止运行，然后抽尽制粉系统余粉再倒至近路风。 （3）热风制粉系统给煤机停止，磨煤机抽尽余粉后停止运行，确认三次风管抽尽后方可停止排粉机 【重点是控制磨煤机出口温度】
		4. 给煤机余煤冻结，撕坏皮带	（1）冬季应先关闭下煤插板，待给煤机余煤走净，方可停止给煤机。 （2）冬季必要时，原煤仓及落煤管加装保温及电伴热 【重点是关闭下煤插板】

作业项目	双进双出正压直吹式磨煤机投运		
序号	辨识项目	辨识内容	典型控制措施
一	公共部分（健康与环境）		
	［表格内容同 1.1.1 公共部分（健康与环境）］		
二	作业内容（安全）		
1	S	1. 触电：电动机的接地不合格，发生人身触电	电动机停运 15 天及以上，或出现电动机过热、受潮等异常情况，启动前，应测量电动机绝缘合格；检查接地良好
		2. 外力：人员误触风机转动部分	（1）防止人员误触风机转动部分的措施：检查联轴器和风扇的防护罩应完好，固定牢固。 （2）防止风机启动时异物飞出伤人的措施：集控室人员与就地人员联系确认后，方可启动引风机；启动时就地人员必须站在引风机轴向位置 【重点是电动机接地线良好；防止机械部件飞出伤人】
		3. 电动机绝缘不合格，轴承温度异常升高、振动增大造成设备损坏	绝缘不合格启动造成的电动机损坏： （1）停运 15 天及以上，或出现电动机过热、受潮等异常情况，启动前应测量电动机绝缘合格。 （2）投入电动机所有保护。 （3）引风机启动后，电流应在规定时间内返回，否则应立即停止运行
		4. 分离器堵塞，造成磨煤机满磨	（1）严密监视磨煤机差压不大于规定值。 （2）严格控制给煤量。 （3）定期对分离器进行清理
		5. 煤质差造成锅炉灭火	做好原煤掺配掺烧工作，根据燃烧情况，及时投油助燃
		6. 给煤机皮带损坏	（1）确认给煤机密封风投入。 （2）给煤机停止后，立即关闭给煤机出口挡板。 （3）单侧给煤机停运后，给煤机密封风应投入
		7. 磨煤机煤粉泄漏，污染环境	（1）确认密封风机在运行状态（多数厂已停用密封风机，用冷一次风代替密封风），防止煤粉外漏。 （2）调整磨煤机负荷时，应保证各部位密封风差压正常。 （3）磨煤机密封风/一次风差压应符合规定

作业项目	双进双出正压直吹式磨煤机停运		
序号	辨识项目	辨识内容	典型控制措施
一	公共部分（健康与环境）		
	[表格内容同 1.1.1 公共部分（健康与环境）]		
二	作业内容（安全）		
1	S	1. 磨煤机停运，造成燃烧系统扰动过大，燃烧不稳	（1）给煤机停止前，应缓慢减煤，直至将给煤量减到“0”时，再停止给煤机。 （2）及时调整容量风在正常范围内，保持燃烧稳定
		2. 制粉系统爆燃导致设备损坏	（1）磨煤机抽粉时，严格控制磨煤机出口温度值。 （2）给煤机停止后，抽粉 10min 再停止磨煤机。 （3）打开各一次风管吹扫风门对一次风管道吹扫 3min。 （4）保持回粉管畅通，定期停止磨煤机，清理分离器杂物
		3. 冬季给煤机余煤冻结，撕坏皮带	（1）应先关闭给煤机入口挡板，待给煤机余煤走净后，方可停止给煤机。 （2）冬季必要时原煤仓及落煤管加装保温及电伴热
		4. 给煤机皮带损坏	（1）确认给煤机密封风投入。 （2）给煤机停止后，立即关闭给煤机出口挡板

作业项目	制粉系统给煤机投运		
序号	辨识项目	辨识内容	典型控制措施
一	公共部分（健康与环境）		
	[表格内容同 1.1.1 公共部分（健康与环境）]		
二	作业内容（安全）		
1	S	1. 触电：电动机的外壳接地不合格，电动机外壳带电发生人身触电	电动机停运 15 天及以上，或出现电动机过热、受潮等异常情况，启动前，应测量电动机绝缘合格；检查接地良好
		2. 外力：人员接触给煤机转动部分	（1）防止人员误触风机转动部分的措施：检查联轴器和风扇的防护罩应完好，固定牢固。 （2）防止风机启动时异物飞出伤人的措施：集控室人员与就地人员联系确认后，方可启动引风机；启动时就地人员必须站在引风机轴向位置

续表

序号	辨识项目	辨识内容	典型控制措施
1	S	3. 电动机绝缘不合格造成的电动机损坏	绝缘不合格启动造成的电动机损坏： （1）停运15天及以上，或出现电动机过热、受潮等异常情况，启动前应测量电动机绝缘合格。 （2）投入电动机所有保护。 （3）引风机启动后，电流应在规定时间内返回，否则应立即停止运行
		4. 给煤机反转，原煤里有异物或大块煤造成设备损坏	（1）保持变速箱油位正常。 （2）检查给煤机转向应正确。 （3）输煤系统除铁器、碎煤机工作正常。 （4）给煤机皮带、刮板无跑偏现象。 （5）称重托辊转动正常，称重指示正常。辊子上无积煤，清扫链条完好，运行正常。 （6）运行中发现给煤机皮带、刮板跑偏时，应立即将给煤机停运

1.1.3 燃油系统

作业项目	油枪及燃油速断阀试验		
序号	辨识项目	辨识内容	典型控制措施
一	公共部分（健康与环境）		
	[表格内容同1.1.1公共部分（健康与环境）]		
二	作业内容（安全）		
1	S	1. 燃油管路发生泄漏，造成火灾	严密监视燃油压力变化，加强对燃油系统的检查，发现燃油泄漏，隔离漏点，联系检修消除
		2. 油枪雾化片损坏（蒸汽雾化压力不合适）造成油枪雾化不良	更换雾化片（蒸汽雾化调整蒸汽压力）
		3. 燃油系统阀门不严，燃油漏入炉膛，造成锅炉爆燃	（1）备用或检修的其他锅炉应严密关闭进油门、回油门、再循环门、各角阀并加锁。 （2）油枪试验后，就地观察各角阀关闭严密（油压表、温度等）。 （3）锅炉熄火吹扫后，全面检查燃油各角阀已关闭，确认油枪不漏油时再停止引风机运行

1.1.4 润滑油泵

作业项目	引风机油站润滑泵切换		
序号	辨识项目	辨识内容	典型控制措施
一	公共部分（健康与环境）		
	[表格内容同 1.1.1 公共部分（健康与环境）]		
二	作业内容（安全）		
1	S	1. 绝缘不合格烧坏电动机	测量引风机备用润滑油泵电动机绝缘合格
		2. 润滑油压低引风机跳闸	（1）检查油箱油位、油温正常。 （2）备用泵启动运行正常后，停止原运行泵。 （3）投入油泵联琐
		3. 引风机跳闸后 RB 动作，引起炉膛燃烧不稳定或灭火	引风机跳闸后，及时调整引、送风机出力，维持炉膛负压稳定，并投油助燃
		4. 停泵后发生倒转	关闭倒转泵出口门，联系检修处理

作业项目	送风机油站油泵切换		
序号	辨识项目	辨识内容	典型控制措施
一	公共部分（健康与环境）		
	[表格内容同 1.1.1 公共部分（健康与环境）]		
二	作业内容（安全）		
1	S	1. 绝缘不合格烧坏电动机	测量引风机备用润滑油泵电动机绝缘合格
		2. 润滑油压低引风机跳闸	（1）检查油箱油位、油温正常。 （2）备用泵启动运行正常后，停止原运行泵。 （3）投入油泵联琐
		3. 引风机跳闸后 RB 动作，引起炉膛燃烧不稳定或灭火	引风机跳闸后，及时调整引、送风机出力，维持炉膛负压稳定，并投油助燃
		4. 停泵后发生倒转	关闭倒转泵出口门，联系检修处理

作业项目	磨煤机油站油泵切换		
序号	辨识项目	辨识内容	典型控制措施
一	公共部分（健康与环境）		
	[表格内容同 1.1.1 公共部分（健康与环境）]		
二	作业内容（安全）		
1	S	1. 油泵电动机风扇、风罩飞出伤人	检查磨煤机油泵电动机风罩应固定牢固
		2. 绝缘不合格烧坏电动机	测量磨煤机备用油泵电动机绝缘合格
		3. 润滑油压低磨煤机跳闸	备用泵启动后，检查起压正常，润滑油系统正常，可停止原运行泵
		4. 停泵后发生倒转	立即关闭倒转泵出口门，及时联系检修处理

1.1.5 电除尘系统

作业项目	电除尘器启动		
序号	辨识项目	辨识内容	典型控制措施
一	公共部分（健康与环境）		
	[表格内容同 1.1.1 公共部分（健康与环境）]		
二	作业内容（安全）		
1	S	1. 触电： （1）电除尘器各部人孔门和电除尘器高压硅整流变压器高压隔离柜柜门关闭不严，高压系统投入时高压放电，造成人身伤害。 （2）电气设备绝缘不合格或接地不良，检查人员接触电除尘器高压硅整流变压器外壳发生人身触电，接触阴磁加热保温箱发生人身触电，接触电除尘器振打电动机、卸灰电动机外壳发生人身触电	（1）电场投运前，检查电除尘器本体各部人孔门、各部电加热保温箱检修门和电除尘高压硅整流变压器高压隔离柜柜门闭锁牢固。 （2）电场启动前，测量高压硅整流变压器以及电晕极高压绝缘子加热装置和阴磁加热装置绝缘电阻值应在合格范围内，接地装置完好。 （3）电除尘器所属电动机检修后或停运 15 天及以上，或出现电动机过热、受潮等异常情况，启动前，测试电动机绝缘应在合格范围内，接地装置良好

续表

序号	辨识项目	辨识内容	典型控制措施
1	S	2. 外力： （1）误将人员关在电除尘器内部。 （2）敲击疏通落灰管时，大锤使用不当造成人身伤害	（1）防止误将人员关在电除尘器内部的措施：电除尘器投运前，应严密检查各人孔门关闭严密。 （2）防止敲击疏通落灰管时，大锤使用不当造成人身伤害的措施：使用前检查大锤应安装牢固，以免使用中锤头脱落；使用大锤时不准戴手套，不准单手抡大锤。使用大锤时，前后方禁止站人，防止大锤脱手造成伤害
		3. 带高压硅整流变压器接地开关合开关，损坏硅整流变压器	高压硅整流变压器送电前，必须复查高压隔离柜接地开关确已拉开，高压隔离开关已切换至工作位置
		4. 带负荷启动电场损坏硅整流变压器	（1）投入电场前，检查“手动”电流调节旋钮已逆时针方向旋转到底，二次电压输出在“0”位。 （2）按下高压控制柜“启动”按钮后，若发现二次电压、电流不正常地迅速上升，应立即停止运行，查明原因
		5. 高压硅整流变压器高压硅堆受潮击穿	（1）检查高压硅整流变压器吸潮硅胶干燥，无吸附饱和状态。 （2）高压硅整流变压器送电时，先合高压控制柜控制电路隔离开关，再合高压控制柜主回路隔离开关
		6. 电除尘器电晕极高压绝缘子因受潮而接地放电	（1）电场投运前，检查阴极振打加热保温箱和高压绝缘子加热保温箱外壳密封良好，无漏风现象。 （2）测量电除尘器阴极振打加热装置和高压绝缘子加热装置绝缘电阻值在合格范围内。 （3）值班人员必须检查阴极振打加热和高压绝缘子室加热运行正常，温度指示清晰，加热温度应在规定范围内
		7. 未燃尽的燃油和煤粉混合物吸附在极板、极线上或沉积在灰斗内，造成电除尘器本体内部发生二次燃烧或爆燃	（1）锅炉燃烧稳定并停止投油后，才可投运电除尘器。 （2）在锅炉启动点火前投入灰斗加热装置，投入电除尘器排灰系统，保证排灰系统的畅通。 （3）锅炉启动点火初期，电晕极和收尘极的振打装置应投入连续振打，确保极线、极板清洁。 （4）锅炉启动点火后，及时检查灰斗料位指示及灰斗下灰情况，保证卸灰正常，灰斗内部无积灰。 （5）如电除尘器内部发生严重二次燃烧时，应立即隔离灭火

续表

序号	辨识项目	辨识内容	典型控制措施
1	S	8. 因排灰不畅造成灰斗脱落	（1）确认高、低料位灯指示正确。灰到高料位时，应及时出灰。 （2）因设备原因出灰不能正常进行时，立即停止机组运行
		9. 灰斗料位计失灵或卸灰机故障，导致灰斗满灰电场运行异常，除尘效率降低	（1）电除尘器投入前8h，投入灰斗加热。 （2）电除尘器投入前必须检验灰斗料位计指示正确，灰斗畅通无积灰，卸灰机运行正常。 （3）灰斗下灰不畅通时，用人工锤击的方法保持灰斗下灰畅通
		10. 电场参数或各部振打周期调整不适当，除尘效率下降	（1）电除尘器检修时，应校验各部振打设备的振打周期在规定范围内。 （2）值班人员应跟踪锅炉负荷变化及锅炉燃烧情况，及时调整电场参数在规程规定范围内
		11. 阴极线、阳极板或槽板积灰严重导致塌灰，造成烟囱排放烟尘浓度大	（1）锅炉点火前30min，启动阴、阳极振打电动机至“手动”连续振打位置。 （2）运行中保持合适的振打周期，防止阴极线、阳极板和槽板积灰。 （3）发现电除尘器振打装置故障退出运行或振打周期设定值与运行实际不匹配时，及时联系检修处理
		12. 电除尘器采用湿排灰方式运行时，电除尘器箱式冲灰器冲灰水量不足，造成灰斗喷灰	定期检修电除尘器冲灰水系统的管道和喷嘴，定期进行冲灰水管道清理

作业项目	电除尘器停止		
序号	辨识项目	辨识内容	典型控制措施
一	公共部分（健康与环境）		
	[表格内容同1.1.1公共部分（健康与环境）]		
二	作业内容（安全）		
1	S	1. 触电：带负荷拉开高压控制柜内空气开关，产生电弧造成人身伤害	首先在手动模式将电流调节旋钮按逆时针旋转到底，将二次电压输出调整到“0”位，按下高压控制柜上“停止”按钮，然后先拉开高压控制柜主回路隔离开关，再拉开高压控制柜控制电路隔离开关

续表

序号	辨识项目	辨识内容	典型控制措施
1	S	2. 外力：敲击疏通落灰管时，大锤锤头安装不牢固飞出或周围人员靠的太近，造成人身伤害	使用大锤时必须戴好安全帽；使用前检查大锤应安装牢固，以免使用中锤头脱落；使用大锤时不准戴手套；不准单手抡大锤；使用大锤时周围严禁站人
		3. 切断高压硅整流变压器电源时，操作不当，高压硅堆击穿损坏变压器	（1）手动将二次电压输出调整到“0”位。 （2）必须先拉开高压控制柜主回路隔离开关，再拉开控制电路隔离开关
		4. 锅炉投油时，未燃尽的油气和煤粉混合物吸附在极板上或沉积在灰斗内，电除尘器停止时，造成电除尘器内部发生二次燃烧损坏电除尘器内部构件	（1）锅炉投油助燃时，及时停止电除尘器运行。 （2）电晕极和收尘极板的振打装置应投入连续振打，振打装置在锅炉熄火后至少运行8～12h。 （3）保证冲灰水系统、灰浆泵和卸灰机运行正常，保证输灰系统的畅通
		5. 电除尘器灰斗卸灰机停用时间较长，电动机接地装置破坏，电动机受潮或进水，投入时未测量绝缘是否合格，速成电动机烧坏	（1）认真执行电动机检查及定期维护试验工作，备用15天以上的电动机，启动前必须检查接地装置完好，测量电动机绝缘在合格范围内。 （2）电除尘器停止运行后灰斗改为排湿灰方式运行时，应经常对灰斗和落灰管进行人工方式振打，保证落灰畅通

作业项目	加热装置运行维护		
序号	辨识项目	辨识内容	典型控制措施
一	公共部分（健康与环境）		
	[表格内容同 1.1.1 公共部分（健康与环境）]		
二	作业内容（安全）		
1	S	1. 人身触电（测量绝缘）	（1）使用绝缘电阻表测量高压设备绝缘，应由两人担任。 （2）测量用的导线应使用高压绝缘导线，端部应有绝缘套，断接引线时带绝缘手套。 （3）测量绝缘时，必须将被测设备从各方面断开，验明无电后，确实证明设备无人工作后，方可进行，在测量中禁止他人接近被测设备；测量绝缘前后，必须将被试设备对地放电；测量绝缘时，所有人孔门必须关闭。 （4）前级电场停电后，方可测下级电场绝缘。在带电设备附近测量绝缘时，测量人员和绝缘电阻表安放位置，必须选择适当，保持安全距离，以免绝缘电阻表引线或引线支持物触碰带电部分。移动引线时，必须注意监护，防止工作人员

续表

序号	辨识项目	辨识内容	典型控制措施
1	S	2. 人身触电（电焊）	（1）行灯电压不准许超过12V。 （2）电焊钳应为绝缘软导线，电焊线用绝缘良好的皮线，接头要有可靠的绝缘处理。 （3）不准将带电绝缘线搭在身上或踩在脚下
		3. 人身触电（接照明电源）	（1）湿手不准从事接引电源工作。 （2）电源线及灯具和电动工具绝缘应良好，电线无破损现象，同时使用漏电保护器。 （3）电源线要架空布置
		4. 高处坠落	（1）工作人员不应有妨碍高处作业的病症，遇有精神异常等应禁止高处作业。 （2）使用合格安全带，且要将安全带挂在腰部以上牢固的物件上。 （3）在高处改变作业位置时，安全带不能解除或采用双绳安全带。 （4）在梯子上工作只能进行短时间不繁重的工作，禁止登在梯子最高阶上焊接。 （5）不准将带电绝缘线搭在身上或踩在脚下
		5. 落物伤人	（1）高处作业时不准他人在作业地点下面通行、停留。 （2）不准将工具材料上下抛掷。工作人员必须戴好安全帽。下面必须设置安全围栏并设专人监护
		6. 人员伤害	（1）增强现场作业人员的自保及互保意识，使用工具时防止伤人。 （2）文明施工，杜绝野蛮作业；防止设备损坏
		7. 手伸入卸灰机检查孔内清灰	严禁用手伸入卸灰机孔内清灰
		8. 工作现场使用倒链的起吊作业	（1）作业前检查起重工具及绳索完好无损伤，试验合格。 （2）监护人员到位、安全措施可靠方可工作。 （3）定点应牢固可靠，起吊部件绑固可靠
		9. 火灾	工作前应对工器具进行检查，对损坏的及时修复或停用，防止损坏伤人事故发生。正确使用工器具，人员站位准确、方法合适，杜绝违章
		10. 人员、工具留在本体内	工作负责人工作结束应清点人员，检查确无人员和工具留在设备内部，方可关人孔门
		11. 人员伤害	现场作业人员必须有自保及互保意识，做到互相监督提醒
		12. 设备损坏	（1）拆卸包装时注意防止碰伤柜体。 （2）拆下的零部件要妥善保存好防止丢失和损坏

续表

序号	辨识项目	辨识内容	典型控制措施
1	S	13. 工作票措施未执行	办理工作票，确认安全措施已执行完善，组织人员宣读，并在作业安全措施票上签字后方可开工
		14. 大型作业无技术措施或措施不全	按规定制定技术措施和安全措施
		15. 机械操作人员无合格证	操作人员应考试合格并持有操作合格证
		16. 天气不好、照明不好	天气恶劣影响或照明不好不得施工。使用前进行检查
		17. 违章操作	（1）严格按规定进行各项操作。 （2）运行中严禁打开电除尘器的人孔门。 （3）工作人员的着装必须严格遵守《电业安全工作规程》。 （4）非专业人员严禁乱动高压加热器设备。 （5）内部停运检修时，确认静电已完全放掉。 （6）电除尘器检修使用专用工作票，并确认安全措施到位。 （7）防止误合断路器
		18. 各处加热装置投入太迟	机组启动前，应提前投入各处加热装置
		19. 灰斗内部受潮	（1）机组需停运较长时间，卸灰机停运后，应及时关闭下灰插板，以防灰斗内受潮结块。 （2）对灰量较少的电场，要注意防止水气沿灰管进入灰斗
		20. 经常进行连续振打，导致飞灰二次飞扬	电除尘器尽量少用连续振打
		21. 振打装置失灵	加强振动装置的检查维护，及时修复失灵的振打器
		22. 放灰时，热灰突然从检查孔大量涌出	（1）疏通灰斗时至少有两人在场。 （2）着装合格。 （3）必须戴帆布手套。 （4）疏通时应站在放灰孔两侧
		23. 重锤敲击灰管	（1）使用重锤敲前，检查重锤无松脱现象。 （2）击锤前看清四周环境，附近的人尽量离远一点。 （3）照明应充足

续表

序号	辨识项目	辨识内容	典型控制措施
1	S	24. 电场故障退出或工作不正常	（1）经常检查高、低压供电及控制系统运行正常，各种自动装置良好投入。 （2）正常运行中维持较高的二次电压。 （3）两台除尘器各电场均退出或失电且一时不能停炉的，则改为全油燃烧或油煤混烧以减少灰量，但必须尽快修复，否则必须申请停炉
		25. 阴极支架或阳极板晃动	（1）适当调整引风机负荷。 （2）适当调整振打周期。 （3）无效时退出故障电场，等待检修人员处理

1.1.6 灰渣系统

作业项目	排污泵运行		
序号	辨识项目	辨识内容	典型控制措施
一	公共部分（健康与环境）		
	[表格内容同 1.1.1 公共部分（健康与环境）]		
二	作业内容（安全）		
1	S	排污泵故障或其“自动”失灵	（1）定期试运排污泵，确保正常备用，并投“自动”位。 （2）发现排污泵故障或其“自动”失灵时，应加强设备巡回检查，并及时联系检修人员处理。 （3）定期检查设备，正确操作水泵运行，确保设备良好。 （4）及时处理漏点

作业项目	其他		
序号	辨识项目	辨识内容	典型控制措施
一	公共部分（健康与环境）		
	[表格内容同 1.1.1 公共部分（健康与环境）]		

续表

序号	辨识项目	辨识内容	典型控制措施
二	作业内容（安全）		
1	S	1. 渣沟堵塞	（1）保证冲渣水正常。 （2）保证灰水池水位不高。 （3）发现渣沟轻微堵塞，可用捞渣机间断启停的方法疏通
		2. 灰渣颗粒浓度太高	（1）停运、启动灰渣泵前充分冲洗。 （2）定期进行灰管除垢。 （3）禁止两组灰渣泵同时供一根灰管。 （4）控制灰渣浓度不过高
		3. 较大焦渣进入碎渣机	（1）合理组织燃烧，避免缺氧运行。 （2）坚持定期吹灰制度。 （3）加强设备巡回检查

作业项目	水泵运行、调整		
序号	辨识项目	辨识内容	典型控制措施
一	公共部分（健康与环境）		
	［表格内容同 1.1.1 公共部分（健康与环境）］		
二	作业内容（安全）		
1	S	1. 灰渣泵轴封水失去或压力不够；灰渣泵冷却水失去或流量小	（1）加强设备定期巡回检查。 （2）维持一、二级轴封水压力正常。 （3）经常检查液力耦合器油温不超过规定值。 （4）经常检查冷却水入、出水管是否畅通，流量是否足够。 （5）定期清洗砾石过滤器，确保轴封水质符合要求
		2. 水泵打空泵	（1）检查并确认入口阀开度足够，出口阀开度不过大。 （2）检查并确认入口管道畅通。 （3）加压泵启动前应确保泵内空气排尽。 （4）对灰渣泵应维持灰渣前池水位不太低，以防泵内吸入空气。 （5）有二级泵的，应注意二级泵转速不宜过高

续表

序号	辨识项目	辨识内容	典型控制措施
1	S	3. 泵内汽化	（1）检查并确认水泵出口门已开启。 （2）灰水温度过高时，可开大清水阀，降低水温
		4. 异物卡在灰渣泵内	（1）加强设备巡回检查，及时取出渣沟内的较大异物。 （2）定期检查渣沟内栅栏牢固、有效。 （3）停泵时充分冲洗。 （4）确保入口门能关闭正常

1.1.7 启动锅炉启停及运行维护

作业项目	补水箱补水		
序号	辨识项目	辨识内容	典型控制措施
一	公共部分（健康与环境）		
	[表格内容同 1.1.1 公共部分（健康与环境）]		
二	作业内容（安全）		
1	S	调节不当	（1）密切监视补水箱水位，及时关小、关闭补水门。 （2）密切注意启动炉蒸发量与补水量，维持两者平衡。 （3）加强与化学运行人员报道经，了解除盐水泵的启停时间及其运行工况。 （4）防止因减温水量的减少而引起补水箱水位的上升

作业项目	点火及运行		
序号	辨识项目	辨识内容	典型控制措施
一	公共部分（健康与环境）		
	[表格内容同 1.1.1 公共部分（健康与环境）]		
二	作业内容（安全）		
1	S	1. 油系统泄漏	（1）加强巡回检查。 （2）维持油压正常，油系统严禁超压运行

续表

序号	辨识项目	辨识内容	典型控制措施
1	S	2. 水质不合格	（1）加强与化学运行人员的联系，保证给水水质。 （2）长时间停运后，启动前应充分冲洗补水箱及汽水管道。 （3）加强化学监督，指导排污
		3. 水循环不良	（1）启停时要疏水、排气充分，防止气塞、水塞。 （2）防止汽包缺水。 （3）提高给水欠焓。 （4）保证火焰中心合适、不偏斜。 （5）加强对水循环较差管段的排污。 （6）保证补水的连续性

作业项目	供汽		
序号	辨识项目	辨识内容	典型控制措施
一	公共部分（健康与环境）		
	[表格内容同 1.1.1 公共部分（健康与环境）]		
二	作业内容（安全）		
1	S	供汽操作不当	（1）阀门操作严禁猛开、猛关。 （2）暖管蒸汽温度太低时，应设法尽快提高汽温

作业项目	开疏水		
序号	辨识项目	辨识内容	典型控制措施
一	公共部分（健康与环境）		
	[表格内容同 1.1.1 公共部分（健康与环境）]		
二	作业内容（安全）		
1	S	疏水不及时、不充分	充分疏水

作业项目	燃烧调整		
序号	辨识项目	辨识内容	典型控制措施
一	公共部分（健康与环境）		
	［表格内容同 1.1.1 公共部分（健康与环境）］		
二	作业内容（安全）		
1	S	1. 燃油雾化不好	（1）合理配风，保证风压足够。 （2）确保油压、油温正常。 （3）检查就地燃烧情况，应水冒黑烟，着火距离适当，火焰无毛刺，不偏斜刷墙，且呈金黄色。 （4）长时间停运后，启动前应联系检修人员清理油枪
		2. 超压	（1）确认压力表指示准备。 （2）泄压手段完善，安全阀动作准确可靠。 （3）及时调整燃油量。 （4）加强与集控室的联系，了解用汽情况
		3. 炉管泄漏、爆破	（1）合理调整燃烧，防止超温、超压及烟道再燃烧。 （2）防止高温、低温腐蚀，损坏管壁。 （3）确保水质合格，防止结垢而导致传热不良。 （4）确保水循环良好，防止应力破坏。 （5）防止形成烟气走廊，减小热偏差。 （6）启停时，要疏水、排气充分，防止气塞、水塞。 （7）局部泄漏、爆管时，及时申请停炉，防止冲刷、损坏邻管，扩大事故
		4. 火焰贴墙	（1）确保油枪雾化良好，空气动力场良好。 （2）调整油压合适，防止火焰过于贴墙。 （3）减少漏风
		5. 冒正压	（1）维持炉内负压运行。 （2）点火前注意检查并确认炉内无积油。 （3）防止爆燃。 （4）不要在炉膛不严密处附近长时间独留。 （5）正确着装，看火时应站在侧面，并戴防护眼镜

续表

序号	辨识项目	辨识内容	典型控制措施
1	S	6. 烟道再燃烧	（1）合理调整燃烧，确保雾化良好，燃烧完全。 （2）尽量使用下排油枪，注意炉膛出口温度。 （3）烟道受热面保持清洁、无积油。 （4）密切监视排烟温度

作业项目	上水		
序号	辨识项目	辨识内容	典型控制措施
一	公共部分（健康与环境）		
	[表格内容同 1.1.1 公共部分（健康与环境）]		
二	作业内容（安全）		
1	S	上水前空气门未开	（1）上水前检查并确认各空气门已开启。 （2）加强现场检查，发现气塞，立即重新开启空气门排空气

作业项目	水位调整		
序号	辨识项目	辨识内容	典型控制措施
一	公共部分（健康与环境）		
	[表格内容同 1.1.1 公共部分（健康与环境）]		
二	作业内容（安全）		
1	S	水位调整操作不当	（1）确认水位指示准确，远方与就地水位计显示一致。 （2）加强对汽包水位的监视。 （3）补水箱水位正常，防止断水。 （4）密切注意蒸发量与补水量，维持两者平衡。 （5）排污时应增加给水量。 （6）安全阀动作时，密切注意水位变化。 （7）防止减温水量变化时引起的水位变化。 （8）维持汽压、蒸发量的稳定，汽压聚升时应设法提高给水压力

作业项目	投退、冲洗水位计		
序号	辨识项目	辨识内容	典型控制措施
一	公共部分（健康与环境）		
	[表格内容同 1.1.1 公共部分（健康与环境）]		
二	作业内容（安全）		
1	S	水位计爆破	（1）投退、冲洗水位计缓慢小心，人站在侧面，严格按规定操作。 （2）检查设备应尽量避免在水位计附近长时间独留。 （3）防止冷水、冷汽直接接触运行中的水位计

1.1.8 锅炉启停

作业项目	控制循环锅炉水泵投运		
序号	辨识项目	辨识内容	典型控制措施
一	公共部分（健康与环境）		
	[表格内容同 1.1.1 公共部分（健康与环境）]		
二	作业内容（安全）		
1	S	1. 电动机外壳带电造成人身伤害	（1）工作票应终结，就地检查确已无人工作。 （2）启动前，应检查电动机接地线完整
		2. 电动机绝缘不合格造成的电动机损坏	（1）停运 15 天及以上，或出现电动机过热、受潮等异常情况，启动前应测量电动机绝缘合格。 （2）投入电动机所有保护。 （3）引风机启动后，电流应在规定时间内返回，否则应立即停止运行
		3. 炉水泵反转；电动机温度升高；热冲击、振动增大造成设备损坏	（1）当炉水泵运行时，低压冷却水必须正常投入。低压冷却水中断超过 5min，应立即停止炉水泵运行。 （2）检查泵壳和下降管中炉水的温差低于 10℃，泵壳与炉水温差高于 28℃时，应立即停止炉水泵运行。 （3）启动炉水泵时汽包水位应保持+200mm 以上。

续表

序号	辨识项目	辨识内容	典型控制措施
1	S	3. 炉水泵反转；电动机温度升高；热冲击、振动增大造成设备损坏	（4）确认炉水泵已充满水，并排完空气，电动机注水投入（不能通过泵壳将水注入电动机），高低压主水清洗系统不能同时使用。 （5）检查电动机腔室温度4～49℃，电动机腔室温度低于4℃时，禁止送电启动。电动机腔室温度达65℃时，炉水泵应跳闸。必要时，投入高压清洗水系统对电动机降温。高压注水回路发生泄漏，无法控制时，应立即停止炉水泵运行。 （6）炉水泵启动后，电流应正常返回（电动机应在1s内达到最高转速，如果电动机合上5s而炉水未能启动，应立即复位开关，并不可在20min内启动，同时应联系检修查明原因）。炉水泵电流突然升高或超过额定值时，应立即停止炉水泵运行。 （7）电动机在环境温度下，最多允许两次重复启动，两次之间应有20min的电动机冷却时间。 （8）冷态启动时，应点动炉水泵排空气三次（每次点动，泵运转不超过5s，每次间隔不少于15min。 （9）启动电动机后，当泵出口门开启后，炉水泵进出口差压应立即上升到0.2MPa。如果差压不升高，应立即停炉水泵。 （10）炉水泵注水应在锅炉上水、点火、直至汽包压力达1.5MPa期间，连续进行。 （11）炉水泵振动小于6.3mm/s，当振动大于6.3mm/s时，应立即停止炉水泵运行。 （12）在一次紧急停泵后重新启动炉水泵前，必须投入低压冷却水，且水温低于43℃ 【重点是排净空气】

作业项目	控制循环锅炉水泵停运		
序号	辨识项目	辨识内容	典型控制措施
一	公共部分（健康与环境）		
	［表格内容同1.1.1公共部分（健康与环境）］		
二	作业内容（安全）		
1	S	低压冷却水不正常，汽包水位低，使电动机温度升高	（1）低压冷却水温应低于43℃。 （2）确保电动机的低压冷却水流量为2～2.5L/min。 （3）无论在何种状态，当汽包压力低于1.5MPa时，炉水泵电动机的连续注水均应投入。

续表

序号	辨识项目	辨识内容	典型控制措施
1	S	低压冷却水不正常，汽包水位低，使电动机温度升高	（4）若低压冷却水系统故障应立即恢复，低压冷却水中断超过 5min，应立即停止炉水泵运行。 （5）打开泵出口阀的旁路阀，对泵壳及叶轮加热。 （6）必要时，投入高压清洗水系统对电动机降温。 （7）汽包水位保持+200mm 以上。 （8）锅炉放水后，才允许炉水泵放水

作业项目	锅炉汽包水位计解列		
序号	辨识项目	辨识内容	典型控制措施
一	公共部分（健康与环境）		
	［表格内容同 1.1.1 公共部分（健康与环境）］		
二	作业内容（安全）		
1	S	1. 因就地水位计、电极式水位计泄漏造成人员烫伤	（1）解列就地水位计与电极式水位计时，操作人员不得面对水位计及汽、水侧阀门。 （2）关闭水侧和汽侧一、二次门，开启放水一、二次门应缓慢操作
		2. 带有保护的水位计解列前未解保护造成机组误跳	带有保护的水位计解列前应先解除水位保护

作业项目	锅炉汽包水位计投运		
序号	辨识项目	辨识内容	典型控制措施
一	公共部分（健康与环境）		
	［表格内容同 1.1.1 公共部分（健康与环境）］		
二	作业内容（安全）		
1	S	1. 投入锅炉汽包就地或电极点水位计时，蒸汽泄漏烫伤人员	（1）投入时，操作人员不得面对水位计及汽、水侧阀门，应缓慢操作。 （2）应侧身观看水位计水位。 （3）发现阀门泄漏，及时隔离。 （4）穿戴好防护用品

续表

序号	辨识项目	辨识内容	典型控制措施
1	S	2. 投入就地水位计时，云母片爆裂	开启水位计放水门，预热暖管后，缓慢均衡交替开启水位计汽、水一、二次阀门
		3. 汽包水位计出现虚假水位	水位计各阀门开启应缓慢，防止保险珠将汽、水通道堵塞

1.1.9 锅炉热态启动

作业项目	火检风机切换		
序号	辨识项目	辨识内容	典型控制措施
一	公共部分（健康与环境）		
	[表格内容同 1.1.1 公共部分（健康与环境）]		
二	作业内容（安全）		
1	S	1. 备用火检风机电动机风扇、风罩飞出伤人	检查电动机风罩应固定牢固
		2. 火检风机电动机绝缘不合格，造成电动机损坏	（1）启动前，应测量备用火检风机电动机绝缘合格。 （2）备用火检风机启动后，确认此风机起压正常，方可停止原运行火检风机，投入联锁保护。 （3）停炉后排烟温度低于 60℃时，方可停止火检风机运行
		3. 火检探头烧坏，锅炉灭火保护误动	检查火检冷却风系统压力正常

作业项目	锅炉设备及定期巡回检查		
序号	辨识项目	辨识内容	典型控制措施
一	公共部分（健康与环境）		
	[表格内容同 1.1.1 公共部分（健康与环境）]		

续表

序号	辨识项目	辨识内容	典型控制措施
二	作业内容（安全）		
1	S	1. 触电：触摸电灯开关以及其他电气设备发生人身触电	不准靠近或接触任何有电设备带电部分，湿手不准触摸电灯开关以及其他电气设备，电源开关外壳和电线电动机绝缘有破损、不完整或带电部分外露时，应立即找电工修好，否则不准使用
		2. 坠落：巡检高处不慎踏空坠落；巡检低处有坑洞或盖板不牢固摔伤	巡检时，佩戴工具应齐全，手电保证足够亮度。巡检高处或坑内的设备时要谨慎小心，不要靠在栏杆上，不要在盖板上行走，以防盖板不牢固发生高处坠落或摔伤
		3. 外力：高温高压汽、水管道的法兰、阀门、水位计等处的烫伤；锅炉看火孔、人孔门、制粉系统防爆门等处的烧伤；接触机械转动部分的绞伤	（1）巡检人员着装符合安规要求，巡视工具齐全。 （2）巡检时，应尽可能避免靠近和长时间逗留在高温、高压汽、水管道的法兰、阀门、安全门、防爆门、水位计等处。 （3）巡检转动的设备时，避免靠近运行设备的旋转和移动部分，女同志应将长发盘在安全帽内

作业项目	自然循环（控制循环）锅炉检修启动		
序号	辨识项目	辨识内容	典型控制措施
一	公共部分（健康与环境）		
	[表格内容同 1.1.1 公共部分（健康与环境）]		
二	作业内容（安全）		
1	S	1. 触电：触摸带电的转动电动机引起伤害	触摸任何运转电动机时，应查看电动机接地装置良好
		2. 外力：观看炉膛火焰时，炉膛正压造成的人身烧伤；开、关高温高压阀门时，法兰刺汽引起的人身烫伤	（1）防止观看火焰时，对人烧伤的措施：运行人员观察燃烧情况时，应侧身观看并戴专用看火镜 【重点是燃烧稳定】 （2）防止操作高温阀门对人烫伤的措施：运行人员穿着合格的工作服，开启或关闭高温阀门应缓慢操作，操作时人员身体不要正对法兰 【重点是衣着规范，做好躲闪】

续表

序号	辨识项目	辨识内容	典型控制措施
1	S	3. 锅炉燃烧不稳，判断不清；油枪雾化不好；一次风管中积粉，启动排粉机（一次风机）；炉中存有残余燃料时，强行投油或点火，易发生炉膛爆燃	（1）锅炉点火前，锅炉各保护正常投入。 （2）集控值班人员在逐一投入油枪时，及时与现场人员联络，发现油枪不着火或雾化不好，及时停用油枪。 （3）维持炉膛风量和负压正常，锅炉灭火后应重新进行吹扫。 （4）邻炉输粉前，严密关闭各给粉机下粉插板。 （5）当锅炉燃烧不稳，对灭火判断不清时，立即按灭火处理。 （6）锅炉灭火后，禁止采用爆燃法点火。 （7）恢复过程中，应缓慢对一次风管逐一进行吹扫。 （8）锅炉点火前，应进行油泄漏试验合格。确认油系统各阀门关闭严密，不漏油 【重点是通风时间】
		4. 自然循环锅炉上水温度和速度不当；锅炉升温、升压速度过快造成汽包上、下壁温差大，减少汽包使用寿命	（1）汽包上水温度与汽包壁温差值不超过规定。 （2）控制上水速度，夏季不少于 2h，冬季不少于 4h。 （3）按升温、升压曲线控制锅炉升温、升压速度。 （4）汽包停止上水时，及时开启省煤器再循环门 【重点是上水温度及上水时间】
		5. 水位调整不及时或有虚假水位造成汽包满水或缺水，引起汽轮机水冲击或锅炉干烧	（1）启动前投入汽包水位保护。 （2）专人监盘，加强水位调整，防止水位大幅度波动。 （3）缓慢调整燃烧，避免大幅度投入油（粉）火嘴。 （4）在开启排粉机（一次风机）、磨煤机时，注意燃烧调整并加强监视水位。 （5）在投停旁路、倒主给水、汽泵并列及高压加热器投入时加强调整水位。 （6）在升压过程中，进行各水位计的校正。 （7）运行中，锅炉严重缺水、满水时应立即停炉。 （8）强制循环锅炉缺水时，炉水循环不正常，危及炉水泵安全时，应立即停炉 【重点是水位保护投入】
		6. 汽轮机冲转前，燃烧调整不当造成再热器超温	（1）点火初期烟温探针应投入，严格控制炉膛出口烟温不超过规定值。 （2）按照锅炉升温、升压曲线控制升温、升压速度，同时加强对主、再热汽温的调整。 （3）锅炉起压后，若汽轮机设计有一、二级旁路系统，应及时投入
		7. 点火初期燃烧不完全，未燃尽的油和煤粉混合物黏附在尾部烟道受热面上，造成尾部烟道发生二次燃烧	（1）锅炉在启动过程中，应投入空气预热器连续吹灰。 （2）保持油枪或燃烧器着火良好，否则停运该油枪或燃烧器。 （3）当空气预热器出口温度达到规程规定值时，应立即停止锅炉运行 【重点是检查各喷燃器着火良好，氧量值正常】

续表

序号	辨识项目	辨识内容	典型控制措施
1	S	8. 油枪撤除过早，燃烧不稳定，锅炉灭火	（1）锅炉带最低稳燃负荷时，燃烧稳定后方可逐只停止油枪运行。 （2）燃用比较劣质的煤种时，应及时投油助燃。 （3）储仓式制粉系统应保持粉仓粉位正常。 （4）直吹式制粉系统运行时，发生断煤情况时，应及时投油助燃。 （5）低负荷运行时，尽量减少影响稳定运行的操作
		9. 炉前油系统燃油外漏，引起火灾	（1）油枪投入后，应及时检查；发现漏油及时隔离并联系检修处理。 （2）现场配有合格的灭火器材。 （3）油枪停用后，现场确认燃油系统各角阀门关闭严密 【重点是检查到位，发现及时】
		10. 炉膛热负荷不均匀，锅炉升温升压速度过快造成锅炉膨胀不均	（1）点火后应严格按锅炉升温、升压速度曲线进行。 （2）采取切换火嘴，调整引、送风机偏差的方法，确保炉膛热负荷均匀。 （3）加强下联箱（强制循环炉下水包）排污放水。 （4）加强过热器联箱疏水。 （5）强制循环炉在升温、升压过程中，当汽包压力及主汽温度达规定值时，检查旁路阀应自动全开，否则手动开启 【重点是控制升压速率及火焰不偏烧】
		11. 带负荷过程中，锅炉超温、超压，造成设备损坏	（1）按照锅炉升温、升压曲线控制升温、升压速度。 （2）严格控制各受热面壁温、烟温在规定范围内。 （3）根据升降负荷情况及时调整燃烧器摆角或投、停减温水，严防超温。 （4）根据升降负荷情况，采用乏气或热风送粉的锅炉应及时调整风量和给粉量。采用直吹式制粉系统应及时调磨煤机出力，严防超压
		12. 炉膛冒正压灰尘外溢或烟囱冒黑烟	（1）炉膛负压投入自动，维持正常负压。 （2）启动排粉机或一次风机投粉时，操作应缓慢，如炉膛负压变正，应暂停操作，待炉膛压力调节稳定后再进行。 （3）启动磨煤机时，避免制粉系统内有大量余粉进入炉膛。 （4）当炉膛负压自动失灵时，解除引、送风机自动并手动调节

<table>
<tr><td>作业项目</td><td colspan="3">自然循环（强制循环）锅炉停运</td></tr>
<tr><td>序号</td><td>辨识项目</td><td>辨识内容</td><td>典型控制措施</td></tr>
<tr><td>一</td><td colspan="3">公共部分（健康与环境）</td></tr>
<tr><td></td><td colspan="3">[表格内容同 1.1.1 公共部分（健康与环境）]</td></tr>
<tr><td>二</td><td colspan="3">作业内容（安全）</td></tr>
<tr><td rowspan="5">1</td><td rowspan="5">S</td><td>1. 观看火焰时，炉膛正压造成的人身烧伤；开、关高温高压阀门时法兰刺汽引起的人身烫伤</td><td>（1）防止观看火焰时，对人烧伤的措施：运行人员观察燃烧情况时，应侧身观看并戴专用看火镜。
【重点是燃烧稳定】
（2）防止操作高温阀门对人烫伤的措施：运行人员穿着合格的工作服，在开启或关闭高温阀门时，应缓慢操作，操作时人员身体不要正对法兰
【重点是衣着规范，做好躲闪】</td></tr>
<tr><td>2. 汽包水位调整不及时或有虚假水位，造成汽包满水或缺水</td><td>（1）启动前投入汽包水位保护。
（2）专人监盘，加强水位调整，防止水位大幅度波动。
（3）缓慢调整燃烧，避免大幅度投入油（粉）火嘴。
（4）在开启排粉机（一次风机）、磨煤机时，注意燃烧调整并加强监视水位。
（5）在投停旁路、倒主给水、汽泵并列及高压加热器投入时，加强调整水位。
（6）在升压过程中，进行各水位计的校正。
（7）运行中，锅炉严重缺水、满水时应立即停炉。
（8）强制循环锅炉缺水时，炉水循环不正常，危及炉水泵安全时，应立即停炉
【重点是水位保护投入】</td></tr>
<tr><td>3. 汽包水位过高造成汽轮机进水事故</td><td>（1）自然循环锅炉熄火后，汽包水位升至高水位，应停止上水。
（2）强制循环锅炉熄火后，为保证炉水泵运行安全，尽量保持汽包水位-200mm～+200mm。
（3）严密监视低温过热器及一、二级减温水处温度变化，如有快速下降趋势，立即开启主汽门前疏水，查找原因并采取相应措施
【重点是水位控制】</td></tr>
<tr><td>4. 锅炉大面积落焦，炉膛压力保护动作</td><td>锅炉停运前，燃烧稳定时应对锅炉炉本体全面吹灰</td></tr>
<tr><td>5. 锅炉熄火后燃油系统各阀门未关，燃油进入炉膛造成爆燃</td><td>（1）锅炉熄火后，立即关闭本炉燃油系统各阀门并上锁。
（2）锅炉熄火吹扫后，全面检查燃油各角阀关闭严密，确认油枪不漏油时再停止引风机运行
【重点是隔断油源】</td></tr>
</table>

续表

序号	辨识项目	辨识内容	典型控制措施
1	S	6. 锅炉停运后，粉仓内有余粉，当空气进入粉仓后，导致煤粉自燃	（1）停炉时间超过3天，应将粉仓内的煤粉烧空。 （2）停炉后严密关闭给粉机下粉插板和各吸潮阀。 （3）每小时记录一次粉仓温度，异常升高时，应进行粉仓冲氮或二氧化碳气体。 （4）必要时，进行人工放粉 【重点是隔断空气】
		7. 烟温过高停止空气预热器，造成空气预热器卡涩	空气预热器入口烟温低于规定值时，方可停止空气预热器
		8. 火焰中心偏斜或者降温降压速度过快造成锅炉膨胀不均	（1）锅炉停运时，严格按锅炉降温、降压速度曲线进行。 （2）对角停运火嘴，防止火焰中心偏斜。 （3）控制循环锅炉如需紧急冷却，在保持炉水泵正常运行的前提下，保持引、送风机运行，对锅炉进行通风冷却
		9. 自然循环锅炉降温降压速度过快，汽包缺水，风烟系统人孔门打开过早造成汽包壁温差过大	（1）锅炉降温、降压速度不大于规程规定值。 （2）锅炉熄火后，应将汽包水位升至高水位。加强对汽包壁温的监视。 （3）汽包停止上水后，及时开启省煤器再循环门。 （4）停炉4～6h内，不得开启所有人孔门、看火门、检查门及各风烟挡板。 （5）停炉4～6h后，如有必要，可打开烟道挡板自然通风。 （6）停炉18h后，若需加速冷却，可开启一台引风机，打开人孔门、看火门、检查门进行通风。 （7）若检修有工作，汽包压力至0.8MPa时锅炉全面放水 【重点是控制通风时间不得提前】
		10. 强制循环炉汽包水位低造成炉水泵损坏事故	（1）锅炉熄火后，保持汽包水位-200mm～+200mm。 （2）当汽包压力达1.5MPa期间，炉水泵注水连续投入。 （3）锅炉放水后，才允许炉水泵放水。 （4）低压冷却水必须正常投入
		11. 炉膛冒正压引起灰尘外喷	（1）在降负荷过程中保持炉膛负压在正常范围内。 （2）根据燃烧工况的变化及时调整引、送风量。 （3）油枪投入过程中，确保雾化着火良好，否则停运该油枪。 （4）避免大量同时投入过多油枪。 （5）粉仓烧空，有可能造成给粉机自流时，应相应降低其他正常运行的给粉机出力，必要时停止自流的给粉机运行，待炉膛压力调节稳定后再投入自流给粉机。 （6）当炉膛负压自动失灵时，解除引、送风机自动并手动调节 【重点是燃烧稳定及操作缓慢】

作业项目	自然循环锅炉邻炉加热投入		
序号	辨识项目	辨识内容	典型控制措施
一	公共部分（健康与环境）		
	[表格内容同 1.1.1 公共部分（健康与环境）]		
二	作业内容（安全）		
1	S	1. 开启邻炉加热供汽总门及分门时，高温蒸汽泄漏伤人	开启供汽门应缓慢操作，操作人员身体不要正对法兰
		2. 高辅联箱压力低，炉水倒入高辅联箱，引起对高辅联箱其他用户的损坏	当高辅联箱压力低于规定值时，立即关闭高辅联箱至邻炉加热汽源总门
		3. 邻炉加热母管及联箱疏水不充分，造成剧烈振动	充分疏水后，再投入邻炉加热
		4. 运行人员操作不当造成汽包水位过高	（1）投邻炉加热前保持汽包可见低水位。 （2）邻炉加热投用期间，专人监视汽包水位，发现水位高及时采取降低汽包水位措施
		5. 邻炉加热投用期间，对应的汽轮机盘车装置未投入，造成汽轮机上下缸温差增大	邻炉加热投入前，确认汽轮机盘车装置在运行状态

作业项目	自然循环锅炉邻炉加热停止		
序号	辨识项目	辨识内容	典型控制措施
一	公共部分（健康与环境）		
	[表格内容同 1.1.1 公共部分（健康与环境）]		
二	作业内容（安全）		
1	S	1. 关闭邻炉加热供汽总门及分门时，高温蒸汽泄漏伤人	关闭邻炉加热供汽门应缓慢操作，操作时人员身体不要正对法兰
		2. 停止邻炉加热造成高辅联箱超压	加热停止时，及时加强高辅联箱压力的监视与调整

作业项目	锅炉除焦		
序号	辨识项目	辨识内容	典型控制措施
一	公共部分（健康与环境）		
	[表格内容同 1.1.1 公共部分（健康与环境）]		
二	作业内容（安全）		
1	S	1. 除焦时人身防护不好或操作不当，造成人员烧伤	（1）应站在除焦口的侧面，并戴好防护面罩，穿不含化纤的工作服。 （2）燃烧稳定，保持炉膛负压运行。 （3）除焦时禁止除渣。 （4）锅炉结焦非常严重时应停止除焦，人员撤离除焦现场
		2. 除焦时站立不稳造成人员摔伤	除焦时应站在牢固的平台上，禁止站在栏杆上、管子上除焦
		3. 焦块下落在焦棍上打伤除焦人员	（1）除焦时工作人员应侧身使用工具进行除焦。 （2）焦棍与身体保持一定平行距离

作业项目	锅炉热态启动		
序号	辨识项目	辨识内容	典型控制措施
一	公共部分（健康与环境）		
	[表格内容同 1.1.1 公共部分（健康与环境）]		
二	作业内容（安全）		
1	S	1. 操作不当	（1）根据紧急停炉原因，严格按规程进行。 （2）合理运用 PVC 阀、事故放水阀等，正确处理故事，防止超压、满水等。 （3）加强就地检查，确保燃烧完全切除，油枪无内漏，防止爆燃。 （4）控制汽包壁温差
		2. 升温、升压速度过快	（1）控制升温、升压速度。 （2）上水后，及早点火启动。 （3）发现汽包壁温差上升过快时，可适当提高汽包水位，加强放水、上水等。 （4）正确使用高、低压旁路

1.1.10　锅炉正常运行维护

作业项目	巡视设备		
序号	辨识项目	辨识内容	典型控制措施
一	公共部分（健康与环境）		
	［表格内容同 1.1.1 公共部分（健康与环境）］		
二	作业内容（安全）		
1	S	安全措施不到位	（1）巡视设备要带手电筒。 （2）走路小心，注意四周有无障碍物。 （3）戴好安全帽。 （4）严禁用手直接摸高温设备的外壁测温。 （5）在高温蒸汽泄漏的地方附近行走、工作，要相当小心、谨慎。 （6）正确着装。 （7）衣服袖口扣好。 （8）严禁接触机械的转动部分。 （9）严禁直接接触设备带电部分。 （10）加强平时的专业演习并熟悉现场设备的工作情况，防止误触电

作业项目	给粉机运行		
序号	辨识项目	辨识内容	典型控制措施
一	公共部分（健康与环境）		
	［表格内容同 1.1.1 公共部分（健康与环境）］		
二	作业内容（安全）		
1	S	1. 煤粉过粗	（1）保证煤粉细度合适，以防加大磨损。 （2）采用防磨管道
		2. 下粉量过大	（1）下粉量不要超过一次风的输送能力。 （2）动、静压反映粉管流阻增大时，应降低给粉机转速。 （3）注意监视粉管温度

续表

序号	辨识项目	辨识内容	典型控制措施
1	S	3. 给粉机停运后过早地关闭一次风门	给粉机停运后，应充分吹扫一次风管
		4. 煤粉挥发分较高	根据煤质情况合理控制煤粉细度，对挥发分较高的煤，细度值可以适当维持大一些
		5. 给粉机转速过低	（1）给粉机转速不宜过低。 （2）给粉机转速较低时，可切除部分上层火嘴，以提高运行给粉机的转速，即提高燃烧区域的煤粉浓度
		6. 一次风温太高	控制一次风温在正常范围内，发现一次风温太高时，可适当开启一次风旁路门，以降低一次风温

作业项目	锅炉吹灰		
序号	辨识项目	辨识内容	典型控制措施
一	公共部分（健康与环境）		
	［表格内容同 1.1.1 公共部分（健康与环境）］		
二	作业内容（安全）		
1	S	1. 疏水不充分	先开疏水门疏水
		2. 投汽源初期，供汽门开得太大	投汽源初期，供汽门不要开得太大
		3. 吹灰中，主蒸汽、再热蒸汽温度异常	（1）加强与相关人员的联系。 （2）发现异常，立即停止吹灰
		4. 吹灰压力过高	吹灰压力不宜过高
		5. 停止吹灰后，未及时退出吹灰器	停止吹灰后，及时退出吹灰器
		6. 停止吹灰后，及时退出吹灰器	保证吹灰器进汽稳定、正常
		7. 吹灰前炉膛压力调整不当	吹灰前应适当提高炉膛负压

作业项目	锅炉排污		
序号	辨识项目	辨识内容	典型控制措施
一	公共部分（健康与环境）		
	[表格内容同 1.1.1 公共部分（健康与环境）]		
二	作业内容（安全）		
1	S	捅堵煤时，危及人身安全	（1）捅下煤管或煤斗内的堵煤，要使用专用的工具。捅下煤管的堵煤时，不准用身体顶着工具或放在胸前用手推着工具，以防打伤。工具用毕，应即取出。 （2）捅煤斗内的堵煤时，应站在煤斗上面的平台上进行，严禁进入煤斗站在煤层上捅堵煤

作业项目	滑压运行		
序号	辨识项目	辨识内容	典型控制措施
一	公共部分（健康与环境）		
	[表格内容同 1.1.1 公共部分（健康与环境）]		
二	作业内容（安全）		
1	S	1. 汽温控制不当	（1）汽温控制尽量自动。 （2）手动控制汽温时，注意调节的超前。 （3）增加、减少热负荷不宜过快。 （4）合理调整燃烧，保证适当的火焰中心及过剩空气系数。 （5）控制漏风。 （6）保证合适的煤粉细度。 （7）确保减温水正常投运。 （8）注意防止烟道再燃烧。 （9）气温升高较快时，应果断采取措施，如手动开大减温水，关小主给水电动门、切火嘴、关小排粉机挡板、紧急停运制粉系统、减少风量等，紧急时还可以适当增加机组负荷的方法
		2. 低负荷下减负荷	（1）滑压运行下，低负荷时减负荷宜缓慢慎重，避免热负荷短时间内减少太多。 （2）注意监视负压、氧量、炉膛出口温度等参数变化

续表

序号	辨识项目	辨识内容	典型控制措施
1	S	3. 参数较大变化	(1) 避免负荷，汽压等参数的大幅度调整。 (2) 若参数进行大幅度调整时，宜先切为定压方式，稳定后再切为滑压方式。 (3) 注意监视汽包壁温

作业项目	盘动给粉机		
序号	辨识项目	辨识内容	典型控制措施
一	公共部分（健康与环境）		
	[表格内容同 1.1.1 公共部分（健康与环境）]		
二	作业内容（安全）		
1	S	1. 人身触电	湿手不准从事接引电源工作
		2. 滑倒	工作人员进入生产现场穿长袖工作服、防滑鞋、防砸鞋
		3. 工具破损	使用工具前应进行检查，不完整的工具不准使用

作业项目	暖风器的冷态投运		
序号	辨识项目	辨识内容	典型控制措施
一	公共部分（健康与环境）		
	[表格内容同 1.1.1 公共部分（健康与环境）]		
二	作业内容（安全）		
1	S	1. 触电：电动机的外壳接地不合格，电动机外壳带电发生人身触电	电动机停运 15 天及以上，或出现电动机过热、受潮等异常情况，启动前，应测量电动机绝缘合格；检查接地良好
		2. 外力：人员接触疏水泵转动部分绞伤人员；暖风器进汽阀门法兰漏汽烫伤人员	投运时，应缓慢操作；发现阀门泄漏，及时隔离；不要在高温蒸汽管道处长时间逗留

续表

序号	辨识项目	辨识内容	典型控制措施
1	S	3. 投运时操作不当，造成暖风器振动	（1）开启暖风器系统所有疏水，充分疏水后再投入暖风器运行。 （2）暖风器疏水箱水位自动动作正常
		4. 电动机绝缘不合格；疏水泵反转，造成设备损坏	绝缘不合格启动造成的电动机损坏： （1）停运 15 天及以上，或出现电动机过热、受潮等异常情况，启动前，应测量电动机绝缘合格。 （2）投入电动机所有保护。 （3）引风机启动后，电流应在规定时间内返回，否则应立即停止运行

作业项目	暖风器停运		
序号	辨识项目	辨识内容	典型控制措施
一	公共部分（健康与环境）		
	[表格内容同 1.1.1 公共部分（健康与环境）]		
二	作业内容（安全）		
1	S	1. 暖风器系统阀门法兰漏汽烫伤人员	投运时，应缓慢操作；发现阀门泄漏，及时隔离；不要在高温蒸汽管道处长时间逗留
		2. 暖风器停用后，疏水未排尽，造成腐蚀	（1）关闭抽汽汽源到暖风器加热总门后，开启暖风器疏水至地沟。 （2）暖风器疏水箱内的水应排净
		3. 暖风器出口风温高，造成排烟温度过高	当暖风器出口风温达规定值后，停止暖风器运行
		4. 疏水泵停止后反转	（1）就地检查疏水泵出、入口门已关闭。 （2）必要时，采取制动措施

作业项目	连续排污扩容器投入		
序号	辨识项目	辨识内容	典型控制措施
一	公共部分（健康与环境）		
	[表格内容同 1.1.1 公共部分（健康与环境）]		

续表

序号	辨识项目	辨识内容	典型控制措施
二	作业内容（安全）		
1	S	1. 连续排污扩容器水位计及阀门刺汽造成的人身烫伤	开启阀门时应缓慢操作。操作人员身体不要正对水位计
		2. 连续排污扩容器至定期排污扩容器疏水门及至除氧器疏汽门未开启，疏水自动不能正常动作，造成连续排污扩容器超压	连续排污扩容器投入前，要先开启连排扩容器至除氧器疏汽门、连排扩容 器至定期排污扩容器疏水门，且疏水自动动作正常
		3. 连续排污扩容器安全阀不动作，造成设备损坏	定期校验安全阀，当发现压力超过安全阀动作值而未动作，应立即关闭连续排污扩容器进水门
		4. 连续排污扩容器水位过高，造成汽水混合物进入除氧器，使除氧器水质下降	（1）开启连续排污扩容器至定期排污扩容器疏水门，加强对连续排污扩容器水位的检查，保持连续排污扩容器水位正常。 （2）若连续排污扩容器水位自动不正常，立即切除连续排污扩容器运行，联系检修处理
		5. 连续排污扩容器系统投入时振动大	（1）投入前，对连续排污扩容器系统充分暖管疏水。 （2）投入时应缓慢操作

作业项目	连续排污扩容器解列		
序号	辨识项目	辨识内容	典型控制措施
一	公共部分（健康与环境）		
	[表格内容同 1.1.1 公共部分（健康与环境）]		
二	作业内容（安全）		
1	S	1. 连续排污扩容器解列时操作不当，造成消压不彻底	关闭连续排污扩容器进水门及至除氧器疏汽门，开启连续排污扩容器至定期排污扩容器疏水门，充分放水消压
		2. 连续排污扩容器解列时操作不当，安全阀不能正常动作，造成超压	（1）解列连续排污扩容器时，应先关闭连续排污扩容器进水门，开启连续排污扩容器至定期排污扩容器疏水旁路门，再关闭至除氧器疏汽门。 （2）定期对连续排污扩容器安全阀进行校验，保持连续排污扩容器安全阀动作正常

作业项目	油枪及燃油速断阀试验		
序号	辨识项目	辨识内容	典型控制措施
一	公共部分（健康与环境）		
	[表格内容同 1.1.1 公共部分（健康与环境）]		
二	作业内容（安全）		
1	S	1. 燃油管路发生泄漏，造成火灾	严密监视燃油压力变化，加强对燃油系统的检查，发现燃油泄漏，隔离漏点，联系检修消除
		2. 油枪雾化片损坏（蒸汽雾化压力不合适）造成油枪雾化不良	更换雾化片（蒸汽雾化调整蒸汽压力）
		3. 燃油系统阀门不严，燃油漏入炉膛，造成锅炉爆燃	（1）备用或检修的其他锅炉应严密关闭进油门、回油门、再循环门、各角阀并加锁。 （2）油枪试验后，就地观察各角阀关闭严密（油压表、温度等）。 （3）锅炉熄火吹扫后，全面检查燃油各角阀已关闭，确认油枪不漏油时再停止引风机运行

作业项目	其他		
序号	辨识项目	辨识内容	典型控制措施
一	公共部分（健康与环境）		
	[表格内容同 1.1.1 公共部分（健康与环境）]		
二	作业内容（安全）		
1	S	1. 汽水管道中空气未排尽	（1）启动初期一定要将汽水管道内空气排尽之后，方可关闭空气门。 （2）注意搞好停炉的保养
		2. 负荷、温度等参数变化过快、太频繁	（1）加强化学运行人员对品质的监督。 （2）尽量避免负荷等参数大幅度变化
		3. 间断性抽除氧器大量补水	（1）加强化学运行人员对品质的监督。 （2）尽量避免间断性向除氧器大量补水

续表

序号	辨识项目	辨识内容	典型控制措施
1	S	4. 含有氯化物、氢氧化物和硫化物的水，进入或残留在过热器、再热器内	（1）消除锅水侵蚀性和锅水局部浓缩。 （2）在锅炉化学清洗或水压试验时，避免含有氯化物、氢氧化物和硫化物的水进入或残留在过热器、再热器内。 （3）运行中避免负荷、温度等变化太快、太频繁
		5. 锅炉本体漏风	（1）加强巡回检查。 （2）发现漏风较大的地方，及时联系处理
		6. 炉体水封失去	（1）加强巡回检查，避免冲洗水中断、减小，使水封破坏。 （2）防止水封槽补水中断。 （3）冲洗水系统检修时，切捞渣船补水水源为备用补水
		7. 关断门严密性不好	（1）关断门操作严格按规程进行。 （2）加强就地的巡回检查，发现关断门漏风应及时联系处理。 （3）防止冒正压、垮大焦等破坏
		8. 省煤器再循环门关不严或内漏	（1）正常运行时，省煤器再循环门应严密关闭。 （2）搞好设备的检查、维护工作
		9. 就地观察火焰时不小心	（1）看火前与监盘人员联系，确认炉内负压运行。 （2）打开看火孔前看清四周地形，做好事故预想
		10. 给水流量大幅度变化	避免因给水流量大幅度变化而使受热面疲劳损坏，做好事故预想
		11. 低负荷下投减温水	低负荷下投减温水宜慎重，以防产生水塞
		12. 锅炉启停、安全阀校验和负荷骤减等过程中，高、低压旁路使用不当	锅炉启停、安全阀校验和负荷骤减等过程中，正确使用高、低压旁路，以防再热器干烧
		13. 机组甩负荷	（1）加强与汽轮机、电气运行人员的联系。 （2）搞好设备健康状况管理，及时了解重要辅机运行健康状况及相关专业重要设备运行状况。 （3）若汽压超出 PVC 阀动作值，立即开启 PCV 阀泄压
		14. 对于风门、挡板的位置，现场与表盘不符	（1）严把开炉前的阀门试验关。 （2）经常核对各主要风门的现场开度

续表

序号	辨识项目	辨识内容	典型控制措施
1	S	15. 保护拒动、误动	（1）开炉前的各项试验认真执行。 （2）加强与热工人员的联系
		16. 高压旁路泄漏	（1）防止误开高压旁路。 （2）手动压紧高压旁路。 （3）事故喷水正常备用
		17. PVC 阀不能正常备用	定期进行 PVC 阀排汽试验，确保 PVC 阀可正常备用
		18. 锅炉超出力运行	（1）锅炉严禁超出力运行。 （2）机组负荷设定不要太高。 （3）高压加热器跳后，负荷不得超过额定值的 90%。 （4）空气预热器、引风机、送风机、一次风机、给水泵等单台运行时，负荷严格按其 RB 动作值控制。 （5）当汽轮机效率降低且负荷较高时，注意监视蒸发量，防止超负荷
		19. 倒泵操作不当	（1）倒泵操作应在汽包水位稳定的情况下进行。 （2）加强与汽轮机运行人员的联系。 （3）先将准备交往的泵升速到有流量，再同时降低工作泵转速与升高待并泵转速
		20. 安全阀起跳、回座	（1）安全阀起跳、回座时，尤其要注意加强水位监视。 （2）“给水自动”无法跟上扰动的变化时，将“给水自动”切为手动控制，注意调节的超前量
		21. 锅炉蒸发量突然增加太多	升负荷不宜过急，应保证锅炉蒸发量的逐步增加
		22. 水槽被焦渣卡死	定期清理水封槽，以防被焦渣卡死，膨胀受阻，损坏受热面
		23. 燃料中含碱土金属较多	（1）及时掌握燃料情况，燃料中含碱土金属较多时，尤其要注意高温黏结灰的形成。 （2）合理控制过热蒸汽、再热蒸汽温度。 （3）严格控制高温受热面管壁温度。 （4）加强对燃烧区的水冷壁吹灰。 （5）对腐蚀严重的受热面，应考虑及时更换部分材质

续表

序号	辨识项目	辨识内容	典型控制措施
1	S	24. 燃料中含硫较多，烟气中的水分含量较多	（1）加强燃烧控制，合理采用原煤掺烧。 （2）对含黄铁矿较多的煤，可采用重力法、电磁法进行分选，以减少硫化物含量。 （3）合理组织燃烧，高温区减少氧含量供应，低温区加强受热面吹灰。 （4）维持合适的过剩空气系数，尽量降低烟气中的水分含量。 （5）炉内使用脱硫剂。 （6）合理使用热风再循环或暖风器。 （7）空气预热器使用抗腐材料
		25. 锅水品质不合格	（1）严格执行定期排污制度，保证锅水品质合格。 （2）合理使用化学加药处理。 （3）启动初期加强排污及冲洗。 （4）停炉放水尽量采用带压放水，确保锅水放尽。 （5）根据割管检查情况，按规定进行锅炉酸洗

作业项目	汽包双色水位计维护		
序号	辨识项目	辨识内容	典型控制措施
一	公共部分（健康与环境）		
	[表格内容同 1.1.1 公共部分（健康与环境）]		
二	作业内容（安全）		
1	S	1. 冷水、冷汽接触水位计	（1）防止外来水源接触汽包双色水位计。 （2）气温较低时应投入温度补偿
		2. 投水位计时暖管不充分	投水位计时充分暖管
		3. 投、退及冲洗水位计操作不当	（1）阀门操作应缓慢、小心。 （2）严格按规定操作

作业项目	汽包水位控制		
序号	辨识项目	辨识内容	典型控制措施
一	公共部分（健康与环境）		
	［表格内容同 1.1.1 公共部分（健康与环境）］		
二	作业内容（安全）		
1	S	1. 汽包水位指示不准确	（1）正常运行中应注意监视各水位计的准确性。 （2）定期进行水位计冲洗，以防水位误判断。 （3）汽包水位以差压式水位计显示为准。 （4）当在运行中无法判断汽包确实水位时，应紧急停炉
		2. 水位保护不完整或故障	（1）严格执行开炉前的联锁、保护等各项试验，确保保护能正常动作。 （2）水位保护不完整或故障不能投运的锅炉机组严禁启动
		3. 给水压力，流量及蒸发量大幅度变化	（1）尽量避免给水压力、流量及蒸发量大幅度变化。 （2）“给水自动”无法跟上扰动的变化时，将“给水自动”切为手动控制，注意调节的超前量
		4. 锅炉严重缺水后，盲目大量进水	（1）运行中严格监视水位，防止锅炉缺水。 （2）锅炉严重缺水后严禁擅自盲目进水，须汇报单元长，进水的时间由总工程师决定
		5.“给水自动调节”投入时，偏置设置不当	正确设置给水泵偏置

作业项目	汽温控制		
序号	辨识项目	辨识内容	典型控制措施
一	公共部分（健康与环境）		
	［表格内容同 1.1.1 公共部分（健康与环境）］		
二	作业内容（安全）		
1	S	1. 汽温控制自动失灵	迅速切为手动控制

续表

序号	辨识项目	辨识内容	典型控制措施
1	S	2. 减温水故障退出	（1）发现减温水失去，立即查明原因，并进行处理。 （2）气温升高较快时，应果断采取措施，如切火嘴，关小排粉机垫板，紧急停运制粉系统、减少风量等，紧急时还可以适当增加机组负荷的方法
		3. 给水压力不够，造成减温水流量小	（1）迅速增加给水泵转速，关小主给水电动门以提高给水压力。 （2）仍不能满足减温水流量要求时，可采用切火嘴等其他方法控制汽温不超限
		4. 手动控制汽温时调节滞后	手动控制汽温时，应注意调节的超前
		5. 启、停制粉系统时，汽温调节不当	（1）启、停制粉系统时，要加强对汽温的监视。 （2）启、停制粉系统时，可超前更改汽温设定值，启、停后再将设定值改回

作业项目	燃烧调整		
序号	辨识项目	辨识内容	典型控制措施
一	公共部分（健康与环境）		
	［表格内容同 1.1.1 公共部分（健康与环境）］		
二	作业内容（安全）		
1	S	1. 炉内积灰、结焦	（1）定期吹灰。 （2）合理调整燃烧，避免缺氧、火焰刷墙。 （3）严禁超出力运行。 （4）减少漏风。 （5）炉内积灰结焦严重，无法维持炉膛负压时，应申请停炉处理
		2. 燃烧器喷口结焦	（1）合理调整燃烧，保持着火点与喷口的距离合适。 （2）保证合适的一次风速。 （3）燃烧器停运后应立即开启其周界风。 （4）给粉机停运后要充分吹扫
		3. 火焰中心偏斜及火焰冲击对角或冲刷炉墙、冷灰斗	（1）启动前作冷态空气动力场试验，校验一、二、三次风速及位置。 （2）合理调整燃烧

续表

序号	辨识项目	辨识内容	典型控制措施
1	S	4. 炉膛负压过大	（1）维持炉膛负压适当。 （2）启、停风机或制粉系统时要小心，防止负压波动过大
		5. 炉膛冒正压	（1）燃料量不要突然一下猛增。 （2）保证粉位正常，防止煤粉自流。 （3）启、停制粉系统操作要小心三次风大量带粉
		6. 烟气流速过快	（1）维持炉膛微负压运行，防止烟气流速过快。 （2）坚持定期吹灰制度，防止局部积灰形成烟气走廊
		7. 煤质低劣	（1）加强燃料控制。 （2）发现燃烧不稳，及时投油稳燃。 （3）维持合适的煤粉细度。 （4）针对不同煤种，合理调整燃烧，保证风、粉比例适当，火焰中心适当
		8. 煤质突变	（1）加强入炉燃料控制、管理。 （2）加强对工况和参数的监视。 （3）及时了解煤质情况，针对不同煤种，及时调整燃烧，保证风、粉比例适当，火焰中心适当
		9. 一次性停运多个火嘴	正常运行调整中，严禁一次性停运多个火嘴
		10. 燃烧自动控制失灵	（1）燃烧自动控制失灵时，要及时切为手动控制。 （2）手动控制时，注意调节的超前量
		11. 机组负荷增长很快，热负荷调节跟不上	机组负荷增加较多时，注意燃料量的补充要跟上
		12. 机组负荷低于不投油最低稳燃负荷	（1）维持机组负荷在不投油最低稳燃负荷以上。 （2）机组负荷低于不投油最低稳燃负荷时，应投油稳燃。 （3）加强燃烧调整，维持燃烧稳定
		13. 风、粉比例不当	（1）锅炉运行中，时刻注意风、粉配比应合适。 （2）锅炉启停、低负荷及煤种变化时，尤其要注意风、粉配比的调整
		14. 燃烧恶化，出现明显灭火迹象时抢投油枪	燃烧不稳时，应提前投油，燃烧恶化出现明显灭火迹象时严禁投油

续表

序号	辨识项目	辨识内容	典型控制措施
1	S	15. 灭火后或开炉前吹扫不充分	（1）灭火后，应充分吹扫后再恢复。 （2）开炉前也要充分吹扫，确保炉内无可燃物
		16. 锅炉灭火保护、炉膛压力保护故障	（1）严格执行开炉前的联锁、保护等各项试验，确保保护能正常动作。 （2）煤质恶劣，燃烧不很稳定时，不要进行油系统检修等工作
		17. 空气预热器长时间未吹灰	（1）坚持空气预热器定期吹灰制度。 （2）任何情况下发现排烟温度不正常升高20℃以上时，都应检查、确认空气预热器连续吹灰已投入
		18. 垮大焦	（1）坚持定期吹灰制度。 （2）合理调整风、粉配比，防止缺氧燃烧
		19. “燃烧自动调节”投入时，给粉机转速在高、低限，失去调节作用	（1）通过降低或提高在“手动调节”门的给粉机转速，使在“自动调节”门的给粉机转速在可调节范围内。 （2）通过改变“偏差值指令”的设定，使给粉机转速在可调节范围内。 （3）通过投、退给粉机，使给粉机转速在可调节范围内
		20. 风量过大或过小	合理调整燃烧，保证适当的过剩冷气系数

作业项目	疏通一次风管		
序号	辨识项目	辨识内容	典型控制措施
一	公共部分（健康与环境）		
	［表格内容同1.1.1 公共部分（健康与环境）］		
二	作业内容（安全）		
1	S	1. 安全措施不到位	（1）正确搭设脚手架。 （2）高处作业要系安全带。 （3）操作小心
		2. 一次风管堵塞后未及时疏通	发现一次风管堵塞，应迅速组织人员进行疏通

续表

序号	辨识项目	辨识内容	典型控制措施
1	S	3. 一次风门漏风	（1）加强就地的巡回检查。 （2）发现粉管堵塞，立即手动压紧其一次风门，关闭下粉插板。 （3）严禁使用一次风吹管。 （4）发现起火，立即停止吹管，联系消防队，并撤除起火管段的保温材料
		4. 压缩空气带水	（1）加强压缩空气疏水。 （2）压缩空气中无水后，方可进行疏通工作
		5. 粉管位置误判断	（1）加强平时对设备的熟悉。 （2）搞好设备维护，现场标示力求清晰、准确。 （3）根据标示牌及喷口处核对判断准确
		6. 环境温度高	（1）在高温环境中不宜长时间工作。 （2）准备好防暑降温的药品
		7. 高处作业时工具保管不妥善	（1）高处作业时应妥善放置工具。 （2）工作现场需戴安全帽。 （3）不要在高处作业场地下停留

1.1.11 异常、事故处理

作业项目	安全阀不回座处理		
序号	辨识项目	辨识内容	典型控制措施
一	公共部分（健康与环境）		
	［表格内容同 1.1.1 公共部分（健康与环境）］		
二	作业内容（安全）		
1	S	处理不当	（1）进一步减弱燃烧，降低汽压，以使安全阀回座。 （2）及时解列减温水。 （3）密切监视、及时调整汽包水位，注意防止对“虚假水位”的误判断。 （4）根据参数尾部维持机组运行，联系检修人员进行处理。 （5）若压力无法维持，则停炉处理

作业项目	安全阀拒跳处理		
序号	辨识项目	辨识内容	典型控制措施
一	公共部分（健康与环境）		
	[表格内容同 1.1.1 公共部分（健康与环境）]		
二	作业内容（安全）		
1	S	发现不及时，处理不当	（1）迅速检查，开启 PVC 阀。 （2）迅速切火嘴，降低锅炉负荷。 （3）开启事故放水阀及过热器疏水泄压

作业项目	单台给水泵跳闸处理		
序号	辨识项目	辨识内容	典型控制措施
一	公共部分（健康与环境）		
	[表格内容同 1.1.1 公共部分（健康与环境）]		
二	作业内容（安全）		
1	S	发现不及时，处理不当	（1）联系汽轮机运行人员及时启动电动给水泵。 （2）若无备用泵，则锅炉运行人员应迅速提高运行泵的转速，并立即投油、切火嘴。 （3）汽轮机减负荷至运行泵所能带的最高负荷。 （4）注意锅炉减负荷要快，汽轮机减负荷则不宜过快，以防汽包憋压而无法上水

作业项目	空气预热器停转处理		
序号	辨识项目	辨识内容	典型控制措施
一	公共部分（健康与环境）		
	[表格内容同 1.1.1 公共部分（健康与环境）]		

续表

序号	辨识项目	辨识内容	典型控制措施
二	作业内容（安全）		
1	S	坚持定期进行事故放水门开、关试验，确保事故放水门正常备用	（1）发现排烟温度不正常升高，应立即到就地检查并检查各段烟温，判断燃烧区域，投入该区域蒸汽吹灰。 （2）空气预热器单侧再燃烧，应立即密闭该侧风烟挡板，投入蒸汽连续吹灰。 （3）停运空气预热器主电动机，用辅电动机盘车。 （4）无效时，排烟温度至250℃应紧急停炉，停运送风机、引风机、密闭风烟系统，继续投运蒸汽吹灰，仍无效时应投入消防系统灭火。 （5）密切监视空气预热器电流摆动情况，就地监视有无摩擦声

作业项目	空气预热器再燃烧处理		
序号	辨识项目	辨识内容	典型控制措施
一	公共部分（健康与环境）		
	[表格内容同1.1.1公共部分（健康与环境）]		
二	作业内容（安全）		
1	S	发现不及时，处理不当	（1）确保空气预热器停转报警可靠。 （2）加强现场设备的巡查。 （3）发现停转，立即启动辅电动机，并就地检查、确认空气预热器运转正常，同时查明停转原因。 （4）若属于主电动机故障，则一边用辅电动机盘车，一边联系有关人员检修主电动机。 （5）若辅电动机故障不能启动，应马上到就地手动盘车。 （6）若属于扇形板卡死，立即检查、提高扇形板位置。 （7）严密监视排烟温度及空气预热器电流，并加强就地检查

作业项目	灭火处理		
序号	辨识项目	辨识内容	典型控制措施
一	公共部分（健康与环境）		
	[表格内容同1.1.1公共部分（健康与环境）]		

续表

序号	辨识项目	辨识内容	典型控制措施
二	作业内容（安全）		
1	S	1. 灭火保护、炉膛压力保护故障	（1）开炉前严格执行有关实验，确保 MFT 能可靠动作。 （2）锅炉灭火保护、炉膛压力保护故障不能投运时，严禁点火启动。 （3）运行中发现保护应动而拒动时，应立即手动紧急停炉
		2. 燃烧恶化、出现明显灭火迹象，抢投油枪	燃烧不稳时提前投油。燃烧恶化，出现明显灭火迹象时，严禁投油
		3. 灭火后，未进行充分吹扫	灭火后，进行充分吹扫后再恢复

作业项目	汽包水位低处理		
序号	辨识项目	辨识内容	典型控制措施
一	公共部分（健康与环境）		
	[表格内容同 1.1.1 公共部分（健康与环境）]		
二	作业内容（安全）		
1	S	1. 水位计指示不准	（1）正常运行中，应注意监视各水位计的准确性。 （2）定期进行水位计冲洗和校对，以防水位误判。 （3）汽包水位以差压式水位计显示为准。 （4）当在运行中无法判断汽包确实水位时，应紧急停炉
		2. 水位保护未投或故障	（1）开炉前严格执行水位保护实验，确保 MFT 能可靠动作。 （2）水位保护的投、退，应严格执行审批制度，严禁擅自退出水位保护。 （3）水位达低限，MFT 拒动，应手动紧急停炉
		3. 锅炉严重缺水后，盲目大量进水	锅炉严重缺水后，严禁擅自盲目进水，必须汇报单元长，重新进水的时间由总工程师决定
		4. 故事放水门故障，打不开	（1）坚持定期进行事故放水门开、关试验，确保事故放水门正常备用。 （2）水位达高限，MFT 应正确动作，否则手动紧急停炉。 （3）发现汽包满水，应立即联系汽轮机运行人员开启主蒸汽门前疏水

续表

序号	辨识项目	辨识内容	典型控制措施
1	S	5. 水位计指示不准	（1）正常运行中，应注意监视各水位计的准确性。 （2）定期进行水位计冲洗和校对，以防水位误判。 （3）汽包水位以差压式水位计显示为准。 （4）当在运行中无法判断汽包确实水位时，应紧急停炉
		6. 水位保护未投或故障	（1）开炉前严格执行水位保护实验，确保 MFT 能可靠动作。 （2）水位保护的投、退，应严格执行审批制度，严禁擅自退出水位保护。 （3）水位达高限，MFT 拒动，应手动紧急停炉

作业项目	汽水管道破损、爆破处理		
序号	辨识项目	辨识内容	典型控制措施
一	公共部分（健康与环境）		
	[表格内容同 1.1.1 公共部分（健康与环境）]		
二	作业内容（安全）		
1	S	发现不及时，处理不当	（1）工作人员着装正确，尽量避免长时间在泄漏点附近停留。 （2）加强设备巡视，及时发现问题，及时处理。 （3）加强炉管检漏装置的检查维护。 （4）对可隔离的泄漏管段应设法隔离处理。 （5）发现泄漏时，应降低运行参数。 （6）无法隔离时，应联系汽轮机运行人员及时减负荷，启动电动给水泵。 （7）加强补水，维持汽包水位正常。 （8）无法维持水位时，进行停炉处理

作业项目	油系统着火		
序号	辨识项目	辨识内容	典型控制措施
一	公共部分（健康与环境）		
	[表格内容同 1.1.1 公共部分（健康与环境）]		

续表

序号	辨识项目	辨识内容	典型控制措施
二	作业内容（安全）		
1	S	处理不正确、不规范	（1）首先要切断油源，及时报警。 （2）组织人员正确、及时灭火。 （3）灭火后将残油擦拭干净，清理场地

作业项目	锅炉事故停运后的恢复运行		
序号	辨识项目	辨识内容	典型控制措施
一	公共部分（健康与环境）		
	[表格内容同 1.1.1 公共部分（健康与环境）]		
二	作业内容（安全）		
1	S	1. 锅炉重新点火时，造成人员看火烧伤	（1）看火时，应站在看火孔的侧面。 （2）加强燃烧调整，防止炉膛冒正压 【重点是燃烧稳定】
		2. 锅炉灭火后，造成锅炉灭火爆燃	（1）“MFT”应动作，否则应立即手动 MFT。 （2）炉膛吹扫 5min 后，方可重新点火。 （3）应复位各辅机跳闸开关。 （4）在恢复过程中，应逐只开启一次风门进行吹扫。 （5）禁止解除“炉膛压力保护”。 （6）锅炉灭火后，禁止采用爆燃法点火 【重点是灭火后通风充分】
		3. 锅炉灭火后，主汽温度与再热汽温度急剧下降	立即关闭减温水闭锁阀，一、二级减温水门和事故喷水门
		4. 锅炉在点火后，主汽压力、再热汽压力骤增	（1）联系汽轮机及时开启一、二级旁路。 （2）及时开启向空排汽或 PCV 阀进行泄压。 （3）控制燃烧的速度，防止给粉机投入过快。 （4）在投粉过程中，应逐只开启一次风门进行吹扫 【重点是控制燃烧的速度】
		5. 锅炉点火后，主汽温度、再热汽温度急剧升高	（1）及时投入减温水与事故喷水。 （2）控制恢复燃烧的速度，防止给粉机投入过快

续表

序号	辨识项目	辨识内容	典型控制措施
1	S	6. 锅炉灭火及重新点火时，汽包水位波动大	（1）解除水位自动，手动进行调节，防止汽包缺水或满水。 （2）禁止解除"汽包水位保护"
		7. 锅炉灭火后，原因不清盲目启动，造成事故扩大	（1）对锅炉及各辅机系统进行全面检查。 （2）分析锅炉事故停运原因，原因不清不得重新点火。 （3）灭火后应保持汽包水位正常，防止炉水泵损坏
		8. 升温升压过程中，引起炉膛爆燃	（1）投入排粉机时，应缓慢提高排粉机风压，逐个吹扫各一次风管（三次风管）存粉。 （2）启动磨煤机时，缓慢通风抽尽制粉系统内余粉 【重点是燃烧稳定、均衡增加燃料量】

作业项目	制粉系统放炮		
序号	辨识项目	辨识内容	典型控制措施
一	公共部分（健康与环境）		
	[表格内容同 1.1.1 公共部分（健康与环境）]		
二	作业内容（安全）		
1	S	1. 制粉系统放炮时，防爆门处伤人	（1）制粉系统运行及启停过程中，防爆门处禁止人员逗留。 （2）防爆门有检修工作时，应办理工作票并经运行人员许可。 （3）控制磨煤机出口温度不超过规定值 【重点是防爆门处无人】
		2. 制粉系统防爆门鼓坏，严重时锅炉灭火或放炮将其他设备损坏	（1）运行中加强监视调整磨煤机出、入口温度，控制磨煤机出口温度不得超过规定值。 （2）加强制粉系统定期切换与定期抽粉制度，防止积粉自燃。 （3）制粉系统有焊补工作，应办理动火工作票，抽尽制粉系统余粉。 （4）每班降粉位一次，粉仓温度不得超过规定值。 （5）严格执行防爆门定期检查制度。 （6）停磨时，应将磨内余粉抽净再停磨煤机，充分抽净粉后再倒风，倒风后 10min 内，全部用冷风对近路风管道吹扫。 （7）正压直吹双进双出制粉系统，在正常运行中或调整磨煤机负荷时，应保证各部位密封风差压正常，磨煤机密封风/一次风差压应大于 4000Pa。防止煤粉漏出，污染环境 【重点是控制磨煤机出口温度；禁止明火进入制粉系统】

1.1.12 锅炉有关试验

作业项目	安全门定期排汽试验		
序号	辨识项目	辨识内容	典型控制措施
一	公共部分（健康与环境）		
	［表格内容同 1.1.1 公共部分（健康与环境）］		
二	作业内容（安全）		
1	S	1. 安全门不回座	（1）正常运行中应避免安全阀频繁动作。 （2）运行人员应适当降低汽压，使安全门回座
		2. 汽包水位控制不当	（1）放汽前将汽包水位控制切为手动，适当降低水位。 （2）放汽后及时提高水位。 （3）密切监视，及时调整汽包水位。 （4）放汽时间不宜过长

作业项目	大联锁试验		
序号	辨识项目	辨识内容	典型控制措施
一	公共部分（健康与环境）		
	［表格内容同 1.1.1 公共部分（健康与环境）］		
二	作业内容（安全）		
1	S	小车开关位置错误	正确填写停、送电单，6kV 电动机应送至试验位

作业项目	阀门挡板试验		
序号	辨识项目	辨识内容	典型控制措施
一	公共部分（健康与环境）		
	［表格内容同 1.1.1 公共部分（健康与环境）］		

续表

序号	辨识项目	辨识内容	典型控制措施
二	作业内容（安全）		
1	S	人员离执行机构太近	（1）确保就地与远方的通信良好。 （2）远方操作时，应通知检查人员不要接触执行机构

作业项目	锅炉热效率试验		
序号	辨识项目	辨识内容	典型控制措施
一	公共部分（健康与环境）		
	[表格内容同 1.1.1 公共部分（健康与环境）]		
二	作业内容（安全）		
1	S	组织措施及安全措施不到位	（1）试验的组织措施明确、具体，落实到人。 （2）试验的安全措施落实到位。 （3）参与试验人员应熟悉试验的步骤

作业项目	空气预热器漏风试验		
序号	辨识项目	辨识内容	典型控制措施
一	公共部分（健康与环境）		
	[表格内容同 1.1.1 公共部分（健康与环境）]		
二	作业内容（安全）		
1	S	调节自密封装置时不小心，或自密封装置限位开关不可靠	（1）调节自密封装置时应缓慢、小心。就地一定要有专人控制。 （2）自密封装置限位开关应可靠。 （3）密切监视空气预热器电流

作业项目	冷态空气动力场试验		
序号	辨识项目	辨识内容	典型控制措施
一	公共部分（健康与环境）		
	[表格内容同 1.1.1 公共部分（健康与环境）]		
二	作业内容（安全）		
1	S	1. 脚手架搭设不合理、不牢固；炉内照明不充足	（1）脚手架搭设合理、牢固。 （2）参与试验人员进入炉内注意安全。 （3）炉内照明充足。 （4）高处作业要系安全带
		2. 炉内粉尘浓度过高	（1）试验前粉管、风管及炉内要充分吹扫。 （2）保持炉内良好通风。 （3）维持炉内负压正常运行。 （4）下粉插板严密关闭。 （5）进入炉内要戴防护眼镜
		3. 炉内积粉	（1）停炉前将各粉管、风管吹扫干净。 （2）试验前炉内充分吹扫。 （3）试验结束后或下次开启炉前，检查空气预热器内积粉、积灰情况，若积粉、积灰严重，严禁开炉
		4. 试验中突发事件	（1）保持良好的设备状况，防止试验中风机跳闸等异常情况发生。 （2）明确试验负责人，统一指挥。 （3）参与试验人员应熟悉试验的步骤及应进行的操作。 （4）保持炉内与炉外通信良好。 （5）试验人员进入炉内应带好应急灯等备用设施

作业项目	水位保护试验		
序号	辨识项目	辨识内容	典型控制措施
一	公共部分（健康与环境）		
	[表格内容同 1.1.1 公共部分（健康与环境）]		

续表

序号	辨识项目	辨识内容	典型控制措施
二	作业内容（安全）		
1	S	事故放水门故障，打不开	（1）试验前确认事故放水门能正常开启。 （2）开启汽轮机主蒸汽管道疏水

作业项目	水压试验		
序号	辨识项目	辨识内容	典型控制措施
一	公共部分（健康与环境）		
	［表格内容同 1.1.1 公共部分（健康与环境）］		
二	作业内容（安全）		
1	S	1. 空气门关闭过早	应在空气门冒出连续水柱后，方可关闭空气门
		2. 隔离措施不可靠	试验前检查各阀门位置的正确性，确认过热器出口隔离阀已经关闭，再热器入、出口已可靠装设堵板
		3. 泄压措施不完善	（1）事故放水门等开关准确、到位，确保快速泄压手段可靠。 （2）事故放水门应有专人负责操作。 （3）应设专人控制升、降压，升压速度严格按规程进行，不能过快。 （4）压力表经核对准确无误。 （5）就地与远方的通信良好
		4. 组织措施及安全措施不到位	（1）试验的组织措施与安全措施明确、到位。 （2）试验前确认检修结束，炉内无人。 （3）升压应缓慢、平稳。 （4）炉内照明充足。 （5）炉内检查时，运行人员应维持压力稳定，严禁升压。 （6）做超压试验前，确保人员已经全部撤离现场

1.1.13　滑参数停炉、备用及保养

作业项目	紧急停炉		
序号	辨识项目	辨识内容	典型控制措施
一	公共部分（健康与环境）		
	[表格内容同 1.1.1 公共部分（健康与环境）]		
二	作业内容（安全）		
1	S	操作不当	（1）根据紧急停炉原因，严格按规程进行。 （2）合理运用 PVC 阀、事故放水阀等，正确处理故事，防止超压、满水等。 （3）加强就地检查，确保燃烧完全切除，油枪无内漏，防止爆燃。 （4）控制汽包壁温差

作业项目	汽包壁温差控制		
序号	辨识项目	辨识内容	典型控制措施
一	公共部分（健康与环境）		
	[表格内容同 1.1.1 公共部分（健康与环境）]		
二	作业内容（安全）		
1	S	（1）降温、降压速度过快。 （2）给水产、温度过低。 （3）停炉后汽包水位没上满。 （4）冷炉太快	（1）密切监视汽包壁温差。 （2）严格控制降压速度，尤其在低压阶段，降压要慢。 （3）停炉参数在可能的情况下尽量滑低。 （4）确保补给水温度与汽包壁温相匹配。 （5）熄火后，一定要将汽包水位上满。 （6）熄火后，检查严密关闭各疏水门、排污门、加药门及取样门。 （7）熄火后吹扫 5min，即停运送风机、引风机，密闭各风门挡板。 （8）因检修需要必须快速冷炉时，可在熄火 6h 后开启风门挡板自然通风，18h 后启动引风机强制冷却

作业项目	燃烧、参数调		
序号	辨识项目	辨识内容	典型控制措施
一	公共部分（健康与环境）		
	［表格内容同 1.1.1 公共部分（健康与环境）］		
二	作业内容（安全）		
1	S	1. 汽包水位控制不当	（1）控制负荷、汽压下降速度。 （2）负荷较低时，切汽包水位控制为手动，密切监视、调整汽包水位。 （3）电动给水泵与汽动给水泵倒换时，应严密监视汽包水位，注意给水流量与蒸汽流量匹配。 （4）维持给水与汽包的差压合适。 （5）事故放水门应良好备用
		2. 燃烧控制不当	（1）停炉前试运油枪能可靠备用。 （2）及时投油稳燃。 （3）降负荷过程中应注意风量的减少要同步跟上。 （4）停炉要求烧空煤粉时，在低粉位时要缩短测粉位的时间间隔，防止煤粉自流引起燃烧不稳
		3. 汽温控制不当	（1）汽温控制投“自动”时，负荷降到 225MW 以下要注意修改汽温的设定值。 （2）汽温控制切“手动”后，应注意调节的超前。 （3）降负荷过程中应注意风量调整。 （4）低粉位进要加强汽温的监视与调整，防止因煤粉自流引起汽温超限。 （5）适时解开减温水

作业项目	热备用停炉		
序号	辨识项目	辨识内容	典型控制措施
一	公共部分（健康与环境）		
	［表格内容同 1.1.1 公共部分（健康与环境）］		

续表

序号	辨识项目	辨识内容	典型控制措施
二	作业内容（安全）		
1	S	（1）汽温、汽压降得太低。 （2）炉内冷却太快	（1）控制降温、降压速度。 （2）维持正常粉位。 （3）停炉参数控制在较高水平。 （4）熄火后吹扫5min，即停运送风机、引风机，密闭各风门挡板。 （5）熄火后，检查严密关闭各疏水门、排污门、加药门及取样门

1.1.14 灰水回收系统投运及运行维护

作业项目	灰水回收泵投运		
序号	辨识项目	辨识内容	典型控制措施
一	公共部分（健康与环境）		
	[表格内容同1.1.1公共部分（健康与环境）]		
二	作业内容（安全）		
1	S	1. 灰渣泵轴封水失去或压力不够；灰渣泵冷却水失去或流量小	（1）加强设备定期巡回检查。 （2）维持一、二级轴封水压力正常。 （3）经常检查液力耦合器油温不超过规定值。 （4）经常检查冷却水入、出水管是否畅通，流量是否足够。 （5）定期清洗砾石过滤器，确保轴封水质符合要求
		2. 水泵打空泵	（1）检查并确认入口阀开度足够，出口阀开度不过大。 （2）检查并确认入口管道畅通。 （3）加压泵启动前，应确保泵内空气排尽。 （4）对灰渣泵应维持灰渣前池水位不太低，以防泵内吸入空气。 （5）有二级泵的，应注意二级泵转速不宜过高
		3. 泵内汽化	（1）检查并确认水泵出口门已开启。 （2）灰水温度过高时，可开大清水阀，降低水温

续表

序号	辨识项目	辨识内容	典型控制措施
1	S	4. 异物卡在灰渣泵内	（1）加强设备巡回检查，及时取出渣沟内的较大异物。 （2）定期检查渣沟内栅栏牢固、有效。 （3）停泵时充分冲洗。 （4）确保入口门能关闭正常

作业项目	排污泵投运		
序号	辨识项目	辨识内容	典型控制措施
一	公共部分（健康与环境）		
	[表格内容同 1.1.1 公共部分（健康与环境）]		
二	作业内容（安全）		
1	S	排污泵故障或其“自动”失灵	（1）定期试运排污泵，确保正常备用，并投“自动”位。 （2）发现排污泵故障或其“自动”失灵时，应加强设备巡回检查，并及时联系检修人员处理。 （3）定期检查设备，正确操作水泵运行，确保设备良好。 （4）及时处理漏点

作业项目	清理滤网		
序号	辨识项目	辨识内容	典型控制措施
一	公共部分（健康与环境）		
	[表格内容同 1.1.1 公共部分（健康与环境）]		
二	作业内容（安全）		
1	S	1. 渣沟堵塞	（1）保证冲渣水正常。 （2）保证灰水池水位不高。 （3）发现渣沟轻微堵塞，可用捞渣机间断启停的方法疏通

续表

序号	辨识项目	辨识内容	典型控制措施
1	S	2. 灰渣颗粒浓度太高	（1）停运、启动灰渣泵前充分冲洗。 （2）定期进行灰管除垢。 （3）禁止两组灰渣泵同时供一根灰管。 （4）控制灰渣浓度不过高
		3. 较大焦渣进入碎渣机	（1）合理组织燃烧，避免缺氧运行。 （2）坚持定期吹灰制度。 （3）加强设备巡回检查

1.2 锅炉检修

1.2.1 汽水系统阀门类检修

作业项目	汽水系统阀门类检修		
序号	辨识项目	辨识内容	典型控制措施
一	公共部分（健康与环境）		
1	身体、心理素质	作业人员的身体状况、心理素质不适于高处作业	（1）不安排此次作业。 （2）不安排高处作业，安排地面辅助工作。 （3）现场配备急救药品。 ⋮
2	精神状态	作业人员连续工作，疲劳困乏或情绪异常	（1）不安排此次作业。 （2）不安排高强度、注意力高度集中、反应能力要求高的工作。 （3）作业过程适当安排休息时间。 ⋮
3	环境条件	作业区域上部有落物的可能；照明充足；安全设施完善	（1）暂时停止高处作业，工作负责人先安排检查接地线等各项安全措施是否完整，无问题后可恢复作业。 ⋮

续表

序号	辨识项目	辨识内容	典型控制措施
4	业务技能	新进人员参与作业或安排人员承担不胜任的工作	（1）安排能胜任或辅助性工作。 （2）设置专责监护人进行监护。 ⋮
5	作业组合	人员搭配不合适	（1）调整人员的搭配、分工。 （2）事先协调沟通，在认识和协作上达成一致。 ⋮
6	工期因素	工期紧张，作业人员及骨干人员不足	（1）增加人员或适当延长工期。 （2）优化作业组合或施工方案、工序。 ⋮
⋮	⋮	⋮	⋮
二	作业内容（安全）		
1	松门盖、法兰螺栓	1. 防止汽水喷出伤人	
		2. 防止高处坠落	（1）人员站在设备本体上工作时，选择适当的工作位置，系好安全带。 （2）若在脚手架上工作，应设置安全围栏。 （3）多人作业时，避免多条安全带挂于同一地点，安全带不能低挂高用。 （4）临时割除的栏杆孔洞，必须设临时围栏，挂警示牌，工作结束后及时恢复
		3. 防止扳手飞出伤人	
		4. 防止指示标识损坏	
		5. 防止螺栓损坏	按厂家说明书要求力矩进行紧固
		6. 防止大锤脱手伤人	使用大锤要安装牢固，打大锤不许戴手套，不许单手抡大锤，使用合适的扳手；周围不准有人靠近
		7. 防止滑倒、挤伤	（1）及时清理地面油污，做到随清随洁，防止脚下打滑摔伤。 （2）对孔时，严禁将手指放入螺栓孔内，防止挤伤手指
		8. 防止触电事故	（1）不能私拉乱接临时电源，导线要用水线，无裸露，摆放要规范。 （2）电动工器具要有检验合格证，现场外观检查、试运良好。 （3）工器具要接有漏电保护器，使用人员要戴绝缘手套。 （4）检修工作暂时停止时，必须关掉电动工具开关
		9. 防止随意扩大检修范围	

续表

序号	辨识项目	辨识内容	典型控制措施
2	阀门解体	1. 防止烫伤	（1）接触高温管段及阀门时戴隔热手套。 （2）检查管道和阀体疏水门必须打开，确认系统无汽无压后，方可开始工作。 （3）拆卸阀门时，先松离身体较远的一半螺栓，再松离身体较近的一半螺栓。在可能接触周围高温物体附近工作时，隔离或穿好防止烫伤的工作服
		2. 防止密封面、门杆划伤	
		3. 防止碰伤、挤伤	（1）现场油污应及时清除干净。 （2）对孔时，严禁将手指放入螺栓孔内，防止挤伤手指。 （3）起吊的物体加减垫片时，严禁将手指放入地脚下部等容易被挤伤处
		4. 防止高处坠落	（1）人员站在设备本体上工作时选择适当的工作位置，系好安全带。 （2）若在脚手架上工作，应设置安全围栏。 （3）多人作业时，避免多条安全带挂于同一地点，安全带不能低挂高用。 （4）临时割除的栏杆孔洞，必须设临时围栏，挂警示牌，工作结束后及时恢复
		5. 防止零部件损坏	避免野蛮作业，部件要轻拿轻放
		6. 防止吊链滑链	使用吊链前，检查无滑链等缺陷后方可使用，并且不准进行斜拉
		7. 防止铜套损坏	
3	门体检修	1. 防止物件滑落	（1）检查检修区域上方和周围无高处落物的危险，上方有作业应交错开，或做好隔离措施。 （2）高处作业时，作业点下方装设围栏并且挂警示牌，以免落物伤人，较小零件应及时放入工具袋。 （3）高处作业不准上下抛掷工器具、物件。 （4）脚手架上堆放物件时应固定，杂物应及时清理
		2. 防止零部件损坏	避免野蛮作业，部件要轻拿轻放
		3. 防止高处坠落	（1）人员站在设备本体上工作时选择适当的工作位置，系好安全带。 （2）若在脚手架上工作，应设置安全围栏。 （3）多人作业时，避免多条安全带挂于同一地点，安全带不能低挂高用。 （4）临时割除的栏杆孔洞，必须设临时围栏，挂警示牌，工作结束后及时恢复
		4. 防止杂物落入阀座	阀门解体或拆除后，及时将管道或阀门加封堵并贴封条

续表

序号	辨识项目	辨识内容	典型控制措施
3	门体检修	5. 防止挤伤	现场油污应及时清除干净
		6. 防止密封面划伤	
4	门杆、铜套检修	1. 防止异物落入丝扣内	
		2. 防止铜套损坏	
		3. 防止机械伤害	（1）进入工作现场戴好安全帽，规范穿好工作服。 （2）拆装阀门时，使用大锤，周围工作人员禁止站在对面作业。 （3）使用大锤时，不准戴手套，不允许单手抡大锤。 （4）使用角向磨光机时工作人员应戴防护眼镜。 （5）千斤顶使用前校验，不合格不准使用。 （6）安装阀门的螺栓时，应用撬棍校正不准用手指校正。 （7）夜间作业时，必须照明充足方可开始工作
		4. 防止门杆表面划伤	
5	门杆、铜套回装	1. 防止丝扣内留杂物	（1）设备回装时，认真检查设备内无遗留异物，确认无异物后方可回装。 （2）回装前应及时清点工器具
		2. 防止扳手脱手伤人	
		3. 防止机械伤害	（1）进入工作现场戴好安全帽，规范穿好工作服。 （2）拆装阀门时，使用大锤，周围工作人员禁止站在对面作业。 （3）使用大锤时，不准戴手套，不允许单手抡大锤。 （4）使用角向磨光机时，工作人员应戴防护眼镜。 （5）千斤顶使用前校验，不合格不准使用。 （6）安装阀门的螺栓时，应用撬棍校正，不准用手指校正。 （7）夜间作业时，必须照明充足方可开始工作
		4. 防止门杆表面划伤	
		5. 防止铜套损坏	
6	门体回装	1. 防止设备损坏	（1）起重机具使用前要检查合格，吊索荷重适当，正确使用。 （2）吊入阀体缓慢小心，捆绑牢固

续表

序号	辨识项目	辨识内容	典型控制措施
6	门体回装	2. 防止机械伤害	（1）进入工作现场戴好安全帽，规范穿好工作服。 （2）拆装阀门时使用大锤，周围工作人员禁止站在对面作业。 （3）使用大锤时，不准戴手套，不允许单手抡大锤。 （4）使用角向磨光机时，工作人员应戴防护眼镜。 （5）千斤顶使用前校验，不合格不准使用。 （6）安装阀门的螺栓时，应用撬棍校正，不准用手指校正。 （7）夜间作业时，必须照明充足方可开始工作
		3. 防止密封面划伤	
		4. 防止碰伤、挤伤	（1）现场油污应及时清除干净。 （2）对孔时，严禁将手指放入螺栓孔内，防止挤伤手指。 （3）起吊的物体加减垫片时，严禁将手指放入地脚下部等容易被挤伤处
		5. 防止吊链滑链	使用吊链前，检查无滑链等缺陷后方可使用，并且不准进行斜拉
		6. 防止大锤脱手伤人	使用前检查锤头安装牢固；不准戴手套或单手抡大锤，周围不准有人靠近
		7. 防止高处坠落	（1）人员站在设备本体上工作时选择适当的工作位置，系好安全带。 （2）若在脚手架上工作，应设置安全围栏。 （3）多人作业时，避免多条安全带挂于同一地点，安全带不能低挂高用。 （4）临时割除的栏杆孔洞，必须设临时围栏，挂警示牌，工作结束后及时恢复
7	开关试验	1. 防止开关失灵	
		2. 防止机械伤害	（1）进入工作现场戴好安全帽，规范穿好工作服。 （2）拆装阀门时使用大锤，周围工作人员禁止站在对面作业。 （3）使用大锤时，不准戴手套，不允许单手抡大锤。 （4）使用角向磨光机时，工作人员应戴防护眼镜。 （5）千斤顶使用前校验，不合格不准使用。 （6）安装阀门的螺栓时，应用撬棍校正，不准用手指校正。 （7）夜间作业时，必须照明充足方可开始工作
		3. 防止误动、误碰	现场油污应及时清除干净

1.2.2 制粉系统

作业项目	制粉系统		
序号	辨识项目	辨识内容	典型控制措施
一	公共部分（健康与环境）		
	[表格内容同 1.1.1 公共部分（健康与环境）]		
二	作业内容（安全）		
1	松螺栓	1. 防止烫伤	（1）磨煤机内部温度降至 35℃以下，方可进入工作。 （2）进入磨煤机内作业要穿好工作服，戴好手套
		2. 防止砸伤	
		3. 防止高处坠落	（1）人员站在设备本体上工作时选择适当的工作位置，系好安全带。 （2）若在脚手架上工作，应设置安全围栏。 （3）多人作业时，避免多条安全带挂于同一地点，安全带不能低挂高用。 （4）临时割除的栏杆孔洞，必须设临时围栏，挂警示牌，工作结束后及时恢复
		4. 防止大锤飞出伤人	使用前检查锤头安装牢固；不准戴手套或单手抡大锤，周围不准有人靠近
		5. 防止滑倒、挤伤	（1）磨煤机油系统检修，现场地面上的油应擦拭干净或铺上沙土。 （2）油循环前要防止跑油，必须检查所有法兰、丝堵等全部恢复正常。 （3）对孔时严禁将手指放入螺栓孔内，防止挤伤手指
2	磨煤机、给煤机解体	1. 防止违章指挥	（1）各级领导、工作人员必须严格遵守国家有关法律法规和上级有关规章制度。 （2）各级领导、工作人员认真实施反违章实施细则。 （3）工作人员必须严格遵守安全规程、检修规程、作业指导书。 （4）工作人员严格执行检修工艺。 （5）各级人员按分工格尽职守，做到安全文明施工，制止和杜绝各类违章现象的发生
		2. 防止设备损坏	（1）专用起吊工具及钢丝绳使用时，必须外观检查合格，无缺陷，无破损，承受重力不允许超过规定。 （2）磨煤机行车试运合格，不溜钩，钢丝绳无断股，限位正常

续表

序号	辨识项目	辨识内容	典型控制措施
2	磨煤机、给煤机解体	3. 防止落物伤人	（1）检查检修区域上方和周围无高处落物的危险，上方有作业应交错开，或做好隔离措施。 （2）高处作业时，作业点下方装设围栏并且挂警示牌，以免落物伤及别人，较小零件应及时放入工具袋。 （3）高处作业不准上下抛掷工器具、物件。 （4）脚手架上堆放物件时，应固定，杂物应及时清理。 （5）搬运、拆卸较重的部件，要多人一起或使用倒链禁止抛投
		4. 防止碰伤、挤伤	（1）磨煤机油系统检修，现场地面上的油应擦拭干净或铺上沙土。 （2）油循环前要防止跑油，必须检查所有法兰、丝堵等全部恢复正常
		5. 防止触电事故	（1）不能私拉乱接临时电源，导线要用水线，无裸露，摆放要规范。 （2）电动工器具要有检验合格证，现场外观检查、试运良好。 （3）工器具要接有漏电保护器，使用人员要戴绝缘手套。 （4）检修工作暂时停止时，必须关掉电动工具开关
		6. 防止高处坠落	（1）人员站在设备本体上工作时，选择适当的工作位置，系好安全带。 （2）若在脚手架上工作，应设置安全围栏。 （3）多人作业时，避免多条安全带挂于同一地点，安全带不能低挂高用。 （4）临时割除的栏杆孔洞，必须设临时围栏，挂警示牌，工作结束后及时恢复
		7. 防止随意扩大检修范围	
		8. 防止窒息	进入磨煤机罐体内工作，必须装设通风机对罐体内充分通风
		9. 防止爆炸	（1）动用电火焊作业时，应做好防止煤粉着火措施，必须清理干净磨煤机内、给煤机内、煤粉管道积粉才能动火，并备有足够的灭火器材，留专人监护。 （2）使用火焊时，乙炔和氧气瓶要保持 8m 的安全距离，气瓶防振圈、安全帽、压力表等组件齐全完善。 （3）探伤时，不能有明火，防止探伤剂爆炸
		10. 防止火灾	（1）用火焊时，要检查焊带，不应有漏气现象。 （2）火焊用后要关好火焊把的各气门。 （3）防止火星和焊渣落在易燃物品上。 （4）及时清理使用后的棉纱等易燃物，作业后不应遗留火源、火种

续表

序号	辨识项目	辨识内容	典型控制措施
3	磨煤机、给煤机检修	1. 防止盘车时伤人	磨煤机盘车试转时，必须检查确认磨煤机内无人
		2. 防止起重作业时伤人	（1）磨煤机行车使用前，要检查限位、刹车良好，试运正常，钢丝绳无断股；倒链外观检查无破损，试运良好，不合格的严禁使用。 （2）不准在起吊的重物下行走和停留。 （3）吊装过程中要和起重人员互相配合。 （4）所有起吊工作由工作负责人指挥，专人操作
		3. 防止物件滑落	（1）检查检修区域上方和周围无高处落物的危险，上方有作业应交错开，或做好隔离措施。 （2）高处作业时，作业点下方装设围栏并且挂警示牌，以免落物伤及别人，较小零件应及时放入工具袋。 （3）高处作业不准上下抛掷工器具、物件。 （4）脚手架上堆放物件时，应固定，杂物应及时清理。 （5）搬运、拆卸较重的部件，要多人一起或使用倒链，禁止抛投
		4. 防止火灾	（1）对给粉机进行清理或掏粉前，应将给粉机电动机的电源切断，并须注意防止自燃的煤粉伤人。 （2）检修前，应将设备内的煤粉清除干净
		5. 防止零部件损坏	避免野蛮作业，部件要轻拿轻放
		6. 防止烧伤、烫伤	（1）磨煤机内部温度降至35℃以下，方可进入工作。 （2）进入磨煤机内作业要穿好工作服，戴好手套
4	吊装磨辊、大链	1. 杜绝违章指挥	（1）各级领导、工作人员必须严格遵守国家有关法律法规和上级有关规章制度。 （2）各级领导、工作人员认真实施反违章实施细则。 （3）工作人员必须严格遵守安全规程、检修规程、作业指导书。 （4）工作人员严格执行检修工艺。 （5）各级人员按分工恪尽职守，做到安全文明施工，制止和杜绝各类违章现象的发生
		2. 防止设备损坏	（1）专用起吊工具及钢丝绳使用时，必须外观检查合格，无缺陷，无破损，承受重力不允许超过规定。 （2）磨煤机行车试运合格，不溜钩，钢丝绳无断股，限位正常

续表

序号	辨识项目	辨识内容	典型控制措施
4	吊装磨辊、大链	3. 防止落物伤人	（1）检查检修区域上方和周围无高处落物的危险，上方有作业应交错开，或做好隔离措施。 （2）高处作业时，作业点下方装设围栏并且挂警示牌，以免落物伤及别人，较小零件应及时放入工具袋。 （3）高处作业不准上下抛掷工器具、物件。 （4）脚手架上堆放物件时，应固定，杂物应及时清理。 （5）搬运、拆卸较重的部件，要多人一起或使用倒链，禁止抛投
5	轴承检修	1. 防止异物落入轴承室内	检修结束前，应检查有无人或工具留在磨煤机内，确认后方可封堵人孔、盖板
		2. 防止轴封损坏	
		3. 防止机械伤害	（1）使用的电动工器具要有检验合格证，现场外观检查无破损且试运正常。 （2）设备试转时，应站在轴向位置，试转结束后，及时切断电源，方可进行恢复或检修。 （3）使用大锤时，要检查大锤完好，周围工作人员禁止站在对面作业，不准戴手套和单手抡大锤。 （4）使用磨光机、砂轮机时，工作人员应戴防护眼镜。 （5）千斤顶使用前校验，不合格不准使用。 （6）转动机械的防护罩要牢固地恢复
		4. 防止碰伤、挤伤	（1）磨煤机油系统检修，现场地面上的油应擦拭干净或铺上沙土。 （2）油循环前要防止跑油，必须检查所有法兰、丝堵等全部恢复正常
6	磨煤机、给煤机回装	1. 防止磨煤机、给煤机内留杂物	检修结束前，应检查有无人或工具留在磨煤机内，确认后方可封堵人孔、盖板
		2. 防止大锤脱手伤人	使用前检查锤头安装牢固；不准戴手套或单手抡大锤，周围不准有人靠近
		3. 防止机械伤害	（1）使用的电动工器具要有检验合格证，现场外观检查无破损且试运正常。 （2）设备试转时，应站在轴向位置，试转结束后，及时切断电源，方可进行恢复或检修。 （3）使用大锤时，要检查大锤完好，周围工作人员禁止站在对面作业，不准戴手套和单手抡大锤。 （4）使用磨光机、砂轮机时，工作人员应戴防护眼镜。 （5）千斤顶使用前校验，不合格不准使用。 （6）转动机械的防护罩要牢固地恢复

续表

序号	辨识项目	辨识内容	典型控制措施
6	磨煤机、给煤机回装	4. 防止落物伤人	（1）检查检修区域上方和周围无高处落物的危险，上方有作业应交错开，或做好隔离措施。 （2）高处作业时，作业点下方装设围栏并且挂警示牌，以免落物伤及别人，较小零件应及时放入工具袋。 （3）高处作业不准上下抛掷工器具、物件。 （4）脚手架上堆放物件时，应固定，杂物应及时清理。 （5）搬运、拆卸较重的部件，要多人一起或使用倒链，禁止抛投
		5. 防止火灾事故	将罐体内剩余煤粉清理干净，铺设石棉布隔绝火星，工作现场配备足够的灭火器
		6. 防止烫伤	（1）磨煤机内部温度降至35℃以下，方可进入工作。 （2）进入磨煤机内作业要穿好工作服，戴好手套
		7. 防止气瓶爆炸	（1）动用电火焊作业时，应做好防止煤粉着火措施，必须清理干净磨煤机内、给煤机内、煤粉管道积粉才能动火，并备有足够的灭火器材，留专人监护。 （2）使用火焊时，乙炔和氧气瓶要保持8m的安全距离，气瓶防振圈、安全帽、压力表等组件齐全完善
		8. 杜绝违章指挥	（1）各级领导、工作人员必须严格遵守国家有关法律法规和上级有关规章制度。 （2）各级领导、工作人员认真实施反违章实施细则。 （3）工作人员必须严格遵守安全规程、检修规程、作业指导书。 （4）工作人员严格执行检修工艺。 （5）各级人员按分工恪尽职守，做到安全文明施工，制止和杜绝各类违章现象的发生
		9. 防止设备损坏	（1）专用起吊工具及钢丝绳使用时，必须外观检查合格，无缺陷，无破损，承受重力不允许超过规定。 （2）磨煤机行车试运合格，不溜钩，钢丝绳无断股，限位正常
		10. 防止高处坠落	（1）人员站在设备本体上工作时，选择适当的工作位置，系好安全带。 （2）若在脚手架上工作，应设置安全围栏。 （3）多人作业时，避免多条安全带挂于同一地点，安全带不能低挂高用。 （4）临时割除的栏杆孔洞，必须设临时围栏，挂警示牌，工作结束后及时恢复

续表

序号	辨识项目	辨识内容	典型控制措施
7	试转	1. 防止设备损坏	试转时随时关注振动与运转声音，发现异常及时通知
		2. 防止烫伤	（1）磨煤机内部温度降至35℃以下，方可进入工作。 （2）进入磨煤机内作业要穿好工作服，戴好手套
		3. 防止机械伤害	（1）使用的电动工器具要有检验合格证，现场外观检查无破损且试运正常。 （2）设备试转时，应站在轴向位置，试转结束后，及时切断电源，方可进行恢复或检修。 （3）使用大锤时，要检查大锤完好，周围工作人员禁止站在对面作业，不准戴手套和单手抡大锤。 （4）使用磨光机、砂轮机时，工作人员应戴防护眼镜。 （5）千斤顶使用前校验，不合格不准使用。 （6）转动机械的防护罩要牢固地恢复
		4. 防止火灾	
		5. 防止误动、误碰	（1）磨煤机油系统检修，现场地面上的油应擦拭干净或铺上沙土。 （2）油循环前要防止跑油，必须检查所有法兰、丝堵等全部恢复正常

1.2.3 磨煤机检修

作业项目	磨煤机检修		
序号	辨识项目	辨识内容	典型控制措施
一	公共部分（健康与环境）		
	[表格内容同1.1.1公共部分（健康与环境）]		
二	作业内容（安全）		
1	松螺栓	1. 防止烫伤	（1）磨煤机内部温度降至35℃以下，方可进入工作。 （2）进入磨煤机内作业要穿好工作服，戴好手套
		2. 防止砸伤	

续表

序号	辨识项目	辨识内容	典型控制措施
1	松螺栓	3. 防止高处坠落	（1）人员站在 1.5m 设备本体上工作时要选择适当的工作位置，系好安全带。 （2）若在脚手架上工作，应设置安全围栏。 （3）多人作业时，避免多条安全带挂于同一地点，安全带不能低挂高用。 （4）临时割除的栏杆、孔洞，必须设临时围栏，挂警示牌，工作结束后及时恢复
		4. 防止大锤飞出伤人	使用前检查锤头安装牢固；不准戴手套或单手抡大锤，周围不准有人靠近
2	磨煤机解体	1. 防止违章指挥	（1）各级领导、工作人员必须严格遵守国家有关法律法规和上级有关规章制度。 （2）各级领导、工作人员认真实施反违章实施细则。 （3）工作人员必须严格遵守安全规程、检修规程、作业指导书。 （4）工作人员严格执行检修工艺。 （5）各级人员按分工恪尽职守，做到安全文明施工，制止和杜绝各类违章现象的发生
		2. 防止设备损坏	（1）专用起吊工具及钢丝绳使用时，必须外观检查合格，无缺陷，无破损，承受重力不允许超过规定。 （2）起吊设备试运合格，不溜钩，钢丝绳无断股，限位正常
		3. 防止落物伤人	（1）检查检修区域上方和周围无高处落物的危险，上方有作业应交错开，或做好隔离措施。 （2）高处作业时，作业点下方装设围栏并且挂警示牌，以免落物伤及别人，较小零件应及时放入工具袋。 （3）高处作业不准上下抛掷工器具、物件。 （4）脚手架上堆放物件时，应固定，杂物应及时清理。 （5）搬运、拆卸较重的部件，要多人一起或使用倒链，禁止抛投
		4. 防止碰伤、挤伤	（1）现场油污应及时清除干净。 （2）对孔时严禁将手指放入螺栓孔内，防止挤伤手指。 （3）起吊的物体加减垫片时，严禁将手指放入地脚下部等容易被挤伤处
		5. 防止触电事故	（1）不能私拉乱接临时电源，导线要用水线，无裸露，摆放规范。 （2）电动工器具要有检验合格证，绝缘良好。 （3）工器具要接有漏电保护器，使用人员要戴绝缘手套。 （4）检修工作暂时停止时，必须关掉电动工具开关。 （5）磨内行灯电压不超过 36V，照明要充足

续表

序号	辨识项目	辨识内容	典型控制措施
2	磨煤机解体	6. 防止高处坠落	（1）人员站在1.5m设备本体上工作时要选择适当的工作位置，系好安全带。 （2）若在脚手架上工作，应设置安全围栏。 （3）多人作业时，避免多条安全带挂于同一地点，安全带不能低挂高用。 （4）临时割除的栏杆、孔洞，必须设临时围栏，挂警示牌，工作结束后及时恢复
		7. 防止随意扩大检修范围	
		8. 防止窒息	进入磨煤机罐体内工作，必须装设通风机对罐体内充分通风
		9. 防止爆炸	（1）动用电火焊作业时，应做好防止煤粉着火措施，必须清理干净磨内积粉才能动火，并备有足够的灭火器材，留专人监护。 （2）使用火焊时，乙炔和氧气瓶要保持8m的安全距离，气瓶防振圈、安全帽、压力表等组件齐全完善。 （3）金属探伤时，不能有明火，防止探伤剂爆炸
		10. 防止火灾	（1）用火焊时，要检查焊带，不应有漏气现象。 （2）火焊用后要关好火焊把的各气门。 （3）作业后不应遗留火源、火种，防止火灾发生
3	磨煤机检修	1. 防止盘车时伤人	磨煤机盘车试转时，必须检查确认磨煤机内无人
		2. 防止起重作业时伤人	（1）磨煤机行车使用前要检查限位、制动良好，试运正常，钢丝绳无断股；倒链外观检查无破损，试运良好，不合格的严禁使用。 （2）不准在起吊的重物下行走和停留。 （3）吊装过程中要和起重人员互相配合。 （4）所有起吊工作由工作负责人指挥，专人操作
		3. 防止物件滑落	
		4. 防止火灾	（1）用火焊时，要检查焊带，不应有漏气现象。 （2）火焊用后要关好火焊把的各气门。 （3）作业后不应遗留火源、火种，防止火灾发生
		5. 防止零部件损坏	避免野蛮作业，部件要轻拿轻放
		6. 防止烧伤、烫伤	（1）磨煤机内部温度降至35℃以下，方可进入工作。 （2）进入磨煤机内作业要穿好工作服，戴好手套

续表

序号	辨识项目	辨识内容	典型控制措施
4	吊装磨辊	1. 杜绝违章指挥	（1）各级领导、工作人员必须严格遵守国家有关法律法规和上级有关规章制度。 （2）各级领导、工作人员认真实施反违章实施细则。 （3）工作人员必须严格遵守安全规程、检修规程、作业指导书。 （4）工作人员严格执行检修工艺。 （5）各级人员按分工格尽职守，做到安全文明施工，制止和杜绝各类违章现象的发生
		2. 防止设备损坏	（1）专用起吊工具及钢丝绳使用时必须外观检查合格，无缺陷，无破损，承受重力不允许超过规定。 （2）起吊设备试运合格，不溜钩，钢丝绳无断股，限位正常
		3. 防止落物伤人	（1）检查检修区域上方和周围无高处落物的危险，上方有作业应交错开，或做好隔离措施。 （2）高处作业时，作业点下方装设围栏并且挂警示牌，以免落物伤及别人，较小零件应及时放入工具袋。 （3）高处作业不准上下抛掷工器具、物件。 （4）脚手架上堆放物件时，应固定，杂物应及时清理。 （5）搬运、拆卸较重的部件，要多人一起或使用倒链，禁止抛投
5	轴承检修	1. 防止异物落入轴承室内	检修结束前，应检查有无人或工具留在磨煤机内，确认后方可封堵人孔、盖板
		2. 防止轴封损坏	
		3. 防止机械伤害	（1）磨煤机盘车试转时，必须检查确认磨煤机内无人。 （2）使用的电动工器具要有检验合格证，现场外观检查无破损且试运正常。 （3）设备试转时，应站在轴向位置，试转结束后，及时切断电源，方可进行恢复或检修。 （4）使用大锤时，要检查大锤完好，周围工作人员禁止站在对面作业，不准戴手套和单手抡大锤。 （5）使用磨光机、砂轮机时，工作人员应戴防护眼镜。 （6）千斤顶使用前校验，不合格不准使用。 （7）转动机械的防护罩要牢固地恢复
		4. 防止碰伤、挤伤	（1）对孔时严禁将手指放入螺栓孔内，防止挤伤手指。 （2）起吊电动机加减垫片时，严禁将手指放入电动机地脚下部

续表

序号	辨识项目	辨识内容	典型控制措施
6	磨煤机回装	1. 防止磨煤机内留杂物	检修结束前，应检查有无人或工具留在磨煤机内，确认后方可封堵人孔、盖板
		2. 防止大锤脱手伤人	使用大锤要安装牢固，打大锤不许戴手套，不许单手抡大锤，使用合适的扳手；周围不准有人靠近
		3. 防止机械伤害	（1）磨煤机盘车试转时，必须检查确认磨煤机内无人。 （2）使用的电动工器具要有检验合格证，现场外观检查无破损且试运正常。 （3）设备试转时，应站在轴向位置，试转结束后，及时切断电源，方可进行恢复或检修。 （4）使用大锤时，要检查大锤完好，周围工作人员禁止站在对面作业，不准戴手套和单手抡大锤。 （5）使用磨光机、砂轮机时，工作人员应戴防护眼镜。 （6）千斤顶使用前校验，不合格不准使用。 （7）转动机械的防护罩要牢固的恢复
		4. 防止落物伤人	（1）检查检修区域上方和周围无高处落物的危险，上方有作业应交错开，或做好隔离措施。 （2）高处作业时，作业点下方装设围栏并且挂警示牌，以免落物伤及别人，较小零件应及时放入工具袋。 （3）高处作业不准上下抛掷工器具、物件。 （4）脚手架上堆放物件时，应固定，杂物应及时清理。 （5）搬运、拆卸较重的部件，要多人一起或使用倒链，禁止抛投
		5. 防止火灾事故	（1）用火焊时，要检查焊带，不应有漏气现象。 （2）火焊用后要关好火焊把的各气门。 （3）作业后不应遗留火源、火种，防止火灾发生
		6. 防止烫伤	（1）磨煤机内部温度降至35℃以下，方可进入工作。 （2）进入磨煤机内作业要穿好工作服，戴好手套
		7. 防止气瓶爆炸	（1）动用电火焊作业时，应做好防止煤粉着火措施，必须清理干净磨内积粉才能动火，并备有足够的灭火器材，留专人监护。 （2）使用火焊时，乙炔和氧气瓶要保持8m的安全距离，气瓶防振圈、安全帽、压力表等组件齐全完善

续表

序号	辨识项目	辨识内容	典型控制措施
6	磨煤机回装	8. 杜绝违章指挥	（1）各级领导、工作人员必须严格遵守国家有关法律法规和上级有关规章制度。 （2）各级领导、工作人员认真实施反违章实施细则。 （3）工作人员必须严格遵守安全规程、检修规程、作业指导书。 （4）工作人员严格执行检修工艺。 （5）各级人员按分工恪尽职守，做到安全文明施工，制止和杜绝各类违章现象的发生
		9. 防止设备损坏	（1）专用起吊工具及钢丝绳使用时，必须外观检查合格，无缺陷，无破损，承受重力不允许超过规定。 （2）起吊设备试运合格，不溜钩，钢丝绳无断股，限位正常
		10. 防止高处坠落	（1）人员站在1.5m设备本体上工作时，要选择适当的工作位置，系好安全带。 （2）若在脚手架上工作，应设置安全围栏。 （3）多人作业时，避免多条安全带挂于同一地点，安全带不能低挂高用。 （4）临时割除的栏杆、孔洞，必须设临时围栏，挂警示牌，工作结束后及时恢复
7	试转	1. 防止设备损坏	试转时，随时关注振动与运转声音，发现异常及时通知
		2. 防止烫伤	（1）磨煤机内部温度降至35℃以下，方可进入工作。 （2）进入磨煤机内作业要穿好工作服，戴好手套
		3. 防止机械伤害	（1）磨煤机盘车试转时，必须检查确认磨煤机内无人。 （2）使用的电动工器具要有检验合格证，现场外观检查无破损且试运正常。 （3）设备试转时，应站在轴向位置，试转结束后，及时切断电源，方可进行恢复或检修。 （4）使用大锤时，要检查大锤完好，周围工作人员禁止站在对面作业，不准戴手套和单手抡大锤。 （5）使用磨光机、砂轮机时，工作人员应戴防护眼镜。 （6）千斤顶使用前校验，不合格不准使用。 （7）转动机械的防护罩要牢固的恢复
		4. 防止火灾	
		5. 防止误动、误碰	

1.2.4 给煤机检修

作业项目	给煤机检修		
序号	辨识项目	辨识内容	典型控制措施
一	公共部分（健康与环境）		
	［表格内容同 1.1.1 公共部分（健康与环境）］		
二	作业内容（安全）		
1	松螺栓	1. 防止烫伤	（1）给煤机内部温度降至 35℃以下，方可进入工作。 （2）进入给煤机机内作业要穿好工作服，戴好手套
		2. 防止砸伤	
		3. 防止高处坠落	给煤机尾部下煤口处作业时，要系好安全带，防止落入磨煤机内
		4. 防止大锤飞出伤人	使用前检查锤头安装牢固；不准戴手套或单手抡大锤，周围不准有人靠近
		5. 防止滑倒、挤伤	（1）及时清理地面，做到随清随洁，防止脚下打滑摔伤。 （2）对孔时严禁将手指放入螺栓孔内，防止挤伤手指
2	给煤机解体	1. 防止违章指挥	（1）各级领导、工作人员必须严格遵守国家有关法律法规和上级有关规章制度。 （2）各级领导、工作人员认真实施反违章实施细则。 （3）工作人员必须严格遵守安全规程、检修规程、作业指导书。 （4）工作人员严格执行检修工艺。 （5）各级人员按分工恪尽职守，做到安全文明施工，制止和杜绝各类违章现象的发生
		2. 防止设备损坏	（1）专用起吊工具及钢丝绳使用时，必须外观检查合格，无缺陷，无破损，承受重力不允许超过规定。 （2）行车试运合格，不溜钩，钢丝绳无断股，限位正常
		3. 防止落物伤人	（1）检查检修区域上方和周围无高处落物的危险，上方有作业应交错开，或做好隔离措施。 （2）高处作业时，作业点下方装设围栏并且挂警示牌，以免落物伤及别人，较小零件应及时放入工具袋。 （3）高处作业不准上下抛掷工器具、物件。 （4）脚手架上堆放物件时，应固定，杂物应及时清理。 （5）搬运、拆卸较重的部件，要多人一起或使用倒链，禁止抛投

续表

序号	辨识项目	辨识内容	典型控制措施
2	给煤机解体	4. 防止碰伤、挤伤	（1）现场油污应及时清除干净。 （2）对孔时，严禁将手指放入螺栓孔内，防止挤伤手指。 （3）起吊的物体加减垫片时，严禁将手指放入地脚下部等容易被挤伤处
		5. 防止触电事故	（1）不能私拉乱接临时电源，导线要用水线，无裸露，摆放规范。 （2）电动工器具要有检验合格证，绝缘良好。 （3）工器具要接有漏电保护器，使用人员要戴绝缘手套。 （4）检修工作暂时停止时，必须关掉电动工具开关
		6. 防止高处坠落	给煤机尾部下煤口处作业时，要系好安全带，防止落入磨煤机内
		7. 防止随意扩大检修范围	
		8. 防止窒息	进入磨煤机罐体内工作，必须装设通风机对罐体内充分通风
		9. 防止爆炸	（1）动用电火焊作业时，应做好防止煤粉着火措施，必须清理干净给煤机内积粉才能动火，并备有足够的灭火器材，留专人监护。 （2）使用火焊时，乙炔和氧气瓶要保持 8m 的安全距离，气瓶防振圈、安全帽、压力表等组件齐全完善
		10. 防止火灾	（1）用火焊时，要检查焊带，不应有漏气现象。 （2）火焊用后要关好火焊把的各气门。 （3）作业后不应遗留火源、火种，防止火灾发生
3	给煤机检修	1. 防止盘车时伤人	
		2. 防止起重作业时伤人	（1）起吊设备使用前，要检查限位、制动良好，试运正常，钢丝绳无断股；倒链外观检查无破损，试运良好，不合格的严禁使用。 （2）不准在起吊的重物下行走和停留。 （3）吊装过程中要和起重人员互相配合。 （4）所有起吊工作由工作负责人指挥，专人操作
		3. 防止物件滑落	
		4. 防止火灾	（1）用火焊时，要检查焊带，不应有漏气现象。 （2）火焊用后要关好火焊把的各气门。 （3）作业后不应遗留火源、火种，防止火灾发生

续表

序号	辨识项目	辨识内容	典型控制措施
3	给煤机检修	5. 防止零部件损坏	避免野蛮作业，部件要轻拿轻放
		6. 防止烧伤、烫伤	（1）磨煤机内部温度降至35℃以下，方可进入工作。 （2）进入磨煤机内作业要穿好工作服，戴好手套
4	吊装大链	1. 杜绝违章指挥	（1）各级领导、工作人员必须严格遵守国家有关法律法规和上级有关规章制度。 （2）各级领导、工作人员认真实施反违章实施细则。 （3）工作人员必须严格遵守安全规程、检修规程、作业指导书。 （4）工作人员严格执行检修工艺。 （5）各级人员按分工恪尽职守，做到安全文明施工，制止和杜绝各类违章现象的发生
		2. 防止设备损坏	（1）专用起吊工具及钢丝绳使用时，必须外观检查合格，无缺陷，无破损，承受重力不允许超过规定。 （2）行车试运合格，不溜钩，钢丝绳无断股，限位正常
		3. 防止落物伤人	（1）检查检修区域上方和周围无高处落物的危险，上方有作业应交错开，或做好隔离措施。 （2）高处作业时，作业点下方装设围栏并且挂警示牌，以免落物伤及别人，较小零件应及时放入工具袋。 （3）高处作业不准上下抛掷工器具、物件。 （4）脚手架上堆放物件时，应固定，杂物应及时清理。 （5）搬运、拆卸较重的部件，要多人一起或使用倒链，禁止抛投
5	轴承检修	1. 防止异物落入轴承室内	检修结束前，应检查有无工具留在给煤机内，确认后方可封盖板
		2. 防止轴封损坏	
		3. 防止机械伤害	（1）使用的电动工器具要有检验合格证，现场外观检查无破损且试运正常。 （2）给煤机试转时，要通告人员全部离开给煤机，手不能触摸运行中的大链。 （3）使用大锤时，要检查大锤完好，周围工作人员禁止站在对面作业，不准戴手套和单手抡大锤。 （4）使用磨光机、砂轮机时，工作人员应戴防护眼镜，千斤顶无泄漏并合格
		4. 防止碰伤、挤伤	（1）对孔时，严禁将手指放入螺栓孔内，防止挤伤手指。 （2）起吊的物体加减垫片时，严禁将手指放入地脚下部等容易被挤伤处

续表

序号	辨识项目	辨识内容	典型控制措施
6	煤机回装	1. 防止给煤机内留杂物	（1）设备回装时，认真检查设备内无遗留异物，确认无异物后方可回装。 （2）回装前应及时清点工器具
		2. 防止大锤脱手伤人	使用大锤要安装牢固，打大锤不许戴手套，不许单手抡大锤，使用合适的扳手。周围不准有人靠近
		3. 防止机械伤害	（1）使用的电动工器具要有检验合格证，现场外观检查无破损且试运正常。 （2）给煤机试转时，要通告人员全部离开给煤机，手不能触摸运行中的大链。 （3）使用大锤时，要检查大锤完好，周围工作人员禁止站在对面作业，不准戴手套和单手抡大锤。 （4）使用磨光机、砂轮机时，工作人员应戴防护眼镜，千斤顶无泄漏并合格
		4. 防止落物伤人	（1）检查检修区域上方和周围无高处落物的危险，上方有作业应交错开，或做好隔离措施。 （2）高处作业时，作业点下方装设围栏并且挂警示牌，以免落物伤及别人，较小零件应及时放入工具袋。 （3）高处作业不准上下抛掷工器具、物件。 （4）脚手架上堆放物件时，应固定，杂物应及时清理。 （5）搬运、拆卸较重的部件，要多人一起或使用倒链，禁止抛投
		5. 防止火灾事故	（1）用火焊时，要检查焊带不应有漏气现象。 （2）火焊用后要关好火焊把的各气门。 （3）作业后不应遗留火源、火种，防止火灾发生
		6. 防止烫伤	（1）磨煤机内部温度降至35℃以下，方可进入工作。 （2）进入磨煤机内作业要穿好工作服，戴好手套
		7. 防止气瓶爆炸	使用火焊时，乙炔和氧气瓶要保持8m的安全距离，气瓶防振圈、安全帽、压力表等组件齐全完善
		8. 杜绝违章指挥	（1）各级领导、工作人员必须严格遵守国家有关法律法规和上级有关规章制度。 （2）各级领导、工作人员认真实施反违章实施细则。 （3）工作人员必须严格遵守安全规程、检修规程、作业指导书。 （4）工作人员严格执行检修工艺。 （5）各级人员按分工格尽职守，做到安全文明施工，制止和杜绝各类违章现象的发生

续表

序号	辨识项目	辨识内容	典型控制措施
6	煤机回装	9. 防止设备损坏	（1）专用起吊工具及钢丝绳使用时，必须外观检查合格，无缺陷，无破损，承受重力不允许超过规定。 （2）行车试运合格，不溜钩，钢丝绳无断股，限位正常
		10. 防止高处坠落	给煤机尾部下煤口处作业时，要系好安全带，防止落入磨煤机内
7	试转	1. 防止设备损坏	试转时随时关注振动与运转声音，发现异常及时通知
		2. 防止挤伤	
		3. 防止机械伤害	（1）使用的电动工器具要有检验合格证，现场外观检查无破损且试运正常。 （2）给煤机试转时，要通告人员全部离开给煤机，手不能触摸运行中的大链。 （3）使用大锤时，要检查大锤完好，周围工作人员禁止站在对面作业，不准戴手套和单手抡大锤。 （4）使用磨光机、砂轮机时，工作人员应戴防护眼镜，千斤顶无泄漏并合格
		4. 防止火灾	
		5. 防止误动、误碰	

1.2.5 煤粉管检修

作业项目	煤粉管检修		
序号	辨识项目	辨识内容	典型控制措施
一	公共部分（健康与环境）		
	[表格内容同 1.1.1 公共部分（健康与环境）]		
二	作业内容（安全）		
1	拆保温	1. 防止烫伤	要穿好工作服，戴好手套
		2. 防止窒息	进入内部工作，要加强通风，外面设专人监护

续表

序号	辨识项目	辨识内容	典型控制措施
1	拆保温	3. 防止高处坠落	（1）人员站在 1.5m 设备本体上工作时，要选择适当的工作位置，系好安全带。 （2）若在脚手架上工作，架子搭设牢固，且设置安全围栏。 （3）多人作业时，避免多条安全带挂于同一地点，安全带不能低挂高用
		4. 防止物体打击伤人	
		5. 防止滑倒、摔伤	发现平台上有油时及时擦拭，防止人员滑倒跌落；脚手架围栏安装牢固
		6. 防止触电事故	（1）不能私拉乱接临时电源，检查电线是否完好，有无接地线，电源开关外壳和电线绝缘有破损、绝缘不良或带电部分外露时不准使用。 （2）电动工器具要有检验合格证，绝缘良好。 （3）工器具要接有漏电保护器，使用人员要戴绝缘手套。 （4）检修工作暂时停止时，必须关掉电动工具开关
		7. 防止落物伤人	（1）检查检修区域上方和周围无高处落物的危险，上方有作业应交错开，或做好隔离措施。 （2）高处作业时，作业点下方装设围栏并且挂警示牌，以免落物伤及别人，较小零件应及时放入工具袋。 （3）高处作业不准上下抛掷工器具、物件。 （4）脚手架上堆放物件时，应固定，杂物应及时清理。 （5）搬运、拆卸较重的部件，要多人一起或使用倒链，禁止抛投
		8. 防止爆炸	
		9. 防止火灾	（1）用火焊时，要检查焊带，不应有漏气现象。 （2）火焊用后要关好火焊把的各气门。 （3）作业后不应遗留火源、火种，防止火灾发生
2	煤粉管检修	1. 防止落物伤人	（1）检查检修区域上方和周围无高处落物的危险，上方有作业应交错开，或做好隔离措施。 （2）高处作业时，作业点下方装设围栏并且挂警示牌，以免落物伤及别人，较小零件应及时放入工具袋。 （3）高处作业不准上下抛掷工器具、物件。 （4）脚手架上堆放物件时，应固定，杂物应及时清理。 （5）搬运、拆卸较重的部件，要多人一起或使用倒链，禁止抛投

续表

序号	辨识项目	辨识内容	典型控制措施
2	煤粉管检修	2. 防止起重作业时伤人	（1）人员站在1.5m设备本体上工作时，要选择适当的工作位置，系好安全带。 （2）若在脚手架上工作，架子搭设牢固，且设置安全围栏。 （3）多人作业时，避免多条安全带挂于同一地点，安全带不能低挂高用
		3. 防止物件滑落	
		4. 防止火灾	将管内剩余煤粉清理干净，铺设石棉布隔绝火星，工作现场配备足够的灭火器
		5. 防止零部件损坏	（1）专用起吊工具及钢丝绳使用时，必须外观检查合格，无缺陷，无破损，承受重力不允许超过规定。 （2）行车试运合格，不溜钩，钢丝绳无断股，限位正常
		6. 防止烧伤、烫伤	要穿好工作服，戴好手套
		7. 防止高处坠落	（1）人员站在1.5m设备本体上工作时，要选择适当的工作位置，系好安全带。 （2）若在脚手架上工作，架子搭设牢固，且设置安全围栏。 （3）多人作业时，避免多条安全带挂于同一地点，安全带不能低挂高用
		8. 防止触电	（1）不能私拉乱接临时电源，检查电线是否完好，有无接地线，电源开关外壳和电线绝缘有破损、绝缘不良或带电部分外露时不准使用。 （2）电动工器具要有检验合格证，绝缘良好。 （3）工器具要接有漏电保护器，使用人员要戴绝缘手套。 （4）检修工作暂时停止时，必须关掉电动工具开关
		9. 防止机械伤害	（1）使用的电动工器具要有检验合格证，现场外观检查无破损且试运正常。 （2）使用磨光机、砂轮切割机、坡口机等电动工具时，工作人员应戴防护眼镜
3	装煤粉管弯头	1. 杜绝违章指挥	（1）各级领导、工作人员必须严格遵守国家有关法律法规和上级有关规章制度。 （2）各级领导、工作人员认真实施反违章实施细则。 （3）工作人员必须严格遵守安全规程、检修规程、作业指导书。 （4）工作人员严格执行检修工艺。 （5）各级人员按分工格尽职守，做到安全文明施工，制止和杜绝各类违章现象的发生
		2. 防止设备损坏	（1）专用起吊工具及钢丝绳使用时，必须外观检查合格，无缺陷，无破损，承受重力不允许超过规定。 （2）机行车试运合格，不溜钩，钢丝绳无断股，限位正常

续表

序号	辨识项目	辨识内容	典型控制措施
3	装煤粉管弯头	3. 防止落物伤人	（1）检查检修区域上方和周围无高处落物的危险，上方有作业应交错开，或做好隔离措施。 （2）高处作业时，作业点下方装设围栏并且挂警示牌，以免落物伤及别人，较小零件应及时放入工具袋。 （3）高处作业不准上下抛掷工器具、物件。 （4）脚手架上堆放物件时，应固定，杂物应及时清理。 （5）搬运、拆卸较重的部件，要多人一起或使用倒链，禁止抛投
		4. 防止起重作业时伤人	（1）脚手架上作业，要检查架子搭设合格牢固。 （2）脚手架上作业要系好安全带，做到高挂低用，防止坠落。 （3）进入吊篮前检查试验卷扬机抱闸、电气回路正常，外观检查钢丝绳无断股，各滑轮完好。 （4）吊篮内作业内外通信畅通，对讲机号码统一、专用。 （5）上吊篮人员要系好安全带，安全带挂在吊篮上
4	煤粉管检修完毕	1. 防止煤粉管内留杂物	（1）设备回装时认真检查设备内无遗留异物，确认无异物后方可回装。 （2）回装前应及时清点工器具
		2. 防止大锤脱手伤人	使用大锤要安装牢固，打大锤不许戴手套，不许单手抡大锤，使用合适的扳手。周围不准有人靠近
		3. 防止机械伤害	（1）使用的电动工器具要有检验合格证，现场外观检查无破损且试运正常。 （2）使用磨光机、砂轮切割机、坡口机等电动工具时，工作人员应戴防护眼镜
		4. 防止落物伤人	（1）检查检修区域上方和周围无高处落物的危险，上方有作业应交错开，或做好隔离措施。 （2）高处作业时，作业点下方装设围栏并且挂警示牌，以免落物伤及别人，较小零件应及时放入工具袋。 （3）高处作业不准上下抛掷工器具、物件。 （4）脚手架上堆放物件时，应固定，杂物应及时清理。 （5）搬运、拆卸较重的部件，要多人一起或使用倒链，禁止抛投
		5. 防止火灾事故	将管内剩余煤粉清理干净，铺设石棉布隔绝火星，工作现场配备足够的灭火器
		6. 防止烫伤	

续表

序号	辨识项目	辨识内容	典型控制措施
4	煤粉管检修完毕	7. 防止气瓶爆炸	使用火焊时，乙炔和氧气瓶要保持8m的安全距离，气瓶防振圈、安全帽、压力表等组件齐全完善
		8. 杜绝违章指挥	（1）各级领导、工作人员必须严格遵守国家有关法律法规和上级有关规章制度。 （2）各级领导、工作人员认真实施反违章实施细则。 （3）工作人员必须严格遵守安全规程、检修规程、作业指导书。 （4）工作人员严格执行检修工艺。 （5）各级人员按分工恪尽职守，做到安全文明施工，制止和杜绝各类违章现象的发生
		9. 防止设备损坏	（1）专用起吊工具及钢丝绳使用时，必须外观检查合格，无缺陷，无破损，承受重力不允许超过规定。 （2）起吊设备试运合格，不溜钩，钢丝绳无断股，限位正常
		10. 防止高处坠落	（1）人员站在1.5m设备本体上工作时，要选择适当的工作位置，系好安全带。 （2）若在脚手架上工作，架子搭设牢固，且设置安全围栏。 （3）多人作业时，避免多条安全带挂于同一地点，安全带不能低挂高用
		11. 防止触电	（1）不能私拉乱接临时电源，电线是否完好，有无接地线，电源开关外壳和电线绝缘有破损、绝缘不良或带电部分外露时不准使用。 （2）电动工器具要有检验合格证，绝缘良好。 （3）工器具要接有漏电保护器，使用人员要戴绝缘手套。 （4）检修工作暂时停止时，必须关掉电动工具开关

1.2.6 受热面检修

作业项目	受热面检修		
序号	辨识项目	辨识内容	典型控制措施
一	公共部分（健康与环境）		
	[表格内容同1.1.1公共部分（健康与环境）]		
二	作业内容（安全）		
1	S	1. 防止烫伤	（1）动用电、火焊时戴隔热手套，防止焊渣飞溅伤人。 （2）温度必须降至40℃以下，方可工作

续表

序号	辨识项目	辨识内容	典型控制措施
1	S	2. 防止高处坠落	（1）人员站在1.5m设备本体上工作时要选择适当的工作位置，系好安全带。 （2）若在脚手架上工作，架子搭设牢固，且设置安全围栏。 （3）多人作业时，避免多条安全带挂于同一地点，安全带不能低挂高用
		3. 防止滑倒、摔伤	
		4. 防止触电事故	（1）不能私拉乱接临时电源，电线是否完好，有无接地线，电源开关外壳和电线绝缘有破损、绝缘不良或带电部分外露时不准使用。 （2）电动工器具要有检验合格证，绝缘良好。 （3）工器具要接有漏电保护器，使用人员要戴绝缘手套。 （4）检修工作暂时停止时，必须关掉电动工具开关
		5. 防止落物伤人	（1）检查检修区域上方和周围无高处落物的危险，上方有作业应交错开，或做好隔离措施。 （2）高处作业时，作业点下方装设围栏并且挂警示牌，以免落物伤及别人，较小零件应及时放入工具袋。 （3）高处作业不准上下抛掷工器具、物件。 （4）脚手架上堆放物件时，应固定，杂物应及时清理。 （5）搬运、拆卸较重的部件，要多人一起或使用倒链，禁止抛投
2	搭设炉内、外平台和脚手架	1. 防止高处落物	
		2. 防止高处坠落	（1）人员站在1.5m设备本体上工作时，要选择适当的工作位置，系好安全带。 （2）若在脚手架上工作，架子搭设牢固，且设置安全围栏。 （3）多人作业时，避免多条安全带挂于同一地点，安全带不能低挂高用
		3. 防止使用不符合要求的材料	
		4. 防止触电	（1）不能私拉乱接临时电源，电线是否完好，有无接地线，电源开关外壳和电线绝缘有破损、绝缘不良或带电部分外露时不准使用。 （2）电动工器具要有检验合格证，绝缘良好。 （3）工器具要接有漏电保护器，使用人员要戴绝缘手套。 （4）检修工作暂时停止时，必须关掉电动工具开关

续表

序号	辨识项目	辨识内容	典型控制措施
2	搭设炉内、外平台和脚手架	5. 防止机械伤害	（1）使用的电动工器具要有检验合格证，现场外观检查无破损且试运正常。 （2）给煤机试转时，要通告人员全部离开给煤机，手不能触摸运行中的大链。 （3）使用大锤时，要检查大锤完好，周围工作人员禁止站在对面作业，不准戴手套和单手抡大锤。 （4）使用磨光机、砂轮机时，工作人员应戴防护眼镜，千斤顶无泄漏并合格
		6. 防止高温烫伤	（1）动用电、火焊时戴隔热手套，防止焊渣飞溅伤人。 （2）温度必须降至40℃以下，方可工作
		7. 防止起重伤人	（1）起吊设备使用前要检查限位、制动良好，试运正常，钢丝绳无断股；倒链外观检查无破损，试运良好，不合格的严禁使用。 （2）不准在起吊的重物下行走和停留。 （3）吊装过程中要和起重人员互相配合。 （4）所有起吊工作由工作负责人指挥，专人操作
3	水冷壁、水平受热面检修	1. 防止落物伤人	（1）检查检修区域上方和周围无高处落物的危险，上方有作业应交错开，或做好隔离措施。 （2）高处作业时，作业点下方装设围栏并且挂警示牌，以免落物伤及别人，较小零件应及时放入工具袋。 （3）高处作业不准上下抛掷工器具、物件。 （4）脚手架上堆放物件时，应固定，杂物应及时清理。 （5）搬运、拆卸较重的部件，要多人一起或使用倒链，禁止抛投
		2. 防止起重作业时伤人	（1）起吊设备使用前，要检查限位、制动良好，试运正常，钢丝绳无断股；倒链外观检查无破损，试运良好，不合格的严禁使用。 （2）不准在起吊的重物下行走和停留。 （3）吊装过程中要和起重人员互相配合。 （4）所有起吊工作由工作负责人指挥，专人操作
		3. 防止物件滑落	
		4. 防止零部件损坏	（1）专用起吊工具及钢丝绳使用时，必须外观检查合格，无缺陷，无破损，承受重力不允许超过规定。 （2）起吊设备试运合格，不溜钩，钢丝绳无断股，限位正常
		5. 防止烧伤、烫伤	

序号	辨识项目	辨识内容	典型控制措施
3	水冷壁、水平受热面检修	6. 防止高处坠落	（1）人员站在1.5m设备本体上工作时，要选择适当的工作位置，系好安全带。 （2）若在脚手架上工作，架子搭设牢固，且设置安全围栏。 （3）多人作业时，避免多条安全带挂于同一地点，安全带不能低挂高用
		7. 防止触电	（1）不能私拉乱接临时电源，电线是否完好，有无接地线，电源开关外壳和电线绝缘有破损、绝缘不良或带电部分外露时不准使用。 （2）电动工器具要有检验合格证，绝缘良好。 （3）工器具要接有漏电保护器，使用人员要戴绝缘手套。 （4）检修工作暂时停止时，必须关掉电动工具开关
		8. 防止机械伤害	（1）使用的电动工器具要有检验合格证，现场外观检查无破损且试运正常。 （2）给煤机试转时，要通告人员全部离开给煤机，手不能触摸运行中的大链。 （3）使用大锤时，要检查大锤完好，周围工作人员禁止站在对面作业，不准戴手套和单手抡大锤。 （4）使用磨光机、砂轮机时，工作人员应戴防护眼镜，千斤顶无泄漏并合格
		9. 防止管道内遗留杂物	回装时，认真检查管道内有无遗留异物，确认无异物后方可回装
		10. 防止弧光伤害	（1）焊工操作时，必须使用有防护玻璃且不漏光的合格面罩，身穿长袖帆布工作服，戴干燥的电焊手套，并戴上鞋罩，不得有皮肤裸露在外。 （2）在室内或露天进行电焊焊接时，必要时应使用屏风隔挡，防止弧光伤害周围人的眼睛。 （3）焊工施焊前，要及时提醒周围工作人员注意弧光伤眼，配合人员工作中要佩戴紫外线防护眼镜
		11. 防止设备损坏	（1）专用起吊工具及钢丝绳使用时，必须外观检查合格，无缺陷，无破损，承受重力不允许超过规定。 （2）起吊设备试运合格，不溜钩，钢丝绳无断股，限位正常
		12. 防止交叉作业伤人	
		13. 防止气瓶爆炸	使用火焊时，乙炔和氧气瓶要保持8m的安全距离，气瓶防振圈、安全帽、压力表等组件齐全完善

序号	辨识项目	辨识内容	典型控制措施
4	水冷壁、水平受热面检修完毕	1. 防止管道内遗留杂物	回装时，认真检查管道内有无遗留异物，确认无异物后方可回装
		2. 防止机械伤害	（1）使用的电动工器具要有检验合格证，现场外观检查无破损且试运正常。 （2）使用大锤时，要检查大锤完好，周围工作人员禁止站在对面作业，不准戴手套和单手抡大锤。 （3）使用磨光机、砂轮机时，工作人员应戴防护眼镜，千斤顶无泄漏并合格
		3. 防止落物伤人	（1）检查检修区域上方和周围无高处落物的危险，上方有作业应交错开，或做好隔离措施。 （2）高处作业时，作业点下方装设围栏并且挂警示牌，以免落物伤及别人，较小零件应及时放入工具袋。 （3）高处作业不准上下抛掷工器具、物件。 （4）脚手架上堆放物件时，应固定，杂物应及时清理。 （5）搬运、拆卸较重的部件，要多人一起或使用倒链，禁止抛投
		4. 防止烧伤、烫伤	（1）动用电、火焊时戴隔热手套，防止焊渣飞溅伤人。 （2）温度必须降至40℃以下，方可工作
		5. 防止气瓶爆炸	使用火焊时，乙炔和氧气瓶要保持8m的安全距离，气瓶防振圈、安全帽、压力表等组件齐全完善
		6. 杜绝违章指挥	（1）各级领导、工作人员必须严格遵守国家有关法律法规和上级有关规章制度。 （2）各级领导、工作人员认真实施反违章实施细则。 （3）工作人员必须严格遵守安全规程、检修规程、作业指导书。 （4）工作人员严格执行检修工艺。 （5）各级人员按分工恪尽职守，做到安全文明施工，制止和杜绝各类违章现象的发生
		7. 防止设备损坏	（1）专用起吊工具及钢丝绳使用时，必须外观检查合格，无缺陷，无破损，承受重力不允许超过规定。 （2）起吊设备试运合格，不溜钩，钢丝绳无断股，限位正常
		8. 防止高处坠落	（1）人员站在1.5m设备本体上工作时，要选择适当的工作位置，系好安全带。 （2）若在脚手架上工作，架子搭设牢固，且设置安全围栏。 （3）多人作业时，避免多条安全带挂于同一地点，安全带不能低挂高用

续表

序号	辨识项目	辨识内容	典型控制措施
4	水冷壁、水平受热面检修完毕	9. 防止触电	（1）不能私拉乱接临时电源，电线是否完好，有无接地线，电源开关外壳和电线绝缘有破损、绝缘不良或带电部分外露时不准使用。 （2）电动工器具要有检验合格证，绝缘良好。 （3）工器具要接有漏电保护器，使用人员要戴绝缘手套。 （4）检修工作暂时停止时，必须关掉电动工具开关
		10. 防止交叉作业伤人	
5	水压试验	1. 防止高温烫伤	（1）工作负责人在升压前须停止炉内所有工作，确认人员全部撤出，然后才可开始升压。 （2）进水前，工作负责人必须再检查一遍汽包人孔门，确认已经严密关闭。 （3）水压试验进水时，空气门及给水门的监护人员不准擅自离开，以免高压水喷出伤及人员。 （4）升压过程中，只有在锅炉停止升压后，工作人员才可以进行受热面检查，检查人员不得靠近焊口、阀门及泄漏点或用工具敲打管子。 （5）锅炉进行超压试验时，在保持试验压力的时间内不准进行任何检查，应待压力降到工作压力后，才可进行检查
		2. 在升压时禁止工作	
		3. 在查漏时防止触电和起重伤人	

1.2.7 强循泵检修

作业项目	强循泵检修		
序号	辨识项目	辨识内容	典型控制措施
一	公共部分（健康与环境）		
	[表格内容同 1.1.1 公共部分（健康与环境）]		
二	作业内容（安全）		
1	拆保温	1. 防止烫伤	（1）动用电、火焊时戴隔热手套，防止焊渣飞溅伤人。 （2）温度必须降至40℃以下，方可工作

续表

序号	辨识项目	辨识内容	典型控制措施
1	拆保温	2. 防止高处坠落	（1）人员站在设备上工作时选择适当的工作位置，设专人监护，并正确系好安全带。 （2）拆除栏杆平台楼梯和割开的孔洞，设临时围栏并挂禁止跨越、防止高处坠落警示牌。必要时，设立专人监护。 （3）高处作业应系好安全带和防坠器，脚手架应搭设牢固、可靠
		3. 防止滑倒、摔伤	发现平台上有油时，及时擦拭，防止人员滑倒跌落；脚手架围栏安装牢固
		4. 防止触电事故	（1）不能私拉乱接临时电源，电线是否完好，有无接地线，电源开关外壳和电线绝缘有破损、绝缘不良或带电部分外露时不准使用。 （2）电动工器具要有检验合格证，绝缘良好。 （3）工器具要接有漏电保护器，使用人员要戴绝缘手套。 （4）照明电线应使用带有保护器的绕线盘，照明充足。 （5）内部工作时，应使用24V以下行灯，行灯变压器放在暖风器外部
		5. 防止落物伤人	（1）检查检修区域上方和周围无高处落物的危险，上方有作业应交错开，或做好隔离措施。 （2）高处作业时，作业点下方装设围栏并且挂警示牌，以免落物伤及别人，较小零件应及时放入工具袋。 （3）高处作业不准上下抛掷工器具、物件。 （4）脚手架上堆放物件时，应固定，杂物应及时清理。 （5）搬运、拆卸较重的部件，要多人一起或使用倒链，禁止抛投
2	拆除泵体螺栓	1. 防止碰伤、挤伤	（1）对孔时，严禁将手指放入螺栓孔内，防止挤伤手指。 （2）起吊的物体加减垫片时，严禁将手指放入地脚下部等容易被挤伤处
		2. 防止损坏设备	（1）专用起吊工具及钢丝绳使用时，必须外观检查合格，无缺陷，无破损，承受重力不允许超过规定。 （2）起吊设备试运合格，不溜钩，钢丝绳无断股，限位正常
		3. 防止滑跌	发现平台上有油时，及时擦拭，防止人员滑倒跌落；脚手架围栏安装牢固
3	拆除电动机	1. 防止碰伤	（1）对孔时，严禁将手指放入螺栓孔内，防止挤伤手指。 （2）起吊电动机加减垫片时，严禁将手指放入地脚下部等容易被挤伤处
		2. 防止设备损坏	（1）专用起吊工具及钢丝绳使用时，必须外观检查合格，无缺陷，无破损，承受重力不允许超过规定。 （2）起吊设备试运合格，不溜钩，钢丝绳无断股，限位正常

续表

序号	辨识项目	辨识内容	典型控制措施
3	拆除电动机	3. 防止落物伤人	（1）检查检修区域上方和周围无高处落物的危险，上方有作业应交错开，或做好隔离措施。 （2）高处作业时，作业点下方装设围栏并且挂警示牌，以免落物伤及别人，较小零件应及时放入工具袋。 （3）高处作业不准上下抛掷工器具、物件。 （4）脚手架上堆放物件时，应固定，杂物应及时清理。 （5）搬运、拆卸较重的部件，要多人一起或使用倒链，禁止抛投
		4. 防止滑跌	发现平台上有油时，及时擦拭，防止人员滑倒跌落；脚手架围栏安装牢固
		5. 防止运输过程电动机脱落	
		6. 防止起重伤人	（1）起吊设备使用前，要检查限位、制动良好，试运正常，钢丝绳无断股；倒链外观检查无破损，试运良好，不合格的严禁使用。 （2）不准在起吊的重物下行走和停留。 （3）吊装过程中要和起重人员互相配合。 （4）所有起吊工作由工作负责人指挥，专人操作
4	清理拆下的各部件	1. 防止划伤	
		2. 防止损坏设备	（1）专用起吊工具及钢丝绳使用时，必须外观检查合格，无缺陷，无破损，承受重力不允许超过规定。 （2）起吊设备试运合格，不溜钩，钢丝绳无断股，限位正常
		3. 防止杂物遗留到泵体内	回装时，认真检查泵体内有无遗留异物，确认无异物后方可回装
		4. 防止滑跌	及时清理地面油污，做到随清随洁，防止脚下打滑摔伤
		5. 防止着火	
5	检修、检查泵体	1. 防止碰伤、挤伤	（1）对孔时，严禁将手指放入螺栓孔内，防止挤伤手指。 （2）起吊的物体加减垫片时，严禁将手指放入地脚下部等容易被挤伤处
		2. 防止损坏各部件	（1）专用起吊工具及钢丝绳使用时，必须外观检查合格，无缺陷，无破损，承受重力不允许超过规定。 （2）起吊设备试运合格，不溜钩，钢丝绳无断股，限位正常

续表

序号	辨识项目	辨识内容	典型控制措施
5	检修、检查泵体	3. 防止触电	（1）临时电源线路摆放要规范，不能私拉乱接，施工现场严禁使用花线。 （2）电器工具绝缘合格，无裸露电线。 （3）各种用电导线完好无损，避免挤压和接触高温物品。 （4）使用电器工具必须使用有漏电保护器。 （5）湿手禁止触摸电动工具。 （6）焊工要穿绝缘鞋，戴绝缘手套
		4. 防止滑跌	及时清理地面油污，做到随清随洁，防止脚下打滑摔伤
		5. 防止火灾事故	（1）用火焊时，要检查焊带，不应有漏气现象。 （2）火焊用后要关好火焊把的各气门。 （3）作业后不应遗留火源、火种，防止火灾发生
		6. 防止机械伤害	（1）使用的电动工器具要有检验合格证，现场外观检查无破损且试运正常。 （2）设备试转时，应站在轴向位置，试转结束后，及时切断电源，方可进行恢复或检修。 （3）使用大锤时，要检查大锤完好，周围工作人员禁止站在对面作业，不准戴手套和单手抡大锤。 （4）使用磨光机、砂轮机时，工作人员应戴防护眼镜。 （5）千斤顶使用前校验，不合格不准使用。 （6）转动机械的防护罩要牢固地恢复
6	回装电动机	1. 防止杂物遗留到泵体内	回装时，认真检查泵体内有无遗留异物，确认无异物后方可回装
		2. 防止碰伤	（1）对孔时，严禁将手指放入螺栓孔内，防止挤伤手指。 （2）起吊电动机加减垫片时，严禁将手指放入地脚下部等容易被挤伤处
		3. 防止机械伤害	（1）使用的电动工器具要有检验合格证，现场外观检查无破损且试运正常。 （2）设备试转时，应站在轴向位置，试转结束后，及时切断电源，方可进行恢复或检修。 （3）使用大锤时，要检查大锤完好，周围工作人员禁止站在对面作业，不准戴手套和单手抡大锤。 （4）使用磨光机、砂轮机时，工作人员应戴防护眼镜。 （5）千斤顶使用前校验，不合格不准使用。 （6）转动机械的防护罩要牢固地恢复

续表

序号	辨识项目	辨识内容	典型控制措施
6	回装电动机	4. 防止落物伤人	(1) 检查检修区域上方和周围无高处落物的危险，上方有作业应交错开，或做好隔离措施。 (2) 高处作业时，作业点下方装设围栏并且挂警示牌，以免落物伤及别人，较小零件应及时放入工具袋。 (3) 高处作业不准上下抛掷工器具、物件。 (4) 脚手架上堆放物件时，应固定，杂物应及时清理。 (5) 搬运、拆卸较重的部件，要多人一起或使用倒链，禁止抛投
		5. 防止火灾事故	(1) 用火焊时，要检查焊带，不应有漏气现象。 (2) 火焊用后要关好火焊把的各气门。 (3) 作业后不应遗留火源、火种，防止火灾发生
		6. 杜绝违章指挥	(1) 各级领导、工作人员必须严格遵守国家有关法律法规和上级有关规章制度。 (2) 各级领导、工作人员认真实施反违章实施细则。 (3) 工作人员必须严格遵守安全规程、检修规程、作业指导书。 (4) 工作人员严格执行检修工艺。 (5) 各级人员按分工恪尽职守，做到安全文明施工，制止和杜绝各类违章现象的发生
		7. 防止设备损坏	(1) 专用起吊工具及钢丝绳使用时，必须外观检查合格，无缺陷，无破损，承受重力不允许超过规定。 (2) 起吊设备试运合格，不溜钩，钢丝绳无断股，限位正常
7	试运行	1. 防止漏水	
		2. 防止误操作	
		3. 防止设备损坏	(1) 专用起吊工具及钢丝绳使用时，必须外观检查合格，无缺陷，无破损，承受重力不允许超过规定。 (2) 起吊设备试运合格，不溜钩，钢丝绳无断股，限位正常
		4. 防止滑跌	及时清理地面油污，做到随清随洁，防止脚下打滑摔伤

1.2.8 油枪检修

作业项目	油枪检修		
序号	辨识项目	辨识内容	典型控制措施
一	公共部分（健康与环境）		
	［表格内容同 1.1.1 公共部分（健康与环境）］		
二	作业内容（安全）		
1	关闭油门及压缩空气门	1. 防止碰伤、挤伤	（1）对孔时，严禁将手指放入螺栓孔内，防止挤伤手指。 （2）起吊的物体加减垫片时，严禁将手指放入地脚下部等容易被挤伤处
		2. 防止损坏设备	（1）起吊泵前，外观检查倒链无缺陷、无破损。 （2）起吊循环泵必须由起重专业人员操作
		3. 防止跑油	严密监视燃油压力变化，加强对燃油系统的检查，发现燃油泄漏，隔离漏点，联系检修消除
2	拆除油枪	1. 防止碰伤	
		2. 防止设备损坏	（1）起吊泵前，外观检查倒链无缺陷、无破损。 （2）起吊循环泵必须由起重专业人员操作
		3. 防止枪杆弯曲	
		4. 防止滑跌	及时清理地面油污，做到随清随洁，防止脚下打滑摔伤
		5. 防止油流到工作场所	
		6. 防止触电	（1）不能私拉乱接临时电源，电线是否完好，有无接地线，电源开关外壳和电线绝缘有破损、绝缘不良或带电部分外露时不准使用。 （2）电动工器具要有检验合格证，绝缘良好。 （3）工器具要接有漏电保护器，使用人员要戴绝缘手套。 （4）检修工作暂时停止时，必须关掉电动工具开关
		7. 防止火灾事故	（1）油枪动火作业要办理动火工作票。 （2）确认油管路里无油，残油排至零米污油箱内。 （3）配备足够的灭火器材
		8. 防止跑油	

续表

序号	辨识项目	辨识内容	典型控制措施
3	清理拆下的各部件	1. 防止划伤	
		2. 防止损坏设备	（1）起吊泵前，外观检查倒链无缺陷、无破损。 （2）起吊循环泵必须由起重专业人员操作
		3. 防止油流到工作场所	
		4. 防止滑跌	及时清理地面油污，做到随清随洁，防止脚下打滑摔伤
		5. 防止着火	（1）油枪动火作业要办理动火工作票。 （2）确认油管路里无油，残油排至零米污油箱内。 （3）配备足够的灭火器材
4	检修、检查油枪	1. 防止碰伤、挤伤	（1）对孔时，严禁将手指放入螺栓孔内，防止挤伤手指。 （2）起吊物体时，严禁将手指放入地脚下部等容易被挤伤处
		2. 防止损坏各部件	
		3. 防止触电	（1）不能私拉乱接临时电源，电线是否完好，有无接地线，电源开关外壳和电线绝缘有破损、绝缘不良或带电部分外露时不准使用。 （2）电动工器具要有检验合格证，绝缘良好。 （3）工器具要接有漏电保护器，使用人员要戴绝缘手套。 （4）检修工作暂时停止时，必须关掉电动工具开关
		4. 防止滑跌	及时清理地面油污，做到随清随洁，防止脚下打滑摔伤
		5. 防止火灾事故	（1）油枪动火作业要办理动火工作票。 （2）确认油管路里无油，残油排至零米污油箱内。 （3）配备足够的灭火器材
		6. 防止机械伤害	（1）使用的电动工器具要有检验合格证，现场外观检查无破损且试运正常。 （2）使用磨光机、砂轮切割机等电动工具时，工作人员应戴防护眼镜
5	回装油枪	1. 防止油管道及轴承箱内遗留杂物	回装时，认真检查管道及轴承箱内有无遗留异物，确认无异物后方可回装
		2. 防止碰伤	（1）对孔时，严禁将手指放入螺栓孔内，防止挤伤手指。 （2）起吊物体时，严禁将手指放入地脚下部等容易被挤伤处

续表

序号	辨识项目	辨识内容	典型控制措施
5	回装油枪	3. 防止机械伤害	（1）使用的电动工器具要有检验合格证，现场外观检查无破损且试运正常。 （2）使用磨光机、砂轮切割机等电动工具时，工作人员应戴防护眼镜
		4. 防止落物伤人	检查检修区域上方和周围有无高处落物的危险，上方有作业应交错开，或做好隔离措施
		5. 防止火灾事故	（1）油枪动火作业要办理动火工作票。 （2）确认油管路里无油，残油排至零米污油箱内。 （3）配备足够的灭火器材
		6. 杜绝违章指挥	（1）各级领导、工作人员必须严格遵守国家有关法律法规和上级有关规章制度。 （2）各级领导、工作人员认真实施反违章实施细则。 （3）工作人员必须严格遵守安全规程、检修规程、作业指导书。 （4）工作人员严格执行检修工艺。 （5）各级人员按分工恪尽职守，做到安全文明施工，制止和杜绝各类违章现象的发生
		7. 防止设备损坏	避免野蛮作业，部件要轻拿轻放
6	试运行	1. 防止跑油	严密监视燃油压力变化，加强对燃油系统的检查，发现燃油泄漏，隔离漏点，联系检修消除
		2. 防止误操作	
		3. 防止设备损坏	试转时，随时关注振动与运转声音，发现异常及时通知
		4. 防止滑跌	及时清理地面油污，做到随清随洁，防止脚下打滑摔伤

1.2.9 水吹灰泵检修

作业项目	水吹灰泵检修		
序号	辨识项目	辨识内容	典型控制措施
一	公共部分（健康与环境）		
	[表格内容同 1.1.1 公共部分（健康与环境）]		

续表

序号	辨识项目	辨识内容	典型控制措施
二	作业内容（安全）		
1	拆除对轮	1. 防止碰伤、挤伤	（1）对孔时，严禁将手指放入螺栓孔内，防止挤伤手指。 （2）起吊物体时，严禁将手指放入地脚下部等容易被挤伤处
		2. 防止损坏设备	拆下的部件要轻拿轻放，倒链外观检查无破损，试运正常
		3. 防止滑跌	及时清理地面油污，做到随清随洁，防止脚下打滑摔伤
2	拆除吹灰泵	1. 防止碰伤	（1）对孔时，严禁将手指放入螺栓孔内，防止挤伤手指。 （2）起吊物体时，严禁将手指放入地脚下部等容易被挤伤处
		2. 防止设备损坏	拆下的部件要轻拿轻放，倒链外观检查无破损，试运正常
		3. 防止落物伤人	（1）检查检修区域上方和周围无高处落物的危险，上方有作业应交错开，或做好隔离措施。 （2）高处作业时，作业点下方装设围栏并且挂警示牌，以免落物伤人，较小零件应及时放入工具袋。 （3）高处作业不准上下抛掷工器具、物件。 （4）脚手架上堆放物件时，应固定，杂物应及时清理
		4. 防止滑跌	发现平台上有油时，及时擦拭，防止人员滑倒跌落；脚手架围栏安装牢固。
		5. 防止水流到工作场所	
		6. 防止触电	（1）不能私拉乱接临时电源，电线是否完好，有无接地线，电源开关外壳和电线绝缘有破损、绝缘不良或带电部分外露时不准使用。 （2）电动工器具要有检验合格证，绝缘良好。 （3）工器具要接有漏电保护器，使用人员要戴绝缘手套。 （4）检修工作暂时停止时，必须关掉电动工具开关
		7. 防止火灾事故	（1）用火焊时，要检查焊带，不应有漏气现象。 （2）火焊用后要关好火焊把的各气门。 （3）作业后不应遗留火源、火种，防止火灾发生
		8. 防止跑水	

续表

序号	辨识项目	辨识内容	典型控制措施
3	解体各部件	1. 防止划伤	
		2. 防止损坏设备	拆下的部件要轻拿轻放，倒链外观检查无破损，试运正常
		3. 防止水流到工作场所	
		4. 防止滑跌	发现平台上有油时，及时擦拭，防止人员滑倒跌落；脚手架围栏安装牢固
		5. 防止机械伤害	（1）使用的电动工器具要有检验合格证，现场外观检查无破损且试运正常。 （2）使用磨光机、砂轮切割机等电动工具时，工作人员应戴防护眼镜。 （3）试转时，工作人员要站在轴向位置
4	检修吹灰泵	1. 防止碰伤、挤伤	（1）对孔时，严禁将手指放入螺栓孔内，防止挤伤手指。 （2）起吊物体时，严禁将手指放入地脚下部等容易被挤伤处
		2. 防止损坏各部件	拆下的部件要轻拿轻放，倒链外观检查无破损，试运正常
		3. 防止触电	（1）不能私拉乱接临时电源，电线是否完好，有无接地线，电源开关外壳和电线绝缘有破损、绝缘不良或带电部分外露时不准使用。 （2）电动工器具要有检验合格证，绝缘良好。 （3）工器具要接有漏电保护器，使用人员要戴绝缘手套。 （4）检修工作暂时停止时，必须关掉电动工具开关
		4. 防止滑跌	发现平台上有油时，及时擦拭，防止人员滑倒跌落；脚手架围栏安装牢固
		5. 防止机械伤害	（1）使用的电动工器具要有检验合格证，现场外观检查无破损且试运正常。 （2）使用磨光机、砂轮切割机等电动工具时，工作人员应戴防护眼镜。 （3）试转时，工作人员要站在轴向位置
5	回装吹灰泵	1. 防止泵体及轴承箱内遗留杂物	回装时，认真检查泵体及轴承箱内有无遗留异物，确认无异物后方可回装
		2. 防止碰伤	（1）对孔时，严禁将手指放入螺栓孔内，防止挤伤手指。 （2）起吊物体时，严禁将手指放入地脚下部等容易被挤伤处

续表

序号	辨识项目	辨识内容	典型控制措施
5	回装吹灰泵	3. 防止机械伤害	（1）使用的电动工器具要有检验合格证，现场外观检查无破损且试运正常。 （2）使用磨光机、砂轮切割机等电动工具时，工作人员应戴防护眼镜。 （3）试转时，工作人员要站在轴向位置
		4. 防止落物伤人	（1）检查检修区域上方和周围无高处落物的危险，上方有作业应交错开，或做好隔离措施。 （2）高处作业时，作业点下方装设围栏并且挂警示牌，以免落物伤人，较小零件应及时放入工具袋。 （3）高处作业不准上下抛掷工器具、物件。 （4）脚手架上堆放物件时，应固定，杂物应及时清理
		5. 防止火灾事故	（1）用火焊时，要检查焊带，不应有漏气现象。 （2）火焊用后要关好火焊把的各气门。 （3）作业后不应遗留火源、火种，防止火灾发生
		6. 杜绝违章指挥	（1）各级领导、工作人员必须严格遵守国家有关法律法规和上级有关规章制度。 （2）各级领导、工作人员认真实施反违章实施细则。 （3）工作人员必须严格遵守安全规程、检修规程、作业指导书。 （4）工作人员严格执行检修工艺。 （5）各级人员按分工恪尽职守，做到安全文明施工，制止和杜绝各类违章现象的发生
		7. 防止设备损坏	拆下的部件要轻拿轻放，倒链外观检查无破损，试运正常
6	试运行	1. 防止跑水	
		2. 防止误操作	
		3. 防止设备损坏	拆下的部件要轻拿轻放，倒链外观检查无破损，试运正常
		4. 防止滑跌	发现平台上有油时，及时擦拭，防止人员滑倒跌落；脚手架围栏安装牢固
		5. 防止物体打击	
		6. 防止吹灰泵反转	

1.2.10 水吹灰器检修

作业项目	水吹灰器检修		
序号	辨识项目	辨识内容	典型控制措施
一	公共部分（健康与环境）		
	［表格内容同 1.1.1 公共部分（健康与环境）］		
二	作业内容（安全）		
1	拆除电气、热工接线	1. 防止碰伤、挤伤	（1）对孔时，严禁将手指放入螺栓孔内，防止挤伤手指。 （2）严禁将手指放入地脚下部等容易被挤伤处
		2. 防止损坏设备	拆下的部件要轻拿轻放，外观检查倒链无破损，试运正常
		3. 防止触电	（1）不能私拉乱接临时电源，电线是否完好，有无接地线，电源开关外壳和电线绝缘有破损、绝缘不良或带电部分外露时不准使用。 （2）电动工器具要有检验合格证，绝缘良好。 （3）工器具要接有漏电保护器，使用人员要戴绝缘手套。 （4）检修工作暂时停止时，必须关掉电动工具开关
		4. 防止落物伤人	检查检修区域上方和周围有无高处落物的危险，上方有作业应交错开，或做好隔离措施
2	拆除电动机	1. 防止碰伤、挤伤	（1）对孔时，严禁将手指放入螺栓孔内，防止挤伤手指。 （2）起吊电动机加减垫片时，严禁将手指放入地脚下部等容易被挤伤处
		2. 防止设备损坏	拆下的部件要轻拿轻放，外观检查倒链无破损，试运正常
		3. 防止落物伤人	（1）检查检修区域上方和周围有无高处落物的危险，上方有作业应交错开，或做好隔离措施。 （2）较小零件应及时放入工具袋。 （3）高处作业不准上下抛掷工器具、物件。 （4）及时清理网格板上杂物。 （5）搬运、拆卸较重的部件，要多人一起或使用倒链，禁止抛投
		4. 防止滑跌	及时清理地面油污，做到随清随洁，防止脚下打滑摔伤

续表

序号	辨识项目	辨识内容	典型控制措施
2	拆除电动机	5. 防止机械伤害	（1）使用的电动工器具要有检验合格证，现场外观检查无破损且试运正常。 （2）使用磨光机、砂轮切割机等电动工具时，工作人员应戴防护眼镜。 （3）试转时，工作人员要站在轴向位置
		6. 防止触电	（1）不能私拉乱接临时电源，电线是否完好，有无接地线，电源开关外壳和电线绝缘有破损、绝缘不良或带电部分外露时不准使用。 （2）电动工器具要有检验合格证，绝缘良好。 （3）工器具要接有漏电保护器，使用人员要戴绝缘手套。 （4）检修工作暂时停止时，必须关掉电动工具开关
		7. 防止跑油	
		8. 防止高处坠落	（1）水吹灰器行走通道和作业点区域不完善的网格板和栏杆要采取临时防范措施。 （2）必要时系好安全带
3	拆除各部件	1. 防止划伤	
		2. 防止损坏设备	拆下的部件要轻拿轻放，外观检查倒链无破损，试运正常
		3. 防止油流到工作场所	
		4. 防止滑跌	发现平台上有油时，及时擦拭，防止人员滑倒跌落；脚手架围栏安装牢固
		5. 防止着火	（1）用火焊时，要检查焊带，不应有漏气现象。 （2）火焊用后要关好火焊把的各气门。 （3）作业后不应遗留火源、火种，防止火灾发生
		6. 防止高处坠落	（1）水吹灰器行走通道和作业点区域不完善的网格板和栏杆要采取临时防范措施。 （2）必要时系好安全带
		7. 防止落物伤人	（1）检查检修区域上方和周围有无高处落物的危险，上方有作业应交错开，或做好隔离措施。 （2）较小零件应及时放入工具袋。 （3）高处作业不准上下抛掷工器具、物件。 （4）及时清理网格板上杂物。 （5）搬运、拆卸较重的部件，要多人一起或使用倒链，禁止抛投

续表

序号	辨识项目	辨识内容	典型控制措施
4	检修各部件	1. 防止碰伤、挤伤	（1）对孔时，严禁将手指放入螺栓孔内，防止挤伤手指。 （2）起吊电动机加减垫片时，严禁将手指放入电动机地脚下部
		2. 防止损坏各部件	拆下的部件要轻拿轻放，外观检查倒链无破损，试运正常
		3. 防止触电	（1）不能私拉乱接临时电源，电线是否完好，有无接地线，电源开关外壳和电线绝缘有破损、绝缘不良或带电部分外露时不准使用。 （2）电动工器具要有检验合格证，绝缘良好。 （3）工器具要接有漏电保护器，使用人员要戴绝缘手套。 （4）检修工作暂时停止时，必须关掉电动工具开关
		4. 防止滑跌	及时清理地面油污，做到随清随洁，防止脚下打滑摔伤
		5. 防止火灾事故	（1）用火焊时，要检查焊带，不应有漏气现象。 （2）火焊用后要关好火焊把的各气门。 （3）作业后不应遗留火源、火种，防止火灾发生
		6. 防止机械伤害	（1）使用的电动工器具要有检验合格证，现场外观检查无破损且试运正常。 （2）使用磨光机、砂轮切割机等电动工具时，工作人员应戴防护眼镜。 （3）试转时，工作人员要站在轴向位置
		7. 防止高处坠落	（1）水吹灰器行走通道和作业点区域不完善的网格板和栏杆要采取临时防范措施。 （2）必要时系好安全带
		8. 防止落物伤人	（1）检查检修区域上方和周围有无高处落物的危险，上方有作业应交错开，或做好隔离措施。 （2）较小零件应及时放入工具袋。 （3）高处作业不准上下抛掷工器具、物件。 （4）及时清理网格板上杂物。 （5）搬运、拆卸较重的部件，要多人一起或使用倒链，禁止抛投
		9. 防止跑油	
5	回装吹灰	1. 防止减速箱内遗留杂物	回装时，认真检查减速箱内有无遗留异物，确认无异物后方可回装
		2. 防止碰伤	（1）对孔时，严禁将手指放入螺栓孔内，防止挤伤手指。 （2）起吊的物体加减垫片时，严禁将手指放入地脚下部等容易被挤伤处

续表

序号	辨识项目	辨识内容	典型控制措施
5	回装吹灰	3. 防止机械伤害	（1）使用的电动工器具要有检验合格证，现场外观检查无破损且试运正常。 （2）使用磨光机、砂轮切割机等电动工具时，工作人员应戴防护眼镜
		4. 防止落物伤人	（1）检查检修区域上方和周围有无高处落物的危险，上方有作业应交错开，或做好隔离措施。 （2）较小零件应及时放入工具袋。 （3）高处作业不准上下抛掷工器具、物件。 （4）及时清理网格板上杂物。 （5）搬运、拆卸较重的部件，要多人一起或使用倒链，禁止抛投
		5. 防止火灾事故	（1）用火焊时，要检查焊带，不应有漏气现象。 （2）火焊用后要关好火焊把的各气门。 （3）作业后不应遗留火源、火种，防止火灾发生
		6. 杜绝违章指挥	（1）各级领导、工作人员必须严格遵守国家有关法律法规和上级有关规章制度。 （2）各级领导、工作人员认真实施反违章实施细则。 （3）工作人员必须严格遵守安全规程、检修规程、作业指导书。 （4）工作人员严格执行检修工艺。 （5）各级人员按分工恪尽职守，做到安全文明施工，制止和杜绝各类违章现象的发生
		7. 防止设备损坏	拆下的部件要轻拿轻放，外观检查倒链无破损，试运正常
		8. 防止高处坠落	（1）水吹灰器行走通道和作业点区域不完善的网格板和栏杆要采取临时防范措施。 （2）必要时系好安全带
6	试运行	1. 防止跑油	
		2. 防止误操作	
		3. 防止设备损坏	拆下的部件要轻拿轻放，外观检查倒链无破损，试运正常
		4. 防止滑跌	发现平台上有油时及时擦拭，防止人员滑倒跌落
		5. 防止机械伤害	（1）使用的电动工器具要有检验合格证，现场外观检查无破损且试运正常。 （2）使用磨光机、砂轮切割机等电动工具时，工作人员应戴防护眼镜。 （3）试转时，工作人员要站在轴向位置

1.2.11 声波电动门检修

作业项目	声波电动门检修		
序号	辨识项目	辨识内容	典型控制措施
一	公共部分（健康与环境）		
	[表格内容同 1.1.1 公共部分（健康与环境）]		
二	作业内容（安全）		
1	松法兰螺栓	1. 防止残余汽水喷出伤人	
		2. 防止高处坠落	（1）水吹灰器行走通道和作业点区域不完善的网格板和栏杆要采取临时防范措施。 （2）必要时系好安全带
		3. 防止扳手飞出伤人	
		4. 防止滑倒、挤伤	（1）及时清理地面，做到随清随洁，防止脚下打滑摔伤。 （2）对孔时，严禁将手指放入螺栓孔内，防止挤伤手指
		5. 防止指示标识损坏	
		6. 防止零部件滑脱伤人	
		7. 防止大锤脱手飞出伤人	使用大锤要安装牢固，打大锤不许戴手套，不许单手抡大锤，使用合适的扳手。周围不准有人靠近
		8. 防止随意扩大检修范围	
2	阀门检查	1. 防止高处坠落	（1）水吹灰器行走通道和作业点区域不完善的网格板和栏杆要采取临时防范措施。 （2）必要时系好安全带
		2. 防止滑倒	
		3. 防止物件滑落	
		4. 防止吊链滑链	使用吊链前，检查无滑链等缺陷后方可使用，并且不准进行斜拉
		5. 防止密封胶圈损坏	
		6. 防止执行机构损坏	

续表

序号	辨识项目	辨识内容	典型控制措施
2	阀门检查	7. 防止手轮操作杆损坏	
		8. 防止法兰密封面划伤	
		9. 防止开关失灵	
3	阀门回装	1. 防止管道内留杂物	（1）设备回装时，认真检查设备内无遗留异物，确认无异物后方可回装。 （2）回装前应及时清点工器具
		2. 防止机械伤害	严禁带电拆卸电动头
		3. 防止落物伤人	（1）检查检修区域上方和周围有无高处落物的危险，上方有作业应交错开，或做好隔离措施。 （2）较小零件应及时放入工具袋。 （3）高处作业不准上下抛掷工器具、物件。 （4）及时清理网格板上杂物
		4. 防止高处坠落	（1）水吹灰器行走通道和作业点区域不完善的网格板和栏杆要采取临时防范措施。 （2）必要时系好安全带
		5. 防止设备损坏	搬运、拆卸阀体和电动头时，要多人一起或使用倒链，禁止抛投
		6. 防止位置装反	
		7. 防止法兰垫错位	
		8. 防止大锤脱手飞出伤人	使用大锤要安装牢固，打大锤不许戴手套，不许单手抡大锤，使用合适的扳手。周围不准有人靠近
		9. 防止滑倒、挤伤	（1）及时清理地面，做到随清随洁，防止脚下打滑摔伤。 （2）对孔时，严禁将手指放入螺栓孔内，防止挤伤手指
4	试验	1. 防止法兰泄漏	
		2. 防止开关不灵	

1.2.12 燃油小间供回油滤网清理检修

作业项目	燃油小间供回油滤网清理检修		
序号	辨识项目	辨识内容	典型控制措施
一	公共部分（健康与环境）		
	［表格内容同 1.1.1 公共部分（健康与环境）］		
二	作业内容（安全）		
1	松滤网螺栓	1. 防止残余油喷出伤人	
		2. 防止火灾	（1）清洗部件要用煤油和清洗剂，清洗时要远离火源。 （2）及时清理使用后的棉纱等易燃物。 （3）使用铜制工具。 （4）严禁检修现场吸烟
		3. 防止扳手飞出伤人	
		4. 防止滑倒、挤伤	（1）及时清理地面，做到随清随洁，防止脚下打滑摔伤。 （2）对孔时，严禁将手指放入螺栓孔内，防止挤伤手指
		5. 防止螺栓及人孔堵板损坏	
		6. 防止大锤脱手伤人	使用前检查锤头安装牢固；不准戴手套或单手抡大锤，周围不准有人靠近
		7. 防止随意扩大检修范围	
2	回油滤网清理	1. 防止火灾	（1）清洗部件要用煤油和清洗剂，清洗时要远离火源。 （2）及时清理使用后的棉纱等易燃物。 （3）使用铜制工具。 （4）严禁检修现场吸烟
		2. 防止滑倒	发现平台上有油时，及时擦拭，防止人员滑倒跌落
		3. 防止物件滑落	
		4. 防止触电事故	（1）班组作业人员严禁约时送电，造成触电和机械伤人。 （2）不能私拉乱接临时电源，电线是否完好，有无接地线，电源开关外壳和电线绝缘有破损、绝缘不良或带电部分外露时不准使用。 （3）电动工器具要有检验合格证，绝缘良好。 （4）工器具要接有漏电保护器，使用人员要戴绝缘手套。 （5）检修工作暂时停止时，必须关掉电动工具开关

续表

序号	辨识项目	辨识内容	典型控制措施
2	回油滤网清理	5. 防止零部件损坏	避免野蛮作业，部件要轻拿轻放
		6. 防止窒息	进入内部工作，要加强通风，外面设专人监护
		7. 防止滤网损坏	
		8. 防止滤网位置指示改变	
3	回油滤网回装	1. 防止滤网内留杂物	回装时，认真检查滤网内有无遗留异物，确认无异物后方可回装
		2. 防止机械伤害	严禁带电拆卸电动头
		3. 防止落物伤人	（1）检查检修区域上方和周围有无高处落物的危险，上方有作业应交错开，或做好隔离措施。 （2）较小零件应及时放入工具袋。 （3）高处作业不准上下抛掷工器具、物件。 （4）及时清理网格板上杂物
		4. 防止火灾	（1）清洗部件要用煤油和清洗剂，清洗时要远离火源。 （2）及时清理使用后的棉纱等易燃物。 （3）严禁检修现场吸烟
		5. 防止设备损坏	搬运、拆卸阀体和电动头时，要多人一起或使用倒链，禁止抛投
		6. 防止材料留在管道内	回装时，认真检查管道内有无遗留异物，确认无异物后方可回装
		7. 防止法兰垫错位	
4	试验	1. 防止回油泄漏	
		2. 防止滤网关闭不严	

1.2.13 风烟道挡板检修

作业项目	风烟道挡板检修		
序号	辨识项目	辨识内容	典型控制措施
一	公共部分（健康与环境）		
	[表格内容同 1.1.1 公共部分（健康与环境）]		

续表

序号	辨识项目	辨识内容	典型控制措施
二	作业内容（安全）		
1	打人孔、松螺栓	1. 防止碰伤、挤伤	（1）对孔时，严禁将手指放入螺栓孔内，防止挤伤手指。 （2）严禁将手指放入容易被挤伤处
		2. 防止损坏设备	
		3. 防止落物伤人	（1）垂直风烟道内部工作时，要检查检修区域上方和周围有无高处落物的危险，上方有作业应交错开，或做好隔离措施。 （2）作业点下方有垂直作业也应错开或做好隔离措施。 （3）较小零件应及时放入工具袋。 （4）高处作业不准上下抛掷工器具、物件。 （5）及时清理作业中产生的杂物。 （6）进入工作现场着装规范、安全帽佩戴规范
		4. 防止高处坠落	（1）在垂直风烟道作业时，要将其他风烟道口用架板封闭。 （2）挡板上作业必须系好安全带，或铺设架板
2	挡板拆卸	1. 防止碰伤、挤伤	（1）对孔时，严禁将手指放入螺栓孔内，防止挤伤手指。 （2）起吊的物体加减垫片时，严禁将手指放入地脚下部等容易被挤伤处
		2. 防止设备损坏	避免野蛮作业，部件要轻拿轻放
		3. 防止落物伤人	（1）垂直风烟道内部工作时要检查检修区域上方和周围有无高处落物的危险，上方有作业应交错开，或做好隔离措施。 （2）作业点下方有垂直作业也应错开或做好隔离措施。 （3）较小零件应及时放入工具袋。 （4）高处作业不准上下抛掷工器具、物件。 （5）及时清理作业中产生的杂物。 （6）进入工作现场着装规范、安全帽佩戴规范
		4. 防止滑跌	及时清理地面油污，做到随清随洁，防止脚下打滑摔伤
		5. 防止触电	（1）不能私拉乱接临时电源，导线要用水线，无裸露，摆放规范。 （2）电动工器具要有检验合格证，绝缘良好。 （3）工器具要接有漏电保护器，使用人员要戴绝缘手套。 （4）照明电线应使用带有漏电保护器的绕线盘，照明充足。 （5）内部工作时，应使用24V以下行灯，行灯变压器放在风烟道外部

续表

序号	辨识项目	辨识内容	典型控制措施
2	挡板拆卸	6. 防止火灾事故	（1）用火焊时，要检查焊带，不应有漏气现象。 （2）火焊用后要关好火焊把的各气门。 （3）作业后不应遗留火源、火种，防止火灾发生
		7. 防止烧伤、烫伤	（1）动用电、火焊时戴隔热手套，防止焊渣飞溅伤人。 （2）温度必须降至40℃以下，方可工作
		8. 防止高处坠落	（1）在垂直风烟道作业时，要将其他风烟道口用架板封闭。 （2）挡板上作业必须系好安全带，或铺设架板
3	清理拆下的各部件	1. 防止划伤	
		2. 防止损坏设备	
		3. 防止部件掉下伤人	
		4. 防止滑跌	及时清理地面油污，做到随清随洁，防止脚下打滑摔伤
		5. 防止落物伤人	（1）垂直风烟道内部工作时，要检查检修区域上方和周围有无高处落物的危险，上方有作业应交错开，或做好隔离措施。 （2）作业点下方有垂直作业也应错开或做好隔离措施。 （3）较小零件应及时放入工具袋。 （4）高处作业不准上下抛掷工器具、物件。 （5）及时清理作业中产生的杂物。 （6）进入工作现场着装规范、安全帽佩戴规范
4	检修、检查挡板	1. 防止碰伤、挤伤	（1）对孔时，严禁将手指放入螺栓孔内，防止挤伤手指。 （2）起吊的物体加减垫片时，严禁将手指放入地脚下部等容易被挤伤处
		2. 防止损坏各部件	
		3. 防止触电	（1）不能私拉乱接临时电源，导线要用水线，无裸露，摆放规范。 （2）电动工器具要有检验合格证，绝缘良好。 （3）工器具要接有漏电保护器，使用人员要戴绝缘手套。 （4）照明电线应使用带有漏电保护器的绕线盘，照明充足。 （5）内部工作时，应使用24V以下行灯，行灯变压器放在风烟道外部

续表

序号	辨识项目	辨识内容	典型控制措施
4	检修、检查挡板	4. 防止滑跌	及时清理地面油污，做到随清随洁，防止脚下打滑摔伤
		5. 防止火灾事故	（1）用火焊时，要检查焊带，不应有漏气现象。 （2）火焊用后要关好火焊把的各气门。 （3）作业后不应遗留火源、火种，防止火灾发生
		6. 防止机械伤害	（1）运行期间处理挡板缺陷时，必须办票切断电源，做好和运行联系工作。 （2）运行期间挡板检修完调试时，不得站在挡板框架上。 （3）机组停运期间，挡板检修后送电调试时，挡板周围必须设专人监护或设安全警示围栏。 （4）使用的电动工器具要有检验合格证，现场外观检查无破损且试运正常。 （5）使用磨光机、砂轮切割机等电动工具时，工作人员应戴防护眼镜
		7. 防止汽瓶爆炸	使用火焊时，乙炔和氧气瓶要保持8m的安全距离，气瓶防振圈、安全帽、压力表等组件齐全完善
		8. 防止烧伤	（1）动用电、火焊时，戴隔热手套，防止焊渣飞溅伤人。 （2）温度必须降至40℃以下，方可工作
		9. 防止高处坠落	（1）在垂直风烟道作业时，要将其他风烟道口用架板封闭。 （2）挡板上作业必须系好安全带，或铺设架板
5	回装挡板各部件	1. 防止风道、挡板内遗留杂物	回装时认真检查风道、挡板内有无遗留异物，确认无异物后方可回装
		2. 防止碰伤	（1）对孔时，严禁将手指放入螺栓孔内，防止挤伤手指。 （2）起吊的物体加减垫片时，严禁将手指放入地脚下部等容易被挤伤处
		3. 防止机械伤害	（1）运行期间处理挡板缺陷时，必须办票切断电源，做好和运行联系工作。 （2）运行期间挡板检修完调试时，不得站在挡板框架上。 （3）机组停运期间，挡板检修后送电调试时，挡板周围必须设专人监护或设安全警示围栏。 （4）使用的电动工器具要有检验合格证，现场外观检查无破损且试运正常。 （5）使用磨光机、砂轮切割机等电动工具时，工作人员应戴防护眼镜

续表

序号	辨识项目	辨识内容	典型控制措施
5	回装挡板各部件	4. 防止落物伤人	（1）垂直风烟道内部工作时，要检查检修区域上方和周围有无高处落物的危险，上方有作业应交错开，或做好隔离措施。 （2）作业点下方有垂直作业，也应错开或做好隔离措施。 （3）较小零件应及时放入工具袋。 （4）高处作业不准上下抛掷工器具、物件。 （5）及时清理作业中产生的杂物。 （6）进入工作现场着装规范、安全帽佩戴规范
		5. 防止火灾事故	（1）用火焊时，要检查焊带，不应有漏气现象。 （2）火焊用后要关好火焊把的各气门。 （3）作业后不应遗留火源、火种，防止火灾发生
		6. 杜绝违章指挥	（1）各级领导、工作人员必须严格遵守国家有关法律法规和上级有关规章制度。 （2）各级领导、工作人员认真实施反违章实施细则。 （3）工作人员必须严格遵守安全规程、检修规程、作业指导书。 （4）工作人员严格执行检修工艺。 （5）各级人员按分工恪尽职守，做到安全文明施工，制止和杜绝各类违章现象的发生
		7. 防止设备损坏	避免野蛮作业，部件要轻拿轻放
		8. 防止触电	（1）不能私拉乱接临时电源，导线要用水线，无裸露，摆放规范。 （2）电动工器具要有检验合格证，绝缘良好。 （3）工器具要接有漏电保护器，使用人员要戴绝缘手套。 （4）照明电线应使用带有漏电保护器的绕线盘，照明充足。 （5）内部工作时，应使用 24V 以下行灯，行灯变压器放在风烟道外部
6	挡板调试	1. 防止挤伤	
		2. 防止误操作	
		3. 防止设备损坏	试转时，随时关注振动与运转声音，发现异常及时通知

1.2.14 火焰监视器冷却风机检修

作业项目	火焰监视器冷却风机检修		
序号	辨识项目	辨识内容	典型控制措施
一	公共部分（健康与环境）		
	[表格内容同 1.1.1 公共部分（健康与环境）]		
二	作业内容（安全）		
1	松螺栓	1. 防止碰伤、挤伤	（1）对孔时，严禁将手指放入螺栓孔内，防止挤伤手指。 （2）起吊的物体加减垫片时，严禁将手指放入地脚下部等容易被挤伤处
		2. 防止损坏设备	倒链外观检查无破损，试运正常，拆下的部件要轻拿轻放
		3. 防止落物伤人	（1）检查检修区域上方和周围无高处落物的危险，上方有作业应交错开，或做好隔离措施。 （2）高处作业时，作业点下方装设围栏并且挂警示牌，以免落物伤人，较小零件应及时放入工具袋。 （3）高处作业不准上下抛掷工器具、物件。 （4）脚手架上堆放物件时，应固定，杂物应及时清理。 （5）进入工作现场着装规范、安全帽佩戴规范
		4. 防止机械伤害	（1）使用电动工器具要有检验合格证，现场外观检查无破损且试运正常。 （2）使用磨光机、砂轮切割机等电动工具时，工作人员应戴防护眼镜
		5. 防止误动其他设备	
2	风壳、风轮拆卸	1. 防止碰伤、挤伤	（1）对孔时，严禁将手指放入螺栓孔内，防止挤伤手指。 （2）起吊的物体加减垫片时，严禁将手指放入地脚下部等容易被挤伤处
		2. 防止设备损坏	倒链外观检查无破损，试运正常，拆下的部件要轻拿轻放
		3. 防止落物伤人	（1）检查检修区域上方和周围无高处落物的危险，上方有作业应交错开，或做好隔离措施。 （2）高处作业时，作业点下方装设围栏并且挂警示牌，以免落物伤人，较小零件应及时放入工具袋。 （3）高处作业不准上下抛掷工器具、物件。 （4）脚手架上堆放物件时，应固定，杂物应及时清理

续表

序号	辨识项目	辨识内容	典型控制措施
2	风壳、风轮拆卸	4. 防止火灾事故	动用电火焊时采取隔离措施，防止焊渣飞溅引起火灾
		5. 防止触电	（1）不能私拉乱接临时电源，电线是否完好，有无接地线，电源开关外壳和电线绝缘有破损、绝缘不良或带电部分外露时不准使用。 （2）电动工器具要有检验合格证，绝缘良好。 （3）工器具要接有漏电保护器，使用人员要戴绝缘手套。 （4）照明电线应使用带有保护器的绕线盘，照明充足。 （5）内部工作时，应使用24V以下行灯，行灯变压器放在暖风器外部
		6. 防止带电	
3	解体各部件	1. 防止划伤	
		2. 防止损坏设备	倒链外观检查无破损，试运正常，拆下的部件要轻拿轻放
		3. 防止落物伤人	（1）检查检修区域上方和周围无高处落物的危险，上方有作业应交错开，或做好隔离措施。 （2）高处作业时，作业点下方装设围栏并且挂警示牌，以免落物伤人，较小零件应及时放入工具袋。 （3）高处作业不准上下抛掷工器具、物件。 （4）脚手架上堆放物件时，应固定，杂物应及时清理
		4. 防止滑跌	及时清理地面油污，做到随清随洁，防止脚下打滑摔伤
		5. 防止工器具伤人	
4	检修火焰监视器冷却风机	1. 防止碰伤、挤伤	（1）对孔时，严禁将手指放入螺栓孔内，防止挤伤手指。 （2）起吊的物体加减垫片时，严禁将手指放入地脚下部等容易被挤伤处
		2. 防止损坏各部件	倒链外观检查无破损，试运正常，拆下的部件要轻拿轻放
		3. 防止触电	（1）不能私拉乱接临时电源，电线是否完好，有无接地线，电源开关外壳和电线绝缘有破损、绝缘不良或带电部分外露时不准使用。 （2）电动工器具要有检验合格证，绝缘良好。 （3）工器具要接有漏电保护器，使用人员要戴绝缘手套。 （4）照明电线应使用带有保护器的绕线盘，照明充足。 （5）内部工作时，应使用24V以下行灯，行灯变压器放在暖风器外部

序号	辨识项目	辨识内容	典型控制措施
4	检修火焰监视器冷却风机	4. 防止滑跌	及时清理地面油污，做到随清随洁，防止脚下打滑摔伤
		5. 防止火灾事故	动用电火焊时采取隔离措施，防止焊渣飞溅引起火灾
		6. 防止机械伤害	（1）使用电动工器具要有检验合格证，现场外观检查无破损且试运正常。 （2）使用磨光机、砂轮切割机等电动工具时，工作人员应戴防护眼镜
		7. 防止烧伤	
		8. 防止落物伤人	（1）检查检修区域上方和周围无高处落物的危险，上方有作业应交错开，或做好隔离措施。 （2）高处作业时，作业点下方装设围栏并且挂警示牌，以免落物伤人，较小零件应及时放入工具袋。 （3）高处作业不准上下抛掷工器具、物件。 （4）脚手架上堆放物件时，应固定，杂物应及时清理
5	回装风机各部件	1. 防止风壳内遗留杂物	回装时，认真检查风壳内有无遗留异物，确认无异物后方可回装
		2. 防止碰伤、挤伤	（1）对孔时，严禁将手指放入螺栓孔内，防止挤伤手指。 （2）起吊的物体加减垫片时，严禁将手指放入地脚下部等容易被挤伤处
		3. 防止机械伤害	（1）使用电动工器具要有检验合格证，现场外观检查无破损且试运正常。 （2）使用磨光机、砂轮切割机等电动工具时，工作人员应戴防护眼镜
		4. 防止落物伤人	（1）检查检修区域上方和周围无高处落物的危险，上方有作业应交错开，或做好隔离措施。 （2）高处作业时，作业点下方装设围栏并且挂警示牌，以免落物伤人，较小零件应及时放入工具袋。 （3）高处作业不准上下抛掷工器具、物件。 （4）脚手架上堆放物件时，应固定，杂物应及时清理
		5. 防止物体打击	
		6. 杜绝违章指挥	（1）各级领导、工作人员必须严格遵守国家有关法律法规和上级有关规章制度。 （2）各级领导、工作人员认真实施反违章实施细则。 （3）工作人员必须严格遵守安全规程、检修规程、作业指导书。 （4）工作人员严格执行检修工艺。 （5）各级人员按分工恪尽职守，做到安全文明施工，制止和杜绝各类违章现象的发生

续表

序号	辨识项目	辨识内容	典型控制措施
5	回装风机各部件	7. 防止设备损坏	倒链外观检查无破损，试运正常，拆下的部件要轻拿轻放
		8. 防止触电	（1）不能私拉乱接临时电源，电线是否完好，有无接地线，电源开关外壳和电线绝缘有破损、绝缘不良或带电部分外露时不准使用。 （2）电动工器具要有检验合格证，绝缘良好。 （3）工器具要接有漏电保护器，使用人员要戴绝缘手套。 （4）照明电线应使用带有保护器的绕线盘，照明充足。 （5）内部工作时，应使用 24V 以下行灯，行灯变压器放在暖风器外部
6	风机试转	1. 防止挤伤	
		2. 防止误操作	
		3. 防止设备损坏	试转时，随时关注振动与运转声音，发现异常及时通知
		4. 防止转动部分伤人	

1.2.15 空气预热器检修

作业项目	空气预热器检修		
序号	辨识项目	辨识内容	典型控制措施
一	公共部分（健康与环境）		
	［表格内容同 1.1.1 公共部分（健康与环境）］		
二	作业内容（安全）		
1	打人孔、松螺栓	1. 防止碰伤、挤伤	（1）对孔时，严禁将手指放入螺栓孔内，防止挤伤手指。 （2）起吊的物体加减垫片时，严禁将手指放入地脚下部等容易被挤伤处
		2. 防止损坏设备	（1）起重机械要经检查合格，吊索荷重适当，正确使用。 （2）严格执行检修作业指导书工艺质量标准，避免野蛮作业

续表

序号	辨识项目	辨识内容	典型控制措施
1	打人孔、松螺栓	3. 防止落物伤人	（1）进入工作现场着装规范、安全帽佩戴规范。 （2）空气预热器烟气侧内部工作不能与烟道堵漏工作同时进行，如要同时进行，空气预热器上方烟道必须隔绝。 （3）空气预热器内高处作业时，工器具及碎小的零部件应放入工具袋内，不入袋的零部件放在安全位置
		4. 防止转动部分伤人	
		5. 防止烧伤、烫伤	（1）动用电、火焊时戴隔热手套，防止焊渣飞溅伤人。 （2）温度必须降至40℃以下，方可工作
2	空气预热器传动装置、轴承、传热元件吊放	1. 防止碰伤、挤伤	（1）对孔时，严禁将手指放入螺栓孔内，防止挤伤手指。 （2）起吊的物体加减垫片时，严禁将手指放入地脚下部等容易被挤伤处
		2. 防止设备损坏	（1）起重机械要经检查合格，吊索荷重适当，正确使用。 （2）严格执行检修作业指导书工艺质量标准，避免野蛮作业
		3. 防止落物伤人	（1）进入工作现场着装规范、安全帽佩戴规范。 （2）空气预热器烟气侧内部工作不能与烟道堵漏工作同时进行，要同时进行，空气预热器上方烟道必须隔绝。 （3）空气预热器内高处作业时，工器具及碎小的零部件应放入工具袋内，不入袋的零部件放在安全位置
		4. 防止滑跌	发现平台上有油时，及时擦拭，防止人员滑倒跌落
		5. 防止触电	（1）临时电源摆放要规范，不能私拉乱接。 （2）照明电线应使用带有保护器的绕线盘，照明充足。 （3）内部工作时，应使用24V以下行灯，行灯变压器放在风烟道外部
		6. 防止火灾事故	（1）清洗部件要用煤油和清洗剂，清洗时，要远离火源，及时清理使用后的棉纱等易燃物。 （2）动用电火焊时，采取隔离措施，防止焊渣飞溅引起火灾。 （3）离开工作现场对作业地点认真检查，不得留有火种
		7. 防止烧伤、烫伤	（1）动用电、火焊时，戴隔热手套，防止焊渣飞溅伤人。 （2）温度必须降至40℃以下，方可工作

续表

序号	辨识项目	辨识内容	典型控制措施
2	空气预热器传动装置、轴承、传热元件吊放	8. 防止高处坠落	高处作业时，应系好安全带和防坠器，脚手架应搭设牢固、可靠
		9. 防止机械伤害	（1）在空气预热器内部温度降至40℃以下，方可进行工作。 （2）空气预热器盘车时，内部和外部设专人联系，外部盘车人员听从内部负责人的指令，内部负责人负责通知其他人员做好防止空气预热器转子转动造成伤害的防范措施。 （3）在空气预热器内部进行检修工作时，照明必须充足，注意力集中，防止绊倒。 （4）使用大锤时，要检查大锤完好，周围工作人员禁止站在对面作业，不准戴手套和单手抡大锤。 （5）作业时工作人员要戴手套
		10. 防止交叉作业	
3	清理传动装置、轴承各部件	1. 防止划伤、砸伤	
		2. 防止损坏设备	（1）起重机械要经检查合格，吊索荷重适当，正确使用。 （2）严格执行检修作业指导书工艺质量标准，避免野蛮作业
		3. 防止部件掉下伤人	
		4. 防止滑跌	发现平台上有油时，及时擦拭，防止人员滑倒跌落
		5. 防止落物伤人	（1）进入工作现场着装规范、安全帽佩戴规范。 （2）空气预热器烟气侧内部工作不能与烟道堵漏工作同时进行，如要同时进行，空气预热器上方烟道必须隔绝。 （3）空气预热器内高处作业时，工器具及碎小的零部件应放入工具袋内，不入袋的零部件放在安全位置
		6. 防止机械伤害	（1）在空气预热器内部温度降至40℃以下时，方可进行工作。 （2）空气预热器盘车时，内部和外部设专人联系，外部盘车人员听从内部负责人的指令，内部负责人负责通知其他人员做好防止空气预热器转子转动造成伤害的防范措施。 （3）在空气预热器内部进行检修工作时，照明必须充足，注意力集中，防止绊倒。 （4）使用大锤时，要检查大锤完好，周围工作人员禁止站在对面作业，不准戴手套和单手抡大锤。 （5）作业时，工作人员要戴手套

续表

序号	辨识项目	辨识内容	典型控制措施
4	传热元件清理、密封间隙调整、外壳堵漏	1. 防止碰伤、挤伤	（1）对孔时，严禁将手指放入螺栓孔内，防止挤伤手指。 （2）起吊的物体加减垫片时，严禁将手指放入地脚下部等容易被挤伤处
		2. 防止设备损坏	（1）起重机械要经检查合格，吊索荷重适当，正确使用。 （2）严格执行检修作业指导书工艺质量标准，避免野蛮作业
		3. 防止触电、滑跌	（1）临时电源摆放要规范，不能私拉乱接。 （2）照明电线应使用带有保护器的绕线盘，照明充足。 （3）内部工作时，应使用24V以下行灯，行灯变压器放在风烟道外部
		4. 防止起重伤害	（1）在起重前要检查起重工具是否合格，不合格的严禁使用。 （2）吊装过程中要和起重人员互相配合
		5. 防止烧伤、烫伤	（1）动用电、火焊时，戴隔热手套，防止焊渣飞溅伤人。 （2）温度必须降至40℃以下时，方可工作
		6. 防止机械伤害	（1）在空气预热器内部温度降至40℃以下时，方可进行工作。 （2）空气预热器盘车时，内部和外部设专人联系，外部盘车人员听从内部负责人的指令，内部负责人负责通知其他人员做好防止空气预热器转子转动造成伤害的防范措施。 （3）在空气预热器内部进行检修工作时，照明必须充足，注意力集中，防止绊倒。 （4）使用大锤时，要检查大锤完好，周围工作人员禁止站在对面作业，不准戴手套和单手抡大锤。 （5）作业时，工作人员要戴手套
		7. 防止高处坠落	高处作业时，应系好安全带和防坠器，脚手架应搭设牢固、可靠
		8. 防止落物伤人	（1）进入工作现场着装规范、安全帽佩戴规范。 （2）空气预热器烟气侧内部工作不能与烟道堵漏工作同时进行，如要同时进行，空气预热器上方烟道必须隔绝。 （3）空气预热器内高处作业时，工器具及碎小的零部件应放入工具袋内，不入袋的零部件放在安全位置
5	回装各部件	1. 防止空气预热器和传动装置内遗留杂物	回装时，认真检查空气预热器和传动装置内有无遗留异物，确认无异物后方可回装

续表

序号	辨识项目	辨识内容	典型控制措施
5	回装各部件	2. 防止碰伤、挤伤	（1）对孔时，严禁将手指放入螺栓孔内，防止挤伤手指。 （2）起吊的物体加减垫片时，严禁将手指放入地脚下部等容易被挤伤处
		3. 防止机械伤害	（1）在空气预热器内部温度降至40℃以下时，方可进行工作。 （2）空气预热器盘车时，内部和外部设专人联系，外部盘车人员听从内部负责人的指令，内部负责人负责通知其他人员做好防止空气预热器转子转动造成伤害的防范措施。 （3）在空气预热器内部进行检修工作时，照明必须充足，注意力集中，防止绊倒。 （4）使用大锤时，要检查大锤完好，周围工作人员禁止站在对面作业，不准戴手套和单手抡大锤。 （5）作业时，工作人员要戴手套
		4. 防止落物伤人	（1）进入工作现场着装规范、安全帽佩戴规范。 （2）空气预热器烟气侧内部工作不能与烟道堵漏工作同时进行，如要同时进行，空气预热器上方烟道必须隔绝。 （3）空气预热器内高处作业时，工器具及碎小的零部件应放入工具袋内，不入袋的零部件放在安全位置
		5. 防止高处坠落	高处作业时，应系好安全带和防坠器，脚手架应搭设牢固、可靠
		6. 杜绝违章指挥	（1）各级领导、工作人员必须严格遵守国家有关法律法规和上级有关规章制度。 （2）各级领导、工作人员认真实施反违章实施细则。 （3）工作人员必须严格遵守安全规程、检修规程、作业指导书。 （4）工作人员严格执行检修工艺。 （5）各级人员按分工恪尽职守，做到安全文明施工，制止和杜绝各类违章现象的发生
		7. 防止设备损坏	（1）起重机械要经检查合格，吊索荷重适当，正确使用。 （2）严格执行检修作业指导书工艺质量标准，避免野蛮作业
		8. 防止触电	（1）临时电源摆放要规范，不能私拉乱接。 （2）照明电线应使用带有保护器的绕线盘，照明充足。 （3）内部工作时，应使用24V以下行灯，行灯变压器放在风烟道外部
6	试转	1. 防止转动部分飞出伤人	
		2. 防止误操作	

续表

序号	辨识项目	辨识内容	典型控制措施
6	试转	3. 防止设备损坏	（1）起重机械要经检查合格，吊索荷重适当，正确使用。 （2）严格执行检修作业指导书工艺质量标准，避免野蛮作业
		4. 防止机械伤害	（1）在空气预热器内部温度降至40℃以下时，方可进行工作。 （2）空气预热器盘车时，内部和外部设专人联系，外部盘车人员听从内部负责人的指令，内部负责人负责通知其他人员做好防止空气预热器转子转动造成伤害的防范措施。 （3）在空气预热器内部进行检修工作时，照明必须充足，注意力集中，防止绊倒。 （4）使用大锤时，要检查大锤完好，周围工作人员禁止站在对面作业，不准戴手套和单手抡大锤。 （5）作业时工作人员要戴手套
		5. 防止触电	（1）临时电源摆放要规范，不能私拉乱接。 （2）照明电线应使用带有保护器的绕线盘，照明充足。 （3）内部工作时，应使用24V以下行灯，行灯变压器放在风烟道外部

1.2.16 空气预热器油系统检修

作业项目	空气预热器油系统检修		
序号	辨识项目	辨识内容	典型控制措施
一	公共部分（健康与环境）		
	[表格内容同1.1.1公共部分（健康与环境）]		
二	作业内容（安全）		
1	S	1. 防止碰伤、挤伤	（1）对孔时，严禁将手指放入螺栓孔内，防止挤伤手指。 （2）起吊的物体加减垫片时，严禁将手指放入地脚下部等容易被挤伤处
		2. 防止高处落物	高处作业时，应系好安全带和防坠器，脚手架应搭设牢固、可靠
		3. 防止工器具脱落	
		4. 防止滑跌	发现平台上有油时及时擦拭，防止人员滑倒跌落

续表

序号	辨识项目	辨识内容	典型控制措施
1	S	5. 防止砸伤	
		6. 防止大锤脱手	使用前检查锤头安装牢固；不准戴手套或单手抡大锤，周围不准有人靠近
		7. 防止烫伤	（1）动用电、火焊时，戴隔热手套，防止焊渣飞溅伤人。 （2）温度必须降至40℃以下时，方可工作
		8. 防止跑油	
2	油系统各设备检修	1. 防止火灾事故	（1）用火焊时，要检查焊带，不应有漏气现象。 （2）火焊用后要关好火焊把的各气门。 （3）作业后不应遗留火源、火种，防止火灾发生
		2. 防止损坏设备	（1）起重机械要经检查合格，吊索荷重适当，正确使用。 （2）严格执行检修作业指导书工艺质量标准，避免野蛮作业
		3. 防止爆炸	
		4. 防止滑跌	及时清理地面油污，做到随清随洁
		5. 防止触电	（1）不能私拉乱接临时电源，电线是否完好，有无接地线，电源开关外壳和电线绝缘有破损、绝缘不良或带电部分外露时不准使用。 （2）电动工器具要有检验合格证，绝缘良好。 （3）工器具要接有漏电保护器，使用人员要戴绝缘手套。 （4）照明电线应使用带有保护器的绕线盘，照明充足。 （5）内部工作时，应使用24V以下行灯，行灯变压器放在暖风器外部
		6. 防止高处坠落	高处作业时，应系好安全带和防坠器，脚手架应搭设牢固、可靠
		7. 防止碰伤、挤伤	（1）对孔时，严禁将手指放入螺栓孔内，防止挤伤手指。 （2）起吊的物体加减垫片时，严禁将手指放入地脚下部等容易被挤伤处
		8. 防止落物伤人	（1）进入工作现场着装规范，安全帽佩戴规范。 （2）空气预热器烟气侧内部工作不能与烟道堵漏工作同时进行，如要同时进行，空气预热器上方烟道必须隔绝。 （3）空气预热器内高处作业时，工器具及碎小的零部件应放入工具袋内，不入袋的零部件放在安全位置

续表

序号	辨识项目	辨识内容	典型控制措施
2	油系统各设备检修	9. 防止机械伤害	（1）使用的电动工器具要有检验合格证，现场外观检查无破损且试运正常。 （2）使用磨光机、砂轮切割机等电动工具时，工作人员应戴防护眼镜
		10. 防止违章指挥	（1）各级领导、工作人员必须严格遵守国家有关法律法规和上级有关规章制度。 （2）各级领导、工作人员认真实施反违章实施细则。 （3）工作人员必须严格遵守安全规程、检修规程、作业指导书。 （4）工作人员严格执行检修工艺。 （5）各级人员按分工恪尽职守，做到安全文明施工，制止和杜绝各类违章现象的发生
		11. 防止误碰误动其他设备	
3	回装油系统各设备	1. 防止碰伤、挤伤	（1）对孔时，严禁将手指放入螺栓孔内，防止挤伤手指。 （2）起吊的物体加减垫片时，严禁将手指放入地脚下部等容易被挤伤处
		2. 防止高处坠落	高处作业时，应系好安全带和防坠器，脚手架应搭设牢固、可靠
		3. 防止工器具脱落	
		4. 防止滑跌	及时清理地面油污，做到随清随洁
		5. 防止砸伤	
		6. 防止大锤脱手	使用前，检查锤头安装牢固；不准戴手套或单手抡大锤，周围不准有人靠近
		7. 防止油箱、管道和泵体内遗留杂物	回装时，认真检查箱、管道和泵体有无遗留异物，确认无异物后方可回装
4	油系统各设备试运	1. 防止跑油	
		2. 防止因误操作损坏设备	

1.2.17 暖风器检修

作业项目	暖风器检修		
序号	辨识项目	辨识内容	典型控制措施
一	公共部分（健康与环境）		
	[表格内容同 1.1.1 公共部分（健康与环境）]		

续表

序号	辨识项目	辨识内容	典型控制措施
二	作业内容（安全）		
1	打人孔、搭设脚手架	1. 防止碰伤、挤伤	
		2. 防止损坏设备	检修时，应严格执行检修作业指导书中的工艺质量标准，避免野蛮作业，防止损坏其他散热管
		3. 防止落物伤人	工器具及碎小的零部件应放入工具袋内，不入袋的零部件放在安全位置
		4. 防止高处坠落	（1）人员站在设备上工作时，选择适当的工作位置，设专人监护，并正确系好安全带。 （2）拆除栏杆平台楼梯和割开的孔洞，设临时围栏并挂禁止跨越、防止高处坠落警示牌。必要时，设立专人监护。 （3）高处作业应系好安全带和防坠器，脚手架应搭设牢固、可靠
		5. 防止脚手架倒塌	（1）检查脚手架是否按标准搭设，经验收合格方可使用。 （2）脚手架牢固，能够承受其上人和物的重力。 （3）脚手架所用材料符合要求，无虫蛀和机械损伤
		6. 防止触电	（1）不能私拉乱接临时电源，电线是否完好，有无接地线，电源开关外壳和电线绝缘有破损、绝缘不良或带电部分外露时不准使用。 （2）电动工器具要有检验合格证，绝缘良好。 （3）工器具要接有漏电保护器，使用人员要戴绝缘手套。 （4）照明电线应使用带有保护器的绕线盘，照明充足。 （5）内部工作时，应使用 24V 以下行灯，行灯变压器放在暖风器外部
2	管排割除	1. 防止碰伤、挤伤	严禁将手指放入容易被挤伤处
		2. 防止损坏其他管排	检修时，应严格执行检修作业指导书中的工艺质量标准，避免野蛮作业，防止损坏其他散热管
		3. 防止落物伤人	（1）检查检修区域上方和周围无高处落物的危险，上方有作业应交错开，或做好隔离措施。 （2）高处作业时，作业点下方装设围栏并且挂警示牌，以免落物伤人，较小零件应及时放入工具袋。 （3）高处作业不准上下抛掷工器具、物件。 （4）脚手架上堆放物件时，应固定，杂物应及时清理

续表

序号	辨识项目	辨识内容	典型控制措施
2	管排割除	4. 防止滑跌	及时清理地面油污，做到随清随洁，防止脚下打滑摔伤
		5. 防止触电	（1）不能私拉乱接临时电源，电线是否完好，有无接地线，电源开关外壳和电线绝缘有破损、绝缘不良或带电部分外露时不准使用。 （2）电动工器具要有检验合格证，绝缘良好。 （3）工器具要接有漏电保护器，使用人员要戴绝缘手套。 （4）照明电线应使用带有保护器的绕线盘，照明充足。 （5）内部工作时，应使用24V以下行灯，行灯变压器放在暖风器外部
		6. 防止脚手架倒塌	（1）检查脚手架是否按标准搭设，经验收合格方可使用。 （2）脚手架牢固，能够承受其上人和物的重力。 （3）脚手架所用材料符合要求，无虫蛀和机械损伤。 （4）拆除脚手架时，要按预定顺序进行，当拆除一部分时，防止导致其他部分倾斜倒塌。 （5）应由有经验者担任监护
		7. 防止烧伤、烫伤	（1）动用电火焊时，戴隔热手套，并做好防止焊渣飞溅伤人的措施。 （2）暖风器打压时，要站在暖风器下部用手电检查并作好记录，停汽后再彻底检查。 （3）在内部施焊时，要站在风入口一侧，防止焊渣飞溅伤人
		8. 防止高处坠落	（1）人员站在设备上工作时，选择适当的工作位置，设专人监护，并正确系好安全带。 （2）拆除栏杆平台楼梯和割开的孔洞，设临时围栏并挂禁止跨越、防止高处坠落警示牌。必要时，设立专人监护。 （3）高处作业应系好安全带和防坠器，脚手架应搭设牢固、可靠
		9. 防止机械伤害	（1）进入正在运行中的暖风器要戴防护眼镜，以防粉尘入眼。 （2）检查工器具是否合格，不合格的严禁使用，正确使用工器具
3	更换管排	1. 防止划伤、砸伤	
		2. 防止损坏设备	检修时，应严格执行检修作业指导书中的工艺质量标准，避免野蛮作业，防止损坏其他散热管
		3. 防止管排掉下伤人	
		4. 防止滑跌	及时清理地面油污，做到随清随洁，防止脚下打滑摔伤

续表

序号	辨识项目	辨识内容	典型控制措施
3	更换管排	5. 防止落物伤人	（1）检查检修区域上方和周围无高处落物的危险，上方有作业应交错开，或做好隔离措施。 （2）高处作业时，作业点下方装设围栏并且挂警示牌，以免落物伤人，较小零件应及时放入工具袋。 （3）高处作业不准上下抛掷工器具、物件。 （4）脚手架上堆放物件时，应固定，杂物应及时清理
		6. 防止机械伤害	（1）进入正在运行中的暖风器要戴防护眼镜，以防粉尘入眼。 （2）检查工器具是否合格，不合格的严禁使用，正确使用工器具
		7. 防止烧伤、烫伤	（1）动用电火焊时，戴隔热手套，并做好防止焊渣飞溅伤人的措施。 （2）暖风器打压时，要站在暖风器下部用手电检查并作好记录，停汽后再彻底检查。 （3）在内部施焊时，要站在风入口一侧，防止焊渣飞溅伤人
		8. 防止触电	（1）不能私拉乱接临时电源，电线是否完好，有无接地线，电源开关外壳和电线绝缘有破损、绝缘不良或带电部分外露时不准使用。 （2）电动工器具要有检验合格证，绝缘良好。 （3）工器具要接有漏电保护器，使用人员要戴绝缘手套。 （4）照明电线应使用带有保护器的绕线盘，照明充足。 （5）内部工作时，应使用24V以下行灯，行灯变压器放在暖风器外部
		9. 防止高处坠落	（1）人员站在设备上工作时，选择适当的工作位置，设专人监护，并正确系好安全带。 （2）拆除栏杆平台楼梯和割开的孔洞，设临时围栏并挂禁止跨越、防止高处坠落警示牌。必要时，设立专人监护。 （3）高处作业应系好安全带和防坠器，脚手架应搭设牢固、可靠
		10. 防止脚手架倒塌	（1）检查脚手架是否按标准搭设，经验收合格方可使用。 （2）脚手架牢固，能够承受其上人和物的重力。 （3）脚手架所用材料符合要求，无虫蛀和机械损伤。 （4）拆除脚手架时，要按预定顺序进行，当拆除一部分时，防止导致其他部分倾斜倒塌。 （5）应由有经验者担任监护
		11. 防止损坏其他管排	
		12. 防止管排和联箱内遗留杂物	回装时，认真检查管排和联箱内有无遗留异物，确认无异物后方可回装

续表

序号	辨识项目	辨识内容	典型控制措施
4	管排固定	1. 防止机械伤害	（1）进入正在运行中的暖风器要戴防护眼镜，以防粉尘入眼。 （2）检查工器具是否合格，不合格的严禁使用，正确使用工器具
		2. 防止划伤、砸伤	
		3. 防止高处坠落	（1）人员站在设备上工作时，选择适当的工作位置，设专人监护，并正确系好安全带。 （2）拆除栏杆平台楼梯和割开的孔洞，设临时围栏并挂禁止跨越、防止高处坠落警示牌。必要时，设立专人监护。 （3）高处作业应系好安全带和防坠器，脚手架应搭设牢固、可靠
		4. 防止落物伤人	（1）检查检修区域上方和周围无高处落物的危险，上方有作业应交错开，或做好隔离措施。 （2）高处作业时，作业点下方装设围栏并且挂警示牌，以免落物伤人，较小零件应及时放入工具袋。 （3）高处作业不准上下抛掷工器具、物件。 （4）脚手架上堆放物件时，应固定，杂物应及时清理
		5. 防止触电	（1）不能私拉乱接临时电源，检查电线是否完好，有无接地线，电源开关外壳和电线绝缘有破损、绝缘不良或带电部分外露时不准使用。 （2）电动工器具要有检验合格证，绝缘良好。 （3）工器具要接有漏电保护器，使用人员要戴绝缘手套。 （4）照明电线应使用带有保护器的绕线盘，照明充足。 （5）内部工作时，应使用24V以下行灯，行灯变压器放在暖风器外部
		6. 防止脚手架倒塌	（1）检查脚手架是否按标准搭设，经验收合格方可使用。 （2）脚手架牢固，能够承受其上人和物的重力。 （3）脚手架所用材料符合要求，无虫蛀和机械损伤。 （4）拆除脚手架时，要按预定顺序进行，当拆除一部分时，防止导致其他部分倾斜倒塌。 （5）应由有经验者担任监护
		7. 防止损坏管排	检修时，应严格执行检修作业指导书中的工艺质量标准，避免野蛮作业，防止损坏其他散热管

续表

序号	辨识项目	辨识内容	典型控制措施
5	打压	1. 防止烧伤、烫伤	（1）动用电火焊时，戴隔热手套，并做好防止焊渣飞溅伤人的措施。 （2）暖风器打压时，要站在暖风器下部用手电检查并作好记录，停汽后再彻底检查。 （3）在内部施焊时，要站在风入口一侧，防止焊渣飞溅伤人
		2. 防止误操作	
		3. 防止设备损坏	检修时，应严格执行检修作业指导书中的工艺质量标准，避免野蛮作业，防止损坏其他散热管
		4. 防止机械伤害	（1）进入正在运行中的暖风器要戴防护眼镜，以防粉尘入眼。 （2）检查工器具是否合格，不合格的严禁使用，正确使用工器具
		5. 防止触电	（1）不能私拉乱接临时电源，检查电线是否完好，有无接地线，电源开关外壳和电线绝缘有破损、绝缘不良或带电部分外露时不准使用。 （2）电动工器具要有检验合格证，绝缘良好。 （3）工器具要接有漏电保护器，使用人员要戴绝缘手套。 （4）照明电线应使用带有保护器的绕线盘，照明充足。 （5）内部工作时，应使用24V以下行灯，行灯变压器放在暖风器外部
		6. 防止烧伤、烫伤	（1）动用电火焊时，戴隔热手套，并做好防止焊渣飞溅伤人的措施。 （2）暖风器打压时，要站在暖风器下部用手电检查并作好记录，停汽后再彻底检查。 （3）在内部施焊时，要站在风入口一侧，防止焊渣飞溅伤人

1.2.18 燃油泵检修

作业项目	燃油泵检修		
序号	辨识项目	辨识内容	典型控制措施
一	公共部分（健康与环境）		
	[表格内容同1.1.1 公共部分（健康与环境）]		
二	作业内容（安全）		
1	拆除对轮螺栓	1. 防止碰伤、挤伤	（1）对孔时，严禁将手指放入螺栓孔内，防止挤伤手指。 （2）起吊的物体加减垫片时，严禁将手指放入地脚下部等容易被挤伤处

续表

序号	辨识项目	辨识内容	典型控制措施
1	拆除对轮螺栓	2. 防止损坏设备	避免野蛮作业，拆下的部件要轻拿轻放
		3. 防止滑跌	及时清理地面油污，做到随清随洁，防止脚下打滑摔伤
		4. 防止设备转动	
2	拆除油泵	1. 防止碰伤	（1）对孔时，严禁将手指放入螺栓孔内，防止挤伤手指。 （2）起吊的物体加减垫片时，严禁将手指放入地脚下部等容易被挤伤处
		2. 防止设备损坏	避免野蛮作业，部件要轻拿轻放
		3. 防止落物伤人	（1）检查检修区域上方和周围无高处落物的危险，上方有作业应交错开，或做好隔离措施。 （2）高处作业时，作业点下方装设围栏并且挂警示牌，以免落物伤人，较小零件应及时放入工具袋。 （4）高处作业不准上下抛掷工器具、物件。 （5）脚手架上堆放物件时，应固定，杂物应及时清理
		4. 防止滑跌	及时清理地面油污，做到随清随洁，防止脚下打滑摔伤
		5. 防止油流到工作场所	
		6. 防止触电	（1）不能私拉乱接临时电源，检查电线是否完好，有无接地线，电源开关外壳和电线绝缘有破损、绝缘不良或带电部分外露时不准使用。 （2）电动工器具要有检验合格证，绝缘良好。 （3）工器具要接有漏电保护器，使用人员要戴绝缘手套
		7. 防止火灾事故	（1）用火焊时，要检查焊带，不应有漏气现象。 （2）火焊用后要关好火焊把的各气门。 （3）作业后不应遗留火源、火种，防止火灾发生
		8. 防止跑油	
3	清理拆下的各部件	1. 防止划伤	
		2. 防止损坏设备	避免野蛮作业，拆下的部件要轻拿轻放
		3. 防止油流到工作场所	

续表

序号	辨识项目	辨识内容	典型控制措施
3	清理拆下的各部件	4. 防止滑跌	及时清理地面油污，做到随清随洁，防止脚下打滑摔伤
		5. 防止着火	（1）清洗部件要用煤油和清洗剂，清洗时，要远离火源并及时清理使用后的棉纱等易燃物。 （2）动用电火焊时，必须办理一级动火工作票，消防人员、各级监护人员、油汽测量合格后方可动火。 （3）动火时，必须清理干净作业点所有杂物，油放尽，吹管，加堵，清理内壁焊点处油垢。 （4）动用电火焊时，采取隔离措施，防止焊渣飞溅引起火灾。 （5）不能携带火种，不准吸烟。 （6）离开工作现场，要对作业地点认真检查，不得留有火种。 （7）检修时，应使用铜制工具
4	检修、检查油泵	1. 防止碰伤、挤伤	（1）对孔时，严禁将手指放入螺栓孔内，防止挤伤手指。 （2）起吊的物体加减垫片时，严禁将手指放入地脚下部等容易被挤伤处
		2. 防止损坏各部件	
		3. 防止触电	（1）不能私拉乱接临时电源，检查电线是否完好，有无接地线，电源开关外壳和电线绝缘有破损、绝缘不良或带电部分外露时不准使用。 （2）电动工器具要有检验合格证，绝缘良好。 （3）工器具要接有漏电保护器，使用人员要戴绝缘手套
		4. 防止滑跌	及时清理地面油污，做到随清随洁，防止脚下打滑摔伤
		5. 防止火灾事故	（1）清洗部件要用煤油和清洗剂，清洗时，要远离火源并及时清理使用后的棉纱等易燃物。 （2）动用电火焊时，必须办理一级动火工作票，消防人员、各级监护人员、油汽测量合格后方可动火。 （3）动火时，必须清理干净作业点所有杂物，油放尽，吹管，加堵，清理内壁焊点处油垢。 （4）动用电火焊时，采取隔离措施，防止焊渣飞溅引起火灾。 （5）不能携带火种，不准吸烟。 （6）离开工作现场，要对作业地点认真检查，不得留有火种。 （7）检修时，应使用铜制工具

续表

序号	辨识项目	辨识内容	典型控制措施
4	检修、检查油泵	6. 防止机械伤害	（1）使用电动工器具要有检验合格证，现场外观检查无破损且试运正常。 （2）使用磨光机、砂轮切割机等电动工具时，工作人员应戴防护眼镜
		7. 防止起重伤害	
5	回装油泵	1. 防止油管道及轴承箱内遗留杂物	回装时，认真检查管道内有无遗留异物，确认无异物后方可回装
		2. 防止碰伤	（1）对孔时，严禁将手指放入螺栓孔内，防止挤伤手指。 （2）起吊的物体加减垫片时，严禁将手指放入地脚下部等容易被挤伤处
		3. 防止机械伤害	（1）使用电动工器具要有检验合格证，现场外观检查无破损且试运正常。 （2）使用磨光机、砂轮切割机等电动工具时，工作人员应戴防护眼镜
		4. 防止落物伤人	（1）检查检修区域上方和周围无高处落物的危险，上方有作业应交错开，或做好隔离措施。 （2）高处作业时，作业点下方装设围栏并且挂警示牌，以免落物伤人，较小零件应及时放入工具袋。 （3）高处作业不准上下抛掷工器具、物件。 （4）脚手架上堆放物件时，应固定，杂物应及时清理
		5. 防止火灾事故	（1）清洗部件要用煤油和清洗剂，清洗时，要远离火源并及时清理使用后的棉纱等易燃物。 （2）动用电火焊时，必须办理一级动火工作票，消防人员、各级监护人员、油汽测量合格后方可动火。 （3）动火时，必须清理干净作业点所有杂物，油放尽，吹管，加堵，清理内壁焊点处油垢。 （4）动用电火焊时，采取隔离措施，防止焊渣飞溅引起火灾。 （5）不能携带火种，不准吸烟。 （6）离开工作现场，要对作业地点认真检查，不得留有火种。 （7）检修时，应使用铜制工具
		6. 杜绝违章指挥	（1）各级领导、工作人员必须严格遵守国家有关法律法规和上级有关规章制度。 （2）各级领导、工作人员认真实施反违章实施细则。 （3）工作人员必须严格遵守安全规程、检修规程、作业指导书。 （4）工作人员严格执行检修工艺。 （5）各级人员按分工恪尽职守，做到安全文明施工，制止和杜绝各类违章现象的发生
		7. 防止设备损坏	避免野蛮作业，部件要轻拿轻放

续表

序号	辨识项目	辨识内容	典型控制措施
6	试运行	1. 防止跑油	
		2. 防止误操作	
		3. 防止设备损坏	试转时，随时关注振动与运转声音，发现异常及时通知
		4. 防止滑跌	及时清理地面油污，做到随清随洁，防止脚下打滑摔伤

1.2.19 燃油泵入口滤网清理检修

作业项目	燃油泵入口滤网清理检修		
序号	辨识项目	辨识内容	典型控制措施
一	公共部分（健康与环境）		
	［表格内容同 1.1.1 公共部分（健康与环境）］		
二	作业内容（安全）		
1	松滤网螺栓	1. 防止残余油喷出伤人	
		2. 防止火灾	（1）清洗部件要用煤油和清洗剂，清洗时，要远离火源并及时清理使用后的棉纱等易燃物。 （2）动用电火焊时，必须办理一级动火工作票，消防人员、各级监护人员、油汽测量合格后方可动火。 （3）动火时，必须清理干净作业点所有杂物，油放尽，吹管，加堵，清理内壁焊点处油垢。 （4）动用电火焊时，采取隔离措施，防止焊渣飞溅引起火灾。 （5）不能携带火种，不准吸烟。 （6）离开工作现场，要对作业地点认真检查，不得留有火种。 （7）检修时应使用铜制工具
		3. 防止扳手飞出伤人	
		4. 防止滑倒、挤伤	（1）及时清理地面，做到随清随洁，防止脚下打滑摔伤。 （2）对孔时，严禁将手指放入螺栓孔内，防止挤伤手指

续表

序号	辨识项目	辨识内容	典型控制措施
1	松滤网螺栓	5. 防止螺栓及人孔堵板损坏	
		6. 防止大锤脱手伤人	使用前，检查锤头安装牢固；不准戴手套或单手抡大锤，周围不准有人靠近
		7. 防止随意扩大检修范围	
2	入口滤网清理	1. 防止火灾	（1）清洗部件要用煤油和清洗剂，清洗时，要远离火源并及时清理使用后的棉纱等易燃物。 （2）动用电火焊时，必须办理一级动火工作票，消防人员、各级监护人员、油汽测量合格后方可动火。 （3）动火时，必须清理干净作业点所有杂物，油放尽，吹管，加堵，清理内壁焊点处油垢。 （4）动用电火焊时，采取隔离措施，防止焊渣飞溅引起火灾。 （5）不能携带火种，不准吸烟。 （6）离开工作现场，要对作业地点认真检查，不得留有火种。 （7）检修时，应使用铜制工具
		2. 防止滑倒	
		3. 防止物件滑落	
		4. 防止触电事故	（1）不能私拉乱接临时电源，检查电线是否完好，有无接地线，电源开关外壳和电线绝缘有破损、绝缘不良或带电部分外露时不准使用。 （2）电动工器具要有检验合格证，绝缘良好。 （3）工器具要接有漏电保护器，使用人员要戴绝缘手套
		5. 防止零部件损坏	避免野蛮作业，部件要轻拿轻放
		6. 防止窒息	进入内部工作，要加强通风，外面设专人监护
		7. 防止滤网损坏	
		8. 防止滤网位置指示改变	
3	入口滤网回装	1. 防止滤网内留杂物	回装时，认真检查滤网内有无遗留异物，确认无异物后方可回装
		2. 防止机械伤害	（1）使用电动工器具要有检验合格证，现场外观检查无破损且试运正常。 （2）使用磨光机、砂轮切割机等电动工具时，工作人员应戴防护眼镜

序号	辨识项目	辨识内容	典型控制措施
3	入口滤网回装	3. 防止落物伤人	（1）检查检修区域上方和周围无高处落物的危险，上方有作业应交错开，或做好隔离措施。 （2）高处作业时，作业点下方装设围栏并且挂警示牌，以免落物伤人，较小零件应及时放入工具袋。 （3）高处作业不准上下抛掷工器具、物件。 （4）脚手架上堆放物件时，应固定，杂物应及时清理
		4. 防止火灾	（1）清洗部件要用煤油和清洗剂，清洗时，要远离火源并及时清理使用后的棉纱等易燃物。 （2）动用电火焊时，必须办理一级动火工作票，消防人员、各级监护人员、油汽测量合格后方可动火。 （3）动火时，必须清理干净作业点所有杂物，油放尽，吹管，加堵，清理内壁焊点处油垢。 （4）动用电火焊时，采取隔离措施，防止焊渣飞溅引起火灾。 （5）不能携带火种，不准吸烟。 （6）离开工作现场要对作业地点认真检查，不得留有火种。 （7）检修时，应使用铜制工具
		5. 防止设备损坏	杜绝野蛮作业认真执行检修工艺及质量标准
		6. 防止材料留在管道内	
		7. 防止法兰垫错位	
4	试验	1. 防止来油泄漏	
		2. 防止滤网关闭不严	

1.2.20　卸油泵、真空泵检修

作业项目	卸油泵、真空泵检修		
序号	辨识项目	辨识内容	典型控制措施
一	公共部分（健康与环境）		
	［表格内容同 1.1.1 公共部分（健康与环境）］		

续表

序号	辨识项目	辨识内容	典型控制措施
二	作业内容（安全）		
1	拆除对轮螺栓	1. 防止碰伤、挤伤	（1）对孔时，严禁将手指放入螺栓孔内，防止挤伤手指。 （2）起吊的物体加减垫片时，严禁将手指放入地脚下部等容易被挤伤处
		2. 防止损坏设备	避免野蛮作业，拆下的部件要轻拿轻放
		3. 防止滑跌	及时清理地面油污，做到随清随洁，防止脚下打滑摔伤
		4. 防止设备转动	
2	拆除油泵	1. 防止碰伤	（1）对孔时，严禁将手指放入螺栓孔内，防止挤伤手指。 （2）起吊的物体加减垫片时，严禁将手指放入地脚下部等容易被挤伤处
		2. 防止设备损坏	杜绝野蛮作业认真执行检修工艺及质量标准
		3. 防止落物伤人	（1）检查检修区域上方和周围无高处落物的危险，上方有作业应交错开，或做好隔离措施。 （2）高处作业时，作业点下方装设围栏并且挂警示牌，以免落物伤人，较小零件应及时放入工具袋。 （3）高处作业不准上下抛掷工器具、物件。 （4）脚手架上堆放物件时，应固定，杂物应及时清理
		4. 防止滑跌	及时清理地面油污，做到随清随洁，防止脚下打滑摔伤
		5. 防止油流到工作场所	
		6. 防止触电	（1）不能私拉乱接临时电源，电线是否完好，有无接地线，电源开关外壳和电线绝缘有破损、绝缘不良或带电部分外露时不准使用。 （2）电动工器具要有检验合格证，绝缘良好。 （3）工器具要接有漏电保护器，使用人员要戴绝缘手套
		7. 防止火灾事故	（1）清洗部件要用煤油和清洗剂，清洗时，要远离火源并及时清理使用后的棉纱等易燃物。 （2）动用电火焊时，必须办理一级动火工作票，消防人员、各级监护人员、油汽测量合格后方可动火。 （3）动火时，必须清理干净作业点所有杂物，油放尽，吹管，加堵，清理内壁焊点处油垢。

续表

序号	辨识项目	辨识内容	典型控制措施
2	拆除油泵	7. 防止火灾事故	（4）动用电火焊时，采取隔离措施，防止焊渣飞溅引起火灾。 （5）不能携带火种，不准吸烟。 （6）离开工作现场要对作业地点认真检查，不得留有火种。 （7）检修时应使用铜制工具
		8. 防止跑油	
3	清理拆下的各部件	1. 防止划伤	
		2. 防止损坏设备	避免野蛮作业，拆下的部件要轻拿轻放
		3. 防止油流到工作场所	
		4. 防止滑跌	及时清理地面油污，做到随清随洁，防止脚下打滑摔伤
		5. 防止着火	（1）清洗部件要用煤油和清洗剂，清洗时，要远离火源并及时清理使用后的棉纱等易燃物。 （2）动用电火焊时，必须办理一级动火工作票，消防人员、各级监护人员、油汽测量合格后方可动火。 （3）动火时，必须清理干净作业点所有杂物，油放尽，吹管，加堵，清理内壁焊点处油垢。 （4）动用电火焊时，采取隔离措施，防止焊渣飞溅引起火灾。 （5）不能携带火种，不准吸烟。 （6）离开工作现场要对作业地点认真检查，不得留有火种。 （7）检修时应使用铜制工具
4	检修、检查油泵	1. 防止碰伤、挤伤	（1）对孔时，严禁将手指放入螺栓孔内，防止挤伤手指。 （2）起吊的物体加减垫片时，严禁将手指放入地脚下部等容易被挤伤处
		2. 防止损坏各部件	
		3. 防止触电	（1）不能私拉乱接临时电源，电线是否完好，有无接地线，电源开关外壳和电线绝缘有破损、绝缘不良或带电部分外露时不准使用。 （2）电动工器具要有检验合格证，绝缘良好。 （3）工器具要接有漏电保护器，使用人员要戴绝缘手套
		4. 防止滑跌	及时清理地面油污，做到随清随洁，防止脚下打滑摔伤

续表

序号	辨识项目	辨识内容	典型控制措施
4	检修、检查油泵	5. 防止火灾事故	（1）清洗部件要用煤油和清洗剂，清洗时，要远离火源并及时清理使用后的棉纱等易燃物。 （2）动用电火焊时，必须办理一级动火工作票，消防人员、各级监护人员、油汽测量合格后方可动火。 （3）动火时，必须清理干净作业点所有杂物，油放尽，吹管，加堵，清理内壁焊点处油垢。 （4）动用电火焊时，采取隔离措施，防止焊渣飞溅引起火灾。 （5）不能携带火种，不准吸烟。 （6）离开工作现场要对作业地点认真检查，不得留有火种。 （7）检修时，应使用铜制工具
		6. 防止机械伤害	（1）试转时，要通告人员全部离开油泵，站在轴向位置，手不能触摸运行中的油泵对轮。 （2）检修完毕，对轮罩装设牢固。 （3）检修时，应先检查工器具是否合格，不合格的严禁使用。正确使用工器具，戴好防护用品
		7. 防止起重伤害	
5	回装油泵	1. 防止油管道及轴承箱内遗留杂物	回装时，认真检查管道及轴承箱内有无遗留异物，确认无异物后方可回装
		2. 防止碰伤、挤伤	（1）对孔时，严禁将手指放入螺栓孔内，防止挤伤手指。 （2）起吊的物体加减垫片时，严禁将手指放入地脚下部等容易被挤伤处
		3. 防止机械伤害	（1）试转时，要通告人员全部离开油泵，站在轴向位置，手不能触摸运行中的油泵对轮。 （2）检修完毕，对轮罩装设牢固。 （3）检修时，应先检查工器具是否合格，不合格的严禁使用。正确使用工器具，戴好防护用品
		4. 防止落物伤人	（1）检查检修区域上方和周围无高处落物的危险，上方有作业应交错开，或做好隔离措施。 （2）高处作业时，作业点下方装设围栏并且挂警示牌，以免落物伤人，较小零件应及时放入工具袋。 （3）高处作业不准上下抛掷工器具、物件。 （4）脚手架上堆放物件时，应固定，杂物应及时清理

续表

序号	辨识项目	辨识内容	典型控制措施
5	回装油泵	5. 防止火灾事故	（1）清洗部件要用煤油和清洗剂，清洗时，要远离火源并及时清理使用后的棉纱等易燃物。 （2）动用电火焊时，必须办理一级动火工作票，消防人员、各级监护人员、油汽测量合格后方可动火。 （3）动火时，必须清理干净作业点所有杂物，油放尽，吹管，加堵，清理内壁焊点处油垢。 （4）动用电火焊时，采取隔离措施，防止焊渣飞溅引起火灾。 （5）不能携带火种，不准吸烟。 （6）离开工作现场要对作业地点认真检查，不得留有火种。 （7）检修时，应使用铜制工具
		6. 杜绝违章指挥	（1）各级领导、工作人员必须严格遵守国家有关法律法规和上级有关规章制度。 （2）各级领导、工作人员认真实施反违章实施细则。 （3）工作人员必须严格遵守安全规程、检修规程、作业指导书。 （4）工作人员严格执行检修工艺。 （5）各级人员按分工格尽职守，做到安全文明施工，制止和杜绝各类违章现象的发生
		7. 防止设备损坏	杜绝野蛮作业，认真执行检修工艺及质量标准
6	试运行	1. 防止跑油	
		2. 防止误操作	
		3. 防止设备损坏	试转时，随时关注振动与运转声音，发现异常及时通知
		4. 防止滑跌	及时清理地面油污，做到随清随洁，防止脚下打滑摔伤

1.2.21 风机检修

作业项目	风机检修		
序号	辨识项目	辨识内容	典型控制措施
一	公共部分（健康与环境）		
	[表格内容同 1.1.1 公共部分（健康与环境）]		

续表

序号	辨识项目	辨识内容	典型控制措施
二	作业内容（安全）		
1	打人孔、松外壳螺栓	1. 防止碰伤、挤伤	（1）及时清理地面油污，做到随清随洁。 （2）对孔时，严禁将手指放入螺栓孔内，防止挤伤手指。 （3）起吊的物体加减垫片时，严禁将手指放入地脚下部等容易被挤伤处
		2. 防止损坏设备	（1）起重机械要经检查合格，吊索荷重适当，正确使用。 （2）电动机起吊前，检查地脚螺栓、油管螺栓、接地线是否全部拆除，顶丝是否松开。 （3）风壳起吊前，工作负责人检查是否还有影响起吊的连接件，具备起吊条件后，由工作负责人通知起吊指挥人员下令起吊。 （4）起吊风壳时，在可能出现卡涩的部位，有专人观察起吊情况，出现异常情况，及时通报工作负责人或行车司机。 （5）转子吊放就位过程中，由工作负责人指挥，前后轴承、风轮处必须有专人监视就位情况。 （6）起吊转子必须用吊链调平。 （7）拉运转子时，转子支架与载重汽车焊接牢固，支架上铺V形枕木，转子不得摆动，并用吊链斜拉固定。 （8）拉运转子的汽车经过的地沟盖板增铺钢板。 （9）翻转子时，吊点固定可靠，如果在轴颈上缠绕钢丝绳起吊，必须垫木板防滑。 （10）顶主轴前，调整吊钩位置，使其处于主轴轴心线上。 （11）检查所有轴承箱盖螺栓全部拆除后，方可撬动端盖或上盖
		3. 防止落物伤人	（1）检查检修区域上方和周围无高处落物的危险。 （2）设备起吊时，下方及可能倾倒的范围内禁止任何人站立或行走。 （3）上下交叉作业时，扳手拴绳套在手腕上，防止坠落砸伤下方作业人员。 （4）传递工具时，确认对方已接好，方可松手。 （5）修研台板前，将轴承箱吊移至安全位置，严禁将轴承箱悬吊在作业人员上方
		4. 防止转动部分伤人	
		5. 防止烧伤、烫伤	（1）动用电、火焊时戴隔热手套，防止焊渣飞溅伤人。 （2）温度必须降至40℃以下，方可工作

续表

序号	辨识项目	辨识内容	典型控制措施
1	打人孔、松外壳螺栓	6. 防止高处坠落	（1）人员站在本体上工作时，选择适当的工作位置站立，并系好安全带。 （2）在垂直放置的转子上作业，必须系安全带。 （3）风壳起吊后，在下半风壳上要铺好上下人行架板。 （4）风机平台上的栏杆拆除后，必须及时设置临时栏杆
2	解体轴承箱	1. 防止碰伤、挤伤	（1）及时清理地面油污，做到随清随洁。 （2）对孔时，严禁将手指放入螺栓孔内，防止挤伤手指。 （3）起吊的物体加减垫片时，严禁将手指放入地脚下部等容易被挤伤处
		2. 防止设备损坏	（1）起重机械要经检查合格，吊索荷重适当，正确使用。 （2）电动机起吊前，检查地脚螺栓、油管螺栓、接地线是否全部拆除，顶丝是否松开。 （3）风壳起吊前，工作负责人检查是否还有影响起吊的连接件，具备起吊条件后，由工作负责人通知起吊指挥人员下令起吊。 （4）起吊风壳时，在可能出现卡涩的部位，有专人观察起吊情况，出现异常情况，及时通报工作负责人或行车司机。 （5）转子吊放就位过程中，由工作负责人指挥，前后轴承、风轮处必须有专人监视就位情况。 （6）起吊转子必须用吊链调平。 （7）拉运转子时，转子支架与载重汽车焊接牢固，支架上铺V形枕木，转子不得摆动，并用吊链斜拉固定。 （8）拉运转子的汽车经过的地沟盖板增铺钢板。 （9）翻转子时，吊点固定可靠，如果在轴颈上缠绕钢丝绳起吊，必须垫木板防滑。 （10）顶主轴前，调整吊钩位置，使其处于主轴轴心线上。 （11）检查所有轴承箱盖螺栓全部拆除后，方可撬动端盖或上盖
		3. 防止落物伤人	（1）检查检修区域上方和周围无高处落物的危险。 （2）设备起吊时，下方及可能倾倒的范围内禁止任何人站立或行走。 （3）上下交叉作业时，扳手拴绳套在手腕上，防止坠落砸伤下方作业人员。 （4）传递工具时，确认对方已接好，方可松手。 （5）修研台板前，将轴承箱吊移至安全位置，严禁将轴承箱悬吊在作业人员上方
		4. 防止滑跌	及时清理地面油污，做到随清随洁，防止脚下打滑摔伤

续表

序号	辨识项目	辨识内容	典型控制措施
2	解体轴承箱	5. 防止触电	（1）不能私拉乱接临时电源，导线要用水线，无裸露，摆放规范。 （2）电动工器具要有检验合格证，绝缘良好。 （3）工器具要接有漏电保护器，使用人员要戴绝缘手套
		6. 防止油流到工作场所	
3	清理轴承各部件	1. 防止划伤、砸伤	（1）及时清理地面油污，做到随清随洁。 （2）严禁在下半风壳法兰上站立或行走
		2. 防止损坏设备	（1）起重机械要经检查合格，吊索荷重适当，正确使用。 （2）电动机起吊前，检查地脚螺栓、油管螺栓、接地线是否全部拆除，顶丝是否松开。 （3）风壳起吊前，工作负责人检查是否还有影响起吊的连接件，具备起吊条件后，由工作负责人通知起吊指挥人员下令起吊。 （4）起吊风壳时，在可能出现卡涩的部位，有专人观察起吊情况，出现异常情况，及时通报工作负责人或行车司机。 （5）转子吊放就位过程中，由工作负责人指挥，前后轴承、风轮处必须有专人监视就位情况。 （6）起吊转子必须用吊链调平。 （7）拉运转子时，转子支架与载重汽车焊接牢固，支架上铺V形枕木，转子不得摆动，并用吊链斜拉固定。 （8）拉运转子的汽车经过的地沟盖板增铺钢板。 （9）翻转子时，吊点固定可靠，如果在轴颈上缠绕钢丝绳起吊，必须垫木板防滑。 （10）顶主轴前，调整吊钩位置，使其处于主轴轴心线上。 （11）检查所有轴承箱盖螺栓全部拆除后，方可撬动端盖或上盖
		3. 防止部件掉下伤人	
		4. 防止滑跌	及时清理地面油污，做到随清随洁，防止脚下打滑摔伤
		5. 防止落物伤人	（1）检查检修区域上方和周围无高处落物的危险。 （2）设备起吊时，下方及可能倾倒的范围内禁止任何人站立或行走。 （3）上下交叉作业时，扳手拴绳套在手腕上，防止坠落砸伤下方作业人员。 （4）传递工具时，确认对方已接好，方可松手。 （5）修研台板前，将轴承箱吊移至安全位置，严禁将轴承箱悬吊在作业人员上方

续表

序号	辨识项目	辨识内容	典型控制措施
3	清理轴承各部件	6. 防止机械伤害	（1）进入风机内部作业时，要将转子固定。 （2）检修时，应先检查工器具是否合格，不合格的严禁使用。正确使用工器具，戴好防护用品。 （3）组装对轮拉拔器时，在丝杠架两侧都加螺母，防止丝杠断裂弹出伤人。 （4）对孔时，严禁将手指放入螺栓孔内，防止挤伤手指。 （5）使用大锤前，检查锤头固定良好，禁止戴手套和单手抡大锤；抡锤时，禁止在对面站人。 （6）使用产生火花的电动工具时，必须戴防护眼镜。 （7）起吊电动机加减垫片时，严禁将手指放入电动机地脚下部
4	风壳、转子吊放	1. 防止碰伤、挤伤	（1）及时清理地面油污，做到随清随洁。 （2）对孔时，严禁将手指放入螺栓孔内，防止挤伤手指。 （3）起吊的物体加减垫片时，严禁将手指放入地脚下部等容易被挤伤处
		2. 防止设备损坏	（1）起重机械要经检查合格，吊索荷重适当，正确使用。 （2）电动机起吊前，检查地脚螺栓、油管螺栓、接地线是否全部拆除，顶丝是否松开。 （3）风壳起吊前，工作负责人检查是否还有影响起吊的连接件，具备起吊条件后，由工作负责人通知起吊指挥人员下令起吊。 （4）起吊风壳时，在可能出现卡涩的部位，有专人观察起吊情况，出现异常情况，及时通报工作负责人或行车司机。 （5）转子吊放就位过程中，由工作负责人指挥，前后轴承、风轮处必须有专人监视就位情况。 （6）起吊转子必须用吊链调平。 （7）拉运转子时，转子支架与载重汽车焊接牢固，支架上铺V形枕木，转子不得摆动，并用吊链斜拉固定。 （8）拉运转子的汽车经过的地沟盖板增铺钢板。 （9）翻转子时，吊点固定可靠，如果在轴颈上缠绕钢丝绳起吊，必须垫木板防滑。 （10）顶主轴前，调整吊钩位置，使其处于主轴轴心线上。 （11）检查所有轴承箱盖螺栓全部拆除后，方可撬动端盖或上盖
		3. 防止滑跌	（1）及时清理地面油污，做到随清随洁。 （2）严禁在下半风壳法兰上站立或行走

续表

序号	辨识项目	辨识内容	典型控制措施
4	风壳、转子吊放	4. 防止起重伤害	（1）风机行车使用前，要检查限位、制动良好，试运正常，钢丝绳无断股；倒链外观检查无破损，试运良好，不合格的严禁使用。 （2）不准在起吊的重物下行走和停留。 （3）吊装过程中要和起重人员互相配合。 （4）利用架子起吊重物前，必须检查架子是否结实可靠。 （5）所有起吊工作由工作负责人指挥，专人操作
		5. 防止烧伤、烫伤	用油加热轴承时，固定好油锅，做好隔离，防止碰撞倾翻
		6. 防止机械伤害	（1）进入风机内部作业时，要将转子固定。 （2）检修时，应先检查工器具是否合格，不合格的严禁使用。正确使用工器具，戴好防护用品。 （3）组装对轮拉拔器时，在丝杠架两侧都加螺母，防止丝杠断裂弹出伤人。 （4）对孔时，严禁将手指放入螺栓孔内，防止挤伤手指。 （5）使用大锤前，检查锤头固定良好，禁止戴手套和单手抡大锤；抡锤时，禁止在对面站人。 （6）使用产生火花的电动工具时，必须戴防护眼镜。 （7）起吊电动机加减垫片时，严禁将手指放入电动机地脚下部
		7. 防止高处坠落	（1）人员站在本体上工作时，选择适当的工作位置站立，并系好安全带。 （2）在垂直放置的转子上作业，必须系安全带。 （3）风壳起吊后，在下半风壳上要铺好上下人行架板。 （4）风机平台上的栏杆拆除后，必须及时设置临时栏杆
		8. 防止落物伤人	（1）检查检修区域上方和周围无高处落物的危险。 （2）设备起吊时，下方及可能倾倒的范围内禁止任何人站立或行走。 （3）上下交叉作业时，扳手拴绳套在手腕上，防止坠落砸伤下方作业人员。 （4）传递工具时，确认对方已接好，方可松手。 （5）修研台板前，将轴承箱吊移至安全位置，严禁将轴承箱悬吊在作业人员上方
		9. 防止起重伤害	
		10. 杜绝违章指挥	（1）各级领导、工作人员必须严格遵守国家有关法律法规和上级有关规章制度。 （2）各级领导、工作人员认真实施反违章实施细则。 （3）工作人员必须严格遵守安全规程、检修规程、作业指导书。 （4）工作人员严格执行检修工艺。 （5）各级人员按分工格尽职守，做到安全文明施工，制止和杜绝各类违章现象的发生

续表

序号	辨识项目	辨识内容	典型控制措施
5	回装各部件	1. 防止风机和轴承内遗留杂物	回装时，认真检查风机和轴承内有无遗留异物，确认无异物后方可回装
		2. 防止碰伤、挤伤	（1）及时清理地面油污，做到随清随洁。 （2）对孔时，严禁将手指放入螺栓孔内，防止挤伤手指。 （3）起吊的物体加减垫片时，严禁将手指放入地脚下部等容易被挤伤处
		3. 防止机械伤害	（1）进入风机内部作业时，要将转子固定。 （2）检修时，应先检查工器具是否合格，不合格的严禁使用。正确使用工器具，戴好防护用品。 （3）组装对轮拉拔器时，在丝杠架两侧都加螺母，防止丝杠断裂弹出伤人。 （4）对孔时，严禁将手指放入螺栓孔内，防止挤伤手指。 （5）使用大锤前，检查锤头固定良好，禁止戴手套和单手抡大锤；抡锤时，禁止在对面站人。 （6）使用产生火花的电动工具时，必须戴防护眼镜。 （7）起吊电动机加减垫片时，严禁将手指放入电动机地脚下部
		4. 防止落物伤人	（1）检查检修区域上方和周围无高处落物的危险，上方有作业应交错开，或做好隔离措施。 （2）高处作业时，作业点下方装设围栏并且挂警示牌，以免落物伤人，较小零件应及时放入工具袋。 （3）高处作业不准上下抛掷工器具、物件。 （4）脚手架上堆放物件时，应固定，杂物应及时清理
		5. 防止高处坠落	（1）人员站在本体上工作时，选择适当的工作位置站立，并系好安全带。 （2）在垂直放置的转子上作业，必须系安全带。 （3）风壳起吊后，在下半风壳上要铺好上下人行架板。 （4）风机平台上的栏杆拆除后，必须及时设置临时栏杆
		6. 杜绝违章指挥	（1）各级领导、工作人员必须严格遵守国家有关法律法规和上级有关规章制度。 （2）各级领导、工作人员认真实施反违章实施细则。 （3）工作人员必须严格遵守安全规程、检修规程、作业指导书。 （4）工作人员严格执行检修工艺。 （5）各级人员按分工恪尽职守，做到安全文明施工，制止和杜绝各类违章现象的发生

续表

序号	辨识项目	辨识内容	典型控制措施
5	回装各部件	7. 防止设备损坏	（1）起重机械要经检查合格，吊索荷重适当，正确使用。 （2）电动机起吊前，检查地脚螺栓、油管螺栓、接地线是否全部拆除，顶丝是否松开。 （3）风壳起吊前，工作负责人检查是否还有影响起吊的连接件，具备起吊条件后，由工作负责人通知起吊指挥人员下令起吊。 （4）起吊风壳时，在可能出现卡涩的部位，有专人观察起吊情况，出现异常情况，及时通报工作负责人或行车司机。 （5）转子吊放就位过程中，由工作负责人指挥，前后轴承、风轮处必须有专人监视就位情况。 （6）起吊转子必须用吊链调平。 （7）拉运转子时，转子支架与载重汽车焊接牢固，支架上铺 V 形枕木，转子不得摆动，并用吊链斜拉固定。 （8）拉运转子的汽车经过的地沟盖板增铺钢板。 （9）翻转子时，吊点固定可靠，如果在轴颈上缠绕钢丝绳起吊，必须垫木板防滑。 （10）顶主轴前，调整吊钩位置，使其处于主轴轴心线上。 （11）检查所有轴承箱盖螺栓全部拆除后，方可撬动端盖或上盖
		8. 防止触电	（1）不能私拉乱接临时电源，导线要用水线，无裸露，摆放规范。 （2）电动工器具要有检验合格证，绝缘良好。 （3）工器具要接有漏电保护器，使用人员要戴绝缘手套
6	试转	1. 防止转动部分飞出伤人	
		2. 防止误操作	
		3. 防止设备损坏	试转时，随时关注振动与运转声音，发现异常及时通知
		4. 防止机械伤害	（1）进入风机内部作业时，要将转子固定。 （2）检修时，应先检查工器具是否合格，不合格的严禁使用。正确使用工器具，戴好防护用品。 （3）组装对轮拉拔器时，在丝杠架两侧都加螺母，防止丝杠断裂弹出伤人。 （4）对孔时，严禁将手指放入螺栓孔内，防止挤伤手指。 （5）使用大锤前，检查锤头固定良好，禁止戴手套和单手抡大锤；抡锤时，禁止在对面站人。 （6）使用产生火花的电动工具时，必须戴防护眼镜。 （7）起吊电动机加减垫片时，严禁将手指放入电动机地脚下部

第2章 汽轮机专业

2.1 汽轮机运行

2.1.1 凝结器循环冷却水系统

作业项目	机组运行中的半边清洗		
序号	辨识项目	辨识内容	典型控制措施
一	公共部分（健康与环境）		
1	身体、心理素质	作业人员的身体状况，心理素质不适于高处作业	（1）不安排此次作业。 （2）不安排高处作业，安排地面辅助工作。 （3）现场配备急救药品。 ⋮
2	精神状态	作业人员连续工作，疲劳困乏或情绪异常	（1）不安排此次作业。 （2）不安排高强度、注意力高度集中、反应能力要求高的工作。 （3）作业过程适当安排休息时间。 ⋮
3	环境条件	作业区域上部有落物的可能；照明充足；安全设施完善	（1）暂时停止高处作业，工作负责人先安排检查接地线等各项安全措施是否完整，无问题后可恢复作业。 ⋮
4	业务技能	新进人员参与作业或安排人员承担不胜任的工作	（1）安排能胜任或辅助性工作。 （2）设置专责监护人进行监护。 ⋮
5	作业组合	人员搭配不合适	（1）调整人员的搭配、分工。 （2）事先协调沟通，在认识和协作上达成一致。 ⋮

续表

序号	辨识项目	辨识内容	典型控制措施
6	工期因素	工期紧张，作业人员及骨干人员不足	（1）增加人员或适当延长工期。 （2）优化作业组合或施工方案、工序。 ⋮
⋮	⋮	⋮	⋮
二	作业内容（安全）		
1	S	1. 作业环境恶劣	（1）遵守《电业安全工作规程》中有关容器中工作的规定。 （2）多人轮流作业，并设有专人监护。 （3）将凝汽器水室循环水管入口用盖板盖好
		2. 水室遗留人员或工具	（1）凝汽器运行中，半边清洗工作必须严格执行操作票、工作票制度，并设有专人组织、协调。 （2）半边清洗工作结束，检查并确认水室内已无人员和工具后，方可恢复该侧凝汽器运行

作业项目	凝结水系统投入运行		
序号	辨识项目	辨识内容	典型控制措施
一	公共部分（健康与环境）		
	[表格内容同 1.1.1 公共部分（健康与环境）]		
二	作业内容（安全）		
1	S	1. 触电：电动机电缆破损、接线盒脱落或电动机外壳接地不合格，电动机外壳带电等，造成人身触电	检查电动机电缆、接线盒是否完整，如有异常，应停止启动；电动机停运 15 天及以上，或出现电动机进水等异常情况，启动前，应测试电动机绝缘合格；检查接地良好
		2. 外力：转动部件及异物飞出，被转动机械绞住、电缆头爆破等，造成人身伤害	检查联轴器防护罩完整，安装牢固；启动时，就地人员必须站在电动机轴向位置（竖直安装的泵，人员站在防护栏以外）；着装必须符合现场工作人员着装要求，详见公共项目“现场工作人员的要求”

续表

序号	辨识项目	辨识内容	典型控制措施
1	S	3. 电动机绝缘不合格，造成电动机烧毁	（1）电动机停运15天及以上，启动前，应测量电动机绝缘合格。 （2）特殊情况下，有必要时，启动前，应测量电动机绝缘合格
		4. 带负荷启动，造成电动机烧毁	（1）启动前，检查出、入口门位置正确。 （2）检查电动机处于静止状态。 （3）启动后电流在规定时间内不返回，立即停泵。 （4）启动运行后超过额定电流110%时，应立即停泵
		5. 油位低、油质不合格，造成轴承损坏	（1）检查油位在正常范围内。 （2）油质正常、油色清晰，如出现浑浊、变黑现象，应及时更换。 （3）运行中轴承温度达到停泵值或出现突升现象，立即停泵
		6. 凝结水泵轴承冷却水压力低或断水，造成轴承损坏	（1）检查轴承冷却水进水门已开启，压力正常，回水正常。 （2）冷却水压力低时，应及时进行调整。 （3）发现冷却水中断，禁止启动凝结水泵
		7. 凝结水泵电动机冷却水压力低或断水，造成电动机损坏	（1）检查电动机冷却水进水门已开启，压力正常，回水正常。 （2）冷却水压力低，应及时进行调整。 （3）发现冷却水中断，禁止启动凝结水泵

2.1.2 开闭式水系统

作业项目	开式水系统投入运行		
序号	辨识项目	辨识内容	典型控制措施
一	公共部分（健康与环境）		
	[表格内容同1.1.1 公共部分（健康与环境）]		
二	作业内容（安全）		
1	S	1. 触电：电动机电缆破损、接线盒脱落或电动机外壳接地不合格，电动机外壳带电等，造成人身触电	检查电动机电缆、接线盒是否完整，如有异常，应停止启动；电动机停运15天及以上，或出现电动机进水等异常情况，启动前，应测试电动机绝缘合格；检查接地良好

续表

序号	辨识项目	辨识内容	典型控制措施
1	S	2. 外力：转动部件及异物飞出，被转动机械绞住，电缆头爆破等，造成人身伤害	检查联轴器防护罩完整，安装牢固；启动时，就地人员必须站在电动机轴向位置（竖直安装的泵，人员站在防护栏以外）；着装必须符合现场工作人员着装要求，详见公共项目“现场工作人员的要求”
		3. 电动机绝缘不合格，造成电动机烧毁	（1）停运 15 天及以上，启动前应测量电动机绝缘合格。 （2）特殊情况下，有必要时，启动前，应测量电动机绝缘合格
		4. 带负荷启动，造成电动机烧毁	（1）启动前，检查出、入口门位置正确。 （2）检查电动机处于静止状态。 （3）启动后，电流在规定时间内不返回，立即停泵。 （4）启动运行后超过额定电流 110%时，应立即停泵
		5. 泵体空气未排尽，造成开式水泵损坏	（1）启动前，打开泵体放空气门。 （2）当放空气门连续溢流不带气泡后关闭，方可开泵

作业项目	闭式水系统投入运行		
序号	辨识项目	辨识内容	典型控制措施
一	公共部分（健康与环境）		
	[表格内容同 1.1.1 公共部分（健康与环境）]		
二	作业内容（安全）		
1	S	1. 触电：电动机电缆破损、接线盒脱落或电动机外壳接地不合格，电动机外壳带电等，造成人身触电	检查电动机电缆、接线盒是否完整，如有异常，应停止启动；电动机停运 15 天及以上，或出现电动机进水等异常情况，启动前，应测试电动机绝缘合格；检查接地良好
		2. 外力：转动部件及异物飞出、被转动机械绞住、电缆头爆破等，造成人身伤害	检查联轴器防护罩完整，安装牢固；启动时，就地人员必须站在电动机轴向位置（竖直安装的泵，人员站在防护栏以外）；着装必须符合现场工作人员着装要求，详见公共项目“现场工作人员的要求”

续表

序号	辨识项目	辨识内容	典型控制措施
1	S	3. 电动机绝缘不合格，造成电动机烧毁	（1）停运15天及以上，启动前，应测量电动机绝缘合格。 （2）特殊情况下，有必要时，启动前，应测量电动机绝缘合格
		4. 带负荷启动，造成电动机烧毁	（1）启动前，检查出、入口门位置正确。 （2）检查电动机处于静止状态。 （3）启动后，电流在规定时间内不返回，立即停泵。 （4）启动运行后超过额定电流110%时，应立即停泵
		5. 泵体空气未排尽，造成闭式水泵损坏	（1）启动前，打开泵体，放空气门。 （2）当放空气门连续溢流不带气泡后关闭，方可开泵
		6. 闭式水箱水位低，造成闭式水泵打空，泵体发热导致损坏	（1）检查闭式水箱水位正常。 （2）确认闭式水箱补水调门工作正常。 （3）启动后闭式水泵出口压力正常，系统压力正常
		7. 系统充水后，发电机氢气冷却器和励磁机空气冷却器发生泄漏，导致电气绝缘破坏	（1）检查发电机氢气冷却器和励磁机空气冷却器无泄漏。 （2）发电机氢气冷却器和励磁机空气冷却器进、回水畅通，温度正常。 （3）发电机底部检漏计报警时，立即采取措施处理

作业项目	开式水泵的启动		
序号	辨识项目	辨识内容	典型控制措施
一	公共部分（健康与环境）		
	［表格内容同1.1.1公共部分（健康与环境）］		
二	作业内容（安全）		
1	S	1. 泵内积有空气	（1）启泵前，泵体应充分排气，见水后再启泵。 （2）定期检查入口滤网压差，压差大时进行清洗。 （3）合理调整凝汽器循环水出水门开度，保证开式泵入口轻微带压

续表

序号	辨识项目	辨识内容	典型控制措施
1	S	2. 用户冷却器堵塞	（1）经常检查开式泵入口滤网压差正常，并定期清洗。非特殊情况下，不允许开启滤网旁路门。 （2）用户中的冷却器、滤网应能在运行中替换或进行滤网清洗，如有两组冷却器、滤网，则应是一组运行一组备用。

作业项目	开式水泵的停运		
序号	辨识项目	辨识内容	典型控制措施
一	公共部分（健康与环境）		
	［表格内容同 1.1.1 公共部分（健康与环境）］		
二	作业内容（安全）		
1	S	1. 压缩空气系统压力低	（1）压缩空气系统压力应能在集控室远程控制。 （2）保证压缩机工作正常，在压力低时，备用压缩机应能自动正常投入。 （3）各发电厂应制定压缩机定期轮换制度并监督进行。 （4）系统排污时加强联系，逐处一一进行。 （5）投入较大容量用户时，必须征得单元长同意。 （6）加强检查，消除输气管道、阀门泄漏
		2. 压缩空气系统压力过高	（1）加强压缩空气压力监视。 （2）压缩空气系统压力高时，部分压缩机应能自动卸载，否则联系检修人员进行处理。 （3）确保储气罐本体无缺陷并定期检查安全阀、压力表计动作正常
		3. 压缩空气品质差	

作业项目	闭式水冷却器运行中的倒换		
序号	辨识项目	辨识内容	典型控制措施
一	公共部分（健康与环境）		
	[表格内容同 1.1.1 公共部分（健康与环境）]		
二	作业内容（安全）		
1	S	闭式水箱水位过低	经常检查闭式水箱水位自动可靠，水位正常

作业项目	闭式水泵的停运		
序号	辨识项目	辨识内容	典型控制措施
一	公共部分（健康与环境）		
	[表格内容同 1.1.1 公共部分（健康与环境）]		
二	作业内容（安全）		
1	S	1. 压缩空气系统压力低	（1）压缩空气系统压力应能在集控室远程控制。 （2）保证压缩机工作正常，在压力低时，备用压缩机应能自动正常投入。 （3）各发电厂应制定压缩机定期轮换制度并监督进行。 （4）系统排污时加强联系，逐处一一进行。 （5）投入较大容量用户时，必须征得单元长同意。 （6）加强检查，消除输气管道、阀门泄漏
		2. 压缩空气系统压力过高	（1）加强压缩空气压力监视。 （2）压缩空气系统压力高时，部分压缩机应能自动卸载，否则联系检修人员进行处理。 （3）确保储气罐本体无缺陷并定期检查安全阀、压力表计动作正常
		3. 压缩空气品质差	（1）定期检查、维护，保证压缩空气系统空气干燥设备、精油尘过滤设备等工作正常。 （2）制定压缩空气系统定期疏水制度，并严格执行。 （3）各发电厂应根据本厂压缩机特点，制定保证空气品质合格的具体措施

作业项目	除氧器的投运		
序号	辨识项目	辨识内容	典型控制措施
一	公共部分（健康与环境）		
	［表格内容同 1.1.1 公共部分（健康与环境）］		
二	作业内容（安全）		
1	S	1. 含氧量增加造成设备损坏	（1）开大排氧门。 （2）增加除氧器进汽量。 （3）补软水尽量补至凝汽器
		2. 除氧器的水击及振动威胁人身安全	（1）适当减少补水量。 （2）提高凝结水温度。 （3）调整除氧器的水位在正常范围内
		3. 除氧器超压造成设备损坏及人员烫伤	（1）及时调整除氧器内部压力到规定范围内。 （2）联系化学人员调整排污量。 （3）通知司机停止高压加热器运行，检查水位调整器是否正常
		4. 开、关除氧器放水门时注意人身伤害	（1）固定好梯子。 （2）选择合适的操作工具。 （3）作好监护
		5. 开、关除氧器排汽门时造成人员烫伤	（1）远离泄水口。 （2）防止高处坠落。 （3）戴上手套
		6. 除氧器水面计爆炸伤人	禁止长时间停留在水面计附近
		7. 机组启动中投入抽汽时管道振动	（1）先将抽汽管路中的水放尽。 （2）开启抽汽门时要缓慢操作
		8. 除氧器投入开启汽平衡门时的人身伤害	（1）操作时要缓慢，防止由于过快造成除氧器振动。 （2）避免直对汽平衡门操作，以免烫伤

2.1.3 加热器系统

作业项目	除氧器上水投加热		
序号	辨识项目	辨识内容	典型控制措施
一	公共部分（健康与环境）		
	［表格内容同 1.1.1 公共部分（健康与环境）］		
二	作业内容（安全）		
1	S	1. 高温汽水发生泄漏，造成人员烫伤	（1）发现高温汽水泄漏时，及时隔离和停止除氧器上水加热。 （2）尽量避免靠近汽水泄漏处
		2. 与相邻检修机组公用辅汽系统未做好隔离措施而投运辅汽，危及人身和设备安全	（1）在投运辅汽系统前，仔细检查与相邻检修机组公用辅汽系统的联络门关闭良好。 （2）确认安全隔离措施已做好，再投运辅汽系统
		3. 辅汽母管疏水不充分，造成管道振动	投运辅汽系统前要充分暖管，加强管道疏水
		4. 投加热方式不正确，造成除氧器振动	（1）辅汽供汽时，应调节除氧器压力缓慢上升。 （2）投运除氧器加热前，启动除氧器再循环泵

2.1.4 给水系统

作业项目	给水泵的水系统的检查		
序号	辨识项目	辨识内容	典型控制措施
一	公共部分（健康与环境）		
	［表格内容同 1.1.1 公共部分（健康与环境）］		
二	作业内容（安全）		
1	S	1. 未进行保护试验或试验异常	启泵前，应进行保护试验且动作正常，否则联系热控人员处理
		2. 液力耦合器勺管卡涩	电动给水泵启动前，试验液力耦合器勺管动作正常，而后将勺管置于规程规定的初始位置

续表

序号	辨识项目	辨识内容	典型控制措施
1	S	3. 油系统异常	启动前，检查电动给水泵油箱油位正常，油质合格，油压正常
		4. 误操作	（1）电动给水泵启动必须执行操作票制度。 （2）电动给水泵启动前，试验给水泵系统各阀门动作正常，并对照阀门操作卡检查各阀门已置于启动前位置

作业项目	汽泵的投运		
序号	**辨识项目**	**辨识内容**	**典型控制措施**
一	**公共部分（健康与环境）**		
	[表格内容同 1.1.1 公共部分（健康与环境）]		
二	**作业内容（安全）**		
1	S	1. 蒸汽压力低	提高蒸汽压力
		2. 蒸汽温度低	提高蒸汽湿度，保证蒸汽过热度符合厂家规定
		3. 给水泵停水过程中，入口门后法兰嗤开伤人	（1）检查出口门及旁路门关严。 （2）关入口门前，将泵体放水门及出口门前放水、放空气门开
		4. 给水泵试转过程中振动	（1）保证足够的暖泵时间。 （2）联系检修人员检查轴瓦
		5. 给水泵对轮罩伤人	（1）避免在运行时直接接触对轮罩。 （2）联系检修人员固定对轮罩
		6. 给水泵电动机漏电伤人	（1）湿手不准触摸带电电动机外壳。 （2）联系电气人员将电动机地线接好
		7. 给水泵投入时，电动机放炮	（1）启动前，尽可能联系电气人员测电动机绝缘合格。 （2）启动前，将给水泵出口门关闭，降低启动电流

续表

序号	辨识项目	辨识内容	典型控制措施
1	S	8. 给水泵停止时，出口止回门破裂	（1）停泵前，关闭给水泵出口门。 （2）禁止运行中拉开给水泵操作开关
		9. 给水泵停泵时，补助油泵不工作烧瓦	（1）启动补助油泵后，确证油压升高后才可停泵。 （2）联系检修人员检查减压阀及补助油泵
		10. 冬季运行给水泵电动机空冷器结露，造成电动机接地放炮	（1）加强对给水泵电动机的维护。 （2）启动前尽可能测电动机绝缘。 （3）及时调整电动机空冷器冷却水量
		11. 给水泵运行平衡盘压力升高	确证表计无问题后，停泵联系检修检查叶轮间隙
		12. 给水泵运行中轴瓦烧损	（1）加强维护，保证正常油位。 （2）油质劣化及时换油
		13. 给水泵运行中盘根嗤开伤人	（1）避免长时间停留在水泵两侧盘根处。 （2）给水泵盘根嗤开后及时换泵
		14. 给水泵平衡盘泄水门操作时走错位置	（1）加强联系工作。 （2）操作认清标志牌。 （3）作好监护
		15. 给水泵运行中冷却水进杂物中断	（1）加强对转动设备冷却水的检查。 （2）发现冷却水中断及时换泵，并由检修处理好恢复正常运行
		16. 给水泵停泵时出口门套坏，无法操作	（1）关闭出口门两侧高压给水母管截门然后停泵。 （2）通知检修及时处理
		17. 锅炉投给水操作时管路振动	开门时要缓慢，排净管内空气，可用给水旁路门通水
		18. 给水管道法兰嗤开伤人	（1）避免在给水管道法兰处长时间停。 （2）操作时加强自我防护

作业项目	汽泵运行中的维护		
序号	辨识项目	辨识内容	典型控制措施
一	公共部分（健康与环境）		
	[表格内容同 1.1.1 公共部分（健康与环境）]		
二	作业内容（安全）		
1	S	1. 正常运行中给水泵最小流量阀误开	（1）启泵前，试验最小流量装置自动动作正确、灵活。 （2）正常运行中，将给水泵最小流量装置置于“自动”位置
		2. 前置泵再循环门未及时关闭或误开	（1）启泵时，3000r/min 后及时关闭前置泵再循环阀。 （2）保证前置泵再循环阀阀门标识正确，以防误开
		3. 前置泵入口滤网压差大	（1）监视给水泵入口滤网压差，压差超限时，停泵清理，以防杂物进入动、静环结合面而发生摩擦。 （2）加强相同负荷下以及不同给水泵间的转速、流量对比，发现出力异常时，应及时查找原因并进行处理
		4. 给水泵汽轮机超出力运行	（1）加强给水流量、给水泵转速的监视，及时调整，防止锅炉超压。 （2）避免并列运行的泵出力不平衡。 （3）给水泵汽轮机进汽参数符合厂家规定，防止给水泵汽轮机发生水冲击。 （4）给水泵汽轮机轴向位移、推力轴承温度等测点显示正确，并在相同负荷下进行比较。 （5）加强蒸汽品质监督，防止给水泵汽轮机叶片结垢
		5. 给水泵汽轮机油泵联锁、油压保护异常	（1）给水泵汽轮机投运前，必须试验给水泵汽轮机低油压保护动作正常。 （2）定期进行给水泵汽轮机油泵启停试验，备用泵处于良好备用状态，联锁开关正确、可靠投入
		6. 给水泵汽轮机油箱负压过高	合理调整给水泵汽轮机油箱负压，以免给水泵汽轮机油系统进汽水或异物
		7. 给水泵密封水压过高	（1）投入密封水自动运行。 （2）密封水自动运行失灵时，及时手动调整密封水压在规程规定的范围内
		8. 给水泵密封水压低	（1）投入密封水自动运行。 （2）密封水自动运行失灵时，及时手动调整密封水压在规程规定的范围内

续表

序号	辨识项目	辨识内容	典型控制措施
1	S	9. 超速	（1）给水泵汽轮机转速表必须准确、可靠，并定期校验。 （2）发现给水泵汽轮机转速异常波动时，应及时联系热控人员对调节系统进行检查。 （3）合理调整汽动给水泵汽封压力，确保给水泵汽轮机油质合格。 （4）确保蒸汽品质合格，并定期进行给水泵汽轮机主汽门、调节汽门活动试验。 （5）按规定投入给水泵汽轮机超速保护，并进行超速试验。在进行超速试验时，发现给水泵汽轮机转速超过规定动作值时而保护未动，应立即就地手动打闸。 （6）按规定进行给水泵汽轮机调节系统静态特性试验。 （7）保证给水泵出口止回门动作严密、可靠，避免因高压锅水倒灌而造成泵给反
		10. 振动大	（1）给水泵汽轮机冲转参数和进汽参数符合厂家规定。 （2）加强振动监测并建立台账。 （3）防止弯轴、断叶片等可能引起转子质量不平衡的事故发生。 （4）防止轴瓦损坏。 （5）避免汽蚀现象发生。 （6）参照 113 条“防止机组振动”的相应措施进行处理
		11. 汽蚀	参照电动给水泵“防汽蚀”条款进行控制
		12. 转速波动大	（1）加强给水泵汽轮机转速、蒸汽参数、给水流量及调节汽门动作尾部的监视。 （2）检查给水泵汽轮机主汽门、调节汽门应开关灵活、无卡涩。 （3）坚持汽动给水泵调整系统静态特性试验，保证速度变化率、迟缓率符合要求。 （4）合理调整汽动给水泵汽封压力，保证给水泵汽轮机油质合格。 （5）加强蒸汽品质监督，防止门杆结垢
		13. 给水泵汽轮机跳闸	（1）加强给水泵汽轮机各个参数的监视，防止因参数越限而跳闸。 （2）加强给水泵汽轮机保护监督，防止误动跳闸。 （3）避免并列运行的泵出力不平衡，并泵运行时，尽量投入给水自动；事故情况下需切为手动控制时，应同时升降并列运行的泵部转速，以免因转速相关过大保护动作而跳闸。 （4）给水泵汽轮机跳闸，电动给水泵应及时联动，以免锅炉缺水

续表

序号	辨识项目	辨识内容	典型控制措施
1	S	14. 叶片损坏	（1）给水泵汽轮机冲转参数和进汽参数符合厂家规定。 （2）避免过负荷运行。 （3）加强轴向位移的监视。 （4）提高蒸汽品质，防止叶片结垢。 （5）按规定进行疏水。 （6）给水泵汽轮机发生强烈振动时，按规程进行处理
		15. 油中进水	（1）合理调整给水泵汽轮机轴封压力。 （2）监视给水泵汽轮机轴封温度在规程规定的范围内，并保证一定的过热度。 （3）给水泵密封水自动应可靠投运。 （4）合理调整给水泵汽轮机油箱负压。 （5）加强油质监督，保证油净化设备正常运行。 （6）给水泵汽轮机油箱定期放水
		16. 管道振动	（1）按规定对蒸汽管道充分疏水、暖管。 （2）定期检查管道支架、吊架应牢固、可靠

作业项目	启动电动给水泵		
序号	辨识项目	辨识内容	典型控制措施
一	公共部分（健康与环境）		
	［表格内容同 1.1.1 公共部分（健康与环境）］		
二	作业内容（安全）		
1	S	1. 触电：电动机电缆破损、接线盒脱落或电动机外壳接地不合格，电动机外壳带电等，造成人身触电	检查电动机电缆、接线盒是否完整，如有异常，应停止启动；电动机停运 15 天及以上，或出现电动机进水等异常情况，启动前，应测试电动机绝缘合格；检查接地良好
		2. 外力：转动部件及异物飞出、被转动机械绞住、电缆头爆破等，造成人身伤害	检查联轴器防护罩完整，安装牢固；启动时，就地人员必须站在电动机轴向位置（竖直安装的泵，人员站在防护栏以外）；着装必须符合现场工作人员着装要求，详见公共项目“现场工作人员的要求”

续表

序号	辨识项目	辨识内容	典型控制措施
1	S	3. 电动机绝缘不合格，造成电动机烧毁	（1）停运 15 天及以上，启动前，应测量电动机绝缘合格。 （2）特殊情况下，有必要时，启动前应测量电动机绝缘合格
		4. 带负荷启动，造成电动机烧毁	（1）启动前，检查出、入口门位置正确。 （2）检查电动机处于静止状态。 （3）启动后，电流在规定时间内不返回，立即停泵。 （4）启动运行后超过额定电流 110%时，应立即停泵
		5. 润滑油压低、油质不合格，造成轴承损坏	（1）检查油泵出口压力正常。 （2）确认系统油管路无泄漏。 （3）滤网差压在正常范围内。 （4）加强化学监督，定期进行油质检测。 （5）发现油质不合格，应及时滤油或更换。 （6）投入润滑油低油压联锁保护
		6. 冷却水压力低或断水，造成轴承损坏	（1）检查轴承冷却水进、出水门已开启，压力正常。 （2）根据油、风温及时调整冷却水量。 （3）调整密封冷却水压差正常
		7. 泵体空气未排尽，造成电动给水泵损坏	（1）启动前，打开泵体放空气门。 （2）当放空气门连续溢流不带气泡后关闭，方可启泵
		8. 辅助油泵停止后主油泵工作不正常，造成轴承损坏	（1）确认给水泵联锁保护及辅助油泵联锁投入正常。 （2）电泵启动后，确认主油泵工作正常，油压达到规定值。 （3）主油泵工作不正常，应及时停运电动给水泵
		9. 启动时电动给水泵暖泵不良或升速过快，造成泵体或管道振动大	（1）启动时要充分暖泵，泵体上下温差符合规定值。 （2）调整勺管位置要缓慢，升速不应过快
		10. 最小流量阀动作不正常，引起管道振动大	（1）确认各联锁保护静态试验合格。 （2）启动后检查最小流量阀动作正常。 （3）若最小流量阀动作失灵，则应切除自动，进行手动操作

续表

序号	辨识项目	辨识内容	典型控制措施
1	S	11. 给水泵汽化，造成泵体损坏	（1）确认各联锁保护静态试验合格。 （2）给水泵入口滤网压差在正常范围内。 （3）调整除氧器压力、水位在正常范围内。 （4）除氧器水箱补水速度正常，禁止大量补冷水。 （5）启动后检查最小流量阀动作正常
		12. 给水泵反转，造成设备损坏	（1）检修后，必须空试电动机确认转向正确。 （2）启动后如发现电泵反转，立即停泵
		13. 电动机空冷器泄漏，造成电动机烧坏	投入电动机空冷器冷却水时，应专人检查有无泄漏情况，冷却水进回水压力是否正常

作业项目	启动汽动给水泵		
序号	辨识项目	辨识内容	典型控制措施
一	公共部分（健康与环境）		
	［表格内容同 1.1.1 公共部分（健康与环境）］		
二	作业内容（安全）		
1	S	1. 触电：电动机电缆破损、接线盒脱落或电动机外壳接地不合格，电动机外壳带电等，造成人身触电	检查电动机电缆、接线盒是否完整，如有异常，应停止启动；电动机停运 15 天及以上，或出现电动机进水等异常情况，启动前，应测试电动机绝缘合格；检查接地良好
		2. 外力：转动部件及异物飞出、被转动机械绞住、电缆头爆破等，造成人身伤害	检查联轴器防护罩完整，安装牢固；启动时，就地人员必须站在电动机轴向位置（竖直安装的泵，人员站在防护栏以外）；着装必须符合现场工作人员着装要求，详见公共项目“现场工作人员的要求”
		3. 电动机绝缘不合格，造成电动机烧毁	（1）停运 15 天及以上，启动前，应测量电动机绝缘合格。 （2）特殊情况下，有必要时，启动前应测量电动机绝缘合格

续表

序号	辨识项目	辨识内容	典型控制措施
1	S	4. 带负荷启动，造成电动机烧毁	（1）启动前，检查出、入口门位置正确。 （2）检查电动机处于静止状态。 （3）启动后电流在规定时间内不返回，立即停泵。 （4）启动运行后超过额定电流 110%时，应立即停泵
		5. 润滑油油压低、油质不合格，造成轴承损坏	（1）检查油泵出口压力正常。 （2）确认系统油管路无泄漏。 （3）滤网差压在正常范围内。 （4）加强化学监督，定期进行油质检测。 （5）发现油质不合格，应及时滤油或更换。 （6）投入润滑油低油压联锁保护
		6. 冷却水压力低或断水，造成轴承损坏	（1）检查轴承冷却水进、出水门已开启，压力正常。 （2）根据油温、轴温及时调整冷却水量。 （3）调整密封冷却水压差正常
		7. 泵体空气未排尽，造成汽动给水泵损坏	（1）启动前，打开泵体放空气门。 （2）当放空气门连续溢流不带气泡后关闭，方可启泵
		8. 给水泵汽轮机振动大	（1）管道应进行充分暖管、疏水。 （2）冲转过程中，油压、油温、振动、轴向位移、轴承温度等参数正常。 （3）过临界转速时，平稳、迅速通过，不得停留。 （4）任一轴承振动超过规定值，立即停泵。 （5）给水泵汽轮机保护投入正常
		9. 启动时汽动给水泵暖泵不良或升速过快，造成泵体或管道振动大	（1）启动时要充分暖泵，泵体上下温差符合规定值。 （2）启动过程中，根据给水泵汽轮机缸温确定暖机时间。 （3）按照规定升速率进行升速，升速不应过快
		10. 最小流量阀动作不正常，引起管道振动大	（1）确认各联锁保护静态试验合格。 （2）启动后检查最小流量阀动作正常。 （3）若最小流量阀控制失灵，则应切除自动，进行手动操作

续表

序号	辨识项目	辨识内容	典型控制措施
1	S	11. 给水泵汽化造成泵体损坏	（1）确认各联锁保护静态试验合格。 （2）给水泵入口滤网压差在正常范围内。 （3）调整除氧器压力、水位在正常范围内。 （4）除氧器水箱补水速度正常，禁止短时间内大量补冷水。 （5）启动后检查最小流量阀动作正常

2.1.5 汽轮机油系统

作业项目	汽轮机润滑油系统的维护		
序号	辨识项目	辨识内容	典型控制措施
一	公共部分（健康与环境）		
	[表格内容同 1.1.1 公共部分（健康与环境）]		
二	作业内容（安全）		
1	S	1. 油质异常	（1）定期进行 EH 油的常规化验和全分析化验，建立油质监督档案。 （2）加强 EH 油温的监视，保证冷却水量充足、水压正常，EH 油泵承载卸载正常，避免 EH 油超温运行。 （3）EH 油精滤装置除定期检查外，必须保证连续运行。 （4）根据 EH 油酸价及时投运再生装置，并根据再生装置压差及时更换再生剂。 （5）防止冷却水漏入 EH 油中。 （6）对 EH 油箱中的磁棒进行定期清洗
		2. 油泵承载、制动异常	（1）启泵时，EH 油温应大于 10℃。 （2）定期检查系统无泄漏。 （3）每半年检查一次蓄能器氮压应在规程规定的范围内，否则应进行充氮。 （4）发现油泵承载、制动异常时，立即联系检修人员卸载阀，并加强对 EH 油、油压的监视。 （5）倒换为另一台 EH 油泵运行

续表

序号	辨识项目	辨识内容	典型控制措施
1	S	3. EH 油系统泄漏	（1）保证泄放阀压力设定正确、动作可靠，避免系统超压。 （2）避免系统管道振动。 （3）运行人员应明白，EH 油具有轻微毒性和腐蚀性，避免吸入口中。电缆上黏有 EH 油时，应及时擦拭干净。 （4）做接触 EH 油的操作后，应将向上黏有 EH 油的部分清洗干净

作业项目	润滑油系统投入运行		
序号	辨识项目	辨识内容	典型控制措施
一	公共部分（健康与环境）		
	［表格内容同 1.1.1 公共部分（健康与环境）］		
二	作业内容（安全）		
1	S	1. 触电：电动机电缆破损、接线盒脱落或电动机外壳接地不合格，电动机外壳带电等，造成人身触电	检查电动机电缆、接线盒是否完整，如有异常，应停止启动；电动机停运 15 天及以上，或出现电动机进水等异常情况，启动前，应测试电动机绝缘合格；检查接地良好
		2. 外力：转动部件及异物飞出、被转动机械绞住、电缆头爆破等，造成人身伤害	检查联轴器防护罩完整，安装牢固；启动时，就地人员必须站在电动机轴向位置（竖直安装的泵，人员站在防护栏以外）；着装必须符合现场工作人员着装要求，详见公共项目“现场工作人员的要求”
		3. 电动机绝缘不合格，造成电动机烧毁	（1）停运 15 天及以上，启动前，应测量电动机绝缘合格。 （2）特殊情况下，有必要时，启动前应测量电动机绝缘合格
		4. 带负荷启动，造成电动机烧毁	（1）启动前，检查出、入口门位置正确。 （2）检查电动机处于静止状态。 （3）启动后，电流在规定时间内不返回，立即停泵。 （4）启动运行后超过额定电流 110%时，应立即停泵

续表

序号	辨识项目	辨识内容	典型控制措施
1	S	5. 润滑油压低、油质不合格，造成轴瓦损坏	（1）检查油泵出口压力正常。 （2）确认系统油管路无泄漏。 （3）滤网差压在正常范围内。 （4）加强化学监督，定期进行油质检测。 （5）发现油质不合格应及时滤油或更换。 （6）油质不合格，禁止启动。 （7）投入润滑油低油压联锁保护 【重点是注意油质】
		6. 轴承缺油，损坏轴瓦	（1）检查润滑油系统运行正常。 （2）油管道无堵塞或破裂。 （3）各轴承的回油温度正常。 （4）各轴承润滑油油压正常 【重点是停油泵前汽轮发电机组必须在静止状态】
		7. 润滑油泄漏至高温区域，引发火灾	（1）冲转前，发现油系统泄漏，应及时隔离并停止油泵运行。 （2）冲转后，发现润滑油泄漏引发着火，严重威胁设备安全时，立即破坏真空打闸停机，同时进行灭火。 （3）停油泵前，汽轮发电机组必须在静止状态。 （4）及时清理油污，更换含油保温

作业项目	密封油系统投入运行		
序号	辨识项目	辨识内容	典型控制措施
一	公共部分（健康与环境）		
	[表格内容同 1.1.1 公共部分（健康与环境）]		
二	作业内容（安全）		
1	S	1. 触电：电动机电缆破损、接线盒脱落或电动机外壳接地不合格，电动机外壳带电等，造成人身触电	检查电动机电缆、接线盒是否完整，如有异常，应停止启动；电动机停运 15 天及以上，或出现电动机进水等异常情况，启动前，应测试电动机绝缘合格；检查接地良好

续表

序号	辨识项目	辨识内容	典型控制措施
1	S	2. 外力：转动部件及异物飞出、被转动机械绞住、电缆头爆破等，造成人身伤害	检查联轴器防护罩完整，安装牢固；启动时，就地人员必须站在电动机轴向位置（竖直安装的泵，人员站在防护栏以外）；着装必须符合现场工作人员着装要求，详见公共项目“现场工作人员的要求”
		3. 电动机绝缘不合格，造成电动机烧毁	（1）停运15天及以上，启动前，应测量电动机绝缘合格。 （2）特殊情况下，有必要时，启动前应测量电动机绝缘合格
		4. 带负荷启动，造成电动机烧毁	（1）启动前，检查出、入口门位置正确。 （2）检查电动机处于静止状态。 （3）启动后，电流在规定时间内不返回，立即停泵。 （4）启动运行后超过额定电流110%时，应立即停泵
		5. 密封油压低、油质不合格，造成轴瓦损坏	（1）检查油泵出口压力正常。 （2）确认系统油管路无泄漏。 （3）定期进行密封油旋转滤网排污。 （4）加强化学监督，定期进行油质检测。 （5）发现油质不合格，应及时滤油或更换。 （6）油质不合格，禁止启动
		6. 密封瓦缺油损坏	（1）检查润滑油系统运行正常后再投运密封油系统。 （2）检查密封油系统运行正常后方可投运盘车。 （3）确认油管道无堵塞或破裂
		7. 氢侧油箱油位过高，使密封油漏入发电机内，导致发电机污染甚至绝缘破坏	（1）发电机在各种工况下，确保压差阀动作正常，油、氢压差控制在正常范围内。 （2）平衡阀动作良好，空、氢侧油压差控制在正常范围内。 （3）当氢侧油箱油位高时，立即开启强制排油阀，使油位达到正常位置。 （4）氢侧密封油位波动大时，应进行各检漏计排放，以便及时发现发电机是否进油，采取措施处理

作业项目	抗燃油系统投入运行		
序号	辨识项目	辨识内容	典型控制措施
一	公共部分（健康与环境）		
	[表格内容同 1.1.1 公共部分（健康与环境）]		
二	作业内容（安全）		
1	S	1. 触电：电动机电缆破损、接线盒脱落或电动机外壳接地不合格，电动机外壳带电等，造成人身触电	检查电动机电缆、接线盒是否完整，如有异常，应停止启动；电动机停运 15 天及以上，或出现电动机进水等异常情况，启动前，应测试电动机绝缘合格；检查接地良好
		2. 外力：转动部件及异物飞出、被转动机械绞住、电缆头爆破等，造成人身伤害	检查联轴器防护罩完整，安装牢固；启动时，就地人员必须站在电动机轴向位置（竖直安装的泵，人员站在防护栏以外）；着装必须符合现场工作人员着装要求，详见公共项目“现场工作人员的要求”
		3. 电动机绝缘不合格，造成电动机烧毁	（1）停运 15 天及以上，启动前，应测量电动机绝缘合格。 （2）特殊情况下，有必要时，启动前应测量电动机绝缘合格
		4. 带负荷启动，造成电动机烧毁	（1）启动前检查出、入口门位置正确。 （2）检查电动机处于静止状态。 （3）启动后电流在规定时间内不返回，立即停泵。 （4）启动运行后超过额定电流 110%时，应立即停泵
		5. 抗燃油油质不合格，导致调节保安系统油路堵塞，正常运行中引起主汽门、调门伺服机构动作不正常	（1）检查油泵出口压力正常。 （2）确认系统油管路无泄漏。 （3）滤网差压在正常范围内。 （4）加强化学监督，定期进行油质检测。 （5）发现油质不合格，应及时滤油或更换。 （6）启动后应视情况投入抗燃油再生装置。 （7）投入抗燃油低油压联锁保护
		6. 油温异常升高，影响抗燃油系统安全运行	（1）检查冷却器投运正常。 （2）油泵出口滤网压差在正常范围内。 （3）高压蓄能器氮压正常。 （4）卸荷阀动作正常
		7. 污染环境	（1）全面检查与油系统相连接的管道、法兰、阀门等处无渗漏油现象。 （2）发现油系统泄漏，及时消除漏点并清理污染区域

2.1.6 汽轮机

作业项目	汽轮发电机组启动		
序号	辨识项目	辨识内容	典型控制措施
一	公共部分（健康与环境）		
	［表格内容同 1.1.1 公共部分（健康与环境）］		
二	作业内容（安全）		
1	S	1. 触电：电动机电缆破损、接线盒脱落或电动机外壳接地不合格，电动机外壳带电等，造成人身触电	检查电动机电缆、接线盒是否完整，如有异常，应停止启动；电动机停运 15 天及以上，或出现电动机进水等异常情况，启动前应测试电动机绝缘合格；检查接地良好
		2. 外力：转动部件及异物飞出、被转动机械绞住、电缆头爆破等，造成人身伤害	检查联轴器防护罩完整，安装牢固；启动时，就地人员必须站在电动机轴向位置（竖直安装的泵，人员站在防护栏以外）；着装必须符合现场工作人员着装要求，详见公共项目“现场工作人员的要求”
		3. 电动机绝缘不合格，造成电动机烧毁	（1）停运 15 天及以上，启动前，应测量电动机绝缘合格。 （2）特殊情况下，有必要时，启动前应测量电动机绝缘合格
		4. 带负荷启动，造成电动机烧毁	（1）启动前，检查出、入口门位置正确。 （2）检查电动机处于静止状态。 （3）启动时，电流在规定时间内不返回，立即停泵。 （4）启动运行后超过额定电流 110%，应立即停泵
		5. 油位低、油质不合格，造成轴承损坏	（1）检查油位在正常范围内。 （2）油质正常、油色清晰，如出现浑浊、变黑现象，应及时更换。 （3）运行中轴承温度达到停泵值或出现突升现象，立即停泵
		6. 循环水泵冷却水压力低或断水，造成轴承或盘根损坏	（1）检查轴承及盘根冷却水进、出口门已开启，压力正常。 （2）冷却水压力低，应及时进行调整。 （3）发现冷却水中断，禁止启动循环水泵
		7. 循环水泵电动机反转，造成设备损坏	（1）检修后必须空试电动机，确认转向正确。 （2）启动后如发现循环水泵反转，立即停泵

续表

序号	辨识项目	辨识内容	典型控制措施
1	S	8. 循环水系统空气没放尽，造成循环水管道和凝汽器振动、水侧端盖密封破坏	（1）循环水泵启动前，打开循环水管道放空气门和凝汽器水侧放空气门。 （2）启动循环水泵，当循环水管道和凝汽器水侧放空气门连续溢流不带气泡后关闭
		9. 机组振动大而强行通过临界转速	（1）运行人员应该熟知本台机组的升速振动特性和临界转速值。 （2）主蒸汽压力必须保证机组能顺利通过临界转速，避免因压力较低而在临界转速出现怠速现象。 （3）任何时候均禁止在临界转速附近故意停留。 （4）严格执行升速过程中振动大停机的相关规定：在中速暖机前轴承振动超过0.03mm，或通过临界转速时轴承振动超过0.1mm，或相对轴承振动超过厂家规定值时，应立即打闸停机，严禁强行通过临界转速或因振动大而降速暖机。如果振动超标，必须回至盘车状态，待查明原因并消除后，经过连续盘车4h方可重新启动
		10. 汽轮主机润滑油压降低	（1）开机前试验并确认润滑油压低联锁动作正常。 （2）油泵联锁必须可靠投入。 （3）建立本台机组最低润滑油压及其对应转速台账，每次启动时加以对照、分析
		11. 轴瓦金属温度或回油温度超限	（1）开机前，确认轴瓦金属温度及油温度测点准确。 （2）整个冲转过程中，防止振动、轴向位移等参数超限。 （3）保证润滑油温正常。 （4）加强轴瓦金属温度及回油温度监视，发现问题按规程进行处理
		12. 动、静部分碰磨	整个冲转过程中，汽轮机平台应有人不间断巡视，仔细监听汽缸内、轴封处声音应无异常。一旦听到明显异常声音，必须立即紧急停机
		13. 控制系统异常，造成阀门切换时间过长或转速波动大	（1）启动前，进行调节系统仿真试验正常。 （2）若阀门切换时间超过厂家规定，应打闸停机，通知热控人员处理
		14. 阀门切换时，蒸汽室内壁温度偏低	（1）启动时在保证顺利通过临界转速的条件下，建议采用压力较低的蒸汽。 （2）阀门切换必须在蒸汽室内壁温度等于或高于主蒸汽门前蒸汽压力对应的饱和温度时，方可进行

续表

序号	辨识项目	辨识内容	典型控制措施
1	S	15. 真空偏低	（1）保持厂家“空负荷和低负荷运行指导”规定的再热蒸汽温和低压缸排汽压力的限制值。 （2）监视低压缸排汽温度不得超限，其他所有汽轮机监视仪表的读数，都应在允许极限（报警）范围内。 （3）运行人员必须清楚低压缸喷水虽然可以降低低压缸排汽温度，但不能保证低压缸不过热，因此必须保证规定的背压。 （4）尽快并网带初始负荷。 （5）若短时间内无法并网，而低压缸又出现过热，并网前可将机组降至暖机转速
		16. 定速不稳	（1）启动前，进行调节系统仿真试验正常。 （2）尽量稳定真空和进汽参数，避免主蒸汽压力过高。 （3）联系热控人员处理
		17. 升负荷速率过大，或负荷与蒸汽参数严重失配	（1）加强蒸汽参数的监视，与锅炉运行人员加强联系，控制升温、升压及升负荷速率。 （2）加强汽轮机各部分金属温度的监视，严格控制金属温升率。 （3）按规程规定负荷点和时间带负荷充分暖机。 （4）避免因升负荷速率过大，导致汽温、汽压下降，使金属产生交变热应力，严重时甚至发生水冲击事故
		18. 轴向位移、胀差、振动等参数异常	（1）加强蒸汽参数的监视，与锅炉运行人员加强联系，控制升温、升压及升负荷速率。 （2）加强汽轮机各部分金属温度的监视，严格控制金属温升率。 （3）按规程规定负荷点和时间带负荷充分暖机。 （4）避免因升负荷速率过大，导致汽温、汽压下降，使金属产生交变热应力，严重时甚至发生水冲击事故。 （5）发现轴向位移、胀差、振动等参数异常，应密切监视并视情况保持负荷，适当延长暖机时间。以上参数达到停机值时，应破坏真空、果断停机

续表

序号	辨识项目	辨识内容	典型控制措施
1	S	19. 疏水阀未及时关闭	（1）疏水扩容器进汽时，必须保证减温水量充足。 （2）检查疏水扩容器压力表、温度表显示正确。 （3）疏水自动可靠投入，汽轮机各部分疏水阀在各个负荷点应能及时关闭并就地确认。 （4）定期对各疏水阀阀体进行监测，以便判断各疏水阀内漏情况。 （5）按规定周期对疏水扩容器及其相应连管道、弯头、附件进行探伤检查
		20. 控制系统异常，导致负荷波动大	（1）机组大修后应经阀门特性试验合格。 （2）开机前进行调节系统仿真试验合格。 （3）如阀切换时负荷波动大，应联系热工处理
		21. 阀门开、关顺序不对	（1）运行人员必须熟知本台机组为顺序阀控制时的阀门开启顺序，并监视其确已严格按此顺序开启，否则有可能造成叶片损坏。 （2）运行人员应该熟知本台机组为单阀、顺序阀控制时的热力特性
		22. 阀门切换时机选择不当	（1）在机组升速、并网和带低负荷时，建议采用单阀方式。 （2）所有新转子或新装调节级叶片的旧转子，至少要经过 6 个月全周进汽方式的初始运行，以免产生过大的局部应力。 （3）如条件允许，汽轮机加负荷至某个较高负荷（根据各厂汽轮机热力特性确定）后从单阀切换到顺序阀运行，以便使转子内部温度变化最小

作业项目	主机运行		
序号	辨识项目	辨识内容	典型控制措施
一	公共部分（健康与环境）		
	[表格内容同 1.1.1 公共部分（健康与环境）]		
二	作业内容（安全）		
1	S	1. 主蒸汽压力偏低	请示值长限制负荷

续表

序号	辨识项目	辨识内容	典型控制措施
1	S	2. 主蒸汽温度偏高	（1）汽温超过 545℃，要求司炉采取“紧急停炉”措施，并作好记录。 （2）降温无效请示值长迅速减负荷故障停机
		3. 主蒸汽温度偏低	（1）主蒸汽温度下降及时开启车室、导管及ϕ76 疏水，同时要求炉迅速恢复。 （2）主蒸汽温度急剧下降，出现明显水击象征时，应紧急故障停机
		4. 锅炉灭火	（1）汽温、汽压同时下降，应迅速减负荷。 （2）汽温下降过程中密切注意串轴、差胀、振动等变化。 （3）出现异常情况及时汇报班、值长
		5. 凝汽器真空下降	（1）立即查找原因。 （2）投入备用抽气泵及抽气器。 （3）保持排汽温度不超过 60℃，否则减负荷。 （4）真空低于 0.053MPa 时，应打闸停机
		6. 主油箱油位下降	（1）立即查找原因，迅速消除。 （2）联系检修人员补油。 （3）采取补救措施无效，应故障停机
		7. 调速油压偏离规定值	联系检修人员调整到正常值，如调整无效请示值长停机
		8. 轴向位移增大	（1）检查串轴增大原因，采取措施。 （2）当轴向位移指示到 0.5mm 时，串轴保护不动作，应迅速破坏真空停机
		9. 水冲击	（1）破坏真空紧急停机。 （2）准确记录停机时间，充分疏水
		10. 不正常振动和异音	（1）采取降低负荷方法直到振动消除为止。 （2）无法消除振动，应破坏真空紧急停机
		11. 汽轮机超速	（1）立即紧急停机。 （2）关闭电动主闸门及一、二次抽汽门

续表

序号	辨识项目	辨识内容	典型控制措施
1	S	12. 汽轮机甩负荷	（1）当发电机甩掉全部负荷与电网解列，应降低转速到3000r/min，等待恢复。 （2）当发电机甩掉全部负荷与电网解列，超速时打闸停机。 （3）危急保安器动作，发电机与电网未解列时，查明原因迅速处理，及时挂闸恢复
		13. 运行中掉叶片	应紧急故障停机
		14. 厂用电全停	（1）确认厂用电已消失，立即减负荷到零，维持空负荷运行。 （2）拉开转动设备联动及操作开关。 （3）当真空低于0.053MPa时，打闸停机
		15. 失火	（1）确认厂用电已消失，立即减负荷到零，维持空负荷运行。 （2）拉开转动设备联动及操作开关。 （3）当真空低于0.053MPa时，打闸停机
		16. 运行中管道破裂	根据漏泄点采取措施，保证人身、设备安全
		17. 抽气泵落水	加强对抽气泵水池水位的监视，发现水位下降及时补水
		18. 测机组各轴承振动过程中的人身伤害	穿合适的工作服，并且必须扣好袖口，以防绞卷衣服
		19. 自动主汽门活动过程中的人为关闭，造成机组跳闸	（1）严格执行《运规》杜绝误操作。 （2）严禁自动主汽门错油门手轮活动。 （3）监护人要认真作好监护
		20. 电动主闸门活动过程中对设备的损坏	（1）严格执行《运规》。 （2）关电闸门时，严禁用电动操作。 （3）电动开电动主闸门时，按“开”按钮
		21. 凝结水泵的轮换造成凝汽器满水	（1）严格按照《运规》进行操作。 （2）开启原运行泵出口门时严防倒转。 （3）密切监视运行泵电流、压力及流量不应变化
		22. 抽气器轮换过程中真空下降	（1）投入备用抽气器的真空必须高于预停抽气器的真空。 （2）关预停抽气器空气门时，注意真空变化

续表

序号	辨识项目	辨识内容	典型控制措施
1	S	23. 冷油器切换造成烧瓦事故	（1）确认备用冷油器油侧已充满油。 （2）为防止润滑油压的降低，将低压交流油泵投入运行
		24. 抽气泵水池水位下降，造成抽气泵落水	（1）按时巡回检查抽气泵水池水位。 （2）发现水池水位下降及时补水。 （3）合理分配给水泵的运行方式，保证每个水池有一台给水泵运行中，由电动机空冷器冷却水向水池补水
		25. 备用抽气泵试转过程中给运行泵带来的危害	（1）试转备用抽气泵时，必须关闭出口门。 （2）试转完开出口门时要缓慢，并且监视该泵是否倒转，如倒转立即关闭出口门，防止影响运行设备
		26. 做真空严密性试验时，由于真空下降过快造成机组跳闸	（1）负荷在40MW以下进行。 （2）关闭水力抽气器空气门时，密切监视真空下降速度。 （3）真空下降，总值超过4kPa时，立即开抽气器空气门恢复正常，查找原因
		27. 带负荷清洗汽轮机通汽部分结垢过程中的水击及振动	（1）严格控制降温降压速度在规定范围内。 （2）保持主汽有10℃过热度。 （3）出现水击或振动立即关闸停机
		28. 高压加热器振动	（1）检查高压加热器出口水温度是否降低。 （2）检查高压加热器水位是否升高。 （3）停止高压加热器，给水导冷水运行
		29. 凝汽器循环水气塞，机组低真空跳闸	（1）监视真空、排汽温度、循环水出口温度。 （2）在循环水回水库期间，开启出口母管放空气门。 （3）在排循环水期间，开启凝汽器出口水室放空气门排出空气
		30. 主、调速汽门严密性试验过程中超速	（1）严格执行运行规程。 （2）将电闸门打到电动位置并设专人操作。 （3）试验过程中密切监视汽轮机转速变化
		31. 凝汽器清扫找漏过程中排汽温度高，真空下降	（1）降低机组负荷。 （2）增加运行侧循环水量

续表

序号	辨识项目	辨识内容	典型控制措施
1	S	32. 凝汽器清扫后，将清扫人员关在凝汽器内	（1）认真做好监护工作。 （2）关闭人孔门前清点人员及工具
		33. 凝汽器清扫或找漏过程中地沟水位高	（1）投入备用排水泵运行。 （2）限制凝汽器水室放水量。 （3）设专人监视地沟水位
		34. 凝结泵地坑水位上涨，淹电动机	（1）保证地坑排水孔畅通。 （2）检查地沟水位是否过高倒灌
		35. 循环水中断	（1）立即减负荷维持真空。 （2）关小循环水出口门，待恢复后重新调整循环水量。 （3）真空低于 53kPa，打闸停机
		36. 主蒸汽压力偏高	（1）注意各监视段压力不超过极限值。 （2）各监视段压力超过极限值时，请示值长停止机组运行

作业项目	主机停运		
序号	辨识项目	辨识内容	典型控制措施
一	公共部分（健康与环境）		
	[表格内容同 1.1.1 公共部分（健康与环境）]		
二	作业内容（安全）		
1	S	1. 汽缸温差增大	（1）滑参数停机过程中，必须保证蒸汽有规定的过热度。 （2）确保机组各部疏水阀能在不同工况时及时开启。 （3）防止除氧器压力、温度失配而造成除氧水汽化，并注意及时倒换除氧器汽源。 （4）加强除氧器、加热器水位监视，根据压差情况倒换高压加热器疏水。 （5）加强汽缸温差及抽汽温度、抽汽管道金属温度的监视，发现异常及时处理，必要时按规程规定打闸停机

续表

序号	辨识项目	辨识内容	典型控制措施
1	S	2. 未及时进行系统倒换	（1）加强高压加热器水位监视，根据压差情况及时倒换高压加热器疏水。 （2）根据负荷情况及时倒换辅汽汽源，注意轴封汽源的倒换和压力调整
		3. 高转速时即破坏真空	机组正常惰走过程中，不可急于破坏真空，可破坏真空的具体转速根据厂家资料决定
		4. 破坏真空、退轴封操作顺序或时间把握不当	（1）停机时降转速、破坏真空、退轴封机时应控制恰当，做到转速到零、真空到零、轴封压力到零。 （2）应避免在凝汽器真空到零后，轴封系统仍较长时间运行，也应避免在凝汽器真空未到零时，就退出轴封系统运行
		5. 任一汽门关不了	（1）参考“防止汽门卡涩”相关条款进行控制。 （2）减负荷过程中发现汽门卡涩，应设法消除。 （3）定期进行主蒸汽门、调节汽门、抽汽止回门的活动试验，按规定进行超速试验并要求合格。 （4）打闸后，检查主蒸汽门、调节汽门、各段抽汽止回门均已完全关闭。 （5）如打闸后因主蒸汽门未全部关闭而导致汽轮机转速未下降时，应紧急停运全部EH油泵，就地再进行一次手动打闸，待主蒸汽门关闭后，再启动EH油泵
		6. 负荷下降速率，蒸汽温降速率、压降速率过大	（1）密切监视机组负荷、参数变化情况，并加强与锅炉运行人员的联系。 （2）滑参数停机时，应待再热蒸汽温度下降后方可进行主蒸汽下一步降温、降压工作，保证主蒸汽、再热蒸汽温差在规程规定的范围内。 （3）降低一定负荷后应立即停留一段时间，待金属温度下降速度减缓、温差减小后，方可继续降负荷。 （4）负荷，蒸汽温降率、压降率，高中压缸金属温降率，应始终处于受控状态且符合停机曲线。 （5）发现汽温急剧下降，应按规程规定停机。 （6）加强胀差、轴位移、振动、缸温等主要参数的监视。 （7）及时切换汽封汽源为高温蒸汽供给
		7. 低压缸过热	（1）正确使用旁路系统，避免中压缸蒸汽运行。 （2）45MW负荷时，及时投运低压缸喷水。 （3）保持较高真空。 （4）禁止机组倒拖运行，特殊情况下机组倒拖时间不应超过1min（或参考厂家规定）

续表

序号	辨识项目	辨识内容	典型控制措施
1	S	8. 停机后低压缸排汽温度超限	（1）破坏真空前，确认主蒸汽管道、再热蒸汽管道疏水阀已经可靠关闭（主蒸汽管道、再热蒸汽管道带压时）。 （2）加强除氧器水位监视，防止除氧器高水位保护动作而瞬时向凝汽器排放大量热水。 （3）加强主蒸汽门及高、低压旁路后压力和温度的监视，当主蒸汽门、调节汽门和高、低压旁路未关或关闭不严而大量漏汽时，应采取相应措施进行处理。 （4）加强排汽温度监视，必要时投运低压缸喷水减温
		9. 低压轴封减温水未及时退出	低压轴封减温水必须随轴封蒸汽一并退出
		10. 带负荷解列	正常停机时，在打闸前，应先检查有功功率到零、电能表停转或逆转，再将发电机与系统解列，或采用逆功率保护动作解列。严禁带负荷解列
		11. 抽汽管道阀门关闭不严	（1）退除氧器加热时应缓慢操作，防止除氧器压力、温度失配汽化，四段抽汽电动门、止回门关闭不严密而退汽。 （2）加强管道疏水。 （3）严密监视汽缸温差及抽汽温度、抽汽管道金属壁温差，发现问题相应处理。 （4）提高检修质量，确保四段抽汽电动门、止回门关闭严密

作业项目	主机停运后的监视		
序号	辨识项目	辨识内容	典型控制措施
一	公共部分（健康与环境）		
	［表格内容同 1.1.1 公共部分（健康与环境）］		
二	作业内容（安全）		
1	S	1. 交流润滑油泵未及时启动	（1）停机前必须进行油泵启停试验正常。 （2）打闸前即启动交流润滑油泵运行。 （3）汽轮机润滑油泵系统联锁开源必须置于“联锁”位置

续表

序号	辨识项目	辨识内容	典型控制措施
1	S	2. 正胀差增大	停机前监视并记录汽轮机胀差值，务必将降速时由于转子的泊桑效应而造成的胀差突增考虑进去
		3. 振动异常增大	（1）控制停机参数正常，防止汽缸进冷水、冷气。 （2）保证润滑油和密封油油温、油压稳定，避免油温过快下降。 （3）避免因真空波动等原因导致机组转速在临界区域过长时间停留。 （4）加强振动监视，建立停机惰走振动——转速台账，在过临界时作好振动异常增大的事故预想，必要时可适当破坏真空。 （5）加强汽缸温度监视，防止上、下缸出现较大温差
		4. 润滑油冷油器冷却水未及时退出	加强油温监视，及时停运冷油器供水泵并退出冷油器冷却水
		5. 盘车未及时投运	（1）停机前，必须试验并确认盘车电动机、顶轴油泵工作正常后，方可打闸停机。 （2）保证盘车装置啮合汽缸汽源压力正常。 （3）200r/min 时，检查顶轴油泵已自动启动，否则手动启动。 （4）转速至零，盘车应立即自动投运，否则手动投运
		6. 盘车跳闸	（1）盘车运行信号和跳闸报警信号必须保持正常。 （2）盘车未停之前仍应有专人监盘，严密监视盘车电流、润滑油压，顶轴油压、偏心及汽缸上、下缸温差等参数正常。 （3）定期就地巡视
		7. 汽缸进冷水、冷气	参照 “防止汽轮机进水”控制措施部分进行控制
		8. 调速级压力过负荷	（1）在满负荷滑停时，必须将负荷减到 45MW，然后通知司炉降温降压。 （2）滑停过程中注意调速级压力
		9. 发电机解列后，汽轮机超速	（1）解列发电机前，确认负荷到零、电能表停止转动，然后再解列发电机。 （2）为防止转速升高，解列前可关小调速汽门
		10. 盘车齿轮损坏	禁止用电动机挂盘车

续表

序号	辨识项目	辨识内容	典型控制措施
1	S	11. 停机后低压缸排汽门破裂	（1）检查主、调速汽门关严。 （2）检查ϕ76疏水门关闭。 （3）排汽温度低于50℃
		12. 停机过程中汽轮机烧瓦	发电机解列后，先投入低压油泵，并确认该泵正常后，再打闸停机
		13. 停机后大轴弯曲	（1）加强对凝汽器水位的监视，发现水位高及时放掉。 （2）注意上、下缸温差
		14. 停机后高压加热器满水	（1）加强对高压加热器水位的监视，水位高时，全开高压加热器汽侧放水门，无效时将给水切除。 （2）高压加热器芯子试漏
		15. 停机后低压加热器满水	（1）加强对低压加热器水位的监视。 （2）全开低压加热器汽侧放水门，无效时，将低压加热器出口门关闭，低位水箱疏水导向邻机，低压加热器芯子试漏
		16. 机组停运后上、下缸温差超过规定值	（1）联系检修人员检查上、下缸保温是否完好。 （2）检查凝汽器水位及高、低压加热器水位是否过高或满水
		17. 机组停运后排汽温度高	（1）检查主、调速汽门是否全关。 （2）检查二次抽汽联络门是否关严。 （3）必要时关闭电动主闸门。 （4）关严1号低压加热器入口门
		18. 打闸时汽轮机超速	（1）关闭电闸门。 （2）关闭二次抽汽联络门
		19. 凝结水泵倒转	（1）关严低压加热器入口水门。 （2）关闭凝结水至抽气泵水门
		20. 关电动主闸门时联杆销子断	到就地检查电动主闸门是否关闭

作业项目	内冷水系统投入运行		
序号	辨识项目	辨识内容	典型控制措施
一	公共部分（健康与环境）		
	[表格内容同 1.1.1 公共部分（健康与环境）]		
二	作业内容（安全）		
1	S	1. 触电：电动机电缆破损、接线盒脱落或电动机外壳接地不合格，电动机外壳带电等，造成人身触电	检查电动机电缆、接线盒是否完整，如有异常，应停止启动；电动机停运 15 天及以上，或出现电动机进水等异常情况，启动前，应测试电动机绝缘合格；检查接地良好
		2. 外力：转动部件及异物飞出，被转动机械绞住、电缆头爆破等，造成人身伤害	检查联轴器防护罩完整，安装牢固；启动时，就地人员必须站在电动机轴向位置（竖直安装的泵，人员站在防护栏以外）；着装必须符合现场工作人员着装要求，详见公共项目“现场工作人员的要求”
		3. 电动机绝缘不合格，造成电动机烧毁	（1）停运 15 天及以上，启动前应测量电动机绝缘合格。 （2）特殊情况下，有必要时，启动前应测量电动机绝缘合格
		4. 带负荷启动，造成电动机烧毁	（1）启动前检查出、入口门位置正确。 （2）检查电动机处于静止状态。 （3）启动后电流在规定时间内不返回，立即停泵。 （4）启动运行后超过额定电流 110%时，应立即停泵
		5. 内冷水泵轴承箱油位低、油质不合格，造成轴承损坏	（1）检查油位在正常范围内。 （2）油质正常、油色清晰，如出现浑浊、变黑现象，应及时更换。 （3）运行中轴承温度达到停泵值或出现突升现象，立即停泵
		6. 内冷水箱水位低造成泵打空，泵体发热导致损坏	（1）检查内冷水箱水位正常。 （2）确认内冷水箱补水调节汽门工作正常，放水门关闭严密。 （3）启动后内冷水泵出口压力正常，系统压力正常
		7. 内冷水水质不合格，导致定子线圈腐蚀	（1）确认内冷水补水品质正常。 （2）加强化学监督，定期进行水质检测。 （3）启动后应视情况投入离子交换器。 （4）水质不合格，进行内冷水排换。 （5）检查内冷水压力高于其冷却器的冷却水压

续表

序号	辨识项目	辨识内容	典型控制措施
1	S	8. 内冷水压力低、水温高，造成定子线圈过热	（1）检查内冷水泵出口压力正常。 （2）内冷水冷却器投运正常。 （3）内冷水泵出口滤网差压正常。 （4）定期进行内冷水出口滤网排污。 （5）确认系统管路无泄漏。 （6）内冷水温度控制在规定范围内
		9. 定子线圈通水时，定子水压高于发电机氢压，如果定子线圈发生泄漏，向发电机内渗水，导致发电机绝缘破坏	（1）发电机定子线圈通水前，应先对发电机充氢。 （2）定子水压低于发电机氢压在正常范围内。 （3）发电机底部检漏计报警时，立即采取措施处理 【重点是确保定子水压低于氢压】

作业项目	汽轮机轴封送汽		
序号	辨识项目	辨识内容	典型控制措施
一	公共部分（健康与环境）		
	[表格内容同 1.1.1 公共部分（健康与环境）]		
二	作业内容（安全）		
1	S	1. 轴封管道保温不完全或发生高温蒸汽泄漏，造成人员烫伤	（1）发现高温蒸汽泄漏时，应及时隔离并停止轴封供汽。 （2）尽量避免靠近漏汽点。 （3）检查轴封管道保温齐全
		2. 轴封供汽管道疏水不充分，造成疏水管道振动或汽轮机进水	（1）送轴封投运前，要充分暖管，加强管道疏水。 （2）轴封供汽汽压、汽温符合规定值。 （3）轴封供汽要保证足够的过热度。 （4）轴封疏汽正常
		3. 轴封投运顺序不正确，使汽缸受热不均，造成机组启动时转子振动大	机组启动时，先投盘车，再投轴封、抽真空（机组冷态启动时，应根据具体缸温，确定投轴封抽真空的顺序）

作业项目	真空系统投入运行		
序号	辨识项目	辨识内容	典型控制措施
一	公共部分（健康与环境）		
	［表格内容同 1.1.1 公共部分（健康与环境）］		
二	作业内容（安全）		
1	S	1. 触电：电动机电缆破损、接线盒脱落、电动机外壳接地不合格、电动机外壳带电等，造成人身触电	检查电动机电缆、接线盒是否完整，如有异常，应停止启动；电动机停运 15 天及以上，或出现电动机进水等异常情况，启动前，应测试电动机绝缘合格；检查接地良好
		2. 外力：转动部件及异物飞出、被转动机械绞住、电缆头爆破等，造成人身伤害	检查联轴器防护罩完整，安装牢固；启动时，就地人员必须站在电动机轴向位置（竖直安装的泵，人员站在防护栏以外）；着装必须符合现场工作人员着装要求，详见公共项目“现场工作人员的要求”
		3. 电动机绝缘不合格，造成电动机烧毁	（1）停运 15 天及以上，启动前，应测量电动机绝缘合格。 （2）特殊情况下，有必要时，启动前应测量电动机绝缘合格
		4. 带负荷启动，造成电动机烧毁	（1）启动前检查出、入口门位置正确。 （2）检查电动机处于静止状态。 （3）启动后电流在规定时间内不返回，立即停泵。 （4）启动运行后超过额定电流 110%时，应立即停泵

作业项目	盘车装置投入运行		
序号	辨识项目	辨识内容	典型控制措施
一	公共部分（健康与环境）		
	［表格内容同 1.1.1 公共部分（健康与环境）］		
二	作业内容（安全）		
1	S	1. 触电：电动机电缆破损、接线盒脱落、电动机外壳接地不合格、电动机外壳带电等，造成人身触电	检查电动机电缆、接线盒是否完整，如有异常，应停止启动；电动机停运 15 天及以上，或出现电动机进水等异常情况，启动前，应测试电动机绝缘合格；检查接地良好

续表

序号	辨识项目	辨识内容	典型控制措施
1	S	2. 外力：转动部件及异物飞出、被转动机械绞住、电缆头爆破等，造成人身伤害	检查联轴器防护罩完整，安装牢固；启动时，就地人员必须站在电动机轴向位置（竖直安装的泵，人员站在防护栏以外）；着装必须符合现场工作人员着装要求，详见公共项目“现场工作人员的要求”
		3. 电动机绝缘不合格，造成电动机烧毁	（1）停运15天及以上，启动前应测量电动机绝缘合格。 （2）特殊情况下，有必要时，启动前应测量电动机绝缘合格
		4. 带负荷启动，造成电动机烧毁	（1）启动前检查出、入口门位置正确。 （2）检查电动机处于静止状态。 （3）启动后电流在规定时间内不返回，立即停泵。 （4）启动运行后超过额定电流110%时，应立即停泵
		5. 顶轴油压低，大轴顶起高度不够，造成机组轴瓦或盘车电动机损坏	（1）检查顶轴油泵出口压力和母管压力正常。 （2）每个轴承顶轴油管道压力正常，无堵塞或破裂。 （3）顶轴油系统管路无泄漏。 （4）顶轴油压过低时，不得投入盘车。 （5）投入盘车低油压保护及顶轴油泵联锁
		6. 润滑油油压低、油温异常，油膜建立不正常，造成轴瓦损坏	（1）检查润滑油温、油压正常。 （2）确认发电动机密封油系统运行正常。 （3）投入润滑油低油压联锁后，再投入盘车运行
		7. 盘车啮合不正常，造成盘车齿轮损坏	（1）启动前确认盘车装置啮合良好。 （2）启动后检查盘车啮合无异音
		8. 动静摩擦，造成汽轮机通流部分损坏或盘车电动机烧毁	（1）检查顶轴油压正常。 （2）偏心度符合规定值，动静部分无摩擦声。 （3）发现盘车电流大或异常摆动时，立即停止盘车运行

作业项目	旁路系统投入运行		
序号	辨识项目	辨识内容	典型控制措施
一	公共部分（健康与环境）		
	[表格内容同 1.1.1 公共部分（健康与环境）]		
二	作业内容（安全）		
1	S	1. 路门开启过快，疏水暖管不充分，造成管道振动	（1）旁路投入前稍开进汽门充分暖管并疏水。 （2）旁路门开度应根据汽轮机冲转参数的要求及时调整
		2. 高、低压旁路投入后超压、超温，导致三级减温器超温，造成凝汽器泄漏	（1）投入旁路时，应从低到高依次开启，高、低压旁路的开度相互匹配。 （2）根据高、低压旁路后的蒸汽温度，及时调整减温水

作业项目	汽轮发电机组冲转、升速、暖机、定速、并列、带负荷		
序号	辨识项目	辨识内容	典型控制措施
一	公共部分（健康与环境）		
	[表格内容同 1.1.1 公共部分（健康与环境）]		
二	作业内容（安全）		
1	S	1. 机组启动中，冷汽、冷水进入汽轮机，引起上、下缸温差大，造成汽缸变形，转子弯曲	（1）启动前，必须确认大轴晃动、串轴、胀差、低油压和振动保护等表计显示正确，并正常投入。 （2）启动前，大轴晃动值不应超过制造厂的规定值或原始值的±0.020mm。 （3）严格按照冷态启动曲线冲转、升速、暖机、定速、并网、接带负荷。 （4）蒸汽温度必须高于相应汽缸最高金属温度 50℃，但不超过额定蒸汽温度。蒸汽过热度不低于 50℃。 （5）机组启动前，连续盘车时间应执行制造厂的有关规定，至少不得少于 2～4h，若盘车中断应重新计时。 （6）确认主、再热蒸汽管道及汽轮机本体疏水通畅。 （7）轴封系统运行正常，供汽管道充分疏水。 （8）调整凝汽器，除氧器，高、低压加热器保持正常水位。 （9）充分暖机，控制上、下缸温差、差胀、轴向位移等应符合规程规定。

续表

序号	辨识项目	辨识内容	典型控制措施
1	S	1. 机组启动中，冷汽、冷水进入汽轮机，引起上、下缸温差大，造成汽缸变形，转子弯曲	（10）启动或低负荷运行时，不得投入再热蒸汽喷水进行减温。 （11）主、再热蒸汽温度在10min内突然下降50℃，应立即打闸停机。 （12）高中压外缸上、下缸温差超过50℃，高中压内缸上、下缸温差超过35℃，应立即打闸停机。 （13）检查机组跳机保护投入正常
		2. 机组启动中，振动异常	（1）轴承振动保护投入正常。 （2）机组启动过程中，在中速暖机之前轴承振动超过0.030mm，应立即打闸停机。 （3）机组启动过程中，通过临界转速时，轴承振动超过0.100mm或相对轴振动值超过0.260mm，应立即打闸停机，严禁强行通过或降速暖机。 （4）过临界转速时应平稳、迅速通过。 （5）油压、油温、氢温、水温等各参数正常。 （6）机组启动过程中因振动异常停机必须回到盘车状态，应全面检查、认真分析、查明原因；当机组符合启动条件时，连续盘车不少于4h才能再次启动，严禁盲目启动。 （7）详见“汽轮机运行，机组启动中，冷汽、冷水进入汽轮机，引起上、下缸温差大，造成汽缸变形，转子弯曲”内容

作业项目	汽轮发电机组热态启动		
序号	辨识项目	辨识内容	典型控制措施
一	公共部分（健康与环境）		
	［表格内容同1.1.1公共部分（健康与环境）］		
二	作业内容（安全）		
1	S	机组启动中，冷汽、冷水进入汽轮机，引起上、下缸温差大，造成汽缸变形，转子弯曲	（1）机组热态启动前，应检查停机记录，并与正常停机曲线比较，若有异常应认真分析，查明原因，采取措施及时处理。 （2）机组热态启动投轴封供汽时，应确认盘车装置运行正常，先向轴封供汽，后抽真空。应根据缸温选择供汽汽源，以使供汽温度与金属温度相匹配。 （3）严格按照热态启动曲线进行冲转、升速、并网、接带负荷。 （4）快速冲转，尽快接带负荷至与缸温对应的工况点。

续表

序号	辨识项目	辨识内容	典型控制措施
1	S	机组启动中，冷汽、冷水进入汽轮机，引起上、下缸温差大，造成汽缸变形，转子弯曲	（5）机组启动前，连续盘车时间应执行制造厂的有关规定，热态启动不少于4h，若盘车中断应重新计时。 （6）汽轮机在热态状态下，若主、再热蒸汽系统截止门不严密，则锅炉不得进行打水压试验。 （7）详见汽轮机运行，机组启动中，冷汽、冷水进入汽轮机，引起上、下缸温差大，造成汽缸变形，转子弯曲内容

作业项目	汽轮发电机组停止		
序号	辨识项目	辨识内容	典型控制措施
一	公共部分（健康与环境）		
	［表格内容同1.1.1公共部分（健康与环境）］		
二	作业内容（安全）		
1	S	停机时，冷汽、冷水进入汽轮机，引起上、下缸温差大，造成汽缸变形，转子弯曲	（1）降压、降温速度严格按照停机曲线执行。 （2）主、再热蒸汽温度在10min内突然下降50℃，应立即打闸停机并及时开启相应疏水。 （3）高中压外缸上、下缸温差超过50℃，高中压内缸上、下缸温差超过35℃，应立即打闸停机。 （4）主、再热蒸汽管道及汽轮机本体疏水通畅。 （5）停机后，确认高、中压主汽门、调节汽门、高排止回门及各抽汽止回门、电动门关闭。 （6）停机后，凝汽器真空到零，方可停止轴封供汽。 （7）调整凝汽器，除氧器，高、低压加热器水位，防止汽轮机进水。 （8）投入盘车后，电流比正常值大、摆动或有异音，应查明原因，及时处理。 （9）缸温在100℃以上时，禁止凝汽器注水检漏和检修与汽轮机本体有关的设备、系统。 （10）定时记录汽缸金属温度、轴向位移、盘车电流、汽缸膨胀、差胀、大轴晃动值等重要参数，直到机组下次热态启动，或汽缸金属温度低于150℃为止。

续表

序号	辨识项目	辨识内容	典型控制措施
1	S	停机时，冷汽、冷水进入汽轮机，引起上、下缸温差大，造成汽缸变形，转子弯曲	（11）缸温在150℃以上时，禁止停盘车。 （12）停机前交、直流润滑油泵试验正常。如试验不正常，禁止停机 【重点是停机过程中防止水冲击】

2.1.7 发电机氢冷系统

作业项目	氢冷发电机气体置换		
序号	辨识项目	辨识内容	典型控制措施
一	公共部分（健康与环境）		
	［表格内容同1.1.1公共部分（健康与环境）］		
二	作业内容（安全）		
1	S	1. 氢气泄漏、氢气纯度低、运行操作不当等引起爆炸，危及人身和设备安全	（1）置换前密封油系统运行正常。 （2）发电机氢气系统气密性试验合格。 （3）氢气系统及现场悬挂“氢气运行严禁烟火”标志牌。 （4）氢气、二氧化碳使用前进行化验，纯度应符合规定。 （5）现场消防器材充足、可靠。 （6）氢气管道与压缩空气管道有效隔离。 （7）发电机密封油排烟风机、主油箱排烟风机运行可靠，油箱内不积存氢气。 （8）气体置换时，充分排净死角。 （9）氢区动火，应事先经过氢量测定，证实工作区域内空气中含氢量小于0.4%，并严格履行动火手续，方可工作。 （10）氢气置换时，禁止剧烈排送，以防因摩擦引起自燃。 （11）氢气置换时，发电机禁止进行任何电气试验，氢区严禁使用无线电通信。 （12）发电机气体置换应在发电机静止或盘车期间进行。 （13）发电机气体置换时，必须用二氧化碳等惰性气体作为中间介质，严禁空气与氢气直接接触置换。 （14）用二氧化碳作为中间介质置换，检测氢气纯度应从发电机底部取样，检测二氧化碳纯度应从发电机顶部取样

续表

序号	辨识项目	辨识内容	典型控制措施
1	S	2. 置换过程中，氢侧密封油油位波动大，使密封油漏入发电机内，导致发电机绝缘降低	（1）调整充、排气各阀门开度，保持发电机内的气压在规定范围内。 （2）监视发电机密封油油压，自动调节跟踪情况正常。 （3）调整发电机氢侧密封油油位正常。 （4）发电机底部检漏计如果有油排出，立即采取措施处理

2.1.8 汽轮发电机组试验

作业项目	注油试验		
序号	辨识项目	辨识内容	典型控制措施
一	公共部分（健康与环境）		
	［表格内容同 1.1.1 公共部分（健康与环境）］		
二	作业内容（安全）		
1	S	1. 注油试验时，危急遮断器不动作	立即停止试验，停机处理
		2. 注油试验过程中，操作不当，导致机组跳闸	（1）进行注油试验的过程中，试验手柄在“试验”位应保持住（不得松手）。 （2）试验完毕，应将试验压力表门关严。 （3）试验压力表指示到 0 后，才能将手动脱扣手柄“复位”，最后放开试验手柄 【重点是试验过程中手柄必须始终保持在试验位不得松手】

作业项目	超速“103%”试验		
序号	辨识项目	辨识内容	典型控制措施
一	公共部分（健康与环境）		
	［表格内容同 1.1.1 公共部分（健康与环境）］		

续表

序号	辨识项目	辨识内容	典型控制措施
二	作业内容（安全）		
1	S	1. 转速达3090r/min时OPC电磁阀不动作	立即停止试验，联系处理
		2. OPC电磁阀动作时，高中压调速汽门不关闭或关闭不严密	立即打闸，停机处理

作业项目	电超速“110%”试验		
序号	辨识项目	辨识内容	典型控制措施
一	公共部分（健康与环境）		
	[表格内容同1.1.1 公共部分（健康与环境）]		
二	作业内容（安全）		
1	S	1. 试验过程中汽轮机轴向位移、振动、差胀等参数突然变化导致轴瓦或动、静部分损坏	（1）试验过程中，严密监视汽轮机轴向位移、振动、差胀等参数变化情况，任何一项超过规定值应立即停止试验，达到跳闸值应动作跳闸，否则手动停机。 （2）试验过程中，如果听到汽轮机内部有明显的金属摩擦声或其他不正常声音，应立即停机。 （3）试验过程中，严密监视各轴瓦温度和机组转速
		2. 转速达3300r/min时AST电磁阀不动作	立即打闸，停机处理
		3. 手动脱扣试验时，主汽门、调节汽门有卡涩现象	立即停止试验，停机处理
		4. AST电磁阀动作时，高、中压主汽门、调节汽门及各抽汽止回门不关闭或关闭不严密	立即打闸，停机处理

作业项目	机械（110%±1%）超速试验		
序号	辨识项目	辨识内容	典型控制措施
一	公共部分（健康与环境）		
	［表格内容同 1.1.1 公共部分（健康与环境）］		
二	作业内容（安全）		
1	S	1. 试验过程中汽轮机轴向位移、振动、差胀等参数突然变化导致轴瓦或动、静部分损坏	（1）试验过程中，严密监视汽轮机轴向位移、振动、差胀等参数变化情况，任何一项超过规定值应立即停止试验，达到跳闸值应动作跳闸，否则手动停机。 （2）试验过程中，如果听到汽轮机内部有明显的金属摩擦声或其他不正常声音，应立即停机。 （3）试验过程中，严密监视各轴瓦温度和机组转速
		2. 转速达 3330r/min 时危急遮断器不动作	立即打闸，停机处理
		3. 试验主汽门、调节汽门有卡涩现象。	立即停止试验，停机处理
		4. 危急遮断器动作时，高、中压主汽门、调节汽门及各抽汽止回门不关闭或关闭不严密	立即打闸，停机处理

作业项目	汽轮机主汽门、调节汽门门杆活动试验		
序号	辨识项目	辨识内容	典型控制措施
一	公共部分（健康与环境）		
	［表格内容同 1.1.1 公共部分（健康与环境）］		
二	作业内容（安全）		
1	S	1. 操作不当，发生锅炉超压	（1）熟练掌握 DEH 的操作步骤。 （2）根据试验负荷曲线确定机组负荷。 （3）汽门活动试验前，机组退出 ADS、稳定负荷运行。 （4）确认 DEH、FSSS 等系统工作正常

续表

序号	辨识项目	辨识内容	典型控制措施
1	S	2. 操作不当，发生负荷波动	（1）确认 DEH 运行方式在“自动”。 （2）转速反馈回路投入
		3. 机组发生振动	（1）将 DEH 切至单阀控制方式。 （2）加强监视机组的振动，振动增大时立即终止试验，恢复原运行方式
		4. 主汽门、调节汽门卡涩	（1）就地检查主汽门、调节汽门状态良好。 （2）出现卡涩现象，应退出试验并采取相应的措施

作业项目	真空严密性试验		
序号	辨识项目	辨识内容	典型控制措施
一	公共部分（健康与环境）		
	[表格内容同 1.1.1 公共部分（健康与环境）]		
二	作业内容（安全）		
1	S	真空严密性试验操作时，真空下降较快	（1）检查备用真空泵处于良好备用状态。 （2）机组退出 ADS 控制，稳定在 80%负荷或以上，其他参数正常。 （3）试验过程中发现真空下降较快，或凝汽器真空降至 87kPa，排汽温度高于 70℃时，立即停止试验，恢复至试验前状态。 （4）停止试验后真空仍不恢复，开启备用真空泵维持真空

作业项目	汽轮机交、直流油泵，密封油备用泵联锁试验		
序号	辨识项目	辨识内容	典型控制措施
一	公共部分（健康与环境）		
	[表格内容同 1.1.1 公共部分（健康与环境）]		

续表

序号	辨识项目	辨识内容	典型控制措施
二	作业内容（安全）		
1	S	1. 操作不准确，导致试验失败	（1）试验过程中，操作泄油门应缓慢开启，避免油压下降太快。 （2）油压降至联泵值，油泵不联启时，应停止试验，恢复试验前状态。 （3）试验完毕，将泄油门关严，确认试验压力表回复至正常值
		2. 操作不当，发生跳机	必须核对油泵联锁试验块位置正确后，方可进行就地操作。必须有两名工作人员进行，一人操作，一人监护，严格按照操作票执行。全过程监视润滑油压力正常

2.1.9 汽轮发电机组正常运行中辅助设备切换、隔离、投运

作业项目	正常运行中水泵的切换		
序号	辨识项目	辨识内容	典型控制措施
一	公共部分（健康与环境）		
	[表格内容同 1.1.1 公共部分（健康与环境）]		
二	作业内容（安全）		
1	S	停运行泵，出口止回门不严，引起泵倒转	（1）备用泵启动正常后，先关闭原运行泵出口门，再停泵。 （2）因检修需求，泵切换后，应关闭待检修泵出、入口门及相连阀门，与系统隔离并将相应电动门停电

作业项目	低压加热器汽水侧停运隔离		
序号	辨识项目	辨识内容	典型控制措施
一	公共部分（健康与环境）		
	[表格内容同 1.1.1 公共部分（健康与环境）]		

续表

序号	辨识项目	辨识内容	典型控制措施
二	作业内容（安全）		
1	S	1. 低压加热器水位升高或满水	（1）调整低压加热器水位正常，无效时，开启低压加热器危急疏水门。 （2）操作过程中，水位达到保护动作值时，低压加热器应自动解列，否则手动解列，防止汽轮机进水。 （3）隔绝与相邻低压加热器的疏水连接门。 （4）低压加热器水位保护投入正常
		2. 低压加热器消压时，造成凝汽器真空下降	（1）低压加热器至凝汽器连续排汽门关闭。 （2）低压加热器与凝汽器连接的汽、水门关闭。 （3）停运的低压加热器的抽汽电动门关闭。 （4）开低压加热器放水门，消压应缓慢，发现真空下降，立即关闭，查明原因

作业项目	低压加热器汽水侧检修后投运		
序号	辨识项目	辨识内容	典型控制措施
一	公共部分（健康与环境）		
	[表格内容同 1.1.1 公共部分（健康与环境）]		
二	作业内容（安全）		
1	S	投低压加热器水侧时管束泄漏	（1）调低压加热器投运前先注水查漏正常，再投入水侧，然后投入汽侧。 （2）低压加热器投运前注水时发现低压加热器水位升高，停止注水，查漏处理

作业项目	高压加热器汽水侧停运隔离		
序号	辨识项目	辨识内容	典型控制措施
一	公共部分（健康与环境）		
	[表格内容同 1.1.1 公共部分（健康与环境）]		

续表

序号	辨识项目	辨识内容	典型控制措施
二	作业内容（安全）		
1	S	1. 停高压加热器水侧造成锅炉缺水	（1）先打开高压加热器旁路门。 （2）确认给水走旁路后，再依次关闭高压加热器进、出水门
		2. 停高压加热器汽侧时，造成锅炉主、再热汽温波动	（1）停高压加热器汽侧前，机组适当降低负荷。 （2）停运汽侧应由高向低逐台停运，缓慢进行。 （3）高压加热器停运后，监视各监视段压力正常，否则，机组继续降负荷
		3. 高压加热器水位升高或满水	（1）调整高压加热器水位正常，无效时，开启高压加热器危急疏水门。 （2）水位达到保护动作值时，高压加热器应自动解列，否则手动解列，防止汽轮机进水。 （3）高压加热器至除氧器疏水门关闭。 （4）高压加热器至除氧器连续排汽门关闭。 （5）隔绝与相邻高压加热器的疏水连接门。 （6）高压加热器水位保护投入正常
		4. 高压加热器消压时，造成凝汽器真空下降	（1）高压加热器与凝汽器连接的汽、水门关闭。 （2）停运的高压加热器的电动门关闭。 （3）开高压加热器放水门，消压应缓慢，发现真空下降，应立即关闭，查明原因

作业项目	高压加热器汽水侧检修后投运		
序号	辨识项目	辨识内容	典型控制措施
一	公共部分（健康与环境）		
	[表格内容同 1.1.1 公共部分（健康与环境）]		
二	作业内容（安全）		
1	S	1. 投高压加热器水侧造成锅炉缺水	（1）用高压加热器注水门缓慢注水结束。 （2）高压加热器进、出水门全开后，确认给水走高压加热器，再关闭高压加热器旁路门

续表

序号	辨识项目	辨识内容	典型控制措施
1	S	2. 高压加热器及管道的升温速度过快，造成管道振动	（1）用高压加热器注水门缓慢注水，放空气门连续溢流后关闭，水侧起压后，关闭高压加热器注水门。 （2）高压加热器暖体及给水温升速度符合规程规定。 （3）投运汽侧应由 3 号到 1 号高压加热器逐台投运，缓慢进行
		3. 投高压加热器水侧时管束泄漏	（1）高压加热器投运前，先注水查漏正常，再投入水侧，然后投入汽侧。 （2）高压加热器投运前注水时，发现高压加热器水位升高，应停止注水，查漏处理

作业项目	润滑油滤网切换		
序号	辨识项目	辨识内容	典型控制措施
一	公共部分（健康与环境）		
	［表格内容同 1.1.1 公共部分（健康与环境）］		
二	作业内容（安全）		
1	S	备用滤网放空气不彻底，引起润滑油油压下降或波动，造成润滑油低油压保护动作，或轴承瞬间缺油而损坏	微开备用滤网进油门注油，待备用滤网放空气门连续溢流后关闭，再缓慢交替开启备用滤网进、出油门，保持油压正常

作业项目	冷油器隔离		
序号	辨识项目	辨识内容	典型控制措施
一	公共部分（健康与环境）		
	［表格内容同 1.1.1 公共部分（健康与环境）］		
二	作业内容（安全）		
1	S	1. 停冷油器时造成润滑油油温升高	调整运行中的冷油器冷却水量，保证油温正常

续表

序号	辨识项目	辨识内容	典型控制措施
1	S	2. 冷油器内水压大于油压造成油中进水	停冷油器时，先停水侧再停油侧

作业项目	冷油器投运		
序号	辨识项目	辨识内容	典型控制措施
一	公共部分（健康与环境）		
	[表格内容同 1.1.1 公共部分（健康与环境）]		
二	作业内容（安全）		
1	S	1. 油侧放空气不彻底，引起润滑油油压下降或波动，造成润滑油低油压保护动作，或轴承瞬间缺油而损坏	微开冷油器进油门注油，待冷油器油侧放空气门连续溢流后关闭，再缓慢交替开启冷油器进、出油门，保持油压正常
		2. 冷油器内水压大于油压，造成油中进水	（1）确认油压正常。 （2）投冷油器时，先投油侧再投水侧。 （3）调整冷却水进、出口门，使水压低于油压

作业项目	冷水器隔离		
序号	辨识项目	辨识内容	典型控制措施
一	公共部分（健康与环境）		
	[表格内容同 1.1.1 公共部分（健康与环境）]		
二	作业内容（安全）		
1	S	1. 停冷水器时，造成被冷却水温度升高	调整运行中的冷水器冷却水量，保证被冷却水水温正常
		2. 冷水器冷却水水压大于被冷却水水压，造成被冷却水内进水	停冷水器时，应先停冷却水侧再停被冷却水侧

作业项目	冷水器投运		
序号	辨识项目	辨识内容	典型控制措施
一	公共部分（健康与环境）		
	[表格内容同 1.1.1 公共部分（健康与环境）]		
二	作业内容（安全）		
1	S	1. 被冷却水侧放空气不彻底，水压下降	被冷却水侧缓慢注水，待冷水器被冷却水侧放空气门连续溢流后关闭，再缓慢开启冷水器被冷却水侧出、进水门，保证水压正常
		2. 冷水器内冷却水水压大于被冷却水水压，造成被冷却水水质不合格	（1）确认被冷却水压正常。 （2）投冷水器时，先投被冷却水再投冷却水。 （3）调整冷却水进、出口门，使冷却水压低于被冷却水压

作业项目	凝汽器半侧停运		
序号	辨识项目	辨识内容	典型控制措施
一	公共部分（健康与环境）		
	[表格内容同 1.1.1 公共部分（健康与环境）]		
二	作业内容（安全）		
1	S	凝汽器半侧停运，造成真空降低	（1）机组降负荷至50%～60%额定负荷。 （2）停凝汽器半侧循环水时，检查该侧抽空气门关闭严密并严密监视真空变化，控制排汽温度不得高于50℃。 （3）凝汽器半侧循环水放水消压，开启水侧放空气门。 （4）关闭停运侧的循环水进、出水电动门及反冲洗总门并停电，挂“禁止操作有人工作”标志牌（由于循环水进、出口门不严，导致凝汽器半侧无法隔离，不得进行凝汽器半侧查漏或清理）。 （5）停凝汽器半侧循环水时，如真空下降很快，应立即停止消压放水，恢复原来运行方式

作业项目	凝汽器半侧检修后投运		
序号	辨识项目	辨识内容	典型控制措施
一	公共部分（健康与环境）		
	[表格内容同 1.1.1 公共部分（健康与环境）]		
二	作业内容（安全）		
1	S	投运时，凝汽器空气未排尽或操作不当，造成水侧端盖泄漏	（1）凝汽器水侧放空气门全开，循环水侧放水门关闭。 （2）稍开投运侧循环水进口门，投运的循环水侧注水，水侧放空气门连续溢流后关闭，再开启投运侧循环水进、出口门（闭式循环的冷却水系统开出口门注水）。 （3）投运时，检查端盖有泄漏时，联系检修处理

2.1.10 汽轮发电机典型事故处理

作业项目	汽轮机超速		
序号	辨识项目	辨识内容	典型控制措施
一	公共部分（健康与环境）		
	[表格内容同 1.1.1 公共部分（健康与环境）]		
二	作业内容（安全）		
1	S	汽轮机超速造成汽轮发电机组设备损坏	（1）在额定蒸汽参数下，调节系统应能维持汽轮机在额定转速下稳定运行，甩负荷后能将机组转速控制在危急保安器动作转速以下。 （2）各种超速保护均应正常投入运行，超速保护不能可靠动作时，禁止机组启动和运行。 （3）机组重要运行监视表计，尤其是转速表显示不正确或失效，严禁机组启动。运行中的机组，在无任何有效监视手段的情况下，必须停止运行。 （4）透平油和抗燃油的油质应合格；在油质及清洁度不合格的情况下，严禁机组启动。 （5）机组大修后，必须按规程要求进行汽轮机调节系统的静态试验或仿真试验，确认调节系统工作正常。在调节部存在卡涩、调节系统工作不正常的情况下，严禁启动。 （6）正常停机时，在打闸后，应先检查有功功率是否到零，有功电能表停转或逆转以后，再将发电机与系统解列，或采用逆功率保护动作解列。严禁带负荷解列。

续表

序号	辨识项目	辨识内容	典型控制措施
1	S	汽轮机超速造成汽轮发电机组设备损坏	(7) 在机组正常启动或停机的过程中，应严格按运行规程要求投入汽轮机旁路系统，尤其是低压旁路；在机组甩负荷或事故状态下，旁路系统必须开启。机组再次启动时，再热蒸汽压力不得大于制造厂规定的压力值。 (8) 在任何情况下绝不可强行挂闸。 (9) 机械液压型调节系统的汽轮机应有两套就地转速表，有各自独立的变送器（传感器），并分别装设在沿转子轴向不同的位置上。 (10) 抽汽机组的可调整抽汽止回门应严密，联锁动作应可靠，并必须设置有快速关闭的抽汽截止门，以防止抽汽倒流引起超速。 (11) 对新投产的机组或汽轮机调节系统经重大改造后的机组，必须进行甩负荷试验。对已投产尚未进行甩负荷试验的机组，应积极创造条件进行甩负荷试验。 (12) 坚持按规程要求进行危急保安器试验、汽门严密性试验、门杆活动试验、汽门关闭时间测试、抽汽止回门关闭时间测试。 (13) 危急保安器动作转速一般为额定转速的 110%±1%。 (14) 进行危急保安器试验时，在满足试验条件下，主蒸汽和再热蒸汽压力尽量取低值。 (15) 数字式电液控制系统（DEH）应设有完善的机组启动逻辑和严格的限制启动条件；对机械液压调节系统的机组，也应有明确的限制条件。 (16) 汽轮机专业人员，必须熟知 DEH 的控制逻辑、功能及运行操作，参与 DEH 系统改造方案的确定及功能设计，以确保系统实用、安全、可靠。 (17) 电液伺服阀（包括各类型电液转换器）的性能必须符合要求，否则不得投入运行。运行中要严密监视其运行状态，不卡涩、不泄漏和系统稳定。大修中要进行清洗、检测等维护工作。发现问题及时处理或更换。备用伺服阀应按照制造厂的要求条件妥善保管。 (18) 主油泵轴与汽轮机主轴间具有齿型联轴器或类似联轴器的机组，定期检查联轴器的润滑和磨损情况，其两轴中心标高、左右偏差应严格按制造厂规定的要求安装。 (19) 要慎重对待调节系统的重大改造，应在确保系统安全、可靠的前提下，进行全面、充分的论证。 (20) 严格执行运行、检修操作规程，严防电液伺服阀（包括各类型电液转换器）等卡涩、汽门漏汽和保护拒动。 (21) 机组转速超过 3330r/min，而危急保安器拒动时，应破坏真空紧急停机。

续表

序号	辨识项目	辨识内容	典型控制措施
1	S	汽轮机超速造成汽轮发电机组设备损坏	（22）高、中压主汽门、调节汽门，高排止回门及各抽汽止回门，电动门关闭，否则手动强行关闭。 （23）联系值长要求锅炉泄压，检查高、低旁路阀打开。 （24）对机组进行全面检查，必须排除故障，确认机组正常后方可重新启动；全速后应进行危急保安器超速试验，合格后方可并列带负荷

作业项目	厂用电中断		
序号	辨识项目	辨识内容	典型控制措施
一	公共部分（健康与环境）		
	[表格内容同 1.1.1 公共部分（健康与环境）]		
二	作业内容（安全）		
1	S	本机组厂用电全部中断，引起机组超速、轴瓦损坏、低压缸安全膜破裂、氢冷发电机氢压下降	（1）检查大、小直流润滑油泵及发电机直流密封油泵已联启，否则手动启动，确保不化瓦，减少漏氢。 （2）高、中压主汽门、调节汽门，高排止回门及各抽汽止回门应关闭，否则手动强行关闭。 （3）手动关闭主、再热蒸汽管道及汽轮机本体疏水门。 （4）严禁向凝汽器排汽水。 （5）转子静止后，定时手动盘车 180°，减少转子热弯曲

作业项目	汽轮机轴瓦烧损		
序号	辨识项目	辨识内容	典型控制措施
一	公共部分（健康与环境）		
	[表格内容同 1.1.1 公共部分（健康与环境）]		

续表

序号	辨识项目	辨识内容	典型控制措施
二	作业内容（安全）		
1	S	汽轮机运行中缺油、断油或油质不合格，造成轴瓦损坏	（1）机组低油压保护、润滑油泵联锁投入正常。 （2）汽轮机润滑油泵及低油压联锁试验应定期进行试验，保证处于良好的备用状态。不允许润滑油泵随意退出备用。 （3）油系统进行切换操作时（如冷油器、辅助油泵、滤网等），应在指定人员的监护下按操作票顺序缓慢进行操作，操作中监视润滑油压的变化，严防切换操作过程中断油。 （4）油位计、油压表、油温表及相关的信号装置，装设齐全、指示正确，并定期进行校验。 （5）机组启动、停机和运行中要严密监视推力瓦、轴瓦合金温度和回油温度。当温度超过标准要求时，应果断处理。 （6）在机组启、停过程中，应按制造厂规定的转速启、停顶轴油泵。 （7）确认系统油管路无泄漏，系统油压正常；滤网差压在正常范围内；加强化学监督，定期进行油质检测；发现油质不合格，应及时滤油或更换

作业项目	汽轮机大轴弯曲		
序号	辨识项目	辨识内容	典型控制措施
一	公共部分（健康与环境）		
	［表格内容同 1.1.1 公共部分（健康与环境）］		
二	作业内容（安全）		
1	S	机组正常运行中，汽轮机进入冷汽、冷水，造成大轴弯曲	（1）机组正常运行时，主、再热蒸汽温度在 10min 内突然下降 50℃，立即打闸停机。 （2）高中压外缸上、下缸温差超过 50℃，高中压内缸上、下缸温差超过 35℃，立即打闸停机。 （3）调整凝汽器，除氧器，高、低压加热器水位正常。 （4）变工况运行时，主、再热汽温过热度不低于 50℃。 （5）正常运行中，监视上、下缸温差、差胀、轴向位移、振动等参数。

续表

序号	辨识项目	辨识内容	典型控制措施
1	S	机组正常运行中，汽轮机进入冷汽、冷水，造成大轴弯曲	（6）机组运行中要求轴承振动不超过0.030mm或相对轴振动不超过0.080mm，超过时设法消除，当相对轴振动大于0.260mm时，立即打闸停机；当轴承振动变化±0.015mm或相对轴振动变化±0.050mm时，查明原因设法消除；当轴承振动突然增加0.050mm时，立即打闸停机。 （7）机组跳机保护投入正常

作业项目	汽轮机水冲击		
序号	辨识项目	辨识内容	典型控制措施
一	公共部分（健康与环境）		
	［表格内容同1.1.1公共部分（健康与环境）］		
二	作业内容（安全）		
1	S	1. 机组在启动、正常运行或停机过程中，发生水冲击	1. 详见“汽轮机运行，启动中水冲击造成转子弯曲”。 （1）启动前，必须确认大轴晃动、串轴、胀差、低油压和振动保护等表计显示正确，并正常投入。 （2）启动前，大轴晃动值不应超过制造厂的规定值或原始值的±0.020mm。 （3）严格按照冷态启动曲线冲转、升速、暖机、定速、并网、接带负荷。 （4）蒸汽温度必须高于相应汽缸最高金属温度50℃，但不超过额定蒸汽温度。蒸汽过热度不低于50℃。 （5）机组启动前连续盘车时间应执行制造厂的有关规定，至少不得少于2～4h，若盘车中断应重新计时。 （6）确认主、再热蒸汽管道及汽轮机本体疏水通畅。 （7）轴封系统运行正常，供汽管道充分疏水。 （8）调整凝汽器，除氧器，高、低压加热器保持正常水位。 （9）充分暖机，控制上、下缸温差、差胀、轴向位移等应符合规程规定。 （10）启动或低负荷运行时，不得投入再热蒸汽喷水进行减温。 （11）主、再热蒸汽温度在10min内突然下降50℃，应立即打闸停机。

续表

序号	辨识项目	辨识内容	典型控制措施
1	S	1. 机组在启动、正常运行或停机过程中，发生水冲击	（12）高中压外缸上、下缸温差超过500℃，高中压内缸上、下缸温差超过35℃，应立即打闸停机。 （13）检查机组跳机保护投入正常。 2. 详见汽轮机运行，停机时水冲击造成转子弯曲。 （1）降压、降温速度严格按照停机曲线执行。 （2）主、再热蒸汽温度在10min内突然下降50℃，应立即打闸停机并及时开启相应疏水。 （3）高中压外缸上、下缸温差超过50℃，高中压内缸上、下缸温差超过35℃，应立即打闸停机。 （4）主、再热蒸汽管道及汽轮机本体疏水通畅。 （5）停机后，确认高、中压主汽门、调节汽门，高排止回门及各抽汽止回门，电动门关闭。 （6）停机后，凝汽器真空到零，方可停止轴封供汽。 （7）调整凝汽器，除氧器，高、低压加热器水位，防止汽轮机进水。 （8）投入盘车后，电流比正常值大、摆动或有异音，应查明原因，及时处理。 （9）缸温在 100℃以上时，禁止凝汽器注水检漏和检修与汽轮机本体有关的设备、系统。 （10）定时记录汽缸金属温度、轴向位移、盘车电流、汽缸膨胀、差胀、大轴晃动值等重要参数，直到机组下次热态启动，或汽缸金属温度低于150℃为止。 （11）缸温在150℃以上时，禁止停盘车。 （12）停机前交、直流润滑油泵试验正常。如试验不正常，禁止停机。 3. 详见汽轮机运行，机组运行时水冲击造成转子弯曲。 （1）机组正常运行时，主、再热蒸汽温度在10min内突然下降50℃，立即打闸停机。 （2）高中压外缸上、下缸温差超过50℃，高中压内缸上、下缸温差超过35℃，立即打闸停机。 （3）调整凝汽器，除氧器，高、低压加热器水位正常。 （4）变工况运行时，主、再热汽温过热度不低于50℃。 （5）正常运行中，监视上、下缸温差、差胀、轴向位移、振动等参数。 （6）机组运行中要求轴承振动不超过0.030mm或相对轴振动不超过0.080mm，超过时设法消除，当相对轴振动大于 0.260mm 时，立即打闸停机；当轴承振动变化±0.015mm或相对轴振动变化±0.050mm时，查明原因设法消除；当轴承振动突然增加0.050mm时，立即打闸停机。 （7）机组跳机保护投入正常

续表

序号	辨识项目	辨识内容	典型控制措施
1	S	2. 给水自动调节失灵，汽包满水，造成汽轮机进水	（1）给水自动调节失灵时，立即切至手动，调节汽包水位至规程规定范围内。 （2）监视锅炉汽包水位正常，如果水位异常，按照锅炉水位异常事故进行处理。 （3）正常运行时，主、再热蒸汽温度10min下降50℃，或发现主、再热蒸汽管道法兰、阀门密封环、高中压汽缸结合面有白色蒸汽冒出，按照紧急事故停机处理
		3. 过热器或再热器减温器喷水阀失灵打开，造成汽轮机进水	（1）过热器或再热器减温器喷水阀失灵时，必须强制干预，防止进入汽轮机的主蒸汽进水，主、再热汽温过热度不低于50℃，其温度必须高于相对应汽缸最高金属温度50℃，但不能超过额定蒸汽温度。 （2）启动或低负荷运行时，不得投入再热蒸汽减温器喷水。 （3）锅炉熄火或机组甩负荷时，及时切断减温水
		4. 高、低压加热器，除氧器满水，造成汽轮机进水	（1）运行中监视高、低压加热器、除氧器水位正常，水位高时，及时开事故放水门降低水位。 （2）高、低压加热器，除氧器水位升高至解列值时，保护应动作，拒动时，立即手动解列。 （3）高、低压加热器，除氧器联锁保护投入

作业项目	汽轮机油系统着火		
序号	辨识项目	辨识内容	典型控制措施
一	公共部分（健康与环境）		
	[表格内容同1.1.1公共部分（健康与环境）]		
二	作业内容（安全）		
1	S	1. 油系统着火后，采取措施不当，引起火势蔓延，将造成重大设备损坏	（1）汽轮机运行时，如果属于设备或法兰面损坏引起着火，严重威胁设备安全，立即破坏打闸停机，同时进行灭火。 （2）当火势无法控制或危急到主油箱时，立即打开事故放油门，将油排至事故油坑内，但必须保证在惰走时间内润滑油不中断。 （3）油系统着火威胁到发电机氢气系统时，在破坏真空紧急停机的同时，发电机进行事故排除

续表

序号	辨识项目	辨识内容	典型控制措施
1	S	2. 泄漏的油渗透至保温层，引起火灾	（1）现场消防器材齐全、完好。 （2）油系统各处严密不漏油。 （3）油系统周围及下方敷设的热力管道或其他热体的保温和铁皮齐全、完好。 （4）发现油漏到保温层内要立即汇报，联系处理漏点、更换保温，并将漏出的油及时擦拭干净
		3. 泄漏的油遇明火着火，或油气与空气混合后遇明火发生燃烧、爆炸	（1）禁止在油管道、法兰、阀门上进行焊接工作。 （2）在油管道、法兰、阀门及可能漏油部位的附近不准有明火。 （3）必须进行明火作业时，严格执行动火工作票制度，并做好有效的安全措施，准备充足灭火设备后方可开工

作业项目	汽水品质不合格		
序号	辨识项目	辨识内容	典型控制措施
一	公共部分（健康与环境）		
	[表格内容同 1.1.1 公共部分（健康与环境）]		
二	作业内容（安全）		
1	S	蒸汽品质不合格，造成门杆结垢、脱皮	（1）加强化学监督，在线进行蒸汽品质检测。 （2）确保凝结水、给水水质合格。 （3）正常运行中，凝结水精处理装置严禁退出运行。 （4）凝结水硬度、电导率不合格，适当加锯末；若采取措施无效，停凝汽器半侧查漏。 （5）凝结水溶氧不合格，检查汽侧负压区泄漏点，予以消除。 （6）给水溶氧不合格，开大除氧器排氧门，合理调整补水方式，防止除氧器过负荷。 （7）定期进行主汽门、调节汽门门杆活动试验。 （8）大修中应检查门杆与阀杆套是否存在氧化皮，对较厚的氧化皮应设法消除

作业项目	汽轮机主汽门、调节汽门卡涩		
序号	辨识项目	辨识内容	典型控制措施
一	公共部分（健康与环境）		
	[表格内容同 1.1.1 公共部分（健康与环境）]		
二	作业内容（安全）		
1	S	抗燃油油质不合格，引起伺服阀动作失灵，造成汽门卡涩	（1）加强化学监督，定期进行油质检测。 （2）发现油质不合格应及时滤油或更换。 （3）视情况投入抗燃油再生装置。 （4）定期进行主汽门、调节汽门门杆活动试验。 （5）发现汽门卡涩，稳定负荷，联系检修处理。 （6）运行中无法消除，采取措施，申请停机处理

2.1.11 设备巡检

作业项目	运行设备巡回检查		
序号	辨识项目	辨识内容	典型控制措施
一	公共部分（健康与环境）		
	[表格内容同 1.1.1 公共部分（健康与环境）]		
二	作业内容（安全）		
1	S	1. 触电：巡视带电设备时，发生触电	（1）不准接触任何有电设备带电部分。 （2）湿手不准触摸电灯开关及其他电气设备。 （3）电源开关外壳和电线绝缘有破损不完整或带电部分外漏时，应立即找电工修好，否则不准使用
		2. 烫伤：巡视除氧器、热交换器等高压容器，高温、高压汽水管道的法兰、阀门、安全门、水位计等处，引起烫伤；法兰、管道等漏汽、水，检查时造成烫伤	（1）防止巡视除氧器、热交换器等高压容器，高温、高压汽水管道的法兰、阀门、安全门、水位计等处，引起烫伤的措施：检查人员熟悉现场设备及当前的运行方式，现场照明良好，身体避免接触高温物体，在进行接触高温部件的操作时戴棉手套，并尽可能避免靠近和长时间停留容易造成烫伤的地方。

序号	辨识项目	辨识内容	典型控制措施
1	S	2. 烫伤：巡视除氧器、热交换器等高压容器，高温、高压汽水管道的法兰、阀门、安全门、水位计等处，引起烫伤；法兰、管道等漏汽、水，检查时造成烫伤	（2）防止法兰、管道等漏汽、水，检查时造成烫伤的措施：检查人员应先站在稍远处判明漏汽水的位置、方向，检查漏点时，应使用长竿和鸡毛掸子，确认对人身无伤害后方可靠近，但禁止触动泄漏点，并在泄漏处装设围栏、警示带，悬挂警示标志。检查人员避免在漏汽、水的地方长时间停留，如需隔离应做好防护措施
		3. 外力： （1）检查轴承时，被转动设备伤害。 （2）使用听音棒时，被转动设备反弹伤人。 （3）地面有水或油污，造成滑跌。 （4）巡视循环水泵坑、凝结水泵坑等地面以下位置时，发生碰头、滑跌。 （5）巡视除氧器、立式循环水泵电机等平台，发生高处坠落	（1）防止检查轴承时，被转动设备伤害的措施：工作人员工作服的领口、袖口应扣好，辫子、长发必须盘在安全帽内，检查时，身体应避开设备转动部分。 （2）防止使用听音棒时被转动设备反弹伤人的措施：工作人员尽量远离转动部分，选用长度合适的听音棒，听音时将听音棒支牢，用手握牢听音棒，避免滑动。 （3）防止地面有水或油污，造成滑跌的措施：巡检时注意地面应无油污或积水，否则应及时清理干净，并应做好防滑措施。 （4）防止巡视循环水泵坑、凝结水泵坑等地面以下位置时，发生碰头、滑跌的措施：现场照明良好，工作人员戴好安全帽，检查时，要注意观察头顶和脚下的障碍物、滑湿地面等。 （5）防止巡视除氧器、立式循环泵电动机等平台，发生高处坠落的措施：现场照明良好，工作人员禁止倚靠、跨越或站立在栏杆上，并注意脚下的孔洞、障碍物、盖板等
		4. 巡视汽轮机、给水泵汽轮机车头等重要部位，误动设备	（1）检查车头门完好、已关闭。 （2）检查时，远离车头设备，避免误碰
		5. 油系统巡视不到位，发生火灾	（1）检查现场消防器材齐全、完好。 （2）检查油系统各处严密不漏油。 （3）检查油系统周围及下方敷设的热力管道或其他热体的保温和铁皮齐全、完好。 （4）发现油漏到保温层内要立即汇报，联系处理漏点、更换保温，并将漏出的油及时擦拭干净

2.2 汽轮机检修

2.2.1 汽轮机大修

作业项目	汽轮机大修		
序号	辨识项目	辨识内容	典型控制措施
一	公共部分（健康与环境）		
1	身体、心理素质	作业人员的身体状况，心理素质不适于高处作业	（1）不安排此次作业。 （2）不安排高处作业，安排地面辅助工作。 （3）现场配备急救药品。 ⋮
2	精神状态	作业人员连续工作，疲劳困乏或情绪异常	（1）不安排此次作业。 （2）不安排高强度、注意力高度集中、反应能力要求高的工作。 （3）作业过程适当安排休息时间。 ⋮
3	环境条件	作业区域上部有落物的可能；照明充足；安全设施完善	（1）暂时停止高处作业，工作负责人先安排检查接地线等各项安全措施是否完整，无问题后可恢复作业。 ⋮
4	业务技能	新进人员参与作业或安排人员承担不胜任的工作	（1）安排能胜任或辅助性工作。 （2）设置专责监护人进行监护。 ⋮
5	作业组合	人员搭配不合适	（1）调整人员的搭配、分工。 （2）事先协调沟通，在认识和协作上达成一致。 ⋮
6	工期因素	工期紧张，作业人员及骨干人员不足	（1）增加人员或适当延长工期。 （2）优化作业组合或施工方案、工序。 ⋮
⋮	⋮	⋮	⋮

续表

序号	辨识项目	辨识内容	典型控制措施
二	作业内容（安全）		
1	松螺栓	1. 防止烫伤	（1）热紧、热松汽缸结合面螺栓使用加热棒时，应戴隔热手套。 （2）热紧、热松汽缸结合面螺栓紧、松螺帽时，必须戴隔热手套
		2. 防止加热棒漏电伤人	（1）不能私拉乱接临时电源，电线是否完好，有无接地线，使用时，应接好合格的漏电保护器和接地线，电源开关外壳和电线绝缘有破损、绝缘不良或带电部分外露时，不准使用。 （2）电动工器具要有检验合格证，现场外观检查、试运良好。 （3）工器具要接有漏电保护器，使用人员要戴绝缘手套。 （4）检查加热设备的绝缘，工作人员离开现场应切断电源。 （5）操作加热棒的工作人员应戴绝缘手套，穿绝缘鞋
		3. 防止高处坠落	（1）人员站在设备本体上工作时，选择适当的工作位置，系好安全带。 （2）若在脚手架上工作，应设置安全围栏。 （3）多人作业时，避免多条安全带挂于同一地点，安全带不能低挂高用。 （4）临时割除的栏杆孔洞，必须设临时围栏，挂警示牌，工作结束后及时恢复
		4. 防止大锤飞出伤人	使用大锤要安装牢固，打大锤不许戴手套，不许单手抡大锤，使用合适的扳手。周围不准有人靠近
		5. 防止滑倒、挤伤	发现平台上有油时及时擦拭，防止人员滑倒跌落；脚手架围栏安装牢固；对孔时，严禁将手指放入螺栓孔内，防止挤伤手指
2	汽缸解体	1. 防止违章指挥	（1）各级领导、工作人员必须严格遵守国家有关法律法规和上级有关规章制度。 （2）各级领导、工作人员认真实施反违章实施细则。 （3）工作人员必须严格遵守安全规程、检修规程、作业指导书。 （4）工作人员严格执行检修工艺。 （5）各级人员按分工恪尽职守，做到安全文明施工，制止和杜绝各类违章现象的发生

续表

序号	辨识项目	辨识内容	典型控制措施
2	汽缸解体	2. 防止设备损坏	（1）检查工器具是否合格，不合格的严禁使用。 （2）正确使用工器具，戴好防护用品。 （3）严禁站在拉紧的钢丝绳对面。 （4）盘动转子时，严禁工作人员在转子上工作，脚应离开叶片边缘。 （5）严禁单手或戴手套抡大锤，周围不准站人。 （6）在清理带有尖锐边缘的零部件时，工作人员应戴手套。 （7）在使用有火星飞出的工具时，工作人员应使用防护眼镜。 （8）在起大盖和导管时，严禁工作人员将手头或脚伸入结合面之间。 （9）汽缸翻缸时，应仔细检查钢丝绳绑扎情况，严禁工作人员在对面和下面站立
		3. 防止落物伤人	（1）拆除高压缸结合面螺栓下部罩帽时，应用 8 号铁丝拴好，防止坠落伤害下方工作人员。 （2）在汽缸大盖下涂敷涂料时，必须使用专用支撑，以防落下伤人。 （3）高处作业时，作业点下方装设围栏并且挂警示牌，以免落物伤人；较小零件应及时放入工具袋。 （4）高处作业不准上下抛掷工器具、物件。 （5）脚手架上堆放物件时，应固定，杂物应及时清理
		4. 防止碰伤、挤伤	（1）对孔时，严禁将手指放入螺栓孔内，防止挤伤手指。 （2）起吊的物体加减垫片时，严禁将手指放入地脚下部等容易被挤伤处
		5. 防止触电事故	（1）不能私拉乱接临时电源，电线是否完好，有无接地线，电源开关外壳和电线绝缘有破损、绝缘不良或带电部分外露时不准使用。 （2）电动工器具要有检验合格证，现场外观检查、试运良好。 （3）工器具要接有漏电保护器，使用人员要戴绝缘手套。 （4）检查加热设备的绝缘，工作人员离开现场应切断电源。 （5）操作加热棒的工作人员应戴绝缘手套，穿绝缘鞋
		6. 防止高处坠落	（1）人员站在设备本体上工作时，选择适当的工作位置，系好安全带。 （2）若在脚手架上工作，应设置安全围栏。 （3）多人作业时，避免多条安全带挂于同一地点，安全带不能低挂高用。 （4）临时割除的栏杆孔洞，必须设临时围栏，挂警示牌，工作结束后及时恢复

续表

序号	辨识项目	辨识内容	典型控制措施
2	汽缸解体	7. 防止随意扩大检修范围	
3	找中心及滑销检修	1. 防止高处落物	（1）检查检修区域上方和周围无高处落物的危险，上方有作业应交错开，或做好隔离措施。 （2）高处作业时，作业点下方装设围栏并且挂警示牌。以免落物伤人；较小零件应及时放入工具袋。 （3）高处作业不准上下抛掷工器具、物件。 （4）脚手架上堆放物件时，应固定，杂物应及时清理
		2. 防止扳手飞出	使用前对扳手进行检查，扳手完好无缺陷，拆卸螺栓时，扳手必须固定牢固
		3. 防止零部件损坏	避免野蛮作业，部件要轻拿轻放
4	本体检修	1. 防止盘车时伤人	
		2. 防止起重作业时伤人	（1）检查行车的制动器、限制器灵活可靠。 （2）仔细检查钢丝绳和倒链，无断股、开裂，所承受的荷重不准超过规定。 （3）正确使用吊环和U形环，使用前应仔细检查其完好性。 （4）禁止钢丝绳和电焊机导线或其他电线相接触。 （5）使用倒链起吊时，应做好防滑措施。 （6）严禁在起吊的重物下行走或停留
		3. 防止物件滑落	搬运物件时手抓牢固，两人共同抬物件时应轻搬轻放
		4. 防止火灾	（1）清洗部件要用煤油和清洗剂，清洗时，要远离火源，及时清理使用后的棉纱等易燃物。 （2）进行焊割作业时，作业点下方必须可靠封闭，不得有焊渣落下。 （3）进行焊割作业时，作业点处可燃物必须全部清除。 （4）进行焊割作业时，应准备消防器材。 （5）进行焊割作业时，工作结束离开现场，必须检查或清理遗留火种
		5. 防止零部件损坏	避免野蛮作业，部件要轻拿轻放

续表

序号	辨识项目	辨识内容	典型控制措施
5	吊转子及汽缸	1. 杜绝违章指挥	（1）各级领导、工作人员必须严格遵守国家有关法律法规和上级有关规章制度。 （2）各级领导、工作人员认真实施反违章实施细则。 （3）工作人员必须严格遵守安全规程、检修规程、作业指导书。 （4）工作人员严格执行检修工艺。 （5）各级人员按分工恪尽职守，做到安全文明施工，制止和杜绝各类违章现象的发生
		2. 防止设备损坏	避免野蛮作业，部件要轻拿轻放
		3. 防止落物伤人	（1）检查检修区域上方和周围无高处落物的危险，上方有作业应交错开，或做好隔离措施。 （2）高处作业时，作业点下方装设围栏并且挂警示牌，以免落物伤人，较小零件应及时放入工具袋。 （3）高处作业不准上下抛掷工器具、物件。 （4）脚手架上堆放物件时，应固定，杂物应及时清理
6	汽封、通流间隙检修	1. 防止异物落入汽缸内	
		2. 防止汽封块损坏	
		3. 防止机械伤害	（1）检查工器具合格，不合格的严禁使用，正确使用工器具，戴好防护用品。 （2）用扳手松螺栓时，作业人用力不准过猛，也不准将手放在容易被挤伤处。 （3）两人以上抬放较重物件时用力要一致，以防砸伤
		4. 防止碰伤、挤伤	（1）对孔时，严禁将手指放入螺栓孔内，防止挤伤手指。 （2）起吊的物体加减垫片时，严禁将手指放入地脚下部等容易被挤伤处
7	轴瓦检修	1. 防止设备部件损坏	
		2. 防止人身伤害	
8	本体回装	1. 防止汽缸管道内留杂物	（1）设备回装时，认真检查设备内无遗留异物，确认无异物后方可回装。 （2）回装前，应及时清点工器具
		2. 防止大锤脱手伤人	使用大锤要安装牢固，打大锤不许戴手套，不许单手抡大锤，使用合适的扳手。周围不准有人靠近

续表

序号	辨识项目	辨识内容	典型控制措施
8	本体回装	3. 防止机械伤害	（1）检修时，应先检查工器具是否合格，不合格的严禁使用。正确使用工器具，戴好防护用品。 （2）对孔时，严禁将手指放入螺栓孔内，防止挤伤手指。 （3）使用大锤前，检查锤头固定良好，禁止戴手套和单手抡大锤；抡锤时，禁止在对面站人。 （4）使用产生火花的电动工具时，必须戴防护眼镜
		4. 防止落物伤人	（1）检查检修区域上方和周围无高处落物的危险，上方有作业应交错开，或做好隔离措施。 （2）高处作业时，作业点下方装设围栏并且挂警示牌，以免落物伤人，较小零件应及时放入工具袋。 （3）高处作业不准上下抛掷工器具、物件。 （4）脚手架上堆放物件时，应固定，杂物应及时清理
		5. 防止火灾事故	
		6. 防止烫伤	
		7. 防止气瓶爆炸	
		8. 杜绝违章指挥	（1）各级领导、工作人员必须严格遵守国家有关法律法规和上级有关规章制度。 （2）各级领导、工作人员认真实施反违章实施细则。 （3）工作人员必须严格遵守安全规程、检修规程、作业指导书。 （4）工作人员严格执行检修工艺。 （5）各级人员按分工格尽职守，做到安全文明施工，制止和杜绝各类违章现象的发生
		9. 防止设备损坏	避免野蛮作业，部件要轻拿轻放
		10. 防止高处坠落	（1）人员站在设备上工作时，选择适当的工作位置，设专人监护，并正确系好安全带。 （2）拆除栏杆平台楼梯和割开的孔洞，设临时围栏并挂禁止跨越、防止高处坠落警示牌。必要时，设立专人监护。 （3）高处作业应系好安全带和防坠器，脚手架应搭设牢固、可靠

续表

序号	辨识项目	辨识内容	典型控制措施
9	冲转	1. 防止设备损坏	试转时，随时关注振动与运转声音，发现异常及时通知
		2. 防止烫伤	
		3. 防止机械伤害	
		4. 防止火灾	
		5. 防止误动、误碰	

2.2.2 油系统检修

作业项目	油系统检修		
序号	辨识项目	辨识内容	典型控制措施
一	公共部分（健康与环境）		
	[表格内容同 1.1.1 公共部分（健康与环境）]		
二	作业内容（安全）		
1	松螺栓	1. 防止碰伤、挤伤	（1）对孔时，严禁将手指放入螺栓孔内，防止挤伤手指。 （2）起吊的物体加减垫片时，严禁将手指放入脚下部等容易被挤伤处
		2. 防止高处坠落	（1）人员站在设备上工作时，选择适当的工作位置，设专人监护，并正确系好安全带。 （2）拆除栏杆平台楼梯和割开的孔洞，设临时围栏并挂禁止跨越、防止高处坠落警示牌。必要时，设立专人监护。 （3）高处作业应系好安全带和防坠器，脚手架应搭设牢固、可靠
		3. 防止工器具脱落	
		4. 防止滑跌	及时清理地面油污，做到随清随洁，防止脚下打滑摔伤
		5. 防止砸伤	

续表

序号	辨识项目	辨识内容	典型控制措施
1	松螺栓	6. 防止大锤脱手	使用大锤要安装牢固，打大锤不许戴手套，不许单手抡大锤，使用合适的扳手。周围不准有人靠近
		7. 防止烫伤	
		8. 防止跑油	
2	油系统各设备检修	1. 防止火灾事故	
		2. 防止损坏设备	避免野蛮作业，拆下的部件要轻拿轻放
		3. 防止爆炸	
		4. 防止滑跌	及时清理地面油污，做到随清随洁，防止脚下打滑摔伤
		5. 防止触电	（1）不能私拉乱接临时电源，检查电线是否完好，有无接地线，电源开关外壳和电线绝缘有破损、绝缘不良或带电部分外露时不准使用。 （2）电动工器具要有检验合格证，绝缘良好。 （3）工器具要接有漏电保护器，使用人员要戴绝缘手套。 （4）照明电线应使用带有保护器的绕线盘，照明充足。 （5）内部工作时，应使用24V以下行灯，行灯变压器放在暖风器外部
		6. 防止高处坠落	（1）人员站在设备上工作时，选择适当的工作位置，设专人监护，并正确系好安全带。 （2）拆除栏杆平台楼梯和割开的孔洞，设临时围栏并挂禁止跨越、防止高处坠落警示牌。必要时，设立专人监护。 （3）高处作业应系好安全带和防坠器，脚手架应搭设牢固、可靠
		7. 防止碰伤	（1）对孔时，严禁将手指放入螺栓孔内，防止挤伤手指。 （2）起吊的物体加减垫片时，严禁将手指放入地脚下部等容易被挤伤处
		8. 防止落物伤人	（1）检查检修区域上方和周围无高处落物的危险，上方有作业应交错开，或做好隔离措施。 （2）高处作业时，作业点下方装设围栏并且挂警示牌，以免落物伤人，较小零件应及时放入工具袋。 （3）高处作业不准上下抛掷工器具、物件。 （4）脚手架上堆放物件时，应固定，杂物应及时清理

续表

序号	辨识项目	辨识内容	典型控制措施
2	油系统各设备检修	9. 防止烫伤	
		10. 防止违章指挥	（1）各级领导、工作人员必须严格遵守国家有关法律法规和上级有关规章制度。 （2）各级领导、工作人员认真实施反违章实施细则。 （3）工作人员必须严格遵守安全规程、检修规程、作业指导书。 （4）工作人员严格执行检修工艺。 （5）各级人员按分工恪尽职守，做到安全文明施工，制止和杜绝各类违章现象的发生
		11. 防止机械伤害	（1）使用电动工器具要有检验合格证，现场外观检查无破损且试运正常。 （2）使用磨光机、砂轮切割机等电动工具时，工作人员应戴防护眼镜
3	回装油系统各设备	1. 防止碰伤、挤伤	（1）对孔时，严禁将手指放入螺栓孔内，防止挤伤手指。 （2）起吊的物体加减垫片时，严禁将手指放入地脚下部等容易被挤伤处
		2. 防止高处坠落	（1）人员站在设备上工作时，选择适当的工作位置，设专人监护，并正确系好安全带。 （2）拆除栏杆平台楼梯和割开的孔洞，设临时围栏并挂禁止跨越、防止高处坠落警示牌。必要时，设立专人监护。 （3）高处作业应系好安全带和防坠器，脚手架应搭设牢固、可靠
		3. 防止工器具脱落	
		4. 防止滑跌	及时清理地面油污，做到随清随洁，防止脚下打滑摔伤
		5. 防止砸伤	
		6. 防止大锤脱手	使用大锤要安装牢固，打大锤不许戴手套，不许单手抡大锤，使用合适的扳手。周围不准有人靠近
		7. 防止各设备内遗留杂物	（1）设备回装时，认真检查设备内无遗留异物，确认无异物后方可回装。 （2）回装前，应及时清点工器具
4	油系统各设备投运	1. 防止跑油	
		2. 防止因误操作损坏设备	

2.2.3 油箱检查

作业项目	油箱检查		
序号	辨识项目	辨识内容	典型控制措施
一	公共部分（健康与环境）		
	[表格内容同1.1.1公共部分（健康与环境）]		
二	作业内容（安全）		
1	拆油箱端盖	1. 防止碰伤、挤伤	（1）对孔时，严禁将手指放入螺栓孔内，防止挤伤手指。 （2）起吊的物体加减垫片时，严禁将手指放入地脚下部等容易被挤伤处
		2. 防止坠落	（1）人员站在设备上工作时，选择适当的工作位置，设专人监护，并正确系好安全带。 （2）拆除栏杆平台楼梯和割开的孔洞，设临时围栏并挂禁止跨越、防止高处坠落警示牌。必要时，设立专人监护。 （3）高处作业应系好安全带和防坠器，脚手架应搭设牢固、可靠
		3. 防止工器具脱落	
		4. 防止滑跌	及时清理地面油污，做到随清随洁，防止脚下打滑摔伤
		5. 防止被油箱端盖砸伤	
2	清理油箱	1. 防止落物伤人	（1）检查检修区域上方和周围无高处落物的危险，上方有作业应交错开，或做好隔离措施。 （2）高处作业时，作业点下方装设围栏并且挂警示牌，以免落物伤人，较小零件应及时放入工具袋。 （3）高处作业不准上下抛掷工器具、物件。 （4）脚手架上堆放物件时，应固定，杂物应及时清理
		2. 防止损坏设备	避免野蛮作业，拆下的部件要轻拿轻放
		3. 防止爆炸	
		4. 防止滑跌	及时清理地面油污，做到随清随洁，防止脚下打滑摔伤
		5. 防止窒息	箱体内要加强通风，外面设专人监护

续表

序号	辨识项目	辨识内容	典型控制措施
2	清理油箱	6. 防止摔伤	及时清理地面油污，做到随清随洁，防止脚下打滑摔伤
		7. 防止高处坠落	（1）不能私拉乱接临时电源，导线要用水线，无裸露，摆放规范。 （2）电动工器具要有检验合格证，绝缘良好。 （3）工器具要接有漏电保护器，使用人员要戴绝缘手套
		8. 防止碰伤	（1）对孔时，严禁将手指放入螺栓孔内，防止挤伤手指。 （2）起吊的物体加减垫片时，严禁将手指放入地脚下部等容易被挤伤处
3	油箱恢复	1. 防止油箱内遗留杂物	（1）设备回装时，认真检查设备内无遗留异物，确认无异物后方可回装。 （2）回装前，应及时清点工器具
		2. 防止碰伤	（1）对孔时，严禁将手指放入螺栓孔内，防止挤伤手指。 （2）起吊的物体加减垫片时，严禁将手指放入地脚下部等容易被挤伤处
		3. 防止机械伤害	（1）检查工器具合格。 （2）用扳手松螺栓时，作业人用力不准过猛，也不准将手放在容易被挤伤处。 （3）使用梯子时，需事先检查梯子下部有无防滑胶套，禁止使用不合格的梯子。 （4）两人以上抬放较重物件时用力要一致，以防砸伤。 （5）正确使用工器具，清理油箱工作时，不准戴手套
		4. 防止落物伤人	（1）进入生产现场要穿好工作服，戴好安全帽，并系好安全帽带。 （2）油箱垂直入口处不准堆放工具或其他物件
		5. 防止火灾事故	
		6. 杜绝违章指挥	（1）各级领导、工作人员必须严格遵守国家有关法律法规和上级有关规章制度。 （2）各级领导、工作人员认真实施反违章实施细则。 （3）工作人员必须严格遵守安全规程、检修规程、作业指导书。 （4）工作人员严格执行检修工艺。 （5）各级人员按分工恪尽职守，做到安全文明施工，制止和杜绝各类违章现象的发生
		7. 防止设备损坏	避免野蛮作业，部件要轻拿轻放

续表

序号	辨识项目	辨识内容	典型控制措施
3	油箱恢复	8. 防止坠落	（1）工作前检查脚手架合格后，方可上架工作。 （2）工作人员必须戴安全带，且挂钩挂在结实牢固的构件上，应高挂低用，严禁低挂高用。 （3）油系统作业要穿好防滑耐油鞋
		9. 防止窒息	（1）油箱内要加强通风，油汽含量不能超标，外面设专人监护。 （2）不能向油箱内充入纯氧
		10. 防止触电	（1）临时电源摆放要规范，不能乱拉乱接，要由专业电工接线。 （2）要使用带漏电保护器的绕线盘或电源及专用的插头。 （3）油箱内使用的行灯电压不准超过 12V。 （4）行灯变压器不准带入油箱内，应放在油箱外并在下部垫好胶皮

2.2.4 油泵检修

作业项目	油泵检修		
序号	辨识项目	辨识内容	典型控制措施
一	公共部分（健康与环境）		
	［表格内容同 1.1.1 公共部分（健康与环境）］		
二	作业内容（安全）		
1	拆除对轮螺栓	1. 防止碰伤、挤伤	（1）对孔时，严禁将手指放入螺栓孔内，防止挤伤手指。 （2）起吊的物体加减垫片时，严禁将手指放入地脚下部等容易被挤伤处
		2. 防止损坏设备	避免野蛮作业，拆下的部件要轻拿轻放
		3. 防止滑跌	及时清理地面油污，做到随清随洁，防止脚下打滑摔伤
2	拆除油泵	1. 防止碰伤	（1）对孔时，严禁将手指放入螺栓孔内，防止挤伤手指。 （2）起吊的物体加减垫片时，严禁将手指放入地脚下部等容易被挤伤处
		2. 防止设备损坏	避免野蛮作业，部件要轻拿轻放

续表

序号	辨识项目	辨识内容	典型控制措施
2	拆除油泵	3. 防止落物伤人	（1）检查检修区域上方和周围无高处落物的危险，上方有作业应交错开，或做好隔离措施。 （2）高处作业时，作业点下方装设围栏并且挂警示牌，以免落物伤人，较小零件应及时放入工具袋。 （3）高处作业不准上下抛掷工器具、物件。 （4）脚手架上堆放物件时，应固定，杂物应及时清理
		4. 防止滑跌	及时清理地面油污，做到随清随洁，防止脚下打滑摔伤
		5. 防止油流到工作场所	
		6. 防止触电	（1）临时电源线路摆放要规范，不能私拉乱接，施工现场严禁使用花线。 （2）电器工具绝缘合格，无裸露电线。 （3）各种用电导线完好无损，避免挤压和接触高温物品。 （4）使用电器工具必须使用有漏电保护器。 （5）湿手禁止触摸电动工具。 （6）焊工要穿绝缘鞋，戴绝缘手套
		7. 防止火灾事故	
		8. 防止跑油	
3	清理拆下的各部件	1. 防止划伤	
		2. 防止损坏设备	避免野蛮作业，拆下的部件要轻拿轻放
		3. 防止油流到工作场所	
		4. 防止滑跌	及时清理地面油污，做到随时清洁，防止脚下打滑摔伤
		5. 防止着火	
4	检修、检查油泵	1. 防止碰伤、挤伤	（1）对孔时，严禁将手指放入螺栓孔内，防止挤伤手指。 （2）起吊的物体加减垫片时，严禁将手指放入地脚下部等容易被挤伤处
		2. 防止损坏各部件	

续表

序号	辨识项目	辨识内容	典型控制措施
4	检修、检查油泵	3. 防止触电	（1）临时电源线路摆放要规范，不能私拉乱接，施工现场严禁使用花线。 （2）电器工具绝缘合格，无裸露电线。 （3）各种用电导线完好无损，避免挤压和接触高温物品。 （4）使用电器工具必须使用有漏电保护器。 （5）湿手禁止触摸电动工具。 （6）焊工要穿绝缘鞋，戴绝缘手套
		4. 防止滑跌	及时清理地面油污，做到随清随洁，防止脚下打滑摔伤
		5. 防止火灾事故	
		6. 防止机械伤害	（1）使用电动工器具要有检验合格证，现场外观检查无破损且试运正常。 （2）使用磨光机、砂轮切割机等电动工具时，工作人员应戴防护眼镜
		7. 防止汽瓶爆炸	
5	回装油泵	1. 防止油管道及轴承箱内遗留杂物	（1）设备回装时，认真检查设备内无遗留异物，确认无异物后方可回装。 （2）回装前，应及时清点工器具
		2. 防止碰伤	（1）对孔时，严禁将手指放入螺栓孔内，防止挤伤手指。 （2）起吊的物体加减垫片时，严禁将手指放入地脚下部等容易被挤伤处
		3. 防止机械伤害	（1）使用电动工器具要有检验合格证，现场外观检查无破损且试运正常。 （2）使用磨光机、砂轮切割机等电动工具时，工作人员应戴防护眼镜
		4. 防止落物伤人	（1）检查检修区域上方和周围无高处落物的危险，上方有作业应交错开，或做好隔离措施。 （2）高处作业时，作业点下方装设围栏并且挂警示牌，以免落物伤人，较小零件应及时放入工具袋。 （3）高处作业不准上下抛掷工器具、物件。 （4）脚手架上堆放物件时，应固定，杂物应及时清理
		5. 防止火灾事故	

续表

序号	辨识项目	辨识内容	典型控制措施
5	回装油泵	6. 杜绝违章指挥	（1）各级领导、工作人员必须严格遵守国家有关法律法规和上级有关规章制度。 （2）各级领导、工作人员认真实施反违章实施细则。 （3）工作人员必须严格遵守安全规程、检修规程、作业指导书。 （4）工作人员严格执行检修工艺。 （5）各级人员按分工格尽职守，做到安全文明施工，制止和杜绝各类违章现象的发生
		7. 防止设备损坏	避免野蛮作业，部件要轻拿轻放
6	试运行	1. 防止跑油	
		2. 防止误操作	
		3. 防止设备损坏	试转时，随时关注振动与运转声音，发现异常及时通知
		4. 防止滑跌	及时清理地面油污，做到随清随洁，防止脚下打滑摔伤

2.2.5 抽汽逆止门大修

作业项目	抽汽逆止门大修		
序号	辨识项目	辨识内容	典型控制措施
一	公共部分（健康与环境）		
	［表格内容同 1.1.1 公共部分（健康与环境）］		
二	作业内容（安全）		
1	松法兰螺栓	1. 防止烫伤	
		2. 防止加热棒漏电伤人	
		3. 防止高处坠落	（1）人员站在设备上工作时，选择适当的工作位置，设专人监护，并正确系好安全带。 （2）拆除栏杆平台楼梯和割开的孔洞，设临时围栏并挂禁止跨越、防止高处坠落警示牌。必要时，设立专人监护。 （3）高处作业应系好安全带和防坠器，脚手架应搭设牢固、可靠

续表

序号	辨识项目	辨识内容	典型控制措施
1	松法兰螺栓	4. 防止大锤飞出伤人	使用大锤要安装牢固，打大锤不许戴手套，不许单手抡大锤，使用合适的扳手。周围不准有人靠近
2	伺服机解体	1. 防止违章指挥	（1）各级领导、工作人员必须严格遵守国家有关法律法规和上级有关规章制度。 （2）各级领导、工作人员认真实施反违章实施细则。 （3）工作人员必须严格遵守安全规程、检修规程、作业指导书。 （4）工作人员严格执行检修工艺。 （5）各级人员按分工恪尽职守，做到安全文明施工，制止和杜绝各类违章现象的发生
		2. 防止设备损坏	避免野蛮作业，部件要轻拿轻放
		3. 防止弹簧飞出伤人	
		4. 防止碰伤、挤伤	（1）对孔时，严禁将手指放入螺栓孔内，防止挤伤手指。 （2）起吊的物体加减垫片时，严禁将手指放入地脚下部等容易被挤伤处
		5. 防止高处坠落	（1）人员站在设备上工作时，选择适当的工作位置，设专人监护，并正确系好安全带。 （2）拆除栏杆平台楼梯和割开的孔洞，设临时围栏并挂禁止跨越、防止高处坠落警示牌。必要时，设立专人监护。 （3）高处作业应系好安全带和防坠器，脚手架应搭设牢固、可靠
		6. 防止压缩空气喷出伤人	
		7. 防止随意扩大检修范围	
3	本体检修	1. 防止起重作业时伤人	
		2. 防止物件滑落	搬运物件时手抓牢固，两人共同抬物件时，应轻搬轻放
		3. 防止零部件损坏	避免野蛮作业，部件要轻拿轻放
		4. 防止高处坠落	（1）人员站在设备上工作时，选择适当的工作位置，设专人监护，并正确系好安全带。 （2）拆除栏杆平台楼梯和割开的孔洞，设临时围栏并挂禁止跨越、防止高处坠落警示牌。必要时，设立专人监护。 （3）高处作业应系好安全带和防坠器，脚手架应搭设牢固、可靠

续表

序号	辨识项目	辨识内容	典型控制措施
3	本体检修	5. 防止杂物落入管道	
		6. 杜绝违章指挥	（1）各级领导、工作人员必须严格遵守国家有关法律法规和上级有关规章制度。 （2）各级领导、工作人员认真实施反违章实施细则。 （3）工作人员必须严格遵守安全规程、检修规程、作业指导书。 （4）工作人员严格执行检修工艺。 （5）各级人员按分工恪尽职守，做到安全文明施工，制止和杜绝各类违章现象的发生
		7. 防止吊链滑链	使用吊链前，检查无滑链等缺陷后方可使用，并且不准进行斜拉
4	伺服机检修	1. 防止异物落入活塞内	
		2. 防止弹簧损坏	
		3. 防止机械伤害	（1）使用电动工器具要有检验合格证，现场外观检查无破损且试运正常。 （2）使用磨光机、砂轮切割机等电动工具时，工作人员应戴防护眼镜
		4. 防止设备部件损坏	
		5. 防止活塞缸内壁拉伤	
5	本体回装	1. 防止管道内留杂物	（1）设备回装时，认真检查设备内无遗留异物，确认无异物后方可回装。 （2）回装前，应及时清点工器具
		2. 防止大锤脱手伤人	使用大锤要安装牢固，打大锤不许戴手套，不许单手抡大锤，使用合适的扳手。周围不准有人靠近
		3. 防止机械伤害	（1）使用电动工器具要有检验合格证，现场外观检查无破损且试运正常。 （2）使用磨光机、砂轮切割机等电动工具时，工作人员应戴防护眼镜
		4. 防止落物伤人	（1）检查检修区域上方和周围无高处落物的危险，上方有作业应交错开，或做好隔离措施。 （2）高处作业时，作业点下方装设围栏并且挂警示牌，以免落物伤人，较小零件应及时放入工具袋。 （3）高处作业不准上下抛掷工器具、物件。 （4）脚手架上堆放物件时，应固定，杂物应及时清理

续表

序号	辨识项目	辨识内容	典型控制措施
5	本体回装	5. 防止吊链滑链	使用吊链前，检查无滑链等缺陷后方可使用，并且不准进行斜拉
		6. 杜绝违章指挥	（1）各级领导、工作人员必须严格遵守国家有关法律法规和上级有关规章制度。 （2）各级领导、工作人员认真实施反违章实施细则。 （3）工作人员必须严格遵守安全规程、检修规程、作业指导书。 （4）工作人员严格执行检修工艺。 （5）各级人员按分工恪尽职守，做到安全文明施工，制止和杜绝各类违章现象的发生
		7. 防止起重作业时伤人	
6	伺服机回装	1. 防止设备损坏	避免野蛮作业，部件要轻拿轻放
		2. 防止机械伤害	（1）使用电动工器具要有检验合格证，现场外观检查无破损且试运正常。 （2）使用磨光机、砂轮切割机等电动工具时，工作人员应戴防护眼镜
		3. 防止密封圈损坏	
		4. 防止弹簧飞出伤人	
7	开关试验	1. 防止设备损坏	
		2. 防止机械伤害	（1）使用电动工器具要有检验合格证，现场外观检查无破损且试运正常。 （2）使用磨光机、砂轮切割机等电动工具时，工作人员应戴防护眼镜
		3. 防止误动、误碰	
		4. 防止压缩空气喷出伤人	

2.2.6 凝汽器清理检修

作业项目	凝汽器清理检修		
序号	辨识项目	辨识内容	典型控制措施
一	公共部分（健康与环境）		
	[表格内容同 1.1.公共部分（健康与环境）]		

续表

序号	辨识项目	辨识内容	典型控制措施
二	作业内容（安全）		
1	松人孔螺栓	1. 防止残余水喷出伤人	
		2. 防止高处坠落	（1）人员站在设备上工作时，选择适当的工作位置，设专人监护，并正确系好安全带。 （2）拆除栏杆平台楼梯和割开的孔洞，设临时围栏并挂禁止跨越、防止高处坠落警示牌。必要时，设立专人监护。 （3）高处作业应系好安全带和防坠器，脚手架应搭设牢固、可靠
		3. 防止扳手飞出伤人	使用前对扳手进行检查，扳手完好无缺陷，拆卸螺栓时扳手必须固定牢固
		4. 防止滑倒、挤伤	（1）及时清理地面，做到随清随洁，防止脚下打滑摔伤。 （2）对孔时，严禁将手指放入螺栓孔内，防止挤伤手指
		5. 防止螺栓及人孔堵板损坏	
		6. 防止随意扩大检修范围	
2	凝汽器水侧清理	1. 防止高处坠落	（1）人员站在设备上工作时，选择适当的工作位置，设专人监护，并正确系好安全带。 （2）拆除栏杆平台楼梯和割开的孔洞，设临时围栏并挂禁止跨越、防止高处坠落警示牌。必要时，设立专人监护。 （3）高处作业应系好安全带和防坠器，脚手架应搭设牢固、可靠
		2. 防止滑倒	
		3. 防止物件滑落	搬运物件时，手抓牢固，两人共同抬物件时，应轻搬轻放
		4. 防止触电事故	（1）不能私拉乱接临时电源，检查电线是否完好，有无接地线，电源开关外壳和电线绝缘有破损、绝缘不良或带电部分外露时不准使用。 （2）电动工器具要有检验合格证，绝缘良好。 （3）工器具要接有漏电保护器，使用人员要戴绝缘手套。 （4）照明电线应使用带有保护器的绕线盘，照明充足。 （5）内部工作时，应使用24V以下行灯，行灯变压器放在暖风器外部
		5. 防止零部件损坏	避免野蛮作业，部件要轻拿轻放

续表

序号	辨识项目	辨识内容	典型控制措施
2	凝汽器水侧清理	6. 防止窒息	进入内部工作，要加强通风，外面设专人监护
3	凝汽器汽侧清理	1. 防止高处坠落	（1）人员站在设备上工作时，选择适当的工作位置，设专人监护，并正确系好安全带。 （2）拆除栏杆平台楼梯和割开的孔洞，设临时围栏并挂禁止跨越、防止高处坠落警示牌。必要时，设立专人监护。 （3）高处作业应系好安全带和防坠器，脚手架应搭设牢固、可靠
		2. 防止铜管损坏	
		3. 防止设备损坏	避免野蛮作业，部件要轻拿轻放
		4. 防止异物落入	
		5. 防止滑倒	
		6. 防止触电事故	（1）不能私拉乱接临时电源，检查电线是否完好，有无接地线，电源开关外壳和电线绝缘有破损、绝缘不良或带电部分外露时不准使用。 （2）电动工器具要有检验合格证，绝缘良好。 （3）工器具要接有漏电保护器，使用人员要戴绝缘手套。 （4）照明电线应使用带有保护器的绕线盘，照明充足。 （5）内部工作时，应使用24V以下行灯，行灯变压器放在暖风器外部
		7. 防止窒息	进入内部工作，要加强通风，外面设专人监护
4	人孔回装	1. 防止容器内留杂物	（1）设备回装时，认真检查设备内无遗留异物，确认无异物后方可回装。 （2）回装前，应及时清点工器具
		2. 防止机械伤害	（1）检查工器具合格，不合格的严禁使用，正确使用工器具，戴好防护用品。 （2）用扳手松螺栓时，作业人用力不准过猛，也不准将手放在容易被挤伤处。 （3）使用梯子时，需事先检查梯子下部有无防滑胶套，禁止使用不合格的梯子。 （4）两人以上抬放较重物件时，用力要一致，以防砸伤

续表

序号	辨识项目	辨识内容	典型控制措施
4	人孔回装	3. 防止落物伤人	（1）检查检修区域上方和周围无高处落物的危险，上方有作业应交错开，或做好隔离措施。 （2）高处作业时，作业点下方装设围栏并且挂警示牌，以免落物伤人，较小零件应及时放入工具袋。 （3）高处作业不准上下抛掷工器具、物件。 （4）脚手架上堆放物件时，应固定，杂物应及时清理
		4. 防止高处坠落	（1）人员站在设备上工作时，选择适当的工作位置，设专人监护，并正确系好安全带。 （2）拆除栏杆平台楼梯和割开的孔洞，设临时围栏并挂禁止跨越、防止高处坠落警示牌。必要时，设立专人监护。 （3）高处作业应系好安全带和防坠器，脚手架应搭设牢固、可靠
		5. 防止设备损坏	避免野蛮作业，部件要轻拿轻放
		6. 防止人员和材料留在容器内	
		7. 防止人孔垫错位	
5	试验	1. 防止泄漏真空	
		2. 防止水侧泄漏	

2.2.7 除氧器和给水箱检修

作业项目	除氧器和给水箱检修		
序号	辨识项目	辨识内容	典型控制措施
一	公共部分（健康与环境）		
	[表格内容同 1.1.1 公共部分（健康与环境）]		
二	作业内容（安全）		
1	松人孔螺栓	1. 防止残余汽水喷出伤人	

续表

序号	辨识项目	辨识内容	典型控制措施
1	松人孔螺栓	2. 防止高处坠落	（1）人员站在设备上工作时，选择适当的工作位置，设专人监护，并正确系好安全带。 （2）拆除栏杆平台楼梯和割开的孔洞，设临时围栏并挂禁止跨越、防止高处坠落警示牌。必要时，设立专人监护。 （3）高处作业应系好安全带和防坠器，脚手架应搭设牢固、可靠
		3. 防止扳手飞出伤人	使用前，对扳手进行检查，扳手完好无缺陷；拆卸螺栓时，扳手必须固定牢固
		4. 防止滑倒、挤伤	（1）及时清理地面，做到随清随洁，防止脚下打滑摔伤。 （2）对孔时，严禁将手指放入螺栓孔内，防止挤伤手指
		5. 防止螺栓及人孔堵板损坏	
		6. 防止大锤脱手伤人	使用大锤要安装牢固，打大锤不许戴手套，不许单手抡大锤，使用合适的扳手。周围不准有人靠近
		7. 防止随意扩大检修范围	
2	除氧器清理	1. 防止高处坠落	（1）人员站在设备上工作时，选择适当的工作位置，设专人监护，并正确系好安全带。 （2）拆除栏杆平台楼梯和割开的孔洞，设临时围栏并挂禁止跨越、防止高处坠落警示牌。必要时，设立专人监护。 （3）高处作业应系好安全带和防坠器，脚手架应搭设牢固、可靠
		2. 防止滑倒	及时清理地面油污，做到随清随洁，防止脚下打滑摔伤
		3. 防止物件滑落	搬运物件时，手抓牢固；两人共同抬物件时，应轻搬轻放
		4. 防止触电事故	（1）不能私拉乱接临时电源，检查电线是否完好，有无接地线，电源开关外壳和电线绝缘有破损、绝缘不良或带电部分外露时不准使用。 （2）电动工器具要有检验合格证，绝缘良好。 （3）工器具要接有漏电保护器，使用人员要戴绝缘手套。 （4）照明电线应使用带有保护器的绕线盘，照明充足。 （5）内部工作时，应使用24V以下行灯，行灯变压器放在暖风器外部

续表

序号	辨识项目	辨识内容	典型控制措施
2	除氧器清理	5. 防止零部件损坏	避免野蛮作业，部件要轻拿轻放
		6. 防止窒息	进入罐体内工作，必须装设通风机对罐体内充分通风
3	给水箱清理	1. 防止高处坠落	（1）人员站在设备上工作时，选择适当的工作位置，设专人监护，并正确系好安全带。 （2）拆除栏杆平台楼梯和割开的孔洞，设临时围栏并挂禁止跨越、防止高处坠落警示牌。必要时，设立专人监护。 （3）高处作业应系好安全带和防坠器，脚手架应搭设牢固、可靠
		2. 防止设备损坏	避免野蛮作业，部件要轻拿轻放
		3. 防止异物落入	
		4. 防止滑倒	及时清理地面，做到随清随洁，防止脚下打滑摔伤
		5. 防止触电事故	（1）不能私拉乱接临时电源，检查电线是否完好，有无接地线，电源开关外壳和电线绝缘有破损、绝缘不良或带电部分外露时不准使用。 （2）电动工器具要有检验合格证，绝缘良好。 （3）工器具要接有漏电保护器，使用人员要戴绝缘手套。 （4）照明电线应使用带有保护器的绕线盘，照明充足。 （5）内部工作时，应使用24V以下行灯，行灯变压器放在暖风器外部
		6. 防止窒息	进入箱体内工作，必须装设通风机对箱体内充分通风
4	人孔回装	1. 防止容器内留杂物	（1）设备回装时，认真检查设备内无遗留异物，确认无异物后，方可回装。 （2）回装前，应及时清点工器具
		2. 防止机械伤害	（1）检查工器具合格，不合格的严禁使用，正确使用工器具，戴好防护用品。 （2）用扳手松螺栓时，作业人用力不准过猛，也不准将手放在容易被挤伤处。 （3）使用梯子时，需事先检查梯子下部有无防滑胶套，禁止使用不合格的梯子。 （4）两人以上抬放较重物件时，用力要一致，以防砸伤

续表

序号	辨识项目	辨识内容	典型控制措施
4	人孔回装	3. 防止落物伤人	（1）检查检修区域上方和周围无高处落物的危险，上方有作业应交错开，或做好隔离措施。 （2）高处作业时，作业点下方装设围栏并且挂警示牌，以免落物伤人，较小零件应及时放入工具袋。 （3）高处作业不准上下抛掷工器具、物件。 （4）脚手架上堆放物件时，应固定，杂物应及时清理
		4. 防止高处坠落	（1）人员站在设备上工作时，选择适当的工作位置，设专人监护，并正确系好安全带。 （2）拆除栏杆平台楼梯和割开的孔洞，设临时围栏并挂禁止跨越、防止高处坠落警示牌。必要时，设立专人监护。 （3）高处作业应系好安全带和防坠器，脚手架应搭设牢固、可靠
		5. 防止设备损坏	避免野蛮作业，部件要轻拿轻放
		6. 防止人员和材料留在容器内	（1）设备回装时，认真检查设备内无遗留异物，确认无异物后方可回装。 （2）回装前，应及时清点人员、工器具
		7. 防止人孔垫错位	
5	试验	1. 防止汽水泄漏	

2.2.8 收球网清理检修

作业项目	收球网清理检修		
序号	辨识项目	辨识内容	典型控制措施
一	公共部分（健康与环境）		
	[表格内容同 1.1.1 公共部分（健康与环境）]		
二	作业内容（安全）		
1	松人孔螺栓	1. 防止残余水喷出伤人	

续表

序号	辨识项目	辨识内容	典型控制措施
1	松人孔螺栓	2. 防止高处坠落	（1）人员站在设备上工作时，选择适当的工作位置，设专人监护，并正确系好安全带。 （2）拆除栏杆平台楼梯和割开的孔洞，设临时围栏并挂禁止跨越、防止高处坠落警示牌。必要时，设立专人监护。 （3）高处作业应系好安全带和防坠器，脚手架应搭设牢固、可靠
		3. 防止扳手飞出伤人	使用前，对扳手进行检查，扳手完好无缺陷；拆卸螺栓时，扳手必须固定牢固
		4. 防止滑倒、挤伤	（1）及时清理地面，做到随清随洁，防止脚下打滑摔伤。 （2）对孔时，严禁将手指放入螺栓孔内，防止挤伤手指
		5. 防止螺栓及人孔堵板损坏	
		6. 防止大锤脱手伤人	使用大锤要安装牢固，打大锤不许戴手套，不许单手抡大锤，使用合适的扳手。周围不准有人靠近
		7. 防止随意扩大检修范围	
2	收球网清理	1. 防止高处坠落	（1）人员站在设备上工作时，选择适当的工作位置，设专人监护，并正确系好安全带。 （2）拆除栏杆平台楼梯和割开的孔洞，设临时围栏并挂禁止跨越、防止高处坠落警示牌。必要时，设立专人监护。 （3）高处作业应系好安全带和防坠器，脚手架应搭设牢固、可靠
		2. 防止滑倒	及时清理地面，做到随清随洁，防止脚下打滑摔伤
		3. 防止物件滑落	搬运物件时，手抓牢固；两人共同抬物件时，应轻搬轻放
		4. 防止触电事故	（1）不能私拉乱接临时电源，检查电线是否完好，有无接地线，电源开关外壳和电线绝缘有破损、绝缘不良或带电部分外露时不准使用。 （2）电动工器具要有检验合格证，绝缘良好。 （3）工器具要接有漏电保护器，使用人员要戴绝缘手套。 （4）照明电线应使用带有保护器的绕线盘，照明充足。 （5）内部工作时，应使用 24V 以下行灯，行灯变压器放在暖风器外部
		5. 防止零部件损坏	避免野蛮作业，部件要轻拿轻放

续表

序号	辨识项目	辨识内容	典型控制措施
2	收球网清理	6. 防止窒息	进入内部工作，要加强通风，外面设专人监护
		7. 防止收球网损坏	
		8. 防止收球网位置指示改变	
3	人孔回装	1. 防止容器内留杂物	（1）设备回装时，认真检查设备内无遗留异物，确认无异物后方可回装。 （2）回装前，应及时清点工器具
		2. 防止机械伤害	（1）检查工器具合格，不合格的严禁使用，正确使用工器具，戴好防护用品。 （2）用扳手松螺栓时，作业人用力不准过猛，也不准将手放在容易被挤伤处。 （3）使用梯子时，需事先检查梯子下部有无防滑胶套，禁止使用不合格的梯子。 （4）两人以上抬放较重物件时，用力要一致，以防砸伤
		3. 防止落物伤人	（1）检查检修区域上方和周围无高处落物的危险，上方有作业应交错开，或做好隔离措施。 （2）高处作业时，作业点下方装设围栏并且挂警示牌，以免落物伤人，较小零件应及时放入工具袋。 （3）高处作业不准上下抛掷工器具、物件。 （4）脚手架上堆放物件时，应固定，杂物应及时清理
		4. 防止高处坠落	（1）人员站在设备上工作时，选择适当的工作位置，设专人监护，并正确系好安全带。 （2）拆除栏杆平台楼梯和割开的孔洞，设临时围栏并挂禁止跨越、防止高处坠落警示牌。必要时，设立专人监护。 （3）高处作业应系好安全带和防坠器，脚手架应搭设牢固、可靠
		5. 防止设备损坏	避免野蛮作业，部件要轻拿轻放
		6. 防止人员和材料留在容器内	
		7. 防止人孔垫错位	
4	试验	1. 防止汽水泄漏	
		2. 防止收球网关闭不严	

2.2.9 机扩检修

作业项目	机扩检修		
序号	辨识项目	辨识内容	典型控制措施
一	公共部分（健康与环境）		
	[表格内容同 1.1.1 公共部分（健康与环境）]		
二	作业内容（安全）		
1	松人孔螺栓	1. 防止残余汽水喷出伤人	
		2. 防止高处坠落	（1）人员站在设备上工作时，选择适当的工作位置，设专人监护，并正确系好安全带。 （2）拆除栏杆平台楼梯和割开的孔洞，设临时围栏并挂禁止跨越、防止高处坠落警示牌。必要时，设立专人监护。 （3）高处作业应系好安全带和防坠器，脚手架应搭设牢固、可靠
		3. 防止扳手飞出伤人	使用前，对扳手进行检查，扳手完好无缺陷；拆卸螺栓时，扳手必须固定牢固
		4. 防止滑倒、挤伤	（1）及时清理地面油污，做到随清随洁，防止脚下打滑摔伤。 （2）对孔时，严禁将手指放入螺栓孔内，防止挤伤手指
		5. 防止螺栓及人孔堵板损坏	
		6. 防止零部件滑脱伤人	
		7. 防止随意扩大检修范围	
2	机扩检查	1. 防止高处坠落	（1）人员站在设备上工作时，选择适当的工作位置，设专人监护，并正确系好安全带。 （2）拆除栏杆平台楼梯和割开的孔洞，设临时围栏并挂禁止跨越、防止高处坠落警示牌。必要时，设立专人监护。 （3）高处作业应系好安全带和防坠器，脚手架应搭设牢固、可靠
		2. 防止滑倒	
		3. 防止物件滑落	搬运物件时，手抓牢固；两人共同抬物件时，应轻搬轻放

序号	辨识项目	辨识内容	典型控制措施
2	机扩检查	4. 防止触电事故	（1）不能私拉乱接临时电源，检查电线是否完好，有无接地线，电源开关外壳和电线绝缘有破损、绝缘不良或带电部分外露时不准使用。 （2）电动工器具要有检验合格证，绝缘良好。 （3）工器具要接有漏电保护器，使用人员要戴绝缘手套。 （4）照明电线应使用带有保护器的绕线盘，照明充足。 （5）内部工作时，应使用 24V 以下行灯，行灯变压器放在暖风器外部
		5. 防止窒息	进入罐体内工作，必须装设通风机对罐体内充分通风
		6. 防止铁屑飞溅伤人	
3	人孔回装	1. 防止容器内留杂物	（1）设备回装时，认真检查设备内无遗留异物，确认无异物后方可回装。 （2）回装前，应及时清点工器具
		2. 防止机械伤害	（1）检查工器具合格，不合格的严禁使用，正确使用工器具，戴好防护用品。 （2）用扳手松螺栓时，作业人用力不准过猛，也不准将手放在容易被挤伤处。 （3）使用梯子时，需事先检查梯子下部有无防滑胶套，禁止使用不合格的梯子。 （4）两人以上抬放较重物件时，用力要一致，以防砸伤
		3. 防止落物伤人	（1）检查检修区域上方和周围无高处落物的危险，上方有作业应交错开，或做好隔离措施。 （2）高处作业时，作业点下方装设围栏并且挂警示牌，以免落物伤人，较小零件应及时放入工具袋。 （3）高处作业不准上下抛掷工器具、物件。 （4）脚手架上堆放物件时，应固定，杂物应及时清理
		4. 防止高处坠落	（1）人员站在设备上工作时，选择适当的工作位置，设专人监护，并正确系好安全带。 （2）拆除栏杆平台楼梯和割开的孔洞，设临时围栏并挂禁止跨越、防止高处坠落警示牌。必要时，设立专人监护。 （3）高处作业应系好安全带和防坠器，脚手架应搭设牢固、可靠
		5. 防止设备损坏	避免野蛮作业，部件要轻拿轻放

续表

序号	辨识项目	辨识内容	典型控制措施
3	人孔回装	6. 防止人员和材料留在容器内	
		7. 防止人孔垫错位	
4	试验	1. 防止真空泄漏	
		2. 防止汽水泄漏	

2.2.10 蝶阀检查

作业项目	蝶阀检查		
序号	辨识项目	辨识内容	典型控制措施
一	公共部分（健康与环境）		
	[表格内容同 1.1.1 公共部分（健康与环境）]		
二	作业内容（安全）		
1	松法兰螺栓	1. 防止残余汽水喷出伤人	
		2. 防止高处坠落	（1）人员站在设备上工作时，选择适当的工作位置，设专人监护，并正确系好安全带。 （2）拆除栏杆平台楼梯和割开的孔洞，设临时围栏并挂禁止跨越、防止高处坠落警示牌。必要时，设立专人监护。 （3）高处作业应系好安全带和防坠器，脚手架应搭设牢固、可靠
		3. 防止扳手飞出伤人	使用前，对扳手进行检查，扳手完好无缺陷；拆卸螺栓时，扳手必须固定牢固
		4. 防止滑倒、挤伤	（1）及时清理地面油污，做到随清随洁，防止脚下打滑摔伤。 （2）对孔时，严禁将手指放入螺栓孔内，防止挤伤手指
		5. 防止指示标识损坏	
		6. 防止零部件滑脱伤人	

续表

序号	辨识项目	辨识内容	典型控制措施
1	松法兰螺栓	7. 防止大锤脱手飞出伤人	使用大锤要安装牢固，打大锤不许戴手套，不许单手抡大锤，使用合适的扳手。周围不准有人靠近
		8. 防止随意扩大检修范围	
2	碟阀检查	1. 防止高处坠落	（1）人员站在设备上工作时，选择适当的工作位置，设专人监护，并正确系好安全带。 （2）拆除栏杆平台楼梯和割开的孔洞，设临时围栏并挂禁止跨越、防止高处坠落警示牌。必要时，设立专人监护。 （3）高处作业应系好安全带和防坠器，脚手架应搭设牢固、可靠
		2. 防止滑倒	
		3. 防止物件滑落	搬运物件时手抓牢固，两人共同抬物件时应轻搬轻放
		4. 防止吊链滑链	使用吊链前，检查无滑链等缺陷后方可使用，并且不准进行斜拉
		5. 防止密封胶圈损坏	
		6. 防止执行机构损坏	
		7. 防止手轮操作杆损坏	
		8. 防止法兰密封面划伤	
		9. 防止开关失灵	
3	碟阀回装	1. 防止管道内留杂物	（1）设备回装时，认真检查设备内无遗留异物，确认无异物后方可回装。 （2）回装前应及时清点工器具
		2. 防止机械伤害	（1）检查工器具合格，不合格的严禁使用，正确使用工器具，戴好防护用品。 （2）用扳手松螺栓时，作业人用力不准过猛，也不准将手放在容易被挤伤处。 （3）使用梯子时，需事先检查梯子下部有无防滑胶套，禁止使用不合格的梯子。 （4）两人以上抬放较重物件时，用力要一致，以防砸伤

续表

序号	辨识项目	辨识内容	典型控制措施
3	碟阀回装	3. 防止落物伤人	（1）检查检修区域上方和周围无高处落物的危险，上方有作业应交错开，或做好隔离措施。 （2）高处作业时，作业点下方装设围栏并且挂警示牌，以免落物伤人，较小零件应及时放入工具袋。 （3）高处作业不准上下抛掷工器具、物件。 （4）脚手架上堆放物件时，应固定，杂物应及时清理
		4. 防止高处坠落	（1）人员站在设备上工作时，选择适当的工作位置，设专人监护，并正确系好安全带。 （2）拆除栏杆平台楼梯和割开的孔洞，设临时围栏并挂禁止跨越、防止高处坠落警示牌。必要时，设立专人监护。 （3）高处作业应系好安全带和防坠器，脚手架应搭设牢固、可靠
		5. 防止设备损坏	避免野蛮作业，部件要轻拿轻放
		6. 防止位置装反	
		7. 防止法兰垫错位	
		8. 防止大锤脱手飞出伤人	使用大锤要安装牢固，打大锤不许戴手套，不许单手抡大锤，使用合适的扳手。周围不准有人靠近
		9. 防止滑倒、挤伤	（1）及时清理地面油污，做到随清随洁，防止脚下打滑摔伤。 （2）对孔时，严禁将手指放入螺栓孔内，防止挤伤手指
4	试验	1. 防止法兰泄漏	
		2. 防止开关不灵	

2.2.11　普通止回阀、汽动阀大修

作业项目	普通止回门、汽动阀大修		
序号	辨识项目	辨识内容	典型控制措施
一	公共部分（健康与环境）		
	［表格内容同 1.1.1 公共部分（健康与环境）］		
二	作业内容（安全）		
1	松门盖螺栓	1. 防止残余汽水喷出伤人	
		2. 防止高处坠落	（1）人员站在设备上工作时，选择适当的工作位置，设专人监护，并正确系好安全带。 （2）拆除栏杆平台楼梯和割开的孔洞，设临时围栏并挂禁止跨越、防止高处坠落警示牌。必要时，设立专人监护。 （3）高处作业应系好安全带和防坠器，脚手架应搭设牢固、可靠
		3. 防止扳手飞出伤人	使用前，对扳手进行检查，扳手完好无缺陷；拆卸螺栓时，扳手必须固定牢固
		4. 防止指示标识损坏	
		5. 防止零部件损坏	避免野蛮作业，部件要轻拿轻放
		6. 防止大锤脱手伤人	使用大锤要安装牢固，打大锤不许戴手套，不许单手抡大锤，使用合适的扳手。周围不准有人靠近
		7. 防止门杆弹出伤人	
		8. 防止随意扩大检修范围	
2	气动阀伺服机构解体	1. 防止设备损坏	避免野蛮作业，部件要轻拿轻放
		2. 防止弹簧飞出伤人	
		3. 防止碰伤、挤伤	（1）对孔时，严禁将手指放入螺栓孔内，防止挤伤手指。 （2）起吊的物体加减垫片时，严禁将手指放入地脚下部等容易被挤伤处

续表

序号	辨识项目	辨识内容	典型控制措施
2	气动阀伺服机构解体	4. 防止高处坠落	（1）人员站在设备上工作时，选择适当的工作位置，设专人监护，并正确系好安全带。 （2）拆除栏杆平台楼梯和割开的孔洞，设临时围栏并挂禁止跨越、防止高处坠落警示牌。必要时，设立专人监护。 （3）高处作业应系好安全带和防坠器，脚手架应搭设牢固、可靠
		5. 防止压缩空气喷出伤人	
		6. 防止零部件损坏	避免野蛮作业，部件要轻拿轻放
		7. 防止触电事故	（1）不能私拉乱接临时电源，检查电线是否完好，有无接地线，电源开关外壳和电线绝缘有破损、绝缘不良或带电部分外露时不准使用。 （2）电动工器具要有检验合格证，绝缘良好。 （3）工器具要接有漏电保护器，使用人员要戴绝缘手套。 （4）照明电线应使用带有保护器的绕线盘，照明充足。 （5）内部工作时，应使用24V以下行灯，行灯变压器放在暖风器外部
		8. 防止随意扩大检修范围	
3	门体检修	1. 防止起重作业时伤人	
		2. 防止物件滑落	搬运物件时，手抓牢固；两人共同抬物件时，应轻搬轻放
		3. 防止零部件损坏	避免野蛮作业，部件要轻拿轻放
		4. 防止高处坠落	（1）人员站在设备上工作时，选择适当的工作位置，设专人监护，并正确系好安全带。 （2）拆除栏杆平台楼梯和割开的孔洞，设临时围栏并挂禁止跨越、防止高处坠落警示牌。必要时，设立专人监护。 （3）高处作业应系好安全带和防坠器，脚手架应搭设牢固、可靠
		5. 防止杂物落入管道	
		6. 防止吊链滑链	使用吊链前，检查无滑链等缺陷后方可使用，并且不准进行斜拉
		7. 防止挤伤	（1）对孔时，严禁将手指放入螺栓孔内，防止挤伤手指。 （2）起吊的物体加减垫片时，严禁将手指放入地脚下部等容易被挤伤处
		8. 防止密封面划伤	

续表

序号	辨识项目	辨识内容	典型控制措施
4	气动阀伺服机构检修	1. 防止异物落入活塞内	
		2. 防止弹簧损坏	
		3. 防止机械伤害	（1）检查工器具合格，不合格的严禁使用，正确使用工器具，戴好防护用品。 （2）用扳手松螺栓时，作业人用力不准过猛，也不准将手放在容易被挤伤处。 （3）两人以上抬放较重物件时，用力要一致，以防砸伤
		4. 防止设备部件损坏	
		5. 防止密封垫损坏	
5	门体回装	1. 防止管道内留杂物	（1）设备回装时，认真检查设备内无遗留异物，确认无异物后方可回装。 （2）回装前，应及时清点工器具
		2. 防止扳手脱手伤人	
		3. 防止机械伤害	（1）检查工器具合格，不合格的严禁使用，正确使用工器具，戴好防护用品。 （2）用扳手松螺栓时，作业人用力不准过猛，也不准将手放在容易被挤伤处。 （3）两人以上抬放较重物件时，用力要一致，以防砸伤
		4. 防止落物伤人	（1）检查检修区域上方和周围无高处落物的危险，上方有作业应交错开，或做好隔离措施。 （2）高处作业时，作业点下方装设围栏并且挂警示牌，以免落物伤人，较小零件应及时放入工具袋。 （3）高处作业不准上下抛掷工器具、物件。 （4）脚手架上堆放物件时，应固定，杂物应及时清理
		5. 防止吊链滑链	使用吊链前，检查无滑链等缺陷后方可使用，并且不准进行斜拉
		6. 防止指示标识损坏	
		7. 防止起重作业时伤人	
6	气动阀伺服机构回装	1. 防止设备损坏	避免野蛮作业，部件要轻拿轻放
		2. 防止机械伤害	（1）检查工器具合格，不合格的严禁使用，正确使用工器具，戴好防护用品。 （2）用扳手松螺栓时，作业人用力不准过猛，也不准将手放在容易被挤伤处。 （3）两人以上抬放较重物件时，用力要一致，以防砸伤

续表

序号	辨识项目	辨识内容	典型控制措施
6	气动阀伺服机构回装	3. 防止密封圈损坏	
		4. 防止弹簧飞出伤人	
7	开关试验	1. 防止设备损坏	避免野蛮作业，部件要轻拿轻放
		2. 防止机械伤害	（1）检查工器具合格，不合格的严禁使用，正确使用工器具，戴好防护用品。 （2）用扳手松螺栓时，作业人用力不准过猛，也不准将手放在容易被挤伤处。 （3）两人以上抬放较重物件时，用力要一致，以防砸伤
		3. 防止误动、误碰	
		4. 防止压缩空气喷出伤人	

2.2.12 阀门类检修

作业项目	阀门类检修		
序号	辨识项目	辨识内容	典型控制措施
一	公共部分（健康与环境）		
	［表格内容同 1.1.1 公共部分（健康与环境）］		
二	作业内容（安全）		
1	S	1. 防止汽水喷出伤人	
		2. 防止高处坠落	（1）人员站在设备上工作时，选择适当的工作位置，设专人监护，并正确系好安全带。 （2）拆除栏杆平台楼梯和割开的孔洞，设临时围栏并挂禁止跨越、防止高处坠落警示牌。必要时，设立专人监护。 （3）高处作业应系好安全带和防坠器，脚手架应搭设牢固、可靠
		3. 防止扳手飞出伤人	使用前，对扳手进行检查，扳手完好无缺陷；拆卸螺栓时，扳手必须固定牢固
		4. 防止指示标识损坏	

续表

序号	辨识项目	辨识内容	典型控制措施
1	S	5. 防止螺栓损坏	
		6. 防止大锤脱手伤人	使用大锤要安装牢固，打大锤不许戴手套，不许单手抡大锤，使用合适的扳手。周围不准有人靠近
		7. 防止滑倒、挤伤	（1）及时清理地面油污，做到随清随洁，防止脚下打滑摔伤。 （2）对孔时，严禁将手指放入螺栓孔内，防止挤伤手指
		8. 防止触电事故	（1）不能私拉乱接临时电源，检查电线是否完好，有无接地线，电源开关外壳和电线绝缘有破损、绝缘不良或带电部分外露时不准使用。 （2）电动工器具要有检验合格证，绝缘良好。 （3）工器具要接有漏电保护器，使用人员要戴绝缘手套。 （4）照明电线应使用带有保护器的绕线盘，照明充足。 （5）内部工作时，应使用24V以下行灯，行灯变压器放在暖风器外部
		9. 防止随意扩大检修范围	
2	阀门解体	1. 防止烫伤	
		2. 防止密封面、门杆划伤	
		3. 防止碰伤、挤伤	（1）对孔时，严禁将手指放入螺栓孔内，防止挤伤手指。 （2）起吊的物体加减垫片时，严禁将手指放入地脚下部等容易被挤伤处
		4. 防止高处坠落	（1）人员站在设备上工作时，选择适当的工作位置，设专人监护，并正确系好安全带。 （2）拆除栏杆平台楼梯和割开的孔洞，设临时围栏并挂禁止跨越、防止高处坠落警示牌。必要时，设立专人监护。 （3）高处作业应系好安全带和防坠器，脚手架应搭设牢固、可靠
		5. 防止零部件损坏	避免野蛮作业，部件要轻拿轻放
		6. 防止吊链滑链	使用吊链前，检查无滑链等缺陷后方可使用，并且不准进行斜拉
3	门体检修	1. 防止物件滑落	搬运物件时手抓牢固，两人共同抬物件时，应轻搬轻放
		2. 防止零部件损坏	避免野蛮作业，部件要轻拿轻放

序号	辨识项目	辨识内容	典型控制措施
3	门体检修	3. 防止高处坠落	（1）人员站在设备上工作时，选择适当的工作位置，设专人监护，并正确系好安全带。 （2）拆除栏杆平台楼梯和割开的孔洞，设临时围栏并挂禁止跨越、防止高处坠落警示牌。必要时，设立专人监护。 （3）高处作业应系好安全带和防坠器，脚手架应搭设牢固、可靠
		4. 防止杂物落入阀座	
		5. 防止挤伤	
		6. 防止密封面划伤	
4	门杆、铜套检修	1. 防止异物落入丝扣内	
		2. 防止铜套损坏	
		3. 防止机械伤害	（1）检查工器具合格，不合格的严禁使用，正确使用工器具，戴好防护用品。 （2）用扳手松螺栓时，作业人用力不准过猛，也不准将手放在容易被挤伤处。 （3）两人以上抬放较重物件时，用力要一致，以防砸伤
		4. 防止门杆表面划伤	
5	门杆、铜套回装	1. 防止丝扣内留杂物	（1）设备回装时，认真检查设备内无遗留异物，确认无异物后方可回装。 （2）回装前，应及时清点工器具
		2. 防止扳手脱手伤人	
		3. 防止机械伤害	（1）检查工器具合格，不合格的严禁使用，正确使用工器具，戴好防护用品。 （2）用扳手松螺栓时，作业人用力不准过猛，也不准将手放在容易被挤伤处。 （3）两人以上抬放较重物件时，用力要一致，以防砸伤
		4. 防止门杆表面划伤	
		5. 防止铜套损坏	
6	门体回装	1. 防止设备损坏	避免野蛮作业，部件要轻拿轻放
		2. 防止机械伤害	（1）检查工器具合格，不合格的严禁使用，正确使用工器具，戴好防护用品。 （2）用扳手松螺栓时，作业人用力不准过猛，也不准将手放在容易被挤伤处。 （3）两人以上抬放较重物件时，用力要一致，以防砸伤

续表

序号	辨识项目	辨识内容	典型控制措施
6	门体回装	3. 防止密封面划伤	
		4. 防止碰伤、挤伤	（1）对孔时，严禁将手指放入螺栓孔内，防止挤伤手指。 （2）起吊的物体加减垫片时，严禁将手指放入地脚下部等容易被挤伤处
		5. 防止吊链滑链	使用吊链前，检查无滑链等缺陷后方可使用，并且不准进行斜拉
		6. 防止大锤脱手伤人	使用大锤要安装牢固，打大锤不许戴手套，不许单手抡大锤，使用合适的扳手。周围不准有人靠近
		7. 防止高处坠落	（1）人员站在设备上工作时，选择适当的工作位置，设专人监护，并正确系好安全带。 （2）拆除栏杆平台楼梯和割开的孔洞，设临时围栏并挂禁止跨越、防止高处坠落警示牌。必要时，设立专人监护。 （3）高处作业应系好安全带和防坠器，脚手架应搭设牢固、可靠
7	开关试验	1. 防止开关失灵	
		2. 防止机械伤害	（1）检查工器具合格，不合格的严禁使用，正确使用工器具，戴好防护用品。 （2）用扳手松螺栓时，作业人用力不准过猛，也不准将手放在容易被挤伤处。 （3）两人以上抬放较重物件时，用力要一致，以防砸伤
		3. 防止误动、误碰	

2.2.13 滤油机大修

作业项目	滤油机大修		
序号	辨识项目	辨识内容	典型控制措施
一	公共部分（健康与环境）		
	［表格内容同 1.1.1 公共部分（健康与环境）］		

续表

序号	辨识项目	辨识内容	典型控制措施
二	作业内容（安全）		
1	解体分离室	1. 防止碰伤、挤伤	（1）对孔时，严禁将手指放入螺栓孔内，防止挤伤手指。 （2）起吊的物体加减垫片时，严禁将手指放入地脚下部等容易被挤伤处
		2. 防止锤头飞出伤人	
		3. 防止损坏各部件	
		4. 防止跑油	
		5. 防止滑跌	及时清理地面油污，做到随清随洁，防止脚下打滑摔伤
2	解体轴承箱	1. 防止碰伤	（1）对孔时，严禁将手指放入螺栓孔内，防止挤伤手指。 （2）起吊的物体加减垫片时，严禁将手指放入地脚下部等容易被挤伤处
		2. 防止设备损坏	避免野蛮作业，部件要轻拿轻放
		3. 防止落物伤人	（1）检查检修区域上方和周围无高处落物的危险，上方有作业应交错开，或做好隔离措施。 （2）高处作业时，作业点下方装设围栏并且挂警示牌，以免落物伤人，较小零件应及时放入工具袋。 （3）高处作业不准上下抛掷工器具、物件。 （4）脚手架上堆放物件时，应固定，杂物应及时清理
		4. 防止滑跌	及时清理地面油污，做到随清随洁，防止脚下打滑摔伤
		5. 防止油流到工作场所	
		6. 防止触电	（1）临时电源线路摆放要规范，不能私拉乱接，施工现场严禁使用花线。 （2）电器工具绝缘合格，无裸露电线。 （3）各种用电导线完好无损，避免挤压和接触高温物品。 （4）使用电器工具必须使用有漏电保护器。 （5）湿手禁止触摸电动工具。 （6）焊工要穿绝缘鞋，戴绝缘手套
		7. 防止火灾事故	

续表

序号	辨识项目	辨识内容	典型控制措施
3	清理拆下的各部件	1. 防止划伤	
		2. 防止损坏设备	避免野蛮作业，拆下的部件要轻拿轻放
		3. 防止油流到工作场所	
		4. 防止滑跌	及时清理地面油污，做到随清随洁，防止脚下打滑摔伤
4	检修、检查各部件	1. 防止碰伤、挤伤	（1）对孔时，严禁将手指放入螺栓孔内，防止挤伤手指。 （2）起吊的物体加减垫片时，严禁将手指放入地脚下部等容易被挤伤处
		2. 防止损坏各部件	
		3. 防止触电	（1）临时电源线路摆放要规范，不能私拉乱接，施工现场严禁使用花线。 （2）电器工具绝缘合格，无裸露电线。 （3）各种用电导线完好无损，避免挤压和接触高温物品。 （4）使用电器工具必须使用有漏电保护器。 （5）湿手禁止触摸电动工具。 （6）焊工要穿绝缘鞋，戴绝缘手套
		4. 防止滑跌	及时清理地面油污，做到随清随洁，防止脚下打滑摔伤
		5. 防止火灾事故	
		6. 防止机械伤害	（1）检查工器具合格，不合格的严禁使用，正确使用工器具，戴好防护用品。 （2）用扳手松螺栓时，作业人用力不准过猛，也不准将手放在容易被挤伤处。 （3）两人以上抬放较重物件时，用力要一致，以防砸伤
5	回装分离室及轴承箱	1. 防止各油管及轴承箱内遗留杂物	（1）设备回装时，认真检查设备内无遗留异物，确认无异物后方可回装。 （2）回装前，应及时清点工器具
		2. 防止碰伤	（1）对孔时严禁将手指放入螺栓孔内，防止挤伤手指。 （2）起吊的物体加减垫片时，严禁将手指放入地脚下部等容易被挤伤处
		3. 防止机械伤害	（1）检查工器具合格，不合格的严禁使用，正确使用工器具，戴好防护用品。 （2）用扳手松螺栓时，作业人用力不准过猛，也不准将手放在容易被挤伤处。 （3）两人以上抬放较重物件时，用力要一致，以防砸伤

续表

序号	辨识项目	辨识内容	典型控制措施
5	回装分离室及轴承箱	4. 防止落物伤人	（1）检查检修区域上方和周围无高处落物的危险，上方有作业应交错开，或做好隔离措施。 （2）高处作业时，作业点下方装设围栏并且挂警示牌，以免落物伤人，较小零件应及时放入工具袋。 （3）高处作业不准上下抛掷工器具、物件。 （4）脚手架上堆放物件时，应固定，杂物应及时清理
		5. 防止火灾事故	
		6. 杜绝违章指挥	（1）各级领导、工作人员必须严格遵守国家有关法律法规和上级有关规章制度。 （2）各级领导、工作人员认真实施反违章实施细则。 （3）工作人员必须严格遵守安全规程、检修规程、作业指导书。 （4）工作人员严格执行检修工艺。 （5）各级人员按分工恪尽职守，做到安全文明施工，制止和杜绝各类违章现象的发生
		7. 防止设备损坏	避免野蛮作业，部件要轻拿轻放
6	试运行	1. 防止跑油	
		2. 防止误操作	
		3. 防止设备损坏	试转时，随时关注振动与运转声音，发现异常及时通知
		4. 防止滑跌	及时清理地面油污，做到随清随洁，防止脚下打滑摔伤

2.2.14 调速系统大修

作业项目	调速系统大修		
序号	辨识项目	辨识内容	典型控制措施
一	公共部分（健康与环境）		
	[表格内容同 1.1.1 公共部分（健康与环境）]		

续表

序号	辨识项目	辨识内容	典型控制措施
二	作业内容（安全）		
1	松前箱端盖螺栓	1. 防止碰伤、挤伤	（1）对孔时，严禁将手指放入螺栓孔内，防止挤伤手指。 （2）起吊的物体加减垫片时，严禁将手指放入地脚下部等容易被挤伤处
		2. 防止坠落	（1）人员站在设备上工作时，选择适当的工作位置，设专人监护，并正确系好安全带。 （2）拆除栏杆平台楼梯和割开的孔洞，设临时围栏并挂禁止跨越、防止高处坠落警示牌。必要时，设立专人监护。 （3）高处作业应系好安全带和防坠器，脚手架应搭设牢固、可靠
		3. 防止工器具掉落	
2	起吊前箱	1. 防止违章指挥	（1）各级领导、工作人员必须严格遵守国家有关法律法规和上级有关规章制度。 （2）各级领导、工作人员认真实施反违章实施细则。 （3）工作人员必须严格遵守安全规程、检修规程、作业指导书。 （4）工作人员严格执行检修工艺。 （5）各级人员按分工恪尽职守，做到安全文明施工，制止和杜绝各类违章现象的发生
		2. 防止设备损坏	避免野蛮作业，部件要轻拿轻放
		3. 防止落物伤人	（1）检查检修区域上方和周围无高处落物的危险，上方有作业应交错开，或做好隔离措施。 （2）高处作业时，作业点下方装设围栏并且挂警示牌，以免落物伤人，较小零件应及时放入工具袋。 （3）高处作业不准上下抛掷工器具、物件。 （4）脚手架上堆放物件时，应固定，杂物应及时清理
		4. 防止碰伤、挤伤	（1）对孔时，严禁将手指放入螺栓孔内，防止挤伤手指。 （2）起吊的物体加减垫片时，严禁将手指放入地脚下部等容易被挤伤处
		5. 防止坠落	（1）人员站在设备上工作时，选择适当的工作位置，设专人监护，并正确系好安全带。 （2）拆除栏杆平台楼梯和割开的孔洞，设临时围栏并挂禁止跨越、防止高处坠落警示牌。必要时，设立专人监护。 （3）高处作业应系好安全带和防坠器，脚手架应搭设牢固、可靠

续表

序号	辨识项目	辨识内容	典型控制措施
2	起吊前箱	6. 防止滑跌	及时清理地面油污，做到随清随洁，防止脚下打滑摔伤
		7. 防止杂物落入回油管道	
3	拆除油管	1. 防止碰伤、挤伤	（1）对孔时，严禁将手指放入螺栓孔内，防止挤伤手指。 （2）起吊的物体加减垫片时，严禁将手指放入地脚下部等容易被挤伤处
		2. 防止损坏设备	避免野蛮作业，拆下的部件要轻拿轻放
		3. 防止油管内进入杂物	
		4. 防止杂物落入回油管道	
4	起吊各部套	1. 防止落物伤人	（1）检查检修区域上方和周围无高处落物的危险，上方有作业应交错开，或做好隔离措施。 （2）高处作业时，作业点下方装设围栏并且挂警示牌，以免落物伤人，较小零件应及时放入工具袋。 （3）高处作业不准上下抛掷工器具、物件。 （4）脚手架上堆放物件时，应固定，杂物应及时清理
		2. 防止损坏设备	避免野蛮作业，拆下的部件要轻拿轻放
		3. 防止违章指挥	（1）各级领导、工作人员必须严格遵守国家有关法律法规和上级有关规章制度。 （2）各级领导、工作人员认真实施反违章实施细则。 （3）工作人员必须严格遵守安全规程、检修规程、作业指导书。 （4）工作人员严格执行检修工艺。 （5）各级人员按分工格尽职守，做到安全文明施工，制止和杜绝各类违章现象的发生
		4. 防止滑跌	及时清理地面油污，做到随清随洁，防止脚下打滑摔伤
5	前箱部套检修	1. 防止碰伤、划伤	（1）对孔时，严禁将手指放入螺栓孔内，防止挤伤手指。 （2）起吊的物体加减垫片时，严禁将手指放入地脚下部等容易被挤伤处
		2. 防止损坏各部套内滑阀	
		3. 防止各部套内掉入杂物	

续表

序号	辨识项目	辨识内容	典型控制措施
5	前箱部套检修	4. 防止滑跌	及时清理地面油污，做到随清随洁，防止脚下打滑摔伤
		5. 防止火灾事故	
		6. 防止盲目检修	
		7. 防止被设备砸伤	
6	回装各部套及油管	1. 防止各部套内遗留杂物	（1）设备回装时，认真检查设备内无遗留异物，确认无异物后方可回装。 （2）回装前，应及时清点工器具
		2. 防止碰伤	（1）对孔时，严禁将手指放入螺栓孔内，防止挤伤手指。 （2）起吊的物体加减垫片时，严禁将手指放入地脚下部等容易被挤伤处
		3. 防止机械伤害	（1）检查工器具合格，不合格的严禁使用，正确使用工器具，戴好防护用品。 （2）用扳手松螺栓时，作业人用力不准过猛，也不准将手放在容易被挤伤处。 （3）两人以上抬放较重物件时，用力要一致，以防砸伤
		4. 防止落物伤人	（1）检查检修区域上方和周围无高处落物的危险，上方有作业应交错开，或做好隔离措施。 （2）高处作业时，作业点下方装设围栏并且挂警示牌，以免落物伤人，较小零件应及时放入工具袋。 （3）高处作业不准上下抛掷工器具、物件。 （4）脚手架上堆放物件时，应固定，杂物应及时清理
		5. 防止火灾事故	
		6. 杜绝违章指挥	（1）各级领导、工作人员必须严格遵守国家有关法律法规和上级有关规章制度。 （2）各级领导、工作人员认真实施反违章实施细则。 （3）工作人员必须严格遵守安全规程、检修规程、作业指导书。 （4）工作人员严格执行检修工艺。 （5）各级人员按分工恪尽职守，做到安全文明施工，制止和杜绝各类违章现象的发生
		7. 防止设备损坏	避免野蛮作业，部件要轻拿轻放

续表

序号	辨识项目	辨识内容	典型控制措施
6	回装各部套及油管	8. 防止坠落	（1）人员站在设备上工作时，选择适当的工作位置，设专人监护，并正确系好安全带。 （2）拆除栏杆平台楼梯和割开的孔洞，设临时围栏并挂禁止跨越、防止高处坠落警示牌。必要时，设立专人监护。 （3）高处作业应系好安全带和防坠器，脚手架应搭设牢固、可靠
7	吊装前箱	1. 防止损坏前箱内部套	
		2. 防止碰伤、挤伤	（1）对孔时，严禁将手指放入螺栓孔内，防止挤伤手指。 （2）起吊的物体加减垫片时，严禁将手指放入地脚下部等容易被挤伤处
		3. 防止落物伤人	（1）检查检修区域上方和周围无高处落物的危险，上方有作业应交错开，或做好隔离措施。 （2）高处作业时，作业点下方装设围栏并且挂警示牌，以免落物伤人，较小零件应及时放入工具袋。 （3）高处作业不准上下抛掷工器具、物件。 （4）脚手架上堆放物件时，应固定，杂物应及时清理
		4. 防止杂物落入回油管道	

2.2.15 高压加热器检修

作业项目	高压加热器检修		
序号	辨识项目	辨识内容	典型控制措施
一	公共部分（健康与环境）		
	［表格内容同 1.1.1 公共部分（健康与环境）］		
二	作业内容（安全）		
1	高压加热器堵头拆除	1. 防止汽水烫伤	

续表

序号	辨识项目	辨识内容	典型控制措施
1	高压加热器堵头拆除	2. 防止高处坠落	（1）人员站在设备上工作时，选择适当的工作位置，设专人监护，并正确系好安全带。 （2）拆除栏杆平台楼梯和割开的孔洞，设临时围栏并挂禁止跨越、防止高处坠落警示牌。必要时，设立专人监护。 （3）高处作业应系好安全带和防坠器，脚手架应搭设牢固、可靠
1	高压加热器堵头拆除	3. 防止汽水损坏电气、热工设备	
1	高压加热器堵头拆除	4. 防止落物伤人	（1）检查检修区域上方和周围无高处落物的危险，上方有作业应交错开，或做好隔离措施。 （2）高处作业时，作业点下方装设围栏并且挂警示牌，以免落物伤人，较小零件应及时放入工具袋。 （3）高处作业不准上下抛掷工器具、物件。 （4）脚手架上堆放物件时，应固定，杂物应及时清理
2	高压加热器灌水查漏	1. 防止污染汽水系统	
2	高压加热器灌水查漏	2. 防止汽缸返水	
2	高压加热器灌水查漏	3. 防止高处坠落	（1）人员站在设备上工作时，选择适当的工作位置，设专人监护，并正确系好安全带。 （2）拆除栏杆平台楼梯和割开的孔洞，设临时围栏并挂禁止跨越、防止高处坠落警示牌。必要时，设立专人监护。 （3）高处作业应系好安全带和防坠器，脚手架应搭设牢固、可靠
2	高压加热器灌水查漏	4. 防止漏水损坏电气、热工设备	
2	高压加热器灌水查漏	5. 防止损坏设备	避免野蛮作业，拆下的部件要轻拿轻放
3	专用工具安装	1. 防止碰伤、挤伤	（1）对孔时，严禁将手指放入螺栓孔内，防止挤伤手指。 （2）起吊的物体加减垫片时，严禁将手指放入地脚下部等容易被挤伤处
3	专用工具安装	2. 防止损坏设备	避免野蛮作业，拆下的部件要轻拿轻放

续表

序号	辨识项目	辨识内容	典型控制措施
3	专用工具安装	3. 防止高处落物伤人	（1）检查检修区域上方和周围无高处落物的危险，上方有作业应交错开，或做好隔离措施。 （2）高处作业时，作业点下方装设围栏并且挂警示牌，以免落物伤人，较小零件应及时放入工具袋。 （3）高处作业不准上下抛掷工器具、物件。 （4）脚手架上堆放物件时，应固定，杂物应及时清理
4	高压加热器水室人孔解体	1. 防止漏电事故发生	
		2. 防止汽水烫伤	
		3. 防止高处坠落	（1）人员站在设备上工作时，选择适当的工作位置，设专人监护，并正确系好安全带。 （2）拆除栏杆平台楼梯和割开的孔洞，设临时围栏并挂禁止跨越、防止高处坠落警示牌。必要时，设立专人监护。 （3）高处作业应系好安全带和防坠器，脚手架应搭设牢固、可靠
		4. 防止汽水损坏电气、热工设备	
		5. 防止落物伤人	（1）检查检修区域上方和周围无高处落物的危险，上方有作业应交错开，或做好隔离措施。 （2）高处作业时，作业点下方装设围栏并且挂警示牌，以免落物伤人，较小零件应及时放入工具袋。 （3）高处作业不准上下抛掷工器具、物件。 （4）脚手架上堆放物件时，应固定，杂物应及时清理
		6. 防止异物掉入进汽管内	
		7. 防止电动工具伤人	（1）使用电动工器具要有检验合格证，现场外观检查无破损且试运正常。 （2）使用磨光机、砂轮切割机等电动工具时，工作人员应戴防护眼镜
		8. 防止脚手架击坏	

续表

序号	辨识项目	辨识内容	典型控制措施
5	高压加热器堵漏	1. 防止触电	（1）临时电源线路摆放要规范，不能私拉乱接，施工现场严禁使用花线。 （2）电器工具绝缘合格，无裸露电线。 （3）各种用电导线完好无损，避免挤压和接触高温物品。 （4）使用电器工具必须使用有漏电保护器。 （5）湿手禁止触摸电动工具。 （6）焊工要穿绝缘鞋，戴绝缘手套
		2. 防止电动工具伤人	（1）使用电动工器具要有检验合格证，现场外观检查无破损且试运正常。 （2）使用磨光机、砂轮切割机等电动工具时，工作人员应戴防护眼镜
		3. 防止高处坠落	（1）人员站在设备上工作时，选择适当的工作位置，设专人监护，并正确系好安全带。 （2）拆除栏杆平台楼梯和割开的孔洞，设临时围栏并挂禁止跨越、防止高处坠落警示牌。必要时，设立专人监护。 （3）高处作业应系好安全带和防坠器，脚手架应搭设牢固、可靠
		4. 防止高处落物	（1）检查检修区域上方和周围无高处落物的危险，上方有作业应交错开，或做好隔离措施。 （2）高处作业时，作业点下方装设围栏并且挂警示牌，以免落物伤人，较小零件应及时放入工具袋。 （3）高处作业不准上下抛掷工器具、物件。 （4）脚手架上堆放物件时，应固定，杂物应及时清理
		5. 防止异物存留	回装时，认真检查有无遗留异物，确认无异物后方可回装
		6. 防止损坏设备	避免野蛮作业，拆下的部件要轻拿轻放
		7. 防止火灾事故	
		8. 杜绝违章指挥	（1）各级领导、工作人员必须严格遵守国家有关法律法规和上级有关规章制度。 （2）各级领导、工作人员认真实施反违章实施细则。 （3）工作人员必须严格遵守安全规程、检修规程、作业指导书。 （4）工作人员严格执行检修工艺。 （5）各级人员按分工格尽职守，做到安全文明施工，制止和杜绝各类违章现象的发生

续表

序号	辨识项目	辨识内容	典型控制措施
6	高加回装	1. 防止触电	（1）临时电源线路摆放要规范，不能私拉乱接，施工现场严禁使用花线。 （2）电器工具绝缘合格，无裸露电线。 （3）各种用电导线完好无损，避免挤压和接触高温物品。 （4）使用电器工具必须使用有漏电保护器。 （5）湿手禁止触摸电动工具。 （6）焊工要穿绝缘鞋，戴绝缘手套
		2. 防止电动工具伤人	（1）使用电动工器具要有检验合格证，现场外观检查无破损且试运正常。 （2）使用磨光机、砂轮切割机等电动工具时，工作人员应戴防护眼镜
		3. 防止高处坠落	（1）人员站在设备上工作时，选择适当的工作位置，设专人监护，并正确系好安全带。 （2）拆除栏杆平台楼梯和割开的孔洞，设临时围栏并挂禁止跨越、防止高处坠落警示牌。必要时，设立专人监护。 （3）高处作业应系好安全带和防坠器，脚手架应搭设牢固、可靠
		4. 防止高处落物	（1）检查检修区域上方和周围无高处落物的危险，上方有作业应交错开，或做好隔离措施。 （2）高处作业时，作业点下方装设围栏并且挂警示牌，以免落物伤人，较小零件应及时放入工具袋。 （3）高处作业不准上下抛掷工器具、物件。 （4）脚手架上堆放物件时，应固定，杂物应及时清理
		5. 防止异物存留	回装时，认真检查有无遗留异物，确认无异物后方可回装
		6. 防止密封垫呲汽	

2.2.16 配合发电机大修

作业项目	配合发电机大修		
序号	辨识项目	辨识内容	典型控制措施
一	公共部分（健康与环境）		
	[表格内容同 1.1.1 公共部分（健康与环境）]		

续表

序号	辨识项目	辨识内容	典型控制措施
二	作业内容（安全）		
1	设备解体	1. 防止触电	（1）临时电源线路摆放要规范，不能私拉乱接，施工现场严禁使用花线。 （2）电器工具绝缘合格，无裸露电线。 （3）各种用电导线完好无损，避免挤压和接触高温物品。 （4）使用电器工具必须使用有漏电保护器。 （5）湿手禁止触摸电动工具。 （6）焊工要穿绝缘鞋，戴绝缘手套
		2. 防止电动工具伤人	（1）使用电动工器具要有检验合格证，现场外观检查无破损且试运正常。 （2）使用磨光机、砂轮切割机等电动工具时，工作人员应戴防护眼镜
		3. 防止高处坠落	（1）人员站在设备上工作时，选择适当的工作位置，设专人监护，并正确系好安全带。 （2）拆除栏杆平台楼梯和割开的孔洞，设临时围栏并挂禁止跨越、防止高处坠落警示牌。必要时，设立专人监护。 （3）高处作业应系好安全带和防坠器，脚手架应搭设牢固、可靠
		4. 防止高处落物	（1）检查检修区域上方和周围无高处落物的危险，上方有作业应交错开，或做好隔离措施。 （2）高处作业时，作业点下方装设围栏并且挂警示牌，以免落物伤人，较小零件应及时放入工具袋。 （3）高处作业不准上下抛掷工器具、物件。 （4）脚手架上堆放物件时，应固定，杂物应及时清理
		5. 防止异物存留	回装时，认真检查有无遗留异物，确认无异物后方可回装
		6. 防止起重机械故障伤人及损坏设备	（1）起重机械要经检查合格，吊索荷重适当，正确使用。 （2）避免野蛮作业，拆下的部件要轻拿轻放
		7. 防止火灾事故	
		8. 防止挤伤、划伤	

序号	辨识项目	辨识内容	典型控制措施
2	设备检修	1. 防止触电	（1）临时电源线路摆放要规范，不能私拉乱接，施工现场严禁使用花线。 （2）电器工具绝缘合格，无裸露电线。 （3）各种用电导线完好无损，避免挤压和接触高温物品。 （4）使用电器工具必须使用漏电保护器。 （5）湿手禁止触摸电动工具。 （6）焊工要穿绝缘鞋，戴绝缘手套
		2. 防止电动工具伤人	（1）使用电动工器具要有检验合格证，现场外观检查无破损且试运正常。 （2）使用磨光机、砂轮切割机等电动工具时，工作人员应戴防护眼镜
		3. 防止高处坠落	（1）人员站在设备上工作时，选择适当的工作位置，设专人监护，并正确系好安全带。 （2）拆除栏杆平台楼梯和割开的孔洞，设临时围栏并挂禁止跨越、防止高处坠落警示牌。必要时，设立专人监护。 （3）高处作业应系好安全带和防坠器，脚手架应搭设牢固、可靠
		4. 防止异物存留	回装时，认真检查有无遗留异物，确认无异物后方可回装
		5. 防止起重机械故障伤人及损坏设备	（1）起重机械要经检查合格，吊索荷重适当，正确使用。 （2）避免野蛮作业，拆下的部件要轻拿轻放
		6. 防止火灾事故	
		7. 防止环境污染	
3	回装	1. 防止触电	（1）临时电源线路摆放要规范，不能私拉乱接，施工现场严禁使用花线。 （2）电器工具绝缘合格，无裸露电线。 （3）各种用电导线完好无损，避免挤压和接触高温物品。 （4）使用电器工具必须使用有漏电保护器。 （5）湿手禁止触摸电动工具。 （6）焊工要穿绝缘鞋，戴绝缘手套
		2. 防止电动工具伤人	（1）使用电动工器具要有检验合格证，现场外观检查无破损且试运正常。 （2）使用磨光机、砂轮切割机等电动工具时，工作人员应戴防护眼镜

续表

序号	辨识项目	辨识内容	典型控制措施
3	回装	3. 防止高处坠落	（1）人员站在设备上工作时，选择适当的工作位置，设专人监护，并正确系好安全带。 （2）拆除栏杆平台楼梯和割开的孔洞，设临时围栏并挂禁止跨越、防止高处坠落警示牌。必要时，设立专人监护。 （3）高处作业应系好安全带和防坠器，脚手架应搭设牢固、可靠
		4. 防止异物存留	回装时，认真检查有无遗留异物，确认无异物后方可回装
		5. 防止发电机无绝缘	
		6. 防止损坏设备	避免野蛮作业，部件要轻拿轻放
		7. 防止火灾事故	
		8. 防止环境污染	

2.2.17 安全阀检修

作业项目	安全阀检修		
序号	辨识项目	辨识内容	典型控制措施
一	公共部分（健康与环境）		
	［表格内容同 1.1.1 公共部分（健康与环境）］		
二	作业内容（安全）		
1	安全阀解体	1. 防止触电	（1）临时电源线路摆放要规范，不能私拉乱接，施工现场严禁使用花线。 （2）电器工具绝缘合格，无裸露电线。 （3）各种用电导线完好无损，避免挤压和接触高温物品。 （4）使用电器工具必须使用有漏电保护器。 （5）湿手禁止触摸电动工具。 （6）焊工要穿绝缘鞋，戴绝缘手套

续表

序号	辨识项目	辨识内容	典型控制措施
1	安全阀解体	2. 防止电动工具伤人	（1）使用电动工器具要有检验合格证，现场外观检查无破损且试运正常。 （2）使用磨光机、砂轮切割机等电动工具时，工作人员应戴防护眼镜
		3. 防止高处坠落	（1）人员站在设备上工作时，选择适当的工作位置，设专人监护，并正确系好安全带。 （2）拆除栏杆平台楼梯和割开的孔洞，设临时围栏并挂禁止跨越、防止高处坠落警示牌。必要时，设立专人监护。 （3）高处作业应系好安全带和防坠器，脚手架应搭设牢固、可靠
		4. 防止高处落物	（1）检查检修区域上方和周围无高处落物的危险，上方有作业应交错开，或做好隔离措施。 （2）高处作业时，作业点下方装设围栏并且挂警示牌，以免落物伤人，较小零件应及时放入工具袋。 （3）高处作业不准上下抛掷工器具、物件。 （4）脚手架上堆放物件时，应固定，杂物应及时清理
		5. 防止异物存留	回装时，认真检查有无遗留异物，确认无异物后方可回装
		6. 防止损坏设备	避免野蛮作业，部件要轻拿轻放
		7. 防止火灾事故	
		8. 杜绝违章指挥	（1）各级领导、工作人员必须严格遵守国家有关法律法规和上级有关规章制度。 （2）各级领导、工作人员认真实施反违章实施细则。 （3）工作人员必须严格遵守安全规程、检修规程、作业指导书。 （4）工作人员严格执行检修工艺。 （5）各级人员按分工恪尽职守，做到安全文明施工，制止和杜绝各类违章现象的发生
		9. 防止误碰设备	
2	安全阀打压及检修	1. 防止高压介质伤人	
		2. 防止电动工具伤人	（1）使用电动工器具要有检验合格证，现场外观检查无破损且试运正常。 （2）使用磨光机、砂轮切割机等电动工具时，工作人员应戴防护眼镜

续表

序号	辨识项目	辨识内容	典型控制措施
2	安全阀打压及检修	3. 防止异物存留	
		4. 防止损坏设备	避免野蛮作业，部件要轻拿轻放
		5. 防止过压及欠压	
		6. 防止挤伤、划伤	
3	安全阀回装	1. 防止误碰设备	
		2. 防止电动工具伤人	（1）使用电动工器具要有检验合格证，现场外观检查无破损且试运正常。 （2）使用磨光机、砂轮切割机等电动工具时，工作人员应戴防护眼镜
		3. 防止高处坠落	（1）人员站在设备上工作时，选择适当的工作位置，设专人监护，并正确系好安全带。 （2）拆除栏杆平台楼梯和割开的孔洞，设临时围栏并挂禁止跨越、防止高处坠落警示牌。必要时，设立专人监护。 （3）高处作业应系好安全带和防坠器，脚手架应搭设牢固、可靠
		4. 防止高处落物	（1）检查检修区域上方和周围无高处落物的危险，上方有作业应交错开，或做好隔离措施。 （2）高处作业时，作业点下方装设围栏并且挂警示牌，以免落物伤人，较小零件应及时放入工具袋。 （3）高处作业不准上下抛掷工器具、物件。 （4）脚手架上堆放物件时，应固定，杂物应及时清理
		5. 防止异物存留	回装时，认真检查有无遗留异物，确认无异物后方可回装
		6. 防止损坏设备	避免野蛮作业，部件要轻拿轻放
		7. 防止火灾事故	
		8. 杜绝违章指挥	（1）各级领导、工作人员必须严格遵守国家有关法律法规和上级有关规章制度。 （2）各级领导、工作人员认真实施反违章实施细则。 （3）工作人员必须严格遵守安全规程、检修规程、作业指导书。 （4）工作人员严格执行检修工艺。 （5）各级人员按分工恪尽职守，做到安全文明施工，制止和杜绝各类违章现象的发生

2.2.18 轴抽风机检修

作业项目	轴抽风机检修		
序号	辨识项目	辨识内容	典型控制措施
一	公共部分（健康与环境）		
	[表格内容同 1.1.1 公共部分（健康与环境）]		
二	作业内容（安全）		
1	设备解体	1. 防止高处落物	（1）检查检修区域上方和周围无高处落物的危险，上方有作业应交错开，或做好隔离措施。 （2）高处作业时，作业点下方装设围栏并且挂警示牌，以免落物伤人，较小零件应及时放入工具袋。 （3）高处作业不准上下抛掷工器具、物件。 （4）脚手架上堆放物件时，应固定，杂物应及时清理
		2. 防止电动机砸伤	
		3. 防止触电事故	（1）不能私拉乱接临时电源，检查电线是否完好，有无接地线，电源开关外壳和电线绝缘有破损、绝缘不良或带电部分外露时不准使用。 （2）电动工器具要有检验合格证，绝缘良好。 （3）工器具要接有漏电保护器，使用人员要戴绝缘手套。 （4）照明电线应使用带有保护器的绕线盘，照明充足。 （5）内部工作时，应使用 24V 以下行灯，行灯变压器放在暖风器外部
		4. 防止挤伤、划伤	（1）对孔时，严禁将手指放入螺栓孔内，防止挤伤手指。 （2）起吊的物体加减垫片时，严禁将手指放入地脚下部等容易被挤伤处
		5. 防止设备损坏	避免野蛮作业，部件要轻拿轻放
		6. 防止千斤顶伤人	千斤顶使用前校验，不合格不准使用
		7. 防止滑跌	及时清理地面油污，做到随清随洁，防止脚下打滑摔伤
		8. 防止污染环境	

续表

序号	辨识项目	辨识内容	典型控制措施
2	设备检修	1. 防止烤把烫伤	
		2. 防止设备损坏	避免野蛮作业，部件要轻拿轻放
		3. 防止运行风机停运	
		4. 防止大锤头、铜棒脱落伤人	
		5. 防止损伤轴承	
		6. 防止轴承室内遗留杂物	（1）设备回装时，认真检查设备内无遗留异物，确认无异物后方可回装。 （2）回装前，应及时清点工器具
		7. 防止挤伤手指	（1）对孔时，严禁将手指放入螺栓孔内，防止挤伤手指。 （2）起吊的物体加减垫片时，严禁将手指放入地脚下部等容易被挤伤处
		8. 防止触电	（1）不能私拉乱接临时电源，检查电线是否完好，有无接地线，电源开关外壳和电线绝缘有破损、绝缘不良或带电部分外露时不准使用。 （2）电动工器具要有检验合格证，绝缘良好。 （3）工器具要接有漏电保护器，使用人员要戴绝缘手套。 （4）照明电线应使用带有保护器的绕线盘，照明充足。 （5）内部工作时，应使用 24V 以下行灯，行灯变压器放在暖风器外部
3	风机回装	1. 防止转动部件伤人	
		2. 防止高处落物	（1）检查检修区域上方和周围无高处落物的危险，上方有作业应交错开，或做好隔离措施。 （2）高处作业时，作业点下方装设围栏并且挂警示牌，以免落物伤人，较小零件应及时放入工具袋。 （3）高处作业不准上下抛掷工器具、物件。 （4）脚手架上堆放物件时，应固定，杂物应及时清理
		3. 防止触电	（1）不能私拉乱接临时电源，检查电线是否完好，有无接地线，电源开关外壳和电线绝缘有破损、绝缘不良或带电部分外露时不准使用。 （2）电动工器具要有检验合格证，绝缘良好。 （3）工器具要接有漏电保护器，使用人员要戴绝缘手套。 （4）照明电线应使用带有保护器的绕线盘，照明充足。 （5）内部工作时，应使用 24V 以下行灯，行灯变压器放在暖风器外部

续表

序号	辨识项目	辨识内容	典型控制措施
3	风机回装	4. 防止设备损坏	避免野蛮作业，部件要轻拿轻放
		5. 防止挤伤手指	（1）对孔时，严禁将手指放入螺栓孔内，防止挤伤手指。 （2）起吊的物体加减垫片时，严禁将手指放入地脚下部等容易被挤伤处
		6. 防止风机内、轴承室内遗留杂物	（1）设备回装时，认真检查设备内无遗留异物，确认无异物后方可回装。 （2）回装前应及时清点工器具

2.2.19 热网加热器检修

作业项目	热网加热器检修		
序号	辨识项目	辨识内容	典型控制措施
一	公共部分（健康与环境）		
	[表格内容同 1.1.1 公共部分（健康与环境）]		
二	作业内容（安全）		
1	松螺栓	1. 防止余水烫伤	
		2. 防止踏空坠落伤人	
		3. 防止扳手挤伤手指	（1）对孔时，严禁将手指放入螺栓孔内，防止挤伤手指。 （2）起吊的物体加减垫片时，严禁将手指放入地脚下部等容易被挤伤处
		4. 防止大锤飞出伤人	使用大锤要安装牢固，打大锤不许戴手套，不许单手抡大锤，使用合适的扳手。周围不准有人靠近
		5. 防止高处落物伤人	（1）检查检修区域上方和周围无高处落物的危险，上方有作业应交错开，或做好隔离措施。 （2）高处作业时，作业点下方装设围栏并且挂警示牌，以免落物伤人，较小零件应及时放入工具袋。 （3）高处作业不准上下抛掷工器具、物件。 （4）脚手架上堆放物件时，应固定，杂物应及时清理

续表

序号	辨识项目	辨识内容	典型控制措施
2	端盖解体起吊	1. 防止违章指挥	（1）各级领导、工作人员必须严格遵守国家有关法律法规和上级有关规章制度。 （2）各级领导、工作人员认真实施反违章实施细则。 （3）工作人员必须严格遵守安全规程、检修规程、作业指导书。 （4）工作人员严格执行检修工艺。 （5）各级人员按分工恪尽职守，做到安全文明施工，制止和杜绝各类违章现象的发生
		2. 防止碰撞其他设备造成损坏	
		3. 防止落物伤人	（1）检查检修区域上方和周围无高处落物的危险，上方有作业应交错开，或做好隔离措施。 （2）高处作业时，作业点下方装设围栏并且挂警示牌，以免落物伤人，较小零件应及时放入工具袋。 （3）高处作业不准上下抛掷工器具、物件。 （4）脚手架上堆放物件时，应固定，杂物应及时清理
		4. 防止碰伤、挤伤	（1）对孔时，严禁将手指放入螺栓孔内，防止挤伤手指。 （2）起吊的物体加减垫片时，严禁将手指放入地脚下部等容易被挤伤处
		5. 防止临时电源触电事故	（1）不能私拉乱接临时电源，检查电线是否完好，有无接地线，电源开关外壳和电线绝缘有破损、绝缘不良或带电部分外露时不准使用。 （2）电动工器具要有检验合格证，绝缘良好。 （3）工器具要接有漏电保护器，使用人员要戴绝缘手套。 （4）照明电线应使用带有保护器的绕线盘，照明充足。 （5）内部工作时，应使用 24V 以下行灯，行灯变压器放在暖风器外部
		6. 防止人员坠落设备孔洞	
		7. 防止随意扩大检修范围	
3	打磨	1. 防止打磨机伤人	
		2. 防止容器落物	
		3. 防止挤压电动工具导线	

续表

序号	辨识项目	辨识内容	典型控制措施
3	打磨	4. 防止插头放弧	
		5. 防止零部件损坏	避免野蛮作业，部件要轻拿轻放
4	测量	1. 杜绝违章指挥	（1）各级领导、工作人员必须严格遵守国家有关法律法规和上级有关规章制度。 （2）各级领导、工作人员认真实施反违章实施细则。 （3）工作人员必须严格遵守安全规程、检修规程、作业指导书。 （4）工作人员严格执行检修工艺。 （5）各级人员按分工恪尽职守，做到安全文明施工，制止和杜绝各类违章现象的发生
		2. 防止敲击测量工具	
		3. 防止测量时设备转动	
		4. 防止零部件掉落伤人	
		5. 防止移动零件时损伤部件	
5	回装	1. 防止进出口管道内留杂物	（1）设备回装时，认真检查设备内无遗留异物，确认无异物后方可回装。 （2）回装前，应及时清点工器具
		2. 防止挤伤人员	（1）对孔时，严禁将手指放入螺栓孔内，防止挤伤手指。 （2）起吊的物体加减垫片时，严禁将手指放入地脚下部等容易被挤伤处
		3. 防止机械伤害	（1）检查工器具合格，不合格的严禁使用，正确使用工器具，戴好防护用品。 （2）用扳手松螺栓时，作业人用力不准过猛，也不准将手放在容易被挤伤处。 （3）两人以上抬放较重物件时，用力要一致，以防砸伤
		4. 防止倒链滑链	
		5. 防止设备起吊碰撞事故	
		6. 防止碰伤叶轮及导叶	
		7. 防止拉伤大轴	

续表

序号	辨识项目	辨识内容	典型控制措施
5	回装	8. 杜绝违章指挥	（1）各级领导、工作人员必须严格遵守国家有关法律法规和上级有关规章制度。 （2）各级领导、工作人员认真实施反违章实施细则。 （3）工作人员必须严格遵守安全规程、检修规程、作业指导书。 （4）工作人员严格执行检修工艺。 （5）各级人员按分工恪尽职守，做到安全文明施工，制止和杜绝各类违章现象的发生
		9. 防止设备位置反装	
6	投运实验	1. 防止设备密封面泄漏	
		2. 防止对轮罩摩擦	
		3. 防止带压紧螺栓	
		4. 防止冷却水管断裂	
		5. 防止误动、误碰设备	

2.2.20 水池检修

作业项目	水池检修		
序号	辨识项目	辨识内容	典型控制措施
一	公共部分（健康与环境）		
	[表格内容同 1.1.1 公共部分（健康与环境）]		
二	作业内容（安全）		
1	射水池、工业水池检修	1. 防止池口落物	
		2. 防止滑倒、挤伤	（1）及时清理地面油污，做到随清随洁，防止脚下打滑摔伤。 （2）对孔时，严禁将手指放入螺栓孔内，防止挤伤手指

续表

序号	辨识项目	辨识内容	典型控制措施
1	射水池、工业水池检修	3. 防止违章指挥	（1）各级领导、工作人员必须严格遵守国家有关法律法规和上级有关规章制度。 （2）各级领导、工作人员认真实施反违章实施细则。 （3）工作人员必须严格遵守安全规程、检修规程、作业指导书。 （4）工作人员严格执行检修工艺。 （5）各级人员按分工恪尽职守，做到安全文明施工，制止和杜绝各类违章现象的发生
		4. 防止设备损坏	避免野蛮作业
		5. 防止落物伤人	（1）检查检修区域上方和周围无高处落物的危险，上方有作业应交错开，或做好隔离措施。 （2）高处作业时，作业点下方装设围栏并且挂警示牌，以免落物伤人，较小零件应及时放入工具袋。 （3）高处作业不准上下抛掷工器具、物件。 （4）脚手架上堆放物件时，应固定，杂物应及时清理
		6. 防止碰伤、挤伤	（1）对孔时，严禁将手指放入螺栓孔内，防止挤伤手指。 （2）起吊的物体加减垫片时，严禁将手指放入地脚下部等容易被挤伤处
		7. 防止人身触电	（1）临时电源线路摆放要规范，不能私拉乱接，施工现场严禁使用花线。 （2）电器工具绝缘合格，无裸露电线。 （3）各种用电导线完好无损，避免挤压和接触高温物品。 （4）使用电器工具必须使用有漏电保护器。 （5）湿手禁止触摸电动工具。 （6）焊工要穿绝缘鞋，戴绝缘手套
		8. 防止高处坠落	（1）人员站在设备上工作时，选择适当的工作位置，设专人监护，并正确系好安全带。 （2）拆除栏杆平台楼梯和割开的孔洞，设临时围栏并挂禁止跨越、防止高处坠落警示牌。必要时，设立专人监护。 （3）高处作业应系好安全带和防坠器，脚手架应搭设牢固、可靠
		9. 防止缺氧窒息	进入内部工作，要加强通风，外面设专人监护
		10. 防止气瓶爆炸	

续表

序号	辨识项目	辨识内容	典型控制措施
1	射水池、工业水池检修	11. 防止工器具伤害	
		12. 防止不清点人员封闭人孔	
		13. 防止池内遗留异物	
		14. 防止随意扩大检修范围	

2.2.21 水塔检修

作业项目	水塔检修		
序号	辨识项目	辨识内容	典型控制措施
一	公共部分（健康与环境）		
	［表格内容同 1.1.1 公共部分（健康与环境）］		
二	作业内容（安全）		
1	水塔淋水层、喷嘴、配水渠检修	1. 防止违章指挥	（1）各级领导、工作人员必须严格遵守国家有关法律法规和上级有关规章制度。 （2）各级领导、工作人员认真实施反违章实施细则。 （3）工作人员必须严格遵守安全规程、检修规程、作业指导书。 （4）工作人员严格执行检修工艺。 （5）各级人员按分工格尽职守，做到安全文明施工，制止和杜绝各类违章现象的发生
		2. 防止落物伤人	（1）检查检修区域上方和周围无高处落物的危险，上方有作业应交错开，或做好隔离措施。 （2）高处作业时，作业点下方装设围栏并且挂警示牌，以免落物伤人，较小零件应及时放入工具袋。 （3）高处作业不准上下抛掷工器具、物件。 （4）脚手架上堆放物件时，应固定，杂物应及时清理
		3. 防止碰伤、挤伤	（1）对孔时，严禁将手指放入螺栓孔内，防止挤伤手指。 （2）起吊的物体加减垫片时，严禁将手指放入地脚下部等容易被挤伤处

续表

序号	辨识项目	辨识内容	典型控制措施
1	水塔淋水层、喷嘴、配水渠检修	4. 防止高处坠落	（1）人员站在设备上工作时，选择适当的工作位置，设专人监护，并正确系好安全带。 （2）拆除栏杆平台楼梯和割开的孔洞，设临时围栏并挂禁止跨越、防止高处坠落警示牌。必要时，设立专人监护。 （3）高处作业应系好安全带和防坠器，脚手架应搭设牢固、可靠
		5. 防止高处落物	（1）检查检修区域上方和周围无高处落物的危险，上方有作业应交错开，或做好隔离措施。 （2）高处作业时，作业点下方装设围栏并且挂警示牌，以免落物伤人，较小零件应及时放入工具袋。 （3）高处作业不准上下抛掷工器具、物件。 （4）脚手架上堆放物件时，应固定，杂物应及时清理
		6. 防止人身触电	（1）临时电源线路摆放要规范，不能私拉乱接，施工现场严禁使用花线。 （2）电器工具绝缘合格，无裸露电线。 （3）各种用电导线完好无损，避免挤压和接触高温物品。 （4）使用电器工具必须使用有漏电保护器。 （5）湿手禁止触摸电动工具。 （6）焊工要穿绝缘鞋，戴绝缘手套
		7. 防止随意扩大检修范围	
		8. 防止火灾	
		9. 防止人员窒息	检查人员应熟知内部检查工作的要求，保证内部空气流通；人员在内部工作时，必须有人在外监护，监护人要站在能看到内部检查人员的地方，监护人不得同时担任其他工作；进入内部检修人员应定时轮换
		10. 防止工作中无人监护	
2	水塔塔池检修	1. 防止起重作业时伤人	
		2. 防止高处落物	（1）检查检修区域上方和周围无高处落物的危险，上方有作业应交错开，或做好隔离措施。 （2）高处作业时，作业点下方装设围栏并且挂警示牌，以免落物伤人，较小零件应及时放入工具袋。 （3）高处作业不准上下抛掷工器具、物件。 （4）脚手架上堆放物件时，应固定，杂物应及时清理

续表

序号	辨识项目	辨识内容	典型控制措施
2	水塔塔池检修	3. 防止零部件损坏	避免野蛮作业，部件要轻拿轻放
		4. 防止违章指挥	（1）各级领导、工作人员必须严格遵守国家有关法律法规和上级有关规章制度。 （2）各级领导、工作人员认真实施反违章实施细则。 （3）工作人员必须严格遵守安全规程、检修规程、作业指导书。 （4）工作人员严格执行检修工艺。 （5）各级人员按分工恪尽职守，做到安全文明施工，制止和杜绝各类违章现象的发生
		5. 防止落物伤人	（1）检查检修区域上方和周围无高处落物的危险，上方有作业应交错开，或做好隔离措施。 （2）高处作业时，作业点下方装设围栏并且挂警示牌，以免落物伤人，较小零件应及时放入工具袋。 （3）高处作业不准上下抛掷工器具、物件。 （4）脚手架上堆放物件时，应固定，杂物应及时清理
		6. 防止机械伤害	（1）检查工器具合格，不合格的严禁使用，正确使用工器具，戴好防护用品。 （2）用扳手松螺栓时，作业人用力不准过猛，也不准将手放在容易被挤伤处。 （3）两人以上抬放较重物件时，用力要一致，以防砸伤
		7. 防止碰伤、挤伤	（1）对孔时，严禁将手指放入螺栓孔内，防止挤伤手指。 （2）起吊的物体加减垫片时，严禁将手指放入地脚下部等容易被挤伤处
		8. 防止梯子滑倒	
		9. 防止损坏塔池、护网	
3	水塔滤网检修	1. 防止起重伤害	
		2. 防止挤手	
		3. 防止机械伤害	（1）检查工器具合格，不合格的严禁使用，正确使用工器具，戴好防护用品。 （2）用扳手松螺栓时，作业人用力不准过猛，也不准将手放在容易被挤伤处。 （3）两人以上抬放较重物件时，用力要一致，以防砸伤
		4. 防止倒链滑链	

续表

序号	辨识项目	辨识内容	典型控制措施
3	水塔滤网检修	5. 防止滤网倾倒伤害	
		6. 防止气瓶爆炸	
		7. 防止违章指挥	（1）各级领导、工作人员必须严格遵守国家有关法律法规和上级有关规章制度。 （2）各级领导、工作人员认真实施反违章实施细则。 （3）工作人员必须严格遵守安全规程、检修规程、作业指导书。 （4）工作人员严格执行检修工艺。 （5）各级人员按分工恪尽职守，做到安全文明施工，制止和杜绝各类违章现象的发生
		8. 防止跌落水池	
		9. 防止高处坠落	（1）人员站在设备上工作时，选择适当的工作位置，设专人监护，并正确系好安全带。 （2）拆除栏杆平台楼梯和割开的孔洞，设临时围栏并挂禁止跨越、防止高处坠落警示牌。必要时，设立专人监护。 （3）高处作业应系好安全带和防坠器，脚手架应搭设牢固、可靠
4	水塔防腐	1. 防止高处坠落	（1）人员站在设备上工作时，选择适当的工作位置，设专人监护，并正确系好安全带。 （2）拆除栏杆平台楼梯和割开的孔洞，设临时围栏并挂禁止跨越、防止高处坠落警示牌。必要时，设立专人监护。 （3）高处作业应系好安全带和防坠器，脚手架应搭设牢固、可靠
		2. 防止火灾	
		3. 防止人员窒息	检查人员应熟知内部检查工作的要求，保证内部空气流通；人员在内部工作时，必须有人在外监护，监护人要站在能看到内部检查人员的地方，监护人不得同时担任其他工作；进入内部检修人员应定时轮换
		4. 防止脚手架坍塌	
		5. 防止人身触电	（1）临时电源线路摆放要规范，不能私拉乱接，施工现场严禁使用花线。 （2）电器工具绝缘合格，无裸露电线。 （3）各种用电导线完好无损，避免挤压和接触高温物品。 （4）使用电器工具必须使用有漏电保护器。 （5）湿手禁止触摸电动工具。 （6）焊工要穿绝缘鞋，戴绝缘手套

2.2.22 循环泵大修

作业项目	循环泵大修		
序号	辨识项目	辨识内容	典型控制措施
一	公共部分（健康与环境）		
	[表格内容同 1.1.1 公共部分（健康与环境）]		
二	作业内容（安全）		
1	循环泵电动机吊离	1. 防止违章指挥	（1）各级领导、工作人员必须严格遵守国家有关法律法规和上级有关规章制度。 （2）各级领导、工作人员认真实施反违章实施细则。 （3）工作人员必须严格遵守安全规程、检修规程、作业指导书。 （4）工作人员严格执行检修工艺。 （5）各级人员按分工恪尽职守，做到安全文明施工，制止和杜绝各类违章现象的发生
		2. 防止碰坏其他设备	
		3. 防止电动机放置时压伤工作人员	
2	循环泵解体	1. 防止设备损坏	避免野蛮作业，部件要轻拿轻放
		2. 防止大锤脱手伤人	使用大锤要安装牢固，打大锤不许戴手套，不许单手抡大锤，使用合适的扳手。周围不准有人靠近
		3. 防止落物伤人	（1）检查检修区域上方和周围无高处落物的危险，上方有作业应交错开，或做好隔离措施。 （2）高处作业时，作业点下方装设围栏并且挂警示牌，以免落物伤人，较小零件应及时放入工具袋。 （3）高处作业不准上下抛掷工器具、物件。 （4）脚手架上堆放物件时，应固定，杂物应及时清理
		4. 防止在平台滑落	搬运物件时，手抓牢固；两人共同抬物件时，应轻搬轻放
		5. 防止碰伤、挤伤	（1）对孔时，严禁将手指放入螺栓孔内，防止挤伤手指。 （2）起吊的物体加减垫片时，严禁将手指放入地脚下部等容易被挤伤处

续表

序号	辨识项目	辨识内容	典型控制措施
2	循环泵解体	6. 防止人身触电	（1）临时电源线路摆放要规范，不能私拉乱接，施工现场严禁使用花线。 （2）电器工具绝缘合格，无裸露电线。 （3）各种用电导线完好无损，避免挤压和接触高温物品。 （4）使用电器工具必须使用有漏电保护器。 （5）湿手禁止触摸电动工具。 （6）焊工要穿绝缘鞋，戴绝缘手套
		7. 防止盘对轮时伤人	
		8. 防止随意扩大检修范围	
3	解体碟阀伺服机	1. 防止伺服机滑倒	
		2. 防止扳手挤伤手指	
		3. 防止零部件损坏	避免野蛮作业，部件要轻拿轻放
4	泵体检修	1. 防止煮套时烫伤人	
		2. 防止起重作业时伤人	
		3. 防止物件滑落	搬运物件时，手抓牢固；两人共同抬物件时应轻搬轻放
		4. 防止火灾	
		5. 防止零部件损坏	避免野蛮作业，部件要轻拿轻放
		6. 防止煮套时烫伤人	
5	吊转子、轴承箱	1. 防止违章指挥	（1）各级领导、工作人员必须严格遵守国家有关法律法规和上级有关规章制度。 （2）各级领导、工作人员认真实施反违章实施细则。 （3）工作人员必须严格遵守安全规程、检修规程、作业指导书。 （4）工作人员严格执行检修工艺。 （5）各级人员按分工恪尽职守，做到安全文明施工，制止和杜绝各类违章现象的发生
		2. 防止设备损坏	避免野蛮作业，部件要轻拿轻放

续表

序号	辨识项目	辨识内容	典型控制措施
5	吊转子、轴承箱	3. 防止落物伤人	（1）检查检修区域上方和周围无高处落物的危险，上方有作业应交错开，或做好隔离措施。 （2）高处作业时，作业点下方装设围栏并且挂警示牌，以免落物伤人，较小零件应及时放入工具袋。 （3）高处作业不准上下抛掷工器具、物件。 （4）脚手架上堆放物件时，应固定，杂物应及时清理
6	轴瓦修复	1. 防止损伤瓦块	
		2. 防止刮刀伤人	
		3. 防止异物落入油口油室	（1）设备回装时，认真检查设备内无遗留异物，确认无异物后方可回装。 （2）回装前，应及时清点工器具
7	碟阀伺服机检修	1. 防止异物落入油箱	（1）设备回装时，认真检查设备内无遗留异物，确认无异物后方可回装。 （2）回装前，应及时清点工器具
		2. 防止安全阀损坏	
		3. 防止机械伤害	（1）检查工器具合格，不合格的严禁使用，正确使用工器具，戴好防护用品。 （2）用扳手松螺栓时，作业人用力不准过猛，也不准将手放在容易被挤伤处。 （3）两人以上抬放较重物件时，用力要一致，以防砸伤
		4. 防止碰伤、挤伤	（1）对孔时，严禁将手指放入螺栓孔内，防止挤伤手指。 （2）起吊的物体加减垫片时，严禁将手指放入地脚下部等容易被挤伤处
		5. 防止安装活塞时挤伤	
8	泵体及伺服机回装	1. 防止轴承箱遗留物件	
		2. 防止大锤脱手伤人	使用大锤要安装牢固，打大锤不许戴手套，不许单手抡大锤，使用合适的扳手。周围不准有人靠近
		3. 防止挤手	
		4. 防止机械伤害	（1）检查工器具合格，不合格的严禁使用，正确使用工器具，戴好防护用品。 （2）用扳手松螺栓时，作业人用力不准过猛，也不准将手放在容易被挤伤处。 （3）两人以上抬放较重物件时，用力要一致，以防砸伤

续表

序号	辨识项目	辨识内容	典型控制措施
8	泵体及伺服机回装	5. 防止落物伤人	（1）检查检修区域上方和周围无高处落物的危险，上方有作业应交错开，或做好隔离措施。 （2）高处作业时，作业点下方装设围栏并且挂警示牌，以免落物伤人，较小零件应及时放入工具袋。 （3）高处作业不准上下抛掷工器具、物件。 （4）脚手架上堆放物件时，应固定，杂物应及时清理
		6. 防止火灾	
		7. 防止烫伤	
		8. 防止气瓶爆炸	
		9. 防止违章指挥	（1）各级领导、工作人员必须严格遵守国家有关法律法规和上级有关规章制度。 （2）各级领导、工作人员认真实施反违章实施细则。 （3）工作人员必须严格遵守安全规程、检修规程、作业指导书。 （4）工作人员严格执行检修工艺。 （5）各级人员按分工恪尽职守，做到安全文明施工，制止和杜绝各类违章现象的发生
		10. 防止设备损坏	
		11. 防止起重伤害	
		12. 防止轴承箱遗留物件	
9	循环泵试运	1. 防止设备损坏	试转时，随时关注振动与运转声音，发现异常及时通知
		2. 防止误碰、误动	
		3. 防止异物飞出伤人	

2.2.23 Ⅰ级凝结水泵检修

作业项目	Ⅰ级凝结水泵检修		
序号	辨识项目	辨识内容	典型控制措施
一	公共部分（健康与环境）		
	[表格内容同 1.1.1 公共部分（健康与环境）]		
二	作业内容（安全）		
1	电动机吊离	1. 防止违章指挥	（1）各级领导、工作人员必须严格遵守国家有关法律法规和上级有关规章制度。 （2）各级领导、工作人员认真实施反违章实施细则。 （3）工作人员必须严格遵守安全规程、检修规程、作业指导书。 （4）工作人员严格执行检修工艺。 （5）各级人员按分工恪尽职守，做到安全文明施工，制止和杜绝各类违章现象的发生
		2. 防止设备损坏	
		3. 防止滑倒、挤伤	
2	泵体解体	1. 防止违章指挥	（1）各级领导、工作人员必须严格遵守国家有关法律法规和上级有关规章制度。 （2）各级领导、工作人员认真实施反违章实施细则。 （3）工作人员必须严格遵守安全规程、检修规程、作业指导书。 （4）工作人员严格执行检修工艺。 （5）各级人员按分工恪尽职守，做到安全文明施工，制止和杜绝各类违章现象的发生
		2. 防止设备损坏	
		3. 防止落物伤人	（1）检查检修区域上方和周围无高处落物的危险，上方有作业应交错开，或做好隔离措施。 （2）高处作业时，作业点下方装设围栏并且挂警示牌，以免落物伤人，较小零件应及时放入工具袋。 （3）高处作业不准上下抛掷工器具、物件。 （4）脚手架上堆放物件时，应固定，杂物应及时清理

续表

序号	辨识项目	辨识内容	典型控制措施
2	泵体解体	4. 防止碰伤、挤伤	（1）对孔时，严禁将手指放入螺栓孔内，防止挤伤手指。 （2）起吊的物体加减垫片时，严禁将手指放入地脚下部等容易被挤伤处
		5. 防止机械伤害	（1）检查工器具合格，不合格的严禁使用，正确使用工器具，戴好防护用品。 （2）用扳手松螺栓时，作业人用力不准过猛，也不准将手放在容易被挤伤处。 （3）两人以上抬放较重物件时，用力要一致，以防砸伤
		6. 防止扳手飞出	使用前，对扳手进行检查，扳手完好无缺陷；拆卸螺栓时，扳手必须固定牢固
		7. 防止零部件损坏	避免野蛮作业，部件要轻拿轻放
		8. 防止随意扩大检修范围	
3	泵体检修	1. 防止起重作业时伤人	
		2. 防止物件滑落	搬运物件时，手抓牢固；两人共同抬物件时应轻搬轻放
		3. 防止零部件损坏	避免野蛮作业，部件要轻拿轻放
		4. 防止砸伤	
		5. 防止大锤飞出伤人	使用大锤要安装牢固，打大锤不许戴手套，不许单手抡大锤，使用合适的扳手。周围不准有人靠近
4	转子检修	1. 防止火焊烧伤	
		2. 防止转子弯曲	
		3. 防止损伤转子	
5	轴承检修	1. 防止轴承损坏	
		2. 防止刮刀伤人	
		3. 防止异物落入油口、油室	（1）设备回装时，认真检查设备内无遗留异物，确认无异物后方可回装。 （2）回装前，应及时清点工器具

续表

序号	辨识项目	辨识内容	典型控制措施
6	泵体回装	1. 防止轴承室遗留物件	
		2. 防止大锤脱手伤人	使用大锤要安装牢固，打大锤不许戴手套，不许单手抡大锤，使用合适的扳手。周围不准有人靠近
		3. 防止挤手	
		4. 防止机械伤害	（1）检查工器具合格，不合格的严禁使用，正确使用工器具，戴好防护用品。 （2）用扳手松螺栓时，作业人用力不准过猛，也不准将手放在容易被挤伤处。 （3）两人以上抬放较重物件时，用力要一致，以防砸伤
		5. 防止落物伤人	（1）检查检修区域上方和周围无高处落物的危险，上方有作业应交错开，或做好隔离措施。 （2）高处作业时，作业点下方装设围栏并且挂警示牌，以免落物伤人，较小零件应及时放入工具袋。 （3）高处作业不准上下抛掷工器具、物件。 （4）脚手架上堆放物件时，应固定，杂物应及时清理
		6. 防止烫伤	
		7. 防止气瓶爆炸	
		8. 防止违章指挥	（1）各级领导、工作人员必须严格遵守国家有关法律法规和上级有关规章制度。 （2）各级领导、工作人员认真实施反违章实施细则。 （3）工作人员必须严格遵守安全规程、检修规程、作业指导书。 （4）工作人员严格执行检修工艺。 （5）各级人员按分工恪尽职守，做到安全文明施工，制止和杜绝各类违章现象的发生
		9. 防止设备损坏	

2.2.24 汽轮机汽动给水泵

作业项目	汽轮机汽动给水泵		
序号	辨识项目	辨识内容	典型控制措施
一	公共部分（健康与环境）		
	[表格内容同 1.1.1 公共部分（健康与环境）]		
二	作业内容（安全）		
1	检查工作票办理情况	无票作业、工作票种类不符或措施不完善	（1）工作票签发人、工作许可人和工作负责人应认真按照工作票制度进行工作票办理、审查和落实。 （2）对照工作票认真核对设备名称及编号。 （3）发现操作不当或需临时增加操作时，必须与运行人员联系，由运行人员进行操作，设备检修人员不得擅自进行。 （4）即使是内部工作票，也要到现场检查安全措施执行情况
2	解体附属管路	1. 防止大锤脱手伤人	使用大锤时，不得戴手套，对面不得站人
		2. 防止发生滑链	使用倒链前，认真检查，防止发生滑链
		3. 防止遗留杂物	拆下管路管口做好封口工作，防止进入杂物
3	解体前后瓦架	1. 防止起吊伤人	起吊瓦架时，下方不得站人，由专人指挥
		2. 防止设备损坏	（1）起吊瓦架时，专人进行调节，不得强行起吊。 （2）取瓦块时，严禁戴手套，且不得用改锥等强行撬取
		3. 防止发生滑链	使用倒链前，认真检查，防止发生滑链
4	抽取芯包	1. 防止损坏设备	使用专用工具前，认真研究，避免野蛮作业，部件要轻拿轻放
		2. 防止落物伤人	抽取芯包时，由专人指挥行车，其下方不得站人
		3. 防止遗留杂物	抽芯包后，两端进行封口，防止入口进入杂物
		4. 防止发生滑链	使用倒链前，认真检查，防止发生滑链
		5. 抽芯包时，工作人员不得站于轴向位置	

续表

序号	辨识项目	辨识内容	典型控制措施
5	解体芯包	1. 防止高处坠落	（1）专用平台搭设牢固，围栏高度合适。 （2）专用平台上工作，必须系好安全带
		2. 防止烧伤	使用烤把时，焊工与作业组成员配合好，防止烧伤
		3. 防止发生滑链	使用倒链前，认真检查，防止发生滑链
		4. 防止烫伤	加热后拆除中段，戴保温手套
6	回装	1. 防止落物伤人	
		2. 防止大锤脱手伤人	
		3. 防止火灾	
		4. 防止发生滑链	
		5. 防止设备损坏	
		6. 防止滑跌	
		7. 使用磨光机及砂轮机时，戴好护目眼镜	
7	试转	1. 防止发生跑水、油事故	试转前，认真检查系统恢复情况，防止发生跑水、油事故
		2. 防止机械伤人	试转时，工作人员不得站于轴向位置
		3. 防止设备损坏	冲车时，随时关注振动与运转声音，发现异常及时通知

2.2.25 Ⅱ级凝结水泵

作业项目	Ⅱ级凝结水泵		
序号	辨识项目	辨识内容	典型控制措施
一	公共部分（健康与环境）		
	[表格内容同 1.1.1 公共部分（健康与环境）]		

续表

序号	辨识项目	辨识内容	典型控制措施
二	作业内容（安全）		
1	检查工作票办理情况	无票作业、工作票种类不符或措施不完善	（1）工作票签发人、工作许可人和工作负责人应认真按照工作票制度进行工作票办理、审查和落实。 （2）对照工作票认真核对设备名称及编号。 （3）发现操作不当或需临时增加操作时，必须与运行人员联系，由运行人员进行操作，设备检修人员不得擅自进行。 （4）即使是内部工作票，也要到现场检查安全措施执行情况
2	解体附属管路	1. 防止大锤脱手伤人	使用大锤时，不得戴手套，对面不得站人
		2. 防止发生滑链	使用倒链前，认真检查，防止发生滑链
		3. 防止遗留杂物	拆下管路管口做好封口工作，防止进入杂物
3	联轴器拆卸吊离电动机	1. 防止落物伤人	起吊电动机时，下方不得站人，由专人指挥
		2. 防止挤伤手指	拆卸联轴器时，手指不得伸入螺栓孔内
		3. 防止发生滑链	使用倒链前，认真检查，防止发生滑链
4	泵解体	1. 防止倾倒伤人	使用专用铁马，必须连接牢固，防止倾倒伤人
		2. 防止砸伤脚趾	拆除中段时，由专人指挥倒链，防止砸伤脚趾
		3. 防止发生滑链	使用倒链前，认真检查，防止发生滑链
		4. 防止人员滑跌	地面积水及时清理，防止人员滑跌
5	清理打磨	1. 防止损坏设备	打磨水轮时，使用较细砂布，不得使用刮刀等
		2. 防止倾倒伤人	打磨中段结合面时，中段放置牢固，防止倾倒伤人
		3. 防止工具伤人	使用刮刀时，对面不得站人，防止扎伤
6	回装	1. 防止落物伤人	行车专人指挥，行车上严禁逗留与行走
		2. 防止大锤脱手伤人	使用大锤严禁戴手套，对面不得站人

续表

序号	辨识项目	辨识内容	典型控制措施
6	回装	3. 防止火灾	使用电火焊办理好动火工作票
		4. 防止发生滑链	使用倒链前，认真检查，防止发生滑链
		5. 防止人员滑跌	地面积水及时清理，防止人员滑跌
		6. 防止机械伤害	使用磨光机及砂轮机时，戴好护目眼镜
7	试转	1. 防止发生跑水事故	试转前，认真检查系统恢复情况，防止发生跑水事故
		2. 防止机械伤害	试转时，工作人员不得站于轴向位置
		3. 防止设备损坏	试转时，随时关注振动与运转声音，发现异常及时通知

第3章 电气专业

3.1 电气运行

3.1.1 发电机—变压器组

作业项目	主变压器由运行转为检修		
序号	辨识项目	辨识内容	典型控制措施
一	公共部分（健康与环境）		
1	身体、心理素质	作业人员的身体状况，心理素质不适于高处作业	（1）不安排此次作业。 （2）不安排高处作业，安排地面辅助工作。 （3）现场配备急救药品。 ⋮
2	精神状态	作业人员连续工作，疲劳困乏或情绪异常	（1）不安排此次作业。 （2）不安排高强度、注意力高度集中、反应能力要求高的工作。 （3）作业过程适当安排休息时间。 ⋮
3	环境条件	作业区域上部有落物的可能；照明充足；安全设施完善	（1）暂时停止高处作业，工作负责人先安排检查接地线等各项安全措施是否完整，无问题后可恢复作业。 ⋮
4	业务技能	新进人员参与作业或安排人员承担不胜任的工作	（1）安排能胜任或辅助性工作。 （2）设置专责监护人进行监护。 ⋮
5	作业组合	人员搭配不合适	（1）调整人员的搭配、分工。 （2）事先协调沟通，在认识和协作上达成一致。 ⋮

续表

序号	辨识项目	辨识内容	典型控制措施
6	工期因素	工期紧张，作业人员及骨干人员不足	(1) 增加人员或适当延长工期。 (2) 优化作业组合或施工方案、工序。 ⋮
⋮	⋮	⋮	⋮
二	作业内容（安全）		
1	停用主变压器中性点间隙保护	未核对保护连接片名称、编号、位置，误停其他运行保护	防止误停其他运行保护的措施：必须核对保护连接片名称、编号、位置正确
2	合主变压器中性点接地开关	1. 人身伤害方面：绝缘手套不合格或使用方法不当、雷雨天气室外操作，造成人身触电、烧伤	必须核对设备名称、编号、位置正确；绝缘手套贴有有效合格证且外观检查合格；使用绝缘手套要双手戴好，不能包裹使用；雷雨天气室外操作必须穿合格绝缘靴
		2. 设备损坏方面：操作方法不当导致接地开关机构损坏	操作时，不得用力过猛，机构卡涩要停止操作，查明原因
3	停用主变压器中性点间隙保护	未核对保护连接片名称、编号、位置，误停其他运行保护	防止误停其他运行保护的措施：必须核对保护连接片名称、编号、位置正确
4	合主变压器中性点接地开关	1. 人身伤害方面：绝缘手套不合格或使用方法不当、雷雨天气室外操作，造成人身触电、烧伤	必须核对设备名称、编号、位置正确；绝缘手套贴有有效合格证且外观检查合格；使用绝缘手套要双手戴好，不能包裹使用；雷雨天气室外操作必须穿合格绝缘靴
		2. 设备损坏方面：操作方法不当导致接地开关机构损坏	操作时，不得用力过猛，机构卡涩要停止操作，查明原因
5	合主变压器中性点接地开关	1. 人身伤害方面：绝缘手套不合格或使用方法不当、雷雨天气室外操作，造成人身触电、烧伤	必须核对设备名称、编号、位置正确；绝缘手套贴有有效合格证且外观检查合格；使用绝缘手套要双手戴好，不能包裹使用；雷雨天气室外操作必须穿合格绝缘靴
		2. 设备损坏方面：操作方法不当导致接地开关机构损坏	操作时，不得用力过猛，机构卡涩要停止操作，查明原因

续表

序号	辨识项目	辨识内容	典型控制措施
6	拉主变压器各侧断路器	未核对设备名称、编号、位置，误拉断路器	拉断路器前，必须认真核对设备名称、编号、位置正确
		断路器分闸后出现非全相运行，导致设备损坏	操作后，要核对断路器三相位置完全断开，机构确在分闸位置，并检查电流指示情况；操作后出现非全相运行时，要立即重拉一次断路器，若仍不成功，应设法用上一级断路器断开本回路并隔离
7	解除主变压器保护，跳其他运行设备连接片	未正确解除保护连接片，保护装置通电时导致运行设备误跳闸	必须核对连接片名称、编号、位置正确，跳运行设备保护连接片要全部断开
8	拉主变压器各侧隔离开关或将手车开关拉出仓外	1. 人身伤害方面：带负荷拉隔离开关、绝缘手套不合格或使用方法不当，引起人身触电、烧伤	必须核对设备名称、编号、位置正确；拉隔离开关前，检查断路器确在分闸位置；绝缘手套必须贴有有效合格证且外观检查合格；使用绝缘手套要双手戴好，不能包裹使用；禁止未经批准强行解除“五防闭锁装置”拉隔离开关或将手车开关拉出仓外
		2. 设备损坏方面：带负荷拉隔离开关、隔离开关机构卡涩强行操作、手车开关坠落，造成设备损坏	必须核对设备名称、编号、位置正确；拉隔离开关前，必须检查断路器确在分闸位置；机构卡涩要立即停止操作，查明原因；将手车开关拉出仓外置于运输平台上要锁定各定位销，固定牢靠；禁止未经批准强行解除“五防闭锁装置”拉隔离开关或将手车开关拉出仓外
9	停主变压器 TV	人身伤害方面：误入带电间隔、绝缘手套不合格或使用方法不当，造成人身触电、烧伤	必须核对设备名称、编号、位置正确；绝缘手套贴有有效合格证且外观检查合格；使用绝缘手套要双手戴好，不能包裹使用
		设备损坏方面：TV 机构卡涩，强行操作导致机构损坏	机构卡涩要立即停止操作，查明原因
10	主变压器风冷器停电	误入带电间隔、绝缘手套不合格或使用方法不当，造成人身触电、烧伤	必须核对设备名称、编号、位置正确；绝缘手套贴有有效合格证且外观检查合格；使用绝缘手套要双手戴好，不能包裹使用
11	验电	误入带电间隔、绝缘手套和验电器不合格或使用方法不当、雷雨期间室外验电，造成人身触电、烧伤	必须核对设备名称、编号、位置正确；绝缘手套和验电器贴有有效合格证且外观检查合格；验电前，要选用电压等级合适的验电器，先在有电部位验证性能良好；使用绝缘手套要双手戴好，不能包裹使用；验电器的伸缩式绝缘棒长度应拉足，验电时，手应握在手柄处不得超过护环，人体应与验电设备保持安全距离；操作时，看清设备带电部位，并有专人监护；雷雨期间不得进行室外验电

续表

序号	辨识项目	辨识内容	典型控制措施
12	主变压器装接地线（合接地开关）	1. 人身伤害方面：① 带电装接地线（合接地开关）、绝缘手套不合格或使用方法不当，造成人身触电、烧伤；② 装设接地线不合格危及人身安全；③ 登主变压器时高处坠落	（1）防止触电、烧伤的措施：必须核对设备名称、编号、位置正确；绝缘手套贴有有效合格证且外观检查合格；使用绝缘手套要双手戴好，不能包裹使用；应在使用电压等级合格的验电器验明接地点确无电压后，立即将检修设备接地并三相短路；装设接地线必须先接接地端，后接导体端，且必须接触良好；接地开关必须接触良好；人体不得直接接触接地线的金属裸露部分或未接地的导电体，以防止静电感应触电；禁止未经批准强行解除“五防闭锁装置”合接地开关。 （2）防止装设接地线不合格危及人身安全的措施：接地线必须使用专用的线夹固定在导体上，严禁用缠绕的方法进行接地或短路；装设前，检查接地线专用线夹弹簧压力正常，装设完毕检查接触面积合格；成套接地线截面不得小于25mm^2，并满足装设地点短路电流的要求；禁止使用其他导线做接地线或短路线。 （3）防止登主变压器时高处坠落的措施：在主变压器本体装设接地线时注意防滑，操作人员要站立在牢固部位，移动时要观察好位置，防止踏空；高处作业时，应系好安全带
		2. 设备损坏方面：操作方法不当导致接地开关机构损坏	拉接地开关时机构卡涩，应停止操作，查明原因

作业项目	主变压器由检修转为运行		
序号	辨识项目	辨识内容	典型控制措施
一	公共部分（健康与环境）		
	[表格内容同1.1.1公共部分（健康与环境）]		
二	作业内容（安全）		
1	拆除变压器各侧接地线（拉接地开关）	1. 人身伤害方面：① 误入带电间隔、绝缘手套不合格或使用方法不当、拆除接地线方法不正确，造成人身触电、烧伤；② 在主变压器本体上部拆除接地线，高处坠落	（1）防止触电、烧伤的措施：拆除接地线（拉接地开关）前，必须核对设备名称、编号、位置正确；绝缘手套贴有有效合格证且外观检查合格；使用绝缘手套要双手戴好，不能包裹使用；拆除接地线必须先拆导体端，后拆接地端；人体不得直接接触接地线的金属裸露部分或未接地的导电体，以防止静电感应触电；禁止未经批准强行解除“五防闭锁装置”拉接地开关；雨天室外操作时，必须穿绝缘靴。 （2）防止坠落的措施：注意防滑，操作人员要站稳，移动时要观察好位置，防止踏空；高处作业时应系好安全带

续表

序号	辨识项目	辨识内容	典型控制措施
1	拆除变压器各侧接地线（拉接地开关）	2. 设备损坏方面：操作方法不当导致接地开关机构损坏	拉接地开关时如机构卡涩，应停止操作，查明原因
2	主变压器风冷器电源送电	误入带电间隔、绝缘手套（绝缘夹钳）不合格或使用方法不当，造成人身触电、烧伤	必须核对设备名称、编号、位置正确；绝缘手套和绝缘夹钳贴有有效合格证且外观检查合格；使用绝缘手套要双手戴好，不能包裹使用；使用绝缘夹钳要戴好绝缘手套；取熔断器时，熔断器要与底座平直，不得抖动、歪斜，不得碰触其他带电设备或外壳
3	合（断）主变压器中性点接地开关	绝缘手套不合格或使用方法不当，引起人身触电、烧伤	必须核对设备名称、编号、位置正确；绝缘手套必须贴有有效合格证且外观检查合格；使用绝缘手套要双手戴好，不能包裹使用
4	合主变压器隔离开关或将手车开关送至工作位置	1. 人身伤害方面：误入带电间隔、绝缘手套不合格或使用方法不当、带负荷或带接地线（接地开关）合隔离开关，造成人身触电、烧伤	必须核对设备名称、编号、位置正确；绝缘手套贴有有效合格证且外观检查合格；使用绝缘手套要双手戴好，不能包裹使用；合隔离开关前，必须检查断路器确在分闸位置；合隔离开关前，必须检查接地线确已拆除、接地开关确已在分闸位置；禁止未经批准强行解除“五防闭锁装置”合隔离开关或将手车开关送至工作位置；雨天室外操作时，必须穿绝缘靴
		2. 设备损坏方面：带负荷或带接地开关合隔离开关、隔离开关机构卡涩强行操作、手车开关坠落，造成设备损坏方面	合隔离开关前，检查断路器确在分闸位置；合隔离开关前，必须检查接地线确已拆除、接地开关确已在分闸位置；机构卡涩要立即停止操作，查明原因；禁止未经批准强行解除“五防闭锁装置”合隔离开关；将手车开关放置于运输平台上应锁定各定位销，固定牢靠后，推送至开关柜工作位置
5	投入保护	1. 误投或漏投保护连接片，造成保护误动或拒动	必须核对保护名称、编号、位置正确
		2. 保护出口连接片两端有电压投连接片，造成运行设备跳闸	投入保护连接片前，用高内阻电压表测量连接片两端无电压方可投入
6	合主变压器断路器	1. 合主变压器断路器时，非同期并列	同步表或同期装置异常时，严禁并列操作，要查明原因
		2. 带接地线（接地开关）合断路器	合断路器前，必须检查接地线确已拆除，接地开关确已在断开位置，禁止未经批准强行解除“五防闭锁装置”合断路器
		3. 未核对设备名称、编号、位置，误合断路器	合断路器前，必须认真核对设备名称、编号、位置正确

续表

序号	辨识项目	辨识内容	典型控制措施
6	合主变压器断路器	4. 断路器合闸前，设备保护未投入，设备故障时扩大事故	断路器合闸前，检查保护正确投入
		5. 断路器合闸后出现非全相运行，导致设备损坏	断路器合闸后，要核对断路器三相均在合闸位置；操作后出现非全相运行时，要立即拉开断路器，若不成功，应设法用上一级断路器断开本回路并隔离

作业项目	发电机—变压器组由运行转为检修		
序号	辨识项目	辨识内容	典型控制措施
一	公共部分（健康与环境）		
	［表格内容同 1.1.1 公共部分（健康与环境）］		
二	作业内容（安全）		
1	拉发电机—变压器组断路器	1. 未核对设备名称、编号、位置，误拉断路器	拉断路器前，必须认真核对设备名称、编号、位置正确
		2. 断路器分闸后出现非全相运行，导致设备损坏	操作后要核对断路器三相位置完全断开，机构确在分闸位置，并检查电流指示情况；操作后出现非全相运行时，要立即重拉一次断路器，若仍不成功，应拉开与其连接在同一母线上的所有电源开关
		3. 发电机带有功负荷解列时造成汽轮机超速	解列时，必须确认发电机有功负荷到零，严禁带负荷解列
2	拉发电机—变压器组断路器，解除发电机—变压器组保护，跳其他运行设备连接片	未正确解除保护连接片，保护装置通电时导致运行设备误跳闸	防止保护装置通电时导致运行设备误跳闸的措施：必须核对连接片名称、编号、位置正确，跳运行设备保护连接片要全部断开
3	拉发电机励磁开关	未核对励磁开关名称、编号、位置，误拉励磁开关	拉励磁开关前，必须认真核对励磁开关名称、编号、位置正确

续表

序号	辨识项目	辨识内容	典型控制措施
4	拉发电机励磁开关	1. 人身伤害方面：带负荷拉励磁开关、绝缘手套不合格或使用方法不当，引起人身触电、烧伤	必须核对设备名称、编号、位置正确；拉励磁开关前，检查励磁开关确在分闸位置；绝缘手套必须贴有有效合格证且外观检查合格；使用绝缘手套要双手戴好，不能包裹使用
		2. 设备损坏方面：带负荷拉励磁开关、励磁开关机构卡涩强行操作，造成励磁开关损坏	拉励磁开关前，检查励磁开关确在断开位置；励磁开关机构卡涩要立即停止操作，查明原因
5	拉发电机—变压器组隔离开关或将手车开关拉出仓外	1. 人身伤害方面：带负荷拉隔离开关、绝缘手套不合格或使用方法不当，引起人身触电、烧伤	必须核对设备名称、编号、位置正确；拉隔离开关前，检查断路器确在分闸位置；绝缘手套必须贴有有效合格证且外观检查合格；使用绝缘手套要双手戴好，不能包裹使用；禁止未经批准强行解除“五防闭锁装置”拉隔离开关；雨天室外操作时，必须穿绝缘靴
		2. 设备损坏方面：带负荷拉隔离开关、隔离开关机构卡涩强行操作、手车开关坠落，造成设备损坏	必须核对设备名称、编号、位置正确；拉隔离开关前，必须检查断路器确在分闸位置；将手车开关放置于运输平台上应锁定各定位销，固定牢靠；机构卡涩要立即停止操作，查明原因；禁止未经批准强行解除“五防闭锁装置”拉隔离开关
6	停发电机变压器 TV	1. 人身伤害方面：误入带电间隔、绝缘手套不合格或使用方法不当，造成人身触电、烧伤	必须核对设备名称、编号、位置正确；绝缘手套贴有有效合格证且外观检查合格；使用绝缘手套要双手戴好，不能包裹使用
		2. 设备损坏方面：TV 机构卡涩，强行操作导致机构损坏	机构卡涩要立即停止操作，查明原因
7	验电	误入带电间隔、绝缘手套和验电器不合格或使用方法不当、雷雨天气室外验电，造成人身触电、烧伤	必须核对设备名称、编号、位置正确；绝缘手套和验电器贴有有效合格证且外观检查合格；验电前，要选用电压等级合适的验电器，先在有电部位验证性能良好；使用绝缘手套要双手戴好，不能包裹使用；验电器的伸缩式绝缘棒长度应拉足，验电时，手应握在手柄处不得超过护环，人体应与验电设备保持安全距离；操作时，看清设备带电部位，并有专人监护；雷雨期间不得进行室外验电
8	发电机—变压器组装接地线	人身伤害方面：① 带电装接地线（合接地开关）、绝缘手套不合格或使用方法不当，造成人身触电、烧伤；② 装设接地线不合格危及人身安全；③ 登主变压器时高处坠落	（1）必须核对设备名称、编号、位置正确；绝缘手套贴有有效合格证且外观检查合格；使用绝缘手套要双手戴好，不能包裹使用；应在使用电压等级合格的验电器验明接地点确无电压后，立即将检修设备接地并三相短路；装设接地线必须先接接地端，后接导体端，且必须接触良好；接地开关必须接触良好；人体不得直接接触接地线的金属裸露部分或未接地的导电体，以防止静电感应触电；禁止未经批准强行解除“五防闭锁装置”合接地开关。

续表

序号	辨识项目	辨识内容	典型控制措施
8	发电机—变压器组装接地线	人身伤害方面：① 带电装接地线（合接地开关）、绝缘手套不合格或使用方法不当，造成人身触电、烧伤；② 装设接地线不合格危及人身安全；③ 登主变压器时高处坠落	（2）防止装设接地线不合格危及人身安全的措施：接地线必须使用专用的线夹固定在导体上，严禁用缠绕的方法进行接地或短路；装设前，检查接地线专用线夹弹簧压力正常，装设完毕检查接触面积合格；成套接地线截面不得小于25mm^2，并满足装设地点短路电流的要求；禁止使用其他导线作接地线或短路线。 （3）防止坠落的措施：在主变压器本体装设接地线要注意防滑，操作人员要站立在牢固部位，移动时要观察好位置，防止踏空；高处作业时应系好安全带
		设备损坏方面：操作方法不当导致接地开关机构损坏	操作时，不得用力过猛，机构卡涩要停止操作，查明原因

作业项目	发电机—变压器组由检修转为运行		
序号	辨识项目	辨识内容	典型控制措施
一	公共部分（健康与环境）		
［表格内容同1.1.1公共部分（健康与环境）］			
二	作业内容（安全）		
1	拆除发电机—变压器组接地线（拉接地开关）	1. 人身伤害方面：① 误入带电间隔、绝缘手套不合格或使用方法不当、拆除接地线方法不正确，造成人身触电、烧伤；② 在主变压器本体上部拆除接地线，高处坠落摔伤	（1）防止触电、烧伤的措施：拆除接地线（拉接地开关）前，必须核对设备名称、编号、位置正确；绝缘手套贴有有效合格证且外观检查合格；使用绝缘手套要双手戴好，不能包裹使用；拆除接地线必须先拆导体端，后拆接地端；人体不得直接接触接地线的金属裸露部分或未接地的导电体，以防止静电感应触电；禁止未经批准强行解除“五防闭锁装置”拉接地开关；雨天室外操作时，必须穿绝缘靴。 （2）防止坠落摔伤的措施：注意防滑，操作人员要站稳，移动时要观察好位置，防止踏空；高处作业时应系好安全带
		2. 设备损坏方面：操作方法不当导致接地开关机构损坏	拉接地开关时如机构卡涩，应停止操作，查明原因
2	测量发电机绝缘	误入带电间隔、碰触绝缘电阻表引线带电部分，造成人身触电、烧伤	必须核对设备名称、编号、位置正确；使用绝缘电阻表前要检查绝缘电阻表引线绝缘无破损，测量时，严禁碰触绝缘电阻表引线带电部分；测量完后设备要对地放电

续表

序号	辨识项目	辨识内容	典型控制措施
3	发电机 TV 投运	1. 人身伤害方面：误入带电间隔、绝缘手套不合格或使用方法不当，造成人身触电、烧伤	必须核对设备名称、编号、位置正确；绝缘手套贴有有效合格证且外观检查合格；使用绝缘手套要双手戴好，不能包裹使用
		2. 设备损坏方面：TV 机构卡涩，强行操作导致机构损坏	机构卡涩要立即停止操作，查明原因
4	合发电机—变压器组隔离开关	1. 人身伤害方面：误入带电间隔、绝缘手套不合格或使用方法不当、带负荷或带接地线（接地开关）合隔离开关，造成人身触电、烧伤	必须核对设备名称、编号、位置正确；绝缘手套贴有有效合格证且外观检查合格；使用绝缘手套要双手戴好，不能包裹使用；合隔离开关前，必须检查断路器确在分闸位置；合隔离开关前，必须检查接地线确已拆除、接地开关确已在分闸位置；禁止未经批准强行解除“五防闭锁装置”合隔离开关；雨天室外操作时，必须穿绝缘靴
		2. 设备损坏方面：带负荷或带接地开关合隔离开关、隔离开关机构卡涩强行操作、手车开关坠落，造成设备损坏	合隔离开关前，检查断路器确在分闸位置；合隔离开关前，必须检查接地线确已拆除、接地开关确已在分闸位置；机构卡涩要立即停止操作，查明原因；禁止未经批准强行解除“五防闭锁装置”合隔离开关；将手车开关放置于运输平台上应锁定各定位销，固定牢靠后，推送至开关柜工作位置
5	合发电机励磁开关	1. 人身伤害方面：误入带电间隔、绝缘手套不合格或使用方法不当、带负荷合励磁开关，造成人身触电、烧伤	必须核对设备名称、编号、位置正确；绝缘手套贴有有效合格证且外观检查合格；使用绝缘手套要双手戴好，不能包裹使用；合励磁开关前，必须检查励磁开关确在分闸位置
		2. 设备损坏方面：带负荷合励磁开关、励磁开关机构卡涩强行操作，造成设备损坏	合励磁开关前，检查励磁开关确在分闸位置；机构卡涩要立即停止操作，查明原因
6	保护投入	1. 误投或漏投保护连接片，造成保护误动或拒动	必须核对保护名称、编号、位置正确
		2. 保护出口连接片两端有电压投连接片，造成运行设备跳闸	投入保护出口连接片前，用高内阻电压表测量连接片两端无电压后方可投入
7	合发电机励磁开关（发电机升压）	1. 未核对设备名称、编号、位置，误合励磁开关	合励磁开关前，必须认真核对励磁开关名称、编号、位置正确
		2. 发电机过电压	合励磁开关前，必须检查励磁输出或磁场变阻器确在降压极限位置；升压时，升压按钮要点按，不得幅度过大，监视发电机电压不得超过额定值

续表

序号	辨识项目	辨识内容	典型控制措施
8	发电机同期并列	1. 带接地线（接地开关）合断路器	合断路器前，必须检查接地线确已拆除，接地开关确已在断开位置，禁止未经批准强行解除“五防闭锁装置”合断路器
		2. 未核对设备名称、编号、位置，误合断路器	合断路器前，必须认真核对设备名称、编号、位置正确
		3. 发电机非同期并列	同步表或同期装置异常时，严禁并列操作，要查明原因
		4. 断路器合闸后出现非全相运行，导致设备损坏	断路器合闸后，要核对断路器三相均在合闸位置；出现非全相运行时，要立即拉开断路器，若不成功，应拉开与其连接在同一母线上的所有电源开关

3.1.2 厂用电系统

作业项目	厂用电断路器由运行转为检修		
序号	辨识项目	辨识内容	典型控制措施
一	公共部分（健康与环境）		
	[表格内容同 1.1.1 公共部分（健康与环境）]		
二	作业内容（安全）		
1	拉开断路器	1. 未核对设备名称、编号、位置，误拉断路器	拉断路器前，必须认真核对设备名称、编号、位置正确
		2. 断路器分闸后出现非全相运行，导致设备损坏	操作后，要核对断路器三相位置完全断开，机构确在分闸位置，并检查电流指示情况；操作后出现非全相运行时，要立即重拉一次断路器，若仍不成功，应立即设法用上级断路器断开本回路并隔离
2	拉开隔离开关或将手车开关拉出开关仓外	1. 人身伤害方面：带负荷拉隔离开关、绝缘手套不合格或使用方法不当，引起人身触电、烧伤	必须核对设备名称、编号、位置正确；拉隔离开关前，检查断路器确在分闸位置；绝缘手套必须贴有有效合格证且外观检查合格；使用绝缘手套要双手戴好，不能包裹使用；禁止未经批准强行解除“五防闭锁装置”拉隔离开关或将手车开关拉出开关仓

续表

序号	辨识项目	辨识内容	典型控制措施
2	拉开隔离开关或将手车开关拉出开关仓外	2. 设备损坏方面：带负荷拉隔离开关、隔离开关机构卡涩强行操作、手车开关坠落，造成设备损坏	必须核对设备名称、编号、位置正确；拉隔离开关前，必须检查断路器确在分闸位置；机构卡涩要立即停止操作，查明原因；将手车开关拉出仓外，置于运输平台上要锁定各定位销，固定牢靠；禁止未经批准强行解除“五防闭锁装置”拉隔离开关或将手车开关拉出开关仓
3	取下熔断器（包括一、二次熔断器）	1. 人身伤害方面：误入带电间隔、绝缘手套（绝缘夹钳）不合格或使用方法不当、取熔断器方法不当引起短路，造成人身触电、烧伤	必须核对设备名称、编号、位置正确；绝缘手套和绝缘夹钳贴有有效合格证且外观检查合格；使用绝缘手套要双手戴好，不能包裹使用；使用绝缘夹钳要戴好绝缘手套；取熔断器时，熔断器要与底座平直，不得抖动、歪斜，不得碰触其他带电设备或外壳
		2. 设备损坏方面：取熔断器方法不当引起短路造成设备损坏	取熔断器时，熔断器要与底座平直，不得抖动、歪斜，不得碰触其他带电设备或外壳
4	验电	误入带电间隔、绝缘手套和验电器不合格或使用方法不当、雷雨天气室外验电，造成人身触电、烧伤	必须核对设备名称、编号、位置正确；绝缘手套和验电器贴有有效合格证且外观检查合格；验电前，要选用电压等级合适的验电器，先在有电部位验证性能良好；使用绝缘手套要双手戴好，不能包裹使用；验电器的伸缩式绝缘棒长度应拉足，验电时，手应握在手柄处不得超过护环，人体应与验电设备保持安全距离；操作时，看清设备带电部位，并有专人监护；雷雨期间不得进行室外验电
5	装设接地线（合接地开关）	1. 人身伤害方面：① 带电装接地线（合接地开关）、绝缘手套不合格或使用方法不当，造成人身触电、烧伤；② 装设接地线不合格危及人身安全	（1）防止触电、烧伤的措施：必须核对设备名称、编号、位置正确；绝缘手套贴有有效合格证且外观检查合格；使用绝缘手套要双手戴好，不能包裹使用；应在使用电压等级合格的验电器，验明接地点确无电压后，立即将检修设备接地并三相短路；装设接地线必须先接接地端，后接导体端，且必须接触良好；接地开关必须接触良好；人体不得直接接触接地线的金属裸露部分或未接地的导电体，以防止静电感应触电；禁止未经批准强行解除“五防闭锁装置”合接地开关；雷雨天气时，不得在有室外连接架空线的电气设备上装设接地线或合接地开关。 （2）防止装设接地线不合格危及人身安全的措施：接地线必须使用专用的线夹固定在导体上，严禁用缠绕的方法进行接地或短路；装设前，检查接地线专用线夹弹簧压力正常，装设完毕，检查接触面积合格；成套接地线截面不得小于 $25mm^2$，并满足装设地点短路电流的要求；禁止使用其他导线作接地线或短路线
		2. 设备损坏方面：操作方法不当导致接地开关机构损坏	操作时，不得用力过猛，机构卡涩要停止操作，查明原因

作业项目	厂用电断路器由检修转为运行		
序号	辨识项目	辨识内容	典型控制措施
一	公共部分（健康与环境）		
	［表格内容同 1.1.1 公共部分（健康与环境）］		
二	作业内容（安全）		
1	拆除接地线（拉接地开关）	1. 人身伤害方面：误入带电间隔、绝缘手套不合格或使用方法不当、拆除接地线方法不正确，造成人身触电、烧伤	拆除接地线（拉接地开关）前，必须核对设备名称、编号、位置正确；绝缘手套贴有有效合格证且外观检查合格；使用绝缘手套要双手戴好，不能包裹使用；拆除接地线必须先拆导体端，后拆接地端；人体不得直接接触接地线的金属裸露部分或未接地的导电体，以防止静电感应触电；禁止未经批准强行解除“五防闭锁装置”拉接地开关；雨天操作有室外连接架空线的电气设备时，必须穿绝缘靴
		2. 设备损坏方面：操作方法不当导致接地开关机构损坏	拉接地开关时如机构卡涩，应停止操作，查明原因
2	合隔离开关或将手车开关送至工作装置	1. 人身伤害方面：误入带电间隔、绝缘手套不合格或使用方法不当、带负荷或带接地线（接地开关）合隔离开关，造成人身触电、烧伤	必须核对设备名称、编号、位置正确；绝缘手套贴有有效合格证且外观检查合格；使用绝缘手套要双手戴好，不能包裹使用；合隔离开关前，必须检查断路器确在分闸位置；合隔离开关前，必须检查接地线确已拆除、接地开关确已在分闸位置；禁止未经批准强行解除“五防闭锁装置”合隔离开关或将手车开关送至工作位置
		2. 设备损坏方面：带负荷或带接地开关合隔离开关、隔离开关机构卡涩强行操作、手车开关坠落，造成设备损坏	合隔离开关前，检查断路器确在分闸位置；合隔离开关前，必须检查接地线确已拆除、接地开关确已在分闸位置；机构卡涩要立即停止操作，查明原因；禁止未经批准强行解除“五防闭锁装置”合隔离开关或将手车开关送至工作位置；将手车开关放置于运输平台上应锁定各定位销，固定牢靠后，推送至开关柜工作位置
3	装熔断器	1. 人身伤害方面：误入带电间隔、绝缘手套（绝缘夹钳）不合格或使用方法不当、装熔断器方法不当引起短路，造成人身触电、烧伤	必须核对设备名称、编号、位置正确；绝缘手套和绝缘夹钳贴有有效合格证且外观检查合格；使用绝缘手套要双手戴好，不能包裹使用；使用绝缘夹钳要戴好绝缘手套；装熔断器时，熔断器要与底座平直，不得抖动、歪斜，不得碰触其他带电设备或外壳
		2. 设备损坏方面：熔断器不满足要求、装熔断器方法不当引起短路，造成设备损坏	熔断器容量选择正确，装熔断器前，要检查熔断器无裂纹、破损，熔丝未熔断；装熔断器时，熔断器要与底座平直，不得抖动、歪斜，不得碰触其他带电设备或外壳，熔断器与底座接触良好
4	断路器合闸	1. 带接地线（接地开关）合断路器	合断路器前，必须检查接地线确已拆除，接地开关确已在断开位置，禁止未经批准强行解除“五防闭锁装置”合断路器

续表

序号	辨识项目	辨识内容	典型控制措施
4	断路器合闸	2. 未核对设备名称、编号、位置，误合断路器	合断路器前，必须认真核对设备名称、编号、位置正确
		3. 断路器合闸前，设备保护未投入，设备故障时扩大事故	断路器合闸前，检查保护正确投入
		4. 断路器合闸后出现非全相运行，导致设备损坏	断路器合闸后，要核对断路器三相均在合闸位置；操作后出现非全相运行时，要立即拉开断路器，若不成功，应设法用上一级断路器断开本回路

作业项目	厂用电变压器由运行转为检修		
序号	辨识项目	辨识内容	典型控制措施
一	公共部分（健康与环境）		
	[表格内容同 1.1.1 公共部分（健康与环境）]		
二	作业内容（安全）		
1	拉变压器各侧断路器	1. 未核对设备名称、编号、位置，误拉断路器	拉断路器前，必须认真核对设备名称、编号、位置正确
		2. 断路器分闸后出现非全相运行，导致设备损坏	操作后，要核对断路器三相位置完全断开，机构确在分闸位置，并检查电流指示情况；操作后，出现非全相运行时，要立即重拉一次断路器，若仍不成功，应设法用上
2	拉开变压器各侧隔离开关或将手车开关拉出开关仓外	1. 人身伤害方面：带负荷拉隔离开关、绝缘手套不合格或使用方法不当，引起人身触电、烧伤	必须核对设备名称、编号、位置正确；拉隔离开关前，检查断路器确在分闸位置；绝缘手套必须贴有有效合格证且外观检查合格；使用绝缘手套要双手戴好，不能包裹使用；禁止未经批准强行解除“五防闭锁装置”拉隔离开关或将手车开关拉出开关仓外
		2. 设备损坏方面：带负荷拉隔离开关、隔离开关机构卡涩强停操作、手车开关坠落，造成设备损坏	必须核对设备名称、编号、位置正确；拉隔离开关前，必须检查断路器确在分闸位置；机构卡涩要立即停止操作，查明原因；将手车开关拉出仓外置于运输平台上要锁定各定位销，固定牢靠；禁止未经批准强行解除“五防闭锁装置”拉隔离开关或将手车开关拉出开关仓外

续表

序号	辨识项目	辨识内容	典型控制措施
3	取下变压器各侧熔断器（包括一、二次熔断器）	1. 人身伤害方面：误入带电间隔、绝缘手套（绝缘夹钳）不合格或使用方法不当、取熔断器方法不当引起短路，造成人身触电、烧伤	必须核对设备名称、编号、位置正确；绝缘手套和绝缘夹钳贴有有效合格证且外观检查合格；使用绝缘手套要双手戴好，不能包裹使用；使用绝缘夹钳要戴好绝缘手套；取熔断器时，熔断器要与底座平直，不得抖动、歪斜，不得碰触其他带电设备或外壳
		2. 设备损坏方面：取熔断器方法不当引起短路造成设备损坏	取熔断器时，熔断器要与底座平直，不得抖动、歪斜，不得碰触其他带电设备或外壳
4	验电	误入带电间隔、绝缘手套和验电器不合格或使用方法不当、雷雨天气室外验电，造成人身触电、烧伤	必须核对设备名称、编号、位置正确；绝缘手套和验电器贴有有效合格证且外观检查合格；验电前，要选用电压等级合适的验电器，先在有电部位验证性能良好；使用绝缘手套要双手戴好，不能包裹使用；验电器的伸缩式绝缘棒长度应拉足，验电时，手应握在手柄处不得超过护环，人体应与验电设备保持安全距离；操作时，看清设备带电部位，并有专人监护；雷雨期间不得进行室外验电
5	装设变压器各侧接地线（合接地开关）	人身伤害方面：① 带电装接地线（合接地开关），绝缘手套不合格或使用方法不当，造成人身触电、烧伤；② 装设接地线不合格，危及人身安全	（1）防止触电、烧伤的措施：必须核对设备名称、编号、位置正确；绝缘手套贴有有效合格证且外观检查合格；使用绝缘手套要双手戴好，不能包裹使用；应在使用电压等级合格的验电器验明接地点确无电压后，立即将检修设备接地并三相短路；装设接地线必须先接接地端，后接导体端，且必须接触良好；接地开关必须接触良好；人体不得直接接触接地线的金属裸露部分或未接地的导电体，以防止静电感应触电；禁止未经批准强行解除“五防闭锁装置”合接地开关。 （2）防止装设接地线不合格危及人身安全的措施：接地线必须使用专用的线夹固定在导体上，严禁用缠绕的方法进行接地或短路；装设前，检查接地线专用线夹弹簧压力正常，装设完毕，检查接触面积合格；成套接地线截面不得小于 $25mm^2$，并满足装设地点短路电流的要求，禁止使用其他导线作接地线或短路线
		设备损坏方面：操作方法不当导致接地开关机构损坏	操作时，不得用力过猛，机构卡涩要停止操作，查明原因

作业项目	厂用电变压器由检修转为运行		
序号	辨识项目	辨识内容	典型控制措施
一	公共部分（健康与环境）		
	［表格内容同 1.1.1 公共部分（健康与环境）］		

续表

序号	辨识项目	辨识内容	典型控制措施
二	作业内容（安全）		
1	拆除变压器各侧接地线（拉接地开关）	1. 人身伤害方面：误入带电间隔、绝缘手套不合格或使用方法不当、拆除接地线方法不正确，造成人身触电、烧伤	拆除接地线（拉接地开关）前，必须核对设备名称、编号、位置正确；绝缘手套贴有有效合格证且外观检查合格；使用绝缘手套要双手戴好，不能包裹使用；拆除接地线必须先拆导体端，后拆接地端；人体不得直接接触接地线的金属裸露部分或未接地的导电体，以防止静电感应触电；禁止未经批准强行解除“五防闭锁装置”拉接地开关；雨天室外操作时，必须穿绝缘靴
		2. 设备损坏方面：操作方法不当导致接地开关机构损坏	拉接地开关时如机构卡涩，应停止操作，查明原因
2	装变压器各侧熔断器（包括一、二次熔断器）	1. 人身伤害方面：误入带电间隔、绝缘手套（绝缘夹钳）不合格或使用方法不当、装熔断器方法不当引起短路，造成人身触电、烧伤	必须核对设备名称、编号、位置正确；绝缘手套和绝缘夹钳贴有有效合格证且外观检查合格；使用绝缘手套要双手戴好，不能包裹使用；使用绝缘夹钳要戴好绝缘手套；装熔断器时，熔断器要与底座平直，不得抖动、歪斜，不得碰触其他带电设备或外壳
		2. 设备损坏方面：熔断器不满足要求、装熔断器方法不当引起短路，造成设备损坏	熔断器容量选择正确，装熔断器前，要检查熔断器无裂纹、破损，熔丝未熔断；装熔断器时，熔断器要与底座平直，不得抖动、歪斜，不得碰触其他带电设备或外壳，熔断器与底座接触良好
3	变压器各侧断路器合闸	1. 带接地线（接地开关）合断路器	合断路器前，必须检查接地线确已拆除，接地开关确已在断开位置，禁止未经批准强行解除“五防闭锁装置”合断路器
		2. 未核对设备名称、编号、位置，误合断路器	合断路器前，必须认真核对设备名称、编号、位置正确
		3. 断路器合闸前，设备保护未投入，设备故障时扩大事故	断路器合闸前检查保护正确投入
		4. 断路器合闸后出现非全相运行，导致设备损坏	断路器合闸后，要核对断路器三相均在合闸位置；操作后出现非全相运行时，要立即拉开断路器，若不成功，应设法用上一级断路器断开本回路并隔离

作业项目	厂用电母线由运行转为检修		
序号	辨识项目	辨识内容	典型控制措施
一	公共部分（健康与环境）		
	[表格内容同 1.1.1 公共部分（健康与环境）]		
二	作业内容（安全）		
1	拉开厂用电母线电源断路器	1. 未核对设备名称、编号、位置，误拉断路器	拉断路器前，必须认真核对设备名称、编号、位置正确
		2. 断路器分闸后出现非全相运行，导致设备损坏	操作后要核对断路器三相位置完全断开，机构确在分闸位置，并检查电流指示情况；操作后出现非全相运行时，要立即重拉一次断路器，若仍不成功，应设法用上一级断路器断开本回路并隔离
2	拉开厂用电母线隔离开关或将手车开关拉出仓外	1. 人身伤害方面：带负荷拉隔离开关、绝缘手套不合格或使用方法不当，引起人身触电、烧伤	必须核对设备名称、编号、位置正确；拉隔离开关前，检查断路器确在分闸位置；绝缘手套必须贴有有效合格证且外观检查合格；使用绝缘手套要双手戴好，不能包裹使用；禁止未经批准强行解除“五防闭锁装置”拉隔离开关或将手车开关拉出仓外
		2. 设备损坏方面；带负荷拉隔离开关、隔离开关机构卡涩强行操作、手车开关坠落，造成设备损坏	必须核对设备名称、编号、位置正确；拉隔离开关前，必须检查断路器确在分闸位置；机构卡涩要立即停止操作，查明原因；将手车开关拉出仓外置于运输平台上要锁定各定位销，固定牢靠；禁止未经批准强行解除“五防闭锁装置”拉隔离开关或将手车开关拉出仓外
3	厂用电母线TV停电	1. 人身伤害方面：误入带电间隔、绝缘手套不合格或使用方法不当，造成人身触电、烧伤	必须核对设备名称、编号、位置正确；绝缘手套贴有有效合格证且外观检查合格；使用绝缘手套要双手戴好，不能包裹使用
		2. 设备损坏方面：TV 机构卡涩，强行操作导致机构损坏	机构卡涩要立即停止操作，查明原因
4	取下熔断器（包括一、二次熔断器）	1. 人身伤害方面：误入带电间隔、绝缘手套（绝缘夹钳）不合格或使用方法不当、取熔断器方法不当引起短路，造成人身触电、烧伤	必须核对设备名称、编号、位置正确；绝缘手套和缘夹钳贴有有效合格证且外观检查合格；使用绝缘手套要双手戴好，不能包裹使用；使用绝缘夹钳要戴好绝缘手套；取熔断器时，熔断器要与底座平直，不得抖动、歪斜，不得碰触其他带电设备或外壳
		2. 设备损坏方面：取熔断器方法不当引起短路造成设备损坏	取熔断器时，熔断器要与底座平直，不得抖动、歪斜，不得碰触其他带电设备或外壳

续表

序号	辨识项目	辨识内容	典型控制措施
5	验电	误入带电间隔、绝缘手套和验电器不合格或使用方法不当，造成人身触电、烧伤	必须核对设备名称、编号、位置正确；绝缘手套和验电器贴有有效合格证且外观检查合格；验电前，要选用电压等级合适的验电器，先在有电部位验证性能良好；使用绝缘手套要双手戴好，不能包裹使用；验电器的伸缩式绝缘棒长度应拉足，验电时，手应握在手柄处不得超过护环，人体应与验电设备保持安全距离；操作时，看清设备带电部位，并有专人监护
6	装设接地线	1. 人身伤害方面：① 带电装接地线（合接地开关）、绝缘手套不合格或使用方法不当，造成人身触电、烧伤；② 装设接地线不合格危及人身安全	（1）必须核对设备名称、编号、位置正确；绝缘手套贴有有效合格证且外观检查合格；使用绝缘手套要双手戴好，不能包裹使用；应在使用电压等级合格的验电器验明接地点确无电压后，立即将检修设备接地并三相短路；装设接地线必须先接接地端，后接导体端，且必须接触良好；接地开关必须接触良好；人体不得直接接触接地线的金属裸露部分或未接地的导电体，以防止静电感应触电；禁止未经批准强行解除“五防闭锁装置”合接地开关。 （2）防止装设接地线不合格危及人身安全的措施：接地线必须使用专用的线夹固定在导体上，严禁用缠绕的方法进行接地或短路；装设前，检查接地线专用线夹弹簧压力正常，装设完毕检查接触面积合格；成套接地线截面不得小于 $25mm^2$。并满足装设地点短路电流的要求；禁止使用其他导线作接地线或短路线
		2. 设备损坏方面：操作方法不当导致接地开关机构损坏	操作时，不得用力过猛，机构卡涩要停止操作，查明原因
7	拆除母线接地线（拉线地开关）	1. 人身伤害方面：误入带电间隔、绝缘手套不合格或使用方法不当、拆除接地线方法不正确，造成人身触电、烧伤	拆除接地线（拉接地开关）前，必须核对设备名称、编号、位置正确；绝缘手套贴有有效合格证且外观检查合格；使用绝缘手套要双手戴好，不能包裹使用；拆除接地线必须先拆导体端，后拆接地端；人体不得直接接触接地线的金属裸露部分或未接地的导电体，以防止静电感应触电；禁止未经批准强行解除“五防闭锁装置”拉接地开关；雨天室外操作时，必须穿绝缘靴
		2. 设备损坏方面：操作方法不当导致接地开关机构损坏	拉接地开关时如机构卡涩，应停止操作，查明原因
8	装设操作、合闸熔断器	1. 人身伤害方面：误入带电间隔、绝缘手套（绝缘夹钳）不合格或使用方法不当、装熔断器方法不当引起短路，造成人身触电、烧伤	必须核对设备名称、编号、位置正确；绝缘手套和绝缘夹钳贴有有效合格证且外观检查合格；使用绝缘手套要双手戴好，不能包裹使用；使用绝缘夹钳要戴好绝缘手套；装熔断器时，熔断器要与底座平直，不得抖动、歪斜，不得碰触其他带电设备或外壳

续表

序号	辨识项目	辨识内容	典型控制措施
8	装设操作、合闸熔断器	2. 设备损坏方面：熔断器不满足要求、装熔断器方法不当引起短路，造成设备损坏	熔断器容量选择正确，装熔断器前，要检查熔断器无裂纹、破损，熔丝未熔断；装熔断器时，熔断器要与底座平直，不得抖动、歪斜，不得碰触其他带电设备或金属外壳，熔断器与底座接触良好
9	厂用电母线 TV 投运	1. 人身伤害方面：误入带电间隔、绝缘手套不合格或使用方法不当，造成人身触电、烧伤	必须核对设备名称、编号、位置正确；绝缘手套贴有有效合格证且外观检查合格；使用绝缘手套要双手戴好，不能包裹使用
		2. 设备损坏方面：TV 机构卡涩，强行操作导致机构损坏	机构卡涩要立即停止操作，查明原因
10	合隔离开关或将手车开关送至工作位置	1. 人身伤害方面：误入带电间隔、绝缘手套不合格或使用方法不当、带负荷或带接地线（接地开关）合隔离开关，造成人身触电、烧伤	必须核对设备名称、编号、位置正确；绝缘手套贴有有效合格证且外观检查合格；使用绝缘手套要双手戴好，不能包裹使用；合隔离开关前，必须检查断路器确在分闸位置；合隔离开关前，必须检查接地线确已拆除、接地开关确已在分闸位置；禁止未经批准强行解除“五防闭锁装置”合隔离开关或将手车开关送至工作位置；雨天室外操作时，必须穿绝缘靴
		2. 设备损坏方面：带负荷或带接地开关合隔离开关、隔离开关机构卡涩强行操作、手车开关坠落，造成设备损坏	合隔离开关前，检查断路器确在分闸位置；合隔离开关前，必须检查接地线确已拆除、接地开关确已在分闸位置；机构卡涩要立即停止操作，查明原因；禁止未经批准强行解除“五防闭锁装置”合隔离开关或将手车开关送至工作位置；将手车开关放置于运输平台上应锁定各定位销，固定牢靠后，推送至开关柜工作位置
11	断路器合闸	1. 带接地线（接地开关）合断路器	合断路器前，必须检查接地线确已拆除，接地开关确已在断开位置，禁止未经批准强行解除“五防闭锁装置”合断路器
		2. 未核对设备名称、编号、位置，误合断路器	合断路器前，必须认真核对设备名称、编号、位置正确
		3. 断路器合闸前，设备保护未投入，设备故障时扩大事故	断路器合闸前，检查保护正确投入
		4. 断路器合闸后出现非全相运行，导致设备损坏	断路器合闸后，要核对断路器三相均在合闸位置；操作后出现非全相运行时，要立即拉开断路器，若不成功，应设法用上一级断路器断开本回路并隔离

3.1.3 220kV 开关站与线路保护

作业项目	合（断）断路器		
序号	辨识项目	辨识内容	典型控制措施
一	公共部分（健康与环境）		
	［表格内容同 1.1.1 公共部分（健康与环境）］		
二	作业内容（安全）		
1	S	1. 非同期并列	（1）并列断路器前，应投入同期闭锁开关，或退出非同期合闸连接片。 （2）检查待并断路器两侧符合同期并列条件，同步表指示正常
		2. 断路器液压机构失压	（1）加强设备巡视，检查断路器液压机构压力正常，补压装置工作正常，机构及其回路无渗、漏油现象。否则，发现缺陷应及时通知检修人员处理。 （2）开关在合闸位置，压力系统突然失压后，应采取断开补压装置电源，取下开关控制熔断器等措施进行分闸闭锁，待故障排除，补压至额定压力后，方可恢复开关的正常操作
		3. 误合（断）断路器	（1）操作前，应严格执行“三核对”，认真检查断路器的名称、编号及位置。 （2）认真履行操作监护制和唱票等复诵制度。 （3）严格执行操作票制度，操作过程中严禁擅自改变操作顺序进行操作
		4. 带接地线送电	（1）认真填票、审票，严格执行操作票制度和操作监护制度。 （2）送电前，必须详细检查所有检修安全措施确已拆除，接地线或接地开关确已拉开。 （3）“五防”闭锁装置必须正常投运，发现开关、断路器操作不动时，必须对其闭锁条件进行认真检查，严禁擅自退出闭锁装置、短接辅助触点、顶接触器或解锁操作
		5. SF_6 气压低	（1）加强设备巡视，发现 SF_6 气压低报警时，应及时通知检修人员补气；如泄漏严重无法恢复，则应在压力低闭锁操作之前申请停电处理。 （2）如压力已经低至闭锁值时，则应断开其控制电源，汇报调度，采取串母联断路器等措施来断开故障开关

作业项目	合（断）隔离开关		
序号	辨识项目	辨识内容	典型控制措施
一	公共部分（健康与环境）		
	[表格内容同 1.1.1 公共部分（健康与环境）]		
二	作业内容（安全）		
1	S	1. 带负荷合（断）隔离开关	（1）操作隔离开关之前应认真进行“三核对”，检查相应断路器确已拉开，控制熔断器装上，保护装置投运正常。 （2）严格执行操作票制度，认真填票、审票，严禁无票操作，操作时，必须严格按操作票执行，不允许随意修改操作票，不允许任意改变操作顺序或越项、跳项进行操作。 （3）严格执行操作监护制度，防止走错间隔。 （4）防误闭锁装置不能随意退出运行，确有需要短时退出防误闭锁装置时，必须经单元长或电气主管同意。 （5）严格执行紧急解锁钥匙的使用和管理制度，严禁擅自解锁操作
		2. 隔离开关拉不开或合不到位	（1）严格遵守操作票制度。 （2）检查隔离开关操作及动力电源正常，满足操作条件，相应闭锁条件确已解除。 （3）禁止顶接触器或采用其他方法强行操作

作业项目	隔离开关运行维护		
序号	辨识项目	辨识内容	典型控制措施
一	公共部分（健康与环境）		
	[表格内容同 1.1.1 公共部分（健康与环境）]		
二	作业内容（安全）		
1	S	运行中隔离开关触头严重发热或烧红	（1）合隔离开关后，应检查隔离开关的实际位置，检查隔离开关是否确已合好，触头是否到位。 （2）运行中对隔离开关触头定期进行红外测温，发现温度异常发热时，应采取措施，并尽快安排检修人员处理。 （3）降低或转移负荷。 （4）倒至另一组母线，将故障隔离开关停电检修

作业项目	220kV 母线 TV 停、送电		
序号	辨识项目	辨识内容	典型控制措施
一	公共部分（健康与环境）		
	[表格内容同 1.1.1 公共部分（健康与环境）]		
二	作业内容（安全）		
1	S	二次熔断器、隔离开关接触不良，误投、退 TV 并列小断路器或切换继电器切换不良	（1）TV 送电时，在退出Ⅰ、Ⅱ母线 TV 并列断路器前，应检查 TV 二次熔断器及二次侧快速空气断路器确已合好，电压正常。 （2）Ⅰ、Ⅱ母线 TV 并列断路器退出后，应检查切换继电器确已失磁。 （3）TV 停电前应投入Ⅰ、Ⅱ母线 TV 并列小断路器，检查切换继电器已励磁

作业项目	220kV 母线充电保护		
序号	辨识项目	辨识内容	典型控制措施
一	公共部分（健康与环境）		
	[表格内容同 1.1.1 公共部分（健康与环境）]		
二	作业内容（安全）		
1	S	1. 铁磁谐振	用母联断路器向母线充电时，在合母联断路器两侧隔离开关之前，应先投入待充电母线 TV 二次熔断器和二次侧空气断路器，投入其微电脑消谐装置，并检查工作灯亮
		2. 待充电母线存在故障	（1）检查待充电母线符合送电条件。 （2）母线大修或首次受电时，应严格按照受电方案执行。 （3）当用一组母线向另一组母线充电时，操作之前应投入母线充电保护，充电正常后退出。 （4）条件允许时，也可以采用变压器零起升压对母线充电，以防止对运行母线的影响

作业项目	装设地线（合接地开关）		
序号	辨识项目	辨识内容	典型控制措施
一	公共部分（健康与环境）		
	[表格内容同 1.1.1 公共部分（健康与环境）]		

续表

序号	辨识项目	辨识内容	典型控制措施
二	作业内容（安全）		
1	S	1. 带电装设接地线	（1）装设接地线之前，必须使用合格的验电器验明三相确无电压。 （2）严格执行操作票制度和操作监护制度。 （3）防误闭锁装置应正常投运。 （4）操作之前，进行“三核对”，防止走错间隔。 （5）严格执行万能钥匙使用和保管制度，禁止随意解锁操作
		2. 梯子不稳、不系安全带	（1）正确使用梯子及合格的安全带。 （2）加强监护，梯子应有专人扶好
		3. 感应电压高	（1）按规定程序进行验电，检查设备确无电压。 （2）装设接地线穿好绝缘鞋，戴好绝缘手套，系安全带，检查接地线完好。 （3）装设接地线时，必须先接接地端，后接导体端。 （4）注意与周围带电设备保持一定的安全距离

作业项目	保护装置的投运		
序号	辨识项目	辨识内容	典型控制措施
一	公共部分（健康与环境）		
	［表格内容同 1.1.1 公共部分（健康与环境）］		
二	作业内容（安全）		
1	S	1. 稳定措施装置因故退出运行时，任一出线跳闸	（1）合理安排运行方式。 （2）加强设备巡视，注意潮流分布，防止线路功率超过暂态稳定极限
		2. 系统方式改变	（1）检查保护装置工作正常，保护连接片投退正常。 （2）系统接线方式改变时，倒闸操作前应退出稳定措施装置总出口连接片。 （3）严格按规定投退连接片，防误投、漏投。投退连接片，应采用操作监护制度

作业项目	线路由运行转为检修		
序号	辨识项目	辨识内容	典型控制措施
一	公共部分（健康与环境）		
	[表格内容同 1.1.1 公共部分（健康与环境）]		
二	作业内容（安全）		
1	拉线路断路器	1. 未核对设备名称、编号、位置，误拉断路器	拉断路器前，必须认真核对设备名称、编号、位置正确
		2. 断路器分闸后出现非全相运行，导致设备损坏	操作后，要核对断路器三相位置完全断开，机构确在分闸位置，并检查电流指示情况；操作后出现非全相运行时，要立即重拉一次断路器，若仍不成功，应立即设法用上级断路器断开本回路并隔离
2	解除线路断路器保护跳其他运行设备连接片	未正确解除保护连接片，保护装置通电时导致运行设备误跳闸	必须核对连接片名称、编号、位置正确，跳运行设备保护连接片要全部断开
3	拉隔离开关	人身伤害方面：带负荷拉隔离开关、绝缘手套不合格或使用方法不当，引起人身触电、烧伤	必须核对设备名称、编号、位置正确；拉隔离开关前，检查断路器确在分闸位置；绝缘手套必须贴有有效合格证且外观检查合格；使用绝缘手套要双手戴好，不能包裹使用；禁止未经批准强行解除“五防闭锁装置”拉隔离开关
		设备损坏方面：带负荷拉隔离开关、隔离开关机构卡涩强行操作，造成设备损坏	必须核对设备名称、编号、位置正确；拉隔离开关前，必须检查断路器确在分闸位置；机构卡涩要立即停止操作，查明原因；禁止未经批准强行解除“五防闭锁装置”拉隔离开关
4	验电	误入带电间隔、绝缘手套和验电器不合格或使用方法不当、雷雨天气室外验电，造成人身触电、烧伤	必须核对设备名称、编号、位置正确；绝缘手套和验电器贴有有效合格证且外观检查合格；验电前，要选用电压等级合适的验电器，先在有电部位验证性能良好；使用绝缘手套要双手戴好，不能包裹使用；验电器的伸缩式绝缘棒长度应拉足，验电时，手应握在手柄处不得超过护环，人体应与验电设备保持安全距离；操作时，看清设备带电部位，并有专人监护；雷雨期间不得进行室外验电
5	合接地开关	1. 人身伤害方面：带电合接地开关、绝缘手套不合格或使用方法不当，造成人身触电、烧伤	必须核对设备名称、编号、位置正确；绝缘手套贴有有效合格证且外观检查合格；使用绝缘手套要双手戴好，不能包裹使用；应在使用电压等级合格的验电器验明接地点确无电压后，立即将检修设备接地并三相短路；接地开关必须接触良好；人体不得直接接触接地线的金属裸露部分或未接地的导电体，以防止静电感应触电；禁止未经批准强行解除“五防闭锁装置”合接地开关

续表

序号	辨识项目	辨识内容	典型控制措施
5	合接地开关	2. 设备损坏方面：操作方法不当导致接地开关机构损坏	操作时，不得用力过猛，机构卡涩要停止操作，查明原因
6			

作业项目	线路由检修转为运行		
序号	辨识项目	辨识内容	典型控制措施
一	公共部分（健康与环境）		
	［表格内容同 1.1.1 公共部分（健康与环境）］		
二	作业内容（安全）		
1	拉接地开关	1. 误入带电间隔、绝缘手套不合格或使用方法不当、操作方法不当，造成人身触电、烧伤	拉接地开关前，必须核对设备名称、编号、位置正确；绝缘手套贴有有效合格证且外观检查合格；使用绝缘手套要双手戴好，不能包裹使用；人体不得直接接触接地线的金属裸露部分或未接地的导电体，以防止静电感应触电；禁止未经批准强行解除“五防闭锁装置”拉接地开关；雨天室外操作时，必须穿绝缘靴
		2. 设备损坏方面：操作方法不当导致接地开关机构损坏	拉接地开关时如机构卡涩，应停止操作，查明原因
2	合隔离开关	1. 人身伤害方面：误入带电间隔、绝缘手套不合格或使用方法不当、带负荷或带接地开关合隔离开关，造成人身触电、烧伤	必须核对设备名称、编号、位置正确；绝缘手套贴有有效合格证且外观检查合格；使用绝缘手套要双手戴好，不能包裹使用；合隔离开关前，必须检查断路器确在分闸位置；合隔离开关前，必须检查接地开关确已在分闸位置；禁止未经批准强行解除“五防闭锁装置”合隔离开关；雨天室外操作时，必须穿绝缘靴
		2. 设备损坏方面：带负荷或带接地开关合隔离开关、隔离开关机构卡涩强行操作，造成设备损坏	合隔离开关前，检查断路器确在分闸位置；合隔离开关前，必须检查接地开关确已在分闸位置；机构卡涩要立即停止操作，查明原因；禁止未经批准强行解除“五防闭锁装置”合隔离开关
3	保护投入	1. 误投或漏投保护连接片，造成保护误动或拒动	必须核对保护名称、编号、位置正确

续表

序号	辨识项目	辨识内容	典型控制措施
3	保护投入	2. 保护出口连接片两端有电压投连接片，造成运行设备跳闸	投入保护出口连接片前，用高内阻电压表测量连接片两端无电压方可投入
4	合输电线路断路器	1. 带接地开关合断路器	合断路器前，必须检查接地开关确已在断开位置，禁止未经批准强行解除“五防闭锁装置”合断路器
		2. 未核对设备名称、编号、位置，误合断路器	合断路器前，必须认真核对设备名称、编号、位置正确
		3. 线路送电时，非同期合闸	同步表或同期装置异常时严禁并列操作，要查明原因
		4. 断路器合闸后出现非全相运行，导致设备损坏	断路器合闸后，要核对断路器三相均在合闸位置；操作后出现非全相运行时，要立即拉开断路器，若不成功，应立即设法用上级断路器断开本回路并隔离

作业项目	旁路断路器带线路运行，线路断路器由运行转为检修		
序号	辨识项目	辨识内容	典型控制措施
一	公共部分（健康与环境）		
	[表格内容同 1.1.1 公共部分（健康与环境）]		
二	作业内容（安全）		
1	合旁路断路器	1. 未核对设备名称、编号、位置，误合断路器	合断路器前，必须认真核对设备名称、编号、位置正确
		2. 断路器合闸前，设备保护未投入，设备故障时扩大事故	断路器合闸前，检查保护正确投入
2	合线路旁路隔离开关	1. 人身伤害方面：误入带电间隔、绝缘手套不合格或使用方法不当、带负荷合隔离开关，造成人身触电、烧伤	合线路旁路隔离开关前，要检查线路断路器必须在合闸位置，线路断路器控制电源确已断开；必须核对设备名称、编号、位置正确；绝缘手套贴有有效合格证且外观检查合格；使用绝缘手套要双手戴好，不能包裹使用；禁止未经批准强行解除“五防闭锁装置”合隔离开关；雨天室外操作时，必须穿绝缘靴

续表

序号	辨识项目	辨识内容	典型控制措施
2	合线路旁路隔离开关	2. 设备损坏方面：带负荷合隔离开关、隔离开关机构卡涩强行操作造成设备损坏	合线路旁路隔离开关前，要检查线路断路器必须在合闸位置，线路断路器控制电源确已断开；机构卡涩要立即停止操作，查明原因；禁止未经批准强行解除“五防闭锁装置”合隔离开关
3	拉线路断路器	未核对设备名称、编号、位置，误拉断路器	拉断路器前，必须认真核对设备名称、编号、位置正确
4	解除线路断路器保护跳其他运行设备连接片	未正确解除保护连接片，保护装置通电时导致运行设备误跳闸	必须核对连接片名称、编号、位置正确，跳运行设备保护连接片要全部断开
5	拉线路隔离开关	1. 人身伤害方面：带负荷拉隔离开关、绝缘手套不合格或使用方法不当，引起人身触电、烧伤	必须核对设备名称、编号、位置正确；拉线路隔离开关前，要检查本线路断路器必须在分闸位置；绝缘手套必须贴有有效合格证且外观检查合格；使用绝缘手套要双手戴好，不能包裹使用；禁止未经批准强行解除“五防闭锁装置”拉隔离开关
		2. 设备损坏方面：带负荷拉隔离开关、隔离开关机构卡涩强行操作，造成设备损坏	必须核对设备名称、编号、位置正确；拉线路隔离开关前，要检查本线路断路器必须在分闸位置；机构卡涩要立即停止操作，查明原因；禁止未经批准强行解除“五防闭锁装置”拉隔离开关
6	验电	误入带电间隔、绝缘手套和验电器不合格或使用方法不当、雷雨天气室外验电，造成人身触电、烧伤	必须核对设备名称、编号、位置正确；绝缘手套和验电器贴有有效合格证且外观检查合格；验电前，要选用电压等级合适的验电器，先在有电部位验证性能良好；使用绝缘手套要双手戴好，不能包裹使用；验电器的伸缩式绝缘棒长度应拉足，验电时，手应握在手柄处不得超过护环，人体应与验电设备保持安全距离；操作时，看清设备带电部位，并有专人监护；雷雨期间不得进行室外验电
7	合线路断路器接地开关	1. 人身伤害方面：带电合接地开关、绝缘手套不合格或使用方法不当，造成身触电、烧伤	必须核对设备名称、编号、位置正确；绝缘手套贴有有效合格证且外观检查合格；使用绝缘手套要双手戴好，不能包裹使用；应在使用电压等级合格的验电器验明接地点确无电压后，立即将检修设备接地并三相短路；接地开关必须接触良好；禁止未经批准强行解除“五防闭锁装置”合接地开关
		2. 设备损坏方面：操作方法不当导致接地开关机构损坏	操作时，不得用力过猛，机构卡涩要停止操作，查明原因

作业项目	线路断路器由检修转为运行，旁路断路器恢复备用		
序号	辨识项目	辨识内容	典型控制措施
一	公共部分（健康与环境）		
	［表格内容同 1.1.1 公共部分（健康与环境）］		
二	作业内容（安全）		
1	拉开线路断路器接地开关	1. 人身伤害方面：误入带电间隔、绝缘手套不合格或使用方法不当，造成人身触电、烧伤	拉接地开关前，必须核对设备名称、编号、位置正确；绝缘手套贴有有效合格证且外观检查合格；使用绝缘手套要双手戴好，不能包裹使用；禁止未经批准强行解除“五防闭锁装置”拉接地开关；雨天室外操作时必须穿绝缘靴
		2. 设备损坏方面：操作方法不当导致接地开关机构损坏	拉接地开关时如机构卡涩，应停止操作，查明原因
2	合线路隔离开关	1. 人身伤害方面：误入带电间隔、绝缘手套不合格或使用方法不当、带负荷或带接地开关合隔离开关，造成人身触电、烧伤	必须核对设备名称、编号、位置正确；绝缘手套贴有有效合格证且外观检查合格；使用绝缘手套要双手戴好，不能包裹使用；合隔离开关前，必须检查断路器确在分闸位置；合隔离开关前，必须检查接地开关确已在分闸位置；禁止未经批准强行解除“五防闭锁装置”合隔离开关；雨天室外操作时，必须穿绝缘靴
		2. 设备损坏方面：带负荷或带接地开关合隔离开关、隔离开关机构卡涩强行操作，造成设备损坏	合隔离开关前，检查断路器确在分闸位置；合隔离开关前，必须检查接地开关确已在分闸位置；机构卡涩要立即停止操作，查明原因；禁止未经批准强行解除“五防闭锁装置”合隔离开关
3	合线路断路器	1. 带接地开关合断路器	合断路器前，必须检查接地开关确已在断开位置，禁止未经批准强行解除“五防闭锁装置”合断路器
		2. 未核对设备名称、编号、位置，误合断路器	合断路器前，必须认真核对设备名称、编号、位置正确
		3. 断路器合闸前，设备保护未投入，设备故障时扩大事故	断路器合闸前，检查保护正确投入
		4. 断路器合闸后出现非全相运行，导致设备损坏	断路器合闸后，要核对断路器三相均在合闸位置；操作后出现非全相运行时，要立即拉开断路器，若不成功，应立即设法用上级断路器断开本回路并隔离
4	拉开线路旁路隔离开关	1. 人身伤害方面：带负荷拉隔离开关、绝缘手套不合格或使用方法不当，引起人身触电、烧伤	必须核对设备名称、编号、位置正确；拉线路旁路隔离开关前，要确认线路断路器在合闸位置，控制熔断器已取下；绝缘手套必须贴有有效合格证且外观检查合格；使用绝缘手套要双手戴好，不能包裹使用；禁止未经批准强行解除“五防闭锁装置”拉隔离开关

续表

序号	辨识项目	辨识内容	典型控制措施
4	拉开线路旁路隔离开关	2. 设备损坏方面：带负荷拉隔离开关、隔离开关机构卡涩强行操作，造成设备损坏	必须核对设备名称、编号、位置正确；拉线路旁路隔离开关前，要确认线路断路器在合闸位置，控制熔断器已取下；机构卡涩要立即停止操作，查明原因；禁止未经批准强行解除“五防闭锁装置”拉隔离开关
5	拉开旁路断路器	未核对设备名称、编号、位置，误拉断路器	拉断路器前，必须认真核对设备名称、编号、位置正确

作业项目	升压站母线由运行转为检修		
序号	辨识项目	辨识内容	典型控制措施
一	公共部分（健康与环境）		
	[表格内容同 1.1.1 公共部分（健康与环境）]		
二	作业内容（安全）		
1	变更母差保护运行方式	变更母差保护运行方式错误，造成保护误动、拒动	必须核对母差保护名称、位置、状态正确
2	合（断）隔离开关倒母线负荷	1. 带负荷合（断）隔离开关、绝缘手套不合格或使用方法不当，引起人身触电、烧伤	必须核对设备名称、编号、位置正确；倒母线合（断）隔离开关前，要检查本单元另一母线隔离开关及母联断路器必须在合闸位置，母联断路器控制电源确已断开；绝缘手套必须贴有有效合格证且外观检查合格；使用绝缘手套要双手戴好，不能包裹使用；禁止未经批准强行解除“五防闭锁装置”合（断）隔离开关
		2. 带负荷合（断）隔离开关、隔离开关机构卡涩强行操作，造成设备损坏	必须核对设备名称、编号、位置正确；倒母线合（断）隔离开关前，要检查本单元另一母线隔离开关及母联断路器必须在合闸位置，母联断路器控制电源确已断开；机构卡涩要立即停止操作，查明原因；禁止未经批准强行解除“五防闭锁装置”合（断）隔离开关
3	拉母联断路器	1. 带负荷拉隔离开关、绝缘手套不合格或使用方法不当，引起人身触电、烧伤	必须核对设备名称、编号、位置正确；拉隔离开关前，检查母联断路器确在分闸位置；绝缘手套必须贴有有效合格证且外观检查合格；使用绝缘手套要双手戴好，不能包裹使用；禁止未经批准强行解除“五防闭锁装置”拉隔离开关
		2. 带负荷拉隔离开关、隔离开关机构卡涩强行操作，造成设备损坏	必须核对设备名称、编号、位置正确；拉隔离开关前，必须检查母联断路器确在分闸位置；机构卡涩要立即停止操作，查明原因；禁止未经批准强行解除“五防闭锁装置”拉隔离开关

续表

序号	辨识项目	辨识内容	典型控制措施
4	母线 TV 停电	1. 误入带电间隔、绝缘手套不合格或使用方法不当，造成人身触电、烧伤	必须核对设备名称、编号、位置正确；绝缘手套贴有有效合格证且外观检查合格；使用绝缘手套要双手戴好，不能包裹使用
		2. TV 隔离开关机构卡涩强行操作导致机构损坏	机构卡涩要立即停止操作，查明原因
5	验电	误入带电间隔、绝缘手套和验电器不合格或使用方法不当、雷雨天气室外验电，造成人身触电、烧伤	必须核对设备名称、编号、位置正确；绝缘手套和验电器贴有有效合格证且外观检查合格；验电前，要选用电压等级合适的验电器，先在有电部位验证性能良好；使用绝缘手套要双手戴好，不能包裹使用；验电器的伸缩式绝缘棒长度应拉足，验电时，手应握在手柄处不得超过护环，人体应与验电设备保持安全距离；操作时，看清设备带电部位，并有专人监护；雷雨期间不得进行室外验电
6	合母线接地开关	1. 带电合接地开关、绝缘手套不合格或使用方法不当，造成人身触电、烧伤	必须核对设备名称、编号、位置正确；绝缘手套贴有有效合格证且外观检查合格；使用绝缘手套要双手戴好，不能包裹使用；应在使用电压等级合格的验电器验明接地点确无电压后，立即将检修设备接地并三相短路；接地开关必须接触良好；禁止未经批准强行解除“五防闭锁装置”合接地开关
		2. 操作方法不当导致接地开关机构损坏	操作时，不得用力过猛，机构卡涩要停止操作，查明原因

作业项目	升压站母线由检修转为运行		
序号	辨识项目	辨识内容	典型控制措施
一	公共部分（健康与环境）		
	［表格内容同 1.1.1 公共部分（健康与环境）］		
二	作业内容（安全）		
1	拉母线接地开关	1. 误入带电间隔、绝缘手套不合格或使用方法不当，造成人身触电、烧伤	拉接地开关前，必须核对设备名称、编号、位置正确；绝缘手套贴有有效合格证且外观检查合格；使用绝缘手套要双手戴好，不能包裹使用；禁止未经批准强行解除“五防闭锁装置”拉接地开关

续表

序号	辨识项目	辨识内容	典型控制措施
1	拉母线接地开关	2. 操作方法不当导致接地开关机构损坏	操作时，不得用力过猛，机构卡涩要停止操作，查明原因
2	母线 TV 送电	1. 误入带电间隔、绝缘手套不合格或使用方法不当，造成人身触电、烧伤	必须核对设备名称、编号、位置正确；绝缘手套贴有有效合格证且外观检查合格；使用绝缘手套要双手戴好，不能包裹使用
		2. TV 隔离开关机构卡涩强行操作导致机构损坏	机构卡涩要立即停止操作，查明原因
3	合母联隔离开关	1. 误入带电间隔、绝缘手套不合格或使用方法不当、带负荷或接地开关合隔离开关，造成人身触电、烧伤	必须核对设备名称、编号、位置正确；绝缘手套贴有有效合格证且外观检查合格；使用绝缘手套要双手戴好，不能包裹使用；合隔离开关前，必须检查母联断路器确在分闸位置；合隔离开关前，必须检查接地开关确已在分闸位置；禁止未经批准强行解除“五防闭锁装置”合隔离开关；雨天室外操作时必须穿绝缘靴
		2. 带负荷或带接地开关合隔离开关、隔离开关机构卡涩强行操作，造成设备损坏方面	合隔离开关前，检查母联断路器确在分闸位置；合隔离开关前，必须检查接地开关确已在分闸位置；机构卡涩要立即停止操作，查明原因；禁止未经批准强行解除“五防闭锁装置”合隔离开关
4	合母联断路器	1. 带接地开关合断路器	合断路器前，必须检查接地开关确已在断开位置，禁止未经批准强行解除“五防闭锁装置”合断路器
		2. 未核对设备名称、编号、位置，误合断路器	合断路器前，必须认真核对设备名称、编号、位置正确
		3. 断路器合闸前，设备保护未投入，设备故障时扩大事故	断路器合闸前，检查保护正确投入
		4. 断路器合闸后出现非全相运行，导致设备损坏方面	断路器合闸后，要核对断路器三相均在合闸位置；出现非全相运行时，要立即拉开断路器，若不成功，应立即查明原因并设法消除
5	合（断）隔离开关倒母线负荷	1. 误入带电间隔、绝缘手套不合格或使用方法不当、带负荷或接地开关合隔离开关，造成人身触电、烧伤	必须核对设备名称、编号、位置正确；绝缘手套贴有有效合格证且外观检查合格；使用绝缘手套要双手戴好，不能包裹使用；倒母线合（断）隔离开关前，要检查本断路器的另一母线隔离开关及母联断路器必须在合闸位置，母联断路器控制电源确已断开；合隔离开关前，必须检查接地开关确已在分闸位置；禁止未经批准强行解除“五防闭锁装置”合隔离开关；雨天室外操作时，必须穿绝缘靴

续表

序号	辨识项目	辨识内容	典型控制措施
5	合（断）隔离开关倒母线负荷	2. 带负荷或带接地开关合隔离开关、隔离开关机构卡涩强行操作，造成设备损坏	倒母线合（断）隔离开关前，要检查本断路器的另一母线隔离开关及母联断路器必须在合闸位置，母联断路器控制电源确已断开；合隔离开关前，必须检查接地开关确已在分闸位置；机构卡涩要立即停止操作，查明原因；禁止未经批准强行解除“五防闭锁装置”合隔离开关
6	变更母差保护运行方式	变更母差保护运行方式错误，保护误动或拒动	必须核对母差保护名称、位置、状态正确

作业项目	母线 TV 停、送电		
序号	辨识项目	辨识内容	典型控制措施
一	公共部分（健康与环境）		
	[表格内容同 1.1.1 公共部分（健康与环境）]		
二	作业内容（安全）		
1	合（断）母线 TV 二次快速开关（装、取 TV 二次回路熔断器）	1. 误入带电间隔，造成人身触电、烧伤	必须核对设备名称、编号、位置正确
		2. 二次回路失压导致保护装置误动	拉开母线 TV 二次快速开关前，要检查确认 TV 二次电压并环良好
2	合（断）母线 TV 隔离开关	1. 误入带电间隔、绝缘手套不合格或使用方法不当，造成人身触电、烧伤	必须核对设备名称、编号、位置正确；绝缘手套贴有有效合格证且外观检查合格；使用绝缘手套要双手戴好，不能包裹使用
		2. TV 隔离开关机构卡涩强行操作导致机构损坏	机构卡涩要立即停止操作，查明原因
3	验电	误入带电间隔、绝缘手套和验电器不合格或使用方法不当、雷雨天气室外验电，造成人身触电、烧伤	必须核对设备名称、编号、位置正确；绝缘手套和验电器贴有有效合格证且外观检查合格；验电前，要选用电压等级合适的验电器，先在有电部位验证性能良好；使用绝缘手套要双手戴好，不能包裹使用；验电器的伸缩式绝缘棒长度应拉足，验电时，手应握在手柄处不得超过护环，人体应与验电设备保持安全距离；操作时，看清设备带电部位，并有专人监护；雷雨期间不得进行室外验电

续表

序号	辨识项目	辨识内容	典型控制措施
4	装、拆接地线（合（断）接地开关）	1. ① 带电装接地线（合接地开关），拆除接地线方法不正确，绝缘手套不合格或使用方法不当，造成人身触电、烧伤；② 装设接地线不合格危及人身安全	（1）防止触电、烧伤的措施：必须核对设备名称、编号、位置正确；绝缘手套贴有有效合格证且外观检查合格；使用绝缘手套要双手戴好，不能包裹使用；应在使用电压等级合格的验电器验明接地点确无电压后，立即将检修设备接地并三相短路；装设接地线必须先接接地端，后接导体端，且必须接触良好；接地开关必须接触良好；拆除接地线必须先拆导体端，后拆接地端；人体不得直接接触接地线的金属裸露部分或未接地的导电体，以防止静电感应触电；禁止未经批准强行解除“五防闭锁装置”合（断）接地开关。 （2）防止装设接地线不合格危及人身安全的措施：接地线必须使用专用的线夹固定在导体上，严禁用缠绕的方法进行接地或短路；装设前，检查接地线专用线夹弹簧压力正常，装设完毕，检查接触面积合格；成套接地线截面不得小于 25mm^2，并满足装设地点短路电流的要求；禁止使用其他导线作接地线或短路线
		2. 操作方法不当导致接地开关机构损坏	操作时，不得用力过猛，机构卡涩要停止操作，查明原因
5	蓄电池浮充电装置的投入和停用	1. 误入带电间隔、绝缘手套不合格或使用方法不当、带负荷合（断）隔离开关，造成人身触电、烧伤	必须核对设备名称、编号、位置正确；合（断）隔离开关前，检查浮充电装置开关确在分闸位置；绝缘手套必须贴有有效合格证且外观检查合格；使用绝缘手套要双手戴好，不能包裹使用
		2. 带负荷合（断）隔离开关、机构卡涩强行操作，造成设备损坏	合（断）浮充电装置隔离开关前，要检查浮充电装置开关必须在分闸位置；机构卡涩要立即停止操作，查明原因
6	合（断）浮充电装置开关	未核对设备名称、编号、位置，误合（断）浮充电装置开关	合（断）浮充电装置开关前，必须认真核对设备名称、编号、位置正确
7	调整输出达到要求值	浮充电装置输出电流超过额定值，设备损坏	调整时要缓慢均匀，同时监视输出电流不得超过额定值

3.1.4 380V 系统

作业项目	装取动力熔断器		
序号	辨识项目	辨识内容	典型控制措施
一	公共部分（健康与环境）		
	［表格内容同 1.1.1 公共部分（健康与环境）］		

续表

序号	辨识项目	辨识内容	典型控制措施
二	作业内容（安全）		
1	S	1. 与外壳或相邻熔断器碰触	（1）装取动力熔断器时必须小心，并用相应的安全工具。 （2）熔断器安装位置太高的地方，应配备相应的登高工具
		2. 不按规程规定容量配置三相熔断器	按规定配置相应容量的熔断器

作业项目	刀熔开关停、送电		
序号	辨识项目	辨识内容	典型控制措施
一	公共部分（健康与环境）		
	[表格内容同 1.1.1 公共部分（健康与环境）]		
二	作业内容（安全）		
1	S	带负荷合（断）刀熔开关	（1）操作前必须检查相应的熔断器确已断开，控制用的熔断器取下。 （2）通知相关人员禁止操作该熔断器或接触器，并挂明显警告标志

作业项目	380V 母线倒厂用电操作		
序号	辨识项目	辨识内容	典型控制措施
一	公共部分（健康与环境）		
	[表格内容同 1.1.1 公共部分（健康与环境）]		
二	作业内容（安全）		
1	S	非同期并列	（1）注意调整母线电压，检查并列熔断器两侧电源符合并列条件，电压差正常。 （2）经检修或一次接线进行过拆动而可能变更相位的厂用电系统，在受电与并列前应进行核相，检查相序、相位是否正确

续表

作业项目	380V 母线 TV 断线检查		
序号	辨识项目	辨识内容	典型控制措施
一	公共部分（健康与环境）		
	［表格内容同 1.1.1 公共部分（健康与环境）］		
二	作业内容（安全）		
1	S	操作方法不当	检查前，应退出该母线备用电源自投装置及低电压保护连接片，防止保护误动作

3.1.5　6kV 系统

作业项目	6kV 开关柜停、送电		
序号	辨识项目	辨识内容	典型控制措施
一	公共部分（健康与环境）		
	［表格内容同 1.1.1 公共部分（健康与环境）］		
二	作业内容（安全）		
1	S	1. 带负荷合（断）小车开关	（1）认真履行操作监护制和唱票等复诵制度。 （2）严格执行“三核对”，操作之前，应检查断路器确在断开位置，并手动机械打跳一次后，方可推拉开关小车。 （3）送电之前，应检查开关“五防”闭锁可靠，禁止将“五防”不可靠的开关柜投入运行。 （4）为防止开关小车由“试验”位置到“工作”位置时断路器自动合闸，建议在开关小车送到工作位置后，再送控制电源或装上断路器二次插头，停电时，则先断开控制电源或取下其二次插头。 （5）严格执行操作票制度
		2. 带接地开关送电	（1）送电前应对开关柜进行详细检查，确认接地开关确已拉开。 （2）送电前必须测量绝缘电阻合格。 （3）检查接地开关闭锁正常，发现接地开关操作轴上的挡车块不能正常闭锁时，应及时联系检修人员处理

续表

序号	辨识项目	辨识内容	典型控制措施
1	S	3. 带电合接地开关	（1）操作前必须进行“三核对”，防止走错间隔。 （2）检查隔离开关停电并已拉至检修位置。 （3）必须使用合格的验电器验明三相确无电压后，方可合接地开关或挂接地线。 （4）加强监护
		4. 误入带电间隔	（1）操作前应核对设备名称、编号及位置，严格执行“三核对”。 （2）严格执行操作票制度及操作监护制度。 （3）6kV 开关小车在工作位置后柜门不能打开，发现开关柜“五防”功能不可靠时，应及时联系检修人员处理

作业项目	6kV F-C 断路器停、送电		
序号	辨识项目	辨识内容	典型控制措施
一	公共部分（健康与环境）		
	[表格内容同 1.1.1 公共部分（健康与环境）]		
二	作业内容（安全）		
1	S	非同期合闸	（1）送电前，在柜外对开关柜本体进行检查，F－C 断路器熔断器是否熔断，真空接触器传动机构三相行程是否同期。 （2）在柜外试分合一次，用万用表测量三相接触电阻正常，检查接触器三相分合是否正常。 （3）检查开关拒动，静触头正常，无松动变形

作业项目	真空断路器的运行维护		
序号	辨识项目	辨识内容	典型控制措施
一	公共部分（健康与环境）		
	[表格内容同 1.1.1 公共部分（健康与环境）]		

续表

序号	辨识项目	辨识内容	典型控制措施
二	作业内容（安全）		
1	S	1. 过电压保护器损坏	送电前，检查避雷器无破损，接线牢固可靠
		2. 真空泡泄漏，如运行中真空泡内有放电的嘶嘶声	严禁直接拉开故障断路器，必须用上一级断路器断开其负荷电流，停电后联系检修人员处理

作业项目	6kV 母线送电操作		
序号	辨识项目	辨识内容	典型控制措施
一	公共部分（健康与环境）		
	［表格内容同 1.1.1 公共部分（健康与环境）］		
二	作业内容（安全）		
1	S	带接地线送电	（1）检修母线恢复送电前，必须拆除所有为检修所做的安全措施，检查接地线或接地开关均已拆除或拉开。 （2）对设备及其连线回路进行全面检查，摇测母线绝缘合格，防止检修工具、导线头及其他物品残留在柜内，防止设备带电部分与外壳接触等。 （3）严格执行操作票制度及操作监护制度

作业项目	6kV 母线停电检修		
序号	辨识项目	辨识内容	典型控制措施
一	公共部分（健康与环境）		
	［表格内容同 1.1.1 公共部分（健康与环境）］		
二	作业内容（安全）		
1	S	带电挂地线	（1）装设接地线之前，必须检查母线上所有电源及负荷断路器均在检修位置，母线 TV 停电，母线电压表指示为零。 （2）使用合格的验电器验明三相确无电压。 （3）严格执行操作票制度及操作监护制度，操作前进行“三核对”，防止走错间隔

续表

作业项目	6kV 母线倒厂用电操作		
序号	辨识项目	辨识内容	典型控制措施
一	公共部分（健康与环境）		
	［表格内容同 1.1.1 公共部分（健康与环境）］		
二	作业内容（安全）		
1	S	1. 非同期并列	（1）正常运行中，6kV 母线备用电源断路器综合自动化非同期合闸连接片应退出。 （2）检查同期回路中的同期闭锁继电器应工作正常。 （3）操作之前，应认真检查两侧电源系统的连接方式。若发电机与启动备用变压器并于同一系统，应采取并列切换；否则不得随意进行并列操作，防止非同期。 （4）当高压厂用变压器倒启动备用变压器运行时，必须采用同期合闸方式合上备用电源断路器，禁止使用检无压方式并列；机组故障需紧急倒换厂用电时，如时间紧迫，经同期倒换不成功时，应立即拉开工作电源断路器，备用电源断路器应自投，自投不成功时再在硬操屏上进行紧急合闸
		2. 机组跳闸，6kV 母线紧急倒厂用电，6kV 工作电源断路器未跳开	紧急倒厂用电时，在硬操屏上按“紧急合闸”按钮之前，必须确认工作电源断路器确已断开，否则应先拉开工作电源断路器，检查 BZT 是否自投，若未自投时，再利用紧急合闸按钮合上备用电源断路器

作业项目	6kV 母线接地查找		
序号	辨识项目	辨识内容	典型控制措施
一	公共部分（健康与环境）		
	［表格内容同 1.1.1 公共部分（健康与环境）］		
二	作业内容（安全）		
1	S	带接地电流拉开关小车	（1）根据带电显示器、母线绝缘监测装置等综合判断，确认接地相及接地负荷，按规程规定进行接地查找，严禁用拉隔离开关的方法查找小接地电流系统接地故障，特别是 TV 隔离开关，防止谐振电流损害人身和设备安全。 （2）当断路器负荷侧接地时，可通过断路器瞬停法进行选择。

续表

序号	辨识项目	辨识内容	典型控制措施
1	S	带接地电流拉开关小车	（3）当断路器母线侧动触头或隔离开关接地时，可通过一备用断路器同一相负荷侧做一人工接地点，合上该备用断路器，再拉开该故障断路器，然后用该备用断路器断开接地电流。 （4）若为6kV母线故障，则必须通过上一级6kV母线工作电源断路器来断开该接地电流，防止直接用拉隔离开关的方法来拉开接地故障

3.1.6 UPS

作业项目	机组UPS系统送电		
序号	辨识项目	辨识内容	典型控制措施
一	公共部分（健康与环境）		
	[表格内容同1.1.1公共部分（健康与环境）]		
二	作业内容（安全）		
1	S	操作不当	（1）机组运行中应尽量避免进行电源切换。若设备故障确需进行倒换时，应有防止失电的措施。 （2）进行电源切换前，应检查相应的备用电源正常，无影响操作的其他故障。 （3）机组进行中旁路无压时，禁止切换旁路隔离开关。 （4）切换操作必须由两人进行，必须采用操作监护制度

3.1.7 电动机

作业项目	摇测电动机的绝缘		
序号	辨识项目	辨识内容	典型控制措施
一	公共部分（健康与环境）		
	[表格内容同1.1.1公共部分（健康与环境）]		

续表

序号	辨识项目	辨识内容	典型控制措施
二	作业内容（安全）		
1	S	操作方法不当	（1）正确使用合格的绝缘电阻表。 （2）摇测设备绝缘电阻之前，必须检查该设备确已停电，开关小车在检修位置。 （3）按规定先进行验电，确认设备确无电压。 （4）大容量设备测量前、后，均必须对地进行放电。 （5）必须使用合格的安全工具。 （6）应由两人进行，一人操作，一人监护

作业项目	电动机的启、停		
序号	辨识项目	辨识内容	典型控制措施
一	公共部分（健康与环境）		
	［表格内容同 1.1.1 公共部分（健康与环境）］		
二	作业内容（安全）		
1	S	1. 绝缘不合格	（1）停电时间较长或检修后电动机送电前，必须测量绝缘电阻合格后方可投运。 （2）处于备用状态的电动机，必须定期进行绝缘电阻检查
		2. 启动时身体接触电动机的转动部分	（1）检查电动机转向时，严禁用手触试。 （2）电动机运转时，用手触摸轴承端盖温度时，不得戴手套，不得触及电动机的转动部分
		3. 启停频繁	（1）正常情况下，鼠笼式转子电动机允许在冷态下施展才能 2～3 次，热态启动 1 次；只有在事故处理或启动时间不超过 2～3s 的电动机，可以多启动 1 次。 （2）电动机停止后，再次启动时间不应少于 5min
		4. 机械卡涩	启动前，应通知值班员就地检查并确认电动机无异常，满足启动条件

3.1.8 发电机—变压器组保护

作业项目	发电机—变压器组保护投、停		
序号	辨识项目	辨识内容	典型控制措施
一	公共部分（健康与环境）		
	[表格内容同 1.1.1 公共部分（健康与环境）]		
二	作业内容（安全）		
1	S	1. 漏投或误投保护	（1）按规定正确投退保护。 （2）保护投退应由两人进行，一人操作，一人监护
		2. 保护柜门未关好，电磁干扰	（1）保护室内严禁使用对讲机、手机等无线通信设备。 （2）关好保护柜门
		3. 保护装置检修后，接线改动，TA 开路，二次端子松动，装置整定有误	（1）新安装或大修后的机组，应进行保护整组传动试验及带负荷试验，且试验正常，有继电保护人员“可以投运”的明确记录。 （2）检查保护装置面板方式开关、把手及连接片位置正确，信号指示正常，电流连接旋钮正常，防止 TA 开路

作业项目	定子接地保护的运行		
序号	辨识项目	辨识内容	典型控制措施
一	公共部分（健康与环境）		
	[表格内容同 1.1.1 公共部分（健康与环境）]		
二	作业内容（安全）		
1	S	1. TV 小车振动或 TV 二次熔断器熔断、松动	（1）取消发电机出口 TV 开口三角绕组二次熔断器。 （2）检查 TV 小车防振装置完好，防止 TV 熔断器松动或接触不良
		2. 碳刷积灰	（1）定期清理碳刷积灰。 （2）加强巡视，及时调整，确保碳刷接触良好

续表

序号	辨识项目	辨识内容	典型控制措施
1	S	3. 操作方法不当	（1）检查发电机转子接地时应特别小心，防止发生另一点接地。 （2）若为发电机碳刷积灰引起，应联系检修人员进行吹扫；调整碳刷时应穿绝缘鞋，戴好绝缘手套，并采取相应的防范措施

作业项目	运行中更换发电机保护用 TV		
序号	辨识项目	辨识内容	典型控制措施
一	公共部分（健康与环境）		
	[表格内容同 1.1.1 公共部分（健康与环境）]		
二	作业内容（安全）		
1	S	处理方法不当	（1）注意监视，停止调整发电机有功、无功功率。 （2）退出与发电机电压有关的保护及自动装置

作业项目	综合自动化系统运行维护		
序号	辨识项目	辨识内容	典型控制措施
一	公共部分（健康与环境）		
	[表格内容同 1.1.1 公共部分（健康与环境）]		
二	作业内容（安全）		
1	S	处理方法不当	（1）将励磁调节器切至“手动”位置，注意监视发电机各参数正常。 （2）退出微机励磁调节器的强励功能。 （3）取消调压 TV 二次熔断器

作业项目	稳定措施装置投、退		
序号	辨识项目	辨识内容	典型控制措施
一	公共部分（健康与环境）		
	[表格内容同 1.1.1 公共部分（健康与环境）]		
二	作业内容（安全）		
1	S	装置运行不稳	（1）定期测试，检查综合自动化系统工作是否正常。 （2）加强设备巡视，检查综合自动化装置电源正常

3.1.9 发电机励磁系统

作业项目	励磁调节器运行维护		
序号	辨识项目	辨识内容	典型控制措施
一	公共部分（健康与环境）		
	[表格内容同 1.1.1 公共部分（健康与环境）]		
二	作业内容（安全）		
1	S	1. 误碰、误按	（1）励磁调节柜上励磁系统阶跃响应和强励试验用的几个通道，严禁误按、误触发；如不小心发生误碰、误按情况，应立即取消并终止当前指令。 （2）严禁任意切换调节柜面板上的方式小开关
		2. 励磁室内使用无线通信设备	励磁室内禁止使用无线通信设备
		3. 接线错误	设备拆卸前，应对设备引线做好可靠标记，防止回装时接线错误
		4. 励磁调节器损坏	拆卸及回装励磁调节器时，防止磕碰以免损坏励磁调节器
		5. 人员伤害	增强现场作业人员的自保及互保意识，使用工具作业时防止伤人

作业项目	整流柜运行维护		
序号	辨识项目	辨识内容	典型控制措施
一	公共部分（健康与环境）		
	［表格内容同 1.1.1 公共部分（健康与环境）］		
二	作业内容（安全）		
1	S	冷却风机故障	（1）注意监视温度及负荷变化情况，尽量降低发电机无功负荷，若另一台整流柜运行正常，可将故障柜停电处理；若另一台整流柜也存在缺陷时，应降负荷运行。 （2）当主整流柜风机全部跳闸，应联跳主整流柜，否则应手动退出运行。 （3）改善运行环境，加强外部通风，开启励磁室内空调运行，降低室温

3.1.10 发电机启动过程的操作

作业项目	发电机升压操作		
序号	辨识项目	辨识内容	典型控制措施
一	公共部分（健康与环境）		
	［表格内容同 1.1.1 公共部分（健康与环境）］		
二	作业内容（安全）		
1	S	1. 碳刷接触不良、跳动或卡涩	汽轮机低速暖机时，应检查并确认发电机、主励磁机的碳刷在刷握内无卡涩、跳动及其他妨碍正常运行的情况，否则及时调整
		2. 冷却系统未及时投运	机组启动前，应检查并确认发电机定子冷却水系统、氢气系统及密封油系统运行正常，各冷却介质应符合规定
		3. 发电机在低于额定转速时，就将电压升至额定值	当发电机转速稳定转速后，方可加励磁升压
		4. 升压过程中发电机 TV 断线	发现“TV 断线”信号时，应立即降压，拉开灭磁开关。检查发电机 TV 一、二次熔断器是否完好，防止因熔丝熔断或接触不良使表计指示失常而造成的判断错误

续表

序号	辨识项目	辨识内容	典型控制措施
1	S	5. 升压速度过快	发电机升压过程应缓慢进行，当电压升至 95%<EM>U</EM>_N按钮应由“置位”改为“增磁”；在接近额定值时，调整不可过急，以免超过额定值
		6. 升压时定子三相电流不为零	开机前，应检查并确认接地开关在断开位置，发电机绝缘合格。若定子电流有指示，说明定子绕组可能短路或接地，此时应立即减励磁到零，拉开灭磁开关进行检查，待故障排除后方可重新升压
		7. 空载励磁电流大于正常值	（1）根据转子绕组匝间短路在线监测系统，综合判断转子绕组是否短路。 （2）运行中注意监视发电机温度和转子电流。 （3）发电机励磁回路过负荷保护应按规定投入

作业项目	发电机解列操作		
序号	辨识项目	辨识内容	典型控制措施
一	公共部分（健康与环境）		
	[表格内容同 1.1.1 公共部分（健康与环境）]		
二	作业内容（安全）		
1	S	1. 过励磁	（1）发电机—变压器组出口断路器跳闸或发电机甩负荷后，励磁调节器自动失灵或手动运行或由备励运行时，应立即手动调整发电机励磁电流，防止电压突升而引起发电机—变压器组过励磁。 （2）发电机解列后、机组减速前，应迅速将励磁电流减到零，防止发电机—变压器组低频运行而引起过励磁。 （3）正常运行中过励磁保护应按规定投入
		2. 逆功率	（1）当发电机有功和无功负荷均减到零时，应及时拉开发电机—变压器组出口断路器。 （2）正常运行中，逆功率保护应按规定投入
		3. 操作过电压	解列操作前，应合上主变压器中性点接地开关
		4. 解列后高压厂用变压器低压侧分支开关小车在工作位置，易误合	发电机解列后，检查厂用电已倒至备用电源供电，高压厂用变压器低压侧分支断路器在分闸位置，将高压厂用变压器低压侧分支开关小车拉至“试验”位置

3.1.11 发电机异常处理

作业项目	封闭母线微正压装置工作正常		
序号	辨识项目	辨识内容	典型控制措施
一	公共部分（健康与环境）		
	［表格内容同 1.1.1 公共部分（健康与环境）］		
二	作业内容（安全）		
1	S	1. 封闭母线微正压装置工作异常，正压不足	加强设备巡视，发现装置异常，及时联系检修人员处理
		2. 发电机不对称运行，负序电流过大，处理不及时	（1）发电机不对称过负荷保护应投入运行。 （2）发电机突然两相短路及全相运行，应采取果断措施将发电机紧急停机。 （3）注意监视发电机电流和定子、转子、铁芯的温度，定期抄表。 （4）当负序电流超过 10% I_N 时，应立即减有功、无功负荷，使三相电流之差不超过额定电流的 10%，且任一相不超过额定值。 （5）检查、分析原因，采取措施；如因系统故障引起，汇报调度人员处理
		3. 发电机振荡、失步	（1）发电机失步时，失步保护应能可靠动作于发信，运行人员应及时进行处理。发现发电机失步且确已无法拉回而保护未动作时，应立即手动将其解列。手动解列时，应注意把握时机，尽量避免在电流最大时拉开关。 （2）发电机备励或励磁调节器手动运行时，应随时跟随于有功负荷调节励磁电流，防止励磁不足静态失稳。 （3）两台及以上机组运行时，稳定措施装置应按规定投入。 （4）励磁调节器应投双柜自动，调节器自动调节正常。 （5）高负荷下不宜高功率因数运行。 （6）确保线路双高频和重合闸能够可靠投入
		4. 发电机甩负荷，调整不及时	注意监盘，发电机甩负荷后，由于有功负荷突降，无功负荷自动调整速度跟不上，发电机端电压急剧上升，此时应立即手动降低励磁电流，维持发电机电压在额定值
		5. 发电机—变压器组非全相运行	（1）正常运行中，发电机不对称过负荷保护应正常投入，确保任何情况下发电机发生非命相运行时可靠动作，经延时动作于断开其他相。 （2）机组启动前，应进行发电机—变压器组断路器合（断）闸试验，以检查开关三相分合是否正常。

续表

序号	辨识项目	辨识内容	典型控制措施
1	S	5. 发电机—变压器组非全相运行	（3）正常运行中发电机—变压器组断路器失灵，启动连接片应投入。一旦发电机—变压器组断路器无法断开时，应及时启动断路器失灵保护，断开与其在同一母线上的所有断路器。 （4）注意监盘，发现非全相运行时，应及时采取措施进行处理
		6. 发电机低励、失磁	（1）防误拉励磁系统开关 FMK、41E、AQK、BQK 等。 （2）开机前应进行励磁联锁试验，确保励磁系统联锁可靠。 （3）正常运行中，发电机备励联锁和跟踪开关应投入，并注意监视备励电压跟踪正常。 （4）防止主整流柜单柜运行时，风机跳闸联跳主整流柜。 （5）无论任何原因导致励磁调节器单柜运行，两柜的切另一柜的连接片均应退出，防止误切另一柜。 （6）感应调压器运行时，防止因启动大型设备造成母线电压下降而失磁。 （7）转子碳刷调整时，防止两点接地和开路。 （8）调节器面板方式切换开关切至“就地”前，应确保就地开关在运行位

3.1.12 发电机运行维护

作业项目	运行中更换发电机电刷		
序号	辨识项目	辨识内容	典型控制措施
一	公共部分（健康与环境）		
	［表格内容同 1.1.1 公共部分（健康与环境）］		
二	作业内容（安全）		
1	S	1. 触电：更换电刷方法不当、滑环、整流子短路，造成人身触电、烧伤	工作时站在绝缘垫上，不得同时接触另一导体，或一手接触导体，一手接触接地部分；拆、装电刷所用工具使用前，应用绝缘胶布包好，并严禁触及滑环、整流子
		2. 外力：更换电刷工作时，人员着装不满足要求，发生机械伤害	更换电刷工作不得两人同时进行，其中一人更换，一人监护；更换电刷时，应扣紧袖口，不要使衣服、擦布被转动部分挂住，发辫应盘在安全帽内

续表

序号	辨识项目	辨识内容	典型控制措施
1	S	3. 滑环、整流子短路或跳火造成设备损坏	拆、装电刷所用工具，使用前应用绝缘胶布包好，并严禁触及滑环；一次更换电刷的数目，不应超过电刷总数的1/3，同一刷架上每次更换的电刷不多于4块，新更换电刷的接触面积应不低于80%；每更换一块电刷，都要检查其活动是否自如，恒压弹簧是否压好，然后才能更换其他电刷
		4. 碳刷电流分配不均	（1）检查更换的碳刷应与原来的碳刷为同一厂家、同一型号且属同一批产品。 （2）用专用工具将碳刷加工出一定的弧度和光洁度，各碳刷的接触面一样，碳刷接触良好。 （3）调整碳刷弹簧压力一致。 （4）加强监视，注意观察火花
		5. 非同期并列	（1）并网前，应检查并确认微机同期屏“非同期合闸”连接片已退出，同期闭锁继电器动作正常，发电机无TV断线信号。 （2）正常情况下，采用微机自动准同期方式进行并网，可用同步表监视其合闸过程。合发电机—变压器组出口断路器时，必须采取“同期合闸”方式，严禁采用“检无压合闸”进行并列操作。 （3）正常情况下，发电机“检无压合闸”连接片应取下或不装，只有当主断路器进行分合闸试验时，才允许投入该连接片。 （4）采用ZZQ-5型自动准同期并网时，只有在同步表指针缓慢顺时针方向匀速旋转时，方可按下装置的“启动”按钮。 （5）对于发电机同期回路、TV及其二次回路经过接线改动或设备更换的机组，并网前应核对发电机与系统的相序，核实同期系统的正确性，并做假同期试验
		6. 过励磁	（1）发电机升压前，应检查相应开关位置正确，励磁电流为零。 （2）确认汽轮机已稳定在额定转速上，防止转子低转速时误将电压升至额定值，使发电机—变压器组低频运行造成过励磁。 （3）升压过程应缓慢进行，接近额定值时，防止调整幅度过大，误加大励磁电流引起过励磁
		7. 操作过电压	并网操作前，应合上主变压器中性点接地开关

3.1.13 直流系统

作业项目	直流系统并列操作		
序号	辨识项目	辨识内容	典型控制措施
一	公共部分（健康与环境）		
	[表格内容同 1.1.1 公共部分（健康与环境）]		
二	作业内容（安全）		
1	S	1. 并列点两端极性不同	并列前，在并列点处核对极性正确
		2. 并列点两端电压差太大	测量并列点两端电压差正常（2～3V）后，方可进行并列操作

作业项目	直流母线运行		
序号	辨识项目	辨识内容	典型控制措施
一	公共部分（健康与环境）		
	[表格内容同 1.1.1 公共部分（健康与环境）]		
二	作业内容（安全）		
1	S	蓄电池出口熔断器熔断	（1）监视直流充电装置工作正常，及时调整，保证直流母线可靠供电。 （2）联系检修人员查找原因，消除故障，更换熔断器后，恢复蓄电池正常运行。 （3）若故障不能消除时，应将直流母线倒至另一组直流母线供电

作业项目	两组直流母线串带运行		
序号	辨识项目	辨识内容	典型控制措施
一	公共部分（健康与环境）		
	[表格内容同 1.1.1 公共部分（健康与环境）]		
二	作业内容（安全）		
1	S	两组母线都有接地	当两组直流母线都有接地信号时，严禁串带运行

作业项目	直流负荷送电操作		
序号	辨识项目	辨识内容	典型控制措施
一	公共部分（健康与环境）		
	[表格内容同 1.1.1 公共部分（健康与环境）]		
二	作业内容（安全）		
1	S	1. 各调节旋钮不在起始零位	充电装置启动前，应将调节旋钮反时针方向旋转到起始位置，检查负载回路连接正常，防止断路器合闸时冲击电流过大烧坏整流元件
		2. 调整速度过快、幅度太大	充电装置启动后，应将调节旋钮顺时针方向缓慢转，注意直流电压、电流表指示不应超过额定值，防止电压迅速上升超过限值而损坏整流元件
		3. 直流母线异常	加强监视，及时调整，控制直流母线的电压在规程允许范围内变化

作业项目	蓄电池停、送电操作		
序号	辨识项目	辨识内容	典型控制措施
一	公共部分（健康与环境）		
	[表格内容同 1.1.1 公共部分（健康与环境）]		
二	作业内容（安全）		
1	合（断）直流母线联络隔离开关	1. 误入带电间隔、绝缘手套不合格或使用方法不当、带负荷合（断）直流母线联络隔离开关，造成人身触电、烧伤	必须核对设备名称、编号、位置正确；绝缘手套贴有有效合格证且外观检查合格；使用绝缘手套要双手戴好，不能包裹使用；合（断）直流母线联络隔离开关前，要检查直流母线电压一致方可并环
		2. 带负荷合（断）直流母线联络隔离开关、机构卡涩强行操作，造成设备损坏	合（断）直流母线联络隔离开关前，要检查直流母线电压一致方可并环；机构卡涩要立即停止操作，查明原因
2	合（断）蓄电池输出隔离开关	1. 误入带电间隔、绝缘手套不合格或使用方法不当、带负荷合（断）蓄电池输出隔离开关，造成人身触电、烧伤	必须核对设备名称、编号、位置正确；绝缘手套贴有有效合格证且外观检查合格；使用绝缘手套要双手戴好，不能包裹使用；合（断）蓄电池输出隔离开关前，要检查蓄电池输出电流确已到零

续表

序号	辨识项目	辨识内容	典型控制措施
2	合（断）蓄电池输出隔离开关	2. 带负荷合（断）蓄电池输出隔离开关、隔离开关机构卡涩强行操作，造成设备损坏	合（断）蓄电池输出隔离开关前，要检查蓄电池输出电流确已到零；机构卡涩要立即停止操作，查明原因

3.1.14 主变压器、高压厂用变压器、启动备用变压器

作业项目	主变压器与系统并列、解列操作		
序号	辨识项目	辨识内容	典型控制措施
一	公共部分（健康与环境）		
	［表格内容同 1.1.1 公共部分（健康与环境）］		
二	作业内容（安全）		
1	S	主变压器中性点不接地	（1）发电机—变压器组并列、解列操作之前，必须将主变压器中性点接地开关合上。 （2）定期防腐，检查变压器中性点接地引下线与地网连接良好，无生锈、断脱及其他可能引起接地不可靠的问题

作业项目	主变压器冷却装置运行维护		
序号	辨识项目	辨识内容	典型控制措施
一	公共部分（健康与环境）		
	［表格内容同 1.1.1 公共部分（健康与环境）］		
二	作业内容（安全）		
1	S	1. 潜油泵运行异常	（1）加强巡查，发现潜油泵振动、过热、渗漏油及声响异常时，应及时退出检查，禁止将潜油泵带病投入运行。 （2）潜油泵故障时，应立即动作于整组冷却器跳闸，否则应手动将其停运

续表

序号	辨识项目	辨识内容	典型控制措施
1	S	2. 主变压器冷却器故障	（1）加强设备巡视，检查主变压器冷却装置双电源供电正常。 （2）坚持主变压器冷却装置备用电源、备用冷却器的定期轮换试验。 （3）注意防雨、防潮、防小动物，控制箱柜门随手关好，电缆孔洞要进行封堵，凝露控制器要能正常工作。 （4）变压器冷却器故障时，保护及信号装置应可靠动作，运行人员应根据声光报警信号，采取措施及时处理。当主变压器冷却器故障全停时，应严格按照规程控制变压器的运行时间

作业项目	变压器运行维护		
序号	辨识项目	辨识内容	典型控制措施
一	公共部分（健康与环境）		
	［表格内容同 1.1.1 公共部分（健康与环境）］		
二	作业内容（安全）		
1	S	1. 变压器主保护退出运行	运行中或备用状态的变压器，气体保护停用或投信号时，变压器差动等其他保护应投跳闸的位置
		2. 过负荷	（1）注意监视变压器的负荷电流及油温，当变压器温度超过允许限值时，应降负荷运行。 （2）变压器过负荷时，检查所有冷却器自动投入，否则应手动将冷却装置全部投运。 （3）当变压器存在较大缺陷，如冷却装置不正常、严重漏油等异常时，不允许过负荷运行
		3. 变压器油色、油位异常	（1）加强设备巡视，并根据环境测试的变化，判断变压器油位是否异常。 （2）当发现变压器油面显著降低时，应立即联系有关人员加油。若大量漏油使油面迅速下降时，禁止将气体保护改投信号，而必须采取止漏措施并立即加油。 （3）若温度上升，变压器油位高出油位指示计时，应适当放油，防止因虚假油位而造成误判，并进行排气检查。 （4）定期进行油质化验，发现油位异常、油质变化较大时，应尽快安排停电处理

序号	辨识项目	辨识内容	典型控制措施
1	S	4. 主变压器中性点过电压	（1）发电机—变压器组并列、解列前，必须合上中性点接地开关。 （2）检查变压器中性点接地引下线应符合容量要求，接地良好，防止锈蚀，防止事故情况下烧断。 （3）检查中性点放电间隙正常，避雷器无破损，主变压器零序接地保护正常投入。 （4）系统事故情况下，应积极与调度人员联系，防止变压器运行于不接地系统。 （5）检查主变压器高压侧避雷器运行正常，防止系统侵入过电压损害中性点绝缘

作业项目	调整启动备用变压器有载调压分接开关		
序号	辨识项目	辨识内容	典型控制措施
一	公共部分（健康与环境）		
	［表格内容同 1.1.1 公共部分（健康与环境）］		
二	作业内容（安全）		
1	S	1. 手动调整启动备用变压器分接开关	（1）原则上有载分接开关应采用电动操作，当电动操作机构故障，需要调整分接开关时，应有相应的防范措施。 （2）变压器严重过负荷时，禁止切换分接开关
		2. 有载调压装置电动操作失灵	（1）立即按下调压装置“停止”按钮，检查电动机停止操作。 （2）若“停止”按钮失效，应立即断开电动操作机构的电源，待接触器返回并恢复正常后再行投入

3.1.15 设备巡视及其他

作业项目	巡回检查电气设备		
序号	辨识项目	辨识内容	典型控制措施
一	公共部分（健康与环境）		
	［表格内容同 1.1.1 公共部分（健康与环境）］		

续表

序号	辨识项目	辨识内容	典型控制措施
二	作业内容（安全）		
1	S	1. 触电：雷雨天气巡检室外设备，接触带电设备外壳，误碰带电设备，造成人身触电	雷雨天气需要巡视室外高压设备时，应穿绝缘靴，并不得靠近避雷器和避雷针；高压设备发生接地时，巡回检查室内不得接近故障点 4m，室外不得接近故障点 8m 以内，进入上述范围必须穿绝缘靴，接触设备的外壳和构架应戴绝缘手套；巡检时，不得进行其他工作，不得移开或越过遮栏
		2. 烧、烫伤：靠近和长时间地停留在可能受到烫伤的地方，造成烧、烫伤	应尽可能避免靠近和长时间地停留在可能受到烫伤的地方，例如：汽、水、燃油管道的法兰、阀门，煤粉系统和锅炉烟道的人孔及检查孔和防爆门、安全门、除氧器、热交换器、汽鼓的水位计等处
		3. 外力：在转动设备或危险的地方行走、逗留或违章工作，发生机械伤害	禁止在机器转动时从联轴器上取下防护罩；禁止在设备运行中清扫、擦拭设备的转动和移动部分，以及把手伸入栅栏内；禁止在栏杆上、管道上、联轴器防护罩上行走和坐立；禁止在起吊中的设备下方行走或逗留
		4. 摔伤：巡检时，在栏杆、管道上倚靠或经过井、坑、孔、洞、沟道、不牢固盖板，发生人员摔伤	禁止在栏杆上、管道上倚靠；巡回检查应注意巡检路线是否有井、坑、孔、洞、沟道或不牢固盖板，并不得跨越
		5. 窒息或中毒：进入配电室或蓄电池室，发生窒息或中毒	进入 SF_6 设备配电室或蓄电池室时，要先将换气扇开启进行通风；室内电气设备发生火灾，进入室内时必须戴好正压式空气呼吸器

作业项目	主变压器区域设备巡视		
序号	辨识项目	辨识内容	典型控制措施
一	公共部分（健康与环境）		
	[表格内容同 1.1.1 公共部分（健康与环境）]		

续表

序号	辨识项目	辨识内容	典型控制措施
二	作业内容（安全）		
1	S	1. 变压器高压静电油流	（1）低温天气不宜启动多台冷却器，防止过冷油流挟带和积累大量电荷，造成高压放电。 （2）变压器钟罩及底座均应可靠接地
		2. 中性点过电压	（1）不宜在中性点附近长时间逗留。 （2）合（断）主变压器中性点隔离开关时，需注意系统随时可能发生接地故障，防止带负荷合（断）隔离开关造成事故
		3. 绝缘子串跌落	（1）大风天气不宜在高压引线下行走。 （2）加强设备防腐

作业项目	直流蓄电池室检查		
序号	辨识项目	辨识内容	典型控制措施
一	公共部分（健康与环境）		
	［表格内容同 1.1.1 公共部分（健康与环境）］		
二	作业内容（安全）		
1	S	引入明火	（1）禁止携带明火进入蓄电池室。 （2）检查抽风机运行正常，室内通风良好

作业项目	电气设备卫生清扫		
序号	辨识项目	辨识内容	典型控制措施
一	公共部分（健康与环境）		
	［表格内容同 1.1.1 公共部分（健康与环境）］		

续表

序号	辨识项目	辨识内容	典型控制措施
二	作业内容（安全）		
1	S	1. 触电	（1）必须有专人监护。 （2）工作中应与带电设备保持足够的安全距离
		2. 误碰、误动运行设备	（1）加强监护，重要设备的清扫应由有经验的电气人员担任。 （2）重要开关及按钮必须用防护罩盖住，防止发生误碰。 （3）防止湿抹布等碰到开关柜门上的保护连接片，造成直流接地及其他事故

3.2 电气检修

3.2.1 变压器检修继电保护作业

作业项目	变压器检修继电保护作业		
序号	辨识项目	辨识内容	典型控制措施
一	公共部分（健康与环境）		
1	身体、心理素质	作业人员的身体状况，心理素质不适于高处作业	（1）不安排此次作业。 （2）不安排高处作业，安排地面辅助工作。 （3）现场配备急救药品。 ⋮
2	精神状态	作业人员连续工作，疲劳困乏或情绪异常	（1）不安排此次作业。 （2）不安排高强度、注意力高度集中、反应能力要求高的工作。 （3）作业过程适当安排休息时间。 ⋮
3	环境条件	作业区域上部有落物的可能；照明充足；安全设施完善	（1）暂时停止高处作业，工作负责人先安排检查接地线等各项安全措施是否完整，无问题后可恢复作业。 ⋮

续表

序号	辨识项目	辨识内容	典型控制措施
4	业务技能	新进人员参与作业或安排人员承担不胜任的工作	（1）安排能胜任或辅助性工作。 （2）设置专责监护人进行监护。 ⋮
5	作业组合	人员搭配不合适	（1）调整人员的搭配、分工。 （2）事先协调沟通，在认识和协作上达成一致。 ⋮
6	工期因素	工期紧张，作业人员及骨干人员不足	（1）增加人员或适当延长工期。 （2）优化作业组合或施工方案、工序。 ⋮
⋮	⋮	⋮	⋮
二	**作业内容（安全）**		
1	检查工作票办理情况	无票作业、工作票种类不符或措施不完善	（1）工作票签发人、工作许可人和工作负责人应认真按照工作票制度进行工作票办理、审查和落实。 （2）对照工作票认真核对设备名称及编号。 （3）发现操作不当或需临时增加操作时，必须与运行人员联系，由运行人员进行操作，设备检修人员不得擅自进行。 （4）即使是内部工作票，也要到现场检查安全措施执行情况
2	保护检验	1. 防止联跳回路的误动	
		2. 测量差动保护注意其接线的正确性	
		3. 试验仪器接线正确，防止乱接试验电源	试验用电源不得以运行中的保护电源为试验电源
3	定值核查	防止定值输入错误	分清设备的定值分类，防止定值输入错误，试验完成后，务必要仔细核对定值是否与定值通知单一致

续表

序号	辨识项目	辨识内容	典型控制措施
4	二次接线核查	确保回路与图纸一致，防止 TA、TV 接线错误	认真执行安全措施票，在监护人的监护下，核对应临时断开的回路和线头，做到拆一个用绝缘物包好一个，并做好执行的标志，恢复时仍需逐个进行
5	变压器本体检查	1. 防止误登设备	攀登设备前，看清设备编号，防止误登设备；攀登设备时，应在有经验的第二人监护下进行
		2. 防止高处坠落	（1）需攀设备工作应在有经验的第二人监护下进行。 （2）攀登设备应戴好安全帽并系好安全带，安全带长度和结系位置要适合
6	设备卫生清扫	防止触电	（1）防止接触带电设备及元器件。 （2）确保开关断开，防止回路带电
7	绝缘电阻检查	1. 检查电缆是否带电	
		2. 核对绝缘电阻表的电压等级	
		3. 摇完绝缘确保放电工作	

3.2.2 6kV 电动机检修

作业项目	6kV 电动机检修		
序号	辨识项目	辨识内容	典型控制措施
一	公共部分（健康与环境）		
	[表格内容同 1.1.1 公共部分（健康与环境）]		
二	作业内容（安全）		
1	检查工作票办理情况	无票作业、工作票种类不符或措施不完善	（1）工作票签发人、工作许可人和工作负责人应认真按照工作票制度进行工作票办理、审查和落实。 （2）对照工作票认真核对设备名称及编号。 （3）发现操作不当或需临时增加操作时，必须与运行人员联系，由运行人员进行操作，设备检修人员不得擅自进行。 （4）即使是内部工作票，也要到现场检查安全措施执行情况

续表

序号	辨识项目	辨识内容	典型控制措施
2	保护检验	1. 防止联跳回路的误动	
		2. 测量保护动作值注意接线正确性	
		3. 试验仪器接线正确，防止乱接试验电源	试验用电源不得以运行中的保护电源为试验电源
3	定值核查	防止定值输入错误	分清设备的定值分类，防止定值输入错误，试验完成后，务必要仔细核对定值是否与定值通知单一致
4	二次接线核查	确保回路与图纸一致，防止TA、TV接线错误	认真执行安全措施票，在监护人的监护下，核对应临时断开的回路和线头，做到拆一个用绝缘物包好一个，并做好执行的标志，恢复时仍需逐个进行
5	开关二次回路检查	1. 防止开关二次插头、插座损坏	
		2. 防止误操作	
6	设备卫生清扫	防止触电	（1）防止接触带电设备及元器件。 （2）确保开关断开，防止回路带电
7	绝缘电阻检查	1. 检查电缆是否带电	
		2. 核对绝缘电阻表的电压等级	
		3. 摇完绝缘确保放电工作	

3.2.3 6kV进线断路器检修继电保护

作业项目	6kV进线断路器检修继电保护		
序号	辨识项目	辨识内容	典型控制措施
一	公共部分（健康与环境）		
	[表格内容同1.1.1公共部分（健康与环境）]		

续表

序号	辨识项目	辨识内容	典型控制措施
二	作业内容（安全）		
1	检查工作票办理情况	无票作业、工作票种类不符或措施不完善	（1）工作票签发人、工作许可人和工作负责人应认真按照工作票制度进行工作票办理、审查和落实。 （2）对照工作票认真核对设备名称及编号。 （3）发现操作不当或需临时增加操作时，必须与运行人员联系，由运行人员进行操作，设备检修人员不得擅自进行。 （4）即使是内部工作票，也要到现场检查安全措施执行情况
2	保护检验	1. 防止联跳回路的误动	
		2. 测量保护动作值注意接线正确性	
		3. 试验仪器接线正确，防止乱接试验电源	试验用电源不得以运行中的保护电源为试验电源
3	定值核查	防止定值输入错误	分清设备的定值分类，防止定值输入错误，试验完成后，务必要仔细核对定值是否与定值通知单一致
4	二次接线核查	确保回路与图纸一致，防止 TA、TV 接线错误	认真执行安全措施票，在监护人的监护下，核对应临时断开的回路和线头，做到拆一个用绝缘物包好一个，并做好执行的标志，恢复时仍需逐个进行
5	开关二次回	1. 防止开关二次插头、插座损坏	
		2. 防止误操作	
6	设备卫生清扫	防止触电	（1）防止接触带电设备及元器件。 （2）确保二次开关断开，防止回路带电
7	绝缘电阻检查	1. 检查电缆是否带电	
		2. 核对绝缘电阻表的电压等级	
		3. 摇完绝缘确保放电工作	

3.2.4 逆变器、220V 整柜检修继电保护

作业项目	逆变器、220V 整柜检修继电保护		
序号	辨识项目	辨识内容	典型控制措施
一	公共部分（健康与环境）		
	［表格内容同 1.1.1 公共部分（健康与环境）］		
二	作业内容（安全）		
1	检查工作票办理情况	无票作业、工作票种类不符或措施不完善	（1）工作票签发人、工作许可人和工作负责人应认真按照工作票制度进行工作票办理、审查和落实。 （2）对照工作票认真核对设备名称及编号。 （3）发现操作不当或需临时增加操作时，必须与运行人员联系，由运行人员进行操作，设备检修人员不得擅自进行。 （4）即使是内部工作票，也要到现场检查安全措施执行情况
2	保护检验	1. 防止负荷侧开关发生误动作	
		2. 防止交直流失压、短路、接地	
		3. 试验仪器接线正确，防止乱接试验电源	试验用电源不得以运行中的保护电源为试验电源
3	定值核查	防止定值输入错误	分清设备的定值分类，防止定值输入错误，试验完成后，务必要仔细核对定值是否与定值通知单一致
4	二次接线核查	确保回路与图纸一致，防止 TA、TV 接线错误	认真执行安全措施票，在监护人的监护下，核对应临时断开的回路和线头，做到拆一个用绝缘物包好一个，并做好执行的标志，恢复时仍需逐个进行
5	装置本体检查	1. 防止静电击伤设备电路元器件	
		2. 防止误操作	
6	设备卫生清扫	防止触电	（1）防止接触带电设备及元器件。 （2）确保开关断开，防止回路带电
7	绝缘电阻检查	1. 检查电缆是否带电	
		2. 核对绝缘电阻表的电压等级	
		3. 摇完绝缘确保放电工作	

3.2.5 故障录波器检修继电保护

作业项目	故障录波器检修继电保护		
序号	辨识项目	辨识内容	典型控制措施
一	公共部分（健康与环境）		
	［表格内容同 1.1.1 公共部分（健康与环境）］		
二	作业内容（安全）		
1	检查工作票办理情况	无票作业、工作票种类不符或措施不完善	（1）工作票签发人、工作许可人和工作负责人应认真按照工作票制度进行工作票办理、审查和落实。 （2）对照工作票认真核对设备名称及编号。 （3）发现操作不当或需临时增加操作时，必须与运行人员联系，由运行人员进行操作，设备检修人员不得擅自进行。 （4）即使是内部工作票，也要到现场检查安全措施执行情况
2	保护检验	1. 防止联跳回路的误动	
		2. 测量保护动作值注意接线正确性	
		3. 试验仪器接线正确，防止乱接试验电源	试验用电源不得以运行中的保护电源为试验电源
3	定值核查	防止定值输入错误	分清设备的定值分类，防止定值输入错误，试验完成后，务必要仔细核对定值是否与定值通知单一致
4	二次接线核查	确保回路与图纸一致，防止 TA、TV 接线错误	认真执行安全措施票，在监护人的监护下，核对应临时断开的回路和线头，做到拆一个用绝缘物包好一个，并做好执行的标志，恢复时仍需逐个进行
5	装置本体检查	1. 防止静电击伤设备电路元器件	
		2. 防止误操作	
6	设备卫生清扫	防止触电	（1）防止接触带电设备及元器件。 （2）确保开关断开，防止回路带电
7	绝缘电阻检查	1. 检查电缆是否带电	
		2. 核对绝缘电阻表的电压等级	
		3. 摇完绝缘确保放电工作	

3.2.6 发电机检修继电保护

作业项目	发电机检修继电保护		
序号	辨识项目	辨识内容	典型控制措施
一	公共部分（健康与环境）		
	[表格内容同 1.1.1 公共部分（健康与环境）]		
二	作业内容（安全）		
1	检查工作票办理情况	无票作业、工作票种类不符或措施不完善	（1）工作票签发人、工作许可人和工作负责人应认真按照工作票制度进行工作票办理、审查和落实。 （2）对照工作票认真核对设备名称及编号。 （3）发现操作不当或需临时增加操作时，必须与运行人员联系，由运行人员进行操作，设备检修人员不得擅自进行。 （4）即使是内部工作票，也要到现场检查安全措施执行情况
2	保护检验	1. 防止三误	（1）核对图纸弄清保护回路的逻辑关系，断开所有跳闸和放电回路。 （2）模拟跳闸试验时，应在跳闸回路上做好可靠的措施。动作情况只可使出口元件动作即可。 （3）投切保护回路压板，必须在继电保护安全措施上作好记录。 （4）核对保护定值，防止误整定
		2. 试验前后注意投切保护回路压板	
		3. 试验仪器接线正确，防止乱接试验电源	试验用电源不得以运行中的保护电源为试验电源
3	定值核查	防止定值输入错误	分清设备的定值分类，防止定值输入错误，试验完成后，务必要仔细核对定值是否与定值通知单一致
4	二次接线核查	确保回路与图纸一致，防止 TA、TV 接线错误	认真执行安全措施票，在监护人的监护下，核对应临时断开的回路和线头，做到拆一个用绝缘物包好一个，并做好执行的标志，恢复时仍需逐个进行
5	装置本体检查	1. 防止静电击伤设备电路元器件	
		2. 防止误操作	
6	设备卫生清扫	防止触电	（1）防止接触带电设备及元器件。 （2）确保开关断开，防止回路带电

序号	辨识项目	辨识内容	典型控制措施
7	绝缘电阻检查	1. 检查电缆是否带电	
		2. 核对绝缘电阻表的电压等级	
		3. 摇完绝缘确保放电工作	

3.2.7 励磁系统检修继电保护

作业项目	励磁系统检修继电保护		
序号	辨识项目	辨识内容	典型控制措施
一	公共部分（健康与环境）		
	［表格内容同 1.1.1 公共部分（健康与环境）］		
二	作业内容（安全）		
1	检查工作票办理情况	无票作业、工作票种类不符或措施不完善	（1）工作票签发人、工作许可人和工作负责人应认真按照工作票制度进行工作票办理、审查和落实。 （2）对照工作票认真核对设备名称及编号。 （3）发现操作不当或需临时增加操作时，必须与运行人员联系，由运行人员进行操作，设备检修人员不得擅自进行。 （4）即使是内部工作票，也要到现场检查安全措施执行情况
2	保护检验	1. 防止三误	（1）核对图纸弄清保护回路的逻辑关系，断开所有跳闸和放电回路。 （2）模拟跳闸试验时，应在跳闸回路上做好可靠的措施。动作情况只可使出口元件动作即可。 （3）投切保护回路压板，必须在继电保护安全措施上作好记录。 （4）核对保护定值，防止误整定
		2. 试验前后注意投切保护回路压板	
		3. 试验仪器接线正确，防止乱接试验电源	试验用电源不得以运行中的保护电源为试验电源

序号	辨识项目	辨识内容	典型控制措施
3	定值核查	防止定值输入错误	分清设备的定值分类，防止定值输入错误，试验完成后，务必要仔细核对定值是否与定值通知单一致
4	二次接线核查	确保回路与图纸一致，防止TA、TV接线错误	认真执行安全措施票，在监护人的监护下，核对应临时断开的回路和线头，做到拆一个用绝缘物包好一个，并做好执行的标志，恢复时仍需逐个进行
5	装置本体检查	1. 防止静电击伤设备电路元器件	
		2. 防止误操作	
6	设备卫生清扫	防止触电	（1）防止接触带电设备及元器件。 （2）确保二次开关断开，防止回路带电
7	绝缘电阻检查	1. 检查电缆是否带电	
		2. 核对绝缘电阻表的电压等级	
		3. 摇完绝缘确保放电工作	

3.2.8 380V低压配电段检修继电保护

作业项目	380V低压配电段检修继电保护		
序号	辨识项目	辨识内容	典型控制措施
一	公共部分（健康与环境）		
	［表格内容同1.1.1公共部分（健康与环境）］		
二	作业内容（安全）		
1	检查工作票办理情况	无票作业、工作票种类不符或措施不完善	（1）工作票签发人、工作许可人和工作负责人应认真按照工作票制度进行工作票办理、审查和落实。 （2）对照工作票认真核对设备名称及编号。 （3）发现操作不当或需临时增加操作时，必须与运行人员联系，由运行人员进行操作，设备检修人员不得擅自进行。 （4）即使是内部工作票，也要到现场检查安全措施执行情况

续表

序号	辨识项目	辨识内容	典型控制措施
2	保护检验	1. 防止联跳回路的误动	
		2. 测量保护动作值注意接线的正确性	
		3. 试验仪器接线正确，防止乱接试验电源	试验用电源不得以运行中的保护电源为试验电源
3	定值核查	防止定值输入错误	分清设备的定值分类，防止定值输入错误，试验完成后，务必要仔细核对定值是否与定值通知单一致
4	二次接线核查	确保回路与图纸一致，防止TA、TV接线错误	认真执行安全措施票，在监护人的监护下，核对应临时断开的回路和线头，做到拆一个用绝缘物包好一个，并做好执行的标志，恢复时仍需逐个进行
5	开关二次回路检查	1. 继电器轻插轻拔，防止损坏	插拔插件必须在装置断电的情况下进行，操作应小心谨慎，并使用合适的工具
		2. 防止误操作	
6	设备卫生清扫	防止触电	（1）防止接触带电设备及元器件。 （2）确保二次开关断开，防止回路带电
7	绝缘电阻检查	1. 检查电缆是否带电	
		2. 核对绝缘电阻表的电压等级	
		3. 摇完绝缘确保放电工作	

3.2.9 220kV 线路检修继电保护

作业项目	220kV 线路检修继电保护		
序号	辨识项目	辨识内容	典型控制措施
一	公共部分（健康与环境）		
	［表格内容同1.1.1 公共部分（健康与环境）］		

序号	辨识项目	辨识内容	典型控制措施
二	作业内容（安全）		
1	检查工作票办理情况	无票作业、工作票种类不符或措施不完善	（1）工作票签发人、工作许可人和工作负责人应认真按照工作票制度进行工作票办理、审查和落实。 （2）对照工作票认真核对设备名称及编号。 （3）发现操作不当或需临时增加操作时，必须与运行人员联系，由运行人员进行操作，设备检修人员不得擅自进行。 （4）即使是内部工作票，也要到现场检查安全措施执行情况
2	保护检验	1. 防止联跳回路的误动	
		2. 测量保护动作值注意接线的正确性	
		3. 试验仪器接线正确，防止乱接试验电源	试验用电源不得以运行中的保护电源为试验电源
3	定值核	防止定值输入错误	分清设备的定值分类，防止定值输入错误，试验完成后，务必要仔细核对定值是否与定值通知单一致
4	二次接线核查	确保回路与图纸一致，防止 TA、TV 接线错误	认真执行安全措施票，在监护人的监护下，核对应临时断开的回路和线头，做到拆一个用绝缘物包好一个，并做好执行的标志，恢复时仍需逐个进行
5	开关二次回路检查	1. 防止开关二次插头、插座损坏	
		2. 防止误操作	
6	设备卫生清扫	防止触电	（1）防止接触带电设备及元器件。 （2）确保二次开关断开，防止回路带电
7	绝缘电阻检查	1. 检查电缆是否带电	
		2. 核对绝缘电阻表的电压等级	
		3. 摇完绝缘确保放电工作	

3.2.10 低周减载、低压解列、备用电源自投装置检修继电保护

作业项目	低周减载、低压解列、备用电源自投装置检修继电保护		
序号	辨识项目	辨识内容	典型控制措施
一	公共部分（健康与环境）		
	[表格内容同 1.1.1 公共部分（健康与环境）]		
二	作业内容（安全）		
1	检查工作票办理情况	无票作业、工作票种类不符或措施不完善	（1）工作票签发人、工作许可人和工作负责人应认真按照工作票制度进行工作票办理、审查和落实。 （2）对照工作票认真核对设备名称及编号。 （3）发现操作不当或需临时增加操作时，必须与运行人员联系，由运行人员进行操作，设备检修人员不得擅自进行。 （4）即使是内部工作票，也要到现场检查安全措施执行情况
2	保护检验	1. 防止逻辑不清造成误动或拒动	（1）在核对图纸的基础上弄清该自动装置和有关设备之间的关系，拆开和恢复线头时要逐个包好或剥去绝缘物，防止误碰。 （2）拆开和恢复时作好记录并做到执行标记，防止遗漏
		2. 防止交直流失压、短路、接地	
		3. 试验仪器接线正确，防止乱接试验电源	试验用电源不得以运行中的保护电源为试验电源
3	定值核查	防止定值输入错误	分清设备的定值分类，防止定值输入错误，试验完成后，务必要仔细核对定值是否与定值通知单一致
4	二次接线核查	确保回路与图纸一致，防止 TA、TV 接线错误	认真执行安全措施票，在监护人的监护下，核对应临时断开的回路和线头，做到拆一个用绝缘物包好一个，并做好执行的标志，恢复时仍需逐个进行
5	装置本体检查	1. 防止静电击伤设备电路元器件	
		2. 防止误操作	
6	设备卫生清扫	防止触电	（1）防止接触带电设备及元器件。 （2）确保二次开关断开，防止回路带电

续表

序号	辨识项目	辨识内容	典型控制措施
7	绝缘电阻检查	1. 检查电缆是否带电	
		2. 核对绝缘电阻表的电压等级	
		3. 摇完绝缘确保放电工作	

3.2.11 电动机测振动、清理卫生、喷漆作业

作业项目	电动机测振动、清理卫生、喷漆作业		
序号	辨识项目	辨识内容	典型控制措施
一	公共部分（健康与环境）		
	［表格内容同 1.1.1 公共部分（健康与环境）］		
二	作业内容（安全）		
1	检查工作票办理情况	无票作业、工作票种类不符或措施不完善	（1）工作票签发人、工作许可人和工作负责人应认真按照工作票制度进行工作票办理、审查和落实。 （2）对照工作票认真核对设备名称及编号。 （3）发现操作不当或需临时增加操作时，必须与运行人员联系，由运行人员进行操作，设备检修人员不得擅自进行。 （4）即使是内部工作票，也要到现场检查安全措施执行情况
2	电动机测振动	1. 防漏电伤人	测振时不可触及电缆，卫生清理时不能清理接线盒口部位，以防电缆因老化或破损漏电伤人
		2. 防止电线被转动部分绞破	电动机喷漆时，应使用检验合格的喷枪和线轴，防止电线被转动部分绞破，注意喷枪口不可对着接线盒口喷
		3. 防止绞伤	（1）工作服袖口要扎紧，防止绞伤。 （2）不准戴手套，防止绞伤。 （3）女工长发要盘入帽内，防止绞伤
		4. 防止测振表滑脱伤人	测振表垂直对住相对较平面，不可用力过大，防止滑脱伤人

续表

序号	辨识项目	辨识内容	典型控制措施
3	清理卫生	1. 防漏电伤人	测振时不可触及电缆，卫生清理时不能清理接线盒口部位，以防电缆因老化或破损漏电伤人
		2. 防止电线被转动部分绞破	电动机喷漆时，应使用检验合格的喷枪和线轴，防止电线被转动部分绞破，注意喷枪口不可对着接线盒口喷
		3. 防止绞伤	（1）工作服袖口要扎紧，防止绞伤。 （2）不准戴手套，防止绞伤。 （3）女工长发要盘入帽内，防止绞伤
4	喷漆	1. 应使用检验合格的喷枪和线轴	电动机喷漆时，应使用检验合格的喷枪和线轴，防止电线被转动部分绞破，注意喷枪口不可对着接线盒口喷
		2. 防止被转动部分绞破	（1）工作服袖口要扎紧，防止绞伤。 （2）不准戴手套，防止绞伤。 （3）女工长发要盘入帽内，防止绞伤
		3. 注意喷枪口不可对着接线盒口喷	电动机喷漆时，应使用检验合格的喷枪和线轴，防止电线被转动部分绞破，注意喷枪口不可对着接线盒口喷
		4. 防止高处坠落	（1）对于高度超过 1.5m 的立式电动机的喷漆，必须使用安全带。 （2）梯子上允许一个人进行工作，梯子必须可靠扶好和固定好。 （3）严禁使用没有防滑垫的梯子

3.2.12 照明危险点检修

作业项目	照明危险点检修		
序号	辨识项目	辨识内容	典型控制措施
一	公共部分（健康与环境）		
	[表格内容同 1.1.1 公共部分（健康与环境）]		

续表

序号	辨识项目	辨识内容	典型控制措施
二	作业内容（安全）		
1	检查工作票办理情况	无票作业、工作票种类不符或措施不完善	（1）工作票签发人、工作许可人和工作负责人应认真按照工作票制度进行工作票办理、审查和落实。 （2）对照工作票认真核对设备名称及编号。 （3）发现操作不当或需临时增加操作时，必须与运行人员联系，由运行人员进行操作，设备检修人员不得擅自进行。 （4）即使是内部工作票，也要到现场检查安全措施执行情况
2	更换灯具	1. 防止人员高处坠落	（1）更换灯泡时，应停电进行工作。 （2）禁止将梯子搭在穿线管上。 （3）梯子上允许一个人进行工作，梯子必须可靠护扶好和固定好。 （4）严禁使用没有防滑垫的梯子。 （5）严禁用湿手更换带电照明灯。 （6）梯子上工作应使用工具袋，严禁抛掷工具。 （7）在配电室搬运梯子时，应与带电设备保持足够的安全距离。 （8）顶棚照明更换时，不可将安全带系在钢梁上，以免行车误动致使人员受伤。 （9）在热管道上工作时，必须做好防烫伤的安全措施。 （10）在酸碱管道上工作时，必须穿耐酸防护服。 （11）发冷的灯泡安装时，必须适应周围环境，以免爆炸。 （12）灯泡更换完送电时，人员必须离开以免灯泡爆炸。 （13）严禁用湿布擦拭带电和发热的灯
		2. 防止工具坠落伤人	（1）检查检修区域上方和周围无高处落物的危险，上方有作业应交错开，或做好隔离措施。 （2）高处作业时，作业点下方装设围栏并且挂警示牌，以免落物伤人，较小零件应及时放入工具袋。 （3）高处作业不准上下抛掷工器具、物件。 （4）进入现场戴安全帽
		3. 防止梯子滑倒	（1）使用的梯子必须牢固，有人扶梯，设专人监护，系好安全带。 （2）现场使用梯子时，梯子经过检验合格并且安置稳固，梯子与地面的夹角为 60°

续表

序号	辨识项目	辨识内容	典型控制措施
3	更换照明开关	1. 防止人员触电	（1）工作人员必须穿绝缘鞋。 （2）做好停电安全措施。 （3）不可将线头搭接两相母线排上，以免发生短路。 （4）开关在安装前，必须检查和核实开关的良好性和安全性。 （5）不停电更换时，必须做好隔离措施
		2. 防止短路	（1）工作人员必须穿绝缘鞋。 （2）做好停电安全措施。 （3）不可将线头搭接两相母线排上，以免发生短路。 （4）开关在安装前，必须检查和核实开关的良好性和安全性。 （5）不停电更换时，必须做好隔离措施
4	线路短路处理	1. 防止高处坠落	（1）需攀设备工作应在有经验的第二人监护下进行。 （2）攀登设备应戴好安全帽并系好安全带，安全带长度和结系位置要适合
		2. 防止落物伤人	（1）检查检修区域上方和周围无高处落物的危险，上方有作业应交错开，或做好隔离措施。 （2）高处作业时，作业点下方装设围栏并且挂警示牌，以免落物伤人，较小零件应及时放入工具袋。 （3）高处作业不准上下抛掷工器具、物件。 （4）进入现场戴安全帽
		3. 防止梯子滑倒	（1）使用的梯子必须牢固，有人扶梯，设专人监护，系好安全带。 （2）现场使用梯子时，梯子经过经检验合格并且安置稳固，梯子与地面的夹角为 60°

3.2.13 电缆检修

作业项目	电缆检修		
序号	辨识项目	辨识内容	典型控制措施
一	公共部分（健康与环境）		
	［表格内容同 1.1.1 公共部分（健康与环境）］		

续表

序号	辨识项目	辨识内容	典型控制措施
二	作业内容（安全）		
1	检查工作票办理情况	无票作业、工作票种类不符或措施不完善	（1）工作票签发人、工作许可人和工作负责人应认真按照工作票制度进行工作票办理、审查和落实。 （2）对照工作票认真核对设备名称及编号。 （3）发现操作不当或需临时增加操作时，必须与运行人员联系，由运行人员进行操作，设备检修人员不得擅自进行。 （4）即使是内部工作票，也要到现场检查安全措施执行情况
2	挖掘电缆沟	1. 防止碰坏地下设施伤人	（1）挖掘电缆沟前，必须与地下管道、电缆的主管部门联系，明确地下设置位置，做好防范措施，组织外来人员施工时，应交代清楚并加强监护。 （2）挖掘过程中碰到地下物体，不得擅自破坏，要验明清楚。 （3）在电缆路径上挖掘，不得使用铁镐，挖到电缆盖板时，更应注意防止碰坏电缆
		2. 防止锹镐及回落土伤人	（1）挖掘电缆沟前，现场应做好明显标志或围栏，挖出的土堆起的斜坡上不得放置工具、材料等杂物，沟边应留有走道。 （2）在挖掘电缆沟深超过 1.5m 时，抛土要特别注意防止土方回落。 （3）在松软土层挖沟应有防止塌方措施，禁止由下部掏挖土层。 （4）在居民区交通要道附近挖沟时应设沟盖，夜间挂红灯。 （5）硬石、冻土层打眼时，应检查锤把、锤头及钢钎子。打锤人应站在扶钎人侧面，严禁站在对面，并不得戴手套，扶钎人应戴安全帽，钎头有开花现象时，应更换修理
		3. 防止毒气伤人	（1）在煤气管道附近挖掘时，必须由两人进行，监护人必须注意挖土人，防止煤气中毒。 （2）在垃圾处挖掘时，必须由两人进行，要有防沼气中毒措施
		4. 防止挤压	（1）电缆盘禁止平放运输，起重机装卸电缆时，起重工作应由一人统一指挥。 （2）电缆盘挂牢吊钩，人员撤离后方可起吊。 （3）与工作无关人员禁止在起重区域内行走停留，正在吊物时，任何人员不准在吊杆和吊物下停留或行走。 （4）重物放置后方可解钩，运输过程中电缆盘必须捆绑牢固，严禁客货混载。 （5）卸电缆应使用起重机或将其沿着坚固的铺板渐渐滚下，铺板滚下电缆盘相反方向的制动绳应满足绳索引力，并固定在牢固地点，电缆盘下方禁止站人，不允许将电缆盘从车上直接推下

续表

序号	辨识项目	辨识内容	典型控制措施
2	挖掘电缆沟	5. 防止摔伤、传动挤伤工作人员	（1）电缆沟边应修有人工引电缆的平整走道。 （2）电缆盘及放线架应固定在硬质平整的地面，电缆应从电缆盘上方索引。 （3）电缆盘设专人看守，电缆盘滚动时禁止用手刹车。 （4）肩抬电缆的人应在电缆同侧，合理地分配肩抬距离，禁止把电缆在地面上拖拉。 （5）电缆穿入保护管时，送电缆的人手与管口保持一定距离
		6. 防止抬运物体时挤压，施工过程物体打击	（1）抬运物体时，注意人员相互配合。 （2）用刀或其他工具时，注意用力方向，不准对着人体。 （3）制作中间接头时，接头坑边应留有走道，坑边不得放置工具、材料，传递物体注意接递
3	电线敷设	1. 防止使用喷灯时烫伤	（1）使用喷灯应先检查喷灯本体是否漏气或堵塞。喷灯加油不得超过容积的 3/4。禁止在明火附近进行放气或加油，点火时先将喷嘴预热。使用喷灯时，喷嘴不准对着人体及设备，打气不得过饱。 （2）喷灯使用完毕，应立即放气，放置安全地点，冷却后装运
		2. 防止误入、误碰触带电设备	（1）没完成工作许可手续前，工作班成员禁止进入工作区域。 （2）高压试验工作不得少于两人，试验负责人应对全体试验人员详细布置试验中的安全注意事项
		3. 防止压钳压坏电缆线鼻	
4	故障电缆处理	1. 防止对故障电缆误判断造成触电伤人	（1）挖掘电缆工作应由有经验人员交代清楚后才能进行，挖到电缆保护板后，应由有经验人员在场指导，方可继续工作，加强监护。 （2）在挖出的土堆起的斜坡上不得放置工具、材料，沟边留有走道。 （3）锯电缆前，必须与电缆原始资料核对，并采取措施用责任两种以上定点法复试，对电缆进行判断，发生疑问时不得盲目锯断电缆。 （4）判断确定后，用带木柄的接地铁钉入电缆芯，方可工作
		2. 防止人员人身伤害	
5	电缆试验	1. 防止误入、误碰触带电设备	（1）没完成工作许可手续前，工作班成员禁止进入工作区域。 （2）高压试验工作不得少于两人，试验负责人应对全体试验人员详细布置试验中的安全注意事项
		2. 防止人员人身伤害	
		3. 防止电缆被击穿	

3.2.14 电缆专业低压盘段检修

作业项目	电缆专业低压盘段检修		
序号	辨识项目	辨识内容	典型控制措施
一	公共部分（健康与环境）		
	［表格内容同 1.1.1 公共部分（健康与环境）］		
二	作业内容（安全）		
1	检查工作票办理情况	无票作业、工作票种类不符或措施不完善	（1）工作票签发人、工作许可人和工作负责人应认真按照工作票制度进行工作票办理、审查和落实。 （2）对照工作票认真核对设备名称及编号。 （3）发现操作不当或需临时增加操作时，必须与运行人员联系，由运行人员进行操作，设备检修人员不得擅自进行。 （4）即使是内部工作票，也要到现场检查安全措施执行情况
2	接临时电源	1. 防止短路烧伤	
		2. 防止过负荷	
3	低压盘工作	1. 防止走错间隔	
		2. 防止低压触电	（1）必须站在干燥的绝缘物上工作，并设专人监护。 （2）必须使用有绝缘柄和采取绝缘包扎措施的工具。 （3）作业人员必须穿长袖衣，并戴手套和安全帽。 （4）作业人员不得使用湿布擦拭设备
		3. 防止碰伤头部	
4	更换检修电源箱	1. 防止砸伤手、脚	
		2. 防止触电	（1）拉开有关的电源开关，并在其操作把手上挂“禁止合闸，有人工作”标示牌。 （2）应由两人以上在一起工作。 （3）更换熔断器后，恢复操作时，应戴手套和护目镜

续表

序号	辨识项目	辨识内容	典型控制措施
4	更换检修电源箱	3. 防止落物伤人	（1）检查检修区域上方和周围无高处落物的危险，上方有作业应交错开，或做好隔离措施。 （2）高处作业时，作业点下方装设围栏并且挂警示牌，以免落物伤人，较小零件应及时放入工具袋。 （3）高处作业不准上下抛掷工器具、物件。 （4）进入现场戴安全帽

3.2.15 蓄电池充放电

作业项目	蓄电池充放电		
序号	辨识项目	辨识内容	典型控制措施
一	**公共部分（健康与环境）**		
	[表格内容同 1.1.1 公共部分（健康与环境）]		
二	**作业内容（安全）**		
1	检查工作票办理情况	无票作业、工作票种类不符或措施不完善	（1）工作票签发人、工作许可人和工作负责人应认真按照工作票制度进行工作票办理、审查和落实。 （2）对照工作票认真核对设备名称及编号。 （3）发现操作不当或需临时增加操作时，必须与运行人员联系，由运行人员进行操作，设备检修人员不得擅自进行。 （4）即使是内部工作票，也要到现场检查安全措施执行情况
2	电阻检查	防止电阻砸伤手、脚	
3	配制电解液	极板连接	
4	蓄电池充电	1. 防止酸性气体爆炸和人员窒息	
		2. 防止电池过充	
5	蓄电池放电	1. 防止烫伤	按规定办理工作票。检查运行人员所做安全措施是否正确。工作人员应穿防酸服。电缆要绝缘良好。检查极板是否弯曲、硫化和活性物质脱落程度。试验时备齐记录纸及万用表。发现问题及时查清，不敷衍了事

续表

序号	辨识项目	辨识内容	典型控制措施
5	蓄电池放电	2. 防止发生火灾	(1) 禁止携带明火进入蓄电池室。 (2) 检查抽风机运行正常，室内通风良好
		3. 防止蓄电池过放	

3.2.16 发电机大修

作业项目	发电机大修		
序号	辨识项目	辨识内容	典型控制措施
一	公共部分（健康与环境）		
	[表格内容同 1.1.1 公共部分（健康与环境）]		
二	作业内容（安全）		
1	检查工作票办理情况	无票作业、工作票种类不符或措施不完善	(1) 工作票签发人、工作许可人和工作负责人应认真按照工作票制度进行工作票办理、审查和落实。 (2) 对照工作票认真核对设备名称及编号。 (3) 发现操作不当或需临时增加操作时，必须与运行人员联系，由运行人员进行操作，设备检修人员不得擅自进行。 (4) 即使是内部工作票，也要到现场检查安全措施执行情况
2	排氢	防止氢气泄漏爆炸，认真检查排氢系统	(1) 工作负责人在排氢工作作业前，一定要对工作班成员尤其是临时工就该项作业的危险因素进行讲解（包括使用铜制工具、禁止吸烟）。 (2) 作业人员对氢系统阀门进行操作时，禁止临时工单独作业，防止系统流程不对。 (3) 禁止将 CO_2 气体直接对人进行喷射。班组在作业前，应当准备充足的 CO_2 瓶（至少 40 瓶以上）。 (4) 联系运行具备排氢条件。征得单元长同意。 (5) 关闭母管来氢阀门，拆掉来氢主管上 U 形管的两道法兰，并将 U 形管拆除，在来氢侧加装死堵板。 (6) 打开排氢阀门，当氢压降到 10～20kPa 时，打开 CO_2 瓶开始置换，防止空气进入发电机内。

序号	辨识项目	辨识内容	典型控制措施
2	排氢	防止氢气泄漏爆炸，认真检查排氢系统	（7）当充到20瓶时，应联系化学对CO_2进行化验，分别从发电机和氢干燥器顶部取样。为防止氢气爆炸，取样地点一定要合适（2号机组氢干燥器应单独置换）。 （8）排氢结束后，应至少用干燥的压缩空气吹扫24h以上，方可进入发电机内部进行作业
3	解体	1. 防止大锤伤人	使用大锤要安装牢固，打大锤不许戴手套，不许单手抡大锤，周围不准有人靠近
		2. 防止火灾	氢系统作业前，必须要对设备进行气体置换，各类气体置换方法严格按操作票执行；充、排氢气时，必须控制合适速度，防止摩擦发生爆炸，由化学化验合格后才能进行施工。来氢管阀门后的第一接口必须打好死堵板，并经过测量合格，悬挂合适警示标志
		3. 防止高处坠落	（1）工作人员不应有妨碍高处作业的病症，遇有精神状况不好应禁止作业。 （2）拆卸设备时，作业人员相互配合好，防止作业人员失衡从脚手架上坠落
4	抽转子	1. 防止木枕安装不牢	
		2. 防止拉伤定子绕组	
5	定、转子检修	1. 防止火灾	氢系统作业前，必须要对设备进行气体置换，各类气体置换方法严格按操作票执行。充、排氢气时，必须控制合适速度，防止摩擦发生爆炸，由化学化验合格后才能进行施工。来氢管阀门后的第一接口必须打好死堵板，并经过测量合格，悬挂合适警示标志
		2. 防止小螺栓掉入定子铁芯内	
		3. 防止转子没放平造成弯曲	
6	定子水系统检修	1. 防止处盐水不干净	
		2. 防止未排空造成误判	
		3. 防止表阀门未开形成爆管	
7	回装	1. 防止清理风道时，造成窒息	
		2. 防止将工具留在发电机内	
		3. 防止密封不严	

续表

序号	辨识项目	辨识内容	典型控制措施
8	试转	1. 试转前，认真检查系统恢复情况，防止发生跑水、油事故	
		2. 试转时，工作人员不得站于轴向位置	
		3. 冲车时，随时关注振动与运转声音，发现异常及时通知	

3.2.17 电动机接线盒过渡箱检查、油枪加油、测绝缘电阻、钳形表测电流作业

作业项目	电动机接线盒过渡箱检查、油枪加油、测绝缘电阻、钳形表测电流作业		
序号	辨识项目	辨识内容	典型控制措施
一	公共部分（健康与环境）		
	[表格内容同 1.1.1 公共部分（健康与环境）]		
二	作业内容（安全）		
1	检查工作票办理情况	无票作业、工作票种类不符或措施不完善	（1）工作票签发人、工作许可人和工作负责人应认真按照工作票制度进行工作票办理、审查和落实。 （2）对照工作票认真核对设备名称及编号。 （3）发现操作不当或需临时增加操作时，必须与运行人员联系，由运行人员进行操作，设备检修人员不得擅自进行。 （4）即使是内部工作票，也要到现场检查安全措施执行情况
2	接线盒过渡箱检查	1. 防止扳手滑脱伤人	
		2. 防止砸伤	
		3. 防止蛇皮管划伤手	
		4. 防止电击	

续表

序号	辨识项目	辨识内容	典型控制措施
3	油枪加油	1. 防止用力过大油枪滑脱伤人	
		2. 防止油枪碰住电动机风轮	
4	测绝缘电阻	1. 检查被测设备已停电	
		2. 检验绝缘电阻表	
		3. 应将被测设备对地充分放电，防止电击	
5	钳形表测电	1. 防止误碰盘上裸露带电端子	
		2. 读数时不可将头探入配电盘内部	
		3. 不可用力过大，防止将线头抽出	

3.2.18 电动机大修

作业项目	电动机大修		
序号	辨识项目	辨识内容	典型控制措施
一	公共部分（健康与环境）		
	[表格内容同 1.1.1 公共部分（健康与环境）]		
二	作业内容（安全）		
1	检查工作票办理情况	无票作业、工作票种类不符或措施不完善	（1）工作票签发人、工作许可人和工作负责人应认真按照工作票制度进行工作票办理、审查和落实。 （2）对照工作票认真核对设备名称及编号。 （3）发现操作不当或需临时增加操作时，必须与运行人员联系，由运行人员进行操作，设备检修人员不得擅自进行。 （4）即使是内部工作票，也要到现场检查安全措施执行情况

续表

序号	辨识项目	辨识内容	典型控制措施
2	拆接引线	1. 防止螺栓脱落	
		2. 注意引线绝缘	
		3. 注意引线相序	
3	搭架	1. 防止架子倒塌	拆除脚手架时，要按预定顺序进行，当拆除一部分时，防止导致其他部分倾斜倒塌。应由有经验者担任监护
		2. 防止高处坠落	始终将安全带和安全绳挂在牢固物体上。中间需要倒钩时，人员应站好位置后进行
		3. 防止落物伤人	（1）检查检修区域上方和周围无高处落物的危险，上方有作业应交错开，或做好隔离措施。 （2）高处作业时，作业点下方装设围栏并且挂警示牌，以免落物伤人，较小零件应及时放入工具袋。 （3）高处作业不准上下抛掷工器具、物件。 （4）进入现场戴安全帽
4	电动机解体	1. 防止零件丢失	
		2. 防止火灾	
		3. 防止机械伤人	
5	起吊重物	1. 防止碰伤挤伤	
		2. 防止设备损坏	
		3. 防止物件滑落	
6	定子检修	1. 防止铁芯滑伤手	
		2. 防止转用工具砸伤手	
		3. 防止刀具割伤手	
		4. 防止绝缘漆溅入眼内	

续表

序号	辨识项目	辨识内容	典型控制措施
7	轴承检修	1. 防止煤油将人滑倒	
		2. 防止卡簧弹出伤人	
		3. 防止拿子弹出伤人	
		4. 防止加热的轴承烫伤手，防止铜棒和大锤脱手	
8	转子检修	1. 防止清理铁芯滑伤手	
		2. 防止砸紧平衡块时，榔头飞出伤人	
9	通风冷却系统检修	1. 防止风道内留有异物	回装时，认真检查管道内有无遗留异物，确认无异物后方可回装
		2. 防止伤人	
10	测量绝缘电阻	1. 防止仪器损坏	
		2. 防止余电伤人	
11	回装	1. 防止螺栓受力不均匀	
		2. 防止零件少装	
		3. 防止异物留在电动机内	
12	试转	1. 试转前，认真检查系统恢复情况，防止发生跑水、油事故	
		2. 试转时，工作人员不得站于轴向位置	
		3. 启动时，随时关注振动与运转声音，发现异常及时通知	

3.2.19 电气高压试验

作业项目	电气高压试验		
序号	辨识项目	辨识内容	典型控制措施
一	公共部分（健康与环境）		
	［表格内容同 1.1.1 公共部分（健康与环境）］		
二	作业内容（安全）		
1	检查工作票办理情况	无票作业、工作票种类不符或措施不完善	（1）工作票签发人、工作许可人和工作负责人应认真按照工作票制度进行工作票办理、审查和落实。 （2）对照工作票认真核对设备名称及编号。 （3）发现操作不当或需临时增加操作时，必须与运行人员联系，由运行人员进行操作，设备检修人员不得擅自进行。 （4）即使是内部工作票，也要到现场检查安全措施执行情况
2	进行试验接线	1. 防止高处坠落	（1）需攀设备工作应在有经验的第二人监护下进行。 （2）攀登设备应戴好安全帽并系好安全带，安全带长度和结系位置要适合
		2. 防止高处坠落物伤人	（1）检查检修区域上方和周围无高处落物的危险，上方有作业应交错开，或做好隔离措施。 （2）高处作业时，作业点下方装设围栏并且挂警示牌，以免落物伤人，较小零件应及时放入工具袋。 （3）高处作业不准上下抛掷工器具、物件。 （4）进入现场戴安全帽
3	试验监护	1. 防止监护不到位	（1）工作负责人正确、安全地组织作业，做好作业全过程的控制。 （2）作业人员做到相互监护、照顾和提醒，互相关心试验安全
		2. 防止非试验人员误闯入试验现场	在高压试验设备和高压引线周围均应装设遮栏，向外悬挂“止步！高压危险”标示牌。装设遮栏的地方，应派专人看守，以防外人不慎闯入
4	现场试验	1. 防止人身感电	（1）测量绝缘电阻时，变更结线或试验结束时，要将设备对地放电。测量用的导线要使用绝缘导线，禁止徒手拿裸导线。 （2）试验人员与带电部分要有足够的安全距离。 （3）做介损试验时，试验人员要注意不要误触、误碰试验引线或屏蔽线。 （4）试验仪器的金属外壳接地应可靠，应使用明显断开的双极开关。

续表

序号	辨识项目	辨识内容	典型控制措施
4	现场试验	1. 防止人身感电	（5）直流电阻试验时，变更结线或试验结束要先拉开电源，以免反电动势伤人。 （6）安全开关熔丝的规格应合适，不得缺盖。 （7）操作人要站在绝缘垫上
		2. 防止人身触电	（1）在试验前应先行放电。 （2）每试完一相或试验结束，要将设备对地放电数次并短路接地。 （3）被试电缆另一端派专人看守，与非被试设备有足够的距离。 （4）使用合格的绝缘工具。 （5）禁止徒手碰导线，接地线要牢固可靠。 （6）要经第二人检查试验结线。 （7）试验设备应可靠接地，高压引线应尽量缩短，高压回路对遮拦、被试设备的外壳等接地体应有足够的安全距离，以防发生发电或其他意外事故。 （8）高压引线接在拉杆顶端时，一定要接好，以免掉下造成危险。用拉杆钩避雷器测试部位时，也一定要钩牢，以免滑脱，还一定要预想到拉杆可能从什么部位落下以防砸伤人、仪器或发生高压电伤人事故。 （9）试验前，升压器一定要放置平稳。高压引线要尽量短并且要固定好。 （10）泄漏电流测试时，试验设备应可靠接地，高压引线应尽量缩短，高压回路对遮拦、对被试设备的外壳等接地体应有足够的安全距离，以防止发生放电。 （11）试验用高压引线应尽量缩短，高压回路对遮拦、对被试设备的外壳等接地体应有足够的安全距离，以防止发生放电。 （12）电源方面，应有可靠的过电流保护措施。 （13）加电压前，还必须认真检查试验接线（包括检查调压器的零位、仪器和仪表的量程范围）、遮拦、标示牌、放电棒、接地和电源，使全体人员撤到安全遮拦的外面，确认设备近旁无人逗留，确认进入正常工作状态，可认为准备工作完成。 （14）指定专人合上电源，试验升压过程中，要随时呼唱电压数值，要有专人监视被试品和试验设备的状况，要监视试验回路电流的变化趋势，一旦发现异常情况，应立即降低电压，并迅速断开电源
		3. 防止 SF_6 试验中毒窒息	工作中戴防毒面具，穿工作服
5	防止高处坠落	1. 防止高处坠落	（1）需攀设备工作应在有经验的第二人监护下进行。 （2）攀登设备应戴好安全帽并系好安全带，安全带长度和结系位置要适合

续表

序号	辨识项目	辨识内容	典型控制措施
5	防止高处坠落	2. 防止高处坠落物伤人	（1）检查检修区域上方和周围无高处落物的危险，上方有作业应交错开，或做好隔离措施。 （2）高处作业时，作业点下方装设围栏并且挂警示牌，以免落物伤人，较小零件应及时放入工具袋。 （3）高处作业不准上下抛掷工器具、物件。 （4）进入现场戴安全帽

3.2.20 变压器大修

作业项目	变压器大修		
序号	辨识项目	辨识内容	典型控制措施
一	公共部分（健康与环境）		
	[表格内容同 1.1.1 公共部分（健康与环境）]		
二	作业内容（安全）		
1	检查工作票办理情况	无票作业、工作票种类不符或措施不完善	（1）工作票签发人、工作许可人和工作负责人应认真按照工作票制度进行工作票办理、审查和落实。 （2）对照工作票认真核对设备名称及编号。 （3）发现操作不当或需临时增加操作时，必须与运行人员联系，由运行人员进行操作，设备检修人员不得擅自进行。 （4）即使是内部工作票，也要到现场检查安全措施执行情况
2	变压器放油	1. 防止高处坠落	（1）需攀设备工作应在有经验的第二人监护下进行。 （2）攀登设备应戴好安全帽并系好安全带，安全带长度和结系位置要适合
		2. 防止大量跑油	
3	拆装变压器引线及附件	1. 防止落物伤人	（1）检查检修区域上方和周围无高处落物的危险，上方有作业应交错开，或做好隔离措施。 （2）高处作业时，作业点下方装设围栏并且挂警示牌，以免落物伤人，较小零件应及时放入工具袋。

续表

序号	辨识项目	辨识内容	典型控制措施
3	拆装变压器引线及附件	1. 防止落物伤人	(3)高处作业不准上下抛掷工器具、物件。 (4)进入现场戴安全帽
		2. 防止高处坠落	(1)需攀设备工作应在有经验的第二人监护下进行。 (2)攀登设备应戴好安全帽并系好安全带，安全带长度和结系位置要适合
		3. 防止设备损坏	
		4. 防止违章指挥	
		5. 防止异物掉入	
4	变压器的移出	1. 防止变压器倾倒	
		2. 防止人员挤伤、砸伤	(1)工作中必须坚持戴安全帽。 (2)统一指挥，注意作业配合和动作呼应
		3. 防止起重中伤人	
5	起吊钟罩及器身内检查	1. 防止人员窒息	进入器身内工作，必须装设通风机对器身内充分通风
		2. 防止违章指挥	
		3. 防止人员设备损坏	
		4. 防止异物掉入	
6	变压器油处理	1. 防止油老化	
		2. 防止跑油	
		3. 防止油受潮	
7	变压器补油	1. 高处作业系好安全带	
		2. 防止造成假油位	
		3. 防止油位不合适	
		4. 防止加热的轴承烫伤手，防止铜棒和大锤脱手	

续表

序号	辨识项目	辨识内容	典型控制措施
8	变压器热油循环及真空注油	1. 防止铁芯受潮	
		2. 防止设备损坏	
		3. 防止非真空注油	
		4. 防止金属网打入变压器内	
9	回装	1. 防止落物伤人	（1）检查检修区域上方和周围无高处落物的危险，上方有作业应交错开，或做好隔离措施。 （2）高处作业时，作业点下方装设围栏并且挂警示牌，以免落物伤人，较小零件应及时放入工具袋。 （3）高处作业不准上下抛掷工器具、物件。 （4）脚手架上堆放物件时，应固定，杂物应及时清理
		2. 防止高处坠落	（1）需攀设备工作应在有经验的第二人监护下进行。 （2）攀登设备应戴好安全帽并系好安全带，安全带长度和结系位置要适合
		3. 防止试验高压伤人	
		4. 防止设备损坏	

3.2.21 6kV 开关柜及开关大修

作业项目	6kV 开关柜及开关大修		
序号	辨识项目	辨识内容	典型控制措施
一	公共部分（健康与环境）		
	［表格内容同 1.1.1 公共部分（健康与环境）］		
二	作业内容（安全）		
1	检查工作票办理情况	无票作业、工作票种类不符或措施不完善	（1）工作票签发人、工作许可人和工作负责人应认真按照工作票制度进行工作票办理、审查和落实。 （2）对照工作票认真核对设备名称及编号。

续表

序号	辨识项目	辨识内容	典型控制措施
1	检查工作票办理情况	无票作业、工作票种类不符或措施不完善	（3）发现操作不当或需临时增加操作时，必须与运行人员联系，由运行人员进行操作，设备检修人员不得擅自进行。 （4）即使是内部工作票，也要到现场检查安全措施执行情况
2	开关柜搬移	1. 防止落物伤人	（1）检查检修区域上方和周围无高处落物的危险，上方有作业应交错开，或做好隔离措施。 （2）高处作业时，作业点下方装设围栏并且挂警示牌，以免落物伤人，较小零件应及时放入工具袋。 （3）高处作业不准上下抛掷工器具、物件。 （4）脚手架上堆放物件时，应固定，杂物应及时清理
		2. 防止高处坠落	（1）需攀设备工作应在有经验的第二人监护下进行。 （2）攀登设备应戴好安全帽并系好安全带，安全带长度和结系位置要适合
		3. 防止设备损坏	
		4. 防止违章指挥	
		5. 防止人员挤伤	（1）工作中必须坚持戴安全帽。 （2）统一指挥，注意作业配合和动作呼应
3	开关解体检修	1. 防止开关倾倒	
		2. 防止人员挤伤	（1）工作中必须坚持戴安全帽。 （2）统一指挥，注意作业配合和动作呼应
		3. 防止设备损坏	
4	开关柜找平	1. 防止基础不平	
		2. 防止基础焊接不牢	
5	开关柜连接固定	1. 防止高处坠落	（1）专用平台搭设牢固，围栏高度合适。 （2）专用平台上工作时，必须系好安全带
		2. 防止火灾	（1）用火焊时，要检查焊带，不应有漏气现象。 （2）火焊用后要关好火焊把的各气门。 （3）作业后不应遗留火源、火种，防止火灾发生

续表

序号	辨识项目	辨识内容	典型控制措施
5	开关柜连接固定	3. 防止人员触电	与试验工作无关的人员，不得靠近被试设备
6	开关整体组装	1. 防止人员伤害	与试验工作无关的人员，不得靠近被试设备
		2. 防止设备损坏	
		3. 防止异物掉入	
7	开关调试试验	1. 防止开关损伤	
		2. 防止人员挤伤	（1）工作中必须坚持戴安全帽。 （2）统一指挥，注意作业配合和动作呼应
8	回装	1. 防止落物伤人	（1）检查检修区域上方和周围无高处落物的危险，上方有作业应交错开，或做好隔离措施。 （2）高处作业时，作业点下方装设围栏并且挂警示牌，以免落物伤人，较小零件应及时放入工具袋。 （3）高处作业不准上下抛掷工器具、物件
		2. 防止试验伤人	

3.2.22　380kV 开关柜及开关检修

作业项目	380kV 开关柜及开关检修		
序号	辨识项目	辨识内容	典型控制措施
一	公共部分（健康与环境）		
	［表格内容同 1.1.1 公共部分（健康与环境）］		
二	作业内容（安全）		
1	检查工作票办理情况	无票作业、工作票种类不符或措施不完善	（1）工作票签发人、工作许可人和工作负责人应认真按照工作票制度进行工作票办理、审查和落实。 （2）对照工作票认真核对设备名称及编号。

续表

<table>
<tr><th>序号</th><th>辨识项目</th><th>辨识内容</th><th>典型控制措施</th></tr>
<tr><td>1</td><td>检查工作票办理情况</td><td>无票作业、工作票种类不符或措施不完善</td><td>（3）发现操作不当或需临时增加操作时，必须与运行人员联系，由运行人员进行操作，设备检修人员不得擅自进行。
（4）即使是内部工作票，也要到现场检查安全措施执行情况</td></tr>
<tr><td rowspan="5">2</td><td rowspan="5">开关柜搬移</td><td>1. 防止落物伤人</td><td>（1）检查检修区域上方和周围无高处落物的危险，上方有作业应交错开，或做好隔离措施。
（2）高处作业时，作业点下方装设围栏并且挂警示牌，以免落物伤人，较小零件应及时放入工具袋。
（3）高处作业不准上下抛掷工器具、物件。
（4）进入现场戴安全帽</td></tr>
<tr><td>2. 防止高处坠落</td><td>（1）需攀设备工作应在有经验的第二人监护下进行。
（2）攀登设备应戴好安全帽、并系好安全带，安全带长度和结系位置要适合</td></tr>
<tr><td>3. 防止设备损坏</td><td></td></tr>
<tr><td>4. 防止违章指挥</td><td></td></tr>
<tr><td>5. 防止人员挤伤</td><td>（1）工作中必须坚持戴安全帽。
（2）统一指挥，注意作业配合和动作呼应</td></tr>
<tr><td rowspan="3">3</td><td rowspan="3">开关解体检修</td><td>1. 防止开关倾倒</td><td></td></tr>
<tr><td>2. 防止人员挤伤</td><td>（1）工作中必须坚持戴安全帽。
（2）统一指挥，注意作业配合和动作呼应</td></tr>
<tr><td>3. 防止设备损坏</td><td></td></tr>
<tr><td rowspan="2">4</td><td rowspan="2">开关柜找平</td><td>1. 防止基础不平</td><td></td></tr>
<tr><td>2. 防止基础焊接不牢</td><td></td></tr>
<tr><td>5</td><td>开关柜连接固定</td><td>1. 防止高处坠落</td><td>（1）专用平台搭设牢固，围栏高度合适。
（2）专用平台上工作时，必须系好安全带。
（3）吊支柱时，应防止超高</td></tr>
</table>

续表

序号	辨识项目	辨识内容	典型控制措施
5	开关柜连接固定	2. 防止火灾	（1）用火焊时，要检查焊带，不应有漏气现象。 （2）火焊用后要关好火焊把的各气门。 （3）作业后不应遗留火源、火种，防止火灾发生
		3. 防止电缆及电器元件损坏	
		4. 防止人员触电	（1）工作前必须验电。 （2）工作时，应有熟悉设备的人员专人监护。 （3）使用完整合格的安全开关，摆放合适的熔丝。 （4）接、拆电源必须在电源开关拉开的情况下进行
6	开关整体组装	1. 防止人员伤害	
		2. 防止设备损坏	
		3. 防止异物掉入	
7		1. 防止开关损伤	
		2. 防止人员挤伤	（1）工作中必须坚持戴安全帽。 （2）统一指挥，注意作业配合和动作呼应
8	回装	1. 防止落物伤人	（1）检查检修区域上方和周围无高处落物的危险，上方有作业应交错开，或做好隔离措施。 （2）高处作业时，作业点下方装设围栏并且挂警示牌，以免落物伤人，较小零件应及时放入工具袋。 （3）高处作业不准上下抛掷工器具、物件。 （4）进入现场戴安全帽
		2. 防止试验伤人	

3.2.23　6～20kV 封闭母线检修

作业项目	6～20kV 封闭母线检修		
序号	辨识项目	辨识内容	典型控制措施
一	公共部分（健康与环境）		
	［表格内容同 1.1.1 公共部分（健康与环境）］		
二	作业内容（安全）		
1	检查工作票办理情况	无票作业、工作票种类不符或措施不完善	（1）工作票签发人、工作许可人和工作负责人应认真按照工作票制度进行工作票办理、审查和落实。 （2）对照工作票认真核对设备名称及编号。 （3）发现操作不当或需临时增加操作时，必须与运行人员联系，由运行人员进行操作，设备检修人员不得擅自进行。 （4）即使是内部工作票，也要到现场检查安全措施执行情况
2	母线检修	1. 防止落物伤人	（1）检查检修区域上方和周围无高处落物的危险，上方有作业应交错开，或做好隔离措施。 （2）高处作业时，作业点下方装设围栏并且挂警示牌，以免落物伤人，较小零件应及时放入工具袋。 （3）高处作业不准上下抛掷工器具、物件。 （4）进入现场戴安全帽
		2. 防止高处坠落	使用合格的梯子，并有人防护。正确使用安全带并挂好。正确佩带工具包
		3. 防止母线内留有异物	
		4. 防止人员挤伤	（1）工作中必须坚持戴安全帽。 （2）统一指挥，注意作业配合和动作呼应
3	母线支持绝缘子检修	1. 防止母线位移	
		2. 防止人员挤伤	（1）工作中必须坚持戴安全帽。 （2）统一指挥，注意作业配合和动作呼应
		3. 防止绝缘子损坏	

续表

序号	辨识项目	辨识内容	典型控制措施
4	母线外罩组装	1. 防止人员伤害	
		2. 防止接地不良	
		3. 防止异物留在封闭母线内	
		4. 防止封闭母线接头外罩短路板连接不良	
5	封闭母线耐压试验	1. 防止人员电击	
		2. 防止设备损坏	
6	回装	1. 防止落物伤人	（1）检查检修区域上方和周围无高处落物的危险，上方有作业应交错开，或做好隔离措施。 （2）高处作业时，作业点下方装设围栏并且挂警示牌，以免落物伤人，较小零件应及时放入工具袋。 （3）高处作业不准上下抛掷工器具、物件。 （4）进入现场戴安全帽
		2. 防止试验伤人	

3.2.24 500kV 避雷器检修

作业项目	500kV 避雷器检修		
序号	辨识项目	辨识内容	典型控制措施
一	公共部分（健康与环境）		
	［表格内容同 1.1.1 公共部分（健康与环境）］		
二	作业内容（安全）		
1	检查工作票办理情况	无票作业、工作票种类不符或措施不完善	（1）工作票签发人、工作许可人和工作负责人应认真按照工作票制度进行工作票办理、审查和落实。 （2）对照工作票认真核对设备名称及编号。

续表

序号	辨识项目	辨识内容	典型控制措施
1	检查工作票办理情况	无票作业、工作票种类不符或措施不完善	（3）发现操作不当或需临时增加操作时，必须与运行人员联系，由运行人员进行操作，设备检修人员不得擅自进行。 （4）即使是内部工作票，也要到现场检查安全措施执行情况
2	避雷器拆装	1. 防止落物伤人	（1）检查检修区域上方和周围无高处落物的危险，上方有作业应交错开，或做好隔离措施。 （2）高处作业时，作业点下方装设围栏并且挂警示牌，以免落物伤人，较小零件应及时放入工具袋。 （3）高处作业不准上下抛掷工器具、物件。 （4）进入现场戴安全帽
		2. 防止高处坠落	（1）需攀设备工作应在有经验的第二人监护下进行。 （2）攀登设备应戴好安全帽并系好安全带，安全带长度和结系位置要适合
		3. 防止设备损坏	
		4. 防止违章指挥	
		5. 防止人员挤伤	（1）工作中必须坚持戴安全帽。 （2）统一指挥，注意作业配合和动作呼应
3	避雷器解体检修	1. 防止避雷器倾倒	
		2. 防止人员挤伤	（1）工作中必须坚持戴安全帽。 （2）统一指挥，注意作业配合和动作呼应
		3. 防止设备损坏	
4	找平	1. 防止基础不平	
		2. 防止基础焊接不牢	
5	整体组装	1. 防止人员伤害	
		2. 防止损坏绝缘子	
		3. 防止避雷器漏气	
		4. 防止引线接触不良	

续表

序号	辨识项目	辨识内容	典型控制措施
6	回装	1. 防止避雷器损坏	
		2. 防止人员挤伤	（1）工作中必须坚持戴安全帽。 （2）统一指挥，注意作业配合和动作呼应
		3. 防止试验伤人	
		4. 防止落物伤人	（1）检查检修区域上方和周围无高处落物的危险，上方有作业应交错开，或做好隔离措施。 （2）高处作业时，作业点下方装设围栏并且挂警示牌，以免落物伤人，较小零件应及时放入工具袋。 （3）高处作业不准上下抛掷工器具、物件。 （4）进入现场戴安全帽

3.2.25 电气仪表检修

作业项目	电气仪表检修		
序号	辨识项目	辨识内容	典型控制措施
一	公共部分（健康与环境）		
	［表格内容同 1.1.1 公共部分（健康与环境）］		
二	作业内容（安全）		
1	检查工作票办理情况	无票作业、工作票种类不符或措施不完善	（1）工作票签发人、工作许可人和工作负责人应认真按照工作票制度进行工作票办理、审查和落实。 （2）对照工作票认真核对设备名称及编号。 （3）发现操作不当或需临时增加操作时，必须与运行人员联系，由运行人员进行操作，设备检修人员不得擅自进行。 （4）即使是内部工作票，也要到现场检查安全措施执行情况
2	检验前工作检查	1. 防止试验台、计量台漏电	
		2. 所用电动工具必须合格	

续表

序号	辨识项目	辨识内容	典型控制措施
3	校验工作开始	1. 防止走错计量盘柜、走错变送器柜	
		2. 防止误碰其他附近运行设备	
4	现场检验	1. 防止电流回路二次开路引起相关测量设备工作不正常	
		2. 防止电压回路接地或短路引起工作人员触电	
5	高处计量点及测温回路检修	1. 防止高处坠落，采取可靠安全措施，严禁物品上下抛掷	
		2. 梯子采取可靠防滑措施	
6	接试验回路	1. 防止误接 380V 电压	
		2. 防止忽然来电造成工作人员触电	（1）工作前必须验电。 （2）工作时，应有熟悉设备的人员专人监护。 （3）使用完整合格的安全开关，摆放合适的熔丝。 （4）接、拆电源必须在电源开关拉开的情况下进行
		3. 防止低压电流互感器校验时低压触电	
		4. 试验台不停电严禁拆、接线	
		5. 防止电弧灼伤（工作中短路）	
7	试验室校验	1. 防止修表换件时用刀过猛造成表计及自身伤害	防止修表换件时用刀过猛造成表计及自身伤害
		2. 防止使用电烙铁引起火灾或烫伤工作人员	防止使用电烙铁引起火灾或烫伤工作人员
		3. 防止修理维护试验台时工作人员不慎触电	防止修理维护试验台时工作人员不慎触电

续表

序号	辨识项目	辨识内容	典型控制措施
8	工作结束	1. 可靠恢复试验回路，严防短路或接地	
		2. 清理干净工作现场，确认无误后结束工作票	

3.2.26 500/220kV 断路器检修

作业项目	500/220kV 断路器检修		
序号	辨识项目	辨识内容	典型控制措施
一	公共部分（健康与环境）		
	[表格内容同 1.1.1 公共部分（健康与环境）]		
二	作业内容（安全）		
1	检查工作票办理情况	无票作业、工作票种类不符或措施不完善	（1）工作票签发人、工作许可人和工作负责人应认真按照工作票制度进行工作票办理、审查和落实。 （2）对照工作票认真核对设备名称及编号。 （3）发现操作不当或需临时增加操作时，必须与运行人员联系，由运行人员进行操作，设备检修人员不得擅自进行。 （4）即使是内部工作票，也要到现场检查安全措施执行情况
2	解开开关两侧母线	装拆引线造成人员伤害	（1）传递引线时易误登带电设备架构。 （2）装拆和传递引线时，必须使用绝缘杆或绳索。 （3）地面人员应躲开引线运动的方向
3	回收 SF_6 气体	SF_6 气体中毒	（1）室内工作，须在工作前开启强力通风装置。 （2）身体各部的皮肤不得直接接触有毒气体。 （3）打开设备封盖后，人员应暂离现场 30min。 （4）检修结束后需洗澡，把用过的工器具和防护用具清洗干净。 （5）在室内充气时，必须开启强力通风装置。 （6）周围环境相对湿度不大于 80%，工作区空气中 SF_6 气体含量不得超过 0.1%L/L

续表

序号	辨识项目	辨识内容	典型控制措施
4	拆开关头部	1. 高处坠落	（1）人员站在设备本体上工作时，选择适当的工作位置，系好安全带。 （2）若在脚手架上工作，应设置安全围栏。 （3）多人作业时，避免多条安全带挂于同一地点，安全带不能低挂高用。 （4）临时割除的栏杆孔洞，必须设临时围栏，挂警示牌，工作结束后及时恢复
		2. 落物伤人	（1）起吊开关件时，不能站在重物下方。 （2）吊开关头部应使用专用工具。 （3）抽芯包时，工作人员不得站于轴向位置。 （4）检查检修区域上方和周围无高处落物的危险，上方有作业应交错开，或做好隔离措施。 （5）高处作业时，作业点下方装设围栏并且挂警示牌，以免落物伤及别人，较小零件应及时放入工具袋。 （6）高处作业不准上下抛掷工器具、物件。 （7）脚手架上堆放物件时，应固定，杂物应及时清理
5	拆本体支柱	1. 高处坠落	（1）专用平台搭设牢固，围栏高度合适。 （2）专用平台上工作时，必须系好安全带。 （3）吊支柱时，应防止超高
		2. 起重伤害	（1）起吊前，检查倒链、钢丝绳外观合格，起吊后不允许长时间悬在空中。 （2）吊装过程中要和起重人员互相配合。 （3）起吊时，人不能站在重物下方
		3. 倒链滑链	使用倒链前，应认真检查，防止发生滑链
6	回装	1. 起重伤害	（1）起重机专人指挥，起重机下方严禁逗留与行走。 （2）起吊开关件时，不能站在重物下方。 （3）吊装过程中要和起重人员互相配合。 （4）起重机具使用前，要检查合格，吊索荷重适当，正确使用。 （5）起吊断路器时要缓慢小心，捆绑牢固
		2. 防止滑跌	（1）液压油系统管路必须清理干净后方可回装。 （2）地面积油或积水及时清理，防止人员滑跌
		3. 机械伤害	（1）使用磨光机及砂轮机时，戴好护目眼镜。 （2）进入工作现场戴好安全帽，规范穿好工作服

续表

序号	辨识项目	辨识内容	典型控制措施
7	试验	1. 试验前认真检查系统恢复情况，防止发生液压油喷泄事故	
		2. 液压系统打压时，工作人员不得靠近液压柜位置	
		3. 分合开关时，随时关注振动与油泵运转声音，发现异常及时通知	

3.2.27 500/220kV 隔离开关检修

作业项目	500/220kV 隔离开关检修		
序号	辨识项目	辨识内容	典型控制措施
一	公共部分（健康与环境）		
	［表格内容同 1.1.1 公共部分（健康与环境）］		
二	作业内容（安全）		
1	检查工作票办理情况	无票作业、工作票种类不符或措施不完善	（1）工作票签发人、工作许可人和工作负责人应认真按照工作票制度进行工作票办理、审查和落实。 （2）对照工作票认真核对设备名称及编号。 （3）发现操作不当或需临时增加操作时，必须与运行人员联系，由运行人员进行操作，设备检修人员不得擅自进行。 （4）即使是内部工作票，也要到现场检查安全措施执行情况
2	解开关底座侧引线	装拆引线造成人员伤害	（1）传递引线时，易误登带电设备架构。 （2）装拆和传递引线时，必须使用绝缘杆或绳索。 （3）地面人员应躲开引线运动的方向
3	拆地脚固定螺栓	1. 高处坠落	（1）人员站在设备本体上工作时，选择适当的工作位置，系好安全带。 （2）若在脚手架上工作，应设置安全围栏。 （3）多人作业时，避免多条安全带挂于同一地点，安全带不能低挂高用。 （4）临时割除的栏杆孔洞，必须设临时围栏，挂警示牌，工作结束后及时恢复

续表

序号	辨识项目	辨识内容	典型控制措施
3	拆地脚固定螺栓	2. 落物伤人	（1）地面人员应避免站在开关下方。 （2）检查检修区域上方和周围无高处落物的危险，上方有作业应交错开，或做好隔离措施。 （3）高处作业时，作业点下方装设围栏并且挂警示牌，以免落物伤及别人，较小零件应及时放入工具袋。 （4）高处作业不准上下抛掷工器具、物件。 （5）脚手架上堆放物件时，应固定，杂物应及时清理
4	将隔离开关吊下	1. 倾倒伤人	使用专用具，必须连接牢固，防止倾倒伤人
		2. 起重伤害	（1）起吊前，检查倒链、钢丝绳外观合格，起吊后不允许长时间悬在空中。 （2）吊装过程中要和起重人员互相配合。 （3）起吊时，人不能站在重物下方。 （4）由专人指挥起重机，防止砸伤脚趾
		3. 设备损坏	钢丝绳应拴在合适位置，防止损坏开关
5	隔离开关解体	1. 防止开关倾倒伤人	开关应放置稳固，防止倾倒伤人
		2. 打磨导电片使用较细砂布，不得使用锉刀等	
		3. 防止螺栓损坏	拧锈蚀螺栓时，应先使用螺栓松动剂，不可用力过猛，以防拧断螺栓
6	回装	1. 起重伤害	（1）起吊前，检查倒链、钢丝绳外观合格，起吊后不允许长时间悬在空中。 （2）吊装过程中要和起重人员互相配合。 （3）起吊时，人不能站在重物下方
		2. 防止大锤脱手伤人	使用大锤要安装牢固，打大锤不许戴手套，不许单手抡大锤，周围不准有人靠近
		3. 人员绊跌	地面杂物应及时清理，防止人员绊跌
		4. 机械伤害	（1）使用磨光机及砂轮机时，戴好护目眼镜。 （2）进入工作现场戴好安全帽，规范穿好工作服
		5. 开关整体组装结束时，应防止弹簧弹开伤人	

续表

序号	辨识项目	辨识内容	典型控制措施
7	试运	1. 试运前，认真检查系统恢复情况，防止发生机械损坏事故	
		2. 试运时，工作人员不得站在开关下方	
		3. 试运时，随时关注振动与运转声音，发现异常及时通知	

3.2.28 500kV 电抗器检修

作业项目	500kV 电抗器检修		
序号	辨识项目	辨识内容	典型控制措施
一	公共部分（健康与环境）		
	［表格内容同 1.1.1 公共部分（健康与环境）］		
二	作业内容（安全）		
1	检查工作票办理情况	无票作业、工作票种类不符或措施不完善	（1）工作票签发人、工作许可人和工作负责人应认真按照工作票制度进行工作票办理、审查和落实。 （2）对照工作票认真核对设备名称及编号。 （3）发现操作不当或需临时增加操作时，必须与运行人员联系，由运行人员进行操作，设备检修人员不得擅自进行。 （4）即使是内部工作票，也要到现场检查安全措施执行情况
2	各部件螺栓紧固检查	1. 高处坠落	（1）人员站在设备本体上工作时选择适当的工作位置，系好安全带。 （2）若在脚手架上工作，应设置安全围栏。 （3）多人作业时，避免多条安全带挂于同一地点，安全带不能低挂高用。 （4）临时割除的栏杆孔洞，必须设临时围栏，挂警示牌，工作结束后及时恢复
		2. 落物伤人	（1）地面人员应躲开工作现场。 （2）检查检修区域上方和周围无高处落物的危险，上方有作业应交错开，或做好隔离措施。

序号	辨识项目	辨识内容	典型控制措施
2	各部件螺栓紧固检查	2. 落物伤人	（3）高处作业时，作业点下方装设围栏并且挂警示牌，以免落物伤及别人，较小零件应及时放入工具袋。 （4）高处作业不准上下抛掷工器具、物件。 （5）脚手架上堆放物件时，应固定，杂物应及时清理
3	压力释放装置检查	1. 高处坠落	（1）人员站在设备本体上工作时，选择适当的工作位置，系好安全带。 （2）若在脚手架上工作，应设置安全围栏。 （3）多人作业时，避免多条安全带挂于同一地点，安全带不能低挂高用。 （4）临时割除的栏杆孔洞，必须设临时围栏，挂警示牌，工作结束后及时恢复
		2. 落物伤人	（1）地面人员应躲开工作现场。 （2）检查检修区域上方和周围无高处落物的危险，上方有作业应交错开，或做好隔离措施。 （3）高处作业时，作业点下方装设围栏并且挂警示牌，以免落物伤及别人，较小零件应及时放入工具袋。 （4）高处作业不准上下抛掷工器具、物件。 （5）脚手架上堆放物件时，应固定，杂物应及时清理
4	各管道阀门检查	防止工具落下伤人	使用专用具，必须连接牢固，防止工具落下伤人
		防止拧断螺栓	拧螺栓时，不可用力过猛，防止拧断螺栓
5	油枕油位检查	1. 防止滑倒、碰伤。	（1）要及时清理检修现场的积油、积水，防止脚下打滑摔伤。 （2）穿防滑性能好的软底鞋，防止滑倒
		2. 高处坠落	（1）人员站在设备上工作时，选择适当的工作位置，设专人监护，并正确系好安全带。 （2）拆除栏杆平台楼梯和割开的孔洞，设临时围栏并挂禁止跨越、防止高处坠落警示牌。必要时，设立专人监护。 （3）高处作业应系好安全带和防坠器，脚手架应搭设牢固、可靠
		3. 在有感应电压的场所工作时，应在工作地点加设临时地线	
6	预防性试验	1. 清除与试验工作无关的人员	
		2. 被试设备用围装设临时遮栏或设专人看守	

续表

序号	辨识项目	辨识内容	典型控制措施
6	预防性试验	3. 试验项目完成后，立即将被试设备对地放电	
7	清理现场	遗留异物	（1）检查电抗器顶部，不得遗留工具、杂物等。 （2）检查电抗器周围，应将擦油用的抹布清理干净，防止留下火灾隐患

3.2.29 500/220kV 设备构架防腐

作业项目	500/220kV 设备构架防腐		
序号	辨识项目	辨识内容	典型控制措施
一	公共部分（健康与环境）		
	［表格内容同 1.1.1 公共部分（健康与环境）］		
二	作业内容（安全）		
1	检查工作票办理情况	无票作业、工作票种类不符或措施不完善	（1）工作票签发人、工作许可人和工作负责人应认真按照工作票制度进行工作票办理、审查和落实。 （2）对照工作票认真核对设备名称及编号。 （3）发现操作不当或需临时增加操作时，必须与运行人员联系，由运行人员进行操作，设备检修人员不得擅自进行。 （4）即使是内部工作票，也要到现场检查安全措施执行情况
2	攀登构架	1. 高处坠落	（1）人员站在设备本体上工作时，选择适当的工作位置，系好安全带。 （2）若在脚手架上工作，应设置安全围栏。 （3）多人作业时，避免多条安全带挂于同一地点，安全带不能低挂高用。 （4）临时割除的栏杆孔洞，必须设临时围栏，挂警示牌，工作结束后及时恢复
		2. 落物伤人	（1）地面人员应避免站在开关下方。 （2）检查检修区域上方和周围无高处落物的危险，上方有作业应交错开，或做好隔离措施。 （3）高处作业时，作业点下方装设围栏并且挂警示牌，以免落物伤及别人，较小零件应及时放入工具袋。

续表

序号	辨识项目	辨识内容	典型控制措施
2	攀登构架	2. 落物伤人	（4）高处作业不准上下抛掷工器具、物件。 （5）脚手架上堆放物件时，应固定，杂物应及时清理
3	移工作地点	1. 高处坠落	（1）人员站在设备本体上工作时，选择适当的工作位置，系好安全带。 （2）若在脚手架上工作，应设置安全围栏。 （3）多人作业时，避免多条安全带挂于同一地点，安全带不能低挂高用。 （4）临时割除的栏杆孔洞，必须设临时围栏，挂警示牌，工作结束后及时恢复
		2. 转移工作地点	（1）转移工作地点时，必须取得工作负责人（监护人）的许可，事先应研究好转移路线。 （2）悬挂在架构横梁两侧的悬垂绝缘子有一侧带电时，必须设专责监护人实施定位监护。 （3）严禁钻越带电的引线、跳线。 （4）严禁在架构横梁上站立行走。 （5）注意防止安全带卡在架构上
4	工具材料的转移	1. 地面作业人员和工作负责人始终监视物件的传递过程，及时躲避掉下的物件	
		2. 传递物件须捆绑牢固，传递时需动作平稳，并躲开下面的设备	
5	刷漆工作	1. 油盒需安放稳固，刷子不要含油过多	
		2. 锈多时，应有容器盛接	
6	清理现场	遗留异物	（1）检查电抗器顶部，不得遗留工具、杂物等。 （2）检查电抗器周围，应将擦油用的抹布清理干净，防止留下火灾隐患

3.2.30　50/220kV 避雷器清扫检查

作业项目	50/220kV 避雷器清扫检查		
序号	辨识项目	辨识内容	典型控制措施
一	公共部分（健康与环境）		
	［表格内容同 1.1.1 公共部分（健康与环境）］		
二	作业内容（安全）		
1	查工作票办理情况	无票作业、工作票种类不符或措施不完善	（1）工作票签发人、工作许可人和工作负责人应认真按照工作票制度进行工作票办理、审查和落实。 （2）对照工作票认真核对设备名称及编号。 （3）发现操作不当或需临时增加操作时，必须与运行人员联系，由运行人员进行操作，设备检修人员不得擅自进行。 （4）即使是内部工作票，也要到现场检查安全措施执行情况
2	清扫检查	1. 落物伤人	（1）地面人员应避免站在设备下方。 （2）检查检修区域上方和周围无高处落物的危险，上方有作业应交错开，或做好隔离措施。 （3）高处作业时，作业点下方装设围栏并且挂警示牌，以免落物伤及别人，较小零件应及时放入工具袋。 （4）高处作业不准上下抛掷工器具、物件
		2. 人身触电	（1）在避雷器与带电体间装设合格的绝缘隔板，其面积保证将作业地点周围的带电体全部隔离，隔板须装设牢固，并与带电体间保持一定的距离。 （2）使用电源时，不能私拉乱接临时电源，导线要用水线，无裸露，摆放规范。 （3）在有感应电压的场所工作时，应在工作地点加设临时地线
		3. 高处坠落	人员站在设备本体上工作时，选择适当的工作位置，系好安全带
3	预防性试验	防止触电	（1）试验用的导线应是绝缘护套线。 （2）导线的端部绑在绝缘杆上，作业人员手持绝缘杆触试被试件。 （3）测量人员和绝缘电阻表的安放位置选择适当，移动引线时，必须注意监护
4	清理现场	遗留异物	（1）检查周围，不得遗留工具、杂物等。 （2）检查设备周围，应将擦油用的抹布清理干净，防止留下火灾隐患

3.2.31 500/200kV 悬式绝缘子清扫检查

作业项目	500/200kV 悬式绝缘子清扫检查		
序号	辨识项目	辨识内容	典型控制措施
一	公共部分（健康与环境）		
	［表格内容同 1.1.1 公共部分（健康与环境）］		
二	作业内容（安全）		
1	检查工作票办理情况	无票作业、工作票种类不符或措施不完善	（1）工作票签发人、工作许可人和工作负责人应认真按照工作票制度进行工作票办理、审查和落实。 （2）对照工作票认真核对设备名称及编号。 （3）发现操作不当或需临时增加操作时，必须与运行人员联系，由运行人员进行操作，设备检修人员不得擅自进行。 （4）即使是内部工作票，也要到现场检查安全措施执行情况
2	攀登构架	高处坠落	（1）高处作业必须使用安全带。 （2）作业人员需穿防滑性能好的软底鞋。 （3）认真检查攀登路线上的脚钉、梯蹬、支铁等是否牢固。 （4）就位工作地点后，立即绑好安全带电压的场所工作时，应在工作地点加设临时地线
3	清扫检查	1. 落物伤人	（1）地面人员应避免站在设备下方。 （2）检查检修区域上方和周围无高处落物的危险，上方有作业应交错开，或做好隔离措施。 （3）高处作业时，作业点下方装设围栏并且挂警示牌，以免落物伤及别人，较小零件应及时放入工具袋。 （4）高处作业不准上下抛掷工器具、物件
		2. 人身触电	（1）保证将作业地点周围的带电体全部隔离，隔板须装设牢固，并与带电体间保持一定的距离。 （2）使用电源时，不能私拉乱接临时电源，导线要用水线，无裸露，摆放规范。 （3）在有感应电压的场所工作时，应在工作地点加设临时地线
		3. 高处坠落	（1）人员站在设备本体上工作时选择适当的工作位置，系好安全带。 （2）清扫绝缘子前，须认真检查绝缘子的悬挂点是否牢固

续表

序号	辨识项目	辨识内容	典型控制措施
4	清理现场	遗留异物	（1）检查周围，不得遗留工具、杂物等。 （2）检查设备周围，应将擦油用的抹布清理干净，防止留下火灾隐患

3.2.32　500/220kV 电流电压互感器检修

作业项目	500/220kV 电流电压互感器检修		
序号	辨识项目	辨识内容	典型控制措施
一	公共部分（健康与环境）		
	［表格内容同 1.1.1 公共部分（健康与环境）］		
二	作业内容（安全）		
1	检查工作票办理情况	无票作业、工作票种类不符或措施不完善	（1）工作票签发人、工作许可人和工作负责人应认真按照工作票制度进行工作票办理、审查和落实。 （2）对照工作票认真核对设备名称及编号。 （3）发现操作不当或需临时增加操作时，必须与运行人员联系，由运行人员进行操作，设备检修人员不得擅自进行。 （4）即使是内部工作票，也要到现场检查安全措施执行情况
2	进入现场	走错间隔	办理工作许可手续后，待全体人员到达工作地点，对照工作票认真核对设备名称和编号，确认无误后，工作负责人向全体成员交代安全措施、注意事项及周围工作环境，只能在规定的区域内进行作业，不得跨越安全围栏，不得随意变更安全措施
3	互感器两侧引线拆、装	1. 高处坠落	（1）人员站在设备本体上工作时，选择适当的工作位置，系好安全带。 （2）若在脚手架上工作，应设置安全围栏。 （3）多人作业时，避免多条安全带挂于同一地点，安全带不能低挂高用
		2. 落物伤人	（1）检查检修区域上方和周围无高处落物的危险，上方有作业应交错开，或做好隔离措施。 （2）高处作业时，作业点下方装设围栏并且挂警示牌，以免落物伤及别人，较小零件应及时放入工具袋，防止工具掉落。 （3）高处作业不准上下抛掷工器具、物件，应使用工具袋

续表

序号	辨识项目	辨识内容	典型控制措施
3	互感器两侧引线拆、装	3. 人身触电	（1）保证将作业地点周围的带电体全部隔离，隔板须装设牢固，并与带电体间保持一定的距离。 （2）使用电源时，不能私拉乱接临时电源，导线要用水线，无裸露，摆放规范。 （3）在有感应电压的场所工作时，应在工作地点加设临时地线
		4. 误登设备	在可能误登的架构上，挂“禁止攀登，高压危险”牌
		5. 使用绝缘杆或绳索传递引线	
4	互感器二次结线拆除和恢复	1. 接线错误	结线做好标记和记录，认真校对
		2. 人身触电	（1）保证将作业地点周围的带电体全部隔离，隔板必须装设牢固，并与带电体间保持一定的距离。 （2）使用电源时，不能私拉乱接临时电源，导线要用水线，无裸露，摆放规范。 （3）在有感应电压的场所工作时，应在工作地点加设临时地线。 （4）确认无电压后，方可开始工作
5	清理现场	检查周围，应将擦油用的抹布清理干净，防止留下火灾隐患	

3.2.33 电抗器检修继电保护

作业项目	电抗器检修继电保护		
序号	辨识项目	辨识内容	典型控制措施
一	公共部分（健康与环境）		
	[表格内容同 1.1.1 公共部分（健康与环境）]		
二	作业内容（安全）		
1	检查工作票办理情况	无票作业、工作票种类不符或措施不完善	（1）工作票签发人、工作许可人和工作负责人应认真按照工作票制度进行工作票办理、审查和落实。 （2）对照工作票认真核对设备名称及编号。

续表

序号	辨识项目	辨识内容	典型控制措施
1	检查工作票办理情况	无票作业、工作票种类不符或措施不完善	（3）发现操作不当或需临时增加操作时，必须与运行人员联系，由运行人员进行操作，设备检修人员不得擅自进行。 （4）即使是内部工作票，也要到现场检查安全措施执行情况
2	保护装置校验	1. 应该使用检验合格精度不低于0.5级的微机型继电保护试验装置	为保证检验质量，应该使用检验合格精度不低于0.5级的微机型继电保护试验装置
		2. 防止静电感应	断开直流电源后才允许插、拔插件。要有防止静电感应电源引入元器件的措施，例如工作人员接触元器件时，人身要有接地线；测试仪表连接线不致引入感应电源等
		3. 防止误起动失灵保护和线路保护	在进行保护设备检验时，应特别注意做好安全措施，防止误起动失灵保护和线路保护
		4. 防止接线错误而损坏设备	因检验需要临时短接或断开的端子应逐个记录，并在试验结束后及时恢复；测量差动保护注意其接线的正确性，防止因为接线错误而损坏设备
		5. 防止乱接试验电源	试验仪器接线正确，防止乱接试验电源
		6. 防止定值输入错误	分清设备的定值分类，防止定值输入错误，试验完成后，务必要仔细核对定值是否与定值通知单一致
		7. 检查二次回路接线、压板投退恢复为试验前方式	
3	二次接线核查	确保回路与图纸一致，防止TA、TV接线错误	认真执行安全措施票，在监护人的监护下，核对应临时断开的回路和线头，做到拆一个用绝缘物包好一个，并做好执行的标志，恢复时仍需逐个进行
4	电抗器本体	1. 防止误登设备	
		2. 防止高处坠落	（1）人员站在设备本体上工作时，选择适当的工作位置，系好安全带。 （2）若在脚手架上工作，应设置安全围栏。 （3）多人作业时，避免多条安全带挂于同一地点，安全带不能低挂高用
5	设备卫生清扫	防止触电	（1）防止接触带电设备及元器件。 （2）确保开关断开，防止回路带电

续表

序号	辨识项目	辨识内容	典型控制措施
6	二次绝缘电阻检查	1. 检查电缆是否带电	
		2. 核对绝缘电阻表的电压等级	
		3. 摇完绝缘确保放电工作	
7	保护传动	1. 带开关传动时，确认工作现场一次人员是否完全撤离	
		2. 传动断路器试验应在确保检验质量的前提下，尽可能减少断路器的动作次数	
		3. 检验保护功能、开关跳闸出口等指示是否正确，发生异常情况时，应立即停止试验，在查明原因改正后再继续进行	
		4. 带开关传动过程中监控人员是否到位，并且做好必要的安全措施	
8	工作结束	1. 防止螺栓松动	
		2. 防止试验仪器碰坏、损伤	
		3. 安全总结	
		4. 安全工作汇报	

第4章 化 学 专 业

4.1 化学运行

4.1.1 除盐设备运行

作业项目	除盐设备运行		
序号	辨识项目	辨识内容	典型控制措施
一	公共部分（健康与环境）		
1	身体、心理素质	作业人员的身体状况，心理素质不适于高处作业	（1）不安排此次作业。 （2）不安排高处作业，安排地面辅助工作。 （3）现场配备急救药品。 ⋮
2	精神状态	作业人员连续工作，疲劳困乏或情绪异常	（1）不安排此次作业。 （2）不安排高强度、注意力高度集中、反应能力要求高的工作。 （3）作业过程适当安排休息时间。 ⋮
3	环境条件	作业区域上部有落物的可能；照明充足；安全设施完善	（1）暂时停止高处作业，工作负责人先安排检查接地线等各项安全措施是否完整，无问题后可恢复作业。 ⋮
4	业务技能	新进人员参与作业或安排人员承担不胜任的工作	（1）安排能胜任或辅助性工作。 （2）设置专责监护人进行监护。 ⋮
5	作业组合	人员搭配不合适	（1）调整人员的搭配、分工。 （2）事先协调沟通，在认识和协作上达成一致。 ⋮

续表

序号	辨识项目	辨识内容	典型控制措施
6	工期因素	工期紧张，作业人员及骨干人员不足	（1）增加人员或适当延长工期。 （2）优化作业组合或施工方案、工序。 ⋮
⋮	⋮	⋮	⋮
二	作业内容（安全）		
1		1. 除盐水箱水质异常	（1）加强设备巡视。 （2）加强对除盐水箱水质的监督。 （3）检查混合床大反洗门或进酸碱门是否关严。 （4）检查混合床再生效果。 （5）加强混合床出水水质的监督
		2. 除盐设备运行中电源中断	（1）将所有电动机按钮复位。 （2）关闭各泵出口阀、供水阀、制水设备入口阀。 （3）联系单元长查明原因，要求迅速恢复送电，并做好启动准备。 （4）电源恢复后，按启动程序投运设备，并加强水质监督
		3. 一级除盐设备运行混合床出水水质不合格	（1）加强对运行混合床出水水质的监督。 （2）检查运行混合床的阀门开关状态是否正确
		4. 一级除盐设备再生不合格	（1）再生操作不当时，按要求重新再生。 （2）再生剂质量不合格时，更换再生剂重新再生。 （3）分析药品不合格或取样不准时，更换药品重新准备分析。 （4）反洗进水阀未关严或泄漏时，关严反洗进水阀或进行检修
		5. 运行混合床出水水质不合格	（1）经常检查空气压缩机运行情况，控制气源压力在0.4～0.6MPa。 （2）按规定监督混合床出水水质，对接近失效的运行混合床，应增加分析次数。 （3）防止混合床压缩空气空开启，以免压缩空气混入除盐水中，进而打入机组补水系统，影响机组安全运行
		6. 混合床再生不合格	（1）混合床再生时，碱喷射器流量应稍大于酸喷射流量，以防树脂乱层。 （2）再生过程中，要经常检查空气压缩机运行情况，控制气源压力在0.4～0.6MPa

续表

序号	辨识项目	辨识内容	典型控制措施
1		7. 除盐设备运行中控制气源压力偏高	（1）加强对压缩空气系统的巡查。 （2）加强对气闭式阀门的检查。 （3）停止空气压缩机运行。 （4）开储气罐排污阀泄压至正常范围。 （5）检查设备内部压力是否正常。 （6）检查除盐水泵是否运行正常，防止压缩空气混入除盐水，时而打入机组补水系统，影响机组安全运行
		8. 除盐设备运行中控制气源压力偏低	（1）加强对压缩空气系统的巡查。 （2）启动空气压缩机、控制气源压力在规定范围。 （3）检查系统阀门的开关状态是否正常

作业项目	除盐设备停运		
序号	辨识项目	辨识内容	典型控制措施
一	公共部分（健康与环境）		
	［表格内容同 1.1.1 公共部分（健康与环境）］		
二	作业内容（安全）		
1	S	1. 空气压缩机油压低	（1）检查油室油位。 （2）注入规定润滑油，加高油面。 （3）通知检修人员清洗过滤网
		2. 空气压缩机冷却水压力低	（1）检查各冷却水阀门的开度。 （2）检查冷却水源是否中断。 （3）加强设备巡查
		3. 空气压缩机一、二次排气压力低	（1）检查设备是否有泄漏点。 （2）倒换备用空气压缩机。 （3）联系检修人员处理

续表

序号	辨识项目	辨识内容	典型控制措施
1	S	4. 电动机跳闸	（1）开关复位，分析原因，观察有无异常。 （2）重启动，仔细观察启动情况。 （3）若重新启动失败，则启动备用泵。 （4）联系检修人员处理，并作好记录
		5. 运行泵轴承缺油发热	（1）检查泵的运行情况。 （2）检查泵的油位、油质情况。 （3）检查泵的冷却水源是否中断。 （4）检查电动机运行情况是否正常。 （5）发现油泄漏，应根据泄漏量的大小及具体情况，决定采取何种方式处理
		6. 运行泵打不出水或药液	（1）泵内有空气，排除泵内空气。 （2）叶轮反向旋转，联系检修人员重新接线。 （3）入（出）口阀故障。 （4）入口被堵塞。 （5）水箱或药箱液位低
		7. 运行泵地脚螺栓松动	（1）加强设备巡查。 （2）启动前注意检查地脚螺栓牢固。 （3）密切监视电动机电流。 （4）联系检修消除
		8. 泵启动时声音异常	（1）停止启动，查找原因。 （2）未查明原因，不得再次启动。 （3）启动备用泵。 （4）联系检修人员处理，并作好记录

作业项目	再生离子交换树脂		
序号	辨识项目	辨识内容	典型控制措施
一	公共部分（健康与环境）		
	［表格内容同 1.1.1 公共部分（健康与环境）］		

序号	辨识项目	辨识内容	典型控制措施
二	作业内容（安全）		
1	S	1. 在输送离子交换树脂时树脂堵塞管道	输送操作前，应检查输脂管道畅通无泄漏，所用阀门开关灵活到位；输送离子交换树脂时，应先从离子交换器底部进水，疏松离子交换树脂层，便于输送 【重点是先从离子交换器底部进水】
		2. 输脂管道安全阀超压动作导致树脂泄漏	在输脂过程中，操作人员必须始终在现场观察、操作，保持管道水（气）畅通，水（气）压力、流量稳定

作业项目	投运凝结水中压型高速混合床		
序号	辨识项目	辨识内容	典型控制措施
一	公共部分（健康与环境）		
	[表格内容同 1.1.1 公共部分（健康与环境）]		
二	作业内容（安全）		
1	S	高速混合床投运过程中，压力水泄漏，发生人员伤害	操作人员要掌握高速混合床投运注意事项，避免长时间在承压管道、法兰、阀门附近停留；中压型高速混合床必须缓慢充水、升压，待高速混合床出口压力与凝结水系统压力平衡后再投运 【重点是压力平衡后再投运】
		树脂泄漏进入热力系统，造成热力系统受热面发生腐蚀	操作人员投运高速混合床时，树脂泄漏进入热力系统，在高温高压下，树脂分解转化成酸、盐和气态产物，使炉水 pH 值下降，蒸汽夹带低分子酸，所以操作人员应严格按规程规定操作程序执行，防止树脂泄漏进入热力系统 【重点是按操作程序执行】
		凝结水中断，造成热力设备发生损坏	高速混合床投运后，应到现场确认高速混合床已投入运行，然后关闭凝结水处理旁路门，检查压力、流量正常 【重点是关闭凝结水处理旁路门】

作业项目	停运凝结水中压型高速混合床		
序号	辨识项目	辨识内容	典型控制措施
一	公共部分（健康与环境）		
	[表格内容同 1.1.1 公共部分（健康与环境）]		
二	作业内容（安全）		
1	S	停运中压型高速混合床时，导致凝结水系统异常	操作人员应熟练掌握高速混合床停运操作工艺，机组运行中，需将高速混合床停运时，必须先开旁路门，并在现场确认旁路门完全打开后，再停运高速混合床 【重点是先开旁路门】

作业项目	启动反渗透装置		
序号	辨识项目	辨识内容	典型控制措施
一	公共部分（健康与环境）		
	[表格内容同 1.1.1 公共部分（健康与环境）]		
二	作业内容（安全）		
1	S	1. 反渗透装置启动时，压力容器泄漏，造成人身伤害	运行人员巡检时，应尽量避免长时间正面朝向压力容器的两端；发现异常及时联系消缺处理
		2. 压力剧烈变化冲击造成压力容器泄漏	反渗透装置进水高压泵应采用变频器或泵出口采用慢开门。启动操作时，要将高压泵转速缓慢增加或泵出水门缓慢开启，初始进水压力必须低于运行压力，防止反渗透膜元件受到压力剧烈变化冲击 【重点是初始进水压力必须低于运行压力】
		3. 浓水排放门未开或开度不够，导致膜元件快速结垢	反渗透装置启动前，浓水门必须保证一定开度，确保产水率达到现场规程和反渗透膜元件厂家设计要求
		4. 反渗透装置进水水质不合格，导致膜元件污染	反渗透装置进水必须经过严格的预处理；启动前应对进水进行检测，达到标准后再投运设备；同时针对膜元件厂家的进水水质要求，合理控制进水的 pH 值、铁离子、微生物、难溶盐等参数 【重点是进水必须经过严格的预处理】

作业项目	停运反渗透装置		
序号	辨识项目	辨识内容	典型控制措施
一	公共部分（健康与环境）		
	[表格内容同 1.1.1 公共部分（健康与环境）]		
二	作业内容（安全）		
1	S	1. 低压冲洗时造成膜元件损伤	反渗透装置停运时，操作人员应用不含阻垢剂的低含盐量水进行冲洗；长时间停运应按照反渗透膜元件的要求，充入一定浓度的保护液（根据反渗透膜厂家要求进行操作）
		2. 停运高压泵或关闭泵出水门时造成膜元件损伤	反渗透装置停运时，要将高压泵转速缓慢减小或缓慢关闭泵出水门，防止反渗透膜受到压力剧烈变化冲击

作业项目	清洗反渗透装置		
序号	辨识项目	辨识内容	典型控制措施
一	公共部分（健康与环境）		
	[表格内容同 1.1.1 公共部分（健康与环境）]		
二	作业内容（安全）		
1	S	1. 烫伤：加热清洗液时，造成人身烫伤	操作人员开关蒸汽加热阀门时要戴手套，站在阀门的侧面进行操作；同时，避免在高温高压蒸汽管道、阀门附近长时间停留
		2. 灼伤：配制药品时，造成人身化学灼伤	操作人员应熟悉化学灼伤急救常识及药品的特性和操作方法;其余详见公共项目“个人劳动保护用品的使用”
		3. 化学清洗剂选用不当，造成反渗透膜元件损伤	清洗反渗透膜元件前，应制订详细可行的清洗方案，对于不同的污染物应采用特定的化学清洗剂，同时使用的化学清洗剂必须与膜材料相容，以防止对膜元件产生不可恢复的损伤 【重点是清洗方案的制订】

4.1.2 分析化验工作

作业项目	玻璃器皿的使用		
序号	辨识项目	辨识内容	典型控制措施
一	公共部分（健康与环境）		
	[表格内容同 1.1.1 公共部分（健康与环境）]		
二	作业内容（安全）		
1	S	1. 使用有裂痕的仪器	玻璃器具在使用前应仔细检查，避免使用有裂痕的仪器
		2. 玻璃器皿对接	在将玻璃器皿对接使用时，注意防止割伤
		3. 使用非加热器皿加热	（1）烧杯、烧瓶及试管用于加热，必须按规定小心操作。 （2）非加热器皿严禁加热
		4. 在打开封装管或紧密塞着的窗容器前未泄压	应缓慢泄压后，再打开

作业项目	高温设备的使用		
序号	辨识项目	辨识内容	典型控制措施
一	公共部分（健康与环境）		
	[表格内容同 1.1.1 公共部分（健康与环境）]		
二	作业内容（安全）		
1	S	1. 有关马弗炉的试验，选择容器材料和耐火材料错误	（1）熟悉高温装置的使用方法，并细心地进行操作。 （2）按照试验性质，配备最合适的灭火设备。 （3）按照操作温度的不同，选用合适的容器材料和耐火材料
		2. 有关马弗炉的试验，实验中带入大量水	高温试验禁止接触水
		3. 有关马弗炉的试验，个人防护措施不当	注意防护高温对人体的辐射

续表

序号	辨识项目	辨识内容	典型控制措施
1	S	4. 有关电炉的试验，选择容器材料和耐火材料错误	（1）按照试验性质，配备最合适的灭火设备。 （2）按照操作温度的不同，选用合适的容器材料和耐火材料。 （3）注意防止触电

作业项目	化学溶液加热		
序号	辨识项目	辨识内容	典型控制措施
一	公共部分（健康与环境）		
	[表格内容同 1.1.1 公共部分（健康与环境）]		
二	作业内容（安全）		
1	S	1. 灼伤：加热溶液时，操作人员防护用品使用不规范造成人员化学灼伤；人员操作不规范造成人员化学灼伤	（1）防止人员防护用品使用不规范的措施详见公共项目“个人劳动保护用品的使用”。 （2）防止人员操作不规范的措施：试管加热时，禁止把试管口朝向自己或别人；用烧杯加热液体时，液体的高度不得超过烧杯的 2/3 处
		2. 烧伤：加热易燃、易挥发的有机溶剂时，通风不良，引起气体燃烧造成人员烧伤	在加热易燃、易挥发的有机溶剂时，必须在室外或通风良好的室内通风柜内进行，如果室内没有通风柜，则须装强力的通风设备，现场应配有充足的消防工具和灭火器材；蒸馏易挥发和易燃液体所用的玻璃容器必须完整无缺；其余详见公共项目“工作场地的要求” 【重点是要通风】
		3. 受热温度突然变化损坏容器	加热前，要擦干受热容器外壁上的水（水浴加热除外）；加热时，先用低温均匀加热，然后用高温加热；加热后，容器尽量放在干的容器架或石棉网上自然冷却
		4. 局部受热造成容器炸裂	直接在火焰上加热的容器不能碰到灯芯；使用烧杯、烧瓶或锥形瓶进行加热时，底部应垫石棉网；用水浴锅加热时，浸在水中的容器不要碰到水浴锅底
		5. 加热易燃、易挥发的有机溶剂时，气体燃烧造成设备损坏	在加热易燃、易挥发的有机溶剂时，必须在室外或通风良好的室内通风柜内进行，如果室内没有通风柜，则须装强力的通风设备，现场应配有充足的消防工具和灭火器材；蒸馏易挥发和易燃液体所用的玻璃容器必须完整无缺；其余详见公共项目“工作场地的要求” 【重点是要通风】

作业项目	配制稀硫酸溶液		
序号	辨识项目	辨识内容	典型控制措施
一	公共部分（健康与环境）		
	［表格内容同 1.1.1 公共部分（健康与环境）］		
二	作业内容（安全）		
1	S	1. 灼伤：操作人员防护用品使用不规范造成人员化学灼伤；移取浓硫酸时，发生人身灼伤；稀释浓硫酸时，发生人身灼伤；搅拌溶液时，发生人身灼伤	（1）防止人员防护用品使用不规范造成人员灼伤的措施：详见公共项目“个人劳动保护用品的使用”。 （2）防止移取浓硫酸时发生人身灼伤的措施：取出酸液，一般应用吸管吸取，禁止用不耐酸的胶管吸取，在室内取酸时，操作应特别缓慢。 （3）防止稀释浓硫酸时发生人身灼伤的措施：稀释浓硫酸溶液时，禁止将水倒入浓硫酸内，必须将浓硫酸少量缓慢地注入水内，并不断搅拌。 （4）防止搅拌溶液时发生人身灼伤的措施：搅拌时，应使用玻璃棒在液体中均匀转动，并尽可能避免玻璃棒与容器壁碰撞 【重点是防止具有强腐蚀性的浓硫酸溅到人员身上】
		2. 窒息：配制稀硫酸时，因通风不良造成人员窒息	配制操作必须在室外或通风良好的室内通风柜内进行 【重点是要通风】
		3. 硫酸溅出，腐蚀设备	取出酸液，一般应用吸管吸取，禁止用不耐酸的胶管吸取，在室内取酸时，操作应特别缓慢。稀释浓硫酸溶液时，禁止将水倒入浓硫酸内，必须将浓硫酸少量缓慢地注入水内，并不断搅拌。搅拌时，应使用玻璃棒在液体中均匀转动，并尽可能避免玻璃棒与容器壁碰撞
		4. 硫酸溅出，污染环境	取出酸液，一般应用吸管吸取，禁止用不耐酸的胶管吸取，在室内取酸时，操作应特别缓慢。稀释浓硫酸溶液时，禁止将水倒入浓硫酸内，必须将浓硫酸少量缓慢地注入水内，并不断搅拌。搅拌时，应使用玻璃棒在液体中均匀转动，并尽可能避免玻璃棒与容器壁碰撞。当硫酸撒在室内时，应用碱中和，再用水冲洗，或先用泥土吸收，扫除后再用水冲洗；当硫酸撒在室外时，应用水冲洗

作业项目	配制稀碱溶液		
序号	辨识项目	辨识内容	典型控制措施
一	公共部分（健康与环境）		
	［表格内容同 1.1.1 公共部分（健康与环境）］		

续表

序号	辨识项目	辨识内容	典型控制措施
二	作业内容（安全）		
1	S	1. 灼伤：人员防护用品使用不规范造成人员化学灼伤；移取浓碱时，发生人身灼伤；稀释浓碱溶液时，发生人身灼伤	（1）防止人员防护用品使用不规范造成人员灼伤的措施：详见公共项目“个人劳动保护用品的使用”。 （2）防止移取强碱时发生人身灼伤的措施：取用块状固体碱时，应用镊子夹取；取用粉状、颗粒状固体碱应用药勺移取；液体碱应用滴管或吸取器吸取。 （3）防止稀释浓碱时发生人身灼伤的措施：配制稀碱溶液时，禁止将水倒入强碱内，必须将强碱少量缓慢地倒入水内，并不断搅拌。 （4）防止搅拌时发生人身灼伤的措施：搅拌时，应使用玻璃棒在液体中均匀转动，并尽可能避免玻璃棒与容器壁碰撞 【重点是防止具有强腐蚀性的强碱溅到人员身上】
		2. 窒息：配制稀碱溶液时，因通风不良造成人员窒息。	配制操作必须在室外或通风良好的室内通风柜内进行 【重点是要通风】
		3. 碱液溅出，腐蚀设备	（1）取用块状固体碱时，应用镊子夹取；取用粉状、颗粒状固体碱应用药勺移取；液体碱应用滴管或吸取器吸取。 （2）配制稀碱溶液时，禁止将水倒入强碱内，必须将强碱少量缓慢地倒入水内，并不断搅拌。 （3）搅拌时，应使用玻璃棒在液体中均匀转动，并尽可能避免玻璃棒与容器壁碰撞
		4. 碱液溅出，污染环境	（1）取用块状固体碱时，应用镊子夹取；取用粉状、颗粒状固体碱应用药勺移取；液体碱应用滴管或吸取器吸取。 （2）配制稀碱溶液时，禁止将水倒入强碱内，必须将强碱少量缓慢地倒入水内，并不断搅拌。 （3）搅拌时，应使用玻璃棒在液体中均匀转动，并尽可能避免玻璃棒与容器壁碰撞

作业项目	挥发性、易燃化学品的使用		
序号	辨识项目	辨识内容	典型控制措施
一	公共部分（健康与环境）		
	[表格内容同 1.1.1 公共部分（健康与环境）]		

续表

序号	辨识项目	辨识内容	典型控制措施
二	作业内容（安全）		
1	S	1. 中毒、窒息：人员防护用品使用不规范造成人员中毒、窒息；移取易挥发、易燃化学品时，发生人员中毒、窒息	（1）防止人员防护用品使用不规范造成人员中毒窒息的措施：化验人员应熟悉化学灼伤急救常识及氯仿、石油迷、酒精等易挥发性、易燃化学品性能；其余详见“个人劳动保护用品的使用部分”。 （2）防止移取易挥发、易燃化学品时，发生人员中毒窒息的措施：禁止用口含玻璃管吸取易挥发性或易燃的液体，应用滴管或吸取器吸取
		2. 烧伤：易挥发、易燃化学品遇明火发生火灾烧伤人员	在加热易燃、易挥发的有机溶剂时，必须在室外或通风良好的室内通风柜内进行，如果室内没有通风柜，则须装强力的通风设备；使用氯仿、酒精等易挥发、易燃化学品时应远离火源，现场应配有充足的消防工具和灭火器材；氯仿、石油迷、酒精等易挥发、易燃化学品应存放在专门的柜内，盛放氯仿、石油迷、酒精等易挥发、易燃化学品的容器必须密封严密；其余详见“工作场地的要求部分” 【重点是要通风】
		3. 易挥发、易燃化学品遇明火发生火灾损坏周围设备	在加热易燃、易挥发的有机溶剂时，必须在室外或通风良好的室内通风柜内进行，如果室内没有通风柜，则须装强力的通风设备；使用氯仿、酒精等易挥发、易燃化学品时应远离火源，现场应配有充足的消防工具和灭火器材；氯仿、石油迷、酒精等易挥发、易燃化学品应存放在专门的柜内，盛放氯仿、石油迷、酒精等易挥发、易燃化学品的容器必须密封严密；其余详见“工作场地的要求部分” 【重点是要通风】

作业项目	绝缘油气相色谱分析		
序号	辨识项目	辨识内容	典型控制措施
一	公共部分（健康与环境）		
	[表格内容同 1.1.1 公共部分（健康与环境）]		
二	作业内容（安全）		
1	S	1. 氢气燃烧，造成人员烧伤	操作人员应熟悉气体性能，现场作业环境应通风良好；用氢气进行分析时，尾气一定要排到室外；使用仪器时，应首先检查各种气体的气路接口是否有漏气现象 【重点是室内通风，气路密封良好】
		2. 人员误操作，造成仪器的损坏	操作人员应熟悉仪器的操作方法和环境要求；使用仪器前，必须确认仪器接地良好

续表

序号	辨识项目	辨识内容	典型控制措施
1	S	3. 测量时油样污染仪器的色谱柱	抽取油样中脱出的气体时，严禁油样进入针管中，以免污染色谱柱，影响仪器的灵敏度
		4. 仪器检定不规范或使用载气不合格，降低仪器准确度，造成误判断	仪器应每年按照要求进行检定。防止使用的载气不合格降低仪器准确度的措施：所使用气源的纯度应在 99.999%以上，当钢瓶压力降到 2MPa 以下时，应更换钢瓶，保证载气气流比的均匀度和试验结果的准确性
		5. 氢气燃烧，造成设备损坏	用氢气进行分析时，尾气一定要排到室外；使用仪器时，应首先检查各种气体的气路接口是否有漏气现象 【重点是室内通风，气路密封良好】

作业项目	配制二氧化氯发生器使用的药品		
序号	辨识项目	辨识内容	典型控制措施
一	公共部分（健康与环境）		
	[表格内容同 1.1.1 公共部分（健康与环境）]		
二	作业内容（安全）		
1	S	1. 灼伤：在配制盐酸和氯酸钠的过程中，盐酸和氯酸钠都具有腐蚀性，易发生人员化学灼伤	操作前，按照运行规程要求做好检查工作，对盐酸罐和氯酸钠罐液位做到心中有数；其余详见公共项目“个人劳动保护用品的使用”与“工作场地的要求”
		2. 窒息：在配制盐酸和氯酸钠的过程中，产生刺激性气体，通风不好，易发生人员窒息	放置二氧化氯发生器的房间应有通风装置；配制药品前，操作人员应开启通风装置

作业项目	配制运行工作所需药剂		
序号	辨识项目	辨识内容	典型控制措施
一	公共部分（健康与环境）		
	[表格内容同 1.1.1 公共部分（健康与环境）]		

续表

序号	辨识项目	辨识内容	典型控制措施
二	作业内容（安全）		
1	S	1. 使用有毒药剂和操作不当，造成人员中毒或化学灼伤	操作人员要熟悉药品的特性和操作方法；操作时工作场所要保证通风良好；其余详见公共项目“个人劳动保护用品的使用”
		2. 配制药剂时药箱溢流，污染现场环境	在配制药剂过程中，操作人员必须始终在现场；工作结束后，及时清理现场

4.1.3 酸碱操作

作业项目	卸运酸碱		
序号	辨识项目	辨识内容	典型控制措施
一	公共部分（健康与环境）		
	[表格内容同 1.1.1 公共部分（健康与环境）]		
二	作业内容（安全）		
1	S	1. 酸系统旁无充足水源	保证酸系统附近有充足的水源
		2. 法兰盘、设备泄漏	（1）加强对碱系统相关设备的巡查，注意有无泄漏，巡查时应小心。 （2）保证碱系统附近有充足的水源。 （3）发现碱系统泄漏后，应迅速处理，避免造成环境污染。 （4）加强值班员对碱危害的认识，做好个人的安全防护工作。 （5）对设备、地面必须进行防腐处理

作业项目	计量箱进酸碱		
序号	辨识项目	辨识内容	典型控制措施
一	公共部分（健康与环境）		
	[表格内容同 1.1.1 公共部分（健康与环境）]		

续表

序号	辨识项目	辨识内容	典型控制措施
二	作业内容（安全）		
1	S	计量箱溢流	（1）关闭计量箱入口气动筒，气动操作失灵或关不到位可手动关闭，确保计量箱液位不上涨，人才能离开。 （2）关闭高位酸罐出口一、二次阀。 （3）做好防护措施，用水将设备表面、地面的酸液冲洗干净。 （4）用一定比例的碱将其中和，避免造成环境污染

作业项目	再生进酸碱		
序号	辨识项目	辨识内容	典型控制措施
一	公共部分（健康与环境）		
	［表格内容同 1.1.1 公共部分（健康与环境）］		
二	作业内容（安全）		
1	S	计量箱喷酸碱	（1）设备再生至进酸碱时，应先确保除盐设备进酸碱门在开的状态。 （2）保持流量稳定后，再开酸碱计量箱出口阀。 （3）进酸碱期间，加强对设备巡查。 （4）酸碱进完后，应及时关闭酸碱计量箱出口阀

作业项目	酸碱输送		
序号	辨识项目	辨识内容	典型控制措施
一	公共部分（健康与环境）		
	［表格内容同 1.1.1 公共部分（健康与环境）］		
二	作业内容（安全）		
1	S	1. 人员防护用品使用不规范，发生人员化学灼伤	操作人员应熟悉化学灼伤急救常识及酸碱的性质和操作方法；其余详见公共项目“个人劳动保护用品的使用”

续表

序号	辨识项目	辨识内容	典型控制措施
1	S	2. 现场防护措施不到位，发生人员化学灼伤	酸碱罐周围应设固定防护栏；酸碱罐和酸碱计量箱以及酸碱管道旁必须有明显的“当心腐蚀”标志牌；酸碱罐（计量箱）的液位计如果是玻璃管，应安装金属防护罩；其余详见公共项目“工作场地的要求”
		3. 产生的酸雾导致设备腐蚀	酸罐（计量箱）排气管上必须安装酸雾吸收器
		4. 酸碱泄漏污染环境	酸碱罐（计量间）的地面、墙裙、墙顶棚、沟道、通风设施、设备（管道）表面，均应采取防腐措施；地面应有冲洗排水设施

作业项目	循环冷却水加硫酸		
序号	辨识项目	辨识内容	典型控制措施
一	公共部分（健康与环境）		
	[表格内容同 1.1.1 公共部分（健康与环境）]		
二	作业内容（安全）		
1	S	1. 人员防护用品使用不规范，发生人员灼伤	操作人员应熟悉化学灼伤急救常识及酸碱的性质和操作方法；其余详见公共项目“个人劳动保护用品的使用”
		2. 加硫酸量控制不当，造成设备酸性腐蚀或结垢	加酸量以控制循环水碱度或 pH 值符合现场规程要求为准，操作时要均匀、连续加入；应按时取样分析，根据水质情况调整加酸量
		3. 加酸工作过程中造成环境污染	当硫酸撒在室内时，应用碱中和，再用水冲洗，或先用泥土吸收，扫除后再用水冲洗；当硫酸撒在室外时，应用水冲洗

4.1.4 源水预处理操作

作业项目	澄清池底排、侧排		
序号	辨识项目	辨识内容	典型控制措施
一	公共部分（健康与环境）		
	[表格内容同 1.1.1 公共部分（健康与环境）]		

续表

序号	辨识项目	辨识内容	典型控制措施
二	作业内容（安全）		
1	S	两脚站在同一侧或青苔上	（1）两脚不能同时站在同一侧。 （2）不能强行硬拖水管。 （3）防止滑倒

4.1.5 制氢站操作

作业项目	制氢站设备的启动		
序号	辨识项目	辨识内容	典型控制措施
一	公共部分（健康与环境）		
	[表格内容同 1.1.1 公共部分（健康与环境）]		
二	作业内容（安全）		
1	S	1. 制氢装置运行中突然停车	（1）检查供电系统，尽快恢复运行。 （2）消除整流电源故障。 （3）降低槽压。 （4）增加碱液循环量，或清洗过滤器。 （5）降低槽温即降低冷却水温度，检查换热器是否结垢，进行除垢处理
		2. 制氢装置运行中气体纯度下降	（1）防止氢氧分离器液位过低。 （2）检查分析仪器，确保仪器正常。 （3）调整循环量在合适的范围内。 （4）调整碱液浓度在规定范围。 （5）检查原料水水质，冲洗电解槽严重时，拆槽清洗。 （6）经以上检查仍无好转，应停车进行电解槽大修
		3. 制氢装置运行中氢气湿度不合格	（1）检查电解槽运行温度，避免温度过高。 （2）加大洗涤器和冷却器的冷却水流量。 （3）加强对冷却器底部存水的排放。 （4）更换干燥器内的分子筛

续表

序号	辨识项目	辨识内容	典型控制措施
1	S	4. 制氢装置运行中系统漏氢	（1）加强对设备的检漏工作。 （2）查明漏点，联系检修人员消除。 （3）加强设备间的通风。 （4）做好安全防护措施
		5. 制氢装置运行中系统压力异常	（1）检查设置压力是否正确，系统压力应高于背压 0.3MPa 以上。 （2）检查控制系统是否正常
		6. 制氢装置运行中控制气源压力偏低	（1）加强对压缩空气系统的巡查。 （2）维持控制气源压力在规定范围。 （3）检查系统阀门的开关状态是否正常。 （4）检查氢氧液位，维持氢氧液位的平衡
		7. 制氢装置运行中控制气源压力偏高	（1）加强对压缩空气系统的巡查。 （2）维持控制气源压力在规定范围。 （3）检查系统阀门的开关状态是否正常。 （4）检查氢氧液位，维持氢氧液位的平衡。 （5）开储气罐排污阀泄压至正常范围

作业项目	碱液配制与补碱		
序号	辨识项目	辨识内容	典型控制措施
一	公共部分（健康与环境）		
	[表格内容同 1.1.1 公共部分（健康与环境）]		
二	作业内容（安全）		
1	S	配制浓碱时，未做好防护措施	（1）在配制电解液时，要带上橡胶手套。 （2）在配制过程中，充分搅拌，使碱液充分冷却。 （3）避免碱液掉在极板和拉紧螺栓之间及槽体表面。 （4）备好充足的水源。 （5）预备防护镜和 2%的硼酸溶液

作业项目	氢气系统阀门操作		
序号	辨识项目	辨识内容	典型控制措施
一	公共部分（健康与环境）		
	[表格内容同 1.1.1 公共部分（健康与环境）]		
二	作业内容（安全）		
1	S	以下情况易导致氢气燃烧引发火灾，造成人身烧伤： （1）人员防护用品使用不规范引发火灾。 （2）工器具使用不正确引发火灾。 （3）剧烈地排送氢气引发火灾。 （4）带压维修引发火灾。 （5）对管道、阀门加热解冻时引发火灾。 （6）氢气泄漏时现场防护不到位引发火灾。 （7）氢气泄漏时处理措施不到位引发火灾	（1）防止人员防护用品使用不规范引起火灾的措施：人员应熟悉氢气的性质和操作方法；穿防静电工作服，禁止穿带有钉子的鞋。进行制氢设备的维护工作时，手和衣服不应沾有油脂。 （2）防止工器具使用不正确引发火灾的措施：必须使用合适的铜制或铍铜合金工具，如铜制阀门钩、扳手等；进行氢气的管道阀门的操作，应均匀用力。 （3）防止剧烈排送氢气引发火灾的措施：向储氢罐、发电机输送氢气或排出带有压力的氢气时，应均匀缓慢地打开设备上的阀门和节气门，使气体缓慢地放出或输送。禁止剧烈地排送，以防因摩擦引起自燃。 【重点是使气体缓慢地放出或输送】 （4）防止带压维修引发火灾的措施：氢气运行时，不准敲击管道及阀门，禁止带压维修，不得超压，严禁负压。 （5）防止对管道、阀门加热解冻引发火灾的措施：氢气管道、阀门发生冻结时，应用热水或蒸汽加热解冻，严禁使用明火烘烤。 （6）防止氢气泄漏时现场防护不到位引发火灾的措施：现场氢气测量报警设备必须保证正常投运。 （7）防止氢气泄漏时处理措施不到位引发火灾的措施：发现氢气泄漏时，应立即切断气源，打开门窗进行通风，不得进行可能产生火花的一切操作

作业项目	运行中检查制氢电解槽		
序号	辨识项目	辨识内容	典型控制措施
一	公共部分（健康与环境）		
	[表格内容同 1.1.1 公共部分（健康与环境）]		

续表

序号	辨识项目	辨识内容	典型控制措施
二	作业内容（安全）		
1	S	1. 检查电解槽运行情况时，发生人身触电	禁止两只手同时接触到两个极性不同的电极上
		2. 电解槽体上有杂物（特别是金属物），造成电解槽短路	电解槽投运前，必须对电解槽进行检查，确认电解槽体上无杂物后，方可启动制氢设备
		3. 人员碰触电解槽造成电解槽短路	电解槽运行时，需要清理杂物或测量极间电压时，操作人员必须站在电解槽旁的静电释放铜板上进行，不得用手碰触电解槽
		4. 电解槽漏液、漏气，造成极板短路	电解槽运行时，操作人员要严格按照规程要求进行巡检和测量电解槽各极板之间电压；运行中发现设备泄漏，应及时停运制氢设备

作业项目	启动制氢设备		
序号	辨识项目	辨识内容	典型控制措施
一	公共部分（健康与环境）		
	[表格内容同 1.1.1 公共部分（健康与环境）]		
二	作业内容（安全）		
1	S	1. 烧伤：以下情况易导致氢气燃烧引发火灾，造成人身烧伤： （1）人员防护用品使用不规范引发火灾。 （2）工器具使用不正确引发火灾。 （3）氢氧气体混合引发火灾	（1）防止人员防护用品使用不规范引起火灾的措施：人员应熟悉氢气的性质和操作方法；穿防静电工作服，禁止穿带有钉子的鞋。 （2）防止工器具使用不正确引发火灾的措施：必须使用合适的铜制或铍铜合金工具，如铜制阀门钩、扳手等；进行氢气的管道阀门的操作，应均匀用力。 （3）防止氢氧气体混合引发火灾的措施：启动制氢设备后，操作人员要严密观察氢、氧液位，确保氢、氧液位在正常范围内；严格执行操作程序，确保氢气出口压力、流量在规定范围内

续表

序号	辨识项目	辨识内容	典型控制措施
1	S	2. 灼伤：制氢设备管道、法兰、阀门漏碱，造成人员化学灼伤	根据工作需要戴橡胶手套和防护眼镜；工作现场备有冲洗水和稀硼酸溶液，以防备冲洗、中和溅到眼睛或皮肤上的碱液；制氢设备管道、法兰、阀门发生漏氢、漏碱液现象时，应立即停运制氢设备
		3. 氢气燃烧，引起系统设备和设施发生火灾，造成设备的损坏	启动制氢设备后，操作人员要严密观察氢、氧液位，确保氢、氧液位在正常范围内；严格执行操作程序，确保氢气出口压力、流量在规定范围内
		4. 监测仪表若指示不正确，造成人员误判断，影响制氢设备安全运行	制氢设备运行正常后，要及时将在线氢中氧、氧中氢监测仪表投入运行；确保氢气系统中，气体含氢量不低于99.5%，含氧量不超过0.5%；定期校验氢中氧、氧中氢监测仪表；制氢设备启动过程中，应增加人工取样分析次数，发现监测仪表异常，及时处理 【重点是定期校验仪表】

作业项目	停运制氢设备		
序号	辨识项目	辨识内容	典型控制措施
一	公共部分（健康与环境）		
	[表格内容同1.1.1公共部分（健康与环境）]		
二	作业内容（安全）		
1	S	1. 以下情况易导致氢气燃烧引发火灾，造成人身烧伤： （1）人员防护用品使用不规范引发的火灾。 （2）工器具使用不正确引发的火灾。 （3）系统负压状态下停运制氢设备引发的火灾。 （4）人员误操作引发的火灾	（1）防止人员防护用品使用不规范引起火灾的措施：人员应熟悉氢气的性质和操作方法；穿防静电工作服，禁止穿带有钉子的鞋。 （2）防止工器具使用不正确引发火灾的措施：必须使用合适的铜制或铍铜合金工具，如铜制阀门钩、扳手等；进行氢气的管道阀门的操作，应均匀用力。 （3）防止系统负压状态下停运制氢设备引发火灾的措施：制氢设备在完全停运前，必须保持系统内正压状态。避免由于热胀冷缩，造成系统负压，引发空气倒吸产生爆鸣、爆炸危险。 【重点是系统I-FN】

续表

序号	辨识项目	辨识内容	典型控制措施
1	S	1. 以下情况易导致氢气燃烧引发火灾，造成人身烧伤： （1）人员防护用品使用不规范引发的火灾。 （2）工器具使用不正确引发的火灾。 （3）系统负压状态下停运制氢设备引发的火灾。 （4）人员误操作引发的火灾	（4）防止人员误操作引发火灾的措施：制氢设备停运前，应按照现场规程，先进行制氢设备各部分排污后，再将制氢系统排空门打开，最后进行制氢系统排空降压。操作时要注意：不准在室内排放氢气，吹洗置换、放空降压必须通过放空管进行；制氢设备停运过程中，操作人员要严密观察氢、氧液位在正常范围内，根据情况及时进行调整
		2. 氢气燃烧引发火灾，造成设备损坏	制氢设备停运前，应按照现场规程，先进行制氢设备各部分排污后，再将制氢系统排空门打开，最后进行制氢系统排空降压。操作时要注意：不准在室内排放氢气，吹洗置换、放空降压必须通过放空管进行；制氢设备停运过程中，操作人员要严密观察氢、氧液位在正常范围内，根据情况及时进行调整

作业项目	启动次氯酸钠发生器		
序号	辨识项目	辨识内容	典型控制措施
一	公共部分（健康与环境）		
	[表格内容同 1.1.1 公共部分（健康与环境）]		
二	作业内容（安全）		
1	S	1. 氢气燃烧，引发火灾，造成人身烧伤	进入电解室时，必须穿防静电工作服；次氯酸钠发生器启动前，应先启动可靠的防爆排氢风机、防爆排气扇，保持室内良好通风；电解设备运行时，电解室内不准进行明火作业或做能产生火花的工作，并悬挂“严禁烟火”标志牌 【重点是通风】

续表

序号	辨识项目	辨识内容	典型控制措施
1	S	2. 氢气燃烧，引发火灾，造成设备损坏	进入电解室时，必须穿防静电工作服；次氯酸钠发生器启动前，应先启动可靠的防爆排氢风机、防爆排气扇，保持室内良好通风；电解设备运行时，电解室内不准进行明火作业或做能产生火花的工作，并悬挂“严禁烟火”标志牌 【重点是通风】
		3. 电解设备启动时，人员误操作，损坏设备	严格控制电解槽电压、电流，不得使其超过额定值；应保证设备冷却水充足，在发生器温度指示升高并超过规定值时，及时调整冷却水流量

4.1.6 化学监督

作业项目	凝汽器半侧停运		
序号	辨识项目	辨识内容	典型控制措施
一	公共部分（健康与环境）		
	［表格内容同 1.1.1 公共部分（健康与环境）］		
二	作业内容（安全）		
1	S	1. 触电：使用照明时，发生人身触电	（1）使用电气工具和用具前，必须检查是否贴有合格证且在有效期内；电线是否完好，有无接地线；使用时，应接好合格的漏电保护器和接地线；电源开关外壳和电线绝缘有破损、绝缘不良或带电部分外露时不准使用。 （2）工作现场所用的临时电源盘及电缆线绝缘应良好，电源盘应装设合格的漏电保护器，电源接线牢固。临时电源线应架空或加防护罩。 （3）有接地线的电气工具和用具必须可靠接地。 （4）使用电气工具和用具时，不得提着导线或转动部分。 （5）不熟悉电气工具和用具使用方法的工作人员不准擅自使用。 （6）使用电钻等电气工具时，须戴绝缘手套。 （7）在金属容器（如汽鼓、凝汽器、槽箱等）内工作时，必须使用 24V 以下的电气工具，否则需使用Ⅱ类工具，装设额定动作电流不大于 15mA、动作时间不大于 0.1s 的漏电保护器，且应设专人在外不间断地监护。漏电保护器、电源连接器和控制箱等应放在容器外面。

续表

序号	辨识项目	辨识内容	典型控制措施
1	S	1. 触电：使用照明时，发生人身触电	（8）使用行灯时，行灯电压不超过 36V。在特别潮湿或周围均属金属导体的地方工作时，如在汽鼓、凝汽器、加热器、蒸发器、除氧器及其他金属容器或水箱等内部，行灯的电压不超过 12V。行灯电源应由携带式或固定式的变压器供给，变压器不准放在汽鼓、燃烧室及凝汽器等的内部。 （9）电气工具和用具的电线不准接触热体，不要放在湿地上，并避免载重车辆和重物压在电线上 【重点是照明电压不能超过 12V】
		2. 窒息：进入汽包检查时，因通风不良造成人员窒息	检查人员应熟知容器内部检查工作的要求，确认汽包内温度已降到允许工作温度，汽包两侧人孔门必须达到最大开度，保证汽包内空气流通；人员在汽包内部工作时，必须有人在外监护，监护人要站在能看到内部检查人员的地方，监护人不准同时担任其他工作；进入汽包的人员应定时轮换 【重点是要通风】
		异物掉入下降管，造成设备损害	检查人员必须穿连体服，并将随身携带的物品取出；检查用的工具等必须放在工具包内，使用时由外面人员帮助传递，工作结束时，必须清理现场和清点工具；使用手电筒时，必须将手电筒上的系带套在手腕上

作业项目	凝汽器化学监督检查		
序号	辨识项目	辨识内容	典型控制措施
一	公共部分（健康与环境）		
	［表格内容同 1.1.1 公共部分（健康与环境）］		
二	作业内容（安全）		
1	S	触电：使用照明时，发生人身触电	使用照明时防人身触电： （1）使用电气工具和用具前，必须检查是否贴有合格证且在有效期内；电线是否完好，有无接地线；使用时，应接好合格的漏电保护器和接地线；电源开关外壳和电线绝缘有破损、绝缘不良或带电部分外露时不准使用。 （2）工作现场所用的临时电源盘及电缆线绝缘应良好，电源盘应装设合格的漏电保护器，电源接线牢固。临时电源线应架空或加防护罩。 （3）有接地线的电气工具和用具必须可靠接地。 （4）使用电气工具和用具时，不得提着导线或转动部分。

序号	辨识项目	辨识内容	典型控制措施
1	S	触电：使用照明时，发生人身触电	（5）不熟悉电气工具和用具使用方法的工作人员不准擅自使用。 （6）使用电钻等电气工具时，须戴绝缘手套。 （7）在金属容器（如汽鼓、凝汽器、槽箱等）内工作时，必须使用24V以下的电气工具，否则需使用Ⅱ类工具，装设额定动作电流不大于15mA、动作时间不大于0.1s的漏电保护器，且应设专人在外不间断地监护。漏电保护器、电源连接器和控制箱等应放在容器外面。 （8）使用行灯时，行灯电压不超过36V。在特别潮湿或周围均属金属导体的地方工作时，如在汽鼓、凝汽器、加热器、蒸发器、除氧器及其他金属容器或水箱等内部，行灯的电压不超过12V。行灯电源应由携带式或固定式的变压器供给，变压器不准放在汽鼓、燃烧室及凝汽器等的内部。 （9）电气工具和用具的电线不准接触热体，不要放在湿地上，并避免载重车辆和重物压在电线上 【重点是照明电压不能超过12V】
		窒息：进入凝汽器检查时，因通风不良造成人员窒息	检查人员应熟知容器内部检查工作的要求，确认凝汽器内温度已降到允许工作温度，人孔门必须达到最大开度，保证凝汽器内空气流通；人员在凝汽器内部工作时，必须有人在外监护，监护人要站在能看到内部检查人员的地方，监护人不得同时担任其他工作；进入凝汽器的人员应定时轮换 【重点是要通风】
		滑跌、踏空：进入凝汽器检查时，人员滑跌、踏空	进入凝汽器热井前，应确认水已排净；进入凝汽器水室前，应确认水室内部已设置垫板，并检查牢固可靠

作业项目	除氧器内部化学监督检查		
序号	辨识项目	辨识内容	典型控制措施
一	公共部分（健康与环境）		
[表格内容同1.1.1公共部分（健康与环境）]			
二	作业内容（安全）		
1	S	1. 触电：使用照明时，发生人身触电	（1）使用电气工具和用具前，必须检查是否贴有合格证且在有效期内；电线是否完好，有无接地线；使用时，应接好合格的漏电保护器和接地线；电源开关外壳和电线绝缘有破损、绝缘不良或带电部分外露时不准使用。

序号	辨识项目	辨识内容	典型控制措施
1	S	1. 触电：使用照明时，发生人身触电	（2）工作现场所用的临时电源盘及电缆线绝缘应良好，电源盘应装设合格的漏电保护器，电源接线牢固。临时电源线应架空或加防护罩。 （3）有接地线的电气工具和用具必须可靠接地。 （4）使用电气工具和用具时，不得提着导线或转动部分。 （5）不熟悉电气工具和用具使用方法的工作人员不准擅自使用。 （6）使用电钻等电气工具时，须戴绝缘手套。 （7）在金属容器（如汽鼓、凝汽器、槽箱等）内工作时，必须使用24V以下的电气工具，否则需使用Ⅱ类工具，装设额定动作电流不大于15mA、动作时间不大于0.1s的漏电保护器，且应设专人在外不间断地监护。漏电保护器、电源连接器和控制箱等应放在容器外面。 （8）使用行灯时，行灯电压不超过36V。在特别潮湿或周围均属金属导体的地方工作时，如在汽鼓、凝汽器、加热器、蒸发器、除氧器及其他金属容器或水箱等内部，行灯的电压不超过12V。行灯电源应由携带式或固定式的变压器供给，变压器不准放在汽鼓、燃烧室及凝汽器等的内部。 （9）电气工具和用具的电线不准接触热体，不要放在湿地上，并避免载重车辆和重物压在电线上 【重点是照明电压不能超过12V】
		2. 窒息：进入除氧器检查时，因通风不良造成人员窒息	检查人员应熟知容器内部检查工作的要求，确认除氧器内温度已降到允许工作温度，人孔门必须达到最大开度，保证除氧器内空气流通；人员在除氧器内部工作时，必须有人在外监护，监护人要站在能看到内部检查人员的地方，监护人不得同时担任其他工作；进入除氧器的人员应定时轮换 【重点是要通风】
		3. 坠落：进入除氧器检查使用梯子时，造成人员坠落	（1）患有精神病、癫痫病及经医师鉴定患有高血压、心脏病等不宜从事高处作业病症的人员，不准参加高处作业。凡发现工作人员有饮酒、精神不振时，禁止登高作业。所有工作人员都应学会触电窒息急救法、心肺复苏法，并熟悉有关烧伤、烫伤、外伤、气体中毒等急救常识。发现有人触电，应立即切断电源，使触电人脱离电源，并进行急救。如在高处工作，抢救时必须注意防止高处坠落。 （2）高处作业均须先搭好脚手架，脚手架须经有关部门验收合格，签发合格证后才能使用。 （3）凡能在地面上预先做好的工作，都必须在地面上做好，尽量减少高处作业。 （4）高处作业必须使用安全带，在没有脚手架或没有栏杆的脚手架上工作，高度超过1.5m时，必须使用安全带。安全带的合格证应在有效期内，安全带的挂钩应挂在结实、牢固的构件上，或专挂安全带的钢丝绳上。安全带要高挂低用。

续表

序号	辨识项目	辨识内容	典型控制措施
1	S	3. 坠落：进入除氧器检查使用梯子时，造成人员坠落	（5）短时间可以完成的工作可以使用梯子。使用梯子前，应先检查梯子的结构是否牢固、有无缺陷。使用时，梯子与地面成60°。使用梯子须采用可靠的防止下部滑动的措施，要用人扶牢。在通道和门口使用梯子，还要采取防止有人突然开门的措施

4.1.7 取样工作

作业项目	汽水人工取样		
序号	辨识项目	辨识内容	典型控制措施
一	公共部分（健康与环境）		
	[表格内容同 1.1.1 公共部分（健康与环境）]		
二	作业内容（安全）		
1	S	1. 现场防护措施不到位，造成人身烫伤；人员误操作，造成人身烫伤；取样装置阀门不严密，造成人身烫伤	（1）汽、水取样地点应有良好的照明；应保持冷却水管畅通和冷却水量充足，取样时应戴手套。 （2）取样时为避免有蒸汽冒出，应先开启冷却水门，再缓慢开启取样管的汽水门，使样品温度保持在30℃以下，防止烫伤。 （3）防止取样装置阀门不严密造成人身烫伤的措施：现场取样时，应首先确认取样装置阀门严密无泄漏，有泄漏则停止取样
		2. 高温架取样冷却水中断，造成仪表损坏	手动取样水样应保持温度、流量稳定，发现所有取样口同时冒出大量蒸汽，应及时调整冷却水

作业项目	洗高温取样装置		
序号	辨识项目	辨识内容	典型控制措施
一	公共部分（健康与环境）		
	[表格内容同 1.1.1 公共部分（健康与环境）]		

续表

序号	辨识项目	辨识内容	典型控制措施
二	作业内容（安全）		
1	S	1. 开关高温架阀门时，造成人身烫伤	冲洗高温取样装置时，应戴防护手套，站在阀门的侧面，缓慢地进行操作
		2. 冲洗取样装置时，造成人身烫伤	在对高温取样装置进行冲洗时，一次只能开启一个阀门冲洗，严禁一次开启多个阀门冲洗

作业项目	检查入炉煤采样机		
序号	辨识项目	辨识内容	典型控制措施
一	公共部分（健康与环境）		
	[表格内容同 1.1.1 公共部分（健康与环境）]		
二	作业内容（安全）		
1	S	1. 清理采样机时，发生人身绞伤	应确认采样机已停电，并在开关的把手上悬挂“禁止合闸　有人工作”标志牌；在采样机完全停止以前，禁止进行清理工作 【重点是完全停止】
		2. 煤样堵塞采样机，导致设备损坏	采样机运行过程中，应定时巡回检查，发现异常及时疏通

作业项目	入炉煤人工采样		
序号	辨识项目	辨识内容	典型控制措施
一	公共部分（健康与环境）		
	[表格内容同 1.1.1 公共部分（健康与环境）]		
二	作业内容（安全）		
1	S	1. 人员着装不规范造成人身伤害	采样人员应扎紧袖口，要站在皮带栏杆的外面，以防人身触及皮带被皮带挂住或被转动部分绞住

续表

序号	辨识项目	辨识内容	典型控制措施
1	S	2. 采样过程中造成人身伤害	采样人员在采样过程中，要掌握好身体平衡，握紧采样工具，避免和输煤皮带直接接触，并逆向煤流的方向采取煤样；必要时，可根据现场实际情况在输煤皮带的端部采取
		3. 翻越皮带时造成人身伤害	禁止爬越皮带，需要到输煤皮带的另一侧采取煤样时，必须经过通行桥

作业项目	制样碎煤机运行		
序号	辨识项目	辨识内容	典型控制措施
一	公共部分（健康与环境）		
	[表格内容同 1.1.1 公共部分（健康与环境）]		
二	作业内容（安全）		
1	S	1. 破碎煤样时，造成人员伤害	破碎煤样时，应将碎煤机磨样盖上方的旋轴手柄旋紧；破碎过程中不能打开外壳盖进行观察，须待机器完全停止运转后方可打开
		2. 清理碎煤机时，造成人员伤害	清理碎煤机前，必须停电

作业项目	氢气取样分析		
序号	辨识项目	辨识内容	典型控制措施
一	公共部分（健康与环境）		
	[表格内容同 1.1.1 公共部分（健康与环境）]		
二	作业内容（安全）		
1	S	1. 以下情况易导致氢气燃烧引发火灾，造成人身烧伤： （1）人员防护用品使用不规范引发火灾。	（1）防止人员防护用品使用不规范引发火灾的措施：人员应熟悉氢气系统、氢气性质和操作方法；氢气取样时，手和衣服不应沾有油脂；其余详见公共项目“个人劳动保护用品的使用”。

续表

序号	辨识项目	辨识内容	典型控制措施
1	S	（2）氢气泄漏时处理措施不到位引发火灾	（2）防止氢气泄漏时处理措施不到位引发火灾的措施：取样地点应通风良好。发现氢气泄漏时，应立即切断气源，打开门窗进行通风，不得进行可能产生火花的一切操作 【重点是通风】
		2. 氢气燃烧引发火灾，造成设备损坏	取样地点应通风良好。发现氢气泄漏时，应立即切断气源，打开门窗进行通风，不得进行可能产生火花的一切操作 【重点是通风】
		3. 检测数据不准确造成人员误判断，危及机组运行	取样点应选在排出母管和气体不易流动的死区；取样前先放气 1～2min，以排出管道余气。正确运用氢气分析方法；系统内氧或氢的含量必须达到连续三次分析合格

4.1.8 工业废水系统操作

作业项目	工业废水池和生活污水调节池水位观察		
序号	辨识项目	辨识内容	典型控制措施
一	公共部分（健康与环境）		
	[表格内容同 1.1.1 公共部分（健康与环境）]		
二	作业内容（安全）		
1	S	在对废水池和调节池巡检过程中，易发生人员坠落。 （1）人员、现场防范措施不到位，发生人员坠落。 （2）人员不遵守相关规定制度，发生人员坠落	（1）巡检前，巡检人员应熟悉巡检水池周围道路状况，明确巡检路线；在观察工业废水池和生活污水调节池水位时，应穿防滑的工作鞋，防止遇水滑倒；工业废水池和生活污水调节池周围照明保持良好，巡检时，应带好手电等照明工具。 （2）防止人员不遵守相关规定制度发生人员坠落的措施：在观察工业废水池和生活污水调节池水位时，禁止攀爬水池周围护栏；在巡检过程中，禁止倚靠防护栏杆；观察生活污水调节池水位时，严禁站在顶部栅格盖板上观察

作业项目	清洗生物曝气滤池		
序号	辨识项目	辨识内容	典型控制措施
一	公共部分（健康与环境）		
	[表格内容同 1.1.1 公共部分（健康与环境）]		

续表

序号	辨识项目	辨识内容	典型控制措施
二	作业内容（安全）		
1	S	1. 管道憋压，造成水泵和罗茨风机损坏	操作前，按照要求做好设备及管道的检查，做好反洗水泵和罗茨风机启动前的检查；检查泵出口门和反洗管道阀门已正常开启，确保反洗管道畅通后，方可启动反洗水泵；检查罗茨风机出口门和风管道阀门已正常开启，确保风管道畅通方可启动罗茨风机
		2. 清洗风量、水量过大，造成生物膜的破坏和滤料流失	清洗生物曝气滤池操作时，调节手动门至规定流量；控制反洗时间符合规定要求，不得超过规定时间，防止破坏生物膜

作业项目	调节废水 pH 值		
序号	辨识项目	辨识内容	典型控制措施
一	公共部分（健康与环境）		
	[表格内容同 1.1.1 公共部分（健康与环境）]		
二	作业内容（安全）		
1	S	1. 在操作酸、碱系统泵和阀门的过程中，易造成人员化学灼伤	操作前，按照运行规程要求做好检查工作，对酸、碱系统做到心中有数；加酸、碱操作时，操作人员应离开中和池，避免因酸、碱液溅出而受到伤害；其余详见公共项目“个人劳动保护用品的使用”与“工作场地的要求”
		2. 酸碱溶液易发生泄漏，产生的酸雾导致设备腐蚀	酸、碱罐（计量箱）排气管上必须安装酸雾吸收器，并能正常运行；酸、碱罐（计量间）的地面、墙裙、墙顶棚、沟道、通风设施、设备（管道）表面，均应采取防腐措施；地面应有冲洗排水设施；值班期间，应加强对酸碱系统的监督，发现有缺陷存在或有可能出现泄漏的设备，应联系检修及时处理，确保系统安全可靠
		3. 酸碱溶液易发生泄漏，产生的酸雾造成环境污染	酸罐（计量间）的地面、墙裙、墙顶棚、沟道、通风设施、设备（管道）表面，均应采取防腐措施；地面应有冲洗排水设施

4.2 化学检修

4.2.1 次氯酸钠加药系统

作业项目	次氯酸钠加药系统		
序号	辨识项目	辨识内容	典型控制措施
一	公共部分（健康与环境）		
1	身体、心理素质	作业人员的身体状况，心理素质不适于高处作业	（1）不安排此次作业。 （2）不安排高处作业，安排地面辅助工作。 （3）现场配备急救药品。 ⋮
2	精神状态	作业人员连续工作，疲劳困乏或情绪异常	（1）不安排此次作业。 （2）不安排高强度、注意力高度集中、反应能力要求高的工作。 （3）作业过程适当安排休息时间。 ⋮
3	环境条件	作业区域上部有落物的可能；照明充足；安全设施完善	（1）暂时停止高处作业，工作负责人先安排检查接地线等各项安全措施是否完整，无问题后可恢复作业。 ⋮
4	业务技能	新进人员参与作业或安排人员承担不胜任的工作	（1）安排能胜任或辅助性工作。 （2）设置专责监护人进行监护。 ⋮
5	作业组合	人员搭配不合适	（1）调整人员的搭配、分工。 （2）事先协调沟通，在认识和协作上达成一致。 ⋮
6	工期因素	工期紧张，作业人员及骨干人员不足	（1）增加人员或适当延长工期。 （2）优化作业组合或施工方案、工序。 ⋮
⋮	⋮	⋮	⋮

续表

序号	辨识项目	辨识内容	典型控制措施
二	作业内容（安全）		
1	次氯酸钠发生器、喷射器	1. 发生氯气中毒事件	（1）确认工作票所列安全措施确已执行。 （2）严格按要求穿戴整齐各种劳动保护用品。 （3）氯气室顶应设有足够的淋水设施和排气风扇。 （4）工作人员应熟知氯气伤害急救方法。 （5）当发生故障有大量氯气漏出时，工作人员应立即戴上防毒面具，关闭门窗，开启室内淋水阀门，将氯瓶放入碱水池中，最后，用排气风扇抽去余氯。 （6）拆卸加氯机时，应尽可能站在上风位置，如感到身体不适时，应立即离开现场，到空气流动地方休息
		2. 发生氯瓶爆炸事件	（1）氯瓶应涂有暗绿色“液氯”字样的明显标志。 （2）氯瓶禁止放在烈日下暴晒和用明火烤
		3. 发生火灾事故	在用酒精擦洗加氯机零件时，严禁烟火
		4. 发生人身伤害事件	（1）确认工作票所列安全措施确已执行。 （2）严格按要求穿戴整齐各种劳动保护用品。 （3）检查各工具是否完好，确认完整好用后方可进行检修工作。 （4）做好检修现场的布置，准备好零件堆放的场地。 （5）材料、零件、工器具要摆放整齐，做到文明施工。 （6）随时检查工作人员在工作过程中是否遵守《安规》
		5. 发生氨气伤人事件	（1）确认工作票所列安全措施确已执行。 （2）严格按要求穿戴整齐各种劳动保护用品。 （3）工作地点应设有良好的通风设备
2	次氯酸钠发生器内部检查	1. 触电：拆除发生器时，接触到内部的极板，造成人身触电	拆除发生器前，必须确认电解装置已停电，开关上悬挂“禁止合闸　有人工作”标志牌
		2. 灼伤：拆卸发生器的端盖时，接触到碱液，造成人员的化学灼伤	拆卸发生器的端盖前，应将进、出口门关闭，并泄压、排尽余液，再用清水冲洗至中性彻底排放。其余详见公共项目“个人劳动保护用品的使用”
		3. 烧伤：在用易挥发溶剂擦洗发生器的极板时，引发火灾，造成人身烧伤	在用乙醇等易挥发溶剂擦洗发生器的极板时，必须保证工作场所的良好通风，工作区域应备有充足的消防工具和灭火器材，并严禁明火作业，并悬挂“禁止烟火”标志牌

序号	辨识项目	辨识内容	典型控制措施
2	次氯酸钠发生器内部检查	4. 在用易挥发溶剂擦洗发生器的极板时，引发火灾，造成设备的损坏	在用乙醇等易挥发溶剂擦洗发生器的极板时，必须保证工作场所的良好通风，工作区域应备有充足的消防工具和灭火器材，并严禁明火作业，并悬挂“禁止烟火”标志牌
		5. 异物遗留在发生器内，造成设备的损害	检修前将使用的所有工器具进行登记记录，检修后根据记录逐一检查，确认无任何物体遗漏在发生器内，方可封闭发生器端盖

4.2.2 启动炉加药系统

作业项目	启动炉加药系统		
序号	辨识项目	辨识内容	典型控制措施
一	公共部分（健康与环境）		
	[表格内容同 1.1.1 公共部分（健康与环境）]		
二	作业内容（安全）		
1	氨溶液箱、亚硫酸钠溶液箱、磷酸盐溶液箱	1. 发生氨瓶爆炸事件	（1）氨瓶应涂有明显标志。 （2）氨瓶禁止放在烈日下暴晒和用明火烤
		2. 发生人身伤害事件	（1）确认工作票所列安全措施确已执行。 （2）严格按要求穿戴整齐各种劳动保护用品。 （3）检修工具是否完好，确认完整好用后方可进行检修工作。 （4）做好检修现场的布置，准备好零件堆放的场地。 （5）材料、零件、工器具要摆放整齐，做到文明施工。 （6）随时检查工作人员在工作过程中是否遵守《安规》

4.2.3 设备内防腐

作业项目	设备内防腐		
序号	辨识项目	辨识内容	典型控制措施
一	公共部分（健康与环境）		
	[表格内容同 1.1.1 公共部分（健康与环境）]		

续表

序号	辨识项目	辨识内容	典型控制措施
二	作业内容（安全）		
1	化学设备内壁防腐	1. 灼伤：系统隔离不严或误操作，造成人员化学灼伤	该项工作易发生灼伤的原因主要是，检修人员打开人孔门时操作不当或进入容器内时，接触到腐蚀性介质造成人员化学灼伤，所以在防腐处理前，必须确认系统内残液已放尽；打开人孔时，严禁用火烘烤或采取其他可能产生火花的操作；罐内用水冲洗至中性并将水放尽；确认相关联的阀门已关闭严密并上锁，悬挂“禁止操作　有人工作”标志牌；其余详见公共项目“个人劳动保护用品的使用”
		2. 中毒、窒息：在容器设备内部防腐处理过程中，通风不良，造成人员中毒、窒息	在容器内部工作前，应打开所有人孔门，并安装排气扇进行强力通风，保证容器内的空气流通；容器内部检修人员必须戴合格的防毒面具，工作中应使用安全带，安全带绳子的一端紧握在外面监护人手中，以便发生中毒时进行急救；工作时，检修人员不得少于3人，其中两人在外监护，监护人站在能看到或听到容器内检修人员的地方，以便随时进行监护，监护人不得同时担任其他工作，工作中检修人员应定期轮换
		3. 触电：使用照明、电动工器具时，使用不当或工器具不合格，发生人身触电	详见公共项目“电气工具和用具的使用”
		4. 坠落：在容器内部需要高处防腐处理工作时，采取防范措施不到位发生人身坠落	详见公共项目“高处作业”
		5. 烧伤：在容器内部防腐处理时，发生人身烧伤；在设备内进行焊接工作，发生人身烧伤	（1）防止在容器内部防腐处理时发生人身烧伤的措施：保持内部的良好通风，工作现场应备有充足的消防工具和灭火器材，工作中严禁明火作业，并在工作区域悬挂“严禁烟火”标志牌；配制不饱和聚酯树脂时，严禁固化剂与稀释剂直接混合，所用的乙醇、丙酮、硫化物等均为易燃物，必须隔绝火种，配制、稀释工作应在容器外进行；工作中应尽量减少使用的材料在容器内部放置时间。 （2）防止在容器内进行焊接工作发生人身烧伤的措施：在用玻璃钢做衬里的设备上进行防腐处理时，严禁进行任何焊接工作；在用衬胶做衬里的设备上进行防腐处理时，应避免焊接工作，如必须进行焊接，则应将焊接范围内的衬胶层完全铲除，焊点距离四周衬胶在安全范围内，且焊接中应随时进行冷却；其余详见公共项目“电焊作业”
		6. 在容器内部防腐处理时，引发火灾损坏设备	在用玻璃钢做衬里的设备上进行防腐处理时，严禁进行任何焊接工作；在用衬胶做衬里的设备上进行防腐处理时，应避免焊接工作，如必须进行焊接，则应将焊接范围内的衬胶层完全铲除，焊点距离四周衬胶在安全范围内，且焊接中应随时进行冷却；其余详见公共项目“电焊作业”

续表

序号	辨识项目	辨识内容	典型控制措施
1	化学设备内壁防腐	7. 在容器内进行焊接工作，烫坏衬胶层	保持内部的良好通风，工作现场应备有充足的消防工具和灭火器材，工作中严禁明火作业，并在工作区域悬挂“严禁烟火”标志牌；配制不饱和聚酯树脂时，严禁固化剂与稀释剂直接混合，所用的乙醇、丙酮、硫化物等均为易燃物，必须隔绝火种，配制、稀释工作应在容器外进行；工作中，应尽量减少使用的材料在容器内部放置时间
2	检查酸碱罐内部防腐层	1. 灼伤：系统隔离不严或误操作，造成人员化学灼伤	进入酸碱罐前，必须确认酸碱罐进、出口门已关闭并上锁，悬挂“禁止操作　有人工作”标志牌；进入酸碱罐前，应将罐内残余酸碱液用大量清水冲洗至中性达标排放后，方可进入；其余详见公共项目“个人劳动保护用品的使用”
		2. 窒息：进入酸碱罐检查时，内部通风不良，造成人员窒息	进入酸碱罐前，打开所有人孔门和底部排污门通风，待确认内部没有强烈刺激气味时，再进入内部检查；工作时检修人员不得少于 3 人，其中两人在外监护。监护人站在能看到或听到容器内检修人员的地方，以便随时进行监护，监护人不得同时担任其他工作。工作中检修人员应定期轮换
		3. 触电：使用照明时，发生人身触电；使用电火花检测仪检查探伤时，造成人身触电	（1）防止使用照明时发生触电的措施：检查前，应先将罐内壁用布擦干。 （2）防止使用电火花检测仪检查探伤时造成触电的措施：进入内部应穿绝缘胶靴，戴绝缘手套；进行电火花检测仪检查探伤前，应将衬胶层表面擦干，保持干燥；用电火花检测仪检查探伤时，检修人员严禁触及探头前端的高压金属探刷，以防造成人身伤害；其余详见公共项目“电气工具和用具的使用”

4.2.4 制氢站系统

作业项目	制氢站系统		
序号	辨识项目	辨识内容	典型控制措施
一	公共部分（健康与环境）		
	［表格内容同 1.1.1 公共部分（健康与环境）］		
二	作业内容（安全）		
1	检修制氢电解槽	1. 触电：拆卸电解槽时，造成人身触电；电解槽进行绝缘试验时，造成人员触电	（1）防止拆卸电解槽时造成触电的措施：拆卸电解槽时，人员接触到内部的极板，容易造成人身触电，所以必须确认设备已停电，并悬挂“禁止合闸　有人工作”的标志牌。

续表

序号	辨识项目	辨识内容	典型控制措施
1	检修制氢电解槽	1. 触电：拆卸电解槽时，造成人身触电；电解槽进行绝缘试验时，造成人员触电	（2）防止电解槽进行绝缘试验时造成触电的措施：检修人员必须站在电解槽旁的静电释放铜板上进行，并避免两只手分别直接接触到两个极性不同的电极
		2. 灼伤：接触到内部的电解液，造成人员化学灼伤	该项工作发生灼伤的原因是解体电解槽时，人员接触到内部的电解液，造成人员化学灼伤，所以人员应确认槽内压力已泄尽；电解液已抽回碱液箱，并用除盐水将残余碱液冲洗至中性后，方可进行工作；其余详见公共项目“个人劳动保护用品的使用”
		3. 烧伤：在解体检查电解槽时，以下情况可能引起火灾烧伤人员： （1）人员防护用品不规范，引起火灾。 （2）氢气置换不合格，引起火灾。 （3）使用的工器具不符合要求，引起火灾。 （4）动火作业，引起火灾	（1）防止人员防护用品不规范引起火灾的措施：检修人员必须穿防静电工作服，禁止穿有钉子的鞋和将火种带入检修现场。 （2）防止氢气置换不合格引起火灾的措施：检修人员与运行人员共同确认电解槽内氢气置换已合格（系统内的氢气浓度含量小于1%）。 （3）防止使用的工器具不符合要求引起火灾的措施：使用的防爆型电动工具必须检验合格并贴有合格证，拆卸用的扳手等应使用铜制或铍铜合金工具。 （4）防止动火作业引起火灾的措施：检修电解槽时，禁止明火作业，如必须进行时，应严格执行一级动火工作票制度，经氢气测量报警仪测定，证实工作区域内空气中含氢量小于1%，并经主管生产的厂领导批准后方可工作，工作中应保持检修场所的良好通风
		4. 烫伤：用热蒸汽吹洗电解槽时，造成人员烫伤	用热蒸汽吹洗电解槽时，检修人员接触到蒸汽管道或阀门，造成人员烫伤，所以在用热蒸汽吹洗电解槽时，检修人员要戴手套，穿防护工作服
		5. 外力：电解槽在进行水压试验和气密性试验过程中，高压水、气泄漏，造成检修人员受伤	进行水压试验和气密性试验过程中应缓慢升压，试验前，应停止在电解槽上进行其他检修工作；试验过程中发现泄漏时，应待压力降至工作压力，才可进行检查，然后放水泄压再进行处理
		6. 在解体检查电解槽时，可能引起火灾损坏设备	检修电解槽时，禁止明火作业，如必须进行时，应严格执行一级动火工作票制度，经氢气测量报警仪测定，证实工作区域内空气中含氢量小于1%，并经主管生产的厂领导批准后方可工作，工作中应保持检修场所的良好通风
		7. 异物遗留在电解槽内，损坏电解槽	检修前，将使用的所有工器具进行登记记录，检修完毕后，由工作负责人根据记录逐一检查，确认无任何物体遗漏在电解槽内，方可封闭，并将电解槽的表面杂物清理干净

续表

序号	辨识项目	辨识内容	典型控制措施
1	检修制氢电解槽	8. 触电：在拆卸电解槽时，造成人身触电；电解槽进行绝缘试验时，造成人员触电	（1）防止拆卸电解槽时造成触电的措施：在拆卸电解槽时，人员接触到内部的极板，容易造成人身触电，所以必须确认设备已停电，并悬挂“禁止合闸有人工作”的标志牌。 （2）防止电解槽进行绝缘试验时造成触电的措施：检修人员必须站在电解槽旁的静电释放铜板上进行，并避免两只手分别直接接触到两个极性不同的电极
2	检查清理碱液过滤器	1. 灼伤：拆卸碱液过滤器的端盖时，发生人员化学灼伤；检查清理过滤网时，发生人员化学灼伤	（1）防止拆卸碱液过滤器的端盖时发生化学灼伤的措施：拆卸碱液过滤器的端盖前，必须确认碱液过滤器的进、出口门已关闭，残余碱液已排尽，并用水冲洗至中性；其余详见公共项目“个人劳动保护用品的使用”。 （2）防止检查清理过滤网时发生化学灼伤的措施：检修人员在工作过程中要戴防护眼镜和橡胶手套，将过滤网表面的碱液用大量的清水冲洗后，方可进行过滤网的检查清理
		2. 砸伤：拆卸碱液过滤器的端盖时，发生人员砸伤	拆卸碱液过滤器的端盖时，应防止端盖脱手砸伤检修人员
		3. 烧伤：在拆装碱液过滤器的端盖时，以下情况可能引起氢气着火烧伤人员。 （1）人员防护用品不规范，引起火灾。 （2）使用的工器具不符合要求，引起火灾。 （3）氢气浓度不符合要求，引起火灾	（1）防止人员防护用品不规范引起火灾的措施：检修人员必须穿防静电工作服，禁止穿有钉子的鞋和将火种带入检修现场。 （2）防止使用的工器具不符合要求引起火灾的措施：拆装碱液过滤器的端盖时，必须使用铜制或铍铜合金工具。 （3）防止氢气浓度不符合要求引起火灾的措施：保持检修场所的良好通风，检修中定时检测工作区域内空气中的含氢量应小于3%
		4. 拆装碱液过滤器的端盖时，可能引起氢气着火损坏设备	保持检修场所的良好通风，检修中定时检测工作区域内空气中的含氢量应小于3%
3	检修氢气干燥器	1. 触电：拆卸进、出料口堵板时，接触到带电的电偶加热装置，造成人身触电	拆卸堵板前，应确认电偶加热装置已停电，并悬挂“禁止合闸　有人工作”标志牌
		2. 烫伤：拆卸氢气干燥器进、出料口堵板时，触及干燥器的高温外壳或分子筛，烫伤检修人员	拆卸堵板前，必须停止氢气干燥器的运行，冷却后，方可拆卸

续表

序号	辨识项目	辨识内容	典型控制措施
3	检修氢气干燥器	3. 烧伤：拆卸氢气干燥器进、出料口堵板时，以下情况可能引起氢气着火烧伤人员： （1）人员防护用品不规范，引起火灾。 （2）使用的工器具不符合要求，引起火灾。 （3）系统隔离不严或人员误操作，使干燥器内部的氢气逸出，引起火灾。 （4）氢气置换不合格，引起火灾。 （5）动火作业，引起火灾。 （6）现场消防设施不到位，造成火灾不能及时扑灭	（1）防止人员防护用品不规范引起火灾的措施：检修人员必须穿防静电工作服，禁止穿有钉子的鞋和将火种带入检修现场。 （2）防止使用的工器具不符合要求引起火灾的措施：拆卸堵板时，应使用铜制或铍铜合金工具。 （3）防止系统隔离不严或人员误操作引起火灾的措施：拆卸料口堵板前，应确认干燥器的氢气进出口门已关闭，在门前加装堵板，隔离相连系统，并在阀门上悬挂“禁止操作　有人工作”标志牌。 （4）防止氢气置换不合格引起火灾的措施：干燥器消压，气体置换合格（系统内的氢气浓度含量小于1%）。 （5）防止动火作业引起火灾的措施：检修电解槽时，禁止明火作业，如必须进行时，应严格执行一级动火工作票制度，经氢气测量报警仪测定，证实工作区域内空气中含氢量小于1%，并经主管生产的厂领导批准后方可工作，工作中应保持检修场所的良好通风。 （6）防止现场消防设施不到位造成火灾不能及时扑灭的措施：工作现场应备有充足的消防器材和灭火工具
		4. 拆卸氢气干燥器进、出料口堵板时，可能引起氢气着火损坏设备	干燥器消压，气体置换合格（系统内的氢气浓度含量小于1%）
4	供氢管路维护	1. 人员与现场防护用品不规范，引起火灾	检修人员必须穿防静电工作服，禁止穿有钉子的鞋和将火种带入检修现场；工作现场应备有充足的消防器材和灭火工具
		2. 使用的工器具不符合要求，引起火灾	检修时必须使用铜制或铍铜合金工具
		3. 系统隔离不严或人员误操作，引起火灾	必须确认检修管路与运行中的氢气管道确已隔离；为了防止阀门不严密发生漏氢，管路两端应加堵板，然后用氮气或二氧化碳置换管路中的氢气，直至系统内的氢气浓度含量确实小于1%
		4. 消除系统泄漏时，引起火灾	必须确认供氢管道内已无压力方可进行检修工作；禁止用捻缝和打卡子的方法消除氢气管道的不严密处，若为法兰密封垫泄漏，则应更换垫片；若为管道泄漏，需焊接处理时，应严格执行动火工作票制度，工作区域内空气中含氢量小于1%，方可工作。工作场所应保持良好的通风
		5. 电焊作业，引起火灾	详见公共项目“电焊作业”

续表

序号	辨识项目	辨识内容	典型控制措施
4	供氢管路维护	6. 检修供氢管路时，可能引起氢气着火造成设备损坏	必须确认供氢管道内已无压力方可进行检修工作；禁止用捻缝和打卡子的方法消除氢气管道的不严密处，若为法兰密封垫泄漏，则应更换垫片；若为管道泄漏，需焊接处理时，应严格执行动火工作票制度，工作区域内空气中含氢量小于1%，方可工作。工作场所应保持良好的通风

4.2.5 除盐水处理系统

作业项目	除盐水处理系统		
序号	辨识项目	辨识内容	典型控制措施
一	公共部分（健康与环境）		
	［表格内容同 1.1.1 公共部分（健康与环境）］		
二	作业内容（安全）		
1	拆装离子交换器顶部人孔门	1. 坠落：在脚手架上拆装离子交换器顶部人孔门时，造成人员高处坠落	详见公共项目“高处作业”
		2. 砸伤：起吊离子交换器顶部人孔门过程中，人孔门发生滑脱，砸伤检修人员	见公共项目“起重作业”
		3. 外力：拆卸离子交换器顶部人孔门时，容器内的压力水喷溅，造成人身伤害；误将人员关在离子交换器内，造成人身伤害	（1）防止容器内的压力水喷溅造成人身伤害的措施：拆卸离子交换器顶部人孔门前，应确认已关闭进、出口门，并已放水消压。 （2）防止误将人员关在离子交换器内造成人身伤害的措施：检修后清点人员，确认无人员在离子交换器内，方可封闭人孔门
		4. 人孔门发生滑脱，撞伤邻近管道	（1）防止使用前未认真检查、工作中的卷扬机存在隐患（缺陷）造成人身伤亡的措施：见公共项目“起重作业”。 （2）防止异物遗留在离子交换器内造成设备损害的措施：检修前，将使用的所有工器具进行登记记录，检修后根据记录逐一检查，确认无任何物体遗漏在离子交换器内，方可封闭人孔门

续表

序号	辨识项目	辨识内容	典型控制措施
1	拆装离子交换器顶部人孔门	5. 异物遗留在离子交换器内，造成设备损害	检修前，将使用的所有工器具进行登记记录，检修后根据记录逐一检查，确认无任何物体遗漏在离子交换器内，方可封闭人孔门
2	检查离子交换器内部装置	1. 触电：在离子交换器内部检查使用照明时，发生人身触电	详见公共项目“电气工具和用具的使用” 【重点是对用照明的电压要求，不能超过12V；防电动工器具漏电】
		2. 窒息：进入离子交换器检查时，内部通风不良，造成人员窒息	进入离子交换器前，打开所有人孔门进行通风；工作时检修人员不得少于三人，其中两人在外监护；监护人站在能看到或听到容器内检修人员的地方，以便随时进行监护，监护人不准同时担任其他工作；工作中检修人员应定期轮换 【重点是通风】
		3. 外力：系统隔离不严或误操作，造成罐体内突然进水，造成人员伤害	必须确认已将所有进、出口门关闭，并在阀门上悬挂“禁止操作　有人工作”标志牌
3	检查树脂捕捉器	1. 起吊树脂捕捉器端盖时，端盖发生滑脱，砸伤检修人员	详见公共项目“起重作业”
		2. 端盖发生滑脱，撞伤邻近设备	详见公共项目“起重作业”
		3. 异物遗留在树脂捕捉器内，造成设备损害	检修前，将使用的所有工器具进行登记记录，检修后根据记录逐一检查，确认无任何物体遗漏在树脂捕捉器内，方可封闭人孔门
4	清理叠片式过滤器	1. 灼伤：清洗橡胶叠片时，接触到清洗用的酸液，造成人员化学灼伤	详见公共项目“个人劳动保护用品的使用”
		2. 外力：拆卸过滤器封头时，内部的压力水喷溅，造成人员伤害	拆卸过滤器封头前，应确认已关闭前置生水泵出口门，已放尽系统内的余水，泄尽余压
		3. 异物遗留在过滤器内，造成设备损害	检修前，将使用的所有工器具进行登记记录，检修后根据记录逐一检查，确认无任何物体遗漏在过滤器内，方可关闭过滤器封头
5	拆装反渗透膜元件	1. 拆卸反渗透的端部总成时，压力容器内的压力水喷出，造成人身伤害	拆卸反渗透的端部总成前，必须确认已关闭高压泵出口门，放尽系统内的余水，泄尽余压
		2. 拆装膜元件时，导致压力容器损坏和渗透膜污染	拆卸膜元件时，拆卸方向应始终与运行时的水流方向一致；复装膜元件前，必须用大量的除盐水冲洗压力容器和膜元件，去除压力容器内部的杂质和膜元件表面的石油基或硅基的化合物

续表

序号	辨识项目	辨识内容	典型控制措施
6	检修高温高压截止阀	1. 烫伤：在检修高温高压截止阀时，管道内的高温高压汽、水喷出，造成人员烫伤	在检修高温高压截止阀前，应确认相应一次门已关闭并悬挂“禁止操作 有人工作”标志牌，取样管已泄压和降温；应戴手套和穿防护工作服，以防被临近管道、阀门烫伤；检修高温高压截止阀时，应站在所拆卸阀门的侧面，以防烫伤
		2. 烧伤与触电：焊工焊接高温高压截止阀时，易造成焊接人员的电弧烧伤与触电	焊工焊接高温高压截止阀时，防护用品使用不当或接触到焊机外壳、裸露的导线，易造成焊接人员的电弧烧伤与触电，措施详见“电焊作业部分”
		3. 在切割作业时，金属屑溅到眼睛内，造成人身伤害	在切割作业时，应使用检验合格的工器具，并戴防护眼镜，以防金属屑溅到眼睛内
7	检修气动衬胶隔膜阀	1. 砸伤：气动衬胶隔膜阀起吊拆装时，阀门发生滑脱，砸伤工作人员	详见公共项目“起重作业”
		2. 外力：解体拆卸气动衬胶隔膜阀时，气缸内压缩的弹簧突然迸出，易造成检修人员的人身伤害	拆卸阀门阀盖前，应用长螺栓缓慢松弛弹簧，使其逐渐伸长到自然状态。安装时，应按相反的程序进行
		3. 起吊气动衬胶隔膜阀拆装时，阀门发生滑脱，撞伤临近设备	详见公共项目“起重作业”

4.2.6 凝结水处理系统

作业项目	凝结水处理系统		
序号	辨识项目	辨识内容	典型控制措施
一	公共部分（健康与环境）		
	[表格内容同 1.1.1 公共部分（健康与环境）]		
二	作业内容（安全）		
1	检修气动衬胶隔膜阀	1. 砸伤：气动衬胶隔膜阀起吊拆装时，阀门发生滑脱，砸伤工作人员	详见公共项目“起重作业”

续表

序号	辨识项目	辨识内容	典型控制措施
1	检修气动衬胶隔膜阀	2. 外力：解体拆卸气动衬胶隔膜阀时，气缸内压缩的弹簧突然迸出，易造成检修人员的人身伤害	拆卸阀门阀盖前，应用长螺栓缓慢松弛弹簧，使其逐渐伸长到自然状态。安装时，应按相反的程序进行
		3. 起吊气动衬胶隔膜阀拆装时，阀门发生滑脱，撞伤临近设备	详见公共项目“起重作业”
2	调整输酸泵机械密封	1. 绞伤：调整机械密封时，被泵转动部件绞伤	调整机械密封前，必须确认输酸泵已停电，并悬挂“禁止合闸　有人工作”标志牌
		2. 灼伤：调整输酸泵的机械密封时，泵腔内的酸液从动、静环的间隙处喷溅，造成人员化学灼伤	调整输酸泵的机械密封前，必须确认泵的进口门、出口门已关闭，悬挂“禁止操作　有人工作”标志牌，并放尽泵腔内的残余酸液；其余详见公共项目“个人劳动保护用品的使用”
3	更换计量泵隔膜	更换计量泵隔膜时，发生人身触电	更换计量泵隔膜时，必须确认泵已停电，并悬挂“禁止合闸　有人工作”标志牌

4.2.7 生活污水处理

作业项目	生活污水处理		
序号	辨识项目	辨识内容	典型控制措施
一	公共部分（健康与环境）		
	[表格内容同 1.1.1 公共部分（健康与环境）]		
二	作业内容（安全）		
1	生活污水处理调节池底部淤泥清理	1. 窒息：调节池清淤时，接触沼气等有毒气体，易发生人员窒息	调节池为封闭式水池，清淤前，应将调节池活动盖板拆除，待内部没有刺激气味时再进入调节池内进行清淤工作；调节池内工作人员必须戴合格的防毒面具，穿防水橡胶连体衣，戴手套；工作时检修人员不得少于 3 人，其中 1 人在外监护。监护人站在能看到或听到调节池内工作人员的地方，以便随时进行监护，监护人不得同时担任其他工作。工作人员应定期轮换
		2. 砸伤：调节池清淤吊拉污泥桶过程中，易发生坠物伤人	详见公共项目“起重作业”

续表

序号	辨识项目	辨识内容	典型控制措施
1	生活污水处理调节池底部淤泥清理	3. 外力：调节池清淤时，隔离措施不严，调节池进水，易发生人身伤害	工作人员在调节池清淤前，与运行人员共同确认调节池内污水已排至低位；各污水泵升压站已停用，在控制开关把手上悬挂“禁止合闸　有人工作”的标志牌；工作人员在调节池进水口加堵板；完成以上事项后，方可工作
2	生物曝气滤池滤料更换	1. 触电：检修人员在内部使用照明及电动工器具时，易发生人身触电	详见公共项目“电气工具和用具的使用”
		2. 窒息：检修人员接触残留有毒气体，易发生人员窒息	检修人员在更换滤料前，加装排风机进行强力通风，至无刺鼻气味后方可进入生物曝气滤池；检修人员必须戴合格的防毒用具；检修人员不得少于3人，其中1人在外监护；监护人站在能看到或听到滤池内检修人员的地方，以便随时进行监护，监护人不得同时担任其他工作；工作中检修人员应定期轮换
		3. 外力：更换滤料时，隔离措施不严，易发生人身伤害	生物曝气滤池滤料更换前，与运行人员共同确认各进气、进水阀门已关闭，并悬挂“禁止操作　有人工作”的标志牌；将生物曝气滤池排污门开启放尽存水，以上措施完成后，方可工作

4.2.8 仪表及其他

作业项目	仪表及其他		
序号	辨识项目	辨识内容	典型控制措施
一	公共部分（健康与环境）		
	[表格内容同1.1.1公共部分（健康与环境）]		
二	作业内容（安全）		
1	拆装化学在线仪表转换器	1. 拆除仪表转换器接线时，造成人身触电	拆除仪表转换器前，必须停电，悬挂“禁止合闸　有人工作”的标志牌；拆下的仪表接线应用绝缘胶布分开包好
		2. 仪表转换器接线错误，损坏仪表	接线前应用绝缘电阻表测量电缆绝缘，确认无误后方可接线；仪表接线应严格按照图纸核对无误后进行，接线必须固定牢固；仪表接线完毕后，必须确认接线无错误，无虚接，方可送电

续表

序号	辨识项目	辨识内容	典型控制措施
2	化学仪表电极维护	1. 用清洗剂清洗电极过程中，接触清洗剂，造成化学灼伤	检修人员应熟悉化学灼伤急救常识及药品性能；其余详见公共项目“个人劳动保护用品的使用”
		2. 拆装玻璃电极过程中，造成电极损坏	电极为易碎物品，拆装电极时，应轻拿轻放，禁止用手触摸玻璃电极球泡；电极的引入导线必须牢固可靠，以防止导线脱落，摔坏电极
		3. 水样中断时，电极处于无水状态，缩短电极使用寿命	水样中断时，应关闭仪表取样门，向电极杯注入除盐水，将仪表电极浸泡在除盐水中，水样恢复正常后，再代开仪表取样门；机组停运检修时，应将电极从发送器取下，用除盐水、清洗剂清洗活化后，按说明书要求保存在保护液中
3	补充在线仪表试剂和检查试剂管路	1. 灼伤：在补充仪表试剂和检查试剂管路时，以下情况会造成人员化学灼伤： （1）人员、现场防护措施不规范，造成人员化学灼伤。 （2）在补充仪表试剂和检查试剂管路时，试剂溅出，造成人员化学灼伤	（1）防止防护措施不规范造成化学灼伤的措施：现场作业环境应照明充足；其余详见公共项目“个人劳动保护用品的使用”。 （2）防止试剂溅出造成化学灼伤的措施：补充硅酸根、磷酸根分析仪试剂时，试剂桶应轻拿轻放，按顺序依次更换；更换硅酸根分析仪、磷酸根分析仪的泵管前，先停止仪表蠕动、泵转动，再按顺序依次更换
		2. 窒息：在补充仪表试剂和检查试剂管路时试剂挥发，现场通风不良，造成人员窒息	现场作业环境应通风良好；补充钠离子分析仪的乙胺试剂和联胺试剂分析仪的二异丙胺试剂时，人员操作要仔细，并尽量缩短乙胺、二异丙胺在空气中暴露的时间；更换钠离子分析仪扩散管、密封圈前，应先关闭仪表取样门，排空测量池内的水样后，再进行更换，人员操作要仔细，并尽量缩短乙胺在空气中暴露的时间
4	更换化学仪表电子元器件	1. 更换仪表电子元器件时，造成人员人身触电	工作前，必须断开仪表电源开关，并悬挂“禁止合闸　有人工作”的标志牌
		2. 在更换电子元器件过程中，以下情况易损坏电子元器件及电路板： （1）使用的电烙铁无接地线，造成电子元器件及电路板的损坏。 （2）检修人员身上的静电，造成电子元器件及电路板的损坏。 （3）焊接温度过高，造成电子元器件及电路板的损坏。 （4）焊接时人员误操作，造成电子元器件及电路板的损坏	（1）防止使用的电烙铁无接地线造成电子元器件及电路板损坏的措施：检修电路板时，电烙铁应装设接地线，并接地良好。 （2）防止静电造成电子元器件及电路板损坏的措施：检修前，检修人员应放掉身上的静电，防止静电损坏电子元器件。 （3）防止焊接温度过高造成电子元器件及电路板损坏的措施：焊接电子元器件时，电烙铁温度不能太高，应根据具体元器件设定具体温度，以免损坏电子元器件。 （4）防止焊接时人员误操作造成电子元器件及电路板损坏的措施：焊接电子元器件时，电烙铁头的尖部不可顶住电路板无铜皮位置，电烙铁头应顺电路方向，以免损坏电路板

续表

序号	辨识项目	辨识内容	典型控制措施
4	更换化学仪表电子元器件	3. 更换电子元器件型号、规格与仪表不匹配，仪表投入使用时，会损坏仪表	更换电子元器件的型号、规格力求与原电子元器件一致，功率原则上可以大于原功率
5	检修化学系统压力表	1. 灼伤：拆卸化学加药系统压力表过程中，氨、联胺等化学药品介质流出，造成人员化学灼伤	拆卸化学加药系统压力表前，应先关闭压力表一次门，放尽余压，直至压力表指示为零，确认后方可工作；其余详见公共项目“个人劳动保护用品的使用”
		2. 烧伤：拆卸氢气系统压力表过程中，以下情况易导致氢气燃烧引发火灾，造成人员化学烧伤。 （1）人员使用现场防护用品不规范，引起火灾。 （2）使用的工器具不符合要求，引起火灾。 （3）检修时氢气浓度高，引起火灾。 （4）系统隔离不严，引起火灾。 （5）压力表检定方法不当，压力表安装使用后，引起火灾	（1）检修人员必须穿防静电工作服，禁止穿有钉子的鞋和将火种带入检修现场；其余详见公共项目“个人劳动保护用品的使用”。 （2）防止使用的工器具不符合要求引起火灾的措施：拆卸氢气系统压力表时，应使用铜制或铍铜合金工具。 （3）防止检修时氢气浓度高引起火灾的措施：现场作业环境应通风良好；拆卸前测量检修现场空气中氢气浓度小于1%，经确认后方可用进行拆卸。 （4）防止系统隔离不严引起火灾的措施：拆卸氢气系统压力表前，应先关闭压力表一次门，缓慢放尽余压，直至压力表指示为零。 （5）防止压力表检定方法不当引起火灾的措施：检定氢气系统压力表时，严禁用油介质进行检定
		3. 更换的压力表不能满足系统压力或测量介质的要求，造成压力表损坏	在系统压力变化缓慢的情况下，被测压力的最大值应为压力表量程的2/3；在系统压力波动的情况下，被测压力的最大值应为压力表量程的1/2；加氨系统压力表应选用带“氨气”标志的压力表
		4. 拆卸氢气系统压力表过程中，氢气燃烧引发火灾，造成设备的损坏	（1）检修人员必须穿防静电工作服，禁止穿有钉子的鞋和将火种带入检修现场；其余详见公共项目“个人劳动保护用品的使用”。 （2）防止使用的工器具不符合要求引起火灾的措施：拆卸氢气系统压力表时，应使用铜制或铍铜合金工具。 （3）防止检修时氢气浓度高引起火灾的措施：现场作业环境应通风良好；拆卸前测量检修现场空气中氢气浓度小于1%，经确认后方可用进行拆卸。 （4）防止系统隔离不严引起火灾的措施：拆卸氢气系统压力表前，应先关闭压力表一次门，缓慢放尽余压，直至压力表指示为零。 （5）防止压力表检定方法不当引起火灾的措施：检定氢气系统压力表时，严禁用油介质进行检定

续表

序号	辨识项目	辨识内容	典型控制措施
6	检修化学系统压力表	1. 灼伤：拆卸化学加药系统压力表过程中，氨、联胺等化学药品介质流出，造成人员化学灼伤	拆卸化学加药系统压力表前，应先关闭压力表一次门，放尽余压，直至压力表指示为零，确认后方可工作；其余详见公共项目“个人劳动保护用品的使用”
		2. 烧伤：拆卸氢气系统压力表过程中，以下情况易导致氢气燃烧引发火灾，造成人员化学烧伤。 （1）人员使用现场防护用品不规范，引起火灾。 （2）使用的工器具不符合要求，引起火灾。 （3）检修时氢气浓度高，引起火灾。 （4）系统隔离不严，引起火灾。 （5）压力表检定方法不当，压力表安装使用后，引起火灾	（1）防止人员防护用品不规范引起火灾的措施：检修人员必须穿防静电工作服，禁止穿有钉子的鞋和将火种带入检修现场；其余详见公共项目“个人劳动保护用品的使用”。 （2）防止使用的工器具不符合要求引起火灾的措施：拆卸氢气系统压力表时，应使用铜制或铍铜合金工具。 （3）防止检修时氢气浓度高引起火灾的措施：现场作业环境应通风良好；拆卸前测量检修现场空气中氢气浓度小于1%，经确认后方可用进行拆卸。 （4）防止系统隔离不严引起火灾的措施：拆卸氢气系统压力表前，应先关闭压力表一次门，缓慢放尽余压，直至压力表指示为零。 （5）防止压力表检定方法不当引起火灾的措施：检定氢气系统压力表时，严禁用油介质进行鉴定
		3. 更换的压力表不能满足系统压力或测量介质的要求，造成压力表损坏	在系统压力变化缓慢的情况下，被测压力的最大值应为压力表量程的2/3；在系统压力波动的情况下，被测压力的最大值应为压力表量程的1/2；加氨系统压力表应选用带“氨气”标志的压力表
		4. 拆卸氢气系统压力表过程中，氢气燃烧引发火灾，造成设备的损坏	（1）防止人员防护用品不规范引起火灾的措施：检修人员必须穿防静电工作服，禁止穿有钉子的鞋和将火种带入检修现场；其余详见公共项目“个人劳动保护用品的使用”。 （2）防止使用的工器具不符合要求引起火灾的措施：拆卸氢气系统压力表时，应使用铜制或铍铜合金工具。 （3）防止检修时氢气浓度高引起火灾的措施：现场作业环境应通风良好；拆卸前测量检修现场空气中氢气浓度小于1%，经确认后方可用进行拆卸。 （4）防止系统隔离不严引起火灾的措施：拆卸氢气系统压力表前应先关闭压力表一次门，缓慢放尽余压，直至压力表指示为零。 （5）防止压力表检定方法不当引起火灾的措施：检定氢气系统压力表时，严禁用油介质进行检定
7	检修化学加药系统电磁阀	1. 触电：在拆卸电磁阀过程中，造成检修人员人身触电	工作前，必须停电，悬挂“禁止合闸　有人工作”的标志牌
		2. 灼伤：拆卸电磁阀时，氨水、联胺等腐蚀性介质流出，造成人员化学灼伤	拆卸前，必须确认电磁阀进、出口门已关闭；其余详见公共项目“个人劳动保护用品的使用”

第5章 除灰专业

5.1 除灰运行

5.1.1 灰水运行操作

作业项目	水库大坝启闭机关闭操作		
序号	辨识项目	辨识内容	典型控制措施
一	公共部分（健康与环境）		
1	身体、心理素质	作业人员的身体状况，心理素质不适于高处作业	（1）不安排此次作业。 （2）不安排高处作业，安排地面辅助工作。 （3）现场配备急救药品。 ⋮
2	精神状态	作业人员连续工作，疲劳困乏或情绪异常	（1）不安排此次作业。 （2）不安排高强度、注意力高度集中、反应能力要求高的工作。 （3）作业过程适当安排休息时间。 ⋮
3	环境条件	作业区域上部有落物的可能；照明充足；安全设施完善	（1）暂时停止高处作业，工作负责人先安排检查接地线等各项安全措施是否完整，无问题后可恢复作业。 ⋮
4	业务技能	新进人员参与作业或安排人员承担不胜任的工作	（1）安排能胜任或辅助性工作。 （2）设置专责监护人进行监护。 ⋮
5	作业组合	人员搭配不合适	（1）调整人员的搭配、分工。 （2）事先协调沟通，在认识和协作上达成一致。 ⋮

续表

序号	辨识项目	辨识内容	典型控制措施
6	工期因素	工期紧张，作业人员及骨干人员不足	（1）增加人员或适当延长工期。 （2）优化作业组合或施工方案、工序。 ⋮
⋮	⋮	⋮	⋮
二	作业内容（安全）		
1	S	1. 拉起启闭机闸板，抽出启闭机闸板支撑横梁时，闸板挤压手臂	（1）抽取闸板支撑横梁时，一人操作，一人监护。 （2）抽取闸板支撑横梁操作禁止戴手套
		2. 关闭大坝启闭机时闸板下落速度过快，使管道内形成水锤冲击管道、闸板	（1）禁止长时间踏下抱闸机构，使闸板下落过快。 （2）在关闭大坝启闭机过程中需要进行3～4次停顿

作业项目	水源地蓄水前池水位调整		
序号	辨识项目	辨识内容	典型控制措施
一	公共部分（健康与环境）		
	[表格内容同1.1.1公共部分（健康与环境）]		
二	作业内容（安全）		
1	S	1. 操作阀门时，用力不当，人员碰伤或摔伤	（1）操作时应戴好安全帽。 （2）工作前检查操作工具完好。 （3）在高于地面1.5m或工作环境比较复杂场所进行操作时，应系好安全带或做好其他安全措施
		2. 阀门操作方法不当，造成阀门损坏	调整进水管道的入口阀门时，应选用合适的工具。出现阀门卡涩时，禁止强行开关阀门
		3. 蓄水前池进口阀门操作不当，发生大量溢水，水淹泵房	（1）甲、乙侧进水管禁止同时向前池进水。 （2）运行中的进水管电动阀门开度应限位。 （3）定期检查蓄水前池水位和试验报警装置，保持良好的状态。 （4）泵房突然出现电源中断，立即关闭大坝启闭机

作业项目	喷水式柱塞泥浆泵的运行操作		
序号	辨识项目	辨识内容	典型控制措施
一	公共部分（健康与环境）		
	[表格内容同 1.1.1 公共部分（健康与环境）]		
二	作业内容（安全）		
1	S	1. 触电：柱塞泵电动机绝缘不合格，接地不良，人员接触电动机外壳，导致人身触电	启动前，测量柱塞泵电动机绝缘值和接地装置合格
		2. 外力：柱塞泵运行中人员接触转动部分造成伤害	（1）柱塞泵外部转动部分应加装保护罩。 （2）柱塞泵运行期间，值班人员巡回检查时不得靠近保护罩
		3. 柱塞泵密封水压力低，造成柱塞泵密封装置损坏	保持密封水压力应高于柱塞泵的出口压力为 0.3～0.5MPa，否则应增开密封泵（柱清泵）
		4. 柱塞泵变速箱油质、油位不合格，造成变速箱内部件损坏	定期检查柱塞泵变速箱内油位在规定范围内，油质良好
		5. 柱塞泵阀箱进入异物，造成设备损坏	（1）定期清理分配槽滤网上的杂物，检查滤网如有损坏，则应及时更换。 （2）禁止向灰浆池内倒入杂物，并定期清理灰浆池内杂物。 （3）发现柱塞泵阀箱有异声，应立即停止运行
		6. 出口门未开，造成柱塞泵超压损坏或柱塞泵出口防爆片损坏	（1）启动柱塞泵前，必须检查确认柱塞泵出口门全部开启。 （2）启动柱塞泵后，必须用清水冲洗输灰管 30min，待出口压力正常后再改为输送灰浆。 （3）备用输灰管冬季气温低于–5℃时，必须进行输灰管定期防冻工作，防止输灰管道结冰。 （4）电除尘湿排期间，严禁柱塞泵长时间停运
		7. 电动机绝缘不合格，接地装置不良，造成电动机烧坏	（1）检修后的电动机启动前，必须测量绝缘值合格，接地装置良好。 （2）柱塞泵电动机检修后启动或备用 15 天及以上，启动时，必须测量电动机绝缘，绝缘不合格禁止启动。 （3）启动时，电动机超过规定时间电流不返回，应立即停止运行并查明原因。 （4）发现柱塞泵电动机电流超过正常值时，应立即停止运行并查明原因。 （5）电动机启动时应有值班人员在就地监视，有异常声音、异常气味或振动超标现象，必须及时停止运行

作业项目	单级双吸离心式补水泵的运行操作		
序号	辨识项目	辨识内容	典型控制措施
一	公共部分（健康与环境）		
	[表格内容同 1.1.1 公共部分（健康与环境）]		
二	作业内容（安全）		
1	S	1. 触电：补水泵电动机和液控蝶阀油泵电动机绝缘不合格，接地不良，外壳带电导致人身触电	启动前，测量补水泵电动机和液控蝶阀油泵电动机绝缘值合格，外壳接地装置良好
		2. 外力：人员接触水泵转动部分造成人身伤害；补水泵出口液控蝶阀启闭时人员靠的太近，导致人身伤害	补水泵裸露的转动部分应装保护罩；液控蝶阀周围加装护栏并有明显警示标志
		3. 补水泵电动机绝缘不合格，接地不良，烧坏电动机	（1）补水泵电动机检修后启动或备用 15 天及以上，启动时，必须测量电动机绝缘，绝缘不合格禁止启动。 （2）补水泵电动机有受潮、进水现象时，启动前必须测量绝缘合格
		4. 补水泵连续启动或带负荷启动烧坏电动机	（1）补水泵启动前，检查出口阀门应处于关闭状态，补水泵无倒转现象。 （2）补水泵启动前，检查试验出口液控蝶阀开关灵活好用，泵阀联动开关位置正确。 （3）停止时，检查出口液控蝶阀关闭应严密，补水泵无倒转现象，否则应手动关严。 （4）启动时，电流超过规定时间不返回，应立即停泵，查明原因。 （5）严禁在补水泵倒转时强行启动设备
		5. 补水泵停止时，出口液控蝶阀关闭不严，叶轮倒转，损坏泵体或轴承	启动补水泵前，检查试验出口液控蝶阀开关灵活好用；停止时，补水泵出现倒转时，应手动关严

作业项目	渣浆提升泵的运行操作		
序号	辨识项目	辨识内容	典型控制措施
一	公共部分（健康与环境）		
	[表格内容同 1.1.1 公共部分（健康与环境）]		

续表

序号	辨识项目	辨识内容	典型控制措施
二	作业内容（安全）		
1	S	1. 触电：渣浆提升泵电动机绝缘不合格，电动机接地装置不合格，导致人身触电	启动前，测量渣浆提升泵电动机绝缘值和检查接地装置合格
		2. 外力：渣浆提升泵运行中，人员接触转动部分造成伤害	（1）渣浆提升泵裸露的转动部分必须加装保护罩。 （2）渣浆提升泵运行期间，值班人员检查时，不得接触机械转动部分
		3. 渣浆提升泵电动机绝缘不合格，接地装置不良，烧坏电动机	（1）渣浆提升泵电动机启动前检查接地良好。 （2）渣浆提升泵电动机检修后启动或备用 15 天及以上，启动时，必须测量电动机绝缘，绝缘不合格禁止启动
		4. 渣浆提升泵电动机超负荷启动烧坏电动机	（1）渣浆提升泵启动前，检查泵叶轮在静止位置，叶轮倒转严禁启动。 （2）启动时，电流超过规定时间不返回，应立即停泵，查明原因。 （3）渣浆提升泵启动前出口阀门应处于关闭状态
		5. 运行中油位不正常，油质不合格，轴承振动，造成轴承损坏	加强巡回检查，对轴承的温度、振动、油位、油质进行监视，发现异常，及时停泵或切换备用泵运行

作业项目	周边齿条传动式浓缩机标准检修后的启动运行操作		
序号	辨识项目	辨识内容	典型控制措施
一	公共部分（健康与环境）		
	[表格内容同 1.1.1 公共部分（健康与环境）]		
二	作业内容（安全）		
1	S	1. 触电：浓缩机电动机绝缘不合格，接地线不良，电动机外壳带电；滑线脱落、破损与浓缩机其他金属部分接触，造成人员触电伤害	（1）电动机启动前，应测量电动机绝缘值在合格范围，接地线良好。 （2）经常检查中心滑环、碳刷接触良好，发现滑线脱落、破损，应及时联系检修处理

续表

序号	辨识项目	辨识内容	典型控制措施
1	S	2. 坠落：在浓缩池上部切换浓缩机分配槽阀门属于高处作业，易发生人身坠落	（1）浓缩池切换，开关分配槽阀门时必须系好安全带。 （2）开关阀门工具不许使用“F”钩，应使用管钳等摩擦力较大的安全工具。 （3）使用大锤时不能戴手套，不能单手抡大锤。抡锤时，要站稳、用力均匀，人员配合协调
		3. 外力：进行浓缩机检查时，容易被浓缩机牙轮碾伤或落入浓缩池内，造成人员伤害	巡回检查时，不应站在轨道、浓缩机耙架、齿条等可能造成人员碾伤、跌落的危险地点
		4. 电动机绝缘不合格，接地不良，损坏电动机	（1）浓缩机电动机检修后启动或备用15天及以上，启动时必须测量电动机绝缘，绝缘不合格禁止启动。 （2）保持浓缩机电动机室通风良好，进行设备卫生清理时禁止水冲洗，雨季应及时关闭电动机室通风门，防止雨水浸入
		5. 浓缩机超负荷启动烧坏电动机	（1）启动时，电流超过规定时间不返回，应立即停止运行，查明原因。 （2）浓缩机启动前，必须人工盘车验证良好后才能启动
		6. 运行中浓缩机过负荷，耙架损坏或变速机构机械损坏	（1）浓缩池投入前，必须检查浓缩机耙架完好，池底部清洁无杂物，轨道完好无妨碍。 （2）灰浆浓度超过规定值时，应增开柱塞泵加大排浆量。 （3）经常检查浓缩机变速箱油泵上油、回油正常
		7. 运行中浓缩机脱轨	启动前和运行中定期巡检设备，逐个检查周边齿条及轨道的固定螺栓，以防螺栓松动或脱落

5.2 除灰检修

5.2.1 灰渣泵检修

作业项目	灰渣泵检修		
序号	辨识项目	辨识内容	典型控制措施
一	公共部分（健康与环境）		
1	身体、心理素质	作业人员的身体状况，心理素质不适于高处作业	（1）不安排此次作业。 （2）不安排高处作业，安排地面辅助工作。 （3）现场配备急救药品。 ⋮

续表

序号	辨识项目	辨识内容	典型控制措施
2	精神状态	作业人员连续工作，疲劳困乏或情绪异常	（1）不安排此次作业。 （2）不安排高强度、注意力高度集中、反应能力要求高的工作。 （3）作业过程适当安排休息时间。 ⋮
3	环境条件	作业区域上部有落物的可能；照明充足；安全设施完善	（1）暂时停止高处作业，工作负责人先安排检查接地线等各项安全措施是否完整，无问题后可恢复作业。 ⋮
4	业务技能	新进人员参与作业或安排人员承担不胜任的工作	（1）安排能胜任或辅助性工作。 （2）设置专责监护人进行监护。 ⋮
5	作业组合	人员搭配不合适	（1）调整人员的搭配、分工。 （2）事先协调沟通，在认识和协作上达成一致。 ⋮
6	工期因素	工期紧张，作业人员及骨干人员不足	（1）增加人员或适当延长工期。 （2）优化作业组合或施工方案、工序。 ⋮
⋮	⋮	⋮	⋮
二	作业内容（安全）		
1	检查工作票办理情况	无票作业、工作票种类不符或措施不完善	（1）工作票签发人、工作许可人和工作负责人应认真按照工作票制度进行工作票办理、审查和落实。 （2）对照工作票认真核对设备名称及编号。 （3）发现操作不当或需临时增加操作时，必须与运行人员联系，由运行人员进行操作，设备检修人员不得擅自进行。 （4）即使是内部工作票，也要到现场检查安全措施执行情况
2	拆卸泵出入口短节	1. 防止起重伤害	（1）检查钢丝绳，绳套完整，无断股、打弯现象。 （2）使用行车前必须检查，不合格严禁使用。 （3）任何人不准在吊物下停留或行走。 （4）倒链、千斤顶使用前必须检查、校验，不合格不准使用。 （5）吊装部件时，要设专人指挥，禁止斜拉、斜吊

续表

序号	辨识项目	辨识内容	典型控制措施
2	拆卸泵出入口短节	2. 防止落物伤人	（1）开工前，首先检查起重行车的可靠性。 （2）起吊物件时，设专人指挥。 （3）严禁有人在起吊物件下方行走或坐立。 （4）所有起吊物件，在拆除前必须用钢丝绳捆绑牢固，并用行车撑一定的力，防止物件坠落伤人。 （5）工作人员严禁上下投掷材料或工具。 （6）要正确使用拆装泵体的专用工具。 （7）所使用的工器具不准放在起吊物件上。 （8）严禁泵体长时间处于悬吊状态
		3. 防止机械伤人	（1）检修前，必须检查工器具是否合格。 （2）灰渣泵未完全停止转动前，不准开工。 （3）抡大锤不准戴手套，禁止单手抡大锤。 （4）检修完毕后，对轮防护罩及时恢复。 （5）试转时，人员要站在转机的轴向位置
		4. 防止水淹泵房	（1）关闭相关的阀门并做好防止系统返水措施，必要时加堵板。 （2）检查负米污水泵、水抽子的可靠情况。 （3）前池水位必须保持在金属分离器以下
		5. 防止滑倒、碰伤	（1）要及时清理检修现场的积油、积水，防止脚下打滑摔伤。 （2）穿合适的工作鞋
3	拆卸泵体外壳	1. 防止起重伤害	（1）检查钢丝绳，绳套完整，无断股、打弯现象。 （2）使用行车前必须检查，不合格严禁使用。 （3）任何人不准在吊物下停留或行走。 （4）倒链、千斤顶使用前必须检查、校验，不合格不准使用。 （5）吊装部件时，要设专人指挥，禁止斜拉、斜吊
		2. 防止设备损坏	（1）检查行车机动灵活可靠，各种限位器齐全，钓钩完好。 （2）钢丝绳、倒链在使用前检查，所受荷重不准超过规定范围。 （3）拆装泵体必须有专人指挥。 （4）轴承安装时，严禁敲打轴承外圈强行回装。 （5）叶轮回装前，检查流道内有无杂物。 （6）严禁转子在悬吊状态下进行检修。 （7）要正确使用敲打工器具（如榔头、铜棒等）。 （8）所有零部件必须做到“三不落地”

续表

序号	辨识项目	辨识内容	典型控制措施
3	拆卸泵体外壳	3. 防止落物伤人	（1）开工前，首先检查起重行车的可靠性。 （2）起吊物件时，设专人指挥。 （3）严禁有人在起吊物件下方行走或坐立。 （4）所有起吊物件，在拆除前必须用钢丝绳捆绑牢固，并用行车撑一定的力，防止物件坠落伤人。 （5）工作人员严禁上下投掷材料或工具。 （6）要正确使用拆装泵体的专用工具。 （7）所使用的工器具不准放在起吊物件上。 （8）严禁泵体长时间处于悬吊状态
		4. 防止机械伤害	（1）检修前，必须检查工器具是否合格。 （2）灰渣泵未完全停止转动前，不准开工。 （3）抡大锤不准戴手套，禁止单手抡大锤。 （4）检修完毕后，对轮防护罩及时恢复。 （5）试转时，人员要站在转机的轴向位置
		5. 防止滑倒、碰伤	（1）要及时清理检修现场的积油、积水，防止脚下打滑摔伤。 （2）穿合适的工作鞋
4	拆除前、后护板	1. 防止起重伤害	（1）检查钢丝绳，绳套完整，无断股、打弯现象。 （2）使用行车前必须检查，不合格严禁使用。 （3）任何人不准在吊物下停留或行走。 （4）倒链、千斤顶使用前必须检查、校验，不合格不准使用。 （5）吊装部件时，要设专人指挥，禁止斜拉、斜吊
		2. 防止设备损坏	（1）检查行车机动灵活可靠，各种限位器齐全，钓钩完好。 （2）钢丝绳、倒链在使用前检查，所受荷重不准超过规定范围。 （3）拆装泵体必须有专人指挥。 （4）轴承安装时，严禁敲打轴承外圈强行回装。 （5）叶轮回装前，检查流道内有无杂物。 （6）严禁转子在悬吊状态下进行检修。 （7）要正确使用敲打工器具（如榔头、铜棒等）。 （8）所有零部件必须做到“三不落地”

续表

序号	辨识项目	辨识内容	典型控制措施
4	拆除前、后护板	3. 防止落物伤人	（1）开工前，首先检查起重行车的可靠性。 （2）起吊物件时，设专人指挥。 （3）严禁有人在起吊物件下方行走或坐立。 （4）所有起吊物件，在拆除前必须用钢丝绳捆绑牢固，并用行车撑一定的力，防止物件坠落伤人。 （5）工作人员严禁上下投掷材料或工具。 （6）要正确使用拆装泵体的专用工具。 （7）所使用的工器具不准放在起吊物件上。 （8）严禁泵体长时间处于悬吊状态
		4. 防止机械伤人	（1）检修前，必须检查工器具是否合格。 （2）灰渣泵未完全停止转动前，不准开工。 （3）抡大锤不准戴手套，禁止单手抡大锤。 （4）检修完毕后，对轮防护罩及时恢复。 （5）试转时，人员要站在转机的轴向位置
		5. 防止滑倒、碰伤	（1）要及时清理检修现场的积油、积水，防止脚下打滑摔伤。 （2）穿合适的工作鞋
5	拆卸叶轮	1. 防止起重伤害	（1）检查钢丝绳，绳套完整，无断股、打弯现象。 （2）使用行车前必须检查，不合格严禁使用。 （3）任何人不准在吊物下停留或行走。 （4）倒链、千斤顶使用前必须检查、校验，不合格不准使用。 （5）吊装部件时，要设专人指挥，禁止斜拉、斜吊
		2. 防止机械伤人	（1）检修前，必须检查工器具是否合格。 （2）灰渣泵未完全停止转动前，不准开工。 （3）抡大锤不准戴手套，禁止单手抡大锤。 （4）检修完毕后，对轮防护罩及时恢复。 （5）试转时，人员要站在转机的轴向位置
6	拆卸轴承	1. 防止机械伤人	（1）检修前，必须检查工器具是否合格。 （2）灰渣泵未完全停止转动前，不准开工。 （3）抡大锤不准戴手套，禁止单手抡大锤。 （4）检修完毕后，对轮防护罩及时恢复。 （5）试转时，人员要站在转机的轴向位置

续表

序号	辨识项目	辨识内容	典型控制措施
6	拆卸轴承	2. 防止落物伤人	（1）开工前，首先检查起重行车的可靠性。 （2）起吊物件时，设专人指挥。 （3）严禁有人在起吊物件下方行走或坐立。 （4）所有起吊物件，在拆除前必须用钢丝绳捆绑牢固，并用行车撑一定的力，防止物件坠落伤人。 （5）工作人员严禁上下投掷材料或工具。 （6）要正确使用拆装泵体的专用工具。 （7）所使用的工器具不准放在起吊物件上。 （8）严禁泵体长时间处于悬吊状态
		3. 防止起重伤人	（1）检查钢丝绳，绳套完整，无断股、打弯现象。 （2）使用行车前必须检查，不合格严禁使用。 （3）任何人不准在吊物下停留或行走。 （4）倒链、千斤顶使用前必须检查、校验，不合格不准使用。 （5）吊装部件时，要设专人指挥，禁止斜拉、斜吊
7	轴承回装	1. 防止起重伤害	（1）检查钢丝绳，绳套完整，无断股、打弯现象。 （2）使用行车前必须检查，不合格严禁使用。 （3）任何人不准在吊物下停留或行走。 （4）倒链、千斤顶使用前必须检查、校验，不合格不准使用。 （5）吊装部件时，要设专人指挥，禁止斜拉、斜吊
		2. 防止设备损坏	（1）检查行车机动灵活可靠，各种限位器齐全，钓钩完好。 （2）钢丝绳、倒链在使用前检查，所受荷重不准超过规定范围。 （3）拆装泵体必须有专人指挥。 （4）轴承安装时，严禁敲打轴承外圈强行回装。 （5）叶轮回装前，检查流道内有无杂物。 （6）严禁转子在悬吊状态下进行检修。 （7）要正确使用敲打工器具（如榔头、铜棒等）。 （8）所有零部件必须做到“三不落地”

续表

序号	辨识项目	辨识内容	典型控制措施
7	轴承回装	3. 防止落物伤人	（1）开工前，首先检查起重行车的可靠性。 （2）起吊物件时，设专人指挥。 （3）严禁有人在起吊物件下方行走或坐立。 （4）所有起吊物件，在拆除前必须用钢丝绳捆绑牢固，并用行车撑一定的力，防止物件坠落伤人。 （5）工作人员严禁上下投掷材料或工具。 （6）要正确使用拆装泵体的专用工具。 （7）所使用的工器具不准放在起吊物件上。 （8）严禁泵体长时间处于悬吊状态
		4. 防止机械伤人	（1）检修前，必须检查工器具是否合格。 （2）灰渣泵未完全停止转动前，不准开工。 （3）抡大锤不准戴手套，禁止单手抡大锤。 （4）检修完毕后，对轮防护罩及时恢复。 （5）试转时，人员要站在转机的轴向位置
		5. 防止火灾	（1）严禁在室外大风情况下动火。 （2）严禁在建筑物内或建筑物附近动火。 （3）动火过程中，配备消防器材，并设专人监护。 （4）清洗部件要用煤油和清洗剂，清洗时要远离火源，及时清理使用后的棉纱等易燃物品。 （5）煮轴承时，油温控制在120℃以下。 （6）离开现场时，必须清除火种
		6. 防止滑倒、碰伤	（1）要及时清理检修现场的积油、积水，防止脚下打滑摔伤。 （2）穿合适的工作鞋
		7. 防止烫伤	（1）煮轴承时，工作人员必须戴隔热手套，并配备消防器材，离开现场时，必须消除火种。 （2）烤对轮时，工作人员要远离割具，防止烫伤。 （3）严禁用割把照明。 （4）不准用松动剂作为引火材料

续表

序号	辨识项目	辨识内容	典型控制措施
8	护板回装	1. 防止起重伤害	（1）检查钢丝绳，绳套完整，无断股、打弯现象。 （2）使用行车前必须检查，不合格严禁使用。 （3）任何人不准在吊物下停留或行走。 （4）倒链、千斤顶使用前必须检查、校验，不合格不准使用。 （5）吊装部件时，要设专人指挥，禁止斜拉、斜吊
		2. 防止落物伤人	（1）开工前，首先检查起重行车的可靠性。 （2）起吊物件时，设专人指挥。 （3）严禁有人在起吊物件下方行走或坐立。 （4）所有起吊物件，在拆除前必须用钢丝绳捆绑牢固，并用行车撑一定的力，防止物件坠落伤人。 （5）工作人员严禁上下投掷材料或工具。 （6）要正确使用拆装泵体的专用工具。 （7）所使用的工器具不准放在起吊物件上。 （8）严禁泵体长时间处于悬吊状态
		3. 防止机械伤人	（1）检修前，必须检查工器具是否合格。 （2）灰渣泵未完全停止转动前，不准开工。 （3）抡大锤不准戴手套，禁止单手抡大锤。 （4）检修完毕后，对轮防护罩及时恢复。 （5）试转时，人员要站在转机的轴向位置
9	叶轮回装	1. 防止起重伤人	（1）检查钢丝绳，绳套完整，无断股、打弯现象。 （2）使用行车前必须检查，不合格严禁使用。 （3）任何人不准在吊物下停留或行走。 （4）倒链、千斤顶使用前必须检查、校验，不合格不准使用。 （5）吊装部件时，要设专人指挥，禁止斜拉、斜吊

续表

序号	辨识项目	辨识内容	典型控制措施
9	叶轮回装	2. 防止落物伤人	（1）开工前，首先检查起重行车的可靠性。 （2）起吊物件时，设专人指挥。 （3）严禁有人在起吊物件下方行走或坐立。 （4）所有起吊物件，在拆除前必须用钢丝绳捆绑牢固，并用行车撑一定的力，防止物件坠落伤人。 （5）工作人员严禁上下投掷材料或工具。 （6）要正确使用拆装泵体的专用工具。 （7）所使用的工器具不准放在起吊物件上。 （8）严禁泵体长时间处于悬吊状态
		3. 防止机械伤人	（1）检修前，必须检查工器具是否合格。 （2）灰渣泵未完全停止转动前，不准开工。 （3）抡大锤不准戴手套，禁止单手抡大锤。 （4）检修完毕后，对轮防护罩及时恢复。 （5）试转时，人员要站在转机的轴向位置
10	泵体回装	1. 防止机械伤害	（1）检修前，必须检查工器具是否合格。 （2）灰渣泵未完全停止转动前，不准开工。 （3）抡大锤不准戴手套，禁止单手抡大锤。 （4）检修完毕后，对轮防护罩及时恢复。 （5）试转时，人员要站在转机的轴向位置
		2. 防止滑倒、碰伤	（1）要及时清理检修现场的积油、积水，防止脚下打滑摔伤。 （2）穿合适的工作鞋
		3. 防止起重伤害	（1）检查钢丝绳，绳套完整，无断股、打弯现象。 （2）使用行车前必须检查，不合格严禁使用。 （3）任何人不准在吊物下停留或行走。 （4）倒链、千斤顶使用前必须检查、校验，不合格不准使用。 （5）吊装部件时，要设专人指挥，禁止斜拉、斜吊

续表

序号	辨识项目	辨识内容	典型控制措施
10	泵体回装	4. 防止设备损坏	（1）检查行车机动灵活可靠，各种限位器齐全，钓钩完好。 （2）钢丝绳、倒链在使用前检查，所受荷重不准超过规定范围。 （3）拆装泵体必须有专人指挥。 （4）轴承安装时，严禁敲打轴承外圈强行回装。 （5）叶轮回装前，检查流道内有无杂物。 （6）严禁转子在悬吊状态下进行检修。 （7）要正确使用敲打工器具（如榔头、铜棒等）。 （8）所有零部件必须做到“三不落地”
		5. 防止异物遗留设备内	（1）回装时，认真检查流道内无遗留异物。 （2）泵体回装时，要做好防止工器具落在泵内的措施，检修完毕清点工器具。 （3）安装轴承时，严禁将杂物带入轴承箱内
11	联轴器找正	防止机械伤人	（1）检修前，必须检查工器具是否合格。 （2）灰渣泵未完全停止转动前，不准开工。 （3）抡大锤不准戴手套，禁止单手抡大锤。 （4）检修完毕后，对轮防护罩及时恢复。 （5）试转时，人员要站在转机的轴向位置
12	试转	1. 防止设备损坏	（1）检查行车机动灵活可靠，各种限位器齐全，钓钩完好。 （2）钢丝绳、倒链在使用前检查，所受荷重不准超过规定范围。 （3）拆装泵体必须有专人指挥。 （4）轴承安装时，严禁敲打轴承外圈强行回装
		2. 防止误动、误碰	（1）办理工作许可手续后，待全体人员到达工作地点，对照工作票认真核对设备名称和编号，确认无误后，工作负责人向全体成员交代安全措施、注意事项及周围工作环境。 （2）雇用临时工必须在监护下工作

5.2.2 冲灰泵检修

作业项目	冲灰泵检修		
序号	辨识项目	辨识内容	典型控制措施
一	公共部分（健康与环境）		
	[表格内容同 1.1.1 公共部分（健康与环境）]		
二	作业内容（安全）		
1	检查工作票办理情况	无票作业、工作票种类不符或措施不完善	（1）工作票签发人、工作许可人和工作负责人应认真按照工作票制度进行工作票办理、审查和落实。 （2）对照工作票认真核对设备名称及编号。 （3）发现操作不当或需临时增加操作时，必须与运行人员联系，由运行人员进行操作，设备检修人员不得擅自进行。 （4）即使是内部工作票，也要到现场检查安全措施执行情况
2	拆卸泵联轴器螺栓	1. 防止机械伤人	（1）检修前，必须检查工器具是否合格。 （2）冲灰泵未完全停止转动前，不准开工。 （3）抡大锤不准戴手套，禁止单手抡大锤。 （4）检修完毕后，对轮防护罩及时恢复。 （5）试转时，人员要站在转机的轴向位置
		2. 防止滑倒、碰伤	（1）要及时清理检修现场的积油、积水，防止脚下打滑摔伤。 （2）穿合适的工作鞋
3	拆卸泵体外壳	1. 防止机械伤害	（1）检修前，必须检查工器具是否合格。 （2）冲灰泵未完全停止转动前，不准开工。 （3）抡大锤不准戴手套，禁止单手抡大锤。 （4）检修完毕后，对轮防护罩及时恢复。 （5）试转时，人员要站在转机的轴向位置
		2. 防止挤伤、碰伤	（1）要及时清理检修现场的积油、积水，防止脚下打滑摔伤。 （2）穿合适的工作鞋

序号	辨识项目	辨识内容	典型控制措施
3	拆卸泵体外壳	3. 防止起重伤害	（1）检查钢丝绳，绳套完整，无断股、打弯现象。 （2）使用行车前必须检查，不合格严禁使用。 （3）任何人不准在吊物下停留或行走。 （4）倒链、千斤顶使用前必须检查、校验，不合格不准使用。 （5）吊装部件时，要设专人指挥，禁止斜拉、斜吊
		4. 防止落物伤人	（1）开工前，首先检查起重行车的可靠性。 （2）起吊物件时，设专人指挥。 （3）严禁有人在起吊物件下方行走或坐立。 （4）所使用的工器具不准放在起吊物件上。 （5）严禁泵体长时间处于悬吊状态
		5. 防止滑倒、碰伤	（1）要及时清理检修现场的积油、积水，防止脚下打滑摔伤。 （2）穿合适的工作鞋
4	拆卸轴承	1. 防止机械伤人	（1）检修前，必须检查工器具是否合格。 （2）冲灰泵未完全停止转动前，不准开工。 （3）抡大锤不准戴手套，禁止单手抡大锤。 （4）检修完毕后，对轮防护罩及时恢复。 （5）试转时，人员要站在转机的轴向位置
		2. 防止落物伤人	（1）开工前，首先检查起重行车的可靠性。 （2）起吊物件时，设专人指挥。 （3）严禁有人在起吊物件下方行走或坐立。 （4）所使用的工器具不准放在起吊物件上。 （5）严禁泵体长时间处于悬吊状态
		3. 防止起重伤人	（1）检查钢丝绳，绳套完整，无断股、打弯现象。 （2）使用行车前必须检查，不合格严禁使用。 （3）任何人不准在吊物下停留或行走。 （4）倒链、千斤顶使用前必须检查、校验，不合格不准使用。 （5）吊装部件时，要设专人指挥，禁止斜拉、斜吊

序号	辨识项目	辨识内容	典型控制措施
5	拆卸叶轮	1. 防止起重伤害	（1）检查钢丝绳，绳套完整，无断股、打弯现象。 （2）使用行车前必须检查，不合格严禁使用。 （3）任何人不准在吊物下停留或行走。 （4）倒链、千斤顶使用前必须检查、校验，不合格不准使用。 （5）吊装部件时，要设专人指挥，禁止斜拉、斜吊
		2. 防止机械伤人	（1）检修前，必须检查工器具是否合格。 （2）冲灰泵未完全停止转动前，不准开工。 （3）抡大锤不准戴手套，禁止单手抡大锤。 （4）检修完毕后，对轮防护罩及时恢复。 （5）试转时，人员要站在转机的轴向位置
		3. 防止设备损坏	（1）检查行车机动灵活可靠，各种限位器齐全，钓钩完好。 （2）拆装泵体必须有专人指挥。 （3）要正确使用敲打工器具（如榔头、铜棒等）。 （4）轴承安装时，严禁敲打轴承外圈强行回装。 （5）严禁转子在悬吊状态下进行检修。 （6）所有零部件必须做到“三不落地”
6	叶轮回装	1. 防止起重伤人	（1）检查钢丝绳，绳套完整，无断股、打弯现象。 （2）使用行车前必须检查，不合格严禁使用。 （3）任何人不准在吊物下停留或行走。 （4）倒链、千斤顶使用前必须检查、校验，不合格不准使用。 （5）吊装部件时，要设专人指挥，禁止斜拉、斜吊
		2. 防止落物伤人	（1）开工前，首先检查起重行车的可靠性。 （2）起吊物件时，设专人指挥。 （3）严禁有人在起吊物件下方行走或坐立。 （4）所使用的工器具不准放在起吊物件上。 （5）严禁泵体长时间处于悬吊状态
		3. 防止机械伤人	（1）检修前，必须检查工器具是否合格。 （2）冲灰泵未完全停止转动前，不准开工。 （3）抡大锤不准戴手套，禁止单手抡大锤。 （4）检修完毕后，对轮防护罩及时恢复。 （5）试转时，人员要站在转机的轴向位置

续表

序号	辨识项目	辨识内容	典型控制措施
7	轴承回装	1. 防止机械伤人	（1）检修前，必须检查工器具是否合格。 （2）冲灰泵未完全停止转动前，不准开工。 （3）抡大锤不准戴手套，禁止单手抡大锤。 （4）检修完毕后，对轮防护罩及时恢复。 （5）试转时，人员要站在转机的轴向位置
		2. 防止落物伤人	（1）开工前，首先检查起重行车的可靠性。 （2）起吊物件时，设专人指挥。 （3）严禁有人在起吊物件下方行走或坐立。 （4）所使用的工器具不准放在起吊物件上。 （5）严禁泵体长时间处于悬吊状态
		3. 防止起重伤人	（1）检查钢丝绳，绳套完整，无断股、打弯现象。 （2）使用行车前必须检查，不合格严禁使用。 （3）任何人不准在吊物下停留或行走。 （4）倒链、千斤顶使用前必须检查、校验，不合格不准使用。 （5）吊装部件时，要设专人指挥，禁止斜拉、斜吊
8	泵体回装	1. 防止机械伤害	（1）检修前，必须检查工器具是否合格。 （2）冲灰泵未完全停止转动前，不准开工。 （3）抡大锤不准戴手套，禁止单手抡大锤。 （4）检修完毕后，对轮防护罩及时恢复。 （5）试转时，人员要站在转机的轴向位置
		2. 防止滑倒、碰伤	（1）要及时清理检修现场的积油、积水，防止脚下打滑摔伤。 （2）穿合适的工作鞋
		3. 防止起重伤害	（1）检查钢丝绳，绳套完整，无断股、打弯现象。 （2）使用行车前必须检查，不合格严禁使用。 （3）任何人不准在吊物下停留或行走。 （4）倒链、千斤顶使用前必须检查、校验，不合格不准使用。 （5）吊装部件时，要设专人指挥，禁止斜拉、斜吊

续表

序号	辨识项目	辨识内容	典型控制措施
8	泵体回装	4. 防止设备损坏	（1）检查行车机动灵活可靠，各种限位器齐全，钓钩完好。 （2）拆装泵体必须有专人指挥。 （3）要正确使用敲打工器具（如榔头、铜棒等）。 （4）轴承安装时，严禁敲打轴承外圈强行回装。 （5）严禁转子在悬吊状态下进行检修。 （6）所有零部件必须做到“三不落地”
		5. 防止异物遗留设备内	（1）回装时，认真检查泵体内无遗留异物。 （2）泵体回装时，要做好防止工器具落在泵内的措施，检修完毕清点工器具。 （3）安装轴承时，严禁将杂物带入轴承箱内
9	联轴器找正	防止机械伤人	（1）检修前，必须检查工器具是否合格。 （2）冲灰泵未完全停止转动前，不准开工。 （3）抡大锤不准戴手套，禁止单手抡大锤。 （4）检修完毕后，对轮防护罩及时恢复。 （5）试转时，人员要站在转机的轴向位置
10	试转	1. 防止设备损坏	（1）检查行车机动灵活可靠，各种限位器齐全，钓钩完好。 （2）拆装泵体必须有专人指挥。 （3）要正确使用敲打工器具（如榔头、铜棒等）。 （4）轴承安装时，严禁敲打轴承外圈强行回装。 （5）严禁转子在悬吊状态下进行检修。 （6）所有零部件必须做到“三不落地”
		2. 防止误动、误碰	（1）要及时清理检修现场的积油、积水，防止脚下打滑摔伤。 （2）穿合适的工作鞋

5.2.3 轴封泵检修

作业项目	轴封泵检修		
序号	辨识项目	辨识内容	典型控制措施
一	公共部分（健康与环境）		
	[表格内容同 1.1.1 公共部分（健康与环境）]		

续表

序号	辨识项目	辨识内容	典型控制措施
二	作业内容（安全）		
1	检查工作票办理情况	无票作业、工作票种类不符或措施不完善	（1）工作票签发人、工作许可人和工作负责人应认真按照工作票制度进行工作票办理、审查和落实。 （2）对照工作票认真核对设备名称及编号。 （3）发现操作不当或需临时增加操作时，必须与运行人员联系，由运行人员进行操作，设备检修人员不得擅自进行。 （4）即使是内部工作票，也要到现场检查安全措施执行情况
2	拆卸泵联轴器螺栓	1. 防止机械伤人	（1）检修前，必须检查工器具是否合格。 （2）轴封泵未完全停止转动前，不准开工。 （3）抡大锤不准戴手套，禁止单手抡大锤。 （4）检修完毕后，对轮防护罩及时恢复。 （5）试转时，人员要站在转机的轴向位置
		2. 防止滑倒、碰伤	（1）要及时清理检修现场的积油、积水，防止脚下打滑摔伤。 （2）穿合适的工作鞋
3	拆卸泵出口端节	1. 防止机械伤害	（1）检修前，必须检查工器具是否合格。 （2）轴封泵未完全停止转动前，不准开工。 （3）抡大锤不准戴手套，禁止单手抡大锤。 （4）检修完毕后，对轮防护罩及时恢复。 （5）试转时，人员要站在转机的轴向位置
		2. 防止挤伤、碰伤	（1）要及时清理检修现场的积油、积水，防止脚下打滑摔伤。 （2）穿合适的工作鞋
		3. 防止起重伤害	（1）检查钢丝绳，绳套完整，无断股、打弯现象。 （2）使用行车前必须检查，不合格严禁使用。 （3）任何人不准在吊物下停留或行走。 （4）倒链、千斤顶使用前必须检查、校验，不合格不准使用。 （5）吊装部件时，要设专人指挥，禁止斜拉、斜吊

续表

序号	辨识项目	辨识内容	典型控制措施
3	拆卸泵出口端节	4. 防止落物伤人	（1）开工前，首先检查起重行车的可靠性。 （2）起吊物件时，设专人指挥。 （3）严禁有人在起吊物件下方行走或坐立。 （4）所使用的工器具不准放在起吊物件上。 （5）严禁泵体长时间处于悬吊状态
		5. 防止滑倒、碰伤	（1）要及时清理检修现场的积油、积水，防止脚下打滑摔伤。 （2）穿合适的工作鞋
4	拆卸轴承	1. 防止机械伤人	（1）检修前，必须检查工器具是否合格。 （2）轴封泵未完全停止转动前，不准开工。 （3）抡大锤不准戴手套，禁止单手抡大锤。 （4）检修完毕后，对轮防护罩及时恢复。 （5）试转时，人员要站在转机的轴向位置
		2. 防止落物伤人	（1）开工前，首先检查起重行车的可靠性。 （2）起吊物件时，设专人指挥。 （3）严禁有人在起吊物件下方行走或坐立。 （4）所使用的工器具不准放在起吊物件上。 （5）严禁泵体长时间处于悬吊状态
		3. 防止起重伤人	（1）检查钢丝绳，绳套完整，无断股、打弯现象。 （2）使用行车前必须检查，不合格严禁使用。 （3）任何人不准在吊物下停留或行走。 （4）倒链、千斤顶使用前必须检查、校验，不合格不准使用。 （5）吊装部件时，要设专人指挥，禁止斜拉、斜吊
5	拆卸叶轮、倒流体	1. 防止起重伤害	（1）检查钢丝绳，绳套完整，无断股、打弯现象。 （2）使用行车前必须检查，不合格严禁使用。 （3）任何人不准在吊物下停留或行走。 （4）倒链、千斤顶使用前必须检查、校验，不合格不准使用。 （5）吊装部件时，要设专人指挥，禁止斜拉、斜吊

续表

序号	辨识项目	辨识内容	典型控制措施
5	拆卸叶轮、倒流体	2. 防止机械伤人	（1）检修前，必须检查工器具是否合格。 （2）轴封泵未完全停止转动前，不准开工。 （3）抡大锤不准戴手套，禁止单手抡大锤。 （4）检修完毕后，对轮防护罩及时恢复。 （5）试转时，人员要站在转机的轴向位置
		3. 防止设备损坏	（1）检查行车机动灵活可靠，各种限位器齐全，钓钩完好。 （2）拆装泵体必须有专人指挥。 （3）要正确使用敲打工器具（如榔头、铜棒等）。 （4）轴承安装时，严禁敲打轴承外圈强行回装。 （5）严禁转子在悬吊状态下进行检修。 （6）所有零部件必须做到“三不落地”
6	叶轮、倒流体回装	1. 防止机械伤人	（1）检修前，必须检查工器具是否合格。 （2）轴封泵未完全停止转动前，不准开工。 （3）抡大锤不准戴手套，禁止单手抡大锤。 （4）检修完毕后，对轮防护罩及时恢复。 （5）试转时，人员要站在转机的轴向位置
		2. 防止落物伤人	（1）开工前，首先检查起重行车的可靠性。 （2）起吊物件时，设专人指挥。 （3）严禁有人在起吊物件下方行走或坐立。 （4）所使用的工器具不准放在起吊物件上。 （5）严禁泵体长时间处于悬吊状态
		3. 防止起重伤人	（1）检查钢丝绳，绳套完整，无断股、打弯现象。 （2）使用行车前必须检查，不合格严禁使用。 （3）任何人不准在吊物下停留或行走。 （4）倒链、千斤顶使用前必须检查、校验，不合格不准使用。 （5）吊装部件时，要设专人指挥，禁止斜拉、斜吊
7	轴承回装	1. 防止起重伤害	（1）检查钢丝绳，绳套完整，无断股、打弯现象。 （2）使用行车前必须检查，不合格严禁使用。 （3）任何人不准在吊物下停留或行走。 （4）倒链、千斤顶使用前必须检查、校验，不合格不准使用。 （5）吊装部件时，要设专人指挥，禁止斜拉、斜吊

续表

序号	辨识项目	辨识内容	典型控制措施
7	轴承回装	2. 防止落物伤人	（1）开工前，首先检查起重行车的可靠性。 （2）起吊物件时，设专人指挥。 （3）严禁有人在起吊物件下方行走或坐立。 （4）所使用的工器具不准放在起吊物件上。 （5）严禁泵体长时间处于悬吊状态
		3. 防止机械伤人	（1）检修前，必须检查工器具是否合格。 （2）轴封泵未完全停止转动前，不准开工。 （3）抡大锤不准戴手套，禁止单手抡大锤。 （4）检修完毕后，对轮防护罩及时恢复。 （5）试转时，人员要站在转机的轴向位置
		4. 防止起重伤害	（1）检查钢丝绳，绳套完整，无断股，打弯现象。 （2）使用行车前必须检查，不合格严禁使用。 （3）任何人不准在吊物下停留或行走。 （4）倒链、千斤顶使用前必须检查、校验，不合格不准使用。 （5）吊装部件时，要设专人指挥，禁止斜拉、斜吊
8	出口端节回装	1. 防止机械伤害	（1）检修前，必须检查工器具是否合格。 （2）轴封泵未完全停止转动前，不准开工。 （3）抡大锤不准戴手套，禁止单手抡大锤。 （4）检修完毕后，对轮防护罩及时恢复。 （5）试转时，人员要站在转机的轴向位置
		2. 防止滑倒、碰伤	（1）要及时清理检修现场的积油、积水，防止脚下打滑摔伤。 （2）穿合适的工作鞋
		3. 防止起重伤害	（1）检查钢丝绳，绳套完整，无断股、打弯现象。 （2）使用行车前必须检查，不合格严禁使用。 （3）任何人不准在吊物下停留或行走。 （4）倒链、千斤顶使用前必须检查、校验，不合格不准使用。 （5）吊装部件时，要设专人指挥，禁止斜拉、斜吊

续表

序号	辨识项目	辨识内容	典型控制措施
8	出口端节回装	4. 防止设备损坏	（1）检查行车机动灵活可靠，各种限位器齐全，钓钩完好。 （2）拆装泵体必须有专人指挥。 （3）要正确使用敲打工器具（如榔头、铜棒等）。 （4）轴承安装时，严禁敲打轴承外圈强行回装。 （5）严禁转子在悬吊状态下进行检修。 （6）所有零部件必须做到“三不落地”
		5. 防止异物遗留设备内	（1）回装时，认真检查泵体内无遗留异物。 （2）泵体回装时，要做好防止工器具落在泵内的措施，检修完毕清点工器具。 （3）安装轴承时，严禁将杂物带入轴承箱内
9	联轴器找正	防止机械伤人	（1）检修前，必须检查工器具是否合格。 （2）轴封泵未完全停止转动前，不准开工。 （3）抡大锤不准戴手套，禁止单手抡大锤。 （4）检修完毕后，对轮防护罩及时恢复。 （5）试转时，人员要站在转机的轴向位置
10	试转	1. 防止设备损坏	（1）检查行车机动灵活可靠，各种限位器齐全，钓钩完好。 （2）拆装泵体必须有专人指挥。 （3）要正确使用敲打工器具（如榔头、铜棒等）。 （4）轴承安装时，严禁敲打轴承外圈强行回装。 （5）严禁转子在悬吊状态下进行检修。 （6）所有零部件必须做到“三不落地”
		2. 防止误动、误碰	（1）要及时清理检修现场的积油、积水，防止脚下打滑摔伤。 （2）穿合适的工作鞋

5.2.4 更换灰渣泵入口门检修

作业项目	更换灰渣泵入口门检修		
序号	辨识项目	辨识内容	典型控制措施
一	公共部分（健康与环境）		
	［表格内容同 1.1.1 公共部分（健康与环境）］		

续表

序号	辨识项目	辨识内容	典型控制措施
二	作业内容（安全）		
1	检查工作票办理情况	无票作业、工作票种类不符或措施不完善	（1）工作票签发人、工作许可人和工作负责人应认真按照工作票制度进行工作票办理、审查和落实。 （2）对照工作票认真核对设备名称及编号。 （3）发现操作不当或需临时增加操作时，必须与运行人员联系，由运行人员进行操作，设备检修人员不得擅自进行。 （4）即使是内部工作票，也要到现场检查安全措施执行情况
2	前池入口堵水	1. 防止落物伤人	（1）开工前，首先检查吊链的可靠性，并做好防止滑链的措施。 （2）起吊阀门时，设专人指挥、监护。 （3）工作人员严禁上下投掷材料或工具。 （4）拆除阀门前，必须用钢丝绳捆绑牢固，并用吊链撑一定的力，防止坠落伤人。 （5）严禁阀门长时间处于悬吊状态。 （6）禁止在运行的管道上悬吊阀门
		2. 防止滑倒、碰伤	（1）要及时清理检修现场的积油、积水，防止脚下打滑摔伤。 （2）穿合适的工作鞋
3	拆卸法兰螺栓	1. 防止机械伤害	（1）确认该泵已切断电动机电源，并挂警告牌。 （2）检修前，必须检查工器具是否合格。 （3）抡大锤不准戴手套，禁止单手抡大锤。 （4）安装阀门的螺栓时，应用撬棍校正螺栓孔，不准用手指伸入螺栓孔内触摸。 （5）使用磨光机时，要戴防护眼镜，防止铁屑伤人
		2. 防止挤伤、碰伤	（1）要及时清理检修现场的积油、积水，防止脚下打滑摔伤。 （2）穿合适的工作鞋
		3. 防止落物伤人	（1）开工前，首先检查吊链的可靠性，并做好防止滑链的措施。 （2）起吊阀门时，设专人指挥、监护。 （3）工作人员严禁上下投掷材料或工具。 （4）拆除阀门前，必须用钢丝绳捆绑牢固，并用吊链撑一定的力，防止坠落伤人。 （5）严禁阀门长时间处于悬吊状态。 （6）禁止在运行的管道上悬吊阀门

续表

序号	辨识项目	辨识内容	典型控制措施
3	拆卸法兰螺栓	4. 防止滑倒、碰伤	（1）要及时清理检修现场的积油、积水，防止脚下打滑摔伤。 （2）穿合适的工作鞋
		5. 防止水淹泵房	（1）开工前，严格检查负米排污设施，保证良好备用。 （2）在灰渣潜池内该泵入口注水。 （3）封堵潜池隔离墙联络孔。 （4）随时联系运行启动其他设备，保证潜池水位。 （5）灰渣潜池接潜水泵，随时将该泵入口所在潜池的积水排除
4	拆卸入口门	1. 防止机械伤害	（1）确认该泵已切断电动机电源，并挂警告牌。 （2）检修前，必须检查工器具是否合格。 （3）抡大锤不准戴手套，禁止单手抡大锤。 （4）安装阀门的螺栓时，应用撬棍校正螺栓孔，不准用手指伸入螺栓孔内触摸。 （5）使用磨光机时，要戴防护眼镜，防止铁屑伤人
		2. 防止挤伤、碰伤	（1）要及时清理检修现场的积油、积水，防止脚下打滑摔伤。 （2）穿合适的工作鞋
		3. 防止起重伤害	（1）检查钢丝绳，绳套完整，无断股、打弯现象。 （2）检查起重行车的可靠性，不合格严禁使用。 （3）检查倒链是否有脱链、滑链现象，否则禁止使用。 （4）任何人不准在吊物下停留或行走。 （5）禁止斜拉、斜吊
		4. 防止落物伤人	（1）开工前，首先检查吊链的可靠性，并做好防止滑链的措施。 （2）起吊阀门时，设专人指挥、监护。 （3）工作人员严禁上下投掷材料或工具。 （4）拆除阀门前，必须用钢丝绳捆绑牢固，并用吊链撑一定的力，防止坠落伤人。 （5）严禁阀门长时间处于悬吊状态。 （6）禁止在运行的管道上悬吊阀门
		5. 防止滑倒、碰伤	（1）要及时清理检修现场的积油、积水，防止脚下打滑摔伤。 （2）穿合适的工作鞋

续表

序号	辨识项目	辨识内容	典型控制措施
4	拆卸入口门	6. 防止水淹泵房	（1）开工前，严格检查负米排污设施，保证良好备用。 （2）在灰渣潜池内该泵入口注水。 （3）封堵潜池隔离墙联络孔。 （4）随时联系运行启动其他设备，保证潜池水位。 （5）灰渣潜池接潜水泵，随时将该泵入口所在潜池的积水排除
5	清理法兰盘结合面	防止机械伤人	（1）确认该泵已切断电动机电源，并挂警告牌。 （2）检修前，必须检查工器具是否合格。 （3）抡大锤不准戴手套，禁止单手抡大锤。 （4）安装阀门的螺栓时，应用撬棍校正螺栓孔，不准用手指伸入螺栓孔内触摸。 （5）使用磨光机时，要戴防护眼镜，防止铁屑伤人
6	安装新入口阀门	1. 防止机械伤害	（1）确认该泵已切断电动机电源，并挂警告牌。 （2）检修前，必须检查工器具是否合格。 （3）抡大锤不准戴手套，禁止单手抡大锤。 （4）安装阀门的螺栓时，应用撬棍校正螺栓孔，不准用手指伸入螺栓孔内触摸。 （5）使用磨光机时，要戴防护眼镜，防止铁屑伤人
		2. 防止挤伤、碰伤	（1）要及时清理检修现场的积油、积水，防止脚下打滑摔伤。 （2）穿合适的工作鞋
		3. 防止起重伤害	（1）检查钢丝绳，绳套完整，无断股、打弯现象。 （2）检查起重行车的可靠性，不合格严禁使用。 （3）检查倒链是否有脱链、滑链现象，否则禁止使用。 （4）任何人不准在吊物下停留或行走。 （5）禁止斜拉、斜吊
		4. 防止落物伤人	（1）开工前，首先检查吊链的可靠性，并做好防止滑链的措施。 （2）起吊阀门时，设专人指挥、监护。 （3）工作人员严禁上下投掷材料或工具。 （4）拆除阀门前，必须用钢丝绳捆绑牢固，并用吊链撑一定的力，防止坠落伤人。 （5）严禁阀门长时间处于悬吊状态。 （6）禁止在运行的管道上悬吊阀门
		5. 防止滑倒、碰伤	（1）要及时清理检修现场的积油、积水，防止脚下打滑摔伤。 （2）穿合适的工作鞋

续表

序号	辨识项目	辨识内容	典型控制措施
6	安装新入口阀门	6. 防止水淹泵房	（1）开工前，严格检查负米排污设施，保证良好备用。 （2）在灰渣潜池内该泵入口注水。 （3）封堵潜池隔离墙联络孔。 （4）随时联系运行启动其他设备，保证潜池水位。 （5）灰渣潜池接潜水泵，随时将该泵入口所在潜池的积水排除
7	紧固法兰螺栓	1. 防止机械伤人	（1）确认该泵已切断电动机电源，并挂警告牌。 （2）检修前，必须检查工器具是否合格。 （3）抡大锤不准戴手套，禁止单手抡大锤。 （4）安装阀门的螺栓时，应用撬棍校正螺栓孔，不准用手指伸入螺栓孔内触摸。 （5）使用磨光机时，要戴防护眼镜，防止铁屑伤人
		2. 防止滑倒、碰伤	（1）要及时清理检修现场的积油、积水，防止脚下打滑摔伤。 （2）穿合适的工作鞋
8	拆除入口堵水材料	1. 防止滑倒、碰伤	（1）要及时清理检修现场的积油、积水，防止脚下打滑摔伤。 （2）穿合适的工作鞋
		2. 防止落物伤人	（1）开工前，首先检查吊链的可靠性，并做好防止滑链的措施。 （2）起吊阀门时，设专人指挥、监护。 （3）工作人员严禁上下投掷材料或工具。 （4）拆除阀门前，必须用钢丝绳捆绑牢固，并用吊链撑一定的力，防止坠落伤人。 （5）严禁阀门长时间处于悬吊状态。 （6）禁止在运行的管道上悬吊阀门
		3. 防止异物遗留入口内	更换时，认真检查工具以及其他物件不要遗留在管道内
9	试转	1. 防止设备损坏	（1）检查行车机动灵活可靠，各种限位器齐全，钓钩完好。 （2）检查吊链的可靠性，并做好防止滑链的措施。 （3）检查钢丝绳，绳套完整，无断股、打弯现象。 （4）入口阀门在使用前必须认真检查，并对螺栓孔进行重锥丝扣
		2. 防止误动、误碰	（1）要及时清理检修现场的积油、积水，防止脚下打滑摔伤。 （2）穿合适的工作鞋

5.2.5 更换灰渣泵出口门检修

作业项目	更换灰渣泵出口门检修		
序号	辨识项目	辨识内容	典型控制措施
一	公共部分（健康与环境）		
	［表格内容同 1.1.1 公共部分（健康与环境）］		
二	作业内容（安全）		
1	检查工作票办理情况	无票作业、工作票种类不符或措施不完善	（1）工作票签发人、工作许可人和工作负责人应认真按照工作票制度进行工作票办理、审查和落实。 （2）对照工作票认真核对设备名称及编号。 （3）发现操作不当或需临时增加操作时，必须与运行人员联系，由运行人员进行操作，设备检修人员不得擅自进行。 （4）即使是内部工作票，也要到现场检查安全措施执行情况
2	拆卸法兰螺栓	1. 防止机械伤害	（1）检查工器具的合格情况。 （2）抡大锤不准戴手套，禁止单手抡大锤。 （3）锤头安装牢固，锤柄光滑无裂纹。 （4）安装阀门的螺栓时，应用撬棍校正螺栓孔，不准用手指伸入螺栓孔内触摸。 （5）使用磨光机时，要戴防护眼镜，应使火星向下，防止铁屑伤人
		2. 防止挤伤、碰伤	（1）要及时清理检修现场的积油、积水，防止脚下打滑摔伤。 （2）穿合适的工作鞋
		3. 防止落物伤人	（1）开工前，首先检查吊链的可靠性，并做好防止滑链的措施。 （2）起吊阀门时，设专人指挥、监护。 （3）工作人员严禁上下投掷材料或工具。 （4）阀门在拆除前，必须用钢丝绳捆绑牢固，并用吊链撑一定的力，防止坠落伤人。 （5）严禁阀门长时间处于悬吊状态
		4. 防止滑倒、碰伤	（1）要及时清理检修现场的积油、积水，防止脚下打滑摔伤。 （2）穿合适的工作鞋

续表

序号	辨识项目	辨识内容	典型控制措施
3	拆卸出口门	1. 防止机械伤害	（1）检查工器具的合格情况。 （2）抡大锤不准戴手套，禁止单手抡大锤。 （3）锤头安装牢固，锤柄光滑无裂纹。 （4）安装阀门的螺栓时，应用撬棍校正螺栓孔，不准用手指伸入螺栓孔内触摸。 （5）使用磨光机时，要戴防护眼镜，应使火星向下，防止铁屑伤人
		2. 防止挤伤、碰伤	（1）要及时清理检修现场的积油、积水，防止脚下打滑摔伤。 （2）穿合适的工作鞋
		3. 防止起重伤害	（1）检查钢丝绳，绳套完整，无断股、打弯现象。 （2）使用行车前必须检查，试验合格，不合格严禁使用。 （3）起吊工作应由专业人员进行，并设专人指挥。 （4）要检查倒链是否有脱链、滑链现象，否则禁止使用。 （5）任何人不准在吊物下停留或行走。 （6）在使用行车时，禁止斜拉、斜吊
		4. 防止落物伤人	（1）开工前，首先检查吊链的可靠性，并做好防止滑链的措施。 （2）起吊阀门时，设专人指挥、监护。 （3）工作人员严禁上下投掷材料或工具。 （4）阀门在拆除前，必须用钢丝绳捆绑牢固，并用吊链撑一定的力，防止坠落伤人。 （5）严禁阀门长时间处于悬吊状态
		5. 防止滑倒、碰伤	（1）要及时清理检修现场的积油、积水，防止脚下打滑摔伤。 （2）穿合适的工作鞋
4	清理法兰盘结合面	防止机械伤人	（1）检查工器具的合格情况。 （2）抡大锤不准戴手套，禁止单手抡大锤。 （3）锤头安装牢固，锤柄光滑无裂纹。 （4）安装阀门的螺栓时，应用撬棍校正螺栓孔，不准用手指伸入螺栓孔内触摸。 （5）使用磨光机时，要戴防护眼镜，应使火星向下，防止铁屑伤人
5	安装出口阀门	1. 防止机械伤害	（1）检查工器具的合格情况。 （2）抡大锤不准戴手套，禁止单手抡大锤。 （3）锤头安装牢固，锤柄光滑无裂纹。 （4）安装阀门的螺栓时，应用撬棍校正螺栓孔，不准用手指伸入螺栓孔内触摸。 （5）使用磨光机时，要戴防护眼镜，应使火星向下，防止铁屑伤人

续表

序号	辨识项目	辨识内容	典型控制措施
5	安装出口阀门	2. 防止挤伤、碰伤	（1）要及时清理检修现场的积油、积水，防止脚下打滑摔伤。 （2）穿合适的工作鞋
		3. 防止起重伤害	（1）检查钢丝绳，绳套完整，无断股、打弯现象。 （2）使用行车前必须检查，试验合格，不合格严禁使用。 （3）起吊工作应由专业人员进行，并设专人指挥。 （4）要检查倒链是否有脱链、滑链现象，否则禁止使用。 （5）任何人不准在吊物下停留或行走。 （6）在使用行车时，禁止斜拉、斜吊
		4. 防止落物伤人	（1）开工前，首先检查吊链的可靠性，并做好防止滑链的措施。 （2）起吊阀门时，设专人指挥、监护。 （3）工作人员严禁上下投掷材料或工具。 （4）阀门在拆除前，必须用钢丝绳捆绑牢固，并用吊链撑一定的力，防止坠落伤人。 （5）严禁阀门长时间处于悬吊状态
		5. 防止滑倒、碰伤	（1）要及时清理检修现场的积油、积水，防止脚下打滑摔伤。 （2）穿合适的工作鞋
		6. 防止异物遗留管道内	随时清点、检查工具以及其他物件，防止遗留在管道内
6	紧固法兰螺栓	1. 防止机械伤人	（1）检查工器具的合格情况。 （2）抡大锤不准戴手套，禁止单手抡大锤。 （3）锤头安装牢固，锤柄光滑无裂纹。 （4）安装阀门的螺栓时，应用撬棍校正螺栓孔，不准用手指伸入螺栓孔内触摸。 （5）使用磨光机时，要戴防护眼镜，应使火星向下，防止铁屑伤人
		2. 防止滑倒、碰伤	（1）要及时清理检修现场的积油、积水，防止脚下打滑摔伤。 （2）穿合适的工作鞋
7	试转	1. 防止设备损坏	（1）检查行车机动灵活可靠，各种限位器齐全，钓钩完好。 （2）检查吊链的可靠性，并做好防止滑链的措施。 （3）检查钢丝绳，绳套完整，无断股、打弯现象。 （4）阀门在使用前必须认真检查，并对螺栓孔进行重锥丝扣
		2. 防止误动、误碰	（1）要及时清理检修现场的积油、积水，防止脚下打滑摔伤。 （2）穿合适的工作鞋

5.2.6 更换盘根检修

作业项目	更换盘根检修		
序号	辨识项目	辨识内容	典型控制措施
一	公共部分（健康与环境）		
	［表格内容同1.1.1公共部分（健康与环境）］		
二	作业内容（安全）		
1	检查工作票办理情况	无票作业、工作票种类不符或措施不完善	（1）工作票签发人、工作许可人和工作负责人应认真按照工作票制度进行工作票办理、审查和落实。 （2）对照工作票认真核对设备名称及编号。 （3）发现操作不当或需临时增加操作时，必须与运行人员联系，由运行人员进行操作，设备检修人员不得擅自进行。 （4）即使是内部工作票，也要到现场检查安全措施执行情况
2	拆卸压兰螺栓	1. 防止机械伤人	（1）切断电动机电源，挂警告牌。 （2）灰渣泵未完全停止转动前，不准开工。 （3）检修前，必须检查工器具是否合格
		2. 防止滑倒、碰伤	（1）要及时清理检修现场的积油、积水，防止脚下打滑摔伤。 （2）穿合适的工作鞋
		3. 防止落物伤人	做好防止压兰掉落砸伤的措施
		4. 防止设备损坏	不准用扳手敲击压兰
3	掏出填料	1. 防止机械伤人	（1）切断电动机电源，挂警告牌。 （2）灰渣泵未完全停止转动前，不准开工。 （3）检修前，必须检查工器具是否合格
		2. 防止滑倒、碰伤	（1）要及时清理检修现场的积油、积水，防止脚下打滑摔伤。 （2）穿合适的工作鞋
4	清理填料室	1. 防止机械伤人	（1）切断电动机电源，挂警告牌。 （2）灰渣泵未完全停止转动前，不准开工。 （3）检修前，必须检查工器具是否合格

续表

序号	辨识项目	辨识内容	典型控制措施
4	清理填料室	2. 防止滑倒、碰伤	（1）要及时清理检修现场的积油、积水，防止脚下打滑摔伤。 （2）穿合适的工作鞋
5	装新填料	1. 防止机械伤人	（1）切断电动机电源，挂警告牌。 （2）灰渣泵未完全停止转动前，不准开工。 （3）检修前，必须检查工器具是否合格
		2. 防止滑倒、碰伤	（1）要及时清理检修现场的积油、积水，防止脚下打滑摔伤。 （2）穿合适的工作鞋
6	紧固压兰	1. 防止滑倒、碰伤	（1）要及时清理检修现场的积油、积水，防止脚下打滑摔伤。 （2）穿合适的工作鞋
		2. 防止落物伤人	做好防止压兰掉落砸伤的措施
		3. 防止机械伤人	（1）切断电动机电源，挂警告牌。 （2）灰渣泵未完全停止转动前，不准开工。 （3）检修前，必须检查工器具是否合格
7	试转	1. 防止设备损坏	不准用扳手敲击压兰
		2. 防止误动、误碰	（1）要及时清理检修现场的积油、积水，防止脚下打滑摔伤。 （2）穿合适的工作鞋

5.2.7 二期灰渣泵检修

作业项目	二期灰渣泵检修		
序号	辨识项目	辨识内容	典型控制措施
一	公共部分（健康与环境）		
	[表格内容同 1.1.1 公共部分（健康与环境）]		

续表

序号	辨识项目	辨识内容	典型控制措施
二	作业内容（安全）		
1	检查工作票办理情况	无票作业、工作票种类不符或措施不完善	（1）工作票签发人、工作许可人和工作负责人应认真按照工作票制度进行工作票办理、审查和落实。 （2）对照工作票认真核对设备名称及编号。 （3）发现操作不当或需临时增加操作时，必须与运行人员联系，由运行人员进行操作，设备检修人员不得擅自进行。 （4）即使是内部工作票，也要到现场检查安全措施执行情况
2	拆卸泵出入口短节	1. 防止起重伤害	（1）检查钢丝绳，绳套完整，无断股、打弯现象。 （2）使用行车前必须检查，不合格严禁使用。 （3）任何人不准在吊物下停留或行走。 （4）倒链、千斤顶使用前必须检查、校验，不合格不准使用。 （5）吊装部件时，要设专人指挥，禁止斜拉、斜吊
		2. 防止落物伤人	（1）开工前，首先检查起重行车的可靠性。 （2）起吊物件时，设专人指挥。 （3）严禁有人在起吊物件下方行走或坐立。 （4）所有起吊物件，在拆除前必须用钢丝绳捆绑牢固，并用行车撑一定的力，防止物件坠落伤人。 （5）工作人员严禁上下投掷材料或工具。 （6）要正确使用拆装泵体的专用工具。 （7）所使用的工器具不准放在起吊物件上。 （8）严禁泵体长时间处于悬吊状态
		3. 防止机械伤人	（1）检修前，必须检查工器具是否合格。 （2）灰渣泵未完全停止转动前，不准开工。 （3）抡大锤不准戴手套，禁止单手抡大锤。 （4）检修完毕后，对轮防护罩及时恢复。 （5）试转时，人员要站在转机的轴向位置
		4. 防止滑倒、碰伤	（1）要及时清理检修现场的积油、积水，防止脚下打滑摔伤。 （2）穿合适的工作鞋

续表

序号	辨识项目	辨识内容	典型控制措施
3	拆卸泵体外壳	1. 防止起重伤害	（1）检查钢丝绳，绳套完整，无断股、打弯现象。 （2）使用行车前必须检查，不合格严禁使用。 （3）任何人不准在吊物下停留或行走。 （4）倒链、千斤顶使用前必须检查、校验，不合格不准使用。 （5）吊装部件时，要设专人指挥，禁止斜拉、斜吊
		2. 防止挤伤、碰伤	（1）要及时清理检修现场的积油、积水，防止脚下打滑摔伤。 （2）穿合适的工作鞋
		3. 防止落物伤人	（1）开工前，首先检查起重行车的可靠性。 （2）起吊物件时，设专人指挥。 （3）严禁有人在起吊物件下方行走或坐立。 （4）所有起吊物件，在拆除前必须用钢丝绳捆绑牢固，并用行车撑一定的力，防止物件坠落伤人。 （5）工作人员严禁上下投掷材料或工具。 （6）要正确使用拆装泵体的专用工具。 （7）所使用的工器具不准放在起吊物件上。 （8）严禁泵体长时间处于悬吊状态
		4. 防止机械伤害	（1）检修前，必须检查工器具是否合格。 （2）灰渣泵未完全停止转动前，不准开工。 （3）抡大锤不准戴手套，禁止单手抡大锤。 （4）检修完毕后，对轮防护罩及时恢复。 （5）试转时，人员要站在转机的轴向位置
		5. 防止滑倒、碰伤	（1）要及时清理检修现场的积油、积水，防止脚下打滑摔伤。 （2）穿合适的工作鞋
4	拆除前、后护板	1. 防止起重伤害	（1）检查钢丝绳，绳套完整，无断股，打弯现象。 （2）使用行车前必须检查，不合格严禁使用。 （3）任何人不准在吊物下停留或行走。 （4）倒链、千斤顶使用前必须检查、校验，不合格不准使用。 （5）吊装部件时，要设专人指挥，禁止斜拉、斜吊

续表

序号	辨识项目	辨识内容	典型控制措施
4	拆除前、后护板	2. 防止设备损坏	（1）检查行车机动灵活可靠，各种限位器齐全，钓钩完好。 （2）钢丝绳、倒链在使用前检查，所受荷重不准超过规定范围。 （3）拆装泵体必须有专人指挥。 （4）轴承安装时，严禁敲打轴承外圈强行回装。 （5）叶轮回装前检查流道内有无杂物。 （6）严禁转子在悬吊状态下进行检修。 （7）要正确使用敲打工器具（如榔头、铜棒等）。 （8）所有零部件必须做到“三不落地”
		3. 防止落物伤人	（1）开工前，首先检查起重行车的可靠性。 （2）起吊物件时，设专人指挥。 （3）严禁有人在起吊物件下方行走或坐立。 （4）所有起吊物件，在拆除前必须用钢丝绳捆绑牢固，并用行车撑一定的力，防止物件坠落伤人。 （5）工作人员严禁上下投掷材料或工具。 （6）要正确使用拆装泵体的专用工具。 （7）所使用的工器具不准放在起吊物件上。 （8）严禁泵体长时间处于悬吊状态
		4. 防止机械伤害	（1）检修前，必须检查工器具是否合格。 （2）灰渣泵未完全停止转动前，不准开工。 （3）抡大锤不准戴手套，禁止单手抡大锤。 （4）检修完毕后，对轮防护罩及时恢复。 （5）试转时，人员要站在转机的轴向位置
		5. 防止滑倒、碰伤	（1）要及时清理检修现场的积油、积水，防止脚下打滑摔伤。 （2）穿合适的工作鞋
5	拆卸叶轮	1. 防止起重伤害	（1）检查钢丝绳，绳套完整，无断股、打弯现象。 （2）使用行车前必须检查，不合格严禁使用。 （3）任何人不准在吊物下停留或行走。 （4）倒链、千斤顶使用前必须检查、校验，不合格不准使用。 （5）吊装部件时，要设专人指挥，禁止斜拉、斜吊

续表

序号	辨识项目	辨识内容	典型控制措施
5	拆卸叶轮	2. 防止机械伤人	（1）检修前，必须检查工器具是否合格。 （2）灰渣泵未完全停止转动前，不准开工。 （3）抡大锤不准戴手套，禁止单手抡大锤。 （4）检修完毕后，对轮防护罩及时恢复。 （5）试转时，人员要站在转机的轴向位置
6	拆卸轴承	1. 防止机械伤人	（1）检修前，必须检查工器具是否合格。 （2）灰渣泵未完全停止转动前，不准开工。 （3）抡大锤不准戴手套，禁止单手抡大锤。 （4）检修完毕后，对轮防护罩及时恢复。 （5）试转时，人员要站在转机的轴向位置
		2. 防止落物伤人	（1）开工前，首先检查起重行车的可靠性。 （2）起吊物件时，设专人指挥。 （3）严禁有人在起吊物件下方行走或坐立。 （4）所有起吊物件，在拆除前必须用钢丝绳捆绑牢固，并用行车撑一定的力，防止物件坠落伤人。 （5）工作人员严禁上下投掷材料或工具。 （6）要正确使用拆装泵体的专用工具。 （7）所使用的工器具不准放在起吊物件上。 （8）严禁泵体长时间处于悬吊状态
		3. 防止起重伤人	（1）检查钢丝绳，绳套完整，无断股、打弯现象。 （2）使用行车前必须检查，不合格严禁使用。 （3）任何人不准在吊物下停留或行走。 （4）倒链、千斤顶使用前必须检查、校验，不合格不准使用。 （5）吊装部件时，要设专人指挥，禁止斜拉、斜吊
7	轴承回装	1. 防止起重伤害	（1）检查钢丝绳，绳套完整，无断股、打弯现象。 （2）使用行车前必须检查，不合格严禁使用。 （3）任何人不准在吊物下停留或行走。 （4）倒链、千斤顶使用前必须检查、校验，不合格不准使用。 （5）吊装部件时，要设专人指挥，禁止斜拉、斜吊

续表

序号	辨识项目	辨识内容	典型控制措施
7	轴承回装	2. 防止设备损坏	（1）检查行车机动灵活可靠，各种限位器齐全，钓钩完好。 （2）钢丝绳、倒链在使用前检查，所受荷重不准超过规定范围。 （3）拆装泵体必须有专人指挥。 （4）轴承安装时，严禁敲打轴承外圈强行回装。 （5）叶轮回装前检查流道内有无杂物。 （6）严禁转子在悬吊状态下进行检修。 （7）要正确使用敲打工器具（如榔头、铜棒等）。 （8）所有零部件必须做到“三不落地”
		3. 防止落物伤人	（1）开工前，首先检查起重行车的可靠性。 （2）起吊物件时，设专人指挥。 （3）严禁有人在起吊物件下方行走或坐立。 （4）所有起吊物件，在拆除前必须用钢丝绳捆绑牢固，并用行车撑一定的力，防止物件坠落伤人。 （5）工作人员严禁上下投掷材料或工具。 （6）要正确使用拆装泵体的专用工具。 （7）所使用的工器具不准放在起吊物件上。 （8）严禁泵体长时间处于悬吊状态
		4. 防止机械伤人	（1）检修前，必须检查工器具是否合格。 （2）灰渣泵未完全停止转动前，不准开工。 （3）抡大锤不准戴手套，禁止单手抡大锤。 （4）检修完毕后，对轮防护罩及时恢复。 （5）试转时，人员要站在转机的轴向位置
		5. 防止火灾	（1）严禁在室外大风情况下动火。 （2）严禁在建筑物内或建筑物附近动火。 （3）动火过程中，配备消防器材，并设专人监护。 （4）清洗部件要用煤油和清洗剂，清洗时要远离火源，及时清理使用后的棉纱等易燃物品。 （5）煮轴承时，油温控制在120℃以下。 （6）离开现场时，必须清除火种

序号	辨识项目	辨识内容	典型控制措施
7	轴承回装	6. 防止滑倒、碰伤	（1）要及时清理检修现场的积油、积水，防止脚下打滑摔伤。 （2）穿合适的工作鞋
		7. 防止烫伤	（1）煮轴承时，工作人员必须戴隔热手套，并配备消防器材，离开现场时，必须消除火种。 （2）烤对轮时，工作人员要远离割具，防止烫伤。 （3）严禁用割把照明。 （4）不准用松动剂作为引火材料
8	护板回装	1. 防止起重伤害	（1）检查钢丝绳，绳套完整，无断股、打弯现象。 （2）使用行车前必须检查，不合格严禁使用。 （3）任何人不准在吊物下停留或行走。 （4）倒链、千斤顶使用前必须检查、校验，不合格不准使用。 （5）吊装部件时，要设专人指挥，禁止斜拉、斜吊
		2. 防止落物伤人	（1）开工前，首先检查起重行车的可靠性。 （2）起吊物件时，设专人指挥。 （3）严禁有人在起吊物件下方行走或坐立。 （4）所有起吊物件，在拆除前必须用钢丝绳捆绑牢固，并用行车撑一定的力，防止物件坠落伤人。 （5）工作人员严禁上下投掷材料或工具。 （6）要正确使用拆装泵体的专用工具。 （7）所使用的工器具不准放在起吊物件上。 （8）严禁泵体长时间处于悬吊状态
		3. 防止机械伤人	（1）检修前，必须检查工器具是否合格。 （2）灰渣泵未完全停止转动前，不准开工。 （3）抡大锤不准戴手套，禁止单手抡大锤。 （4）检修完毕后，对轮防护罩及时恢复。 （5）试转时，人员要站在转机的轴向位置
9	叶轮回装	1. 防止起重伤人	（1）检查钢丝绳，绳套完整，无断股、打弯现象。 （2）使用行车前必须检查，不合格严禁使用。 （3）任何人不准在吊物下停留或行走。 （4）倒链、千斤顶使用前必须检查、校验，不合格不准使用。 （5）吊装部件时，要设专人指挥，禁止斜拉、斜吊

续表

序号	辨识项目	辨识内容	典型控制措施
9	叶轮回装	2. 防止落物伤人	（1）开工前，首先检查起重行车的可靠性。 （2）起吊物件时，设专人指挥。 （3）严禁有人在起吊物件下方行走或坐立。 （4）所有起吊物件，在拆除前必须用钢丝绳捆绑牢固，并用行车撑一定的力，防止物件坠落伤人。 （5）工作人员严禁上下投掷材料或工具。 （6）要正确使用拆装泵体的专用工具。 （7）所使用的工器具不准放在起吊物件上。 （8）严禁泵体长时间处于悬吊状态
10	泵体回装	1. 防止机械伤害	（1）检修前，必须检查工器具是否合格。 （2）灰渣泵未完全停止转动前，不准开工。 （3）抡大锤不准戴手套，禁止单手抡大锤。 （4）检修完毕后，对轮防护罩及时恢复。 （5）试转时，人员要站在转机的轴向位置
		2. 防止滑倒、碰伤	（1）要及时清理检修现场的积油、积水，防止脚下打滑摔伤。 （2）穿合适的工作鞋
		3. 防止起重伤害	（1）检查钢丝绳，绳套完整，无断股、打弯现象。 （2）使用行车前必须检查，不合格严禁使用。 （3）任何人不准在吊物下停留或行走。 （4）倒链、千斤顶使用前必须检查、校验，不合格不准使用。 （5）吊装部件时，要设专人指挥，禁止斜拉、斜吊
		4. 防止设备损坏	（1）检查行车机动灵活可靠，各种限位器齐全，钓钩完好。 （2）钢丝绳、倒链在使用前检查，所受荷重不准超过规定范围。 （3）拆装泵体必须有专人指挥。 （4）轴承安装时，严禁敲打轴承外圈强行回装。 （5）叶轮回装前检查流道内有无杂物。 （6）严禁转子在悬吊状态下进行检修。 （7）要正确使用敲打工器具（如榔头、铜棒等）。 （8）所有零部件必须做到“三不落地”

续表

序号	辨识项目	辨识内容	典型控制措施
10	泵体回装	5. 防止异物遗留设备内	（1）回装时，认真检查流道内无遗留异物。 （2）泵体回装时，要做好防止工器具落在泵内的措施，检修完毕清点工器具。 （3）安装轴承时，严禁将杂物带入轴承箱内
11	联轴器找正	防止机械伤人	（1）检修前，必须检查工器具是否合格。 （2）灰渣泵未完全停止转动前，不准开工。 （3）抡大锤不准戴手套，禁止单手抡大锤。 （4）检修完毕后，对轮防护罩及时恢复。 （5）试转时，人员要站在转机的轴向位置
12	试转	1. 防止设备损坏	（1）检查行车机动灵活可靠，各种限位器齐全，钓钩完好。 （2）钢丝绳、倒链在使用前检查，所受荷重不准超过规定范围。 （3）拆装泵体必须有专人指挥。 （4）轴承安装时，严禁敲打轴承外圈强行回装。 （5）叶轮回装前，检查流道内有无杂物。 （6）严禁转子在悬吊状态下进行检修。 （7）要正确使用敲打工器具（如榔头、铜棒等）。 （8）所有零部件必须做到“三不落地”
		2. 防止误动、误碰	（1）要及时清理检修现场的积油、积水，防止脚下打滑摔伤。 （2）穿合适的工作鞋

5.2.8 高压泵检修

作业项目	高压泵检修		
序号	辨识项目	辨识内容	典型控制措施
一	公共部分（健康与环境）		
	［表格内容同 1.1.1 公共部分（健康与环境）］		

续表

序号	辨识项目	辨识内容	典型控制措施
二	作业内容（安全）		
1	检查工作票办理情况	无票作业、工作票种类不符或措施不完善	（1）工作票签发人、工作许可人和工作负责人应认真按照工作票制度进行工作票办理、审查和落实。 （2）对照工作票认真核对设备名称及编号。 （3）发现操作不当或需临时增加操作时，必须与运行人员联系，由运行人员进行操作，设备检修人员不得擅自进行。 （4）即使是内部工作票，也要到现场检查安全措施执行情况
2	拆卸泵出入口短节	1. 防止起重伤害	（1）检查钢丝绳，绳套完整，无断股、打弯现象。 （2）使用行车前必须检查，不合格严禁使用。 （3）任何人不准在吊物下停留或行走。 （4）倒链、千斤顶使用前必须检查、校验，不合格不准使用。 （5）吊装部件时，要设专人指挥，禁止斜拉、斜吊
		2. 防止落物伤人	（1）开工前，首先检查起重行车的可靠性。 （2）起吊物件时，设专人指挥。 （3）严禁有人在起吊物件下方行走或坐立。 （4）所有起吊物件，在拆除前必须用钢丝绳捆绑牢固，并用行车撑一定的力，防止物件坠落伤人。 （5）工作人员严禁上下投掷材料或工具。 （6）要正确使用拆装泵体的专用工具。 （7）所使用的工器具不准放在起吊物件上。 （8）严禁泵体长时间处于悬吊状态
		3. 防止机械伤人	（1）检修前，必须检查工器具是否合格。 （2）灰渣泵未完全停止转动前，不准开工。 （3）抡大锤不准戴手套，禁止单手抡大锤。 （4）检修完毕后，对轮防护罩及时恢复。 （5）试转时，人员要站在转机的轴向位置
3	拆卸泵体外壳	1. 防止起重伤害	（1）检查钢丝绳，绳套完整，无断股、打弯现象。 （2）使用行车前必须检查，不合格严禁使用。 （3）任何人不准在吊物下停留或行走。 （4）倒链、千斤顶使用前必须检查、校验，不合格不准使用。 （5）吊装部件时，要设专人指挥，禁止斜拉、斜吊

<table>
<tr><th>序号</th><th>辨识项目</th><th>辨识内容</th><th>典型控制措施</th></tr>
<tr><td rowspan="4">3</td><td rowspan="4">拆卸泵体外壳</td><td>2. 防止挤伤、碰伤</td><td>（1）要及时清理检修现场的积油、积水，防止脚下打滑摔伤。
（2）穿合适的工作鞋</td></tr>
<tr><td>3. 防止落物伤人</td><td>（1）开工前，首先检查起重行车的可靠性。
（2）起吊物件时，设专人指挥。
（3）严禁有人在起吊物件下方行走或坐立。
（4）所有起吊物件，在拆除前必须用钢丝绳捆绑牢固，并用行车撑一定的力，防止物件坠落伤人。
（5）工作人员严禁上下投掷材料或工具。
（6）要正确使用拆装泵体的专用工具。
（7）所使用的工器具不准放在起吊物件上。
（8）严禁泵体长时间处于悬吊状态</td></tr>
<tr><td>4. 防止机械伤害</td><td>（1）检修前，必须检查工器具是否合格。
（2）灰渣泵未完全停止转动前，不准开工。
（3）抡大锤不准戴手套，禁止单手抡大锤。
（4）检修完毕后，对轮防护罩及时恢复。
（5）试转时，人员要站在转机的轴向位置</td></tr>
<tr><td>5. 防止滑倒、碰伤</td><td>（1）要及时清理检修现场的积油、积水，防止脚下打滑摔伤。
（2）穿合适的工作鞋</td></tr>
<tr><td rowspan="2">4</td><td rowspan="2">拆除前、后护板</td><td>1. 防止起重伤害</td><td>（1）检查钢丝绳，绳套完整，无断股、打弯现象。
（2）使用行车前必须检查，不合格严禁使用。
（3）任何人不准在吊物下停留或行走。
（4）倒链、千斤顶使用前必须检查、校验，不合格不准使用。
（5）吊装部件时，要设专人指挥，禁止斜拉、斜吊</td></tr>
<tr><td>2. 防止设备损坏</td><td>（1）检查行车机动灵活可靠，各种限位器齐全，钓钩完好。
（2）钢丝绳、倒链在使用前检查，所受荷重不准超过规定范围。
（3）拆装泵体必须有专人指挥。
（4）轴承安装时，严禁敲打轴承外圈强行回装。
（5）叶轮回装前，检查流道内有无杂物。
（6）严禁转子在悬吊状态下进行检修。
（7）要正确使用敲打工器具（如榔头、铜棒等）。
（8）所有零部件必须做到“三不落地”</td></tr>
</table>

续表

序号	辨识项目	辨识内容	典型控制措施
4	拆除前、后护板	3. 防止落物伤人	（1）开工前，首先检查起重行车的可靠性。 （2）起吊物件时，设专人指挥。 （3）严禁有人在起吊物件下方行走或坐立。 （4）所有起吊物件，在拆除前必须用钢丝绳捆绑牢固，并用行车撑一定的力，防止物件坠落伤人。 （5）工作人员严禁上下投掷材料或工具。 （6）要正确使用拆装泵体的专用工具。 （7）所使用的工器具不准放在起吊物件上。 （8）严禁泵体长时间处于悬吊状态
		4. 防止机械伤害	（1）检修前，必须检查工器具是否合格。 （2）灰渣泵未完全停止转动前，不准开工。 （3）抡大锤不准戴手套，禁止单手抡大锤。 （4）检修完毕后，对轮防护罩及时恢复。 （5）试转时，人员要站在转机的轴向位置
		5. 防止滑倒、碰伤	（1）要及时清理检修现场的积油、积水，防止脚下打滑摔伤。 （2）穿合适的工作鞋
5	拆卸叶轮	1. 防止起重伤害	（1）检查钢丝绳，绳套完整，无断股、打弯现象。 （2）使用行车前必须检查，不合格严禁使用。 （3）任何人不准在吊物下停留或行走。 （4）倒链、千斤顶使用前必须检查、校验，不合格不准使用。 （5）吊装部件时，要设专人指挥，禁止斜拉、斜吊
		2. 防止机械伤人	（1）检修前，必须检查工器具是否合格。 （2）灰渣泵未完全停止转动前，不准开工。 （3）抡大锤不准戴手套，禁止单手抡大锤。 （4）检修完毕后，对轮防护罩及时恢复。 （5）试转时，人员要站在转机的轴向位置
6	拆卸轴承	1. 防止机械伤人	（1）检修前，必须检查工器具是否合格。 （2）灰渣泵未完全停止转动前，不准开工。 （3）抡大锤不准戴手套，禁止单手抡大锤。 （4）检修完毕后，对轮防护罩及时恢复。 （5）试转时，人员要站在转机的轴向位置

续表

序号	辨识项目	辨识内容	典型控制措施
6	拆卸轴承	2. 防止落物伤人	（1）开工前，首先检查起重行车的可靠性。 （2）起吊物件时，设专人指挥。 （3）严禁有人在起吊物件下方行走或坐立。 （4）所有起吊物件，在拆除前必须用钢丝绳捆绑牢固，并用行车撑一定的力，防止物件坠落伤人。 （5）工作人员严禁上下投掷材料或工具。 （6）要正确使用拆装泵体的专用工具。 （7）所使用的工器具不准放在起吊物件上。 （8）严禁泵体长时间处于悬吊状态
		3. 防止起重伤人	（1）检查钢丝绳，绳套完整，无断股、打弯现象。 （2）使用行车前必须检查，不合格严禁使用。 （3）任何人不准在吊物下停留或行走。 （4）倒链、千斤顶使用前必须检查、校验，不合格不准使用。 （5）吊装部件时，要设专人指挥，禁止斜拉、斜吊
7	轴承回装	1. 防止起重伤害	（1）检查钢丝绳，绳套完整，无断股、打弯现象。 （2）使用行车前必须检查，不合格严禁使用。 （3）任何人不准在吊物下停留或行走。 （4）倒链、千斤顶使用前必须检查、校验，不合格不准使用。 （5）吊装部件时，要设专人指挥，禁止斜拉、斜吊
		2. 防止设备损坏	（1）检查行车机动灵活可靠，各种限位器齐全，钓钩完好。 （2）钢丝绳、倒链在使用前检查，所受荷重不准超过规定范围。 （3）拆装泵体必须有专人指挥。 （4）轴承安装时，严禁敲打轴承外圈强行回装。 （5）叶轮回装前，检查流道内有无杂物。 （6）严禁转子在悬吊状态下进行检修。 （7）要正确使用敲打工器具（如榔头、铜棒等）。 （8）所有零部件必须做到“三不落地”

续表

序号	辨识项目	辨识内容	典型控制措施
7	轴承回装	3. 防止落物伤人	（1）开工前，首先检查起重行车的可靠性。 （2）起吊物件时，设专人指挥。 （3）严禁有人在起吊物件下方行走或坐立。 （4）所有起吊物件，在拆除前必须用钢丝绳捆绑牢固，并用行车撑一定的力，防止物件坠落伤人。 （5）工作人员严禁上下投掷材料或工具。 （6）要正确使用拆装泵体的专用工具。 （7）所使用的工器具不准放在起吊物件上。 （8）严禁泵体长时间处于悬吊状态
		4. 防止机械伤人	（1）检修前，必须检查工器具是否合格。 （2）灰渣泵未完全停止转动前，不准开工。 （3）抡大锤不准戴手套，禁止单手抡大锤。 （4）检修完毕后，对轮防护罩及时恢复。 （5）试转时，人员要站在转机的轴向位置
		5. 防止火灾	（1）严禁在室外大风情况下动火。 （2）严禁在建筑物内或建筑物附近动火。 （3）动火过程中，配备消防器材，并设专人监护。 （4）清洗部件要用煤油和清洗剂，清洗时要远离火源，及时清理使用后的棉纱等易燃物品。 （5）煮轴承时，油温控制在120℃以下。 （6）离开现场时，必须清除火种
		6. 防止滑倒、碰伤	（1）要及时清理检修现场的积油、积水，防止脚下打滑摔伤。 （2）穿合适的工作鞋
		7. 防止烫伤	（1）煮轴承时，工作人员必须戴隔热手套，并配备消防器材，离开现场时，必须消除火种。 （2）烤对轮时，工作人员要远离割具，防止烫伤。 （3）严禁用割把照明。 （4）不准用松动剂作为引火材料

续表

序号	辨识项目	辨识内容	典型控制措施
8	护板回装	1. 防止起重伤害	（1）检查钢丝绳，绳套完整，无断股、打弯现象。 （2）使用行车前必须检查，不合格严禁使用。 （3）任何人不准在吊物下停留或行走。 （4）倒链、千斤顶使用前必须检查、校验，不合格不准使用。 （5）吊装部件时，要设专人指挥，禁止斜拉、斜吊
		2. 防止落物伤人	（1）开工前，首先检查起重行车的可靠性。 （2）起吊物件时，设专人指挥。 （3）严禁有人在起吊物件下方行走或坐立。 （4）所有起吊物件，在拆除前必须用钢丝绳捆绑牢固，并用行车撑一定的力，防止物件坠落伤人。 （5）工作人员严禁上下投掷材料或工具。 （6）要正确使用拆装泵体的专用工具。 （7）所使用的工器具不准放在起吊物件上。 （8）严禁泵体长时间处于悬吊状态
		3. 防止机械伤人	（1）检修前，必须检查工器具是否合格。 （2）灰渣泵未完全停止转动前，不准开工。 （3）抡大锤不准戴手套，禁止单手抡大锤。 （4）检修完毕后，对轮防护罩及时恢复。 （5）试转时，人员要站在转机的轴向位置
9	叶轮回装	1. 防止起重伤人	（1）检查钢丝绳，绳套完整，无断股、打弯现象。 （2）使用行车前必须检查，不合格严禁使用。 （3）任何人不准在吊物下停留或行走。 （4）倒链、千斤顶使用前必须检查、校验，不合格不准使用。 （5）吊装部件时，要设专人指挥，禁止斜拉、斜吊

续表

序号	辨识项目	辨识内容	典型控制措施
9	叶轮回装	2. 防止落物伤人	（1）开工前，首先检查起重行车的可靠性。 （2）起吊物件时，设专人指挥。 （3）严禁有人在起吊物件下方行走或坐立。 （4）所有起吊物件，在拆除前必须用钢丝绳捆绑牢固，并用行车撑一定的力，防止物件坠落伤人。 （5）工作人员严禁上下投掷材料或工具。 （6）要正确使用拆装泵体的专用工具。 （7）所使用的工器具不准放在起吊物件上。 （8）严禁泵体长时间处于悬吊状态
		3. 防止机械伤人	（1）检修前，必须检查工器具是否合格。 （2）灰渣泵未完全停止转动前，不准开工。 （3）抡大锤不准戴手套，禁止单手抡大锤。 （4）检修完毕后，对轮防护罩及时恢复。 （5）试转时，人员要站在转机的轴向位置
10	泵体回装	1. 防止机械伤害	（1）检修前，必须检查工器具是否合格。 （2）灰渣泵未完全停止转动前，不准开工。 （3）抡大锤不准戴手套，禁止单手抡大锤。 （4）检修完毕后，对轮防护罩及时恢复。 （5）试转时，人员要站在转机的轴向位置
		2. 防止滑倒、碰伤	（1）要及时清理检修现场的积油、积水，防止脚下打滑摔伤。 （2）穿合适的工作鞋
		3. 防止起重伤害	（1）检查钢丝绳，绳套完整，无断股、打弯现象。 （2）使用行车前必须检查，不合格严禁使用。 （3）任何人不准在吊物下停留或行走。 （4）倒链、千斤顶使用前必须检查、校验，不合格不准使用。 （5）吊装部件时，要设专人指挥，禁止斜拉、斜吊

续表

序号	辨识项目	辨识内容	典型控制措施
10	泵体回装	4. 防止设备损坏	（1）检查行车机动灵活可靠，各种限位器齐全，钓钩完好。 （2）钢丝绳、倒链在使用前检查，所受荷重不准超过规定范围。 （3）拆装泵体必须有专人指挥。 （4）轴承安装时，严禁敲打轴承外圈强行回装。 （5）叶轮回装前，检查流道内有无杂物。 （6）严禁转子在悬吊状态下进行检修。 （7）要正确使用敲打工器具（如榔头、铜棒等）。 （8）所有零部件必须做到“三不落地”
		5. 防止异物遗留设备内	（1）回装时，认真检查流道内无遗留异物。 （2）泵体回装时，要做好防止工器具落在泵内的措施，检修完毕清点工器具。 （3）安装轴承时，严禁将杂物带入轴承箱内
11	联轴器找正	防止机械伤人	（1）检修前，必须检查工器具是否合格。 （2）灰渣泵未完全停止转动前，不准开工。 （3）抡大锤不准戴手套，禁止单手抡大锤。 （4）检修完毕后，对轮防护罩及时恢复。 （5）试转时，人员要站在转机的轴向位置
12	试转	1. 防止设备损坏（防止异物留在箱体内）	（1）检查行车机动灵活可靠，各种限位器齐全，钓钩完好。 （2）钢丝绳、倒链在使用前检查，所受荷重不准超过规定范围。 （3）拆装泵体必须有专人指挥。 （4）轴承安装时，严禁敲打轴承外圈强行回装。 （5）叶轮回装前，检查流道内有无杂物。 （6）严禁转子在悬吊状态下进行检修。 （7）要正确使用敲打工器具（如榔头、铜棒等）。 （8）所有零部件必须做到“三不落地”
		2. 防止误动、误碰	（1）要及时清理检修现场的积油、积水，防止脚下打滑摔伤。 （2）穿合适的工作鞋

5.2.9 低压泵检修

作业项目	低压泵检修		
序号	辨识项目	辨识内容	典型控制措施
一	公共部分（健康与环境）		
	［表格内容同 1.1.1 公共部分（健康与环境）］		
二	作业内容（安全）		
1	检查工作票办理情况	无票作业、工作票种类不符或措施不完善	（1）工作票签发人、工作许可人和工作负责人应认真按照工作票制度进行工作票办理、审查和落实。 （2）对照工作票认真核对设备名称及编号。 （3）发现操作不当或需临时增加操作时，必须与运行人员联系，由运行人员进行操作，设备检修人员不得擅自进行。 （4）即使是内部工作票，也要到现场检查安全措施执行情况
2	拆卸泵出入口短节	1. 防止起重伤害	（1）检查钢丝绳，绳套完整，无断股、打弯现象。 （2）使用行车前必须检查，不合格严禁使用。 （3）任何人不准在吊物下停留或行走。 （4）倒链、千斤顶使用前必须检查、校验，不合格不准使用。 （5）吊装部件时，要设专人指挥，禁止斜拉、斜吊
		2. 防止落物伤人	（1）开工前，首先检查起重行车的可靠性。 （2）起吊物件时，设专人指挥。 （3）严禁有人在起吊物件下方行走或坐立。 （4）所有起吊物件，在拆除前必须用钢丝绳捆绑牢固，并用行车撑一定的力，防止物件坠落伤人。 （5）工作人员严禁上下投掷材料或工具。 （6）要正确使用拆装泵体的专用工具。 （7）所使用的工器具不准放在起吊物件上。 （8）严禁泵体长时间处于悬吊状态
		3. 防止机械伤人	（1）检修前，必须检查工器具是否合格。 （2）灰渣泵未完全停止转动前，不准开工。 （3）抡大锤不准戴手套，禁止单手抡大锤。 （4）检修完毕后，对轮防护罩及时恢复。 （5）试转时，人员要站在转机的轴向位置

续表

序号	辨识项目	辨识内容	典型控制措施
3	拆卸泵体外壳	1. 防止起重伤害	（1）检查钢丝绳，绳套完整，无断股、打弯现象。 （2）使用行车前必须检查，不合格严禁使用。 （3）任何人不准在吊物下停留或行走。 （4）倒链、千斤顶使用前必须检查、校验，不合格不准使用。 （5）吊装部件时，要设专人指挥，禁止斜拉、斜吊
		2. 防止挤伤、碰伤	（1）要及时清理检修现场的积油、积水，防止脚下打滑摔伤。 （2）穿合适的工作鞋
		3. 防止落物伤人	（1）开工前，首先检查起重行车的可靠性。 （2）起吊物件时，设专人指挥。 （3）严禁有人在起吊物件下方行走或坐立。 （4）所有起吊物件，在拆除前必须用钢丝绳捆绑牢固，并用行车撑一定的力，防止物件坠落伤人。 （5）工作人员严禁上下投掷材料或工具。 （6）要正确使用拆装泵体的专用工具。 （7）所使用的工器具不准放在起吊物件上。 （8）严禁泵体长时间处于悬吊状态
		4. 防止机械伤害	（1）检修前，必须检查工器具是否合格。 （2）灰渣泵未完全停止转动前，不准开工。 （3）抡大锤不准戴手套，禁止单手抡大锤。 （4）检修完毕后，对轮防护罩及时恢复。 （5）试转时，人员要站在转机的轴向位置
		5. 防止滑倒、碰伤	（1）要及时清理检修现场的积油、积水，防止脚下打滑摔伤。 （2）穿合适的工作鞋
4	拆除前、后护板	1. 防止起重伤害	（1）检查钢丝绳，绳套完整，无断股、打弯现象。 （2）使用行车前必须检查，不合格严禁使用。 （3）任何人不准在吊物下停留或行走。 （4）倒链、千斤顶使用前必须检查、校验，不合格不准使用。 （5）吊装部件时，要设专人指挥，禁止斜拉、斜吊

续表

序号	辨识项目	辨识内容	典型控制措施
4	拆除前、后护板	2. 防止设备损坏	（1）检查行车机动灵活可靠，各种限位器齐全，钓钩完好。 （2）钢丝绳、倒链在使用前检查，所受荷重不准超过规定范围。 （3）拆装泵体必须有专人指挥。 （4）轴承安装时，严禁敲打轴承外圈强行回装。 （5）叶轮回装前检查流道内有无杂物。 （6）严禁转子在悬吊状态下进行检修。 （7）要正确使用敲打工器具（如榔头、铜棒等）。 （8）所有零部件必须做到“三不落地”
		3. 防止落物伤人	（1）开工前，首先检查起重行车的可靠性。 （2）起吊物件时，设专人指挥。 （3）严禁有人在起吊物件下方行走或坐立。 （4）所有起吊物件，在拆除前必须用钢丝绳捆绑牢固，并用行车撑一定的力，防止物件坠落伤人。 （5）工作人员严禁上下投掷材料或工具。 （6）要正确使用拆装泵体的专用工具。 （7）所使用的工器具不准放在起吊物件上。 （8）严禁泵体长时间处于悬吊状态
		4. 防止机械伤害	（1）检修前，必须检查工器具是否合格。 （2）灰渣泵未完全停止转动前，不准开工。 （3）抡大锤不准戴手套，禁止单手抡大锤。 （4）检修完毕后，对轮防护罩及时恢复。 （5）试转时，人员要站在转机的轴向位置
		5. 防止滑倒、碰伤	（1）要及时清理检修现场的积油、积水，防止脚下打滑摔伤。 （2）穿合适的工作鞋
5	拆卸叶轮	1. 防止起重伤害	（1）检查钢丝绳，绳套完整，无断股、打弯现象。 （2）使用行车前必须检查，不合格严禁使用。 （3）任何人不准在吊物下停留或行走。 （4）倒链、千斤顶使用前必须检查、校验，不合格不准使用。 （5）吊装部件时，要设专人指挥，禁止斜拉、斜吊

续表

序号	辨识项目	辨识内容	典型控制措施
5	拆卸叶轮	2. 防止机械伤人	（1）检修前，必须检查工器具是否合格。 （2）灰渣泵未完全停止转动前，不准开工。 （3）抡大锤不准戴手套，禁止单手抡大锤。 （4）检修完毕后，对轮防护罩及时恢复。 （5）试转时，人员要站在转机的轴向位置
6	拆卸轴承	1. 防止机械伤人	（1）检修前，必须检查工器具是否合格。 （2）灰渣泵未完全停止转动前，不准开工。 （3）抡大锤不准戴手套，禁止单手抡大锤。 （4）检修完毕后，对轮防护罩及时恢复。 （5）试转时，人员要站在转机的轴向位置
		2. 防止落物伤人	（1）开工前，首先检查起重行车的可靠性。 （2）起吊物件时，设专人指挥。 （3）严禁有人在起吊物件下方行走或坐立。 （4）所有起吊物件，在拆除前必须用钢丝绳捆绑牢固，并用行车撑一定的力，防止物件坠落伤人。 （5）工作人员严禁上下投掷材料或工具。 （6）要正确使用拆装泵体的专用工具。 （7）所使用的工器具不准放在起吊物件上。 （8）严禁泵体长时间处于悬吊状态
		3. 防止起重伤人	（1）检查钢丝绳，绳套完整，无断股、打弯现象。 （2）使用行车前必须检查，不合格严禁使用。 （3）任何人不准在吊物下停留或行走。 （4）倒链、千斤顶使用前必须检查、校验，不合格不准使用。 （5）吊装部件时，要设专人指挥，禁止斜拉、斜吊
7	轴承回装	1. 防止起重伤害	（1）检查钢丝绳，绳套完整，无断股、打弯现象。 （2）使用行车前必须检查，不合格严禁使用。 （3）任何人不准在吊物下停留或行走。 （4）倒链、千斤顶使用前必须检查、校验，不合格不准使用。 （5）吊装部件时，要设专人指挥，禁止斜拉、斜吊

续表

序号	辨识项目	辨识内容	典型控制措施
7	轴承回装	2. 防止设备损坏	（1）检查行车机动灵活可靠，各种限位器齐全，钓钩完好。 （2）钢丝绳、倒链在使用前检查，所受荷重不准超过规定范围。 （3）拆装泵体必须有专人指挥。 （4）轴承安装时，严禁敲打轴承外圈强行回装。 （5）叶轮回装前，检查流道内有无杂物。 （6）严禁转子在悬吊状态下进行检修。 （7）要正确使用敲打工器具（如榔头、铜棒等）。 （8）所有零部件必须做到“三不落地”
		3. 防止落物伤人	（1）开工前，首先检查起重行车的可靠性。 （2）起吊物件时，设专人指挥。 （3）严禁有人在起吊物件下方行走或坐立。 （4）所有起吊物件，在拆除前必须用钢丝绳捆绑牢固，并用行车撑一定的力，防止物件坠落伤人。 （5）工作人员严禁上下投掷材料或工具。 （6）要正确使用拆装泵体的专用工具。 （7）所使用的工器具不准放在起吊物件上。 （8）严禁泵体长时间处于悬吊状态
		4. 防止机械伤人	（1）检修前，必须检查工器具是否合格。 （2）灰渣泵未完全停止转动前，不准开工。 （3）抡大锤不准戴手套，禁止单手抡大锤。 （4）检修完毕后，对轮防护罩及时恢复。 （5）试转时，人员要站在转机的轴向位置
		5. 防止火灾	（1）严禁在室外大风情况下动火。 （2）严禁在建筑物内或建筑物附近动火。 （3）动火过程中，配备消防器材，并设专人监护。 （4）清洗部件要用煤油和清洗剂，清洗时要远离火源，及时清理使用后的棉纱等易燃物品。 （5）煮轴承时，油温控制在120℃以下。 （6）离开现场时，必须清除火种
		6. 防止滑倒、碰伤	（1）要及时清理检修现场的积油、积水，防止脚下打滑摔伤。 （2）穿合适的工作鞋

续表

序号	辨识项目	辨识内容	典型控制措施
7	轴承回装	7. 防止烫伤	（1）煮轴承时，工作人员必须戴隔热手套，并配备消防器材，离开现场时，必须消除火种。 （2）烤对轮时，工作人员要远离割具，防止烫伤。 （3）严禁用割把照明。 （4）不准用松动剂作为引火材料
8	护板回装	1. 防止起重伤害	（1）检查钢丝绳，绳套完整，无断股、打弯现象。 （2）使用行车前必须检查，不合格严禁使用。 （3）任何人不准在吊物下停留或行走。 （4）倒链、千斤顶使用前必须检查、校验，不合格不准使用。 （5）吊装部件时，要设专人指挥，禁止斜拉、斜吊
		2. 防止落物伤人	（1）开工前，首先检查起重行车的可靠性。 （2）起吊物件时，设专人指挥。 （3）严禁有人在起吊物件下方行走或坐立。 （4）所有起吊物件，在拆除前必须用钢丝绳捆绑牢固，并用行车撑一定的力，防止物件坠落伤人。 （5）工作人员严禁上下投掷材料或工具。 （6）要正确使用拆装泵体的专用工具。 （7）所使用的工器具不准放在起吊物件上。 （8）严禁泵体长时间处于悬吊状态
		3. 防止机械伤人	（1）要及时清理检修现场的积油、积水，防止脚下打滑摔伤。 （2）穿合适的工作鞋
9	叶轮回装	1. 防止起重伤人	（1）检查钢丝绳，绳套完整，无断股、打弯现象。 （2）使用行车前必须检查，不合格严禁使用。 （3）任何人不准在吊物下停留或行走。 （4）倒链、千斤顶使用前必须检查、校验，不合格不准使用。 （5）吊装部件时，要设专人指挥，禁止斜拉、斜吊

续表

序号	辨识项目	辨识内容	典型控制措施
9	叶轮回装	2. 防止落物伤人	（1）开工前，首先检查起重行车的可靠性。 （2）起吊物件时，设专人指挥。 （3）严禁有人在起吊物件下方行走或坐立。 （4）所有起吊物件，在拆除前必须用钢丝绳捆绑牢固，并用行车撑一定的力，防止物件坠落伤人。 （5）工作人员严禁上下投掷材料或工具。 （6）要正确使用拆装泵体的专用工具。 （7）所使用的工器具不准放在起吊物件上。 （8）严禁泵体长时间处于悬吊状态
		3. 防止机械伤人	（1）检修前，必须检查工器具是否合格。 （2）灰渣泵未完全停止转动前，不准开工。 （3）抡大锤不准戴手套，禁止单手抡大锤。 （4）检修完毕后，对轮防护罩及时恢复。 （5）试转时，人员要站在转机的轴向位置
10	泵体回装	1. 防止机械伤害	（1）检修前，必须检查工器具是否合格。 （2）灰渣泵未完全停止转动前，不准开工。 （3）抡大锤不准戴手套，禁止单手抡大锤。 （4）检修完毕后，对轮防护罩及时恢复。 （5）试转时，人员要站在转机的轴向位置
		2. 防止滑倒、碰伤	（1）要及时清理检修现场的积油、积水，防止脚下打滑摔伤。 （2）穿合适的工作鞋
		3. 防止起重伤害	（1）检查钢丝绳，绳套完整，无断股、打弯现象。 （2）使用行车前必须检查，不合格严禁使用。 （3）任何人不准在吊物下停留或行走。 （4）倒链、千斤顶使用前必须检查、校验，不合格不准使用。 （5）吊装部件时，要设专人指挥，禁止斜拉、斜吊

序号	辨识项目	辨识内容	典型控制措施
10	泵体回装	4. 防止设备损坏	（1）检查行车机动灵活可靠，各种限位器齐全，钓钩完好。 （2）钢丝绳、倒链在使用前检查，所受荷重不准超过规定范围。 （3）拆装泵体必须有专人指挥。 （4）轴承安装时，严禁敲打轴承外圈强行回装。 （5）叶轮回装前检查流道内有无杂物。 （6）严禁转子在悬吊状态下进行检修。 （7）要正确使用敲打工器具（如榔头、铜棒等）。 （8）所有零部件必须做到“三不落地”
		5. 防止异物遗留设备内	（1）回装时，认真检查流道内无遗留异物。 （2）泵体回装时，要做好防止工器具落在泵内的措施，检修完毕清点工器具。 （3）安装轴承时，严禁将杂物带入轴承箱内
11	联轴器找正	防止机械伤人	（1）检修前，必须检查工器具是否合格。 （2）灰渣泵未完全停止转动前，不准开工。 （3）抡大锤不准戴手套，禁止单手抡大锤。 （4）检修完毕后，对轮防护罩及时恢复。 （5）试转时，人员要站在转机的轴向位置
12	试转	1. 防止设备损坏（防止异物留在箱体内）	（1）检查行车机动灵活可靠，各种限位器齐全，钓钩完好。 （2）钢丝绳、倒链在使用前检查，所受荷重不准超过规定范围。 （3）拆装泵体必须有专人指挥。 （4）轴承安装时，严禁敲打轴承外圈强行回装。 （5）叶轮回装前，检查流道内有无杂物。 （6）严禁转子在悬吊状态下进行检修。 （7）要正确使用敲打工器具（如榔头、铜棒等）。 （8）所有零部件必须做到“三不落地”
		2. 防止误动、误碰	（1）要及时清理检修现场的积油、积水，防止脚下打滑摔伤。 （2）穿合适的工作鞋

5.2.10 捞渣机检修

作业项目	捞渣机检修		
序号	辨识项目	辨识内容	典型控制措施
一	公共部分（健康与环境）		
	[表格内容同 1.1.1 公共部分（健康与环境）]		
二	作业内容（安全）		
1	检查工作票办理情况	无票作业、工作票种类不符或措施不完善	（1）工作票签发人、工作许可人和工作负责人应认真按照工作票制度进行工作票办理、审查和落实。 （2）对照工作票认真核对设备名称及编号。 （3）发现操作不当或需临时增加操作时，必须与运行人员联系，由运行人员进行操作，设备检修人员不得擅自进行。 （4）即使是内部工作票，也要到现场检查安全措施执行情况
2	铺设架板与炉膛可靠隔离	1. 防止起重伤害	（1）倒链、千斤顶使用前必须检查、校验，不合格不准使用。 （2）认真检查钢丝绳绳套完整，无断股、打弯现象。 （3）任何人不准在起吊物下停留或行走。 （4）固定倒链部位必须可靠，可承担被起吊质量。 （5）禁止起重物长时间处于悬吊状态。 （6）起吊过程中，设专人指挥、监护
		2. 防止落物伤人	（1）检查检修区域上方无高处落物的危险。 （2）炉膛内部焦块清理完毕。 （3）确认炉膛上部无人工作。 （4）确认炉膛停止通风。 （5）渣井上部铺设架板、篷布。 （6）工作人员严禁上下投掷材料或工具。 （7）抡大锤不准戴手套，禁止单手抡大锤
		3. 防止高处坠落	（1）超过 1.5m 以上的作业必须系安全带，并系在牢固的物体上，禁止低挂高用。 （2）禁止上下投掷工具、材料

续表

序号	辨识项目	辨识内容	典型控制措施
3	拆除大链、轨道	1. 防止起重伤害	（1）倒链、千斤顶使用前必须检查、校验，不合格不准使用。 （2）认真检查钢丝绳绳套完整，无断股、打弯现象。 （3）任何人不准在起吊物下停留或行走。 （4）固定倒链部位必须可靠，可承担被起吊质量。 （5）禁止起重物长时间处于悬吊状态。 （6）起吊过程中，设专人指挥、监护
		2. 防止挤伤、碰伤	（1）要及时清理检修现场的积油、积水，防止脚下打滑摔伤。 （2）穿合适的工作鞋
		3. 防止落物伤人	（1）检查检修区域上方无高处落物的危险。 （2）炉膛内部焦块清理完毕。 （3）确认炉膛上部无人工作。 （4）确认炉膛停止通风。 （5）渣井上部铺设架板、篷布。 （6）工作人员严禁上下投掷材料或工具。 （7）抡大锤不准戴手套，禁止单手抡大锤
		4. 防止机械伤害	（1）检修前，必须检查工器具是否合格。 （2）灰渣泵未完全停止转动前，不准开工。 （3）抡大锤不准戴手套，禁止单手抡大锤。 （4）检修完毕后，对轮防护罩及时恢复。 （5）试转时，人员要站在转机的轴向位置
		5. 防止滑倒、碰伤	（1）要及时清理检修现场的积油、积水，防止脚下打滑摔伤。 （2）穿合适的工作鞋
4	拆除轴承	1. 防止起重伤害	（1）倒链、千斤顶使用前必须检查、校验，不合格不准使用。 （2）认真检查钢丝绳绳套完整，无断股、打弯现象。 （3）任何人不准在起吊物下停留或行走。 （4）固定倒链部位必须可靠，可承担被起吊质量。 （5）禁止起重物长时间处于悬吊状态。 （6）起吊过程中，设专人指挥、监护

续表

序号	辨识项目	辨识内容	典型控制措施
4	拆除轴承	2. 防止设备损坏	（1）起重机械要经检查合格，吊索荷重适当，并正确使用工器具。 （2）更换大链要注意方向，防止装反，对所有的刮板固定螺栓、销钉重新补焊。 （3）轴承安装时，严禁敲打轴承外圈强行回装，要正确使用敲打工器具（如榔头、铜棒等）
		3. 防止落物伤人	（1）检查检修区域上方无高处落物的危险。 （2）炉膛内部焦块清理完毕。 （3）确认炉膛上部无人工作。 （4）确认炉膛停止通风。 （5）渣井上部铺设架板、篷布。 （6）工作人员严禁上下投掷材料或工具。 （7）抡大锤不准戴手套，禁止单手抡大锤
		4. 防止机械伤害	（1）检修前，必须检查工器具是否合格。 （2）灰渣泵未完全停止转动前，不准开工。 （3）抡大锤不准戴手套，禁止单手抡大锤。 （4）检修完毕后，对轮防护罩及时恢复。 （5）试转时，人员要站在转机的轴向位置
		5. 防止滑倒、碰伤	（1）要及时清理检修现场的积油、积水，防止脚下打滑摔伤。 （2）穿合适的工作鞋
5	箱体加固	1. 防止滑倒、高处摔伤	（1）要及时清理检修现场的积油、积水油污等，防止脚下打滑摔伤。 （2）穿合适的工作鞋
		2. 防止人身触电伤害	（1）临时电源线路摆放要规范，不能私拉乱接，施工现场严禁使用花线。 （2）电器工具绝缘合格，无裸露电线。 （3）各种用电导线完好无损，避免挤压和接触高温物品。 （4）使用电器工具必须使用有漏电保护器。 （5）湿手禁止触摸电动工具。 （6）焊工要穿绝缘鞋，戴绝缘手套

续表

序号	辨识项目	辨识内容	典型控制措施
6	渣井、冷灰斗加固	1. 防止滑倒、高处坠落	（1）要及时清理检修现场的积油、积水油污等，防止脚下滑倒摔伤。 （2）穿合适的工作鞋。 （3）人员站在设备上工作时，选择适当的工作位置，设专人监护，并正确系好安全带。 （4）拆除栏杆平台楼梯和割开的孔洞，设临时围栏并挂禁止跨越、防止高处坠落警示牌。必要时，设立专人监护。 （5）高处作业应系好安全带和防坠器，脚手架应搭设牢固、可靠
		2. 防止落物伤人	（1）检查检修区域上方无高处落物的危险。 （2）炉膛内部焦块清理完毕。 （3）确认炉膛上部无人工作。 （4）确认炉膛停止通风。 （5）渣井上部铺设架板、篷布。 （6）工作人员严禁上下投掷材料或工具。 （7）抡大锤不准戴手套，禁止单手抡大锤
7	大链、轨道检修	1. 防止起重伤害	（1）倒链、千斤顶使用前必须检查、校验，不合格不准使用。 （2）认真检查钢丝绳绳套完整，无断股、打弯现象。 （3）任何人不准在起吊物下停留或行走。 （4）固定倒链部位必须可靠，可承担被起吊质量。 （5）禁止起重物长时间处于悬吊状态。 （6）起吊过程中，设专人指挥、监护
		2. 防止落物伤人	（1）检查检修区域上方无高处落物的危险。 （2）炉膛内部焦块清理完毕。 （3）确认炉膛上部无人工作。 （4）确认炉膛停止通风。 （5）渣井上部铺设架板、篷布。 （6）工作人员严禁上下投掷材料或工具。 （7）抡大锤不准戴手套，禁止单手抡大锤

续表

序号	辨识项目	辨识内容	典型控制措施
7	大链、轨道检修	3. 防止机械伤人	（1）检修前，必须检查工器具是否合格。 （2）灰渣泵未完全停止转动前，不准开工。 （3）抡大锤不准戴手套，禁止单手抡大锤。 （4）检修完毕后，对轮防护罩及时恢复。 （5）试转时，人员要站在转机的轴向位置
		4. 防止滑倒、碰伤	（1）要及时清理检修现场的积油、积水，防止脚下打滑摔伤。 （2）穿合适的工作鞋
8	轴承检修	1. 防止起重伤害	（1）倒链、千斤顶使用前必须检查、校验，不合格不准使用。 （2）认真检查钢丝绳绳套完整，无断股、打弯现象。 （3）任何人不准在起吊物下停留或行走。 （4）固定倒链部位必须可靠，可承担被起吊质量。 （5）禁止起重物长时间处于悬吊状态。 （6）起吊过程中，设专人指挥、监护
		2. 防止设备损坏	（1）起重机械要经检查合格，吊索荷重适当，并正确使用工器具。 （2）更换大链要注意方向，防止装反，对所有的刮板固定螺栓、销钉重新补焊。 （3）轴承安装时，严禁敲打轴承外圈强行回装，要正确使用敲打工器具（如榔头、铜棒等）
		3. 防止落物伤人	（1）检查检修区域上方无高处落物的危险。 （2）炉膛内部焦块清理完毕。 （3）确认炉膛上部无人工作。 （4）确认炉膛停止通风。 （5）渣井上部铺设架板、篷布。 （6）工作人员严禁上下投掷材料或工具。 （7）抡大锤不准戴手套，禁止单手抡大锤
		4. 防止机械伤人	（1）检修前，必须检查工器具是否合格。 （2）灰渣泵未完全停止转动前，不准开工。 （3）抡大锤不准戴手套，禁止单手抡大锤。 （4）检修完毕后，对轮防护罩及时恢复。 （5）试转时，人员要站在转机的轴向位置

续表

序号	辨识项目	辨识内容	典型控制措施
8	轴承检修	5. 防止火灾	（1）要及时清理检修现场的积油、积水，防止脚下打滑摔伤。 （2）穿合适的工作鞋
		6. 防止滑倒、碰伤	（1）要及时清理检修现场的积油、积水，防止脚下打滑摔伤。 （2）穿合适的工作鞋
		7. 防止烫伤	（1）焊工工作时，必须戴好必要的防护用品。 （2）配合焊工工作时，必须戴隔热手套。 （3）使用割具时，杜绝火焰对准工作人员。 （4）严禁用割把照明
9	导向轮检修	1. 防止起重伤人	（1）倒链、千斤顶使用前必须检查、校验，不合格不准使用。 （2）认真检查钢丝绳绳套完整，无断股、打弯现象。 （3）任何人不准在起吊物下停留或行走。 （4）固定倒链部位必须可靠，可承担被起吊质量。 （5）禁止起重物长时间处于悬吊状态。 （6）起吊过程中，设专人指挥、监护
		2. 防止落物伤人	（1）检查检修区域上方无高处落物的危险。 （2）炉膛内部焦块清理完毕。 （3）确认炉膛上部无人工作。 （4）确认炉膛停止通风。 （5）渣井上部铺设架板、篷布。 （6）工作人员严禁上下投掷材料或工具。 （7）抡大锤不准戴手套，禁止单手抡大锤
10	大链、轨道回装	1. 防止机械伤害	（1）检修前，必须检查工器具是否合格。 （2）灰渣泵未完全停止转动前，不准开工。 （3）抡大锤不准戴手套，禁止单手抡大锤。 （4）检修完毕后，对轮防护罩及时恢复。 （5）试转时，人员要站在转机的轴向位置
		2. 防止滑倒、碰伤	（1）要及时清理检修现场的积油、积水，防止脚下打滑摔伤。 （2）穿合适的工作鞋

续表

序号	辨识项目	辨识内容	典型控制措施
10	大链、轨道回装	3. 防止起重伤害	（1）倒链、千斤顶使用前必须检查、校验，不合格不准使用。 （2）认真检查钢丝绳绳套完整，无断股、打弯现象。 （3）任何人不准在起吊物下停留或行走。 （4）固定倒链部位必须可靠，可承担被起吊质量。 （5）禁止起重物长时间处于悬吊状态。 （6）起吊过程中，设专人指挥、监护
		4. 防止设备损坏	（1）起重机械要经检查合格，吊索荷重适当，并正确使用工器具。 （2）更换大链要注意方向，防止装反，对所有的刮板固定螺栓、销钉重新补焊。 （3）轴承安装时，严禁敲打轴承外圈强行回装，要正确使用敲打工器具（如榔头、铜棒等）
		5. 防止异物遗留设备内	工作结束后，认真检查捞渣机内无遗留异物和工器具
11	轴承回装	1. 防止机械伤害	（1）检修前，必须检查工器具是否合格。 （2）灰渣泵未完全停止转动前，不准开工。 （3）抡大锤不准戴手套，禁止单手抡大锤。 （4）检修完毕后，对轮防护罩及时恢复。 （5）试转时，人员要站在转机的轴向位置
		2. 防止碰伤、挤伤	（1）要及时清理检修现场的积油、积水，防止脚下打滑摔伤。 （2）穿合适的工作鞋
12	大链调整	1. 防止起重伤人	（1）倒链、千斤顶使用前必须检查、校验，不合格不准使用。 （2）认真检查钢丝绳绳套完整，无断股、打弯现象。 （3）任何人不准在起吊物下停留或行走。 （4）固定倒链部位必须可靠，可承担被起吊质量。 （5）禁止起重物长时间处于悬吊状态。 （6）起吊过程中，设专人指挥、监护
		2. 防止落物伤人	（1）检查检修区域上方无高处落物的危险。 （2）炉膛内部焦块清理完毕。 （3）确认炉膛上部无人工作。 （4）确认炉膛停止通风。 （5）渣井上部铺设架板、篷布。 （6）工作人员严禁上下投掷材料或工具。 （7）抡大锤不准戴手套，禁止单手抡大锤

续表

序号	辨识项目	辨识内容	典型控制措施
13	试转	1. 防止设备损坏（防止异物留在箱体内）	（1）起重机械要经检查合格，吊索荷重适当，并正确使用工器具。 （2）更换大链要注意方向，防止装反，对所有的刮板固定螺栓、销钉重新补焊。 （3）轴承安装时，严禁敲打轴承外圈强行回装，要正确使用敲打工器具（如榔头、铜棒等）
		2. 防止误动、误碰	（1）要及时清理检修现场的积油、积水，防止脚下打滑摔伤。 （2）穿合适的工作鞋

5.2.11 碎渣机检修

作业项目	碎渣机检修		
序号	辨识项目	辨识内容	典型控制措施
一	公共部分（健康与环境）		
	［表格内容同 1.1.1 公共部分（健康与环境）］		
二	作业内容（安全）		
1	检查工作票办理情况	无票作业、工作票种类不符或措施不完善	（1）工作票签发人、工作许可人和工作负责人应认真按照工作票制度进行工作票办理、审查和落实。 （2）对照工作票认真核对设备名称及编号。 （3）发现操作不当或需临时增加操作时，必须与运行人员联系，由运行人员进行操作，设备检修人员不得擅自进行。 （4）即使是内部工作票，也要到现场检查安全措施执行情况
2	拆除传动齿	1. 防止机械伤害	（1）切断电动机电源，挂警告牌。 （2）正确使用工器具，戴必要的防护用品，严禁使用不合格的工器具。 （3）三爪拿必须承力均匀，并做好防止爪钩脱出的措施
		2. 防止落物伤人	（1）检查检修区域上方和周围无高处落物的危险。 （2）禁止转子长时间处于悬吊状态。 （3）固定倒链部位必须结实、牢固，可承担被起吊的重物。 （4）抡大锤不准戴手套，禁止单手抡大锤

续表

序号	辨识项目	辨识内容	典型控制措施
3	轴承箱、轴承拆卸	1. 防止机械伤害	（1）切断电动机电源，挂警告牌。 （2）正确使用工器具，戴必要的防护用品，严禁使用不合格的工器具。 （3）三爪拿必须承力均匀，并做好防止爪钩脱出的措施
		2. 防止挤伤、碰伤	（1）要及时清理检修现场的积油、积水，防止脚下打滑摔伤。 （2）穿合适的工作鞋
		3. 防止设备损坏	起重机械要经检查合格，吊索荷重适当，正确使用工器具
		4. 防止落物伤人	（1）检查检修区域上方和周围无高处落物的危险。 （2）禁止转子长时间处于悬吊状态。 （3）固定倒链部位必须结实、牢固，可承担被起吊的重物。 （4）抡大锤不准戴手套，禁止单手抡大锤
4	拆卸碎渣齿	1. 防止起重伤害	（1）倒链、千斤顶使用前必须检查、校验，不合格不准使用。 （2）认真检查钢丝绳外观情况，绳套完整，无断股、打弯现象。 （3）任何人不准在吊物下停留或行走。 （4）固定倒链部位必须结实、牢固，可承担被起吊质量。 （5）严禁倒链超重起吊重物。 （6）被起吊物固定结实、牢固后，方可松开倒链。 （7）起吊过程中专人指挥
		2. 防止设备损坏	起重机械要经检查合格，吊索荷重适当，正确使用工器具
		3. 防止落物伤人	（1）检查检修区域上方和周围无高处落物的危险。 （2）禁止转子长时间处于悬吊状态。 （3）固定倒链部位必须结实、牢固，可承担被起吊的重物。 （4）抡大锤不准戴手套，禁止单手抡大锤
		4. 防止机械伤害	（1）切断电动机电源，挂警告牌。 （2）正确使用工器具，戴必要的防护用品，严禁使用不合格的工器具。 （3）三爪拿必须承力均匀，并做好防止爪钩脱出的措施
		5. 防止滑倒、碰伤	（1）要及时清理检修现场的积油、积水，防止脚下打滑摔伤。 （2）穿合适的工作鞋

续表

序号	辨识项目	辨识内容	典型控制措施
5	拆卸齿辊套	1. 防止机械伤人	（1）切断电动机电源，挂警告牌。 （2）正确使用工器具，戴必要的防护用品，严禁使用不合格的工器具。 （3）三爪拿必须承力均匀，并做好防止爪钩脱出的措施
		2. 防止落物伤人	（1）检查检修区域上方和周围无高处落物的危险。 （2）禁止转子长时间处于悬吊状态。 （3）固定倒链部位必须结实、牢固，可承担被起吊的重物。 （4）抡大锤不准戴手套，禁止单手抡大锤
		3. 防止滑倒、碰伤	（1）要及时清理检修现场的积油、积水，防止脚下打滑摔伤。 （2）穿合适的工作鞋
6	更换回装碎渣齿	1. 防止机械伤人	（1）切断电动机电源，挂警告牌。 （2）正确使用工器具，戴必要的防护用品，严禁使用不合格的工器具。 （3）三爪拿必须承力均匀，并做好防止爪钩脱出的措施
		2. 防止落物伤人	（1）检查检修区域上方和周围无高处落物的危险。 （2）禁止转子长时间处于悬吊状态。 （3）固定倒链部位必须结实、牢固，可承担被起吊的重物。 （4）抡大锤不准戴手套，禁止单手抡大锤
		3. 防止起重伤人	（1）倒链、千斤顶使用前必须检查、校验，不合格不准使用。 （2）认真检查钢丝绳外观情况，绳套完整，无断股、打弯现象。 （3）任何人不准在吊物下停留或行走。 （4）固定倒链部位必须结实、牢固，可承担被起吊质量。 （5）严禁倒链超重起吊重物。 （6）被起吊物固定结实、牢固后，方可松开倒链。 （7）起吊过程中专人指挥
7	更换回装齿辊套	1. 防止起重伤害	（1）倒链、千斤顶使用前必须检查、校验，不合格不准使用。 （2）认真检查钢丝绳外观情况，绳套完整，无断股、打弯现象。 （3）任何人不准在吊物下停留或行走。 （4）固定倒链部位必须结实、牢固，可承担被起吊质量。 （5）严禁倒链超重起吊重物。 （6）被起吊物固定结实、牢固后，方可松开倒链。 （7）起吊过程中专人指挥

续表

序号	辨识项目	辨识内容	典型控制措施
7	更换回装齿辊套	2. 防止落物伤人	（1）检查检修区域上方和周围无高处落物的危险。 （2）禁止转子长时间处于悬吊状态。 （3）固定倒链部位必须结实、牢固，可承担被起吊的重物。 （4）抡大锤不准戴手套，禁止单手抡大锤
		3. 防止机械伤人	（1）切断电动机电源，挂警告牌。 （2）正确使用工器具，戴必要的防护用品，严禁使用不合格的工器具。 （3）三爪拿必须承力均匀，并做好防止爪钩脱出的措施
		4. 防止滑倒、碰伤	（1）要及时清理检修现场的积油、积水，防止脚下打滑摔伤。 （2）穿合适的工作鞋
8	回装轴承	1. 防止起重伤害	（1）倒链、千斤顶使用前必须检查、校验，不合格不准使用。 （2）认真检查钢丝绳外观情况，绳套完整，无断股、打弯现象。 （3）任何人不准在吊物下停留或行走。 （4）固定倒链部位必须结实、牢固，可承担被起吊质量。 （5）严禁倒链超重起吊重物。 （6）被起吊物固定结实、牢固后，方可松开倒链。 （7）起吊过程中专人指挥
		2. 防止设备损坏	起重机械要经检查合格，吊索荷重适当，正确使用工器具
		3. 防止落物伤人	（1）检查检修区域上方和周围无高处落物的危险。 （2）禁止转子长时间处于悬吊状态。 （3）固定倒链部位必须结实、牢固，可承担被起吊的重物。 （4）抡大锤不准戴手套，禁止单手抡大锤
		4. 防止机械伤人	（1）切断电动机电源，挂警告牌。 （2）正确使用工器具，戴必要的防护用品，严禁使用不合格的工器具。 （3）三爪拿必须承力均匀，并做好防止爪钩脱出的措施
		5. 防止火灾	（1）清洗部件要用煤油和清洗剂，清洗时要远离火源，及时清理使用后的棉纱等易燃物。 （2）严禁用气焊工具照明。 （3）工作中随时清理现场遗留火种，工作结束后，进行全面检查

续表

序号	辨识项目	辨识内容	典型控制措施
8	回装轴承	6. 防止滑倒、碰伤	（1）要及时清理检修现场的积油、积水，防止脚下打滑摔伤。 （2）穿合适的工作鞋
		7. 防止烫伤	（1）焊工工作时，必须戴好必要的防护用品。 （2）配合焊工工作时，必须戴隔热手套。 （3）使用割具时，杜绝火焰对准工作人员。 （4）严禁用割把照明
9	齿轮回装	1. 防止机械伤害	（1）切断电动机电源，挂警告牌。 （2）正确使用工器具，戴必要的防护用品，严禁使用不合格的工器具。 （3）三爪拿必须承力均匀，并做好防止爪钩脱出的措施
		2. 防止滑倒、碰伤	（1）要及时清理检修现场的积油、积水，防止脚下打滑摔伤。 （2）穿合适的工作鞋
		3. 防止起重伤害	（1）倒链、千斤顶使用前必须检查、校验，不合格不准使用。 （2）认真检查钢丝绳外观情况，绳套完整，无断股、打弯现象。 （3）任何人不准在吊物下停留或行走。 （4）固定倒链部位必须结实、牢固，可承担被起吊质量。 （5）严禁倒链超重起吊重物。 （6）被起吊物固定结实、牢固后，方可松开倒链。 （7）起吊过程中专人指挥
		4. 防止设备损坏	起重机械要经检查合格，吊索荷重适当，正确使用工器具
10	传动轴调整	防止机械伤人	（1）切断电动机电源，挂警告牌。 （2）正确使用工器具，戴必要的防护用品，严禁使用不合格的工器具。 （3）三爪拿必须承力均匀，并做好防止爪钩脱出的措施
11	试转	1. 防止设备损坏（防止异物留在箱体内）	起重机械要经检查合格，吊索荷重适当，正确使用工器具
		2. 防止误动、误碰	（1）要及时清理检修现场的积油、积水，防止脚下打滑摔伤。 （2）穿合适的工作鞋

5.2.12 渣浆提升泵检修

作业项目	渣浆提升泵检修		
序号	辨识项目	辨识内容	典型控制措施
一	公共部分（健康与环境）		
	[表格内容同 1.1.1 公共部分（健康与环境）]		
二	作业内容（安全）		
1	检查工作票办理情况	无票作业、工作票种类不符或措施不完善	（1）工作票签发人、工作许可人和工作负责人应认真按照工作票制度进行工作票办理、审查和落实。 （2）对照工作票认真核对设备名称及编号。 （3）发现操作不当或需临时增加操作时，必须与运行人员联系，由运行人员进行操作，设备检修人员不得擅自进行。 （4）即使是内部工作票，也要到现场检查安全措施执行情况
2	拆卸泵入口短节	1. 防止起重伤害	（1）检查钢丝绳，绳套完整，无断股，打弯现象。 （2）使用行车前必须检查，不合格严禁使用。 （3）任何人不准在吊物下停留或行走。 （4）倒链、千斤顶使用前必须检查、校验，不合格不准使用。 （5）吊装部件时，要设专人指挥，禁止斜拉、斜吊
		2. 防止落物伤人	（1）开工前，首先检查起重行车的可靠性。 （2）起吊物件时，设专人指挥。 （3）严禁有人在起吊物件下方行走或坐立。 （4）所有起吊物件，在拆除前必须用钢丝绳捆绑牢固，并用行车撑一定的力，防止物件坠落伤人。 （5）工作人员严禁上下投掷材料或工具。 （6）要正确使用拆装泵体的专用工具。 （7）所使用的工器具不准放在起吊物件上。 （8）严禁泵体长时间处于悬吊状态
		3. 防止机械伤人	（1）检修前，必须检查工器具是否合格。 （2）渣浆提升泵未完全停止转动前，不准开工。 （3）抡大锤不准戴手套，禁止单手抡大锤。 （4）检修完毕后，对轮防护罩及时恢复。 （5）试转时，人员要站在转机的轴向位置

续表

序号	辨识项目	辨识内容	典型控制措施
3	拆卸泵体外壳	1. 防止起重伤害	（1）检查钢丝绳，绳套完整，无断股、打弯现象。 （2）使用行车前必须检查，不合格严禁使用。 （3）任何人不准在吊物下停留或行走。 （4）倒链、千斤顶使用前必须检查、校验，不合格不准使用。 （5）吊装部件时，要设专人指挥，禁止斜拉、斜吊
		2. 防止挤伤、碰伤	
		3. 防止落物伤人	（1）开工前，首先检查起重行车的可靠性。 （2）起吊物件时，设专人指挥。 （3）严禁有人在起吊物件下方行走或坐立。 （4）所有起吊物件，在拆除前必须用钢丝绳捆绑牢固，并用行车撑一定的力，防止物件坠落伤人。 （5）工作人员严禁上下投掷材料或工具。 （6）要正确使用拆装泵体的专用工具。 （7）所使用的工器具不准放在起吊物件上。 （8）严禁泵体长时间处于悬吊状态
		4. 防止机械伤害	（1）检修前，必须检查工器具是否合格。 （2）渣浆提升泵未完全停止转动前，不准开工。 （3）抡大锤不准戴手套，禁止单手抡大锤。 （4）检修完毕后，对轮防护罩及时恢复。 （5）试转时，人员要站在转机的轴向位置
		5. 防止滑倒、碰伤	（1）要及时清理检修现场的积油、积水，防止脚下打滑摔伤。 （2）穿合适的工作鞋
4	拆除前、后护板	1. 防止起重伤害	（1）检查钢丝绳，绳套完整，无断股、打弯现象。 （2）使用行车前必须检查，不合格严禁使用。 （3）任何人不准在吊物下停留或行走。 （4）倒链、千斤顶使用前必须检查、校验，不合格不准使用。 （5）吊装部件时，要设专人指挥，禁止斜拉、斜吊
		2. 防止设备损坏	（1）检查行车机动灵活可靠，各种限位器齐全，钓钩完好。 （2）钢丝绳、倒链在使用前检查，所受荷重不准超过规定范围。 （3）拆装泵体必须有专人指挥

续表

序号	辨识项目	辨识内容	典型控制措施
4	拆除前、后护板	3. 防止落物伤人	（1）开工前，首先检查起重行车的可靠性。 （2）起吊物件时，设专人指挥。 （3）严禁有人在起吊物件下方行走或坐立。 （4）所有起吊物件，在拆除前必须用钢丝绳捆绑牢固，并用行车撑一定的力，防止物件坠落伤人。 （5）工作人员严禁上下投掷材料或工具。 （6）要正确使用拆装泵体的专用工具。 （7）所使用的工器具不准放在起吊物件上。 （8）严禁泵体长时间处于悬吊状态
		4. 防止机械伤害	（1）检修前，必须检查工器具是否合格。 （2）渣浆提升泵未完全停止转动前，不准开工。 （3）抡大锤不准戴手套，禁止单手抡大锤。 （4）检修完毕后，对轮防护罩及时恢复。 （5）试转时，人员要站在转机的轴向位置
		5. 防止滑倒、碰伤	（1）要及时清理检修现场的积油、积水，防止脚下打滑摔伤。 （2）穿合适的工作鞋
5	拆卸叶轮	1. 防止起重伤害	（1）检查钢丝绳，绳套完整，无断股、打弯现象。 （2）使用行车前必须检查，不合格严禁使用。 （3）任何人不准在吊物下停留或行走。 （4）倒链、千斤顶使用前必须检查、校验，不合格不准使用。 （5）吊装部件时，要设专人指挥，禁止斜拉、斜吊
		2. 防止机械伤人	（1）检修前，必须检查工器具是否合格。 （2）渣浆提升泵未完全停止转动前，不准开工。 （3）抡大锤不准戴手套，禁止单手抡大锤。 （4）检修完毕后，对轮防护罩及时恢复。 （5）试转时，人员要站在转机的轴向位置
6	拆卸轴承	1. 防止机械伤人	（1）检修前，必须检查工器具是否合格。 （2）渣浆提升泵未完全停止转动前，不准开工。 （3）抡大锤不准戴手套，禁止单手抡大锤。 （4）检修完毕后，对轮防护罩及时恢复。 （5）试转时，人员要站在转机的轴向位置

续表

序号	辨识项目	辨识内容	典型控制措施
6	拆卸轴承	2. 防止落物伤人	（1）开工前，首先检查起重行车的可靠性。 （2）起吊物件时，设专人指挥。 （3）严禁有人在起吊物件下方行走或坐立。 （4）所有起吊物件，在拆除前必须用钢丝绳捆绑牢固，并用行车撑一定的力，防止物件坠落伤人。 （5）工作人员严禁上下投掷材料或工具。 （6）要正确使用拆装泵体的专用工具。 （7）所使用的工器具不准放在起吊物件上。 （8）严禁泵体长时间处于悬吊状态
7	轴承回装	1. 防止起重伤害	（1）检查钢丝绳，绳套完整，无断股、打弯现象。 （2）使用行车前必须检查，不合格严禁使用。 （3）任何人不准在吊物下停留或行走。 （4）倒链、千斤顶使用前必须检查、校验，不合格不准使用。 （5）吊装部件时，要设专人指挥，禁止斜拉、斜吊
		2. 防止设备损坏	（1）检查行车机动灵活可靠，各种限位器齐全，钓钩完好。 （2）钢丝绳、倒链在使用前检查，所受荷重不准超过规定范围。 （3）拆装泵体必须有专人指挥
		3. 防止落物伤人	（1）开工前，首先检查起重行车的可靠性。 （2）起吊物件时，设专人指挥。 （3）严禁有人在起吊物件下方行走或坐立。 （4）所有起吊物件，在拆除前必须用钢丝绳捆绑牢固，并用行车撑一定的力，防止物件坠落伤人。 （5）工作人员严禁上下投掷材料或工具。 （6）要正确使用拆装泵体的专用工具。 （7）所使用的工器具不准放在起吊物件上。 （8）严禁泵体长时间处于悬吊状态
8	护板回装	1. 防止起重伤害	（1）检查钢丝绳，绳套完整，无断股、打弯现象。 （2）使用行车前必须检查，不合格严禁使用。 （3）任何人不准在吊物下停留或行走。 （4）倒链、千斤顶使用前必须检查、校验，不合格不准使用。 （5）吊装部件时，要设专人指挥，禁止斜拉、斜吊

续表

序号	辨识项目	辨识内容	典型控制措施
8	护板回装	2. 防止落物伤人	（1）开工前，首先检查起重行车的可靠性。 （2）起吊物件时，设专人指挥。 （3）严禁有人在起吊物件下方行走或坐立。 （4）所有起吊物件，在拆除前必须用钢丝绳捆绑牢固，并用行车撑一定的力，防止物件坠落伤人。 （5）工作人员严禁上下投掷材料或工具。 （6）要正确使用拆装泵体的专用工具。 （7）所使用的工器具不准放在起吊物件上。 （8）严禁泵体长时间处于悬吊状态
		3. 防止机械伤人	（1）检修前，必须检查工器具是否合格。 （2）渣浆提升泵未完全停止转动前，不准开工。 （3）抡大锤不准戴手套，禁止单手抡大锤。 （4）检修完毕后，对轮防护罩及时恢复。 （5）试转时，人员要站在转机的轴向位置
9	叶轮回装	1. 防止起重伤人	（1）检查钢丝绳，绳套完整，无断股、打弯现象。 （2）使用行车前必须检查，不合格严禁使用。 （3）任何人不准在吊物下停留或行走。 （4）倒链、千斤顶使用前必须检查、校验，不合格不准使用。 （5）吊装部件时，要设专人指挥，禁止斜拉、斜吊
		2. 防止落物伤人	（1）开工前，首先检查起重行车的可靠性。 （2）起吊物件时，设专人指挥。 （3）严禁有人在起吊物件下方行走或坐立。 （4）所有起吊物件，在拆除前必须用钢丝绳捆绑牢固，并用行车撑一定的力，防止物件坠落伤人。 （5）工作人员严禁上下投掷材料或工具。 （6）要正确使用拆装泵体的专用工具。 （7）所使用的工器具不准放在起吊物件上。 （8）严禁泵体长时间处于悬吊状态

序号	辨识项目	辨识内容	典型控制措施
9	叶轮回装	3. 防止机械伤人	（1）检修前，必须检查工器具是否合格。 （2）渣浆提升泵未完全停止转动前，不准开工。 （3）抡大锤不准戴手套，禁止单手抡大锤。 （4）检修完毕后，对轮防护罩及时恢复。 （5）试转时，人员要站在转机的轴向位置
10	泵体回装	1. 防止机械伤害	（1）检修前，必须检查工器具是否合格。 （2）渣浆提升泵未完全停止转动前，不准开工。 （3）抡大锤不准戴手套，禁止单手抡大锤。 （4）检修完毕后，对轮防护罩及时恢复。 （5）试转时，人员要站在转机的轴向位置
		2. 防止滑倒、碰伤	（1）要及时清理检修现场的积油、积水，防止脚下打滑摔伤。 （2）穿合适的工作鞋
		3. 防止起重伤害	（1）检查钢丝绳，绳套完整，无断股、打弯现象。 （2）使用行车前必须检查，不合格严禁使用。 （3）任何人不准在吊物下停留或行走。 （4）倒链、千斤顶使用前必须检查、校验，不合格不准使用。 （5）吊装部件时，要设专人指挥，禁止斜拉、斜吊
		4. 防止设备损坏	（1）检查行车机动灵活可靠，各种限位器齐全，钓钩完好。 （2）钢丝绳、倒链在使用前检查，所受荷重不准超过规定范围。 （3）拆装泵体必须有专人指挥
		5. 防止异物遗留设备内	（1）回装时，认真检查流道内无遗留异物。 （2）泵体回装时，要做好防止工器具落在泵内的措施，检修完毕清点工器具。 （3）安装轴承时，严禁将杂物带入轴承箱内
11	联轴器找正	防止机械伤人	（1）检修前，必须检查工器具是否合格。 （2）渣浆提升泵未完全停止转动前，不准开工。 （3）抡大锤不准戴手套，禁止单手抡大锤。 （4）检修完毕后，对轮防护罩及时恢复。 （5）试转时，人员要站在转机的轴向位置

续表

序号	辨识项目	辨识内容	典型控制措施
12	试转	1. 防止设备损坏（防止异物留在箱体内）	（1）检查行车机动灵活可靠，各种限位器齐全，钩钩完好。 （2）钢丝绳、倒链在使用前检查，所受荷重不准超过规定范围。 （3）拆装泵体必须有专人指挥
		2. 防止误动、误碰	（1）要及时清理检修现场的积油、积水，防止脚下打滑摔伤。 （2）穿合适的工作鞋

5.2.13 渣浆提升泵更换填料检修

作业项目	渣浆提升泵更换填料检修		
序号	辨识项目	辨识内容	典型控制措施
一	公共部分（健康与环境）		
	［表格内容同 1.1.1 公共部分（健康与环境）］		
二	作业内容（安全）		
1	检查工作票安全措施执行情况	防止误动其他设备	（1）办理工作许可手续后，待全体人员到达工作地点，对照工作票认真核对设备名称和编号，确认无误后，工作负责人向全体成员交代安全措施、注意事项及周围工作环境。 （2）雇用临时工时，必须在监护下工作
2	拆卸冷却水管	1. 防止设备损坏	（1）检查行车机动灵活可靠，各种限位器齐全，钩钩完好。 （2）钢丝绳、倒链在使用前检查，所受荷重不准超过规定范围。 （3）拆装泵体必须有专人指挥
		2. 防止滑倒、碰伤	（1）要及时清理检修现场的积油、积水，防止脚下打滑摔伤。 （2）穿合适的工作鞋
3	拆卸填料压盖	1. 防止机械伤害	（1）检修前，必须检查工器具是否合格。 （2）渣浆提升泵未完全停止转动前，不准开工。 （3）抡大锤不准戴手套，禁止单手抡大锤。 （4）检修完毕后，对轮防护罩及时恢复。 （5）试转时，人员要站在转机的轴向位置

续表

序号	辨识项目	辨识内容	典型控制措施
3	拆卸填料压盖	2. 防止落物伤人	（1）开工前，首先检查起重行车的可靠性。 （2）起吊物件时，设专人指挥。 （3）严禁有人在起吊物件下方行走或坐立。 （4）所有起吊物件，在拆除前必须用钢丝绳捆绑牢固，并用行车撑一定的力，防止物件坠落伤人。 （5）工作人员严禁上下投掷材料或工具。 （6）要正确使用拆装泵体的专用工具。 （7）所使用的工器具不准放在起吊物件上。 （8）严禁泵体长时间处于悬吊状态
		3. 防止滑倒、碰伤	（1）要及时清理检修现场的积油、积水，防止脚下打滑摔伤。 （2）穿合适的工作鞋
4	清理填料室	1. 防止机械伤害	（1）检修前，必须检查工器具是否合格。 （2）渣浆提升泵未完全停止转动前，不准开工。 （3）抡大锤不准戴手套，禁止单手抡大锤。 （4）检修完毕后，对轮防护罩及时恢复。 （5）试转时，人员要站在转机的轴向位置
		2. 防止落物伤人	（1）开工前，首先检查起重行车的可靠性。 （2）起吊物件时，设专人指挥。 （3）严禁有人在起吊物件下方行走或坐立。 （4）所有起吊物件，在拆除前必须用钢丝绳捆绑牢固，并用行车撑一定的力，防止物件坠落伤人。 （5）工作人员严禁上下投掷材料或工具。 （6）要正确使用拆装泵体的专用工具。 （7）所使用的工器具不准放在起吊物件上。 （8）严禁泵体长时间处于悬吊状态
		3. 防止滑倒、碰伤	（1）要及时清理检修现场的积油、积水，防止脚下打滑摔伤。 （2）穿合适的工作鞋

续表

序号	辨识项目	辨识内容	典型控制措施
5	更换填料	1. 防止机械伤人	（1）检修前，必须检查工器具是否合格。 （2）渣浆提升泵未完全停止转动前，不准开工。 （3）抡大锤不准戴手套，禁止单手抡大锤。 （4）检修完毕后，对轮防护罩及时恢复。 （5）试转时，人员要站在转机的轴向位置
		2. 防止落物伤人	（1）开工前，首先检查起重行车的可靠性。 （2）起吊物件时，设专人指挥。 （3）严禁有人在起吊物件下方行走或坐立。 （4）所有起吊物件，在拆除前必须用钢丝绳捆绑牢固，并用行车撑一定的力，防止物件坠落伤人。 （5）工作人员严禁上下投掷材料或工具。 （6）要正确使用拆装泵体的专用工具。 （7）所使用的工器具不准放在起吊物件上。 （8）严禁泵体长时间处于悬吊状态
		3. 防止滑倒、碰伤	（1）要及时清理检修现场的积油、积水，防止脚下打滑摔伤。 （2）穿合适的工作鞋
6	填料压盖回装	1. 防止机械伤人	（1）检修前，必须检查工器具是否合格。 （2）渣浆提升泵未完全停止转动前，不准开工。 （3）抡大锤不准戴手套，禁止单手抡大锤。 （4）检修完毕后，对轮防护罩及时恢复。 （5）试转时，人员要站在转机的轴向位置
		2. 防止落物伤人	（1）开工前，首先检查起重行车的可靠性。 （2）起吊物件时，设专人指挥。 （3）严禁有人在起吊物件下方行走或坐立。 （4）所有起吊物件，在拆除前必须用钢丝绳捆绑牢固，并用行车撑一定的力，防止物件坠落伤人。 （5）工作人员严禁上下投掷材料或工具。 （6）要正确使用拆装泵体的专用工具。 （7）所使用的工器具不准放在起吊物件上。 （8）严禁泵体长时间处于悬吊状态

续表

序号	辨识项目	辨识内容	典型控制措施
6	填料压盖回装	3. 防止滑倒、碰伤	（1）要及时清理检修现场的积油、积水，防止脚下打滑摔伤。 （2）穿合适的工作鞋
7	试转	1. 防止设备损坏	（1）检查行车机动灵活可靠，各种限位器齐全，钓钩完好。 （2）钢丝绳、倒链在使用前检查，所受荷重不准超过规定范围。 （3）拆装泵体必须有专人指挥
		2. 防止误动、误碰	

5.2.14 回收泵检修

作业项目	回收泵检修		
序号	辨识项目	辨识内容	典型控制措施
一	公共部分（健康与环境）		
	[表格内容同 1.1.1 公共部分（健康与环境）]		
二	作业内容（安全）		
1	检查工作票办理情况	无票作业、工作票种类不符或措施不完善	（1）工作票签发人、工作许可人和工作负责人应认真按照工作票制度进行工作票办理、审查和落实。 （2）对照工作票认真核对设备名称及编号。 （3）发现操作不当或需临时增加操作时，必须与运行人员联系，由运行人员进行操作，设备检修人员不得擅自进行。 （4）即使是内部工作票，也要到现场检查安全措施执行情况
2	联轴器拆卸吊离电动机	1. 防止起重伤害	（1）认真检查钢丝绳外观情况，绳套完整，无断股，打弯现象。 （2）行车必须检查、试验合格后，方可使用。 （3）设专人员进行起吊工作，并由专人指挥。 （4）任何人不准在吊物下停留或行走。 （5）倒链、千斤顶使用前必须检查、校验，不合格不准使用。 （6）起吊部件时必须绑牢，钓钩钢丝绳应保持垂直，禁止斜拉、斜吊

续表

序号	辨识项目	辨识内容	典型控制措施
2	联轴器拆卸吊离电动机	2. 防止落物伤人	（1）开工前，首先检查起重行车的可靠性。 （2）起吊物件时，设专人指挥。 （3）严禁有人在起吊物件下方行走或坐立。 （4）所有起吊物件，在拆除前必须用钢丝绳捆绑牢固，并用行车撑一定的力，防止物件坠落伤人。 （5）所使用的工器具不准放在起吊物件上。 （6）严禁泵体长时间处于悬吊状态
3	松地脚螺栓	1. 防止机械伤害	（1）回收泵未完全停止转动前，不准开工。 （2）正确使用工器具、防护用品，不合格的严禁使用。 （3）抡大锤不准戴手套，禁止单手抡大锤。 （4）禁止利用滤网做支撑。 （5）泵体各段检修时，必须水平放置，并垫衬枕木。 （6）卸对轮过程中，三爪拿必须承力均匀，并做好防爪钩脱出的措施
		2. 防止滑倒、碰伤	（1）要及时清理检修现场的积水。 （2）穿合适的工作鞋
4	上泵体解体	1. 防止起重伤害	（1）认真检查钢丝绳外观情况，绳套完整，无断股、打弯现象。 （2）行车必须检查、试验合格后，方可使用。 （3）设专人进行起吊工作，并由专人指挥。 （4）任何人不准在吊物下停留或行走。 （5）倒链、千斤顶使用前必须检查、校验，不合格不准使用。 （6）起吊部件时必须绑牢，钓钩钢丝绳应保持垂直，禁止斜拉、斜吊
		2. 防止设备损坏	（1）检查行车机动灵活可靠，各种限位器齐全，钓钩完好。 （2）钢丝绳、倒链在使用前检查，所受荷重不准超过规定范围。 （3）拆装泵体必须有专人指挥。 （4）叶轮回装前，检查流道内有无杂物。 （5）要正确使用敲打工器具（如榔头、铜棒等）。 （6）严禁转子在悬吊状态下进行检修

续表

序号	辨识项目	辨识内容	典型控制措施
4	上泵体解体	3. 防止落物伤人	（1）开工前，首先检查起重行车的可靠性。 （2）起吊物件时，设专人指挥。 （3）严禁有人在起吊物件下方行走或坐立。 （4）所有起吊物件，在拆除前必须用钢丝绳捆绑牢固，并用行车撑一定的力，防止物件坠落伤人。 （5）所使用的工器具不准放在起吊物件上。 （6）严禁泵体长时间处于悬吊状态
		4. 防止机械伤害	（1）回收泵未完全停止转动前，不准开工。 （2）正确使用工器具、防护用品，不合格的严禁使用。 （3）抡大锤不准戴手套，禁止单手抡大锤。 （4）禁止利用滤网做支承。 （5）泵体各段检修时，必须水平放置，并垫衬枕木。 （6）卸对轮过程中，三爪拿必须承力均匀，并做好防爪钩脱出的措施
		5. 防止触电事故	（1）临时电源摆放要规范，不能私拉乱接。 （2）各种用电导线完好无损，避免挤压或接触热体。 （3）电器工具绝缘合格，无裸露电线，使用时必须装设漏电保护器。 （4）电焊机的外壳应可靠接地，焊接线须绝缘良好
		6. 防止滑倒、碰伤	（1）要及时清理检修现场的积水。 （2）穿合适的工作鞋
5	下泵体解体	1. 防止起重伤害	（1）认真检查钢丝绳外观情况，绳套完整，无断股、打弯现象。 （2）行车必须检查、试验合格后，方可使用。 （3）设专人员进行起吊工作，并由专人指挥。 （4）任何人不准在吊物下停留或行走。 （5）倒链、千斤顶使用前必须检查、校验，不合格不准使用。 （6）起吊部件时必须绑牢，钓钩钢丝绳应保持垂直，禁止斜拉、斜吊
		2. 防止设备损坏	（1）检查行车机动灵活可靠，各种限位器齐全，钓钩完好。 （2）钢丝绳、倒链在使用前检查，所受荷重不准超过规定范围。 （3）拆装泵体必须有专人指挥。 （4）叶轮回装前检查流道内有无杂物。 （5）要正确使用敲打工器具（如榔头、铜棒等）。 （6）严禁转子在悬吊状态下进行检修

序号	辨识项目	辨识内容	典型控制措施
5	下泵体解体	3. 防止落物伤人	（1）开工前，首先检查起重行车的可靠性。 （2）起吊物件时，设专人指挥。 （3）严禁有人在起吊物件下方行走或坐立。 （4）所有起吊物件，在拆除前必须用钢丝绳捆绑牢固，并用行车撑一定的力，防止物件坠落伤人。 （5）所使用的工器具不准放在起吊物件上。 （6）严禁泵体长时间处于悬吊状态
		4. 防止机械伤害	（1）回收泵未完全停止转动前，不准开工。 （2）正确使用工器具、防护用品，不合格的严禁使用。 （3）抡大锤不准戴手套，禁止单手抡大锤。 （4）禁止利用滤网做支承。 （5）泵体各段检修时，必须水平放置，并垫衬枕木。 （6）卸对轮过程中，三爪拿必须承力均匀，并做好防爪钩脱出的措施
		5. 防止触电事故	（1）临时电源摆放要规范，不能私拉乱接。 （2）各种用电导线完好无损，避免挤压或接触热体。 （3）电器工具绝缘合格，无裸露电线，使用时必须装设漏电保护器。 （4）电焊机的外壳应可靠接地，焊接线须绝缘良好
		6. 防止滑倒、碰伤	（1）要及时清理检修现场的积水。 （2）穿合适的工作鞋
6	泵体检修	1. 防止起重伤害	（1）认真检查钢丝绳外观情况，绳套完整，无断股、打弯现象。 （2）行车必须检查、试验合格后，方可使用。 （3）设专人员进行起吊工作，并由专人指挥。 （4）任何人不准在吊物下停留或行走。 （5）倒链、千斤顶使用前必须检查、校验，不合格不准使用。 （6）起吊部件时必须绑牢，钓钩钢丝绳应保持垂直，禁止斜拉、斜吊
		2. 防止设备损坏	（1）检查行车机动灵活可靠，各种限位器齐全，钓钩完好。 （2）钢丝绳、倒链在使用前检查，所受荷重不准超过规定范围。 （3）拆装泵体必须有专人指挥。 （4）叶轮回装前检查流道内有无杂物。 （5）要正确使用敲打工器具（如榔头、铜棒等）。 （6）严禁转子在悬吊状态下进行检修

续表

序号	辨识项目	辨识内容	典型控制措施
6	泵体检修	3. 防止落物伤人	（1）开工前，首先检查起重行车的可靠性。 （2）起吊物件时，设专人指挥。 （3）严禁有人在起吊物件下方行走或坐立。 （4）所有起吊物件，在拆除前必须用钢丝绳捆绑牢固，并用行车撑一定的力，防止物件坠落伤人。 （5）所使用的工器具不准放在起吊物件上。 （6）严禁泵体长时间处于悬吊状态
		4. 防止机械伤人	（1）回收泵未完全停止转动前，不准开工。 （2）正确使用工器具、防护用品，不合格的严禁使用。 （3）抡大锤不准戴手套，禁止单手抡大锤。 （4）禁止利用滤网做支承。 （5）泵体各段检修时，必须水平放置，并垫衬枕木。 （6）卸对轮过程中，三爪拿必须承力均匀，并做好防爪钩脱出的措施
		5. 防止触电事故	（1）临时电源摆放要规范，不能私拉乱接。 （2）各种用电导线完好无损，避免挤压或接触热体。 （3）电器工具绝缘合格，无裸露电线，使用时必须装设漏电保护器。 （4）电焊机的外壳应可靠接地，焊接线须绝缘良好
		6. 防止火灾	（1）严禁在室外大风情况下动火。 （2）严禁在建筑物内或建筑物附近动火。 （3）动火煮轴套时，配备好消防器材，并设专人监护。 （4）清洗部件要用煤油和清洗剂，清洗时要远离火源及时清理使用后的棉纱等易燃物品。 （5）离开现场时，必须清除火种
		7. 防止滑倒、碰伤	（1）要及时清理检修现场的积水。 （2）穿合适的工作鞋
		8. 防止烫伤	（1）焊工工作时，必须戴好必要的防护用品。 （2）配合焊工工作时，必须戴隔热手套。 （3）使用割具时，杜绝火焰对准工作人员。 （4）严禁用割把照明

续表

序号	辨识项目	辨识内容	典型控制措施
7	回装	1. 防止机械伤害	（1）回收泵未完全停止转动前，不准开工。 （2）正确使用工器具、防护用品，不合格的严禁使用。 （3）抡大锤不准戴手套，禁止单手抡大锤。 （4）禁止利用滤网做支承。 （5）泵体各段检修时，必须水平放置，并垫衬枕木。 （6）卸对轮过程中，三爪拿必须承力均匀，并做好防爪钩脱出的措施
		2. 防止滑倒、碰伤	（1）要及时清理检修现场的积水。 （2）穿合适的工作鞋
		3. 防止起重伤害	（1）认真检查钢丝绳外观情况，绳套完整，无断股、打弯现象。 （2）行车必须检查、试验合格后，方可使用。 （3）设专人员进行起吊工作，并由专人指挥。 （4）任何人不准在吊物下停留或行走。 （5）倒链、千斤顶使用前必须检查、校验，不合格不准使用。 （6）起吊部件时必须绑牢，钓钩钢丝绳应保持垂直，禁止斜拉、斜吊
		4. 防止设备损坏；	（1）检查行车机动灵活可靠，各种限位器齐全，钓钩完好。 （2）钢丝绳、倒链在使用前检查，所受荷重不准超过规定范围。 （3）拆装泵体必须有专人指挥。 （4）叶轮回装前检查流道内有无杂物。 （5）要正确使用敲打工器具（如榔头、铜棒等)。 （6）严禁转子在悬吊状态下进行检修
		5. 防止触电事故	（1）临时电源摆放要规范，不能私拉乱接。 （2）各种用电导线完好无损，避免挤压或接触热体。 （3）电器工具绝缘合格，无裸露电线，使用时必须装设漏电保护器。 （4）电焊机的外壳应可靠接地，焊接线须绝缘良好
		6. 防止火灾	（1）严禁在室外大风情况下动火。 （2）严禁在建筑物内或建筑物附近动火。 （3）动火煮轴套时，配备好消防器材，并设专人监护。 （4）清洗部件要用煤油和清洗剂，清洗时要远离火源及时清理使用后的棉纱等易燃物品。 （5）离开现场时，必须清除火种
		7. 防止异物遗留在设备内	（1）回装时，认真检查流道内无遗留异物。 （2）泵体回装时，应随时清点工器具，做好防止工器具落在泵体内的措施

续表

序号	辨识项目	辨识内容	典型控制措施
7	回装	8. 防止烫伤	（1）焊工工作时，必须戴好必要的防护用品。 （2）配合焊工工作时，必须戴隔热手套。 （3）使用割具时，杜绝火焰对准工作人员。 （4）严禁用割把照明

5.2.15 灰管道检修

作业项目	灰管道检修		
序号	辨识项目	辨识内容	典型控制措施
一	公共部分（健康与环境）		
	[表格内容同 1.1.1 公共部分（健康与环境）]		
二	作业内容（安全）		
1	检查工作票办理情况	无票作业、工作票种类不符或措施不完善	（1）工作票签发人、工作许可人和工作负责人应认真按照工作票制度进行工作票办理、审查和落实。 （2）对照工作票认真核对设备名称及编号。 （3）发现操作不当或需临时增加操作时，必须与运行人员联系，由运行人员进行操作，设备检修人员不得擅自进行。 （4）即使是内部工作票，也要到现场检查安全措施执行情况
2	灰管道放水	1. 防止环境污染	
		2. 防止机械伤害	（1）检查工器具合格。 （2）千斤顶支撑重物时，地面必须垫衬重板。 （3）重物必须与千斤垂直，不得顶偏。 （4）禁止利用千斤超负荷支撑重物
		3. 防止滑倒、碰伤	（1）要及时清理检修现场的积水。 （2）穿合适的工作鞋

续表

序号	辨识项目	辨识内容	典型控制措施
3	灰管道检修	1. 防止机械伤人	（1）检查工器具合格。 （2）千斤顶支撑重物时，地面必须垫衬重板。 （3）重物必须与千斤顶垂直，不得顶偏。 （4）禁止利用千斤顶超负荷支撑重物
		2. 防止落物伤人	（1）三脚架三个支点，垫防滑衬板。 （2）三脚架悬吊重物，必须保持垂直，不得偏吊、斜吊。 （3）倒链、千斤顶使用前必须检查、校验，不合格不准使用。 （4）禁止在起重机下行走或坐立。 （5）禁止随时拆除管道支架或吊架。 （6）禁止管道长时间处于悬吊状态
		3. 防止烫伤	（1）焊工工作时，必须戴好必要的防护用品。 （2）配合焊工工作时，必须戴隔热手套。 （3）使用割具时，杜绝火焰对准工作人员。 （4）严禁用割把照明
		4. 防止设备损坏	
		5. 防止人身触电	（1）临时电源摆放要规范，不能私拉乱接，严禁使用花线。 （2）禁止电线、焊线浸泡水中。 （3）使用电气工具，必须装设漏电保护器
		6. 防止塌方	检修地埋管时，要做好防止塌方的措施
4	更换哈佛接头	1. 防止机械伤人	（1）检查工器具合格。 （2）千斤顶支撑重物时，地面必须垫衬重板。 （3）重物必须与千斤垂直，不得顶偏。 （4）禁止利用千斤超负荷支撑重物
		2. 防止设备损坏	
5	试转	1. 防止设备损坏	
		2. 防止误动、误碰	

5.2.16 回收水管道检修

作业项目	回收水管道检修		
序号	辨识项目	辨识内容	典型控制措施
一	公共部分（健康与环境）		
	[表格内容同 1.1.1 公共部分（健康与环境）]		
二	作业内容（安全）		
1	检查工作票办理情况	无票作业、工作票种类不符或措施不完善	（1）工作票签发人、工作许可人和工作负责人应认真按照工作票制度进行工作票办理、审查和落实。 （2）对照工作票认真核对设备名称及编号。 （3）发现操作不当或需临时增加操作时，必须与运行人员联系，由运行人员进行操作，设备检修人员不得擅自进行。 （4）即使是内部工作票，也要到现场检查安全措施执行情况
2	管道放水	1. 防止环境污染	
		2. 防止机械伤害	（1）检查工器具合格。 （2）千斤顶支撑重物时，地面必须垫衬重板。 （3）重物必须与千斤垂直，不得顶偏。 （4）禁止利用千斤超负荷支撑重物
		3. 防止滑倒、碰伤	（1）要及时清理检修现场的积水。 （2）穿合适的工作鞋
3	管道检修	1. 防止机械伤人	（1）检查工器具合格。 （2）千斤顶支撑重物时，地面必须垫衬重板。 （3）重物必须与千斤垂直，不得顶偏。 （4）禁止利用千斤超负荷支撑重物
		2. 防止落物伤人	（1）三脚架三个支点，垫防滑衬板。 （2）三脚架悬吊重物，必须保持垂直，不得偏吊、斜吊。 （3）倒链、千斤顶使用前必须检查、校验，不合格不准使用。 （4）禁止管道长时间处于悬吊状态

续表

序号	辨识项目	辨识内容	典型控制措施
3	管道检修	3. 防止烫伤	（1）焊工工作时，必须戴好必要的防护用品。 （2）配合焊工工作时，必须戴隔热手套。 （3）使用割具时，杜绝火焰对准工作人员。 （4）严禁用割把照明
		4. 防止设备损坏	将损坏的保温于检修后及时恢复
		5. 防止人身触电	（1）临时电源摆放要规范，不能私拉乱接，严禁使用花线。 （2）禁止电线、焊线浸泡水中。 （3）使用电气工具，必须装设漏电保护器
		6. 防止塌方	检修地埋管时，要做好防止塌方的措施
4	拆除前、后护板	1. 防止起重伤害	（1）认真检查钢丝绳外观情况，绳套完整，无断股、打弯现象。 （2）倒链、千斤顶使用前必须检查、校验，不合格不准使用。 （3）任何人不准在吊物下停留或行走。 （4）禁止斜拉、斜吊
		2. 防止设备损坏	将损坏的保温，检修后及时恢复
		3. 防止落物伤人	（1）三脚架三个支点，垫防滑衬板。 （2）三脚架悬吊重物，必须保持垂直，不得偏吊、斜吊。 （3）倒链、千斤顶使用前必须检查、校验，不合格不准使用。 （4）禁止管道长时间处于悬吊状态
		4. 防止机械伤害	（1）检查工器具合格。 （2）千斤顶支撑重物时，地面必须垫衬重板。 （3）重物必须与千斤垂直，不得顶偏。 （4）禁止利用千斤超负荷支撑重物
		5. 防止滑倒、碰伤	（1）要及时清理检修现场的积水。 （2）穿合适的工作鞋
5	试转	1. 防止设备损坏	将损坏的保温，检修后及时恢复
		2. 防止误动、误碰	

5.2.17 电除尘器检修

作业项目	电除尘器检修		
序号	辨识项目	辨识内容	典型控制措施
一	公共部分（健康与环境）		
	［表格内容同 1.1.1 公共部分（健康与环境）］		
二	作业内容（安全）		
1	检查工作票办理情况	无票作业、工作票种类不符或措施不完善	（1）工作票签发人、工作许可人和工作负责人应认真按照工作票制度进行工作票办理、审查和落实。 （2）对照工作票认真核对设备名称及编号。 （3）发现操作不当或需临时增加操作时，必须与运行人员联系，由运行人员进行操作，设备检修人员不得擅自进行。 （4）即使是内部工作票，也要到现场检查安全措施执行情况
2	本体检查	1. 防止机械伤害	（1）确认引、送风机停运，关闭挡板。 （2）正确使用工器具、防护用品，不合格的严禁使用。 （3）抡大锤不准戴手套，禁止单手抡大锤。 （4）使用磨光机时，火星向下，要戴防护眼镜
		2. 防止触电事故	（1）确认电除尘停电，接地开关高压放电。 （2）临时电源摆放要规范，不能私拉乱接。 （3）作电气试验时，检修人员要撤离现场。 （4）电器工具绝缘合格，无裸露电线，使用时必须装设漏电保护器；电除尘器内部检修，必须使用不超过 12V 电压的行灯变压器，行灯变压器必须放在本体外部，并可靠接地。 （5）电焊线必须绝缘良好。 （6）各种用电导线完好无损，避免挤压或接触热体
		3. 防止高处坠落	（1）人员站在设备上工作时，选择适当的工作位置，设专人监护，并正确系好安全带。 （2）拆除栏杆平台楼梯和割开的孔洞，设临时围栏并挂禁止跨越、防止高处坠落警示牌。必要时，设立专人监护。 （3）高处作业应系好安全带和防坠器，脚手架应搭设牢固、可靠

续表

序号	辨识项目	辨识内容	典型控制措施
2	本体检查	4. 防止烫伤	（1）焊工工作时，必须戴好必要的防护用品。 （2）配合焊工工作时，必须戴隔热手套。 （3）使用割具时，杜绝火焰对准工作人员。 （4）开工前，打开电除尘人孔进行通风，本体内部温度降至40℃以下，方可进入。 （5）严禁用割把照明
3	电除尘揭顶	1. 防止起重伤害	（1）倒链、千斤顶使用前，必须检查、校验，不合格不准使用。 （2）认真检查钢丝绳绳套完整，无断股、打弯现象。 （3）任何人不准在吊物下停留或行走。 （4）固定倒链部位必须可靠，达到承担被起吊质量。 （5）框架起吊后必须固定良好，禁止长时间处于悬吊状态
		2. 防止机械伤害	（1）确认引、送风机停运，关闭挡板。 （2）正确使用工器具、防护用品，不合格的严禁使用。 （3）抡大锤不准戴手套，禁止单手抡大锤。 （4）使用磨光机时，火星向下，要戴防护眼镜
		3. 防止落物伤人	（1）检查检修区域上方无高处落物危险。 （2）拆下的钢板、瓦楞板、保温材料必须放在指定地点，并固定良好。 （3）起吊钢板、瓦楞板、保温材料时，加装围栏，设专人监护、指挥。 （4）禁止工作人员上下投掷工具、材料。 （5）禁止在同一通道、同一电场交叉作业。 （6）更换阴极丝，调整阳极板，必须使用工具袋传递工具
		4. 防止滑倒、碰伤	（1）要及时清理检修现场的积水。 （2）穿合适的工作鞋
4	阳极板调整更换	1. 防止起重伤害	（1）倒链、千斤顶使用前，必须检查、校验，不合格不准使用。 （2）认真检查钢丝绳绳套完整，无断股、打弯现象。 （3）任何人不准在吊物下停留或行走。 （4）固定倒链部位必须可靠，达到承担被起吊质量。 （5）框架起吊后必须固定良好，禁止长时间处于悬吊状态

续表

序号	辨识项目	辨识内容	典型控制措施
4	阳极板调整更换	2. 防止高处坠落	（1）人员站在设备上工作时，选择适当的工作位置，设专人监护，并正确系好安全带。 （2）拆除栏杆平台楼梯和割开的孔洞，设临时围栏并挂禁止跨越、防止高处坠落警示牌。必要时，设立专人监护。 （3）高处作业应系好安全带和防坠器，脚手架应搭设牢固、可靠
		3. 防止落物伤人	（1）检查检修区域上方无高处落物危险。 （2）拆下的钢板、瓦楞板、保温材料必须放在指定地点，并固定良好。 （3）起吊钢板、瓦楞板、保温材料时，加装围栏，设专人监护、指挥。 （4）禁止工作人员上下投掷工具、材料。 （5）禁止在同一通道、同一电场交叉作业。 （6）更换阴极丝，调整阳极板，必须使用工具袋传递工具
		4. 防止机械伤害	（1）确认引、送风机停运，关闭挡板。 （2）正确使用工器具、防护用品，不合格的严禁使用。 （3）抡大锤不准戴手套，禁止单手抡大锤。 （4）使用磨光机时，火星向下，要戴防护眼镜
		5. 防止触电事故	（1）确认电除尘停电，接地开关高压放电。 （2）临时电源摆放要规范，不能私拉乱接。 （3）作电气试验时，检修人员要撤离现场。 （4）电器工具绝缘合格，无裸露电线，使用时必须装设漏电保护器；电除尘器内部检修，必须使用不超过12V电压的行灯变压器，行灯变压器必须放在本体外部，并可靠接地。 （5）电焊线必须绝缘良好。 （6）各种用电导线完好无损，避免挤压或接触热体
		6. 防止滑倒、碰伤	
5	换绝缘子	1. 防止起重伤害	（1）倒链、千斤顶使用前，必须检查、校验，不合格不准使用。 （2）认真检查钢丝绳绳套完整，无断股、打弯现象。 （3）任何人不准在吊物下停留或行走。 （4）固定倒链部位必须可靠，达到承担被起吊质量。 （5）框架起吊后必须固定良好，禁止长时间处于悬吊状态

续表

序号	辨识项目	辨识内容	典型控制措施
5	换绝缘子	2. 防止设备损坏	（1）起重机械要经检查合格，吊索荷重适当。 （2）正确使用工器具。 （3）禁止长时间悬吊阴极大框架。 （4）所有零部件必须做到“三不落地”
		3. 防止落物伤人	（1）检查检修区域上方无高处落物危险。 （2）拆下的钢板、瓦楞板、保温材料必须放在指定地点，并固定良好。 （3）起吊钢板、瓦楞板、保温材料时，加装围栏，设专人监护、指挥。 （4）禁止工作人员上下投掷工具、材料。 （5）禁止在同一通道、同一电场交叉作业。 （6）更换阴极丝，调整阳极板，必须使用工具袋传递工具
		4. 防止高处坠落	（1）人员站在设备上工作时，选择适当的工作位置，设专人监护，并正确系好安全带。 （2）拆除栏杆平台楼梯和割开的孔洞，设临时围栏并挂禁止跨越、防止高处坠落警示牌。必要时，设立专人监护。 （3）高处作业应系好安全带和防坠器，脚手架应搭设牢固、可靠
6	更换电晕线	1. 防止高处坠落	（1）人员站在设备上工作时，选择适当的工作位置，设专人监护，并正确系好安全带。 （2）拆除栏杆平台楼梯和割开的孔洞，设临时围栏并挂禁止跨越、防止高处坠落警示牌。必要时，设立专人监护。 （3）高处作业应系好安全带和防坠器，脚手架应搭设牢固、可靠
		2. 防止落物伤人	（1）检查检修区域上方无高处落物危险。 （2）拆下的钢板、瓦楞板、保温材料必须放在指定地点，并固定良好。 （3）起吊钢板、瓦楞板、保温材料时，加装围栏，设专人监护、指挥。 （4）禁止工作人员上下投掷工具、材料。 （5）禁止在同一通道、同一电场交叉作业。 （6）更换阴极丝，调整阳极板，必须使用工具袋传递工具
		3. 防止烫伤	（1）焊工工作时，必须戴好必要的防护用品。 （2）配合焊工工作时，必须戴隔热手套。 （3）使用割具时，杜绝火焰对准工作人员。 （4）开工前，打开电除尘人孔进行通风，本体内部温度降至40℃以下，方可进入。 （5）严禁用割把照明

续表

序号	辨识项目	辨识内容	典型控制措施
6	更换电晕线	4. 防止触电事故	（1）确认电除尘停电，接地开关高压放电。 （2）临时电源摆放要规范，不能私拉乱接。 （3）作电气试验时，检修人员要撤离现场。 （4）电器工具绝缘合格，无裸露电线，使用时必须装设漏电保护器；电除尘器内部检修，必须使用不超过12V电压的行灯变压器，行灯变压器必须放在本体外部，并可靠接地。 （5）电焊线必须绝缘良好。 （6）各种用电导线完好无损，避免挤压或接触热体
7	更换阴阳极振打锤	1. 防止机械伤害	（1）确认引、送风机停运，关闭挡板。 （2）正确使用工器具、防护用品，不合格的严禁使用。 （3）抡大锤不准戴手套，禁止单手抡大锤。 （4）使用磨光机时，火星向下，要戴防护眼镜
		2. 防止触电事故	（1）确认电除尘停电，接地开关高压放电。 （2）临时电源摆放要规范，不能私拉乱接。 （3）作电气试验时，检修人员要撤离现场。 （4）电器工具绝缘合格，无裸露电线，使用时必须装设漏电保护器；电除尘器内部检修，必须使用不超过12V电压的行灯变压器，行灯变压器必须放在本体外部，并可靠接地。 （5）电焊线必须绝缘良好。 （6）各种用电导线完好无损，避免挤压或接触热体
		3. 防止烫伤	
8	气流均布板更换	1. 防止高处坠落	（1）人员站在设备上工作时，选择适当的工作位置，设专人监护，并正确系好安全带。 （2）拆除栏杆平台楼梯和割开的孔洞，设临时围栏并挂禁止跨越、防止高处坠落警示牌。必要时，设立专人监护。 （3）高处作业应系好安全带和防坠器，脚手架应搭设牢固、可靠
		2. 防止落物伤人	（1）检查检修区域上方无高处落物危险。 （2）拆下的钢板、瓦楞板、保温材料必须放在指定地点，并固定良好。 （3）起吊钢板、瓦楞板、保温材料时，加装围栏，设专人监护、指挥。 （4）禁止工作人员上下投掷工具、材料。 （5）禁止在同一通道、同一电场交叉作业。 （6）更换阴极丝，调整阳极板，必须使用工具袋传递工具

续表

序号	辨识项目	辨识内容	典型控制措施
8	气流均布板更换	3. 防止触电事故	（1）确认电除尘停电，接地开关高压放电。 （2）临时电源摆放要规范，不能私拉乱接。 （3）作电气试验时，检修人员要撤离现场。 （4）电器工具绝缘合格，无裸露电线，使用时必须装设漏电保护器；电除尘器内部检修，必须使用不超过 12V 电压的行灯变压器，行灯变压器必须放在本体外部，并可靠接地。 （5）电焊线必须绝缘良好。 （6）各种用电导线完好无损，避免挤压或接触热体
9	灰斗检查	1. 防止坠落	（1）检查检修区域上方无高处落物危险。 （2）拆下的钢板、瓦楞板、保温材料必须放在指定地点，并固定良好。 （3）起吊钢板、瓦楞板、保温材料时，加装围栏，设专人监护、指挥。 （4）禁止工作人员上下投掷工具、材料。 （5）禁止在同一通道、同一电场交叉作业。 （6）更换阴极丝，调整阳极板，必须使用工具袋传递工具
		2. 防止滑倒、碰伤	（1）要及时清理检修现场的积水。 （2）穿合适的工作鞋
		3. 防止被灰埋住	
		4. 防止异物遗留在设备内	（1）封人孔前，认真检查本体内的遗留物，清点人员及所用工具。 （2）进入本体，一律使用工具袋（包括焊工的焊条头，全部入袋）
10	试验	1. 防止设备损坏	（1）起重机械要经检查合格，吊索荷重适当。 （2）正确使用工器具。 （3）禁止长时间悬吊阴极大框架。 （4）所有零部件必须做到“三不落地”
		2. 防止误动、误碰	
		3. 防止异物留在设备内	（1）封人孔前，认真检查本体内的遗留物，清点人员及所用工具。 （2）进入本体，一律使用工具袋（包括焊工的焊条头，全部入袋）
		4. 防止机械伤害	（1）确认引、送风机停运，关闭挡板。 （2）正确使用工器具、防护用品，不合格的严禁使用。 （3）抡大锤不准戴手套，禁止单手抡大锤。 （4）使用磨光机时，火星向下，要戴防护眼镜

序号	辨识项目	辨识内容	典型控制措施
10	试验	5. 防止触电事故	（1）确认电除尘停电，接地开关高压放电。 （2）临时电源摆放要规范，不能私拉乱接。 （3）作电气试验时，检修人员要撤离现场。 （4）电器工具绝缘合格，无裸露电线，使用时必须装设漏电保护器；电除尘器内部检修，必须使用不超过12V电压的行灯变压器，行灯变压器必须放在本体外部，并可靠接地。 （5）电焊线必须绝缘良好。 （6）各种用电导线完好无损，避免挤压或接触热体

5.2.18 电除尘器（电气部分）检修

作业项目	电除尘器（电气部分）检修		
序号	辨识项目	辨识内容	典型控制措施
一	公共部分（健康与环境）		
	[表格内容同1.1.1公共部分（健康与环境）]		
二	作业内容（安全）		
1	检查工作票办理情况	无票作业、工作票种类不符或措施不完善	（1）工作票签发人、工作许可人和工作负责人应认真按照工作票制度进行工作票办理、审查和落实。 （2）对照工作票认真核对设备名称及编号。 （3）发现操作不当或需临时增加操作时，必须与运行人员联系，由运行人员进行操作，设备检修人员不得擅自进行。 （4）即使是内部工作票，也要到现场检查安全措施执行情况
2	设备停电操作	1. 防止误动其他设备	（1）办理工作许可手续后，待全体人员到达工作地点，对照工作票认真核对设备名称和编号，确认无误后，工作负责人向全体成员交代安全措施、注意事项及周围工作环境。 （2）雇用临时工时，必须在监护下工作
		2. 防止误入带电间隔	做安全措施时，在工作部位悬挂“在此工作”标示牌，带电部位装设围栏，悬挂“内有高压，禁止入内”标示牌

续表

序号	辨识项目	辨识内容	典型控制措施
2	设备停电操作	3. 防止人身触电	（1）工作开工前，必须先验电，确认设备不带电后，方可开始工作。 （2）临时电源摆放要规范，不能私拉乱接。 （3）测电场绝缘时，与机械检修人员做好联系工作，待电除尘器内部工作人员全部撤出，工作票压回后，方可开始试验工作。 （4）使用电气工具必须使用有漏电保护的电源
3	设备检修	1. 防止人身触电	（1）工作开工前，必须先验电，确认设备不带电后，方可开始工作。 （2）临时电源摆放要规范，不能私拉乱接。 （3）测电场绝缘时，与机械检修人员做好联系工作，待电除尘内部工作人员全部撤出，工作票压回后，方可开始试验工作。 （4）使用电气工具必须使用有漏电保护的电源
		2. 防止感应电伤人	在工作地点做好临时接地工作
4	测绝缘	1. 防止误动其他设备	（1）办理工作许可手续后，待全体人员到达工作地点，对照工作票认真核对设备名称和编号，确认无误后，工作负责人向全体成员交代安全措施、注意事项及周围工作环境。 （2）雇用临时工时，必须在监护下工作
		2. 防止感应电伤人	在工作地点做好临时接地工作
		3. 防止人身触电	（1）工作开工前，必须先验电，确认设备不带电后，方可开始工作。 （2）临时电源摆放要规范，不能私拉乱接。 （3）测电场绝缘时，与机械检修人员做好联系工作，待电除尘内部工作人员全部撤出，工作票压回后，方可开始试验工作。 （4）使用电气工具必须使用有漏电保护的电源
5	线路送电	1. 防止误动其他设备	（1）办理工作许可手续后，待全体人员到达工作地点，对照工作票认真核对设备名称和编号，确认无误后，工作负责人向全体成员交代安全措施、注意事项及周围工作环境。 （2）雇用临时工时，必须在监护下工作
		2. 防止误入带电间隔	做安全措施时，在工作部位悬挂“在此工作”标示牌，带电部位装设围栏，悬挂“内有高压，禁止入内”标示牌

续表

序号	辨识项目	辨识内容	典型控制措施
5	线路送电	3. 防止人身触电	（1）工作开工前，必须先验电，确认设备不带电后，方可开始工作。 （2）临时电源摆放要规范，不能私拉乱接。 （3）测电场绝缘时，与机械检修人员做好联系工作，待电除尘内部工作人员全部撤出，工作票压回后，方可开始试验工作。 （4）使用电气工具必须使用有漏电保护的电源
6	升压试验	防止人身触电	（1）工作开工前，必须先验电，确认设备不带电后，方可开始工作。 （2）临时电源摆放要规范，不能私拉乱接。 （3）测电场绝缘时，与机械检修人员做好联系工作，待电除尘内部工作人员全部撤出，工作票压回后，方可开始试验工作。 （4）使用电气工具必须使用有漏电保护的电源

第6章 燃 料 专 业

6.1 燃料运行

6.1.1 斗轮机系统

作业项目	斗轮机系统启动		
序号	辨识项目	辨识内容	典型控制措施
一	公共部分（健康与环境）		
1	身体、心理素质	作业人员的身体状况，心理素质不适于高处作业	（1）不安排此次作业。 （2）不安排高处作业，安排地面辅助工作。 （3）现场配备急救药品。 ⋮
2	精神状态	作业人员连续工作，疲劳困乏或情绪异常	（1）不安排此次作业。 （2）不安排高强度、注意力高度集中、反应能力要求高的工作。 （3）作业过程适当安排休息时间。 ⋮
3	环境条件	作业区域上部有落物的可能；照明充足；安全设施完善	（1）暂时停止高处作业，工作负责人先安排检查接地线等各项安全措施是否完整，无问题后可恢复作业。 ⋮
4	业务技能	新进人员参与作业或安排人员承担不胜任的工作	（1）安排能胜任或辅助性工作。 （2）设置专责监护人进行监护。 ⋮
5	作业组合	人员搭配不合适	（1）调整人员的搭配、分工。 （2）事先协调沟通，在认识和协作上达成一致。 ⋮

续表

序号	辨识项目	辨识内容	典型控制措施
6	工期因素	工期紧张，作业人员及骨干人员不足	（1）增加人员或适当延长工期。 （2）优化作业组合或施工方案、工序。 ⋮
⋮	⋮	⋮	⋮
二	作业内容（安全）		
1		1. 工作油泵运行	（1）初次使用或长期停运后运转时，不应立即满负荷。 （2）应首先启动补油泵，然后再启动主油泵，停车时，应先关主油泵后关补油泵。 （3）油泵运行时，如发生异常的温升、泄漏、振动、噪声和压力脉动，应立即停车检查，找出原因。 （4）工作油的温度以25～55℃为佳，最高不得超过60℃。 （5）油泵马达壳体温度、壳体外露面的最高温度一般不得超过80℃
		2. 过早停运	（1）汽轮机润滑油系统必须待汽轮机组完全冷却且盘车停运8h后，方可停运。 （2）在汽轮机第一级金属温度大于149℃时，如因工作需要必须停运润滑油系统，运行人员应严密监视各轴瓦金属温度，并严格按厂家规定控制润滑油系统停运时间
		3. 悬臂皮带运行	（1）斗轮机在堆取料时，应注意悬臂皮带不要刮到煤堆上，防止损坏皮带。 （2）斗轮机运行时，在悬臂架上、走台上、过道上，不得同时站立两人以上，以防意外。 （3）在悬臂皮带压住后，悬臂应下降高度，把煤放到较远的地方。 （4）不得用悬臂架吊运200kg以上的重物。 （5）停车时，悬臂架禁止放在垂直顺向输煤主皮带的上方，必须落在煤堆上，但皮带不准接触煤，煤层距皮带不少于100mm
		4. 斗轮机电气运行	（1）夜间工作时，必须有充分的照明。合闸时，必须防止触电，应有良好的绝缘和保护措施。 （2）电气设备发生故障时和需要停、送电源时，都必须同值班调度和电工班联系。 （3）停止工作时，应切断操作台总电源开关，并切断室内取暖电气开关。 （4）经常保持轨道上和设备上其他电气设备的接地线具有良好的导电性，任何人不准将接地装置拆除。 （5）不准靠近或接触任何有电设备的带电部分

续表

序号	辨识项目	辨识内容	典型控制措施
1		5. 主车运行	（1）检查轨道与行走轮有无脱轨现象、轨道上有无杂物、两侧是否有妨碍行走的东西。 （2）主车开动前，必须检查夹轨器是否松脱，打铃警告附近人躲开。 （3）调车时悬臂架抬起，不准碰煤。 （4）调车时，距两端限位开关5m处必须慢速行驶，以防碰坏两端挡铁。 （5）堆料时，主车行走限位开关转轴的中心，距拖架中心不得少于5m（尾车方向）。 （6）主车与尾车摘钩，必须看好悬臂高度、行走距离、回转角度，以防配重架与尾车相碰
		6. 主油箱排烟风机未停	润滑油系统停运后，及时停运主油箱排烟风机

作业项目	斗轮机系统停止		
序号	辨识项目	辨识内容	典型控制措施
一	公共部分（健康与环境）		
	［表格内容同1.1.1公共部分（健康与环境）］		
二	作业内容（安全）		
1	S	1. 工作油泵运行	（1）初次使用或长期停运后运转时，不应立即满负荷。 （2）应首先启动补油泵，然后再启动主油泵，停车时，应先关主油泵后关补油泵。 （3）油泵运行时，如发生异常的温升、泄漏、振动、噪声和压力脉动，应立即停车检查，找出原因。 （4）工作油的温度以25～55℃为佳，最高不得超过60℃。 （5）油泵马达壳体温度，壳体外露面的最高温度一般不得超过80℃
		2. 过早停运	（1）汽轮机润滑油系统必须待汽轮机组完全冷却且盘车停运8h后，方可停运。 （2）在汽轮机第一级金属温度大于149℃时，如因工作需要必须停运润滑油系统，运行人员应严密监视各轴瓦金属温度，并严格按厂家规定控制润滑油系统停运时间

续表

序号	辨识项目	辨识内容	典型控制措施
1	S	3. 悬臂皮带运行	（1）斗轮机在堆取料时，应注意悬臂皮带不要刮到煤堆上，防止损坏皮带。 （2）斗轮机运行时，在悬臂架上、走台上、过道上，不得同时站立两人以上，以防意外。 （3）在悬臂皮带压住后，悬臂应下降高度，把煤放到较远的地方。 （4）不得用悬臂架吊运 200kg 以上的重物。 （5）停车时，悬臂架禁止放在垂直顺向输煤主皮带的上方，必须落在煤堆上，但皮带不准接触煤，煤层距皮带不少于 100mm
		4. 斗轮机电气运行	（1）夜间工作时，必须有充分的照明。合闸时，必须防止触电，应有良好的绝缘和保护措施。 （2）电气设备发生故障和需要停、送电源时，都必须同值班调度和电工班联系。 （3）停止工作时，应切断操作台总电源开关，并切断室内取暖电气开关。 （4）经常保持轨道上和设备上其他电气设备的接地线具有良好的导电性，任何人不准将接地装置拆除。 （5）不准靠近或接触任何有电设备的带电部分
		5. 主车运行	（1）检查轨道与行走轮有无脱轨现象、轨道上有无杂物、两侧是否有妨碍行走的东西。 （2）主车开动前，必须检查夹轨器是否松脱，打铃警告附近人躲开。 （3）调车时悬臂架抬起，不准碰煤。 （4）调车时，距两端限位开关 5m 处必须慢速行驶，以防碰坏两端挡铁。 （5）堆料时，主车行走限位开关转轴的中心，距拖架中心不得少于 5m（尾车方向）。 （6）主车与尾车摘钩，必须看好悬臂高度、行走距离、回转角度，以防配重架与尾车相碰
		6. 主油箱排烟风机未停	润滑油系统停运后，及时停运主油箱排烟风机
		7. 叶轮被卡或缠绕杂物。 （1）叶轮被大快煤卡住。 （2）叶轮轴上缠绕杂物。 （3）行走不动、清理给煤机落煤斗内的积煤和杂物及给煤机紧急故障处理	（1）密切监视电流的变化。 （2）运行前掌握煤质、煤种的情况。 （3）叶轮一旦被大快煤卡住，迅速停机处理。 （4）每周五定期清理杂物。在清理给煤机内的积煤和杂物及紧急故障处理前，必须做好防止设备转动的安全措施

作业项目	悬臂皮带联锁启动		
序号	辨识项目	辨识内容	典型控制措施
一	公共部分（健康与环境）		
	[表格内容同 1.1.1 公共部分（健康与环境）]		
二	作业内容（安全）		
1	S	1. 悬臂皮带运行	（1）斗轮机在堆取料时，应注意悬臂皮带不要刮到煤堆上，防止损坏皮带。 （2）斗轮机运行时，在悬臂架上、走台上、过道上，不得同时站立两人以上，以防意外。 （3）在悬臂皮带压住后，悬臂应下降高度，把煤放到较远的地方。 （4）不得用悬臂架吊运 200kg 以上的重物。 （5）停车时，悬臂架禁止放在垂直顺向输煤主皮带的上方，必须落在煤堆上，但皮带不准接触煤，煤层距皮带不少于 100mm
		2. 斗轮机电气运行	（1）夜间工作时，必须有充分的照明。合闸时，必须防止触电，应有良好的绝缘和保护措施。 （2）电气设备发生故障和需要停、送电源时，都必须同值班调度和电工班联系。 （3）停止工作时，应切断操作台总电源开关，并切断室内取暖电气开关。 （4）经常保持轨道上和设备上其他电气设备的接地线具有良好的导电性，任何人不准将接地装置拆除。 （5）不准靠近或接触任何有电设备的带电部分
		3. 主车运行	（1）检查轨道与行走轮有无脱轨现象、轨道上有无杂物、两侧是否有妨碍行走的东西。 （2）主车开动前，必须检查夹轨器是否松脱，打铃警告附近人躲开。 （3）调车时悬臂架抬起，不准碰煤。 （4）调车时，距两端限位开关 5m 处必须慢速行驶，以防碰坏两端挡铁。 （5）堆料时，主车行走限位开关转轴的中心，距拖架中心不得少于 5m（尾车方向）。 （6）主车与尾车摘钩，必须看好悬臂高度、行走距离、回转角度，以防配重架与尾车相碰

续表

序号	辨识项目	辨识内容	典型控制措施
1	S	4. 工作油泵运行	（1）初次使用或长期停运后运转时，不应立即满负荷。 （2）应首先启动补油泵，然后再启动主油泵，停车时，应先关主油泵后关补油泵。 （3）油泵运行时，如发生异常的温升、泄漏、振动、噪声和压力脉动，应立即停车检查，找出原因。 （4）工作油的温度以25～55℃为佳，最高不得超过60℃。 （5）油泵马达壳体温度，壳体外露面的最高温度一般不得超过80℃

作业项目	悬臂皮带联锁停止		
序号	辨识项目	辨识内容	典型控制措施
一	公共部分（健康与环境）		
	[表格内容同1.1.1 公共部分（健康与环境）]		
二	作业内容（安全）		
1	S	（1）叶轮被大快煤卡住。 （2）叶轮轴上缠绕杂物。 （3）行走不动、清理给煤机落煤斗内的积煤和杂物及给煤机紧急故障处理	（1）密切监视电流的变化。 （2）运行前掌握煤质、煤种的情况。 （3）叶轮一旦被大快煤卡住，迅速停机处理。 （4）每周五定期清理杂物。在清理给煤机内的积煤和杂物及紧急故障处理前，必须做好防止设备转动的安全措施

作业项目	悬臂皮带解锁启动		
序号	辨识项目	辨识内容	典型控制措施
一	公共部分（健康与环境）		
	[表格内容同 1.1.1 公共部分（健康与环境）]		
二	作业内容（安全）		
1	S	（1）叶轮被大快煤卡住。 （2）叶轮轴上缠绕杂物。 （3）行走不动、清理给煤机落煤斗内的积煤和杂物及给煤机紧急故障处理	（1）密切监视电流的变化。 （2）运行前掌握煤质、煤种的情况。 （3）叶轮一旦被大快煤卡住，迅速停机处理。 （4）每周五定期清理杂物。在清理给煤机内的积煤和杂物及紧急故障处理前，必须做好防止设备转动的安全措施

作业项目	悬臂皮带解锁停止		
序号	辨识项目	辨识内容	典型控制措施
一	公共部分（健康与环境）		
	[表格内容同 1.1.1 公共部分（健康与环境）]		
二	作业内容（安全）		
1	S	（1）叶轮被大快煤卡住。 （2）叶轮轴上缠绕杂物。 （3）行走不动、清理给煤机落煤斗内的积煤和杂物及给煤机紧急故障处理	（1）密切监视电流的变化。 （2）运行前掌握煤质、煤种的情况。 （3）叶轮一旦被大快煤卡住，迅速停机处理。 （4）每周五定期清理杂物。在清理给煤机内的积煤和杂物及紧急故障处理前，必须做好防止设备转动的安全措施

作业项目	副尾车皮带联锁启动		
序号	辨识项目	辨识内容	典型控制措施
一	公共部分（健康与环境）		
	[表格内容同 1.1.1 公共部分（健康与环境）]		

续表

序号	辨识项目	辨识内容	典型控制措施
二	作业内容（安全）		
1	S	（1）叶轮被大快煤卡住。 （2）叶轮轴上缠绕杂物。 （3）行走不动、清理给煤机落煤斗内的积煤和杂物及给煤机紧急故障处理	（1）密切监视电流的变化。 （2）运行前掌握煤质、煤种的情况。 （3）叶轮一旦被大快煤卡住，迅速停机处理。 （4）每周五定期清理杂物。在清理给煤机内的积煤和杂物及紧急故障处理前，必须做好防止设备转动的安全措施

作业项目	副尾车皮带联锁停止		
序号	辨识项目	辨识内容	典型控制措施
一	公共部分（健康与环境）		
	[表格内容同 1.1.1 公共部分（健康与环境）]		
二	作业内容（安全）		
1	S	（1）叶轮被大快煤卡住。 （2）叶轮轴上缠绕杂物。 （3）行走不动、清理给煤机落煤斗内的积煤和杂物及给煤机紧急故障处理	（1）密切监视电流的变化。 （2）运行前掌握煤质、煤种的情况。 （3）叶轮一旦被大快煤卡住，迅速停机处理。 （4）每周五定期清理杂物。在清理给煤机内的积煤和杂物及紧急故障处理前，必须做好防止设备转动的安全措施

作业项目	副尾车皮带解锁启动		
序号	辨识项目	辨识内容	典型控制措施
一	公共部分（健康与环境）		
	[表格内容同 1.1.1 公共部分（健康与环境）]		

续表

序号	辨识项目	辨识内容	典型控制措施
二	作业内容（安全）		
1	S	（1）叶轮被大快煤卡住。 （2）叶轮轴上缠绕杂物。 （3）行走不动、清理给煤机落煤斗内的积煤和杂物及给煤机紧急故障处理	（1）密切监视电流的变化。 （2）运行前掌握煤质、煤种的情况。 （3）叶轮一旦被大快煤卡住，迅速停机处理。 （4）每周五定期清理杂物。在清理给煤机内的积煤和杂物及紧急故障处理前，必须做好防止设备转动的安全措施

作业项目	副尾车皮带解锁停止		
序号	辨识项目	辨识内容	典型控制措施
一	公共部分（健康与环境）		
	[表格内容同 1.1.1 公共部分（健康与环境）]		
二	作业内容（安全）		
1	S	（1）叶轮被大快煤卡住。 （2）叶轮轴上缠绕杂物。 （3）行走不动、清理给煤机落煤斗内的积煤和杂物及给煤机紧急故障处理	（1）密切监视电流的变化。 （2）运行前掌握煤质、煤种的情况。 （3）叶轮一旦被大快煤卡住，迅速停机处理。 （4）每周五定期清理杂物。在清理给煤机内的积煤和杂物及紧急故障处理前，必须做好防止设备转动的安全措施

作业项目	斗轮机主尾车集中手动落下		
序号	辨识项目	辨识内容	典型控制措施
一	公共部分（健康与环境）		
	[表格内容同 1.1.1 公共部分（健康与环境）]		

续表

序号	辨识项目	辨识内容	典型控制措施
二	作业内容（安全）		
1	S	（1）叶轮被大快煤卡住。 （2）叶轮轴上缠绕杂物。 （3）行走不动、清理给煤机落煤斗内的积煤和杂物及给煤机紧急故障处理	（1）密切监视电流的变化。 （2）运行前掌握煤质、煤种的情况。 （3）叶轮一旦被大快煤卡住，迅速停机处理。 （4）每周五定期清理杂物。在清理给煤机内的积煤和杂物及紧急故障处理前，必须做好防止设备转动的安全措施

作业项目	斗轮机主尾车就地手动升起		
序号	辨识项目	辨识内容	典型控制措施
一	公共部分（健康与环境）		
	[表格内容同 1.1.1 公共部分（健康与环境）]		
二	作业内容（安全）		
1	S	（1）叶轮被大快煤卡住。 （2）叶轮轴上缠绕杂物。 （3）行走不动、清理给煤机落煤斗内的积煤和杂物及给煤机紧急故障处理	（1）密切监视电流的变化。 （2）运行前掌握煤质、煤种的情况。 （3）叶轮一旦被大快煤卡住，迅速停机处理。 （4）每周五定期清理杂物。在清理给煤机内的积煤和杂物及紧急故障处理前，必须做好防止设备转动的安全措施

作业项目	斗轮机主尾车就地手动落下		
序号	辨识项目	辨识内容	典型控制措施
一	公共部分（健康与环境）		
	[表格内容同 1.1.1 公共部分（健康与环境）]		

续表

序号	辨识项目	辨识内容	典型控制措施
二	作业内容（安全）		
1	S	（1）叶轮被大快煤卡住。 （2）叶轮轴上缠绕杂物。 （3）行走不动、清理给煤机落煤斗内的积煤和杂物及给煤机紧急故障处理	（1）密切监视电流的变化。 （2）运行前掌握煤质、煤种的情况。 （3）叶轮一旦被大快煤卡住，迅速停机处理。 （4）每周五定期清理杂物。在清理给煤机内的积煤和杂物及紧急故障处理前，必须做好防止设备转动的安全措施

作业项目	门式抓煤机卸车、上煤操作		
序号	辨识项目	辨识内容	典型控制措施
一	公共部分（健康与环境）		
	［表格内容同 1.1.1 公共部分（健康与环境）］		
二	作业内容（安全）		
1	S	1. 坠落：上下门式抓煤机时，工作人员跌落	门式抓煤机应挂“非经许可不准攀登”的标志牌，上下门式抓煤机时，抓好扶手，机械室门应设闭锁装置
		2. 外力：抓煤机行走时，造成人员挤伤；采用人工在车辆内测车、取样和清理车底时，抓斗操作伤人；抓煤机在煤场倒堆或上煤时，煤场内有人，抓斗碰撞或撒煤伤人。	（1）防止抓煤机行走造成人员挤伤的措施：抓煤机司机登车后，应检查煤斗平台和小车轨道无人后，才能启动抓煤机；启动前，应发音响信号；抓煤机运行中应将操作室门窗关好，禁止探头伸手，禁止人员进出操作室；定期试验操作室门的闭锁是否良好，发现问题及时处理；操作中人员需上机时，应按动楼梯口的联系按钮，待停车后上机；抓煤机大车轨道附近应设置“当心机械伤人”标志牌，抓煤机上安装声光警示信号，在大车行走时提醒人员躲避。 （2）防止抓斗操作伤人的措施：抓煤机启动前，必须与煤管联系好，确认机车已退出操作区，人工采样测车工作已完成，需要卸煤的车辆内没有人员后，方可发警铃信号，落下抓斗进行操作。抓斗不得从车辆内人员上方通过；人员和抓煤机禁止在同一车辆内操作，抓煤机司机卸车操作时发现车辆内有人进入，必须立即停止操作，通知人员离开卸车区域；抓煤机抓斗区域设“工作现场，禁止通行”标志牌。 （3）防止抓煤机行走时，抓斗碰撞或撒煤伤人的措施：抓煤机司机在倒堆或上煤操作时发现下方有人，必须立即停止操作，通知人员离开
		3. 抓斗进出车辆时，造成设备损坏	抓斗进出车辆前，应先提升到最大高度，再操作行走

作业项目	悬臂式斗轮堆、取料机运行操作		
序号	辨识项目	辨识内容	典型控制措施
一	公共部分（健康与环境）		
	[表格内容同 1.1.1 公共部分（健康与环境）]		
二	作业内容（安全）		
1	S	1. 触电：电动机的外壳接地不合格，电动机外壳带电发生人身触电	电动机停运 15 天及以上，或出现电动机进水、过热等异常情况，启动前，应测试电动机绝缘，绝缘应在合格范围内；检查接地良好
		2. 外力：斗轮机操作时，操作区内有人员、车辆，发生人身伤害	斗轮机操作前，操作人员必须确认操作区内无人和车辆；斗轮机大车行走时，发出行走报警信号；清理斗轮机转动设备积煤及皮带滚筒黏煤时，应进行设备停电
		3. 斗轮机与带式输送机无联锁运行，造成严重堵煤和损坏皮带	运行中必须投入斗轮机与带式输送机的联锁保护；认真做好联锁及各种保护的定期试验工作，确保联锁及各种保护处在良好状态；保护时，应停止运行
		4. 在较陡的煤堆底部取煤，引起煤堆塌方，发生斗轮或悬臂损坏	斗轮机在较陡的煤堆取料时，应自上而下分层取煤；严禁在煤堆底部直接进行取煤操作
		5. 斗轮机、推煤机配合作业时，发生碰撞	斗轮机操作人员应注意观察推煤机的操作动向，保持 3m 以上的安全距离
		6. 斗轮机大车行走时，外挂行走变速箱碰撞杂物，造成损坏	定期检查行走机构，斗轮机运行前，应及时清除行走变速箱处的积煤和杂物
		7. 斗轮机操作时遇上大风或停止操作后没有锚定，造成斗轮机被风刮动倾倒	操作人员随时掌握天气变化情况，做好防范措施；保持风速仪完好；操作期间遇有 6 级及以上大风时，应立即停止斗轮机操作，迅速将大臂落在煤堆上，操作夹轨器夹紧；停止操作后，斗轮机应退出操作区，夹紧夹轨器，落下斗轮机锚定

6.1.2 推煤机系统

作业项目	推煤机运行		
序号	辨识项目	辨识内容	典型控制措施
一	公共部分（健康与环境）		
	[表格内容同 1.1.1 公共部分（健康与环境）]		

续表

序号	辨识项目	辨识内容	典型控制措施
二	作业内容（安全）		
1	S	推土机煤场作业	（1）上煤工作开始前，当班组长应与调度联系，明确上煤指挥人员和指挥方式。 （2）当放煤眼四周煤层高度超过 2m 时，推土机大铲的前端距篦子 1m 远停车，防止陷车。 （3）掏沟上煤或向外推煤时，其沟的宽度不得小于 6m，深度不得大于 5m，两侧坡不超过 35°，以防塌方埋车。 （4）推土机在煤眼上部作业，司机应确认小车上煤位置，确知放煤眼上方煤层是否结实，若棚空一律禁止通行。 （5）严格遵守推土机在储煤场栈桥下的安全标高距离（3m），以防撞车。 （6）皮带放煤及推土机推煤不得在放煤孔中心同时作业，防止埋车、砸车、煤料飞扬迷司机眼睛。 （7）当煤场自燃起火，需用推土机处理，如隐患区域较大，应配合喷淋降温

作业项目	推煤机停运		
序号	辨识项目	辨识内容	典型控制措施
一	公共部分（健康与环境）		
	[表格内容同 1.1.1 公共部分（健康与环境）]		
二	作业内容（安全）		
1	S	推土机运行	（1）在行驶时，将推土板提高到离地 400mm 左右即可，使前方视线清晰。 （2）司机应坐着驾驶和操作，不能站立或远离驾驶。 （3）在任何情况下，必须正确操作，不能超速，急剧起动。尽量避免急刹车、急转弯和蛇形驾驶。 （4）推土机过桥梁时，应预先了解桥梁承载能力，确认安全后才能低速通过，禁止越过负重量小于 16t 的桥梁。 （5）推土机夜间作业，应确保良好的辅助照明设备。 （6）推土机越过铁路时，应垂直于铁轨，并以低速行驶，禁止在铁路上停留或转向。 （7）在坡道上禁止用制动踏板进行急刹车。 （8）在斜坡上遇到发动机熄火时，应首先放下推土板，将车停稳

6.1.3 装载车系统

作业项目	装载和启动		
序号	辨识项目	辨识内容	典型控制措施
一	公共部分（健康与环境）		
	[表格内容同 1.1.1 公共部分（健康与环境）]		
二	作业内容（安全）		
1	S	1. 卸煤机上下及附近有人易伤人	发现卸煤机上、下及附近有人应立即停止作业，并禁止升降和旋转绞龙
		2. 设备在运行中有异声、异常气味等异常情况时易发生事故	设备在运行中发现有异声、异味等异常现象时，应立即停止设备运行进行检查，发现问题及时报告调度，找电工或检修人员处理
		3. 用卸车机代牵引、推动动力或起吊用具易发生事故	禁止和卸车机代替牵引或推动动当起吊用具使用
		4. 卸煤沟无照明或照明严重不足时易发生事故	卸煤沟无照明或照明严重不足时，应停止运行，待电工处理完毕后方可运行
		5. 闭锁装置及制动器不灵敏，易伤人	闭锁装置及制动器不灵活应立即停止运行，待检修或电工处理完毕后方可运行
		6. 各部转动开关不灵敏，易伤人	各部转动开关不灵敏时，应立即停止运行，待电工处理完毕后方可运行
		7. 上煤眼附近煤层高 1.5m 时易对工作人员造成人身威胁	煤场上煤眼附近煤层高于 1.5m 时，必须要带好安全带，否则不许工作
		8. 储煤场夜间作业照明不充足（或无照明）时易伤人	储煤场夜间作业照明不充足（或无照明）威胁人身安全时，应立即停止作业，待电工处理完毕达到运行条件时方可继续作业

6.1.4 皮带系统

作业项目	燃料运行操作		
序号	辨识项目	辨识内容	典型控制措施
一	公共部分（健康与环境）		
	[表格内容同 1.1.1 公共部分（健康与环境）]		

续表

序号	辨识项目	辨识内容	典型控制措施
二	作业内容（安全）		
1	S	（1）胶带上卡有大快煤。 （2）犁煤器抬不起或放不到位	（1）运行前掌握煤质情况。 （2）认真巡查设备，发现异常，及时停机处理。 （3）犁煤器放不到位时应迅速抬起，并通知检修人员处理。 （4）及时清理犁煤器上的黏煤
		（1）轴承缺油。 （2）减速机、液力耦合器缺油。 （3）人员不经过通行桥而直接跨越皮带。 （4）清理输送机头、尾滚筒积煤	（1）按时巡视设备，检查轴承温度及运行工况；若发现异常，应立即通知检修人员处理。 （2）每天定时检查油位是否正常，有无泄漏现象。 （3）必须经过通行桥来跨越皮带，严禁直接跨越。 （4）禁止在运行中清理

作业项目	皮带解锁手动停机		
序号	辨识项目	辨识内容	典型控制措施
一	公共部分（健康与环境）		
	[表格内容同 1.1.1 公共部分（健康与环境）]		
二	作业内容（安全）		
1	S	（1）胶带上卡有大快煤。 （2）犁煤器抬不起或放不到位	（1）运行前掌握煤质情况。 （2）认真巡查设备，发现异常，及时停机处理。 （3）犁煤器放不到位时应迅速抬起，并通知检修人员处理。 （4）及时清理犁煤器上的黏煤
		（1）轴承缺油。 （2）减速机、液力耦合器缺油。 （3）人员不经过通行桥而直接跨越皮带。 （4）清理输送机头、尾滚筒积煤	（1）按时巡视设备，检查轴承温度及运行工况；若发现异常，应立即通知检修人员处理。 （2）每天定时检查油位是否正常，有无泄漏现象。 （3）必须经过通行桥来跨越皮带，严禁直接跨越。 （4）禁止在运行中清理

作业项目	皮带解锁就地手动运		
序号	辨识项目	辨识内容	典型控制措施
一	公共部分（健康与环境）		
	[表格内容同 1.1.1 公共部分（健康与环境）]		
二	作业内容（安全）		
1	S	（1）胶带上卡有大快煤。 （2）犁煤器抬不起或放不到位	（1）运行前掌握煤质情况。 （2）认真巡查设备，发现异常，及时停机处理。 （3）犁煤器放不到位时应迅速抬起，并通知检修人员处理。 （4）及时清理犁煤器上的黏煤
		（1）轴承缺油。 （2）减速机、液力耦合器缺油。 （3）人员不经过通行桥而直接跨越皮带。 （4）清理输送机头、尾滚筒积煤	（1）按时巡视设备，检查轴承温度及运行工况；若发现异常，应立即通知检修人员处理。 （2）每天定时检查油位是否正常，有无泄漏现象。 （3）必须经过通行桥来跨越皮带，严禁直接跨越。 （4）禁止在运行中清理

作业项目	皮带解锁就地手动停机		
序号	辨识项目	辨识内容	典型控制措施
一	公共部分（健康与环境）		
	[表格内容同 1.1.1 公共部分（健康与环境）]		
二	作业内容（安全）		
1	S	（1）胶带上卡有大快煤。 （2）犁煤器抬不起或放不到位	（1）运行前掌握煤质情况。 （2）认真巡查设备，发现异常，及时停机处理。 （3）犁煤器放不到位时应迅速抬起，并通知检修人员处理。 （4）及时清理犁煤器上的黏煤
		（1）轴承缺油。 （2）减速机、液力耦合器缺油。 （3）人员不经过通行桥而直接跨越皮带。 （4）清理输送机头、尾滚筒积煤	（1）按时巡视设备，检查轴承温度及运行工况；若发现异常，应立即通知检修人员处理。 （2）每天定时检查油位是否正常，有无泄漏现象。 （3）必须经过通行桥来跨越皮带，严禁直接跨越。 （4）禁止在运行中清理

作业项目	带式输送机运行操作		
序号	辨识项目	辨识内容	典型控制措施
一	公共部分（健康与环境）		
	［表格内容同 1.1.1 公共部分（健康与环境）］		
二	作业内容（安全）		
1	S	1. 触电：电动机的外壳接地不合格，电动机外壳带电发生人身触电	（1）防止设备检修停送电时发生触电的措施：见公共项目“电气工具和用具的使用”。 （2）防止电动机的绝缘不好、接地不良，发生人身触电的措施：电动机停运 15 天及以上，或出现电动机进水、过热等异常情况，启动前，应测试电动机绝缘，绝缘应在合格范围内；检查接地良好
		2. 外力：带式输送机运行中，人员接触转动设备造成人身伤害；人员跨越带式输送机或从带式输送机下爬过，造成人身伤害；运行中调整皮带跑偏时造成人员伤害	（1）防止人员接触转动设备造成人身伤害的措施：转动设备保护罩完好，严禁接触转动设备；不准用木棒、铁棍等工具校正运行中跑偏的皮带；禁止手伸进护栏内向转动部位加油，使用带嘴油壶加油。 （2）防止人员跨越或爬过带式输送机，造成人身伤害的措施：人员需要越过带式输送机操作时，必须走通行桥或走带式输送机头、尾通道，禁止跨越或爬过带式输送机；带式输送机应设有“禁止跨越”标志牌，通行桥处应设有“从此通过”标志牌。 （3）防止运行中调整皮带跑偏时造成人员伤害的措施：发现皮带跑偏时，使用调偏托辊进行调整；不准用木棒、铁棍等工具校正运行中跑偏的皮带；发现跑偏严重立即停止皮带运行
		3. 带式输送机带负荷启动、超负荷运行，发生电动机过载、皮带拉断	正常情况下禁止带负荷启动；异常情况带负荷停止带式输送机运行时，必须卸载减少皮带负荷后，方可启动；带式输送机运行中，煤源岗位值班员应控制给煤量，保持负荷稳定；集控值班员根据设备电流变化情况，及时通知煤源值班员调整给煤量，禁止皮带长时间超负荷运行
		4. 运行中皮带严重跑偏、堵煤，造成皮带损坏	皮带严重跑偏时，及时调整；调整无效时，停止带式输送机运行；启动前、停止后，值班员应清理落煤筒内积煤，运行中应及时投入振动器运行，防止发生堵煤；做好各种保护装置的定期试验工作，确保各种保护装置处在良好状态
		5. 带式输送机运行时，清扫器、犁煤器划伤、撕破皮带	清扫器完好、安装牢固，与皮带接触良好；犁煤器落下与皮带保持平行，接触良好；抬犁煤器时必须抬落到位，以防卡住大块煤损坏皮带；犁煤器与皮带接触过紧无法调整时，应立即停止带式输送机运行；加强运行巡回检查，及时清除皮带上的异物、铁器

序号	辨识项目	辨识内容	典型控制措施
1	S	6. 积煤自燃、检修现场遗留火种，引起火灾	煤场冒烟的煤不能通过带式输送机向原煤仓上煤、配煤，以防着火烧坏皮带；上煤配煤操作结束后，必须将带式输送机上的余煤全部输送干净，以防余煤自燃，发生火灾；运行人员必须对检修现场设备进行检查，消除遗留火种；输煤系统各岗位配备消防栓和灭火器；输煤皮带停止上煤期间，也应坚持巡视检查，发现积煤、积粉应及时清理；燃用易自燃的煤种的电厂应采用阻燃输煤皮带；应经常清扫输煤系统、辅助设备、电缆排架等各处的积粉

6.1.5 燃烧系统

作业项目	供油泵程控启动		
序号	辨识项目	辨识内容	典型控制措施
一	公共部分（健康与环境）		
	[表格内容同 1.1.1 公共部分（健康与环境）]		
二	作业内容（安全）		
1	S	1. 卸油槽车	（1）配车前，要检查铁道上和两侧有无障碍物加热管、栈桥上的梯子是否收回固定。 （2）上下油槽车前，要查看梯子、走台、栏杆是否完整、无损，是否有污油。 （3）揭开油槽车上盖前，不要用易产生火花的工具进行敲打，用力要轻，身体、头部不要正对上盖。 （4）查看油槽车内油温、油位，进行油质化验。 （5）接油槽车下卸管时，要由工人进行并相互配合、监护，以防跑油。 （6）遇有坏车，不能下卸；而进行上卸前，要将上卸泵和胶管用蒸汽进行吹扫、加温。 （7）放油后，随时查看油沟内的油位、油温，及时启动卸油泵，将油输入贮油罐，以防溢油，油温控制在规定范围内
		2. 油沟周围的杂草和污油	应定期组织人员进行清理，以防发生火灾和爆炸
		3. 卸油栈台上的梯子、栏杆	应定期检查，发现有断裂、变形，要及时汇报及时处理，污油要及时清理
		4. 蒸汽管道、阀门	根据大气变化，及时开启、关闭、调整汽门，以防冻坏设备和浪费热能

续表

序号	辨识项目	辨识内容	典型控制措施
1	S	5. 卸油母管	按时活动管线，定期检查保温是否良好，以防燃油凝管
		6. 上卸泵电动机、电源箱	加装防护罩（盖），以防雨水、雪水入内，烧损电动机，漏电伤人
		7. 卸油泵抢修后的启动试验和停止	（1）各部螺栓是否松动，联轴器扩罩是否牢固。 （2）吹风门是否关严。 （3）旁路门、出口门是否关严，入门口是否全开。 （4）泵温是否与入口门前温度一致。 （5）开启排汽门，观察泵内是否有空气。 （6）检查泵体是否有漏泄。 （7）泵启动后，认真观察电流表和压力表所显示数据是否符合要求规定。 （8）卸油泵停止运转后，及时开启旁路门，保持适当的回油量，以防燃油凝管、凝泵
		8. 污水泵的启动和停止	（1）启动污水泵前，检查集水坑内水位和是否有积油，泵内是否有空气，各部螺栓是否松动，出口门是否开启。 （2）泵启动后，检查是否有漏泄，集水坑内水位是否下降（发现异常立即运行），待水位下降到一定位置时，立即停泵以免泵内进入空气
		9. 卸油泵房内地面、楼梯上，水沟集水坑中的积油杂物	要清除以防发生火灾，摔伤工作人员和凝泵、凝管、堵泵、堵管
		10.（1）本体制动器拒动或松动。 （2）压车梁液压系统泄压或压力整定值过低	（1）认真监视翻车机的电流变化。 （2）按时巡查设备，检查制动器的工作状况及制动间隙是否在正常范围内。 （3）定期试验、调整压力

作业项目	机车整备泵停机		
序号	辨识项目	辨识内容	典型控制措施
一	公共部分（健康与环境）		
	[表格内容同 1.1.1 公共部分（健康与环境）]		

续表

序号	辨识项目	辨识内容	典型控制措施
二	作业内容（安全）		
1	S	1. 油沟周围的杂草和污油	应定期组织人员进行清理，以防发生火灾和爆炸
		2. 卸油栈台上的梯子、栏杆	应定期检查，发现有断裂、变形，要及时汇报及时处理，污油要及时清理
		3. 卸油母管	按时活动管线，定期检查保温是否良好，以防燃油凝管

作业项目	汽车卸油		
序号	辨识项目	辨识内容	典型控制措施
一	公共部分（健康与环境）		
	[表格内容同 1.1.1 公共部分（健康与环境）]		
二	作业内容（安全）		
1	S	管道沟、孔洞盖板	随时检查管道沟、孔、洞盖板是否有人动过，盖没盖好，有无损坏，以防工作人员掉入摔伤

作业项目	供油泵就地启动		
序号	辨识项目	辨识内容	典型控制措施
一	公共部分（健康与环境）		
	[表格内容同 1.1.1 公共部分（健康与环境）]		
二	作业内容（安全）		
1	S	（1）本体制动器拒动或松动。 （2）压车梁液压系统泄压或压力整定值过低	（1）认真监视翻车机的电流变化。 （2）按时巡查设备，检查制动器的工作状况及制动间隙是否在正常范围内。 （3）定期试验、调整压力

作业项目	供油泵就地停机		
序号	辨识项目	辨识内容	典型控制措施
一	公共部分（健康与环境）		
	［表格内容同 1.1.1 公共部分（健康与环境）］		
二	作业内容（安全）		
1	S	（1）本体制动器拒动或松动。 （2）压车梁液压系统泄压或压力整定值过低	（1）认真监视翻车机的电流变化。 （2）按时巡查设备，检查制动器的工作状况及制动间隙是否在正常范围内。 （3）定期试验、调整压力

作业项目	卸油泵程控启动		
序号	辨识项目	辨识内容	典型控制措施
一	公共部分（健康与环境）		
	［表格内容同 1.1.1 公共部分（健康与环境）］		
二	作业内容（安全）		
1	S	1. 卸油槽车	（1）配车前，要检查铁道上和两侧有无障碍物，加热管、栈桥上的梯子是否收回固定。 （2）上下油槽车前，要查看梯子、走台、栏杆是否完整、无损，是否有污油。 （3）揭开油槽车上盖前，不要用易产生火花的工具进行敲打，用力要轻，身体、头部不要正对上盖。 （4）查看油槽车内油温、油位，进行油质化验。 （5）接油槽车下卸管时，要由工人进行并相互配合、监护，以防跑油。 （6）遇有坏车，不能下卸；而进行上卸前，要将上卸泵和胶管用蒸汽进行吹扫、加温。 （7）放油后，随时查看油沟内的油位、油温，及时启动卸油泵，将油输入贮油罐，以防溢油，油温控制在规定范围内
		2. 油沟周围的杂草和污油	应定期组织人员进行清理，以防发生火灾和爆炸
		3. 卸油栈台上的梯子、栏杆	应定期检查，发现有断裂、变形，要及时汇报及时处理，污油要及时清理

序号	辨识项目	辨识内容	典型控制措施
1	S	4. 蒸汽管道、阀门	根据大气变化，及时开启、关闭、调整汽门，以防冻坏设备和浪费热能
		5. 卸油母管	按时活动管线，定期检查保温是否良好，以防燃油凝管
		6. 上卸泵电动机、电源箱	加装防护罩（盖），以防雨水、雪水入内，烧损电动机，漏电伤人
		7. 润滑油位低	（1）启动皮带前的 3～5min 启动稀油站。 （2）检查液压站和减速机油位是否正常。 （3）油路无堵塞现象，压力表反应正常，发现问题，应及时通知检修人员处理

作业项目	卸油泵程控停机		
序号	辨识项目	辨识内容	典型控制措施
一	公共部分（健康与环境）		
	［表格内容同 1.1.1 公共部分（健康与环境）］		
二	作业内容（安全）		
1	S	1. 卸油栈台上的梯子、栏杆	应定期检查，发现有断裂、变形，要及时汇报及时处理，污油要及时清理
		2. 卸油槽车	（1）配车前，要检查铁道上和两侧有无障碍物，加热管、栈桥上的梯子是否收回固定。 （2）上下油槽车前，要查看梯子、走台、栏杆是否完整、无损，是否有污油。 （3）揭开油槽车上盖前，不要用易产生火花的工具进行敲打，用力要轻，身体、头部不要正对上盖。 （4）查看油槽车内油温、油位，进行油质化验。 （5）接油槽车下卸管时，要由工人进行并相互配合、监护，以防跑油。 （6）遇有坏车，不能下卸；而进行上卸前，要将上卸泵和胶管用蒸汽进行吹扫、加温。 （7）放油后，随时查看油沟内的油位、油温，及时启动卸油泵，将油输入贮油罐，以防溢油，油温控制在规定范围内
		3. 油沟周围的杂草和污油	应定期组织人员进行清理，以防发生火灾和爆炸

续表

序号	辨识项目	辨识内容	典型控制措施
1	S	4. 蒸汽管道、阀门	根据大气变化，及时开启、关闭、调整汽门，以防冻坏设备和浪费热能
		5. 卸油母管	按时活动管线，定期检查保温是否良好，以防燃油凝管
		6. 上卸泵电动机、电源箱	加装防护罩（盖），以防雨水、雪水入内，烧损电动机，漏电伤人
		7. 润滑油位低	（1）启动皮带前的 3～5min 启动稀油站。 （2）检查液压站和减速机油位是否正常。 （3）油路无堵塞现象，压力表反应正常，发现问题应及时通知检修人员处理

作业项目	机车整备泵启动		
序号	辨识项目	辨识内容	典型控制措施
一	公共部分（健康与环境）		
	[表格内容同 1.1.1 公共部分（健康与环境）]		
二	作业内容（安全）		
1	S	1. 卸油槽车	（1）配车前，要检查铁道上和两侧有无障碍物，加热管、栈桥上的梯子是否收回固定。 （2）上下油槽车前，要查看梯子、走台、栏杆是否完整、无损有污油。 （3）揭开油槽车上盖前，不要用易产生火花的工具进行敲打，用力要轻，身体、头部不要正对上盖。 （4）查看油槽车内油温、油位，进行油质化验。 （5）接油槽车下卸管时，要由工人进行并相互配合、监护，以防跑油。 （6）遇有坏车，不能下卸；而进行上卸前，要将上卸泵和胶管用蒸汽进行吹扫、加温。 （7）放油后，随时查看油沟内的油位、油温，及时启动卸油泵，将油输入贮油罐，以防溢油，油温控制在规定范围内
		2. 油沟周围的杂草和污油	应定期组织人员进行清理，以防发生火灾和爆炸
		3. 卸油栈台上的梯子、栏杆	应定期检查，发现有断裂、变形，要及时汇报及时处理，污油要及时清理

续表

序号	辨识项目	辨识内容	典型控制措施
1	S	4. 蒸汽管道、阀门	根据大气变化，及时开启、关闭、调整汽门，以防冻坏设备和浪费热能
		5. 卸油母管	按时活动管线，定期检查保温是否良好，以防燃油凝管
		6. 上卸泵电动机、电源箱	加装防护罩（盖），以防雨水、雪水入内，烧损电动机，漏电伤人

作业项目	机车整备泵停机		
序号	辨识项目	辨识内容	典型控制措施
一	公共部分（健康与环境）		
	［表格内容同 1.1.1 公共部分（健康与环境）］		
二	作业内容（安全）		
1	S	1. 卸油槽车	（1）配车前，要检查铁道上和两侧有无障碍物，加热管、栈桥上的梯子是否收回固定。 （2）上下油槽车前，要查看梯子、走台、栏杆是否完整、无损有污油。 （3）揭开油槽车上盖前，不要用易产生火花的工具进行敲打，用力要轻，身体、头部不要正对上盖。 （4）查看油槽车内油温、油位，进行油质化验。 （5）接油槽车下卸管时，要由工人进行并相互配合、监护，以防跑油。 （6）遇有坏车，不能下卸；而进行上卸前，要将上卸泵和胶管用蒸汽进行吹扫、加温。 （7）放油后，随时查看油沟内的油位、油温，及时启动卸油泵，将油输入贮油罐，以防溢油，油温控制在规定范围内
		2. 蒸汽管道、阀门	根据大气变化，及时开启、关闭、调整汽门，以防冻坏设备和浪费热能
		3. 上卸泵电动机、电源箱	加装防护罩（盖），以防雨水、雪水入内，烧损电动机，漏电伤人

作业项目	汽车卸油		
序号	辨识项目	辨识内容	典型控制措施
一	公共部分（健康与环境）		
	［表格内容同 1.1.1 公共部分（健康与环境）］		
二	作业内容（安全）		
1	S	1. 加热器	（1）应定期进行打压试验和金属探伤检测。 （2）加强巡视检查有无漏泄和回水带油。 （3）及时调整加热温度保证控制供回油温度，以保证锅炉所需和防止燃油凝管、供油泵汽化等
		2. 加热器附属管线、阀门等	经常检查油、汽回水管线阀门有无漏泄、损坏，阀门开关是否灵活、好用，有无内漏，保温有无脱落，发现问题及时汇报处理，以防发生火灾和造成浪费
		3. （1）加热器温度过高。 （2）压力过低或过高	（1）注意观察筒体上的温度表，温度达到 45℃应切断加热器，以防止热而出故障。 （2）观察压力表，使筒内压力保持在 0.05～0.1MPa

作业项目	泡沫灭火装置启动		
序号	辨识项目	辨识内容	典型控制措施
一	公共部分（健康与环境）		
	［表格内容同 1.1.1 公共部分（健康与环境）］		
二	作业内容（安全）		
1	S	1. 值班室内操作盘面上的电气、热工表计开关等	定期进行维护、测试、校对，保证灵活好用准确，为设备安全稳定运行提供可靠的参数
		2. 油、汽、水管线、阀门、联箱等漏泄	及时进行处理，清除污油，防止发生火灾和烫伤工作人员

续表

序号	辨识项目	辨识内容	典型控制措施
1	S	3. 供油泵的启动、运行	（1）启动前，检查各部螺栓是否松动，联轴器安装是否牢固，冷却水管是否畅通，泵体是否漏油，润滑油是否合格（油质油位），电动机接地线是否牢固，泵内是否有空气，泵体温度是否与入口门外侧一致，吹扫门、旁路门、出口门是否关闭到位，入口门是否全开。 （2）启动后，观察电流表、压力表，调整出口门，使电流、油压平稳符合安全要求，以防烧损电动机，爆管，保证锅炉所需油压油量；然后检查泵体是否有漏泄，电动机和泵运转是否平稳，没有异声，轴承压盖处是否超温
		4. 供油泵备用状态	检查备用泵是否具备启动状态，如泵体是否处在热状态，旁路门、入口门、出口门是否开启到位等
		5. 梯子、水沟盖板	发现梯子、水沟盖板损坏、未盖好，要及时修理、盖好，以防工作人员摔伤、扭伤
		6. 地面上、水沟内和设备上的污油杂物	要及时进行清理，以免发生火灾和滑倒工作人员

作业项目	泡沫灭火装置停止		
序号	辨识项目	辨识内容	典型控制措施
一	公共部分（健康与环境）		
	[表格内容同 1.1.1 公共部分（健康与环境）]		
二	作业内容（安全）		
1	S	1. 供油泵的启动、运行	（1）启动前，检查各部螺栓是否松动，联轴器安装是否牢固，冷却水管是否畅通，泵体是否漏油，润滑油是否合格（油质油位），电动机接地线是否牢固，泵内是否有空气，泵体温度是否与入口门外侧一致，吹扫门、旁路门、出口门是否关闭到位，入口门是否全开。 （2）启动后，观察电流表、压力表，调整出口门，使电流、油压平稳符合安全要求，以防烧损电动机，爆管，保证锅炉所需油压油量；然后检查泵体是否有漏泄，电动机和泵运转是否平稳，没有异声，轴承压盖处是否超温
		2. 供油泵备用状态	检查备用泵足否具备启动状态，如泵体是否处在热状态，旁路门、入口门、出口门是否开启到位等

续表

序号	辨识项目	辨识内容	典型控制措施
1	S	3. 值班室内操作盘面上的电气、热工表计开关等	定期进行维护、测试、校对，保证灵活好用准确，为设备安全稳定运行提供可靠的参数
		4. 油、汽、水管线、阀门、联箱等漏泄	及时进行处理，清除污油，防止发生火灾和烫伤工作人员
		5. 梯子、水沟盖板	发现梯子、水沟盖板损坏、未盖好，要及时修理、盖好，以防工作人员摔伤、扭伤
		6. 地面上、水沟内和设备上的污油杂物	要及时进行清理，以免发生火灾和滑倒工作人员

作业项目	含油废水处理装置停止		
序号	辨识项目	辨识内容	典型控制措施
一	公共部分（健康与环境）		
	[表格内容同 1.1.1 公共部分（健康与环境）]		
二	作业内容（安全）		
1	S	（1）卸油栈台结冰。 （2）工作时使用铁器工具。 （3）卸油温度高	（1）冬季在栈台铺草垫，做好防滑准备工作。 （2）卸油时，禁止使用箍有铁丝的软胶管或钢管接头吸油，打开油盖时，应使用铜制工具。 （3）按规定控制卸油温度，油温不得越过 45℃

6.1.6 翻车机系统

作业项目	重车调车机就地手动启动		
序号	辨识项目	辨识内容	典型控制措施
一	公共部分（健康与环境）		
	[表格内容同 1.1.1 公共部分（健康与环境）]		

续表

序号	辨识项目	辨识内容	典型控制措施
二	作业内容（安全）		
1	S	1. 摘风管易挤手	摘风管时，手不要在接头处，以防挤手
		2. 车辆缓解不良溜不进翻车机平台	检查手制动闸和车辆三通阀，消除制动达到缓解
		3. 异型车造成设备损坏	发现异型车应及时汇报，并不准翻卸，以防造成损坏
		4. 车辆破损	发现来的车辆有破损时，应作好记录汇报
		5. 开启车辆排气阀易伤人	一只手握住风管头部，另一只手开启风门，以防伤人

作业项目	重车调车机就地手动停止		
序号	辨识项目	辨识内容	典型控制措施
一	公共部分（健康与环境）		
	[表格内容同 1.1.1 公共部分（健康与环境）]		
二	作业内容（安全）		
1	S	1. 摘风管易挤手	摘风管时，手不要在接头处，以防挤手
		2. 车辆缓解不良溜不进翻车机平台	检查手制动闸和车辆三通阀，消除制动达到缓解
		3. 异型车造成设备损坏	发现异型车应及时汇报，并不准翻卸，以防造成损坏
		4. 车辆破损	发现来的车辆有破损时，应作好记录汇报
		5. 开启车辆排气阀易伤人	一只手握住风管头部，另一只手开启风门，以防伤人

作业项目	空车调车机集中手动启动		
序号	辨识项目	辨识内容	典型控制措施
一	公共部分（健康与环境）		
	[表格内容同 1.1.1 公共部分（健康与环境）]		

续表

序号	辨识项目	辨识内容	典型控制措施
二	作业内容（安全）		
1	S	1. 煤斗中煤面与篦子之间无空间造成掉道	煤斗中煤面与篦子之间空间必须能容下篦子上的存煤，才能启动破碎机
		2. 篦子上有杂物或附近有人时易造成事故	篦子上有杂物或附近有人时，禁止启动破碎机，防止发生事故

作业项目	空车调车机集中手动停止		
序号	辨识项目	辨识内容	典型控制措施
一	公共部分（健康与环境）		
	［表格内容同 1.1.1 公共部分（健康与环境）］		
二	作业内容（安全）		
1	S	1. 煤斗中煤面与篦子之间无空间造成掉道	煤斗中煤面与篦子之间空间必须能容下篦子上的存煤，才能启动破碎机
		2. 篦子上有杂物或附近有人时易造成事故	篦子上有杂物或附近有人时，禁止启动破碎机，防止发生事故

作业项目	空车调车机就地手动停止		
序号	辨识项目	辨识内容	典型控制措施
一	公共部分（健康与环境）		
	［表格内容同 1.1.1 公共部分（健康与环境）］		
二	作业内容（安全）		
1	S	1. 煤斗中煤面与篦子之间无空间造成掉道	煤斗中煤面与篦子之间空间必须能容下篦子上的存煤，才能启动破碎机

续表

序号	辨识项目	辨识内容	典型控制措施
1	S	2. 篦子上有杂物或附近有人时易造成事故	篦子上有杂物或附近有人时，禁止启动破碎机，防止发生事故

作业项目	空车调车机就地手动启动		
序号	辨识项目	辨识内容	典型控制措施
一	公共部分（健康与环境）		
	[表格内容同 1.1.1 公共部分（健康与环境）]		
二	作业内容（安全）		
1	S	1. 煤斗中煤面与篦子之间无空间造成掉道	煤斗中煤面与篦子之间空间必须能容下篦子上的存煤，才能启动破碎机
		2. 篦子上有杂物或附近有人时易造成事故	篦子上有杂物或附近有人时，禁止启动破碎机，防止发生事故

作业项目	迁车台集中手动启动		
序号	辨识项目	辨识内容	典型控制措施
一	公共部分（健康与环境）		
	[表格内容同 1.1.1 公共部分（健康与环境）]		
二	作业内容（安全）		
1	S	（1）油中水含量高。 （2）油罐温度高	（1）定期对油罐进行疏水、排水。 （2）油罐温度按规定应维持在 30～40℃，超过 40℃时，必须投喷冷却装置

作业项目	迁车台集中手动停止		
序号	辨识项目	辨识内容	典型控制措施
一	公共部分（健康与环境）		
	[表格内容同 1.1.1 公共部分（健康与环境）]		
二	作业内容（安全）		
1	S	（1）油中水含量高。 （2）油罐温度高	（1）定期对油罐进行疏水、排水。 （2）油罐温度按规定应维持在 30～40℃，超过 40℃时，必须投喷冷却装置

作业项目	迁车台就地手动启动		
序号	辨识项目	辨识内容	典型控制措施
一	公共部分（健康与环境）		
	[表格内容同 1.1.1 公共部分（健康与环境）]		
二	作业内容（安全）		
1	S	（1）油中水含量高。 （2）油罐温度高	（1）定期对油罐进行疏水、排水。 （2）油罐温度按规定应维持在 30～40℃，超过 40℃时，必须投喷冷却装置

作业项目	迁车台就地手动停止		
序号	辨识项目	辨识内容	典型控制措施
一	公共部分（健康与环境）		
	[表格内容同 1.1.1 公共部分（健康与环境）]		
二	作业内容（安全）		
1	S	（1）油中水含量高。 （2）油罐温度高	（1）定期对油罐进行疏水、排水。 （2）油罐温度按规定应维持在 30～40℃，超过 40℃时，必须投喷冷却装置

作业项目	连接车辆风管操作		
序号	辨识项目	辨识内容	典型控制措施
一	公共部分（健康与环境）		
	[表格内容同 1.1.1 公共部分（健康与环境）]		
二	作业内容（安全）		
1	S	1. 调整错位钩头时，空车移动造成人身伤害	调整错位钩头时，必须停止空车铁牛或空车调车机工作，利用空车铁牛或空车调车机工作停止间隙，对车辆间错位的钩头进行调整校正
		2. 连接车辆间的风管操作时，空车移动造成人身伤害	整列车辆必须接卸完毕，空车铁牛或空车调车机已停止工作，并退出；车辆手闸制动拧紧，放置好铁鞋
		3. 车辆间的钩头虚挂，机车调车操作时，车厢脱节，造成风管拉断	在连接风管前，必须确认钩头已连接好，钩头销已落到位

作业项目	重车调车机运行操作		
序号	辨识项目	辨识内容	典型控制措施
一	公共部分（健康与环境）		
	[表格内容同 1.1.1 公共部分（健康与环境）]		
二	作业内容（安全）		
1	S	1. 触电：电动机的外壳接地不合格，电动机外壳带电发生人身触电	电动机停运 15 天及以上，或出现电动机进水、过热等异常情况，启动前，应测试电动机绝缘，绝缘应在合格范围内；检查接地良好
		2. 坠落：在重车上进行人工采样操作时，重车移动造成人员坠落	必须投入重车调车机联锁保护；操作人员牵引重车前，必须确认重车上采样工作已完毕，并得到采样人员发出的允许牵车信号后，方可操作重车调车机牵引重车

续表

序号	辨识项目	辨识内容	典型控制措施
1	S	3. 外力：解列风管操作过程中，重车移动造成人员伤害；人员进入重车调车机操作区内，重车移动造成人身伤害；车辆钩头提销摘钩或调整车辆钩头时，重车调车机移动造成人员挤伤	（1）防止解列风管时重车移动造成人员碰伤的措施：重车调车机牵引整列重车操作前，操作人员必须确认解列车辆风管操作已结束、人员全部返回到位，并接到翻车机负责人“解列风管人员到齐、可以牵引整列重车”的通知后，方可进行牵引整列重车操作。 （2）防止人员进入重车调车机作业区，重车移动造成人身伤害的措施：牵引重车操作前，操作人员必须确认重车调车机操作区内无人，发出牵车信号后，方可进行牵引重车操作；铁路沿线设挂“未经许可　禁止入内”标志牌，警示铁路沿线人员，不得在车辆间和车底穿行。 （3）防止提销摘钩或调整车辆钩头时，重车调车机移动造成人员挤伤的措施：在重车调车机停止行走时进行摘钩和钩头调整；摘除车辆钩销时，站在车辆外侧，摘除后立即离开车辆
		4. 重车手闸制动未放开，车辆两头放置的铁鞋未撤离，车辆风管制动风压未完全释放，重车调车机牵引行走缓慢、吃力，电动机电流异常升高，造成重车调车机电动机及车辆制动装置损坏	发现异常应立即停止牵车工作；对整列重车手闸制动、铁鞋和车辆制动风压释放情况进行全面检查，彻底释放车辆制动风压，全部松开车辆手闸制动，待找出原因、处理完毕、人员撤离现场返回后，才能重新启动运行
		5. 重车调车机返回接车时，调车臂液压系统故障，调车臂未抬到位，造成调车臂与翻车机本体相撞	严格执行运行规程，运行中不得解除联锁保护，运行中注意观察调车臂的运行情况，发现调车臂升起不到位或返回过程中有下降现象时，应立即停止重车调车机和翻车机操作

作业项目	重车铁牛运行操作		
序号	辨识项目	辨识内容	典型控制措施
一	公共部分（健康与环境）		
	［表格内容同 1.1.1 公共部分（健康与环境）］		
二	作业内容（安全）		
1	S	1. 触电：电动机的外壳接地不合格，电动机外壳带电发生人身触电	电动机停运 15 天及以上，或出现电动机进水、过热等异常情况，启动前，应测试电动机绝缘，绝缘应在合格范围内；检查接地良好

续表

序号	辨识项目	辨识内容	典型控制措施
1	S	2. 坠落：在重车上进行人工采样操作时，重车移动造成人员坠落	必须投入重车铁牛联锁保护；牵引重车前，操作人员必须确认采样工作已完毕，并得到采样人员发出的允许牵车信号后，方可操作重车铁牛牵引重车
		3. 外力：解列风管操作未结束或人员未全部返回时，重车移动造成人员碰伤；重车铁牛操作时，人员进入重车铁牛操作区内或跨越重车铁牛沟道，造成人身伤害；进行车辆钩头提销或整理车辆钩头操作时，重车铁牛进行连接重车操作，造成人员挤伤；重车铁牛钢丝绳卡头螺栓松动，运行时钢丝绳脱扣甩出，造成人身伤害	（1）防止风管解列未结束或人员未全部返回时，重车移动造成人员碰伤的措施：重车铁牛牵引整列重车操作前，操作人员必须确认解列车辆风管操作已结束，且人员全部撤离返回，并接到翻车机负责人“解列风管人员到齐、可以牵引整列重车”的通知后，方可进行牵引整列重车操作。 （2）防止人员进入重车铁牛操作区或跨越重车铁牛沟道，造成人身伤害的措施：牵引重车操作前，操作人员必须确认重车铁牛操作区内无人，发出牵车信号后，方可进行牵引重车操作；铁路沿线设挂“未经许可　禁止入内”标志牌；重车铁牛沟沿线设有栏杆及“严禁跨越”标志牌。 （3）防止提销摘钩或整理车辆钩头时，重车铁牛移动造成人员挤伤的措施：在车辆到达摘钩平台，重车铁牛停止行走时进行摘钩和钩头调整；摘除车辆钩销时，站在车辆外侧，摘除后立即离开车辆。 （4）防止钢丝绳卡头螺栓松动，钢丝绳脱扣甩出造成人身伤害的措施：重车铁牛行走沿线设有栏杆及“严禁跨越”标志牌；运行中加强巡回检查，注意观察钢丝绳卡头松紧度，发现钢丝绳卡头处窜动或卡头螺栓松动，应立即停止运行
		4. 重车手闸制动未放开，车辆两头放置的铁鞋未撤销，车辆风管制动风压未完全释放，重车铁牛牵引行走缓慢、吃力，电动机电流异常升高，造成重车铁牛电动机及车辆制动装置损坏	发现异常应立即停止牵车工作；对整列重车手闸制动、铁鞋和车辆制动风压释放情况进行全面检查，彻底释放车辆制动风压，全部松开车辆手闸制动，待找出原因、处理完毕、人员撤离现场返回后，才能重新启动运行
		5. 钢丝绳松弛，造成钢丝绳乱槽或脱离导向轮而被绞断	加强运行中的巡回检查，及时掌握钢丝绳的张紧度，发现钢丝绳张紧度不足或拖地时，应立即停止设备运行

作业项目	摘钩平台运行操作		
序号	辨识项目	辨识内容	典型控制措施
一	公共部分（健康与环境）		
	[表格内容同 1.1.1 公共部分（健康与环境）]		

续表

序号	辨识项目	辨识内容	典型控制措施
二	作业内容（安全）		
1	S	重车在摘钩平台升起后不溜动，处理过程中车辆突然溜动，造成人身伤害	发现摘钩平台升起后车辆不溜动，应迅速将摘钩平台下降到零位，切断摘钩平台电源，在确认对人员无伤害后，方可进行检查处理

作业项目	翻车机运行操作		
序号	辨识项目	辨识内容	典型控制措施
一	公共部分（健康与环境）		
	[表格内容同 1.1.1 公共部分（健康与环境）]		
二	作业内容（安全）		
1	S	1. 触电：电动机的外壳接地不合格，电动机外壳带电发生人身触电	电动机停运 15 天及以上，或出现电动机进水、过热等异常情况，启动前，应测试电动机绝缘，绝缘应在合格范围内；检查接地良好
		2. 外力：翻车机操作时，人员在翻车机平台上及操作区内穿行或停留，造成人身伤害	翻车机工作期间，禁止人员穿行或停留；翻车机操作前，操作人员必须确认翻车机操作区内无人，并得到现场人员发出的允许翻车信号后，方可进行翻车操作；翻车机操作完毕后，及时关闭翻车机栏杆并加锁；翻车机周围设有栏杆和“危险止步”标志牌及音响报警信号
		3. 车辆未完全在翻车机平台上就位，进行翻转操作，造成车辆脱轨	翻车机翻车操作前，操作人员必须确认重车在翻车机平台上就位停稳，并得到现场人员发出的重车就位可以翻车的信号后，方可进行翻车操作
		4. 翻车机平台及迁车平台轨道错位，继续牵送车辆，造成车辆脱轨	翻车机进重车或推空车操作前，操作人员必须确认轨道对位，“对位准确”信号灯亮，并得到现场人员发出的轨道对位准确可以牵送车辆的指令后，方可进行操作
		5. 翻车机液压系统泄漏、压车梁压车力不足，翻转过程中造成车辆脱落	发现翻车机液压系统泄漏、压车臂压车力不均匀，立即停止设备运行（检修人员定期检查试验，调整压力，确保各压车臂压力足够，液压锁紧装置正常）

续表

序号	辨识项目	辨识内容	典型控制措施
1	S	6. 翻车机翻卸完毕的空车未及时推出，摘钩平台溜放重车，造成空、重车辆相撞	翻车机操作人员确认空车已推出翻车机平台后，方可操作定位器升起；定位器升起后，向摘钩平台操作人员发出进车信号；处理未推出翻车机平台的空车时，应切断翻车机操作电源，使用卷扬机将空车牵引出翻车机平台

作业项目	迁车平台运行操作		
序号	辨识项目	辨识内容	典型控制措施
一	公共部分（健康与环境）		
	［表格内容同 1.1.1 公共部分（健康与环境）］		
二	作业内容（安全）		
1	S	1. 迁车台移动时，人员在迁车平台上随迁送空车移动或迁车平台基坑有人，造成人身伤害	迁车平台操作前，操作人员必须确认迁车平台基坑及周围无人后，方可进行迁送车操作；迁车平台周围设有栏杆；挂“禁止入内”标志牌
		2. 车辆未完全进入迁车平台时，迁车平台向空车线迁送车辆或车辆未完全推出迁车平台时，操作迁车平台返回重车线，造成车辆脱轨	向空车线迁送空车操作前，操作人员必须确认摘钩平台溜放的重车在翻车机平台上平稳就位、空车全部进入迁车平台停稳后，方可操作迁车平台迁送空车；迁车平台返回重车线前，操作人员必须确认空车全部推出迁车平台后，方可操作迁车平台返回重车线
		3. 迁车平台轨道错位时，推送空车，造成车辆脱轨	向空车线推送空车前，操作人员必须确认迁车平台轨道与空车线轨道对位准确后，方可操作推送空车
		4. 卷扬机牵引未进入迁车平台的车辆时，未切断翻车机及迁车平台操作电源，钢丝绳拉断造成人身伤害或设备误动造成车辆脱轨	使用卷扬机牵引车辆时，应切断翻车机及迁车平台操作电源；操作人员必须确认牵引钢丝绳周围无人后，方可进行牵引工作
		5. 翻卸不符合要求的车辆造成翻车机与车辆损坏	值班人员必须检查煤车是否符合翻车机的要求，不准翻卸不符合要求的煤车

作业项目	空车调车机运行操作		
序号	辨识项目	辨识内容	典型控制措施
一	公共部分（健康与环境）		
	[表格内容同 1.1.1 公共部分（健康与环境）]		
二	作业内容（安全）		
1	S	1. 触电：电动机的外壳接地不合格，电动机外壳带电发生人身触电	电动机停运 15 天及以上，或出现电动机进水、过热等异常情况，启动前，应测试电动机绝缘，绝缘应在合格范围内；检查接地良好
		2. 外力：空车调车机操作时，人员在车辆之间穿行、整理车辆钩头，造成人身伤害；空车调车机钢丝绳卡头螺栓松动，空车调车机运行时，钢丝绳脱扣甩出，造成人身伤害	（1）防止人员在车辆之间穿行、整理车辆钩头造成人身伤害的措施：必须确认空车调车机操作区内无人后，方可操作空车调车机进行推送车操作；空车调车机操作时，人员不得在车辆间穿行、整理车辆钩头。 （2）防止钢丝绳脱扣甩出造成人身伤害的措施：运行中加强巡回检查，注意观察钢丝绳卡头松紧度，发现钢丝绳卡头处窜动或卡头螺栓松动，应立即停止设备运行；空车调车机行走沿线设有栏杆、挂“严禁跨越”标志牌
		3. 迁车平台轨道对位不准时，空车调车机推送空车，造成车辆脱轨	空车调车机操作前，操作人员必须确认迁车平台轨道与空车线基础轨道对位准确后，方可进行推送车辆操作
		4. 钢丝绳松弛，钢丝绳乱槽或脱离导向轮而被绞伤、绞断	加强运行中的巡回检查，及时掌握钢丝绳的张紧度，发现钢丝绳张紧度不足或拖地时，应立即停止设备运行

作业项目	空车铁牛运行操作		
序号	辨识项目	辨识内容	典型控制措施
一	公共部分（健康与环境）		
	[表格内容同 1.1.1 公共部分（健康与环境）]		
二	作业内容（安全）		
1	S	1. 人员在车辆之间穿行、整理校正错位车辆钩头，空车铁牛操作时，造成人身伤害	必须确认操作区内无人后，方可进行推车操作；空车铁牛操作时，人员不得在车辆间穿行、整理车辆钩头

续表

序号	辨识项目	辨识内容	典型控制措施
1	S	2. 空车铁牛钢丝绳卡头螺栓松动，空车铁牛运行时，会导致钢丝绳脱扣甩出，造成人身伤害	运行中加强巡回检查，注意观察钢丝绳卡头松紧度，发现钢丝绳卡头处窜动或卡头螺栓松动，应立即停止空车铁牛运行；空车铁牛行走沿线设有栏杆、“严禁跨越”标志牌
		3. 迁车平台推出的空车未越过空牛槽时，空车铁牛出牛槽顶坏车辆	必须确认迁车平台上推出的空车已越过空牛槽后，方可进行推送空车操作
		4. 钢丝绳松弛，造成钢丝绳乱槽或脱离导向轮而被绞伤、绞断	加强运行中的巡回检查，及时掌握钢丝绳的张紧度，发现钢丝绳张紧度不足或拖地时，应立即停止设备运行

作业项目	翻车机篦子层清理操作		
序号	辨识项目	辨识内容	典型控制措施
一	公共部分（健康与环境）		
	［表格内容同 1.1.1 公共部分（健康与环境）］		
二	作业内容（安全）		
1	S	1. 坠落：人员清理翻车机煤斗或煤槽篦子上物体及杂物时，从煤篦子坠落和绞伤	清理工作前，切断翻车机电源，挂“禁止合闸　有人工作”标志牌；工作人员系好安全带；篦子铺设防护板，人员站在防护板上，并有专人监护；停止给煤机运行
		2. 外力：人员进入翻车机下、篦子上清理物体及杂物时，翻车机误动，造成人身伤害	翻车机必须停电并确认，电源开关上挂“禁止合闸　有人工作”标志牌

6.1.7　推土机、卸煤机

作业项目	推土机运行		
序号	辨识项目	辨识内容	典型控制措施
一	公共部分（健康与环境）		
	［表格内容同 1.1.1 公共部分（健康与环境）］		

续表

序号	辨识项目	辨识内容	典型控制措施
二	作业内容（安全）		
1	S	推土机运行	（1）在行驶时，将推土板提高到离地400mm左右即可，使前方视线清晰。 （2）司机应坐着驾驶和操作，不能站立或远离驾驶。 （3）在任何情况下，必须正确操作，不能超速，急剧起动。尽量避免急刹车、急转弯和蛇形驾驶。 （4）推土机过桥梁时，应预先了解桥梁承载能力，确认安全后才能低速通过，禁止越过负重小于16t的桥梁。 （5）推土机夜间作业，应确保良好的辅助照明设备。 （6）推土机越过铁路时，应垂直于铁轨，并以低速行驶，禁止在铁路上停留或转向。 （7）在坡道上禁止用制动踏板进行急刹车。 （8）在斜坡上遇到发动机熄火时，应首先放下推土板，将车停稳

作业项目	推煤机、装载机煤场操作		
序号	辨识项目	辨识内容	典型控制措施
一	公共部分（健康与环境）		
	[表格内容同1.1.1公共部分（健康与环境）]		
二	作业内容（安全）		
1	S	1. 推煤机使用钢丝绳拖车时，钢丝绳脱扣、断裂，造成人身伤害	使用6倍及以上安全系数的钢丝绳进行拖车；检查钢丝绳无缺陷，并贴有检验合格证；钢丝绳与车辆连接要牢固；拖动时应慢速起步，拖车与被拖车之间保持一定的安全距离；钢丝绳周围禁止人员停留和穿行
		2. 推煤机在高速直线或在斜坡上转弯操作时，发生车辆倾翻	推煤操作时，应低速行驶，车速不大于5km/h，严禁在高速直线和在斜坡上转弯；在陡坡和煤堆上操作时，必须与煤堆边缘保持2m以上的安全距离

续表

序号	辨识项目	辨识内容	典型控制措施
1	S	3. 推煤机在斜坡上熄火，发生车辆下滑倾翻	推煤机在斜坡上熄火时，应立即使用手制动并把铲刀着地，锁住制动闸
		4. 推煤机与斗轮机配合操作，造成碰撞	推煤机与斗轮机应保持 3m 以上的安全距离
		5. 装载机清理火车空车线积煤，容易与空车碰撞	装载机与空车保持 1m 以上的安全距离；装载机行驶中，车速不大于 5km/h
		6. 装载机刹车装置失灵造成设备损坏	使用前检查刹车装置灵活，刹车装置不正常或有其他重大缺陷时禁止使用

作业项目	螺旋卸煤机卸车操作		
序号	辨识项目	辨识内容	典型控制措施
一	公共部分（健康与环境）		
	[表格内容同 1.1.1 公共部分（健康与环境）]		
二	作业内容（安全）		
1	S	1. 卸煤机行走时，上下造成挤伤	卸煤机司机登车后，应检查机顶平台和轨道无人后，才能启动卸煤机，启动前应发音响信号；卸煤机运行中应将操作室门窗关好，严禁探头、伸手，禁止人员上下；定期试验操作室门闭锁是否良好，发现问题及时检修；卸车完成后，将卸煤机开到指定地点，从扶梯上下，不得从轨道层行走上下
		2. 在重车内测车、取样和清理车底时，卸煤机螺旋体伤人	卸煤机司机启动卸煤机前，必须与煤管联系好，确认机车已退出操作区，人工采样测车工作已完成。需要卸煤的重车内没有人员后，方可发音响信号，落下螺旋体进行操作；人员和卸煤机禁止在同一重车内操作，卸煤机司机发现卸车操作的重车内有人进入，必须立即停止操作，通知人员离开重车内和两侧煤排出的区域；卸煤机不得从重车内工作人员上方通过；人工清理车底煤，必须在卸煤机械停止后方可进行

续表

序号	辨识项目	辨识内容	典型控制措施
1	S	3. 开车厢门时，卸煤机已运行造成人身伤害	卸煤机司机应确认重车两侧门已打开，开车门的人离开后，才能开始卸煤运行操作
		4. 螺旋卸煤机操作室门无闭锁装置造成人员挤伤	螺旋卸煤机操作室门应装设闭锁装置，窗应封闭或加网
		5. 同一专用线上多台卸煤机操作时，卸煤机行走时撞到前方操作的卸煤机，损坏设备	同一专用线上多台卸煤机操作时，不能在相邻车辆内同时卸煤；如果需要卸煤机推顶另一台卸煤机时，应先确认卸煤机螺旋体提起，需推顶的卸煤机大车刹车已解开；推顶时，减速慢行，使两车的缓冲器起作用后才能正常操作
		6. 卸煤时螺旋体进煤过深或被卡涩，造成设备损坏	运行中注意螺旋体带负荷要均匀，一般情况下，进入煤层深度不得超过螺旋体的1/2；如超负荷跳闸，应马上把螺旋体提出煤层，待恢复后重新启动；螺旋体在煤层中发生蹦跳现象时，应立即停车查明原因
		7. 卸煤机跨越车辆时，螺旋体提升高度不够或边提升边行走，碰坏设备	卸煤机跨越车辆前，应先将螺旋体提升到最大高度，再操作行走；禁止边提升螺旋体边操作大车跨越车辆
		8. 机车行走时，螺旋体下落，碰坏设备	卸车完成后，应将螺旋体提升到最大高度，加装防坠落销子；提升时应注意观察，不得依赖限位开关，防止损坏提升链条

6.1.8 装载车系统

作业项目	装载和启动		
序号	辨识项目	辨识内容	典型控制措施
一	公共部分（健康与环境）		
	[表格内容同1.1.1公共部分（健康与环境）]		

续表

序号	辨识项目	辨识内容	典型控制措施
二	作业内容（安全）		
1	S	1. 信号灯、电铃及照明不好易伤人	找电工处理完毕后方备用
		2. 被卸车与机车未脱钩，易发生事故	卸煤组长与卸煤司机确认被卸车与机车已脱钩，方可上机准备工作
		3. 各部电动机、减速机地脚螺栓、轴承螺栓缺损及松动易伤人	发现上述缺陷应立即报告调度，通知检修或电工处理，处理完毕后方可备用
		4. 卸煤沟内粉尘浓度高或其他原因造成能见度差，影响正常工作时易伤人	卸煤沟粉尘浓度高或因其他原因造成能见度差时，应待粉尘浓度降低或其他原因造成的能见度差的现象消除后，方可准备工作

作业项目	装载车停止		
序号	辨识项目	辨识内容	典型控制措施
一	公共部分（健康与环境）		
	[表格内容同 1.1.1 公共部分（健康与环境）]		
二	作业内容（安全）		
1	S	1. 信号灯、电铃及照明不好易伤人	找电工处理完毕后方备用
		2. 被卸车与机车未脱钩，易发生事故	卸煤组长与卸煤司机确认被卸车与机车已脱钩，方可上机准备工作
		3. 各部电动机、减速机地脚螺栓、轴承螺栓缺损及松动易伤人	发现上述缺陷应立即报告调度，通知检修或电工处理，处理完毕后方可备用
		4. 卸煤沟内粉尘浓度高或其他原因造成能见度差，影响正常工作时易伤人	卸煤沟粉尘浓度高或因其他原因造成能见度差时，应待粉尘浓度降低或其他原因造成的能见度差的现象消除后，方可准备工作

6.1.9 煤场维护

作业项目	煤场维护		
序号	辨识项目	辨识内容	典型控制措施
一	公共部分（健康与环境）		
	［表格内容同 1.1.1 公共部分（健康与环境）］		
二	作业内容（安全）		
1	S	1. 各部电动机、减速机地脚螺栓、轴承螺栓缺损及松动易伤人	发现上述缺陷应立即报告调度，通知检修或电工处理，处理完毕后方可备用
		2. 被卸车与机车未脱钩，易发生事故	卸煤组长与卸煤司机确认被卸车与机车已脱钩，方可上机准备工作
		3. 卸煤沟内粉尘浓度高或其他原因造成能见度差，影响正常工作时易伤人	卸煤沟粉尘浓度高或因其他原因造成能见度差时，应待粉尘浓度降低或其他原因造成的能见度差的现象消除时可准备工作
		4. 推土机运行	（1）在行驶时，将推土板提高到离地 400mm 左右即可，使前方视线清晰。 （2）司机应坐着驾驶和操作，不能站立或远离驾驶。 （3）在任何情况下，必须正确操作，不能超速，急剧起动。尽量避免急刹车、急转弯和蛇形驾驶。 （4）推土机过桥梁时，应预先了解桥梁承载能力，确认安全后才能低速通过，禁止越过负重小于 16t 的桥梁。 （5）推土机夜间作业，应确保良好的辅助照明设备。 （6）推土机越过铁路时，应垂直于铁轨，并以低速行驶，禁止在铁路上停留或转向。 （7）在坡道上禁止用制动踏板进行急刹车。 （8）在斜坡上遇到发动机熄火时，应首先放下推土板，将车停稳
		5. 各部电动机、减速机地脚螺栓、轴承螺栓缺损及松动易伤人	发现上述缺陷，应立即报告调度，通知检修或电工处理，处理完毕后方可备用

6.1.10 碎煤机、给煤机

作业项目	碎煤机运行操作		
序号	辨识项目	辨识内容	典型控制措施
一	公共部分（健康与环境）		
	[表格内容同 1.1.1 公共部分（健康与环境）]		
二	作业内容（安全）		
1	S	1. 触电：电动机的外壳接地不合格，电动机外壳带电发生人身触电	电动机停运 15 天及以上，或出现电动机进水、过热等异常情况，启动前，应测试电动机绝缘，绝缘应在合格范围内；检查接地良好
		2. 外力：清理碎煤机内积煤、杂物时，环锤转动，造成人身伤害	碎煤机及上一级设备必须停电，挂“禁止合闸　有人工作”标志牌，使用撬棍卡住转子摇臂或做好其他防止环锤转动的安全措施后，方可进行清理工作；清理碎煤机内的积煤、杂物时，应使用专用工具，严禁人员进入碎煤机或直接用手进行清理工作；碎煤机未停止或运行中，严禁打开孔门进行杂物清理工作
		3. 碎煤机异常停运，短时间内连续启动，造成高压电动机损坏	应及时查明原因，待故障消除后，方可再次启动；碎煤机出现异常未消除前只允许重新启动一次；每次启动间隔为 5min
		4. 碎煤机带负荷启动，造成高压电动机损坏	碎煤机带负荷停机后，再次启动前，必须将碎煤机内积煤清理干净。清理碎煤机内积煤时，必须切断电源，做好防止转子转动的安全措施。碎煤机内积煤清理完毕后，关闭碎煤机检查门和观察门，方可送电启动碎煤机运行

作业项目	叶轮给煤机运行操作		
序号	辨识项目	辨识内容	典型控制措施
一	公共部分（健康与环境）		
	[表格内容同 1.1.1 公共部分（健康与环境）]		
二	作业内容（安全）		
1	S	1. 清理拨齿及拨齿下煤筒积煤、杂物，拨齿突然转动，造成人身伤害	必须将叶轮给煤机退出操作区，拨煤机及其下方带式输送机停电，并做好防止设备转动的安全措施

续表

序号	辨识项目	辨识内容	典型控制措施
1	S	2. 叶轮给煤机拨齿在煤槽中被埋住，启动困难，以至损坏电动机	上煤工作结束前，应及时将叶轮给煤机退至工作区域边缘；上煤工作结束后，退出工作区域。不具备退出作业区条件的叶轮给煤机，上煤工作结束前，及时将拨齿上方煤槽煤吃空
		3. 叶轮给煤机行走中，由于拖缆绞拧或滑轮脱落，造成电缆磨损或被拉断	运行中注意检查拖缆、滑轮的运行情况，发现异常及时停机

作业项目	螺旋给煤机运行操作		
序号	辨识项目	辨识内容	典型控制措施
一	公共部分（健康与环境）		
	［表格内容同 1.1.1 公共部分（健康与环境）］		
二	作业内容（安全）		
1	S	1. 清理螺旋体上积煤、杂物及处理螺旋体卡堵时，螺旋体突然转动，发生人身伤害	螺旋给煤机及下方带式输送机必须停电，并做好防止设备转动的安全措施
		2. 运行中清理落煤筒造成人员伤害	不得在螺旋给煤机及相关设备运行中清理落煤筒，必须清理时，应停止运行并将事故按钮打到零位
		3. 除铁器运行中，人工清理除铁器吸出的铁件或在除铁器弃铁处停留，造成人身伤害	清理除铁器吸出的铁件时，必须停止除铁器及皮带运行并切断电源；工作人员应戴上手套，并使用工具进行清理工作；盘式除铁器移动时，除铁器下方的人行通道不得有人；带式除铁器弃铁处周围设有围栏和“当心机械伤人”标志牌；带式除铁器运行中，严禁人员在除铁器周围及弃铁处停留，防止铁件甩出伤人
		4. 清理除铁器吸出的雷管时，雷管受到撞击、掉落、挤压或受热，会导致雷管爆炸，造成人身伤害	清除除铁器吸出的雷管时，必须特别小心，防止雷管受到撞击、掉落、挤压和接触发热体上，严禁拉动雷管导火线，清除的雷管必须交保卫部门处理
		5. 除铁器不能投入时，煤中的铁件分离不出来，卡在导料槽或犁煤器上，容易划伤皮带	除铁器不能按程序联锁投入运行时，现场值班员必须手动操作投入除铁器运行；除铁器不能正常除铁时，应及时通知检修处理并加强人工巡检，发现铁件，及时停止皮带运行，将铁件拣出

6.1.11 其他操作

作业项目	除木器运行操作		
序号	辨识项目	辨识内容	典型控制措施
一	公共部分（健康与环境）		
	[表格内容同 1.1.1 公共部分（健康与环境）]		
二	作业内容（安全）		
1	S	1. 清理除木器上的大块物体及杂物时，除木器转动，造成人身伤害	必须停止设备运行并切断上方设备及除木器电源，使用专用工具清理；人员不得站在除木器上进行清理工作
		2. 清理除木器滑道上的大块物体及杂物时，滑道上的大块物体及杂物滑落，造成人员砸伤	清理滑道上的大块物体及杂物时，必须在设备停止运行后，使用专用工具进行清理；禁止人员登上滑道清理大块物体及杂物

作业项目	人工捅煤操作		
序号	辨识项目	辨识内容	典型控制措施
一	公共部分（健康与环境）		
	[表格内容同 1.1.1 公共部分（健康与环境）]		
二	作业内容（安全）		
1	S	1. 窒息：人员清理落煤筒内板结的煤时，被坍塌的板结煤埋住，缺氧窒息	清理落煤筒积煤前，必须切断相关设备的电源，悬挂“禁止合闸　有人工作”标志牌；人员应戴口罩、手套，把袖口和裤脚扎好，系好安全带；捅煤操作时，人员必须从落煤筒上方进行，使用专用工具自上而下进行；工作人员系好安全带，做好防止工具落下的安全措施
		2. 外力：清理煤场汽车篦子时，汽车篦子周围煤场存煤过高，煤堆塌方，埋住捅煤人员	捅煤操作时，必须有专人监护，在高煤堆附近捅煤时，捅煤人员必须看好后退场地，发现煤堆有塌方迹象时，应迅速撤离；捅煤操作时，附近不准推煤机推煤

6.1.12 入厂煤采样

作业项目	入厂煤机械采样		
序号	辨识项目	辨识内容	典型控制措施
一	公共部分（健康与环境）		
	［表格内容同 1.1.1 公共部分（健康与环境）］		
二	作业内容（安全）		
1	S	1. 检查和清理采样机各部积煤时，容易发生机械部件移动或转动造成人身伤害	必须停止采样机运行并切断电源，在开关手柄上悬挂“禁止合闸　有人工作”标志牌；清理完毕，采样人员必须确认采样操作区内无人后，方可送电进行采样操作
		2. 机械采取汽车煤样时，汽车移动造成采样头损坏	汽车进入采样区后，采样人员确认汽车停稳熄火后，方可进行采样操作；采样完毕，通行栏杆抬起；向司机发出放行信号，汽车通过
		3. 机械采取火车重车煤样时，重车移动造成机械采样头损坏	机械采样操作前，必须投入联锁保护，防止重车铁牛或重车调车机牵动重车；采样完毕后，解除联锁保护，发出允许牵车信号，方可操作牵引重车

作业项目	入厂煤人工采样		
序号	辨识项目	辨识内容	典型控制措施
一	公共部分（健康与环境）		
	［表格内容同 1.1.1 公共部分（健康与环境）］		
二	作业内容（安全）		
1	S	1. 坠落：汽车采样或检查煤质时，汽车移动，发生人员摔跌伤害；雨雪天气时，采样人员跌落；人工采样或检查煤质时，人员进入重车，重车移动，发生人员跌落伤害	（1）防止汽车移动，发生人员摔跌伤害的措施：采样或检查煤质时，必须通过采样台登上汽车；汽车进入采样区后，采样人员确认汽车停稳熄火后，方可进行采样操作；采样完毕，通行栏杆抬起；向司机发出放行信号，汽车通过。 （2）防止雨雪天气采样人员跌落的措施：及时清理采样台雨雪冰块，铺盖草垫子等防滑物品。 （3）防止重车移动，发生人员跌落伤害的措施：采样人员进入重车采样操作前，必须投入联锁保护，使重车铁牛或重车调车机无法牵车；采样人员采样或检查煤质完毕回到采样台后，方可解除联锁保护，发出可以牵引重车信号

续表

序号	辨识项目	辨识内容	典型控制措施
1	S	2. 外力：煤场采取汽车来煤下部煤样或检查煤质时，车辆异常移动，造成工作人员人身伤害	工作人员必须与车辆保持一定的安全距离；确认卸车完毕，车辆离开后，方可进行取样或煤质检查；采样工作或煤质检查期间，煤场指挥人员应禁止下辆车进入采样工作区

6.1.13 煤场管理

作业项目	除木器运行操作		
序号	辨识项目	辨识内容	典型控制措施
一	公共部分（健康与环境）		
	[表格内容同 1.1.1 公共部分（健康与环境）]		
二	作业内容（安全）		
1	S	1. 煤堆陡坡发生坍塌，造成人身伤害	及时对煤堆进行整形，消除陡坡；未消除陡坡之前，设置围栏隔离危险区域并悬挂“禁止入内”标志牌
		2. 汛期，煤堆上的煤被雨水冲下，堵塞排水沟，水灌入卸煤槽，水淹地下输煤设备	汛期前，及时清理煤场周围排水沟，保持通畅；将煤场卸煤槽篦子上堆满煤，防止雨水灌进卸煤槽；做好排污泵（防汛泵）的检修试验，达到备用
		3. 汛期，煤湿造成上煤困难、影响锅炉燃烧	汛期前，干煤棚、筒仓储满煤；露天煤场采取盖篷布的临时措施，存储适当的干煤，合理进行掺配
		4. 煤堆陡坡发生坍塌，掩埋斗轮机轨道及皮带	及时对煤堆进行整形，消除陡坡
		5. 煤堆存放时间过长，含硫量、挥发分较高时，容易发生氧化自燃	定期测量煤堆温度；对不同煤种或煤质的煤定点存放，及时配烧；当煤堆温度超过60℃时，及时联系推煤机倒堆、取料，防止发生煤堆自燃
		6. 煤堆陡坡发生坍塌，造成人身伤害	及时对煤堆进行整形，消除陡坡；未消除陡坡之前，设置围栏隔离危险区域并悬挂“禁止入内”标志牌

6.1.14 道口及道岔

作业项目	道口操作		
序号	辨识项目	辨识内容	典型控制措施
一	公共部分（健康与环境）		
	［表格内容同 1.1.1 公共部分（健康与环境）］		
二	作业内容（安全）		
1	S	1. 在摇落栏杆关闭道口过程中，行人、车辆强行钻杆、加速抢道，发生栏杆伤人和交通事故	摇落栏杆时，值班工要认真观察道口车辆、行人，缓慢落杆，避免伤害行人；对强行钻杆抢道的人员要果断制止；卸煤操作区内的铁路道口和经常有行人通过的铁道处，应设通行天桥或其他设施
		2. 道口值班工在操作降落栏杆以后，绞车逆止装置失灵，摇把突然反转，造成人员伤害	对逆止装置关键部位重点检查；定期加油维护，确保逆止装置动作可靠
		3. 值班工需要跨越公路进行关闭道口操作时，易被过往道口的车辆撞伤	接到行车命令后，提前进入操作位置，防止火车接近时匆忙跨越公路；在跨越公路时，昼间要手持展开的信号旗，夜间持信号灯向行人、车辆示警减速让行
		4. 火车车辆冒进，道口未关闭，发生道口交通事故	定期维护通信线路，保证通信线路畅通；道口值班工突然听到机车鸣笛时，应立即向接近道口的车辆、行人鸣笛，警示火车已靠近并迅速关闭道口
		5. 道口异常堵塞，易发生交通事故	道口若异常堵塞，值班工要及时向电厂行车室或火车站行车室汇报，并及时处理；在道口恢复正常前，危急时要向火车发出停车信号
		6. 道口电动门在关闭时操作失灵，发生道口交通事故	交接班时检查和试运电动门，及时排除故障；电动操作失灵，人力推动关闭道口；如果人力也无法关闭时，值班员要鸣警笛，并向过往行人、车辆发出火车要到达的警示信号；危急时向火车发出停车信号，坚持“宁停勿撞”的原则

作业项目	道岔操作		
序号	辨识项目	辨识内容	典型控制措施
一	公共部分（健康与环境）		
	［表格内容同 1.1.1 公共部分（健康与环境）］		

续表

序号	辨识项目	辨识内容	典型控制措施
二	作业内容（安全）		
1	S	1. 道岔扳错造成人身伤害方面	严格执行铁路车辆调度和联系规定；保证铁路信号良好；操作人员进行检查确认
		2. 道岔位置不当，火车通过时挤坏道岔或火车脱轨	扳道员在接到行车命令时要复诵、核对、记录，及时进入道岔现场进行操作；开通道岔以后要认真核对，确认无误且扳到位后，再向机车发出通行信号
		3. 冬季雨雪天，道岔、道岔护轮轨槽及翼轨槽内被积雪填实冻结，车辆通过时造成脱轨	冬季特别是雨雪天，扳道员要注意检查并清除道岔、道岔护轮轨槽及翼轨槽内积雪和冰；经常扳动道岔并及时复位，避免冻结，对道岔尖轨滑板涂油保养；当无法清除积雪和结冰，影响车辆通行时，及时向行车室汇报并向火车发出停车信号

6.2 燃料检修

6.2.1 斗轮机检修

作业项目	斗轮机检修		
序号	辨识项目	辨识内容	典型控制措施
一	公共部分（健康与环境）		
1	身体、心理素质	作业人员的身体状况，心理素质不适于高处作业	（1）不安排此次作业。 （2）不安排高处作业，安排地面辅助工作。 （3）现场配备急救药品。 ⋮
2	精神状态	作业人员连续工作，疲劳困乏或情绪异常	（1）不安排此次作业。 （2）不安排高强度、注意力高度集中、反应能力要求高的工作。 （3）作业过程适当安排休息时间。 ⋮
3	环境条件	作业区域上部有落物的可能；照明充足；安全设施完善	（1）暂时停止高处作业，工作负责人先安排检查接地线等各项安全措施是否完整，无问题后可恢复作业。 ⋮

序号	辨识项目	辨识内容	典型控制措施
4	业务技能	新进人员参与作业或安排人员承担不胜任的工作	（1）安排能胜任或辅助性工作。 （2）设置专责监护人进行监护。 ⋮
5	作业组合	人员搭配不合适	（1）调整人员的搭配、分工。 （2）事先协调沟通，在认识和协作上达成一致。 ⋮
6	工期因素	工期紧张，作业人员及骨干人员不足	（1）增加人员或适当延长工期。 （2）优化作业组合或施工方案、工序。 ⋮
⋮	⋮	⋮	⋮
二	作业内容（安全）		
1	斗轮机构检修	1. 防止挤伤	
		2. 防止煤块掉落伤人	
		3. 防止高处坠落	在斗轮机门架高处作业时，应搭设合格的检修平台，工作人员在平台上作业要系好安全带
		4. 防止起重伤害	（1）起重作业时，要仔细检查手拉葫芦、钢丝绳、吊环等起重工具是否合格，不合格的严禁使用。 （2）被起吊物临时增加的吊钩要找准质心、焊接牢固。 （3）吊装过程中要和起重人员互相配合，防止起重伤害
		5. 防止火灾	（1）清洗部件要用煤油和清洗剂，清洗时要远离火源，及时清理使用后的棉纱等易燃物。 （2）在斗轮机悬臂皮带上方焊接作业时，做好隔离措施，防止焊渣引燃皮带。 （3）在斗轮处焊接作业时，先把煤粉清理干净，防止焊渣引燃煤粉
		6. 防止车辆事故	
		7. 防止气瓶爆炸	使用火焊时，乙炔和氧气瓶要保持 8m 的安全距离，气瓶防振圈、安全帽、压力表等组件齐全完善

续表

序号	辨识项目	辨识内容	典型控制措施
1	斗轮机构检修	8. 防止减速机内遗留异物	（1）设备回装时，认真检查机内无遗留异物。 （2）回装前，应及时清点工器具
		9. 防止轴承、齿轮损坏	
2	回转机构检修	1. 防止高处落物	（1）在斗轮机悬臂皮带和斗轮处检修作业时，将悬臂回转到煤场。 （2）检修作业时，先清理有可能掉落的煤块。 （3）更换斗轮机俯仰钢丝绳时，钢丝绳头应用麻绳固定，防止掉落伤人。 （4）检修时，工具和备品、配件、材料等不得放在平台边缘，防止掉落伤人
		2. 防止螺栓挤伤手指	对孔时，严禁将手指放入螺栓孔内，防止挤伤手指
		3. 防止起重事故	（1）起重作业时，要仔细检查手拉葫芦、钢丝绳、吊环等起重工具是否合格，不合格的严禁使用。 （2）被起吊物临时增加的吊钩要找准质心、焊接牢固。 （3）吊装过程中要和起重人员互相配合，防止起重伤害
		4. 防止回转机构倾倒事故	
3	悬臂机构检修	1. 防止胶带纵向撕裂	
		2. 防止滑跌	（1）作业时，尽量避免油污掉落到楼梯和地面，对楼梯和地面油污及时清理。 （2）上下斗轮机楼梯时，特别是携带较重物品时，要扶好护栏
		3. 防止落物伤人	（1）在斗轮机悬臂皮带和斗轮处检修作业时，将悬臂回转到煤场。 （2）检修作业时，先清理有可能掉落的煤块。 （3）更换斗轮机俯仰钢丝绳时，钢丝绳头应用麻绳固定，防止掉落伤人。 （4）检修时，工具和备品、配件、材料等不得放在平台边缘，防止掉落伤人
		4. 防止碰伤、挤伤、砸伤	
		5. 防止触电事故	（1）不能私拉乱接临时电源，导线要用水线，无裸露，摆放要规范。 （2）电动工器具要有检验合格证，现场外观检查、试运良好。 （3）工器具要接有漏电保护器，使用人员要戴绝缘手套。 （4）检修工作暂时停止时，必须关掉电动工具开关
		6. 防止高处坠落	在斗轮机门架高处作业时，应搭设合格的检修平台，工作人员在平台上作业要系好安全带

续表

序号	辨识项目	辨识内容	典型控制措施
3	悬臂机构检修	7. 防止火灾事故	（1）清洗部件要用煤油和清洗剂，清洗时要远离火源，及时清理使用后的棉纱等易燃物。 （2）在斗轮机悬臂皮带上方焊接作业时，做好隔离措施防止焊渣引燃皮带。 （3）在斗轮处焊接作业时，先把煤粉清理干净，防止焊渣引燃煤粉
		8. 防止减速机内遗留异物	（1）设备回装时，认真检查机内无遗留异物。 （2）回装前，应及时清点工器具
		9. 防止轴承、齿轮损坏	
4	俯仰机构检修	1. 防止高处坠落	在斗轮机门架高处作业时，应搭设合格的检修平台，工作人员在平台上作业要系好安全带
		2. 防止钢丝绳砸伤	
		3. 防止钢丝绳、工具滑落	（1）钢丝绳卡扣的型号应与钢丝绳的规格相对应。 （2）钢丝绳卡扣的U形部分应卡在副绳上，卡头螺栓必须拧紧，直到钢丝绳直径被压扁1/3为止，安装时，确保压板压紧。 （3）滚筒上的钢丝绳在工作中严禁放尽，钢丝绳全部展开时，滚筒上至少保留5～6圈
		4. 防止俯仰机构失去平衡	
5	行走机构检修	1. 防止挤伤	
		2. 防止设备损坏	拆装设备时要使用合适的工具，严格按照工艺标准执行，不得使用大锤和火焊强行拆卸，野蛮拆装
		3. 防止落物伤人	（1）在斗轮机悬臂皮带和斗轮处检修作业时，将悬臂回转到煤场。 （2）检修作业时，先清理有可能掉落的煤块。 （3）更换斗轮机俯仰钢丝绳时，钢丝绳头应用麻绳固定，防止掉落伤人。 （4）检修时，工具和备品、配件、材料等不得放在平台边缘，防止掉落伤人
		4. 防止火灾事故	（1）清洗部件要用煤油和清洗剂，清洗时要远离火源，及时清理使用后的棉纱等易燃物。 （2）在斗轮机悬臂皮带上方焊接作业时，做好隔离措施防止焊渣引燃皮带。 （3）在斗轮处焊接作业时，先把煤粉清理干净，防止焊渣引燃煤粉

续表

序号	辨识项目	辨识内容	典型控制措施
5	行走机构检修	5. 防止减速机内遗留异物	（1）设备回装时，认真检查机内无遗留异物。 （2）回装前，应及时清点工器具
		6. 防止轴承、齿轮损坏	

6.2.2 叶轮给煤机检修

作业项目	叶轮给煤机检修		
序号	辨识项目	辨识内容	典型控制措施
一	公共部分（健康与环境）		
	［表格内容同 1.1.1 公共部分（健康与环境）］		
二	作业内容（安全）		
1	给煤机开入检修间	防止煤块掉落砸伤	
2	叶轮爪子更换	1. 防止起重伤害	（1）起重作业时，要仔细检查手拉葫芦、钢丝绳、吊环、千斤顶等起重工具是否合格，不合格的严禁使用。 （2）被起吊物临时增加的吊钩要找准质心、焊接牢固。 （3）吊装过程中要和起重人员互相配合，防止起重伤害
		2. 防止挤伤手指	
		3. 防止滑跌	（1）避免检修中的油污掉落在皮带上。 （2）在皮带上移动叶轮给煤机零部件时，人员应相互配合好，防止滑倒受伤
		4. 防止高处坠落	（1）由吊装口吊装零部件时，电葫芦操作人员与吊装口边缘保持一定的安全距离。 （2）在叶轮给煤机本体上工作时，不得长时间在机体边缘停留，如工作需要，也应系好安全带
3	叶轮减速机开盖	1. 防止挤伤手指	
		2. 防止工具滑脱打伤	

续表

序号	辨识项目	辨识内容	典型控制措施
3	叶轮减速机开盖	3. 防止高处坠落	（1）由吊装口吊装零部件时，电葫芦操作人员与吊装口边缘保持一定的安全距离。 （2）在叶轮给煤机本体上工作时，不得长时间在机体边缘停留，如工作需要，也应使用系好安全带
4	叶轮减速机齿轮箱检修	1. 防止火灾事故	（1）检修前，要先清理叶轮给煤机表面的积煤积粉，防止动火作业引燃煤粉。 （2）在叶轮给煤机上焊接作业时，应在皮带表面喷水，防止焊渣落到皮带上引燃胶带。 （3）清洗部件要用煤油和清洗剂，清洗时要远离火源，及时清理使用后的棉纱等易燃物
		2. 防止挤伤手指	
		3. 防止减速机内遗留异物	（1）设备回装时，认真检查机内无遗留异物。 （2）回装前，应及时清点工器具
		4. 防止轴承、齿轮损坏	
		5. 防止砸伤手、脚	
5	行走机构减速机开盖	1. 防止挤伤手指	
		2. 防止工具滑脱打伤	
		3. 防止高处坠落	（1）由吊装口吊装零部件时，电葫芦操作人员与吊装口边缘保持一定的安全距离。 （2）在叶轮给煤机本体上工作时，不得长时间在机体边缘停留，如工作需要，也应使用系好安全带
6	行走机构减速机齿轮箱检修	1. 防止火灾事故	（1）检修前，要先清理叶轮给煤机表面的积煤积粉，防止动火作业引燃煤粉。 （2）在叶轮给煤机上焊接作业时，应在皮带表面喷水，防止焊渣落到皮带上引燃胶带。 （3）清洗部件要用煤油和清洗剂，清洗时要远离火源，及时清理使用后的棉纱等易燃物
		2. 防止挤伤手指	
		3. 防止异物遗留在减速机箱体内	（1）叶轮给煤机主传动减速机、行走减速机检修完毕回装时，应对各减速机腔内仔细检查，防止异物遗留在机腔内。 （2）工作结束后，检查叶轮护罩内和皮带上有无工具等异物遗留

序号	辨识项目	辨识内容	典型控制措施
6	行走机构减速机齿轮箱检修	4. 防止轴承、齿轮损坏	
		5. 防止砸伤手、脚	
7	轨道检查校正	1. 防止手拉葫芦伤人	
		2. 防止皮带着火	
		3. 防止皮带机架变形	
8	桥架检查调整	1. 防止高处坠落	（1）由吊装口吊装零部件时，电葫芦操作人员与吊装口边缘保持一定的安全距离。 （2）在叶轮给煤机本体上工作时，不得长时间在机体边缘停留，如工作需要，也应使用系好安全带
		2. 防止皮带着火	
9	各转动清洗轴承加油	1. 防止火灾事故	（1）检修前，要先清理叶轮给煤机表面的积煤积粉，防止动火作业引燃煤粉。 （2）在叶轮给煤机上焊接作业时，应在皮带表面喷水，防止焊渣落到皮带上引燃胶带。 （3）清洗部件要用煤油和清洗剂，清洗时要远离火源，及时清理使用后的棉纱等易燃物
		2. 防止设备损坏	拆装设备时，要使用合适的工具，严格按照工艺标准执行，不得使用大锤和火焊强行拆卸，野蛮拆装
10	设备试验	1. 防止异物遗留到皮带上	
		2. 防止堵煤、溢煤	
		3. 防止叶轮爪子变形	

6.2.3 碎煤机检修

作业项目	碎煤机检修		
序号	辨识项目	辨识内容	典型控制措施
一	公共部分（健康与环境）		
	［表格内容同 1.1.1 公共部分（健康与环境）］		

续表

序号	辨识项目	辨识内容	典型控制措施
二	作业内容（安全）		
1	松机盖螺栓	防止加力杆打伤	
2	开启前机盖	1. 防止违章指挥	
		2. 防止设备损坏	转子吊出或回装时，电葫芦行走要平稳，防止转子大幅度摆动造成设备损坏
		3. 防止起重事故	（1）认真检查钢丝绳外观情况，绳套完整，无断股、打弯现象。 （2）起吊时，要设专人指挥，且最好在周围设备停运时进行起吊工作，以免影响指挥口令。 （3）因电动机与电动葫芦不在一条直线上，故电动机起吊前，应用手动葫芦将电动机向非质心侧拉紧，与电葫芦配合，将电动机吊离基座。 （4）转子起吊离后，在轴承底座上必须垫上可靠的枕木，以防大轴吊起后轴承座倾斜摆动。 （5）起吊工作应由专业人员进行，使用的电动葫芦，必须经过检查、试验合格
3	吊转子	1. 防止钢丝绳断裂	
		2. 防止转子摆动	
		3. 防止零部件损坏	
		4. 杜绝违章指挥	
4	更换环锤	1. 防止坠落	开盖后的碎煤机出料口要加盖防护盖板，盖板应固定牢固
		2. 防止转子挤伤	
		3. 防止触电	（1）碎煤机内应使用安全合格的照明灯具。 （2）不能私拉乱接电源，临时电源导线要用水线，无裸露，装漏电保护器。 （3）电动工器具要有检验合格证，现场外观检查、试运良好。 （4）电焊机的外壳应可靠接地，二次焊接线无裸露、破损
		4. 防止滑跌	碎煤机周围地面应保持干净，不得有油污和积水
5	更换破碎板、筛板	1. 防止破碎板、筛板挤伤	

续表

序号	辨识项目	辨识内容	典型控制措施
5	更换破碎板、筛板	2. 防止起重作业时伤人	（1）认真检查钢丝绳外观情况，绳套完整，无断股、打弯现象。 （2）起吊时，要设专人指挥，且最好在周围设备停运时进行起吊工作，以免影响指挥口令。 （3）因电动机与电动葫芦不在一条直线上，故电动机起吊前，应用手动葫芦将电动机向非质心侧拉紧，与电葫芦配合，将电动机吊离基座。 （4）转子起吊离后，在轴承底座上必须垫上可靠的枕木，以防大轴吊起后轴承座倾斜摆动。 （5）起吊工作应由专业人员进行，使用的电动葫芦，必须经过检查、试验合格
		3. 防止物件滑落	在碎煤机内检修时，必须将上部闸板门关严，将给料机内的存煤全部走完，确保皮带不存煤，防止煤块掉落伤人
		4. 防止火灾	在碎煤机内焊接作业时，应在6号皮带表面喷水，防止焊渣落到皮带上引燃胶带
6	耐磨衬板更换	1. 杜绝违章指挥	
		2. 防止设备损坏	转子吊出或回装时，电葫芦行走要平稳，防止转子大幅度摆动造成设备损坏
		3. 防止落物伤人	在碎煤机内检修时，必须将上部闸板门关严，将给料机内的存煤全部走完，确保皮带不存煤，防止煤块掉落伤人
		4. 防止耐磨衬板滑落	
7	转子轴承清洗检修	1. 防止火灾	在碎煤机内焊接作业时，应在皮带表面喷水，防止焊渣落到皮带上引燃胶带
		2. 防止遗留异物	（1）碎煤机扣盖前，应仔细检查有无异物遗留在机体内。 （2）对使用的工具、材料进行清点
		3. 防止碰伤、挤伤	
8	筛板间隙调整	1. 防止设备部件损坏	转子吊出或回装时，电葫芦行走要平稳，防止转子大幅度摆动造成设备损坏
		2. 防止加力杆打伤	

续表

序号	辨识项目	辨识内容	典型控制措施
9	合扣前机盖	1. 防止起重事故	（1）认真检查钢丝绳外观情况，绳套完整，无断股、打弯现象。 （2）起吊时，要设专人指挥，且最好在周围设备停运时进行起吊工作，以免影响指挥口令。 （3）因电动机与电动葫芦不在一条直线上，故电动机起吊前，应用手动葫芦将电动机向非质心侧拉紧，与电葫芦配合，将电动机吊离基座。 （4）转子起吊离后，在轴承底座上必须垫上可靠的枕木，以防大轴吊起后轴承座倾斜摆动。 （5）起吊工作应由专业人员进行，使用的电动葫芦，必须经过检查、试验合格
		2. 防止大铁件遗留在机腔内	
		3. 防止机盖错位	
		4. 防止加力杆打伤	
10	液力耦合器检修	1. 防止跑油、漏油	
		2. 防止着火	在碎煤机内焊接作业时，应在6号皮带表面喷水，防止焊渣落到皮带上引燃胶带
		3. 防止砸伤	
11	整机试验	1. 防止轴承损坏	
		2. 防止堵煤	
		3. 防止液力耦合器喷油	
		4. 防止筛板、环锤损坏	

6.2.4 皮带机驱动装置检修

作业项目	皮带机驱动装置检修		
序号	辨识项目	辨识内容	典型控制措施
一	公共部分（健康与环境）		
	[表格内容同 1.1.1 公共部分（健康与环境）]		

续表

序号	辨识项目	辨识内容	典型控制措施
二	作业内容（安全）		
1	解对轮	1. 防止滑倒、挤伤	（1）要及时清理检修现场的积油、积水，防止脚下打滑摔伤。 （2）穿合适的工作鞋
		2. 防止对轮损坏	
2	液力耦合器检修	1. 防止砸伤、挤伤	
		2. 防止设备损坏	起重机械要经检查合格，吊索荷重适当，正确使用工器具
		3. 防止落物伤人	（1）检查检修区域上方和周围无高处落物的危险，上方有作业应交错开，或做好隔离措施。 （2）高处作业时，检修区域下方闲杂人员不得站立、行走，作业点下方装设围栏并且挂警示牌，以免落物伤人，较小零件应及时放入工具袋。 （3）高处作业不准上下抛掷工器具、物件。 （4）脚手架上堆放物件时，应固定，杂物应及时清理
		4. 防止着火	清洗部件要用煤油和清洗剂，清洗时要远离火源，及时清理使用后的棉纱等易燃物
		5. 防止起重伤害	（1）在起重前要检查起重工具是否合格，不合格的严禁使用。 （2）吊装过程中要和起重人员互相配合，防止起重伤害
3	减速机检修	1. 防止火灾事故	清洗部件要用煤油和清洗剂，清洗时要远离火源，及时清理使用后的棉纱等易燃物
		2. 防止挤伤手指	
		3. 防止减速机内遗留异物	（1）设备回装时，认真检查机内无遗留异物。 （2）回装前，应及时清点工器具
		4. 防止轴承、齿轮损坏	
		5. 防止砸伤手、脚	

序号	辨识项目	辨识内容	典型控制措施
4	逆止器检修	1. 防止挤伤	
		2. 防止零部件损坏	
5	滚筒轴承检修	1. 防止滑倒、挤伤	（1）要及时清理检修现场的积油、积水，防止脚下打滑摔伤。 （2）穿合适的工作鞋
		2. 防止设备损坏	起重机械要经检查合格，吊索荷重适当，正确使用工器具
		3. 防止碰伤、砸伤	
		4. 防止着火	清洗部件要用煤油和清洗剂，清洗时要远离火源，及时清理使用后的棉纱等易燃物
6	滚筒更换	1. 防止起重事故	在起重前要检查起重工具是否合格，不合格的严禁使用；吊装过程中要和起重人员互相配合，防止起重伤害
		2. 防止碰伤、砸伤	
		3. 防止皮带损坏	
7	液力耦合器更换	1. 防止设备损坏	起重机械要经检查合格，吊索荷重适当，正确使用工器具
		2. 防止着火	清洗部件要用煤油和清洗剂，清洗时要远离火源，及时清理使用后的棉纱等易燃物
		3. 防止起重事故	在起重前要检查起重工具是否合格，不合格的严禁使用；吊装过程中要和起重人员互相配合，防止起重伤害
8	运转实验	1. 防止减速机损坏	
		2. 防止液力耦合器喷油	
		3. 防止机械伤害	检查工器具是否合格，不合格的严禁使用，正确使用工器具，戴好防护用品

6.2.5 原煤仓检修

作业项目	原煤仓检修		
序号	辨识项目	辨识内容	典型控制措施
一	公共部分（健康与环境）		
	［表格内容同 1.1.1 公共部分（健康与环境）］		
二	作业内容（安全）		
1	清空原煤仓	1. 防止原煤仓棚煤、断煤	
		2. 防止积煤坍塌	如果煤堆积在煤斗的一侧，并有很大的陡坡时，则进入煤斗前将陡坡用捅条消除，以免塌下将人埋住
		3. 防止触电	（1）临时电源摆放要规范，不能私拉乱接。 （2）使用电气工具必须使用有漏电保护的电源
		4. 防止高处坠落	人员站在脚手架工作时，选择适当的工作位置，设专人监护
		5. 防止落物伤人	（1）检查检修区域上方和周围无高处落物的危险，上方有作业应交错开，或做好隔离措施。 （2）高处作业时，检修区域下方闲杂人员不得站立、行走，作业点下方装设围栏并且挂警示牌，以免落物伤人，较小零件应及时放入工具袋，现场使用工具要妥善保管并用绳子拴牢。 （3）高处作业不准上下抛掷工器具、物件。 （4）脚手架上堆放物件时，应固定，杂物应及时清理
2	开人孔门	1. 防止火灾、爆炸	工作前要办理动火工作票，现场使用电火焊要注意，要及时清理火种
		2. 防止高处坠落	人员站在脚手架工作时，选择适当的工作位置，设专人监护
		3. 防止落物伤人	（1）检查检修区域上方和周围无高处落物的危险，上方有作业应交错开，或做好隔离措施。

续表

序号	辨识项目	辨识内容	典型控制措施
2	开人孔门	3. 防止落物伤人	（2）高处作业时，检修区域下方闲杂人员不得站立、行走，作业点下方装设围栏并且挂警示牌，以免落物伤人，较小零件应及时放入工具袋，现场使用工具要妥善保管并用绳子拴牢。 （3）高处作业不准上下抛掷工器具、物件。 （4）脚手架上堆放物件时，应固定，杂物应及时清理
3	原煤仓通风	1. 防止有毒有害气体中毒	（1）进入原煤仓工作前，煤仓拉空后应自然通风。 （2）煤仓必须有专人监护，监护人员和工作人员事先规定明确的联络信号，发现异常立即停止工作
		2. 防止窒息	（1）进入原煤仓工作前，煤仓拉空后应自然通风。 （2）煤仓必须有专人监护，监护人员和工作人员事先规定明确的联络信号，发现异常立即停止工作
4	搭设脚手架	1. 防止碰伤、砸伤	
		2. 防止高处坠落	人员站在脚手架工作时，选择适当的工作位置，设专人监护
5	拆卸旧衬板	1. 防止高处坠落	人员站在脚手架工作时，选择适当的工作位置，设专人监护
		2. 防止落物伤人	（1）检查检修区域上方和周围无高处落物的危险，上方有作业应交错开，或做好隔离措施。 （2）高处作业时，检修区域下方闲杂人员不得站立、行走，作业点下方装设围栏并且挂警示牌，以免落物伤人，较小零件应及时放入工具袋，现场使用工具要妥善保管并用绳子拴牢。 （3）高处作业不准上下抛掷工器具、物件。 （4）脚手架上堆放物件时，应固定，杂物应及时清理
		3. 防止触电	（1）临时电源摆放要规范，不能私拉乱接。 （2）使用电气工具必须使用有漏电保护的电源
		4. 防止火灾、爆炸	工作前要办理动火工作票，现场使用电火焊要注意，要及时清理火种
		5. 防止窒息	进入原煤仓工作前，煤仓拉空后应自然通风；煤仓为必须有专人监护，监护人员和工作人员事先规定明确的联络信号，发现异常立即停止工作

续表

序号	辨识项目	辨识内容	典型控制措施
6	安装新衬板	1. 防止高处坠落	人员站在脚手架工作时选择适当的工作位置，设专人监护
		2. 防止落物伤人	（1）检查检修区域上方和周围无高空落物的危险，上方有作业应交错开，或做好隔离措施。 （2）高处作业时，检修区域下方闲杂人员不得站立、行走，作业点下方装设围栏并且挂警示牌，以免落物伤人，较小零件应及时放入工具袋，现场使用工具要妥善保管并用绳子拴牢。 （3）高处作业不准上下抛掷工器具、物件。 （4）脚手架上堆放物件时，应固定，杂物应及时清理
		3. 防止触电	（1）临时电源摆放要规范，不能私拉乱接。 （2）使用电气工具必须使用有漏电保护的电源
		4. 防止火灾、爆炸	工作前要办理动火工作票，现场使用电火焊要注意，要及时清理火种
		5. 防止窒息	进入原煤仓工作前，煤仓拉空后应自然通风；煤仓必须有专人监护，监护人员和工作人员事先规定明确的联络信号，发现异常立即停止工作
7	拆除脚手架	1. 防止碰伤、砸伤	
		2. 防止高处坠落	人员站在脚手架工作时，选择适当的工作位置，设专人监护
8	清理原煤仓	1. 防止仓内遗留螺栓	
		2. 防止仓内遗留铁丝	
		3. 防止仓内遗留废旧衬板	
		4. 防止遗留火源	

6.2.6 犁煤器检修

作业项目	犁煤器检修		
序号	辨识项目	辨识内容	典型控制措施
一	公共部分（健康与环境）		
	[表格内容同 1.1.1 公共部分（健康与环境）]		
二	作业内容（安全）		
1	液压油泵检修	1. 防止拧螺栓碰伤手	使用前对扳手进行检查，扳手完好无缺陷，拆卸螺栓时，扳手必须固定牢固
		2. 防止着火	清洗部件要用煤油和清洗剂，清洗时要远离火源，及时清理使用后的棉纱等易燃物。使用完电火焊后，要清理干净现场勿留火种
		3. 防止滑倒	（1）要及时清理检修现场的积油、积水，防止脚下打滑摔伤。 （2）穿合适的工作鞋
2	液压油缸检修	1. 防止犁刀挤伤	
		2. 防止液压油泄漏污染地面	
		3. 防止高处坠落	人员站在皮带上工作时，选择适当的工作位置，设专人监护
		4. 防止碰伤、挤伤	及时清理地面油污
		5. 防止触电事故	（1）临时电源摆放要规范，不能私拉乱接。 （2）作电气试验时，检修人员要撤离现场，并做好配合工作。 （3）使用电气工具必须使用有漏电保护的电源
		6. 防止工具掉落伤人	
3	手动换向阀检修	1. 防止高处落物	（1）检查检修区域上方和周围无高处落物的危险，上方有作业应交错开，或做好隔离措施。 （2）高处作业时，作业点下方装设围栏并且挂警示牌，以免落物伤人，较小零件应及时放入工具袋。 （3）高处作业不准上下抛掷工器具、物件。 （4）脚手架上堆放物件时，应固定，杂物应及时清理
		2. 防止零部件损坏	
		3. 防止清洗剂着火	

续表

序号	辨识项目	辨识内容	典型控制措施
4	溢流阀检修	1. 防止高处落物	（1）检查检修区域上方和周围无高处落物的危险，上方有作业应交错开，或做好隔离措施。 （2）高处作业时，作业点下方装设围栏并且挂警示牌，以免落物伤人，较小零件应及时放入工具袋。 （3）高处作业不准上下抛掷工器具、物件。 （4）脚手架上堆放物件时，应固定，杂物应及时清理
		2. 防止零部件损坏	
		3. 防止清洗剂着火	
5	液压油质检查	1. 防止异物遗留在油箱内	
		2. 防止地面油污染	
		3. 防止落物伤人	（1）检查检修区域上方和周围无高处落物的危险，上方有作业应交错开，或做好隔离措施。 （2）高处作业时，作业点下方装设围栏并且挂警示牌，以免落物伤人，较小零件应及时放入工具袋。 （3）高处作业不准上下抛掷工器具、物件。 （4）脚手架上堆放物件时，应固定，杂物应及时清理
6	辅助部分的检修	1. 防止皮带转动机械伤害	
		2. 防止犁刀误动	
		3. 防止碰伤、挤伤	
7	犁刀部分的检修	1. 防止犁刀挤伤	
		2. 防止工具掉入原煤仓	
		3. 防止在皮带上滑倒	
		4. 在皮带上动火作业当心皮带着火	

续表

序号	辨识项目	辨识内容	典型控制措施
7	犁刀部分的检修	5. 多人抬犁刀时防止滑倒、被犁刀砸伤	
		6. 防止工具、材料等物品掉入原煤仓	
8	运转试验	1. 防止油管路喷油	
		2. 防止手动阀损坏	
		3. 防止犁刀划伤皮带	

6.2.7 污水泵检修

作业项目	污水泵检修		
序号	辨识项目	辨识内容	典型控制措施
一	公共部分（健康与环境）		
	[表格内容同 1.1.1 公共部分（健康与环境）]		
二	作业内容（安全）		
1	污水泵起吊	1. 防止手拉葫芦滑脱伤人	
		2. 防止人员掉入泵坑	
		3. 防止人员被水渠绊倒	
		4. 松管道法兰螺栓时，防止工具、螺栓掉入泵坑	
		5. 防止触电	（1）临时电源摆放要规范，不能私拉乱接。 （2）作电气试验时，检修人员要撤离现场，并做好配合工作。 （3）使用电气工具必须使用有漏电保护的电源

续表

序号	辨识项目	辨识内容	典型控制措施
2	污水泵解体	1. 防止叶轮损坏	起重机械要经检查合格，吊索荷重适当，正确使用工器具
		2. 使用烤把防止煤粉着火	
		3. 防止轴承、轴套损坏	起重机械要经检查合格，吊索荷重适当，正确使用工器具
		4. 防止碰伤、挤伤	
		5. 防止人员掉入泵坑	
		6. 防止人员被走渠绊倒	
		7. 防止大锤滑脱伤人	
3	泵体检修	1. 防止着火	清洗部件要用煤油和清洗剂，清洗时要远离火源，及时清理使用后的棉纱等易燃物
		2. 防止起重作业时伤人	（1）在起重前要检查起重工具是否合格，不合格的严禁使用。 （2）吊装过程中要和起重人员互相配合，防止起重伤害
		3. 防止物件滑落	检查检修区域上方和周围无高处落物的危险
		4. 防止轴套、护板、梅花盘损坏	
4	污水泵回装	1. 防止泵体内遗留异物	（1）设备回装时，认真检查机内无遗留异物。 （2）回装前，应及时清点工器具
		2. 防止人员掉入泵坑	
		3. 防止人员被水渠绊倒	
		4. 防止滑跌、碰伤	
		5. 防止工具、螺栓掉入泵坑	
		6. 防止人身伤害	检查检修区域上方和周围无高处落物的危险
		7. 防止起重伤害	（1）在起重前要检查起重工具是否合格，不合格的严禁使用。 （2）吊装过程中要和起重人员互相配合，防止起重伤害

续表

序号	辨识项目	辨识内容	典型控制措施
5	运转试验	1. 防止泵体吸水口堵塞	
		2. 防止梅花盘损坏	
		3. 防止电动机上积水	
		4. 防止地面大量积水	

6.2.8 皮带机三通挡板检修

作业项目	皮带机三通挡板检修		
序号	辨识项目	辨识内容	典型控制措施
一	公共部分（健康与环境）		
	[表格内容同 1.1.1 公共部分（健康与环境）]		
二	作业内容（安全）		
1	清理挡板内积煤	1. 防止人员坠落	搭设的脚手架必须牢固，人员站在脚手架上工作时，选择适当的工作位置并系好安全带，设专人监护
		2. 防止人落煤筒内积煤坍塌伤人	
		3. 防止触电事故	（1）临时电源摆放要规范，不能私拉乱接。 （2）进入落煤筒使用照明灯具要符合要求（安全行灯），使用电气工具必须使用有漏电保护的电源
		4. 防止人员挤伤、碰伤	
		5. 防止人员被落煤筒破损处划伤	
2	挡板轴承、摇臂检修	1. 防止高处坠落	搭设的脚手架必须牢固，人员站在脚手架上工作时，选择适当的工作位置并系好安全带，设专人监护
		2. 防止煤粉着火	动用火焊时，要清除周围的积煤积粉，加隔板等措施以防火险，必要时现场准备灭火器

续表

序号	辨识项目	辨识内容	典型控制措施
2	挡板轴承、摇臂检修	3. 防止落物伤人	（1）检查检修区域上方和周围无高处落物的危险，上方有作业应交错开，或做好隔离措施。 （2）高处作业时，作业点下方装设围栏并且挂警示牌，以免落物伤人，较小零件应及时放入工具袋。 （3）高处作业不准上下抛掷工器具、物件。 （4）脚手架上堆放物件时，应固定，杂物应及时清理
		4. 防止碰伤、挤伤	
		5. 防止触电事故	临时电源摆放要规范，不能私拉乱接；进入落煤筒使用照明灯具要符合要求（安全行灯），使用电气工具必须使用有漏电保护的电源
3	挡板本体补焊	1. 吊入钢板时防止滑落砸上落煤筒内工作人员	
		2. 防止焊渣落在皮带上引起着火	动用火焊时，要清除周围的积煤积粉，加隔板等措施以防火险，必要时现场准备灭火器
		3. 防止人员高处坠落	搭设的脚手架必须牢固，人员站在脚手架上工作时，选择适当的工作位置并系好安全带，设专人监护
4	三通本体焊接	1. 防止高处坠落	搭设的脚手架必须牢固，人员站在脚手架上工作时，选择适当的工作位置并系好安全带，设专人监护
		2. 防止触电	（1）临时电源摆放要规范，不能私拉乱接。 （2）进入落煤筒使用照明灯具要符合要求（安全行灯），使用电气工具必须使用有漏电保护的电源
		3. 防止煤块掉落伤人	
5	三通挡板整体更换	1. 防止脚手架倾倒	
		2. 防止起重伤害	（1）在起重前要检查起重工具是否合格，不合格的严禁使用。 （2）吊装过程中要和起重人员互相配合，防止起重伤害

续表

序号	辨识项目	辨识内容	典型控制措施
5	三通挡板整体更换	3. 防止火灾事故	动用火焊时，要清除周围的积煤积粉，加隔板等措施以防火险，必要时现场准备灭火器
		4. 防止高处坠落事故	搭设的脚手架必须牢固，人员站在脚手架上工作时，选择适当的工作位置并系好安全带，设专人监护
		5. 防止挤伤、碰伤	
		6. 防止手拉葫芦损坏事故	
6	运转试验	1. 防止三通堵煤、溢煤	
		2. 防止转动机械伤害	检查工器具是否合格，不合格的严禁使用；正确使用工器具，戴好防护用品；要合理使用钎子棍、撬棍，找好支点，防止伤人
		3. 防止高处坠落	搭设的脚手架必须牢固，人员站在脚手架上工作时，选择适当的工作位置并系好安全带，设专人监护

6.2.9 除尘器检修

作业项目	除尘器检修		
序号	辨识项目	辨识内容	典型控制措施
一	公共部分（健康与环境）		
	［表格内容同 1.1.1 公共部分（健康与环境）］		
二	作业内容（安全）		
1	风筒清理、修整	1. 防止高处坠落	人员站在本体上工作时，选择适当的工作位置，设专人监护
		2. 防止煤粉着火	
		3. 防止工具遗留在风筒内	

续表

序号	辨识项目	辨识内容	典型控制措施
1	风筒清理、修整	4. 防止高处工具掉落伤人	检查检修区域上方和周围无高处落物的危险
		5. 防止滑倒、挤伤	（1）要及时清理检修现场的积油、积水，防止脚下打滑摔伤。 （2）穿合适的工作鞋
2	检查喷头、喷管	1. 防止碰伤、挤伤	
		2. 防止触电	（1）临时电源摆放要规范，不能私拉乱接。 （2）作电气试验时，检修人员要撤离现场，并做好配合工作。 （3）使用电气工具必须使用有漏电保护的电源
3	检查挡水板、水箱以及附属配件	1. 防止碰伤、挤伤	
		2. 防止触电	（1）临时电源摆放要规范，不能私拉乱接。 （2）作电气试验时，检修人员要撤离现场，并做好配合工作。 （3）使用电气工具必须使用有漏电保护的电源
		3. 防止异物遗留在箱体内	
		4. 防止火灾	清洗部件要用煤油和清洗剂，清洗时要远离火源，及时清理使用后的棉纱等易燃物
		5. 防止零部件损坏	检查工器具是否合格，不合格的严禁使用，正确使用工器具，戴好防护用品
4	检查风叶磨损情况	1. 防止起重伤害	（1）起吊要由专业人员进行，在起重前要检查起重工具是否合格，不合格的严禁使用。 （2）吊装过程中要和起重人员互相配合，防止起重伤害。 （3）必须按标准搭设脚手架，经检查合格后方可使用
		2. 防止碰伤、挤伤	
		3. 防止落物伤人	（1）检查检修区域上方和周围无高处落物的危险，上方有作业应交错开，或做好隔离措施。 （2）高处作业时，作业点下方装设围栏并且挂警示牌，以免落物伤人，较小零件应及时放入工具袋。 （3）高处作业不准上下抛掷工器具、物件。 （4）脚手架上堆放物件时，应固定，杂物应及时清理
		4. 防止风叶挤伤手指	

续表

序号	辨识项目	辨识内容	典型控制措施
5	进水门、排污推杆检修	1. 防止阀门砸伤	
		2. 防止推杆掉落砸伤	
		3. 防止箱体碰头	
		4. 防止地面煤泥滑倒	（1）要及时清理检修现场的煤泥，防止脚下打滑摔伤。 （2）穿合适的工作鞋
		5. 防止煤粉着火	清洗部件要用煤油和清洗剂，清洗时要远离火源，及时清理使用后的棉纱等易燃物
6	运转试验	1. 防止风叶带水	
		2. 防止排污门堵塞	
		3. 防止风机风叶卡死	

6.2.10 缓冲料斗检修

作业项目	缓冲料斗检修		
序号	辨识项目	辨识内容	典型控制措施
一	公共部分（健康与环境）		
	[表格内容同 1.1.1 公共部分（健康与环境）]		
二	作业内容（安全）		
1	开启人孔门	1. 防止扳手滑脱打伤	
		2. 防止人孔门翻出打伤	
		3. 防止高处坠落	仓内作业使用的梯子应合格，工作人员在梯子上工作时，要使用安全带，安全带的挂钩必须挂在可靠的专用钩子上

续表

序号	辨识项目	辨识内容	典型控制措施
2	仓内衬板检查	1. 防止触电	仓内作业应使用安全合格的照明灯具，焊接线必须完整，无裸露部分
		2. 防止坠落	仓内作业使用的梯子应合格，工作人员在梯子上工作时，要使用安全带，安全带的挂钩必须挂在可靠的专用钩子上
		3. 防止积煤坍塌	（1）检修前，先将缓冲料斗内的原煤全部拉空。 （2）进入料斗仓前，首先检查仓壁上有无大量积煤，如有，应用捅条将积煤陡坡消除
		4. 防止上部落料口落物	
		5. 防止从下部出料口掉落	
		6. 防止窒息、有害气体中毒	
3	仓内衬板焊接	1. 防止上部落料口落物	
		2. 防止钢衬板掉落伤人	
		3. 防止仓内煤粉着火	
		4. 防止高处坠落	（1）仓内作业使用的梯子应合格，工作人员在梯子上工作时，要使用安全带。 （2）安全带的挂钩必须挂在可靠的专用钩子上
		5. 防止窒息、有害气体中毒	
		6. 防止气瓶着火爆炸	（1）使用火焊时，乙炔和氧气瓶要保持8m的安全距离。 （2）乙炔和氧气瓶的安全防护装置保持完好。 （3）减压阀工作正常，无漏气现象
4	仓门关闭前检查	1. 防止留下火种	动火作业时，将仓内的积粉清理干净，工作结束后检查消除一切火种
		2. 防止工具、钢板遗留在仓内	
		3. 拆除照明、防止灯泡损坏	
		4. 吊送梯子、钢板时防止滑落伤人	（1）料斗入口的盖板要盖严实。 （2）挂仓内有人工作严禁落物，或设专人监护

续表

序号	辨识项目	辨识内容	典型控制措施
5	关闭仓门	1. 防止扳手滑脱打伤	
		2. 防止人孔门翻出打伤	
		3. 防止高处坠落	（1）仓内作业使用的梯子应合格，工作人员在梯子上工作时要使用安全带。 （2）安全带的挂钩必须挂在可靠的专用钩子上
6	试运行	1. 防止高处坠落	（1）仓内作业使用的梯子应合格，工作人员在梯子上工作时要使用安全带。 （2）安全带的挂钩必须挂在可靠的专用钩子上
		2. 防止滑跌	
		3. 防止碎煤机堵煤	

6.2.11 电动闸板门检修

作业项目	电动闸板门检修		
序号	辨识项目	辨识内容	典型控制措施
一	公共部分（健康与环境）		
	［表格内容同 1.1.1 公共部分（健康与环境）］		
二	作业内容（安全）		
1	闸板箱体清理	1. 防止挤伤	
		2. 防止高处坠落	工作人员不得靠在平台防护栏杆上作业，必要时应使用安全带
		3. 防止地面污染	
		4. 防止大煤块卡入碎煤机	
2	闸板本体及齿条检修	1. 防止闸板端盖掉落	闸板门本体上检修作业的工具物料不得放在平台边缘，防止掉落伤人
		2. 防止闸板本体脱出	

续表

序号	辨识项目	辨识内容	典型控制措施
2	闸板本体及齿条检修	3. 防止工具、铁件掉入给煤机	
		4. 防止碰伤、挤伤	
		5. 防止触电	（1）不能私拉乱接临时电源，导线要用水线，无裸露，摆放要规范。 （2）电动工器具要有检验合格证，现场外观检查、试运良好。 （3）工器具要接有漏电保护器，使用人员要戴绝缘手套。 （4）检修工作暂时停止时，必须关掉电动工具开关
3	闸板托辊轴承加油	1. 防止轴承端盖掉落	
		2. 防止挤伤手指	
		3. 防止工具遗留在箱体	闸板门检修工作结束后，要检查槽体内有无异物遗留，清点好工具
		4. 防止轴承端盖螺栓损坏	闸板发生卡涩时，应先清理槽体内的积煤，严禁使用手拉葫芦强行拉拽，以免损坏驱动齿轮和滚道
		5. 上下楼梯当心滑跌	（1）上下检修平台楼梯时，要仔细看好路线，扶好楼梯护栏防止滑倒。 （2）楼梯上的积水、油污应及时清理
4	闸板密封检查修复	1. 防止煤粉着火	
		2. 防止工具掉落伤人	闸板门本体上检修作业的工具物料不得放在平台边缘，防止掉落伤人
		3. 防止刀具伤手	
		4. 防止遗留异物在箱体内	闸板门检修工作结束后，要检查槽体内有无异物遗留，清点好工具
		5. 防止异物卡在齿条孔内	
5	减速箱检修	1. 防止火灾事故	动火作业时，将闸板槽体内的积粉清理干净，工作结束后检查消除火种
		2. 防止挤伤手指	
		3. 防止减速机内遗留异物	闸板门检修工作结束后，要检查槽体内有无异物遗留，清点好工具
		4. 防止轴承、齿轮损坏	
		5. 防止砸伤手、脚	

续表

序号	辨识项目	辨识内容	典型控制措施
6	试运行	1. 防止手动拉链挤伤手	
		2. 防止煤块进入给煤机	
		3. 防止闸板脱轨	
		4. 防止损伤离合器拨叉	
		5. 防止误动、误碰另一侧设备	

6.2.12 宽槽振动给料机检修

作业项目	宽槽振动给料机检修		
序号	辨识项目	辨识内容	典型控制措施
一	公共部分（健康与环境）		
	[表格内容同 1.1.1 公共部分（健康与环境）]		
二	作业内容（安全）		
1	给料机槽体检修	1. 防止从工作台坠落	人员站在工作台上作业时，选择适当的工作位置，设专人监护
		2. 防止仰焊溶渣烧烫伤	
		3. 防止工具掉落打伤	检修区域下方闲杂人员不得站立、行走
		4. 防止着火	（1）要防止火星和焊渣不慎落在易燃物品上。 （2）清洗时要远离火源，及时清理使用后的棉纱等易燃物
		5. 防止滑倒、挤伤	（1）要及时清理检修现场的积油、积水，防止脚下打滑摔伤。 （2）穿合适的工作鞋
2	悬吊钢丝绳、弹簧检修	1. 防止挤伤	
		2. 防止槽体倾斜	

续表

序号	辨识项目	辨识内容	典型控制措施
2	悬吊钢丝绳、弹簧检修	3. 防止弹簧掉落	检修区域下方闲杂人员不得站立、行走
		4. 防止钢丝绳掉落打伤	检修区域下方闲杂人员不得站立、行走
		5. 防止高处坠落	人员站在工作台上作业时，选择适当的工作位置，设专人监护
3	弹性连接皮更换	1. 防止挤伤手指	
		2. 防止扳手掉落打伤	检修区域下方闲杂人员不得站立、行走
		3. 防止从工作台掉下	人员站在工作台上作业时，选择适当的工作位置，设专人监护
4	激振器检修	1. 防止火灾事故	
		2. 防止挤伤手指	
		3. 防止激振器内遗留异物	（1）设备回装时，认真检查机内无遗留异物。 （2）回装前，应及时清点工器具
		4. 防止轴承、齿轮损坏	
		5. 防止砸伤手、脚	
5	槽体内不锈钢板检查	1. 防止人员掉入碎煤机	检修齿轮箱体时，应做好防止转动措施，防止齿轮挤伤手指
		2. 防止煤块、铁件掉入碎煤机	
		3. 防止槽体内煤粉着火	
6	槽体密封皮更换	1. 防止高处坠落	人员站在工作台上作业时，选择适当的工作位置，设专人监护
		2. 防止刀具伤手	检修齿轮箱体时，应做好防止转动措施，防止齿轮挤伤手指
		3. 防止挤伤、碰伤	
7	激振器更换	1. 防止起重伤害	（1）起重作业时，要仔细检查手拉葫芦、钢丝绳、吊环等起重工具是否合格，不合格的严禁使用。 （2）被起吊物临时增加的吊钩要找准质心、焊接牢固。 （3）吊装过程中要和起重人员互相配合，防止起重伤害

续表

序号	辨识项目	辨识内容	典型控制措施
7	激振器更换	2. 防止火灾	（1）用火焊时，要检查焊带，不应有漏气现象。 （2）火焊用后要关好火焊把的各气门。 （3）要防止火星和焊渣不慎落在易燃物品上。 （4）清洗时要远离火源，及时清理使用后的棉纱等易燃物
		3. 防止机械伤害	检修齿轮箱体时，应做好防止转动措施，防止齿轮挤伤手指
		4. 防止落物伤人	（1）检查检修区域上方和周围无高处落物的危险，上方有作业应交错开，或做好隔离措施。 （2）高处作业时，检修区域下方闲杂人员不得站立、行走，作业点下方装设围栏并且挂警示牌，以免落物伤人，较小零件应及时放入工具袋。 （3）高处作业不准上下抛掷工器具、物件。 （4）脚手架上堆放物件时，应固定，杂物应及时清理
		5. 防止烫伤	工作人员在槽体下方仰焊时，应使用专用面罩，领口要扣好并围好围巾，防止焊渣掉落烫伤
		6. 防止气瓶爆炸	（1）使用火焊时，乙炔和氧气瓶要保持 8m 的安全距离。 （2）乙炔和氧气瓶的安全防护装置保持完好。 （3）减压阀工作正常，无漏气现象
8	槽体更换	1. 防止起重伤害	（1）起重作业时，要仔细检查手拉葫芦、钢丝绳、吊环等起重工具是否合格，不合格的严禁使用。 （2）被起吊物临时增加的吊钩要找准质心、焊接牢固。 （3）吊装过程中要和起重人员互相配合，防止起重伤害
		2. 防止火灾	（1）要防止火星和焊渣不慎落在易燃物品上。 （2）清洗时要远离火源，及时清理使用后的棉纱等易燃物
		3. 防止机械伤害	检修齿轮箱体时，应做好防止转动措施，防止齿轮挤伤手指
		4. 防止落物伤人	（1）检查检修区域上方和周围无高处落物的危险，上方有作业应交错开，或做好隔离措施。 （2）高处作业时，检修区域下方闲杂人员不得站立、行走，作业点下方装设围栏并且挂警示牌，以免落物伤人，较小零件应及时放入工具袋。 （3）高处作业不准上下抛掷工器具、物件。 （4）脚手架上堆放物件时，应固定，杂物应及时清理

续表

序号	辨识项目	辨识内容	典型控制措施
8	槽体更换	5. 防止烫伤	工作人员在槽体下方仰焊时，应使用专用面罩，领口要扣好并围好围巾，防止焊渣掉落烫伤
		6. 防止气瓶爆炸	（1）使用火焊时，乙炔和氧气瓶要保持 8m 的安全距离。 （2）乙炔和氧气瓶的安全防护装置保持完好。 （3）减压阀工作正常，无漏气现象

6.2.13 滚轴筛检修

作业项目	滚轴筛检修		
序号	辨识项目	辨识内容	典型控制措施
一	公共部分（健康与环境）		
	［表格内容同 1.1.1 公共部分（健康与环境）］		
二	作业内容（安全）		
1	滚轴减速机检修	1. 防止扳手挤伤	
		2. 防止减速机端盖螺栓损坏	（1）吊轴时要检查导链和钢丝绳是否合格。 （2）正确使用工器具
		3. 防止箱体遗留异物	（1）设备回装时，认真检查机内无遗留异物。 （2）回装前，应及时清点工器具
		4. 防止滑倒、碰伤	（1）要及时清理检修现场的积油、积水，防止脚下打滑摔伤。 （2）穿合适的工作鞋
		5. 防止火灾	（1）要防止火星和焊渣不慎落在易燃物品上。 （2）清洗时要远离火源，及时清理使用后的棉纱等易燃物

续表

序号	辨识项目	辨识内容	典型控制措施
2	滚轴轴承检	1. 防止挤伤手指	
		2. 防止火灾	（1）要防止火星和焊渣不慎落在易燃物品上。 （2）清洗时要远离火源，及时清理使用后的棉纱等易燃物
		3. 防止轴承座损坏	（1）吊轴时要检查导链和钢丝绳是否合格。 （2）正确使用工器具
		4. 防止轴承损坏	（1）吊轴时要检查导链和钢丝绳是否合格。 （2）正确使用工器具
		5. 防止触电事故	（1）临时电源摆放要规范，不能私拉乱接。 （2）使用电气工具必须使用有漏电保护的电源
		6. 防止废油污染地面	
3	筛片、清扫板检查及更换	1. 防止上部煤块掉落伤人	在落煤筒内干活时，上面的东西要清理干净
		2. 防止掉入下煤筒	
		3. 防止挤伤、碰伤	
		4. 防止火灾	（1）要防止火星和焊渣不慎落在易燃物品上。 （2）清洗时要远离火源，及时清理使用后的棉纱等易燃物
		5. 防止触电	（1）临时电源摆放要规范，不能私拉乱接。 （2）使用电气工具必须使用有漏电保护的电源
		6. 防止零部件掉入下煤筒	
		7. 防止人员掉入碎煤机	
		8. 防止气瓶爆炸	使用火焊时，乙炔和氧气瓶要保持 8m 的安全距离，气瓶防振圈、安全帽、压力表等组件齐全完善

续表

序号	辨识项目	辨识内容	典型控制措施
4	磨耗板检查及更换	1. 防止上部煤块掉落伤人	在落煤筒内干活时，上面的东西要清理干净
		2. 防止掉入下煤筒	
		3. 防止挤伤、碰伤	
		4. 防止火灾	（1）要防止火星和焊渣不慎落在易燃物品上。 （2）清洗时要远离火源，及时清理使用后的棉纱等易燃物
		5. 防止触电	（1）临时电源摆放要规范，不能私拉乱接。 （2）使用电气工具必须使用有漏电保护的电源
		6. 防止零部件掉入下煤筒	
		7. 防止人员掉入碎煤机	
5	煤挡板检修	1. 防止上部煤块掉落伤人	
		2. 防止掉入下煤筒	
		3. 防止上级皮带原煤落下	
		4. 防止挡板挤伤人	
		5. 防止火灾事故	（1）要防止火星和焊渣不慎落在易燃物品上。 （2）清洗时要远离火源，及时清理使用后的棉纱等易燃物
		6. 防止烫伤	（1）使用割把时，要带电焊手套，防止烧伤。 （2）使用电焊把时，要带电焊手套，防止烧伤
		7. 防止气瓶爆炸	使用火焊时，乙炔和氧气瓶要保持 8m 的安全距离，气瓶防振圈、安全帽、压力表等组件齐全完善
6	运转试验	1. 防止滚轴筛堵煤	
		2. 防止滚轴连接柱销剪断	
		3. 防止碎煤机堵煤	

6.2.14 皮带机落煤筒检修

作业项目	皮带机落煤筒检修		
序号	辨识项目	辨识内容	典型控制措施
一	公共部分（健康与环境）		
	［表格内容同 1.1.1 公共部分（健康与环境）］		
二	作业内容（安全）		
1	落煤筒补焊	1. 防止触电伤害	（1）电焊机一、二次线绝缘良好，不应有漏电现象。 （2）工作地点及工作人员着装要保持干燥
		2. 防止高处坠落	（1）高处作业改变位置时，安全带不能解除或采用双绳安全带。 （2）使用合格安全带，且要将安全袋、较大工具用绳拴在牢固的物件上，不准随便乱放
		3. 防止皮带着火	（1）用火焊时，要检查焊带不应有漏气现象。 （2）使用电焊时，皮带尾部要打开水冲洗管放水，防止皮带着火
		4. 防止煤粉着火	（1）用火焊时，要检查焊带不应有漏气现象。 （2）使用电焊时，皮带尾部要打开水冲洗管放水，防止皮带着火
		5. 防止煤块掉落砸伤	（1）高处作业一律使用工具袋，较大工具应用绳拴在牢固的构件上，不准随便乱放。 （2）高处作业，除有关人员外，不准他人在工作地点下面通行或逗留
		6. 防止积煤坍塌	
		7. 防止钢板掉落砸伤	（1）高处作业一律使用工具袋，较大工具应用绳拴在牢固的构件上，不准随便乱放。 （2）高处作业，除有关人员外，不准他人在工作地点下面通行或逗留
2	落煤筒搬运	1. 防止车辆伤害	
		2. 防止起重伤害	（1）落煤筒起吊时，首先按照《安规》认真检查钢丝绳和使用负荷一致合格的手动倒链。 （2）要找准落煤筒质心，起吊耳子一定要焊牢固。 （3）落煤筒起吊后，不准长时间停留在空中，如遇特殊情况要设专人监护

续表

序号	辨识项目	辨识内容	典型控制措施
2	落煤筒搬运	3. 防止砸伤、挤伤	
		4. 防止电葫芦事故	
		5. 防止手拉葫芦事故	
		6. 防止滑跌	
3	落煤筒拆卸	1. 防止触电伤害	（1）电焊机一、二次线绝缘良好，不应有漏电现象。 （2）工作地点及工作人员着装要保持干燥
		2. 防止高处坠落	（1）高处作业改变位置时，安全带不能解除或采用双绳安全带。 （2）使用合格安全带，且要将安全袋、较大工具用绳拴在牢固的物件上，不准随便乱放
		3. 防止皮带着火	（1）用火焊时，要检查焊带不应有漏气现象。 （2）使用电焊时，皮带尾部要打开水冲洗管放水，防止皮带着火
		4. 防止煤粉着火	（1）用火焊时，要检查焊带不应有漏气现象。 （2）使用电焊时，皮带尾部要打开水冲洗管放水，防止皮带着火
		5. 防止煤块掉落砸伤	（1）高处作业一律使用工具袋，较大工具应用绳拴在牢固的构件上，不准随便乱放。 （2）高处作业，除有关人员外，不准他人在工作地点下面通行或逗留
		6. 防止积煤坍塌	
		7. 防止脚手架倾倒	
		8. 防止起重伤害	（1）落煤筒起吊时，首先按照《安规》认真检查钢丝绳和使用负荷一致合格的手动倒链。 （2）要找准落煤筒质心，起吊耳子一定要焊牢固。 （3）落煤筒起吊后，不准长时间停留在空中，如遇特殊情况要设专人监护
		9. 防止砸伤、挤伤	
		10. 防止电葫芦事故	

续表

序号	辨识项目	辨识内容	典型控制措施
3	落煤筒拆卸	11. 防止手拉葫芦事故	
		12. 防止滑跌	
4	落煤筒安装	1. 防止触电伤害	（1）电焊机一、二次线绝缘良好，不应有漏电现象。 （2）工作地点及工作人员着装要保持干燥
		2. 防止高处坠落	（1）高处作业改变位置时，安全带不能解除或采用双绳安全带。 （2）使用合格安全带，且要将安全袋、较大工具用绳拴在牢固的物件上，不准随便乱放
		3. 防止皮带着火	（1）用火焊时，要检查焊带不应有漏气现象。 （2）使用电焊时，皮带尾部要打开水冲洗管放水，防止皮带着火
		4. 防止煤粉着火	（1）用火焊时，要检查焊带不应有漏气现象。 （2）使用电焊时，皮带尾部要打开水冲洗管放水，防止皮带着火
		5. 防止煤块掉落砸伤	（1）高处作业一律使用工具袋，较大工具应用绳栓在牢固的构件上，不准随便乱放。 （2）高处作业，除有关人员外，不准他人在工作地点下面通行或逗留
		6. 防止积煤坍塌	
		7. 防止脚手架倾倒	（1）脚手架必须能够承受站在上面的人员和材料的质量。 （2）脚手架和脚手架相互之间应连接牢固，脚手板的两头均应放在横杆上，固定牢固。 （3）脚手架应装有牢固的梯子，以便工作人员上下
		8. 防止起重伤害	（1）落煤筒起吊时，首先按照《安规》认真检查钢丝绳和使用负荷一致合格的手动倒链。 （2）要找准落煤筒质心，起吊耳子一定要焊牢固。 （3）落煤筒起吊后，不准长时间停留在空中，如遇特殊情况要设专人监护
		9. 防止砸伤、挤伤	
		10. 防止电葫芦事故	
		11. 防止手拉葫芦事故	
		12. 防止滑跌	

6.2.15 电动机检修

作业项目	电动机检修		
序号	辨识项目	辨识内容	典型控制措施
一	公共部分（健康与环境）		
	［表格内容同 1.1.1 公共部分（健康与环境）］		
二	作业内容（安全）		
1	电动机拆除地脚、引线	1. 防止触电	（1）临时电源摆放要规范，不能私拉乱接。 （2）作电气试验时，检修人员要撤离现场，并做好配合工作。 （3）使用电气工具必须使用有漏电保护的电源
		2. 防止从电动机基座上坠落	人员站在本体上工作时，选择适当的工作位置，设专人监护
		3. 防止工具掉落打伤地面工作人员	检查检修区域上方和周围无高处落物的危险
2	电动机起吊	1. 防止钢丝绳掉落砸伤	检修区域下方闲杂人员不得站立、行走
		2. 防止手拉葫芦滑链	
		3. 防止电动机滑落	
		4. 防止电动机碰伤、挤伤	
		5. 防止撬杠打伤	
		6. 防止坠落	人员站在本体上工作时，选择适当的工作位置，设专人监护
3	电动机解体	1. 防止工具使用不当受伤	
		2. 防止电动机端盖损坏	
		3. 防止电动机侧对轮损伤	

序号	辨识项目	辨识内容	典型控制措施
4	定（转）子、轴承检查	1. 防止损伤定子线圈	
		2. 防止轴承损坏	起重机械要经检查合格，吊索荷重适当，正确使用工器具
		3. 防止转子划伤	起重机械要经检查合格，吊索荷重适当，正确使用工器具
		4. 防止火灾	清洗部件要用煤油和清洗剂，清洗时要远离火源，及时清理使用后的棉纱等易燃物
		5. 防止定子内侧划伤手指	
5	接线盒、端子检查	1. 防止接线盒损坏	起重机械要经检查合格，吊索荷重适当，正确使用工器具
		2. 防止端子损坏	起重机械要经检查合格，吊索荷重适当，正确使用工器具
6	电动机回装	1. 防止工具使用不当受伤	检查工器具是否合格，不合格的严禁使用，正确使用工器具，戴好防护用品
		2. 防止电动机端盖损坏	起重机械要经检查合格，吊索荷重适当，正确使用工器具
		3. 防止电动机侧对轮损伤	起重机械要经检查合格，吊索荷重适当，正确使用工器具
		4. 防止异物遗留在内	（1）设备回装时，认真检查机内无遗留异物。 （2）回装前，应及时清点工器具
		5. 防止损伤定子线圈	
		6. 防止转子划伤	检查工器具是否合格，不合格的严禁使用，正确使用工器具，戴好防护用品
		7. 防止定子内侧划伤手指	检查工器具是否合格，不合格的严禁使用，正确使用工器具，戴好防护用品
7	找正、试用	1. 防止对轮挤伤手	检查工器具是否合格，不合格的严禁使用，正确使用工器具，戴好防护用品
		2. 防止撬杠打伤	
		3. 防止机械伤害	检查工器具是否合格，不合格的严禁使用，正确使用工器具，戴好防护用品
		4. 防止接线错误	
		5. 防止误动、误碰	

6.2.16 配电盘检修

作业项目	配电盘检修		
序号	辨识项目	辨识内容	典型控制措施
一	公共部分（健康与环境）		
	［表格内容同 1.1.1 公共部分（健康与环境）］		
二	作业内容（安全）		
1	母线检修	1. 防止触电	（1）工作中注意左、右间隔带电部位，防止误碰感电，必要时加装隔板。 （2）认真监护。 （3）配带好静电感应器。 （4）必须穿好绝缘鞋
		2. 防止碰伤、挤伤	
		3. 防止高处坠落	人员站在本体上工作时，选择适当的工作位置，设专人监护
		4. 防止滑跌	及时清理地面油污
		5. 防止误入带电区域	
2	隔离开关检修	1. 防止触电	（1）工作中注意左、右间隔带电部位，防止误碰感电，必要时加装隔板。 （2）认真监护。 （3）配带好静电感应器。 （4）必须穿好绝缘鞋
		2. 防止设备损坏	
		3. 防止碰伤、挤伤	
		4. 防止高处坠落	人员站在本体上工作时，选择适当的工作位置，设专人监护
		5. 防止随意扩大检修范围	

序号	辨识项目	辨识内容	典型控制措施
3	开关检修	1. 防止触电	（1）工作中注意左、右间隔带电部位，防止误碰感电，必要时加装隔板。 （2）认真监护。 （3）配带好静电感应器。 （4）必须穿好绝缘鞋
		2. 防止开关零部件损坏	
		3. 防止开关触头损坏	
4	接触器、互感器检修	1. 防止动、静触头损坏	
		2. 防止线圈损坏	
		3. 防止互感器断路和短路	
		4. 防止二次接线错误	
5	连接线检查	1. 防止电缆损伤	
		2. 防止线鼻子损伤	
		3. 防止接触面氧化	
		4. 防止紧固螺栓松动	
6	试验	1. 防止三项短路	
		2. 防止触头不同期	
		3. 防止电弧烧伤	
		4. 防止火灾	
		5. 防止误动、误碰	

6.2.17 电缆检修

作业项目	电缆检修		
序号	辨识项目	辨识内容	典型控制措施
一	公共部分（健康与环境）		
	[表格内容同 1.1.1 公共部分（健康与环境）]		
二	作业内容（安全）		
1	电缆检查	1. 防止高处坠落	人员站在本体上工作时，选择适当的工作位置，设专人监护
		2. 防止碰伤	
		3. 防止缺氧窒息	
		4. 防止运转设备绞伤	
		5. 防止滑倒、挤伤	（1）要及时清理检修现场的积油、积水，防止脚下打滑摔伤。 （2）穿合适的工作鞋
2	电缆铺设	1. 防止高处坠落	人员站在本体上工作时，选择适当的工作位置，设专人监护
		2. 防止碰伤	
		3. 防止缺氧窒息	
		4. 防止运转设备绞伤	检查工器具合格
		5. 防止滑倒、挤伤	及时清理地面油污
		6. 防止电缆砸伤	
		7. 防止触电	（1）工作前，认真验电，确认停电后，方可工作。 （2）穿好绝缘鞋，正确戴好安全帽及手套，必要时地面放好绝缘垫。 （3）配带好静电感应器。 （4）电缆沟口设有专人看守
		8. 防止电缆绝缘皮损坏	
		9. 防止电缆打死弯损坏线芯	

序号	辨识项目	辨识内容	典型控制措施
3	电缆接头制作	1. 防止工具划伤手	检查工器具合格
		2. 防止火灾	
		3. 防止电缆钢铠划伤手	检查工器具合格
		4. 防止液压钳伤手	检查工器具合格
		5. 防止电缆接头接错线	
4	电缆过渡箱检修	1. 防止扳手滑脱伤手	检查工器具合格
		2. 防止误动带电设备	
		3. 防止压线端子损坏	
		4. 防止滑跌、碰伤	
		5. 防止误碰运转设备	
5	电缆通电试验	1. 防止电缆接头短路放炮	
		2. 防止设备带电误动	
		3. 防止人员触电	
		4. 防止设备转向错误	
		5. 防止电弧烧伤	
		6. 防止电缆接头浸水	
		7. 防止电缆绝缘损坏	

6.2.18 照明检修

作业项目	照明检修		
序号	辨识项目	辨识内容	典型控制措施
一	公共部分（健康与环境）		
	[表格内容同 1.1.1 公共部分（健康与环境）]		
二	作业内容（安全）		
1	更换照明灯泡	1. 防止高处坠落	（1）正确戴好安全帽及手套。 （2）工作时要谨慎、小心，注意安全，做好监护。 （3）高处作业要系好安全带，严禁空中抛掷工具、材料等物品
		2. 防止触电	（1）工作前，认真验电，确认停电后，方可工作。 （2）工作时至少由两人进行，并有专人监护，使用绝缘工具，穿绝缘鞋。 （3）配带好静电感应器。 （4）停电更换熔断器后，恢复操作时，应戴手套和护目眼镜
		3. 防止梯子滑倒	（1）使用的梯子必须牢固，有人扶梯，设专人监护，系好安全带。 （2）现场使用梯子时，梯子经过经检验合格并且安置稳固，梯子与地面的夹角为 60°
		4. 防止运转皮带绞伤	检查工器具合格，不合格的严禁使用，正确使用工器具，戴好防护用品
		5. 防止工具掉落打伤	检查工器具合格，不合格的严禁使用，正确使用工器具，戴好防护用品
2	灯具更换	1. 防止高处坠落	（1）正确戴好安全帽及手套。 （2）工作时要谨慎、小心，注意安全，做好监护。 （3）高处作业要系好安全带，严禁空中抛掷工具、材料等物品
		2. 防止触电	（1）工作前，认真验电，确认停电后，方可工作。 （2）工作时至少由两人进行，并有专人监护，使用绝缘工具，穿绝缘鞋。 （3）配带好静电感应器。 （4）停电更换熔断器后，恢复操作时，应戴手套和护目眼镜
		3. 防止梯子滑倒	（1）使用的梯子必须牢固，有人扶梯，设专人监护，系好安全带。 （2）现场使用梯子时，梯子经过经检验合格并且安置稳固，梯子与地面的夹角为 60°

续表

序号	辨识项目	辨识内容	典型控制措施
2	灯具更换	4. 防止运转皮带绞伤	检查工器具合格，不合格的严禁使用，正确使用工器具，戴好防护用品
		5. 防止工具掉落打伤	检查工器具合格，不合格的严禁使用，正确使用工器具，戴好防护用品
		6. 防止电动工具伤害	检查工器具合格，不合格的严禁使用，正确使用工器具，戴好防护用品
3	照明线路检修	1. 防止高处坠落	（1）正确戴好安全帽及手套。 （2）工作时要谨慎、小心，注意安全，做好监护。 （3）高处作业要系好安全带，严禁空中抛掷工具、材料等物品
		2. 防止触电	（1）工作前，认真验电，确认停电后，方可工作。 （2）工作时至少由两人进行，并有专人监护，使用绝缘工具，穿绝缘鞋。 （3）配带好静电感应器。 （4）停电更换熔断器后，恢复操作时，应戴手套和护目眼镜
		3. 防止梯子滑倒	（1）使用的梯子必须牢固，有人扶梯，设专人监护，系好安全带。 （2）现场使用梯子时，梯子经过经检验合格并且安置稳固，梯子与地面的夹角为 60°
		4. 防止运转皮带绞伤	检查工器具合格，不合格的严禁使用，正确使用工器具，戴好防护用品
		5. 防止工具掉落打伤	检查工器具合格，不合格的严禁使用，正确使用工器具，戴好防护用品
		6. 防止线路短路着火	
4	照明控制箱检修	1. 防止触电	（1）工作前，认真验电，确认停电后，方可工作。 （2）工作时至少由两人进行，并有专人监护，使用绝缘工具，穿绝缘鞋。 （3）配带好静电感应器。 （4）停电更换熔断器后，恢复操作时，应戴手套和护目眼镜
		2. 防止电源短路烧伤	检查工器具合格，不合格的严禁使用，正确使用工器具，戴好防护用品
		3. 防止工具划伤手指	检查工器具合格，不合格的严禁使用，正确使用工器具，戴好防护用品
		4. 防止接错线	
		5. 防止开关、接触器、光控器损坏	

续表

序号	辨识项目	辨识内容	典型控制措施
5	整流器检修、更换	1. 防止高处坠落	（1）正确戴好安全帽及手套。 （2）工作时要谨慎、小心，注意安全，做好监护。 （3）高处作业要系好安全带，严禁空中抛掷工具、材料等物品
		2. 防止触电	（1）工作前，认真验电，确认停电后，方可工作。 （2）工作时至少由两人进行，并有专人监护，使用绝缘工具，穿绝缘鞋。 （3）配带好静电感应器。 （4）停电更换熔断器后，恢复操作时，应戴手套和护目眼镜
		3. 防止梯子滑倒	（1）使用的梯子必须牢固，有人扶梯，设专人监护，系好安全带。 （2）现场使用梯子时，梯子经过经检验合格并且安置稳固，梯子与地面的夹角为60°
		4. 防止运转皮带绞伤	检查工器具合格，不合格的严禁使用，正确使用工器具，戴好防护用品
		5. 防止工具掉落打伤	检查工器具合格，不合格的严禁使用，正确使用工器具，戴好防护用品
6	照明试验	1. 防止线路短路	
		2. 防止灯泡烧坏	
		3. 防止整流器烧坏	
		4. 防止灯泡爆破	
		5. 防止开关烧坏	

6.2.19 PLC 控制柜检修

作业项目	PLC 控制柜检修		
序号	辨识项目	辨识内容	典型控制措施
一	公共部分（健康与环境）		
	［表格内容同 1.1.1 公共部分（健康与环境）］		

续表

序号	辨识项目	辨识内容	典型控制措施
二	作业内容（安全）		
1	PLC 模块更换	1. 防止触电	（1）接临时电源时，必须使用水线，禁止使用花线和塑料线，导线绝缘良好。 （2）使用的电动工器具必须加装漏电保护器，且绝缘合格。 （3）程控人员在控制柜或电源柜等带电设备上进行工作时，开工前必须验电，使用的试电笔应完整无损。 （4）认真核对图纸，防止误碰、误拉其他系统的电源、电气开关。 （5）检修过程中拆下的带电线头必须用绝缘胶布包好，并作好记录。 （6）检修柜内 220V 电源时，必须穿绝缘鞋。 （7）严禁从运行设备上直接取电源。 （8）严禁导电物体误碰电源线。 （9）严禁用湿布擦拭柜内线路及其他设备。 （10）接线时必须先断开电源。 （11）作业人员必须穿绝缘鞋。 （12）在专用端子上接线，严禁随意挂线
		2. 防止误启动设备	
		3. 防止模块端子接地	
		4. 防止盘内接线短路	
		5. 防止模块插针弯曲	
		6. 防止拆错模块	
		7. 防止工具伤害	
2	PLC 模块底座更换	1. 防止触电	（1）接临时电源时，必须使用水线，禁止使用花线和塑料线，导线绝缘良好。 （2）使用的电动工器具必须加装漏电保护器，且绝缘合格。 （3）程控人员在控制柜或电源柜等带电设备上进行工作时，开工前必须验电，使用的试电笔应完整无损。 （4）认真核对图纸，防止误碰、误拉其他系统的电源、电气开关。 （5）检修过程中拆下的带电线头必须用绝缘胶布包好，并作好记录。 （6）检修柜内 220V 电源时，必须穿绝缘鞋。 （7）严禁从运行设备上直接取电源。

序号	辨识项目	辨识内容	典型控制措施
2	PLC 模块底座更换	1. 防止触电	（8）严禁导电物体误碰电源线。 （9）严禁用湿布擦拭柜内线路及其他设备。 （10）接线时必须先断开电源。 （11）作业人员必须穿绝缘鞋。 （12）在专用端子上接线，严禁随意挂线
		2. 防止误启动设备	
		3. 防止模块端子接地	
		4. 防止盘内接线短路	
		5. 防止模块插针弯曲损坏	
		6. 防止工具伤害	
3	DC24V 直流电源检修	1. 防止触电	（1）接临时电源时，必须使用水线，禁止使用花线和塑料线，导线绝缘良好。 （2）使用的电动工器具必须加装漏电保护器，且绝缘合格。 （3）程控人员在控制柜或电源柜等带电设备上进行工作时，开工前必须验电，使用的试电笔应完整无损。 （4）认真核对图纸，防止误碰、误拉其他系统的电源、电气开关。 （5）检修过程中拆下的带电线头必须用绝缘胶布包好，并作好记录。 （6）检修柜内 220V 电源时，必须穿绝缘鞋。 （7）严禁从运行设备上直接取电源。 （8）严禁导电物体误碰电源线。 （9）严禁用湿布擦拭柜内线路及其他设备。 （10）接线时必须先断开电源。 （11）作业人员必须穿绝缘鞋。 （12）在专用端子上接线，严禁随意挂线
		2. 防止工器具伤害	（1）开工前应全面检查所用工具，禁止使用不合格的工器具。 （2）使用手锤时禁止戴手套，并且锤把上不应有油污
		3. 防止直流接地	

续表

序号	辨识项目	辨识内容	典型控制措施
3	DC24V 直流电源检修	4. 防止盘内线路短路	
		5. 防止划伤手指	
4	UPS 电源检修	1. 防止触电	（1）接临时电源时，必须使用水线，禁止使用花线和塑料线，导线绝缘良好。 （2）使用的电动工器具必须加装漏电保护器，且绝缘合格。 （3）程控人员在控制柜或电源柜等带电设备上进行工作时，开工前必须验电，使用的试电笔应完整无损。 （4）认真核对图纸，防止误碰、误拉其他系统的电源、电气开关。 （5）检修过程中拆下的带电线头必须用绝缘胶布包好，并作好记录。 （6）检修柜内 220V 电源时，必须穿绝缘鞋。 （7）严禁从运行设备上直接取电源。 （8）严禁导电物体误碰电源线。 （9）严禁用湿布擦拭柜内线路及其他设备。 （10）接线时必须先断开电源。 （11）作业人员必须穿绝缘鞋。 （12）在专用端子上接线，严禁随意挂线
		2. 防止工器具伤害	（1）开工前应全面检查所用工具，禁止使用不合格的工器具。 （2）使用手锤时禁止戴手套，并且锤把上不应有油污
		3. 防止直流接地	
		4. 防止盘内线路短路	
		5. 防止 UPS 逆变反送电	
5	通信部分检修	1. 防止触电	（1）接临时电源时，必须使用水线，禁止使用花线和塑料线，导线绝缘良好。 （2）使用的电动工器具必须加装漏电保护器，且绝缘合格。 （3）程控人员在控制柜或电源柜等带电设备上进行工作时，开工前必须验电，使用的试电笔应完整无损。 （4）认真核对图纸，防止误碰、误拉其他系统的电源、电气开关。

续表

序号	辨识项目	辨识内容	典型控制措施
5	通信部分检修	1. 防止触电	（5）检修过程中拆下的带电线头必须用绝缘胶布包好，并作好记录。 （6）检修柜内220V电源时，必须穿绝缘鞋。 （7）严禁从运行设备上直接取电源。 （8）严禁导电物体误碰电源线。 （9）严禁用湿布擦拭柜内线路及其他设备。 （10）接线时必须先断开电源。 （11）作业人员必须穿绝缘鞋。 （12）在专用端子上接线，严禁随意挂线
		2. 防止工器具伤害	（1）开工前应全面检查所用工具，禁止使用不合格的工器具。 （2）使用手锤时禁止戴手套，并且锤把上不应有油污
		3. 防止划伤手指	
		4. 防止损坏通信模块接口	
		5. 防止损坏热备模块光缆打死弯	
		6. 防止上位机串口损坏	（1）拆接线时要有清楚的标记和记录，恢复时认真核对。 （2）工作时要以图纸为基础，严禁凭记忆工作。 （3）严禁将高压电信号加到低电平输入插件上
		7. 防止同轴电缆接头损坏	（1）拆接线时要有清楚的标记和记录，恢复时认真核对。 （2）工作时要以图纸为基础，严禁凭记忆工作。 （3）严禁将高压电信号加到低电平输入插件上

第7章 热 控 专 业

7.1 热控检修

7.1.1 压力表

作业项目	压力表		
序号	辨识项目	辨识内容	典型控制措施
一	公共部分（健康与环境）		
1	身体、心理素质	作业人员的身体状况，心理素质不适于高处作业	（1）不安排此次作业。 （2）不安排高处作业，安排地面辅助工作。 （3）现场配备急救药品。 ⋮
2	精神状态	作业人员连续工作，疲劳困乏或情绪异常	（1）不安排此次作业。 （2）不安排高强度、注意力高度集中、反应能力要求高的工作。 （3）作业过程适当安排休息时间。 ⋮
3	环境条件	作业区域上部有落物的可能；照明充足；安全设施完善	（1）暂时停止高处作业，工作负责人先安排检查接地线等各项安全措施是否完整，无问题后可恢复作业。 ⋮
4	业务技能	新进人员参与作业或安排人员承担不胜任的工作	（1）安排能胜任或辅助性工作。 （2）设置专责监护人进行监护。 ⋮
5	作业组合	人员搭配不合适	（1）调整人员的搭配、分工。 （2）事先协调沟通，在认识和协作上达成一致。 ⋮
6	工期因素	工期紧张，作业人员及骨干人员不足	（1）增加人员或适当延长工期。 （2）优化作业组合或施工方案、工序。 ⋮

续表

序号	辨识项目	辨识内容	典型控制措施
⋮	⋮	⋮	⋮
二	作业内容（安全）		
1	拆回设备	1. 触电伤害	（1）停掉各作业设备电源。 （2）拆设备时，作业人员必须先验电。 （3）注意临近带电设备
		2. 设备损坏	（1）杜绝野蛮施工，拆除设备仪表时，要轻拿轻放。特别注意不要将仪表碰撞，甚至跌落地上。 （2）弹簧管压力表、压力变送器，以及指示表不准用车推运。同时，不准叠放搬运。 （3）拆回后应立即效验，作好检修记录
		3. 烫伤及带压冲坏设备	拆回就地一次表计时，要关闭一次门。特别是：过热汽压力、给水压力、汽包压力、机主汽压力等，一定要关一次门，防止二次门不严，出现烫伤及冲坏设备
		4. 误停运行设备，造成事故	（1）停运行设备必须与所办工作票内容相符。 （2）运行人员不同意时，不能停止设备运行
		5. 焊管路造成烫伤	（1）须开工作票的必须开票，要办动火票的也必须办票。 （2）配合焊工工作的人员必须戴劳动保护手套，禁止用手直接去拿焊接的管路。 （3）需备灭火器材的要备灭火器材，设监护人。 （4）工作结束后要清除火种
		6. 设备现场检修工具	（1）用合格的电动工具，工作人员必须会用相应的电动工具。 （2）用电动工具，必须接好触电保安器。接好地线，使用手电钻、电砂轮要戴好防护眼镜。 （3）检修设备仪表时，不能加压超过仪表设备量程的 120%，防止设备仪表超压漏泄而伤人
		7. 配接线失误或不标准，给以后维护失误造成事故	（1）工作必须按图纸施工配线。图纸必须经车间审核后执行，更改项目无图纸不准施工。 （2）接线后要对其线路进行无源校验。 （3）施工后图纸必须与实际相符，图纸交由班里及车间存档
		8. 人身伤害	（1）戴好安全帽，穿好工作服、绝缘鞋。 （2）开好工作票，确认安全措施完善，组织人员宣读，在危险与知卡上签字方可开工。 （3）与运行人员联系好，确认工作内容

续表

序号	辨识项目	辨识内容	典型控制措施
2	设备的检修校验	1. 高处落物伤害	（1）尽可能避开锅炉起重上下交叉作业，严禁在锅炉及汽轮机所设的围栏内行走，要走安全通道。同时，要有人监护。 （2）工作时，必须戴安全帽，配备工具袋，登高作业时，工器具应用绳系好
		2. 使用梯子人身坠落伤害	（1）不准在梯子上使用电锤。 （2）使用的梯子必须牢固，有人扶梯，设专人监护，系好安全带
		3. 高处作业坠落事故	（1）打一次风测点时，要系安全带，须搭架子的，必须将架子搭好，同时，要有人监护。 （2）作业改变位置时，安全带不能解除或采用双绳
		4. 拉电缆高处坠落	（1）拉电缆时，要检查电缆桥架是否有松动及腐蚀的地方。 （2）拉电缆高处作业时，必须系好安全带，不准在管路上走动。 （3）作业改变位置时，安全带不能解除或采用双绳安全带
3	回装设备	1. 设备回装接线，造成触电	（1）接线前必须先验电，确认无电后再接线。 （2）设备回装一般两人以上
		2. 设备仪表送电实验时，误送电，发生感电或设备及仪表损坏	（1）分电源由各班负责人投入。 （2）送电时应各设备单独送电试验，确定电源无误后方可进行设备调试工作
		3. 设备仪表装入现场存在问题，影响机组运行和启动	（1）车间严格执行三级验收制度。 （2）回装设备仪表试验完毕，要打开一、二次门，送电将其投入。 （3）启动时要有负责人员在现场，随时排除各种设备仪表的问题
		4. 仪表及标准仪器调校中损坏	（1）设备仪表现场调试一般 2 人以上。 （2）合理使用标准仪器。 （3）严格按调校步骤进行
		5. 打水压冲坏设备仪表或伤人	（1）打水压时，严禁在锅炉本体周围走动。 （2）打水压时，就地测点与仪表安装就地要有较好的通信装置，如对讲机。 （3）在 2MPa 水压以下进行管路冲洗，与运行人员确定后慢慢打开排污门，至全开。 （4）水压后打开二次门，使仪表设备投入运行
		6. 保护试验失控，造成运行中保护失灵	（1）做保护试验时，分场人员要在现场监护，试验内容必须全部正确。 （2）如试验中间有一点不好，要重新再做。 （3）试验完毕，投入运行，要在运行记录上交代清楚，运行验收签字

续表

序号	辨识项目	辨识内容	典型控制措施
3	回装设备	7. 机组启动时，设备仪表缺陷造成机组无法启动	（1）机组启动时，班里应按车间要求派专人负责，其他人员不准私自进行。 （2）处理缺陷时与运行人员联系好，及时处理。 （3）须开工作票的应开工作票后再作业
		8. 检修结束后，电缆孔洞不封好，易留下隐患	检修工作结束后，热工控制盘台底部电缆孔洞必须封闭良好
		9. 标志不全，运行人员容易造成错误	热工仪表及设备检修后，应保持整洁完好，标志应正确、清晰、齐全
		10. 检修后各种技术资料不完整	检修工作后，各种技术资料及记录数据图纸要与实际相符，并在工作结束后半个月内整理完毕
4	处理设备的缺陷作业	1. 运行误判断造成事故	（1）主要表计都采用两套测量仪表。 （2）每日对机炉主要比表记进行巡查，如：炉过热器压力指示表及记录表，汽包压力表，给水压力表，炉膛负压指示表及记录表，机组气压力，汽轮机转速，凝汽器真空，润滑油压等。 （3）在运行大账上的热工检修记事上交代好每日维护情况及缺陷处理情况，运行在检修栏上签字
		2. 误动运行设备造成事故	（1）作业时开好工作票，确认安全措施完善，组织人员宣读，工作人员在危险预知卡上签字，方可工作。 （2）与运行人员核实准确有缺陷的设备，要两人或两人以上才能工作，要有一人监护
		3. 信号，仪表、联动设备不准，造成运行人员失误	接到运行通知到现场。需开工作票的办票，与运行确定之后及时处理。处理无把握的应及时向班里或分场汇报。须改变定值时，应向值长以上领导确定，作业后封票、签字
		4. 事故出现后	接到通知后，了解事故情况，通知班里和分场，在事故原因不清时，不准动可能造成事故的设备，必须处理设备时，应分厂、生产部、安监处的人员在场，首先做实验，确定准确后，方可开票作业，作业后再做好实验，封票签字，写清事故和处理情况
		5. 触电伤害	（1）作业前停掉将有作业的设备电源，验电笔确认无电后方可作业。 （2）监护人时刻注意提醒工作人员不要误碰有源临近设备
		6. 高处坠落	（1）在处理燃油系统风压管路，距地面 1.5m 以上工作时，要系安全带，如需搭架子的，必须搭好架子再作业。 （2）使用梯子作业时，要按《安规》进行

7.1.2 温度表

作业项目	温度表		
序号	辨识项目	辨识内容	典型控制措施
一	公共部分（健康与环境）		
	［表格内容同 1.1.1 公共部分（健康与环境）］		
二	作业内容（安全）		
1	设备的巡查和卫生清扫	1. 人身伤害	（1）现场戴好安全帽，穿好工作服、绝缘鞋。 （2）不要在危险点停留
		2. 误碰各设备仪表，使之指示不正常；或误碰自动、保护设备，引起机组跳闸	（1）卫生清扫前，要用绝缘胶布把刷子外边缘包好。 （2）清扫时，应首先与运行人员联系好。 （3）在清扫控制盘内仪表时，不要误碰与之相邻的保护设备电源开关，以免引起机组跳闸。 （4）清扫后，认真检查设备仪表是否指示、运行正常，无异常现象再离开现场
		3. 悬空设备检查易造成高处坠落伤害	（1）照明不足的地方暂不去清扫。 （2）工作人员不应有妨碍暗处作业的病症。 （3）临走时，注意地面是否有孔洞，不可跨越起重钢丝绳
		4. 高处落物伤害	（1）戴好安全帽。 （2）注意上方是否有落物的可能
		5. 氢系统设备漏氢气，造成事故	多年未投，每周检查一次系统是否漏氢
		6. 设备出现故障，易造成事故	（1）接到运行通知 20min 到现场，了解事故情况，通知班和分场，事故原因不清时，不准动可能造成事故的设备。 （2）处理设备前开工作票，首先作试验，确定准确后方可开票作业。 （3）作业后，再作实验，封票签字，写清事故和处理情况
2	设备的巡查和卫生清扫	1. 人身伤害	（1）现场戴好安全帽，穿好工作服、绝缘鞋。 （2）不要在危险点停留

序号	辨识项目	辨识内容	典型控制措施
2	设备的巡查和卫生清扫	2. 误碰各设备仪表，使之指示不正常；或误碰自动、保护设备，引起机组跳闸	（1）卫生清扫前，要用绝缘胶布把刷子外边缘包好。 （2）清扫时，应首先与运行人员联系好。 （3）在清扫控制盘内仪表时，不要误碰与之相邻的保护设备电源开关，以免引起机组跳闸。 （4）清扫后，认真检查设备仪表是否指示、运行正常，无异常现象再离开现场
		3. 悬空设备检查易造成高处坠落伤害	（1）照明不足的地方暂不去清扫。 （2）工作人员不应有妨碍暗处作业的病症。 （3）临走时，注意地面是否有孔洞，不可跨越起重钢丝绳
		4. 高处落物伤害	（1）戴好安全帽。 （2）注意上方是否有落物的可能
		5. 氢系统设备漏氢气造成事故	多年未投，每周检查一次系统是否漏氢
		6. 设备出现故障，易造成事故	（1）接到运行通知 20min 到现场，了解事故情况，通知班和分场，事故原因不清时，不准动可能造成事故的设备。 （2）处理设备前开工作票，首先作试验，确定准确后方可开票作业。 （3）作业后，再作实验，封票签字，写清事故和处理情况
3	拆回设备	1. 人身伤害、设备误停	（1）穿好工作服、绝缘鞋。 （2）开好工作票，与运行人员联系好签字后方可开工
		2. 触电伤害	（1）分场统一停掉总电源，各班停掉分电源。 （2）拆设备前，作业人员必须先验电，注意临近带电设备。 （3）设置监护人
		3. 设备损坏	（1）贵重设备、仪表不准用车推运，不准叠加搬运。 （2）拆除后立即检查校验
		4. 误停运行设备造成事故	（1）停运设备必须与工作票相符。 （2）运行值班人员不同意时，不能停止设备运行
4	设备的检修、校验	1. 设备现场检修，电动工具使用不当造成人员伤害	（1）用电动工具前，必须检查电动工具合格好用。 （2）电动工具要接好漏电保安器。 （3）用手枪电钻、电砂轮时要带好防护眼镜

续表

序号	辨识项目	辨识内容	典型控制措施
4	设备的检修、校验	2. 配接线失误或不标准，给以后维护带来失误及造成事故	（1）工作必须按图纸施工配线。图纸必须经分场审核后执行，更改项目无图纸不准施工。 （2）接线后要对其线路进行无源校验。 （3）施工后图纸必须与实际相符，图纸交由班里及分场存档
		3. 不合格设备仪表造成运行误操作	（1）严格执行中、小检修标准。 （2）无证人员不准校验
		4. 高处落物伤害	（1）尽可能避开上下交叉作业。 （2）作业时，检查上方是否有落物的可能，必须进行的要做好防护措施。 （3）作业时，工器具应用绳系好，戴好安全帽
		5. 使用梯子人身坠落伤害	（1）不准在梯子上使用电锤。 （2）使用的梯子必须牢固，有人扶梯设专人监护，系好安全带
		6. 高处作业造成坠落事故	（1）高处作业时系好安全带。 （2）需搭架子的必须将架子搭好。 （3）设好监护人监护
		7. 拉电缆造成高处坠落	（1）如有高处作业必须系好安全带。 （2）不准在栏杆、管道、联轴器、运行中设备的轴承上方行走
5	回装设备	1. 设备安装接线时造成触电	（1）接线前必须先验电，确认无电后再接线。 （2）设备组装必须两人以上
		2. 设备送电试验时，误送电造成感电或设备损坏	（1）分电源由各班负责人投入。 （2）送电时应各设备单独送电试验，确定电源无误后方可进行设备调试工作
		3. 设备仪表装入现场存在问题，影响机组运行和启动	（1）分场严格坚持验收制。 （2）校验仪表严格按调校标准校验
		4. 仪表调试中造成损坏	仪表在现场调试时必须两人以上，严格按照调试步骤进行
		5. 机组启动时有设备缺陷，造成机组无法启动	（1）机组启动时，班里应按分场要求派专人负责，其他人员不准私自进行。 （2）处理缺陷时与运行人员联系好，及时处理。 （3）须开工作票的应开工作票后再作业

序号	辨识项目	辨识内容	典型控制措施
6	处理设备的缺陷作业	1. 误动运行设备，造成事故	（1）与运行人员核实准确有缺陷设备后，方可作业。 （2）作业时应两人以上
		2. 触电伤害	（1）作业前停掉要作业的设备电源，验电确认无电后，方可作业。 （2）临近设备带电或临近设备可能带电时，作业应设好监护人
		3. 处理悬空设备缺陷易造成高处坠落	（1）工作人员不应有妨碍高处作业的病症。 （2）使用合格的安全带，且要保持安全带拴腰部以一牢固的物体上。 （3）用梯子时，要按《安规》进行。 （4）高处作业改变位置时，安全带不能解除，或采用双绳安全带
		4. 高处落物伤人	（1）戴好安全帽。 （2）注意作业上部有无落物的可能
		5. 人身伤害	（1）作业时开好工作票，运行人员签字后方可作业。 （2）工作结束后封好工作票，在运行检修记事上填好处理情况，运行、检修人员同时签字
		6. 处理磨煤机温度设备，造成人身伤害	（1）联系好运行人员，停磨煤机。 （2）高处作业系好安全带。 （3）需用梯子时，按《安规》进行
7	设备的调试、投入和保护试验	1. 设备安装接线时造成触电	（1）接线前必须先验电，确认无电后再接线。 （2）设备回装必须两人以上
		2. 设备送电试验时，误送电造成感电或设备损坏	（1）分电源由各班负责人投入。 （2）送电时应各设备单独送电试验，确定电源无误后方可进行设备调试工作
		3. 设备仪表装入现场存在问题，影响机组运行和启动	（1）分场严格坚持验收制。 （2）校验仪表严格按调校标准校验
		4. 仪表调试中造成损坏	仪表在现场调试时必须两人以上，严格按照调试步骤进行
		5. 机组启动时有设备缺陷，造成机组无法启动	（1）机组启动时，班组以及分场要求派专人负责，其他人员不准私自进行。 （2）处理缺陷时与运行人员联系好，及时处理。 （3）须开工作票的应开工作票后再作业

7.1.3 流量计

作业项目	流量计		
序号	辨识项目	辨识内容	典型控制措施
一	公共部分（健康与环境）		
	［表格内容同 1.1.1 公共部分（健康与环境）］		
二	作业内容（安全）		
1	设备的巡查和卫生清扫	1. 人身伤害	戴好安全帽，穿好工作服、绝缘鞋，不要在危险点停留
		2. 误碰各仪表使之指示不正常，同时误碰自动、保护设备，引起机组跳闸	（1）清扫前，要用绝缘胶布把刷子外缘包好。清扫时，应首先与运行人员联系好。 （2）在清扫控制盘内指示表、记录表卫生时，不要误碰与之相邻的保护设备电源开关，以免引起机组跳闸。 （3）清扫变送器时，要检查电源盒和变送器盖是否盖好，以免电源掉电或变送器内进入灰尘，使表计失灵。 （4）清扫炉顶时，不要把测量筒接线扫掉，也不要碰人工水位表电位器和调压器，如果误碰，一定要按云母水位计指示把水位对好
		3. 清扫汽包电触点水位表及人工水位表卫生时，防止高处坠落	（1）工作人员不应有妨碍高处作业的病症，遇有精神异常的禁止作业。 （2）照明不足的地方暂不去清扫，行走时注意地面是否有孔洞，不可跨越起重钢丝绳
		4. 清扫炉后及零米设备时，要防止高处落物伤害	（1）清扫时要戴好安全帽。 （2）要注意上空是否有落物的可能
		5. 当检查到高压设备时，防止漏水、漏汽造成人员烫伤	当检查到变送器（特别是工汽流量表）或水位测量如有泄漏时，禁止用扳手直接拧紧，此时要开好工作票，关闭一次门，打开排污门，确定无压无汽后，再作业。作业结束，设备投入运行后离开。如果一次门关不严，要与分场有关领导联系，待机组停运后再处理
		6. 仪表不准造成运行人员失误	接运行通知到现场，须开工作票，及时处理，不能处理的应及时向班长或分场汇报，须改变定值的，应向值长以上领导确定，作业后封票签字
2	设备的检修和校验	1. 校验不合格的设备仪表造成误操作	严格执行仪表检验标准，不能漏项，严格执行三级验收制，无证人员不准验收

续表

序号	辨识项目	辨识内容	典型控制措施
2	设备的检修和校验	2. 在现场校验变送器，防止高处落物	（1）要戴好安全帽。 （2）如遇上下交叉作业，必须做好防护措施
		3. 校验仪表时，接线有误，造成仪表损坏	校验仪表时，一定要接好电源线和信号线
3	设备的线路检查及调试	人身触电、设备损坏	（1）用绝缘电阻表测量绝缘时，一般应有两人担任。 （2）测量用的导线，应使用绝缘导线，其端部应有绝缘套。 （3）测量绝缘时，必须将被测设备从各方面断开，验明无电后，方可进行工作。在测量绝缘前后，必须将被测设备对地放电。 （4）在带电设备附近测量绝缘时，测量人员和绝缘电阻表须保持安全距离。移动引线时，必须注意监护
4	处理设备的缺陷作业	1. 误动运行设备造成事故	与运行人员核实准确有缺陷设备，作业时应两人以上
		2. 作业时防止触电	（1）作业前停掉所有作业设备电源，验电确认无电后方可作业。 （2）临近设备带电或可能有带电设备应设好监护人
		3. 处理汽包电触点缺陷时，防止高处坠落事故	（1）工作人员不应有妨碍高处作业的病症，遇有精神异常的禁止作业。 （2）行走时要注意地面是否有孔洞
		4. 处理高压加热器水位电触点时，防止高处坠落	（1）当拆除悬空高压加热器电触点时，要搭好架子，系好安全带，设好监护人。 （2）高处改变作业位置时，安全带不能解除或采用双绳安全带。 （3）需要用梯子时要有人扶好，确保梯子牢固
		5. 拉电缆时，要注意人身伤害	如果有高压加热器拉电缆作业必须系好安全带，不准在管道上走动，同时要设好监护人
		6. 高处落物伤害	（1）要系好安全带。 （2）尽可能避开上下交叉作业，必须进行的要做好防护措施

续表

序号	辨识项目	辨识内容	典型控制措施
4	处理设备的缺陷作业	7. 夜间值班时不要脱岗，不允许酗酒，防止造成人身及设备事故	（1）要明确夜间值班制度，任何时候不允许脱岗，造成设备严重损坏、事故的发生。 （2）违纪造成人身伤害事故。维护人员不允许喝酒及做与工作无关的活动。防止因大脑不清醒而进行作业发生伤人身事故。 （3）人身触电：① 穿好绝缘鞋；② 作业前要用验电笔验电
		8. 汽包电气水位表指示不准，造成运行人员误判断	（1）作业前需让运行人员重新对好水位，同时确保触点表和机械水位表运行正常，然后再进行处理。 （2）作业时，开好工作票，运行人虽签字后方可作业；工作结束后，封好工作票，在运行检修记事上填好处理情况，运行检修签字。如果表计需要调迁移，要通知分场或班里，不要独自进行
		9. 汽包电触点表接地段触点响漏泄处理	（1）如果机组正在运行，作业时要开好工作票，运行人员签字后方可作业。 （2）作业时，要让运行人员关闭一次门，打开排污门。如果一次门关不严，要通知分场，待机组停运后再进行处理。 （3）如果需要火焊处理，要通知分场开好动火工作票，做好防护措施。 （4）作业结束后，封好工作票，在运行检修记事上填好处理情况，运行检修签字
		10. 给水、主气流量表指示不准，使运行人员误判断，造成机组负荷带不上	（1）接运行通知后，开好工作票，运行人员签字后方可作业。 （2）如果更换变压器，要按规程去做，防止单向受压
5	设备的调试、投入及保护试验	1. 设备安装接线时造成触电	（1）接线前必须先验电，确认无电后再接线。 （2）设备组装必须两人以上
		2. 机组启动时有设备缺陷，造成机组无法启动	（1）机组启动时，班组以及分场要求派专人负责，其他人员不准私自进行。 （2）处理缺陷时与运行人员联系好，及时处理。 （3）须开工作票的应开工作票后再作业

7.1.4 传感器

作业项目	传感器		
序号	辨识项目	辨识内容	典型控制措施
一	公共部分（健康与环境）		
	[表格内容同 1.1.1 公共部分（健康与环境）]		

续表

序号	辨识项目	辨识内容	典型控制措施
二	作业内容（安全）		
1	汽轮机高调节汽门位移传感器更换	1. 烫伤：调节汽门及附近设备温度高，烫伤人员	（1）做好高温作业的安全措施，戴手套和穿专用的防护工作服。 （2）避免靠近和长时间停留在可能烫伤的地方
		2. 碰伤：调节汽门位置相距很近，故障位移传感器更换后，调节汽门调试过程中，检修人员离调节汽门活动部位太近。相邻调节汽门动作，碰伤检修人员	（1）在机组工况允许的前提下，运行人员应尽量保持机组负荷稳定，不要使相邻调节汽门大幅度移动。 （2）调节汽门调试时，工作人员站在调门侧面，远离调门的活动部位，并保持通信畅通
		3. 检修时误拆除无故障的位移传感器，造成负荷波动	（1）位移传感器更换前，应核对调节汽门的名称、编号和位置。 （2）测量确认故障的位移传感器，作好标记；位移传感器拆线时，设专人监护
		4. 更换位移传感器时，需要将相应的调节汽门强制关闭，如果关闭的速度过快，将造成负荷突降	将DEH系统切至单阀控制方式并投入功率回路；以每次不大于5%的幅度关闭该调节汽门，现场确认全关后，将该调节汽门伺服阀油系统手动隔离门关严
		5. 位移传感器接线错误，投运后，将导致该调节汽门动作异常，引起负荷波动	位移传感器更换后，必须核对接线正确牢固，并从工程师站画面上确认该路位移传感器信号在零值附近
		6. 更换位移传感器后，调试中调节汽门开关速度过快，造成机组负荷突变	更换位移传感器后，打开该调节汽门伺服阀油系统手动隔离门，然后应以每次不大于5%的幅度增加该阀门指令，调整位移传感器的零位与量程；零位、量程调完后，将调节汽门开到50%开度，正确调整传感器的偏置。最后，将调节汽门开启到当时机组负荷所对应的理论开度，放开该调节汽门指令，使该调节汽门投入正常运行
2	磨煤机差压料位测量管路检查	1. 触电：临时照明造成人身触电	检查磨煤机内的差压测量管路时，必须使用12V电压的行灯，电源线应完好无损并架空布置，与人孔门接触部位要用软套管或用绝缘胶布包好
		2. 外力：在磨煤机内检查测量管路时，磨煤机突然启动	磨煤机主电动机、辅助电动机停电，并悬挂“禁止合闸　有人工作”标志牌
		3. 粉尘：磨煤机停运时，未抽空煤粉	延长磨煤机的抽空时间

续表

序号	辨识项目	辨识内容	典型控制措施
2	磨煤机差压料位测量管路检查	4. 料位测量系统的变送器、压力开关或阀门更换后，未进行测量系统的气密性检查，系统投入运行时，导致磨煤机料位大幅波动	料位测量管路的仪表或阀门更换后，须进行气密性检查，防止因测量管路漏气，导致料位测量不准
		5. 料位测量管路中的变送器、压力开关、压力表均为低量程仪表，用高压气源疏通测量管路时，未隔离管路中的仪表，导致仪表损坏	用高压气源疏通测量管路前，关闭仪表的取样门

7.1.5 开关

作业项目	开关		
序号	辨识项目	辨识内容	典型控制措施
一	公共部分（健康与环境）		
	[表格内容同 1.1.1 公共部分（健康与环境）]		
二	作业内容（安全）		
1	汽轮机 ETS 系统压力开关更换	1. 触电：汽轮机 ETS 压力开关接在 110V 的跳闸回路中，压力开关拆接线时，发生人身触电	汽轮机正常运行时，不能断开 ETS 电源，可从 ETS 接线端子处，甩开压力开关的进线，将拆下的线逐根分别用绝缘胶布包扎，并作好记录。在压力开关进线处验电，确认无电后方可继续进行工作
		2. 外力：EH 油压开关更换时，EH 油（高压抗燃油）泄漏喷出，造成人员伤害	（1）关闭一次门，并悬挂“禁止操作　有人工作”标志牌，缓慢松动压力开关接头，确认开关接头处介质无压力后，方可拆除压力开关。 （2）更换压力开关时，选择合适的密封圈，上紧压力开关接头，微开一次门，检查压力开关接头无渗漏后再全开一次门。 （3）皮肤接触 EH 油后，必须使用肥皂进行彻底清洗；眼睛中溅入 EH 油，应立即用大量清水冲洗，严重时送医院急救

续表

序号	辨识项目	辨识内容	典型控制措施
1	汽轮机 ETS 系统压力开关更换	3. 更换 EH 油压力开关前，如不退出对应的保护功能，则会增加保护误动可能。EH 油压力开关投入运行时，压力开关接点状态不正确，增加保护误动可能	（1）压力开关拆线后，应立即检查 ETS 系统 PLC 对应信号灯保持常亮，否则重新短接压力开关信号线，确保 PLC 对应信号灯常亮。 （2）压力开关复装完毕充压后，检查系统压力正常，压力开关接点状态正确；由监护人核对无误后，恢复信号线，拆除短接线，投入保护
		4. 更换 EH 油压力开关取样针形阀，针形阀安装方向错误，针形阀投入后，阀门盘根受压损坏，EH 油泄漏	针形阀安装时，使针形阀的安装方向标志与介质流向一致

7.1.6 变送器

作业项目	变送器		
序号	辨识项目	辨识内容	典型控制措施
一	公共部分（健康与环境）		
	［表格内容同 1.1.1 公共部分（健康与环境）］		
二	作业内容（安全）		
1	炉膛负压变送器仪表管疏通	1. 坠落：防止工作人员高处坠落	（1）详见公共项目“现场工作人员的要求”。 （2）高处作业均须先搭好脚手架，脚手架须经有关部门验收合格，签发合格证后才能使用。 （3）凡能在地面上预先做好的工作，都必须在地面上做好，尽量减少高处作业。 （4）高处作业必须使用安全带，在没有脚手架或没有栏杆的脚手架上工作，高度超过 1.5m 时必须使用安全带。安全带的合格证应在有效期内，安全带的挂钩应挂在结实、牢固的构件上，或专挂安全带的钢丝绳上。安全带要高挂低用。 （5）短时间可以完成的工作可以使用梯子。使用梯子前，应先检查梯子的结构是否牢固，有无缺陷。使用时，梯子与地面成 60°。使用梯子须采用可靠的防止下部滑动的措施，要用人扶牢。在通道和门口使用梯子，还要采取防止有人突然开门的措施

续表

序号	辨识项目	辨识内容	典型控制措施
1	炉膛负压变送器仪表管疏通	2. 坠落：在检查、疏通、吹扫取样管路工作中存在落物伤人	（1）高处作业必须使用工具袋，工具和材料要用绳子上下传递，严禁上下抛掷，较大的工具和材料要用绳子绑牢，防止落物伤人。 （2）高处作业时，除有关人员外，不准他人在工作地点的下方行走和停留。工作地点的下面应有明显的围栏，悬挂"当心落物"的标志牌。上下层同时作业时，中间须有牢固的防护隔板、罩棚或其他隔离措施
		3. 烫伤：疏通、吹扫炉膛压力变送器取样管时，正对着炉膛负压测量管口，造成人员烫伤	（1）在进行炉膛负压仪表管疏通时，要求运行人员尽量维持锅炉负压燃烧，防止炉膛压力正压运行，高温烟气从仪表管的取样孔中冒出伤人。 （2）疏通时，人体不要正对着炉膛负压测量管口，且要缓慢、小心进行。 （3）在吹扫时，应穿防护衣服，戴防护手套，并作好人员间的相互监护
		4. 外力：现场照明不足和使用扳手等工具不当造成人员伤害	（1）使用扳手等工器具前必须进行检查，保证工器具完好、合格，工作中应按照工具的用途规范正确使用，避免伤及设备及人身。 （2）工作场所应有足够的照明，若照明不良，应先恢复照明，必要时使用手电筒，并作好人员间的相互监护
		5. 由于仪表管或变送器标识错误，造成错误疏通或吹扫了参与保护的炉膛压力开关仪表管，造成保护误动，锅炉 MFT	在进行工作前，必须认真核对炉膛负压仪表管或变送器的标识，确认需要工作的变送器位置，确保无误后才能进行工作。防止炉膛负压高低超定值而引发 MFT，保护误动
		6. 检修前未正确解除炉膛压力自动，工作人员未确认自动已解除就工作，造成炉膛压力控制不稳定，导致锅炉燃烧不稳定，甚至灭火	工作前必须经相关领导同意，并办理炉膛负压自动解除手续，解除炉膛负压自动，由运行人员手动操作，稳定炉膛负压。检修人员确认自动已解除，然后经运行人员许可后开始工作
		7. 检修结束后，炉膛负压测点显示不正确，或者在炉膛负压和设定值存在较大偏差时，投入炉膛压力自动，造成炉膛负压异常波动	检修结束后，把炉膛负压测点投入运行，认真检查测点的显示情况，确保显示正常，同时在满足炉膛负压测量值和设定值的偏差满足要求（一般要求偏差不大于±10Pa）后，投入炉膛负压自动
		8. 错误进行炉膛负压变送器取样管吹扫时，造成炉膛压力变送器损坏和炉膛压力高低超定值而引发 MFT，保护误动	（1）吹扫取样管路前，应先将同一管路上连接的开关、变送器的取样管接头松开并封堵结实，再进行吹扫，以避免吹坏设备。 （2）吹扫取样管路前，应检查、确认吹扫管连接到炉膛负压取样管上，防止对炉膛负压变送器进行吹扫，造成炉膛负压变送器损坏

续表

序号	辨识项目	辨识内容	典型控制措施
1	炉膛负压变送器仪表管疏通	9. 设备拆卸时，有可能因坠落或碰撞等原因造成设备损坏	设备拆卸时应缓慢、均匀用力，防止突然松开，设备坠落损伤设备；取下的设备应存放在合适的场所，以防坠落损坏
		10. 如果吹扫用的压缩空气带油、带水，吹扫前压缩空气没有排污，在吹扫时压缩空气中油、水进入仪表管	吹扫用的压缩空气在吹扫前进行彻底排污，确认压缩空气纯净
		11. 坠落：防止工作人员高处坠落	（1）详见公共项目“现场工作人员的要求”。 （2）高处作业均须先搭好脚手架，脚手架须经有关部门验收合格，签发合格证后才能使用。 （3）凡能在地面上预先做好的工作，都必须在地面上做好，尽量减少高处作业。 （4）高处作业必须使用安全带，在没有脚手架或没有栏杆的脚手架上工作，高度超过1.5m时必须使用安全带。安全带的合格证应在有效期内，安全带的挂钩应挂在结实、牢固的构件上，或专挂安全带的钢丝绳上。安全带要高挂低用。 （5）短时间可以完成的工作可以使用梯子。使用梯子前，应先检查梯子的结构是否牢固，有无缺陷。使用时，梯子与地面成60°角。使用梯子须采用可靠的防止下部滑动的措施，要用人扶牢。在通道和门口使用梯子，还要采取防止有人突然开门的措施
2	汽包水位变送器检修	1. 烫伤	（1）在拆装汽包水位变送器前，必须首先请运行人员隔离汽包水位变送器系统，关闭汽包水位变送器一次门，悬挂“禁止操作　有人工作”标志牌；检修人员缓慢打开排污门，对变送器进行放水消压，确保消压彻底，确认没有高温高压蒸汽。如果长时间消压不彻底，则说明汽包水位变送器一次门关不严，不能进行检修作业。 （2）为了防止图纸错误或汽包水位变送器标识错误，必须认真核对图纸和汽包水位变送器标识，确认无误。 （3）在检修汽包水位变送器前，必须对变送器进行彻底放水消压，确保消压彻底，确认没有高温高压蒸汽，才能进行检修汽包水位变送器的作业。 （4）在检修汽包水位变送器复装完成后，必须检查汽包水位变送器排污门和二次门关闭严密、平衡门打开，请运行人员缓慢开启汽包水位变送器一次门，在确认无泄漏后开启二次门，关闭平衡门，将变送器投入运行
		2. 外力：检修过程中，如果使用扳手等工具不当、检修现场照明不足可能造成人身伤害	（1）工作场所应有足够的照明，若照明不良，应先恢复照明，必要时使用手电筒，并作好人员间的相互监护。 （2）使用扳手等工器具时应方法合理、力度均匀、动作协调，避免伤及设备及人身

续表

序号	辨识项目	辨识内容	典型控制措施
2	汽包水位变送器检修	3. 对检修的汽包水位测点在逻辑中未采取相应措施，导致汽包水位保护误动或拒动	经总工程师批准，检修人员将待检修的汽包水位测点在监护人监护下强制为当前值，保护逻辑使该点不参与保护逻辑运算。汽包水位高低 MFT 保护三取二逻辑自动切为二取一方式
		4. 检修汽包水位变送器未解除给水自动，造成水位自动失灵，汽包水位异常	在检修汽包水位变送器前，必须经相关领导同意，并办理给水自动解除手续，解除给水自动，由运行人员手动操作，稳定汽包水位
		5. 由于图纸错误或汽包水位变送器一次门的标识错误，造成运行人员没有正确的确认汽包水位变送器一次门的位置，误动设备，造成误动的设备测点指示不正常，影响机组安全运行	在检修汽包水位变送器前，为了防止汽包水位图纸错误或变送器一次门标识错误，必须认真核对图纸和汽包水位变送器一次门标识，确认无误
		6. 复装变送器时，使用密封垫片不符合要求，造成变送器接头介质泄漏	变送器安装时应使用退火紫铜垫
		7. 检修结束后，在给水系统中，汽包水位、给水流量、主汽流量等参数存在较大偏差时投入给水自动，造成汽包水位异常	检修结束后，经相关领导同意并办理自动投入手续，并在汽包水位测量值和给定值的偏差满足要求、给水流量和主汽流量的偏差满足要求的条件下投入给水自动
		8. 变送器拆线、接线时，正负极碰触或接触变送器外壳，造成 24V 变送器电源短路或接地，卡件损坏	变送器拆线时做好标记，先将线头用绝缘胶布包好，再从变送器中抽出，接线时按标记接线做到正负极正确
		9. 检修中差压变送器停运、投运顺序不正确，损坏汽包水位变送器	变送器停运按照关负压二次门—开平衡门—关正压二次门—变送器停运的顺序进行；变送器投运按照开正压二次门—关平衡门—开负压二次门—变送器投运的顺序进行
		10. 当变送器测点强制时，解除强制后，引起汽包水位控制波动	变送器投入时，要检查输出电流正常，与其他变送器偏差在正常范围中，方可解除强制投入运行
		11. 设备拆卸、搬运时，有可能因坠落或碰撞等原因造成设备损坏	设备拆卸时应均匀用力，防止突然松开损伤设备；取下的设备应存放在合适的场所，以防损坏；搬运时应轻拿轻放，作好监护

续表

序号	辨识项目	辨识内容	典型控制措施
2	汽包水位变送器检修	12. 仪表管接头拆除后，未将管口密封，造成仪表管进入杂物	仪表管接头拆除后，应将管口密封
		13. 在进行变送器仪表管的排污时，可能由于接水管排水不畅，造成地面污染	在进行变送器仪表管的排污时，必须确认接水管畅通，防止地面污染
		14. 工作完成后没有做到工完料净场地清，造成环境污染	完成后做到工完料净场地清，避免造成环境污染
3	主蒸汽压力变送器检修	1. 烫伤	(1) 在进行拆装主蒸汽压力变送器时，避免靠近和长时间停留在可能烫伤的地方。 (2) 在拆装主蒸汽压力变送器前，必须首先请运行人员隔离主蒸汽压力变送器系统，关闭主蒸汽压力变送器一次门，悬挂“禁止操作　有人工作”标志牌；检修人员缓慢打开排污门，对变送器进行放水消压，确保消压彻底，确认没有高温高压蒸汽。如果长时间消压不彻底，则说明主蒸汽压力变送器一次门关不严，不能进行检修作业。 (3) 为了防止图纸错误或主蒸汽压力变送器标识错误，必须认真核对图纸和主蒸汽压力变送器标识，确认无误。 (4) 在检修主蒸汽压力变送器前，必须对变送器进行彻底放水消压，确保消压彻底，确认没有高温高压蒸汽，才能进行检修主蒸汽压力变送器的作业。 (5) 在检修主蒸汽压力变送器复装完成后，必须检查主蒸汽压力变送器排污门和二次门关闭严密，请运行人员缓慢开启主蒸汽压力变送器一次门，在确认无泄漏后开启二次门，将变送器投入运行
		2. 外力：检修过程中，如果工具使用不当、检修现场照明不足可能造成人身伤害	工作人员在使用工具前必须进行检查，工作中应按照工具的用途规范正确使用
		3. 在检修主蒸汽压力变送器前没有解除主汽压力自动，造成主汽压力自动失灵，影响机组安全运行	在检修主蒸汽压力变送器前，必须经相关领导同意，并办理自动解除手续，解除主蒸汽压力自动，由运行人员手动操作，稳定主蒸汽压力
		4. 由端子板对变送器提供 24V 电源。在变送器拆线时，如果线头未包扎，导致端子板电源接地或短路，烧坏端子板或卡件	变送器停电，拆除的线头用绝缘胶布分别包扎

续表

序号	辨识项目	辨识内容	典型控制措施
3	主蒸汽压力变送器检修	5. 由于图纸错误或主蒸汽压力变送器一次门的标识错误，造成运行人员没有正确的确认主蒸汽压力变送器一次门的位置，误动设备，造成误动的设备测点指示不正常，影响机组安全运行	在检修主蒸汽压力变送器前，为了防止图纸错误或主蒸汽压力变送器一次门标识错误，必须认真核对图纸和主蒸汽压力变送器一次门标识，确认无误
		6. 仪表管接头拆除后，未将管口密封，造成仪表管进入杂物	仪表管接头拆除后，应将管口密封
		7. 在变送器投入运行后必须认真核对该变送器指示是否正确，如果指示不正确就投入主蒸汽压力自动，将造成主蒸汽压力自动失灵，影响机组安全运行	在变送器投入运行后，必须认真核对该变送器输出和主蒸汽压力测点的指示，确保指示正确无误后，才能投入主蒸汽压力自动
		8. 在进行变送器仪表管的排污时，可能由于接水管排水不畅，造成地面污染	在进行变送器仪表管的排污时，必须确认接水管畅通，防止地面污染
		9. 工作完成后没有做到工完料净场地清，造成环境污染	工作完成后做到工完料净场地清，避免造成环境污染
4	二次风流量变送器检修	1. 防止工作人员高处坠落	（1）详见公共项目“现场工作人员的要求”。 （2）高处作业均须先搭好脚手架，脚手架须经有关部门验收合格，签发合格证后才能使用。 （3）凡能在地面上预先做好的工作，都必须在地面上做好，尽量减少高处作业。 （4）高处作业必须使用安全带，在没有脚手架或没有栏杆的脚手架上工作，高度超过1.5m时必须使用安全带。安全带的合格证应在有效期内，安全带的挂钩应挂在结实、牢固的构件上，或专挂安全带的钢丝绳上。安全带要高挂低用。 （5）短时间可以完成的工作可以使用梯子。使用梯子前，应先检查梯子的结构是否牢固，有无缺陷。使用时，梯子与地面成60°角。使用梯子须采用可靠的防止下部滑动的措施，要用人扶牢。在通道和门口使用梯子，还要采取防止有人突然开门的措施

序号	辨识项目	辨识内容	典型控制措施
4	二次风流量变送器检修	2. 防止落物伤人	（1）高处作业必须使用工具袋，工具和材料要用绳子上下传递，严禁上下抛掷，较大的工具和材料要用绳子绑牢，防止落物伤人。 （2）高处作业时，除有关人员外，不准他人在工作地点的下方行走和停留。工作地点的下面应有明显的围栏，悬挂“当心落物”的标志牌。上下层同时作业时，中间须有牢固的防护隔板、罩棚或其他隔离措施
		3. 检修前未正确解除空气流量低保护，在检修二次风流量变送器时造成总风量不准确，造成保护误动。检修后未恢复空气流量低保护，造成保护拒动	应办理保护解除手续，并经总工批准。保护解除时执行保护解除操作卡，确保保护解除正确。解除保护要作好记录。检修前工作人员确认保护已解除。检修后应办理保护投入手续，并经总工批准。保护投入时，执行保护投入操作卡，确保保护投入正确，并作好记录
		4. 检修前未解除风量控制自动，在检修二次风流量变送器时造成总风量不准确，导致送风控制系统不稳定	检修前，必须经相关领导同意，办理送风自动解除手续，解除送风自动，防止炉膛风量控制不稳定。工作人员现场确认自动已解除，然后经运行人员同意后，开始工作
		5. 检修后，当总风量和设定值偏差较大时投入自动，将造成风量、炉膛负压波动，燃烧不稳	检修结束后，风量测量值和设定值的偏差满足要求后，投入自动
		6. 变送器拆线、接线时，正负极碰触或接触变送器外壳，造成24V变送器电源短路或接地，卡件损坏	变送器拆线时做好标记，先将线头用绝缘胶布包好，再从变送器中抽出；变送器接线时按标记接线，确保正负极正确
		7. 设备拆卸、搬运时，有可能因坠落或碰撞等原因造成设备损坏	设备拆卸时应均匀用力，防止突然松开损伤设备；取下的设备应存放在合适的场所，以防损坏；搬运时应轻拿轻放，做好监护
5	浮球式智能水位变送器检修	1. 水位变送器灌水校验，拆除法兰堵头时，工具使用不当造成人身伤害	工作人员在使用工具前必须进行检查，工作中应按照工具的用途规范正确使用
		2. 检修测量筒或二次门时，一次门关闭不严将造成凝汽器取样点附近局部真空降低，造成低真空保护误动	关闭测量筒一次门后，微开排污门，将轻薄物品放在排污门下口，确认不吸附后进行检修。水位变送器取样点附近存在凝汽器低真空保护测点时，宜解除低真空保护
		3. 凝汽器水位自动未退出运行，变送器检修时，造成凝汽器水位异常。更换水位变送器部件后，参数设置不准确，变送器输出信号与实际水位不一致，造成凝汽器水位异常	（1）凝汽器水位变送器检修时，运行人员将凝汽器水位自动切除，将变频改为工频运行。 （2）更换水位变送器部件后，投运前测量变送器输出信号，与就地水位计比较，一致后再投入运行

7.1.7 电动执行机

作业项目	电动执行机		
序号	辨识项目	辨识内容	典型控制措施
一	公共部分（健康与环境）		
	［表格内容同 1.1.1 公共部分（健康与环境）］		
二	作业内容（安全）		
1	送风机动叶电动执行器检修	1. 触电：送风机动叶执行器的工作电源为交流 220V，检查执行器电源回路时未停电	检查送风机动叶执行器电源回路时，应断开电源开关，并悬挂“禁止合闸　有人工作”标志牌，验电确认后方可继续进行工作
		2. 外力：执行器调试时，检修人员靠近执行机构的传动部件，造成人员伤害	送风机动叶执行器动作试验时，检修人员不要靠近执行器的传动部件
		3. 执行器失去指令信号时，执行器保持在原位，操作不动。未联系运行人员手动改变执行器的指令与执行器的反馈相一致，指令回路故障消除后，导致执行器位移突变，造成送风量波动	处理送风机动叶执行器的指令回路时，需运行人员手动改变执行器的指令与执行器的反馈相一致
		4. 执行器死机操作不动，未联系运行人员手动改变执行器的指令与执行器的反馈相一致，就停送执行器电源，导致执行器位移突变，造成送风量波动	用停送电的方法处理执行器死机时，需运行人员手动改变执行器的指令与执行器的反馈相一致
		5. 执行器调试时，未联系机务确认执行器的零点、满度与送风机动叶的全关、全开的对应关系，执行器的实际开度与指令偏差大，影响送风自动的调节品质，造成送风量波动	执行器检修后，根据就地设备开关位置标示反复多次调试执行器零点、满度；在 DCS 操作画面手动操作改变执行器位置，查看反馈无阶跃变化和过调；检查执行器的反馈与指令一致

续表

序号	辨识项目	辨识内容	典型控制措施
1	送风机动叶电动执行器检修	6. 执行器检修完毕，当两台送风机出力不一致，或总风量测量值和总风量指令存在较大偏差时，投入送风自动，造成送风量波动	送风机动叶执行器投入后，运行人员缓慢改变执行器的指令，观察送风机出力的变化情况，确认两台送风机出力一致，且总风量测量值与总风量指令偏差在合格范围内时，投入送风自动
		7. 执行器的行程开关定位不准确、力矩开关调整不当，动作试验时损坏执行器	根据机务要求，确定行程开关位置，核对执行器动作方向与行程开关一致；力矩开关的调整符合说明书要求
		8. 执行器恢复接线时，电缆绝缘不合格或错将电源线接入信号回路，损坏执行器	拆线时作好记录；测试电缆绝缘正常后方可恢复接线；接线前核对图纸与线号，确保接线准确
		9. 执行器更换前停运送风机时未解除 RB 保护	单侧送风机隔离前，应解除 RB 保护

7.1.8 气动执行机构

作业项目	气动执行机构		
序号	辨识项目	辨识内容	典型控制措施
一	公共部分（健康与环境）		
	[表格内容同 1.1.1 公共部分（健康与环境）]		
二	作业内容（安全）		
1	一次风机入口气动执行器检修	1. 触电：一次风机气动执行器的电磁阀是执行器实现“三断”保护的关键部件之一，它使用电磁阀电源柜送来的 220V 交流电源，电磁阀线圈阻值测试或电磁阀更换时，未断开电源柜内的分支开关	执行器电磁阀线圈阻值检查或电磁阀更换前，应断开电磁阀电源开关，并悬挂“禁止合闸　有人工作”标志牌，验电确认后方可继续进行工作

续表

序号	辨识项目	辨识内容	典型控制措施
1	一次风机入口气动执行器检修	2. 外力：一次风机气动执行器动作试验时，执行器拐臂、拉杆碰伤工作人员	执行器调试时，工作人员不要靠近执行器的拐臂和拉杆
		3. 执行器失去指令信号、电磁阀失去电源或执行器失去气源时，执行器保持在原位，操作不动。恢复指令信号、电磁阀电源及气源时，未联系运行人员手动改变执行器的指令与执行器的反馈相一致，导致执行器位移突变，一次风压波动，影响锅炉燃烧	执行器的指令回路、电磁阀电源或气源恢复时，联系运行人员手动调整执行器的指令与执行器的反馈相一致。
		4. 更换执行器的电气转换器、电磁阀、保位阀或空气过滤减压阀时，未将气动执行器切至手动位并锁定，导致执行器位移突变，一次风压波动，影响锅炉燃烧	更换执行器的电气转换器、电磁阀、保位阀或空气过滤减压阀时，将气动执行器切至手动并锁定
		5. 执行器检修结束后，当两台一次风机出力不一致，或一次热风母管压力与主蒸汽流量不相符时，投入一次风机自动，导致执行器位移突变，一次风压波动，影响锅炉燃烧	执行器检修结束后，当两台一次风机出力一致，且一次热风母管压力与主蒸汽流量相符时，方可投入一次风机自动
		6. 检查气动执行器时，杂物进入气路管道、电 / 气转换器或定位器，堵塞管路系统或损坏电 / 气转换器、定位器	执行器气路管道、电 / 气转换器、定位器、保位阀清理更换时，拆下的管接头用专用封口布包扎严密
		7. 测试执行器的指令电缆、模拟量反馈电缆或开关量反馈电缆的绝缘时，未从 DCS 端子板甩开信号进线，相应 DCS 卡件因串入高电压而损坏	从 DCS 端子板甩开执行器的信号后，方可测试信号电缆的绝缘

续表

序号	辨识项目	辨识内容	典型控制措施
1	一次风机入口气动执行器检修	8. 执行器的定位器更换后，未进行全行程调试，导致执行器的指令与一次风机入口挡板的开度不符，影响一次风机自动的正常投入，严重时会出现一次风机抢风	执行器定位器更换后，须运行人员做单侧一次风机停运隔离的措施，会同机务调整执行器的指令与一次风机入口挡板的开度相符
2	设备的操作试验及保护试验	1. 设备现场检修工器具使用不当造成人身伤害及设备损坏	（1）用电动工具前，必须进行检查。 （2）使用电动工具要通过漏电保护器。 （3）用手枪电钻、砂轮时，要戴好防护眼镜或防护面罩
		2. 配线失误，以后维护造成事故	（1）施工作业必须按图施工配线，图纸必须经技术人员审核后执行；更改项目无图纸不准施工；施工后图纸必须与实际相符，图纸存档。 （2）各接线端子接线必须正确、接触良好、牢固，防止松动。对接线按图纸进行复查
		3. 不合格设备造成运行人员误判断	严格执行设备检修标准，不能漏项，严格执行三级验收制度。
3	设备的线路检查及调试	人身触电、设备损坏	（1）用绝缘电阻表测量绝缘时，一般应有两人担任。 （2）测量用的导线，应使用绝缘导线，其端部应有绝缘套。 （3）测量绝缘时，须将被测设备从各方面断开，验明无电后，方可进行工作。在测量绝缘前后，必须将被测设备对地放电。 （4）在带电设备附近测量绝缘时，测量人员和绝缘电阻表须保持安全距离。移动引线时，必须注意监护

7.1.9 控制机柜

作业项目	控制机柜		
序号	辨识项目	辨识内容	典型控制措施
一	公共部分（健康与环境）		
	［表格内容同 1.1.1 公共部分（健康与环境）］		

序号	辨识项目	辨识内容	典型控制措施
二	作业内容（安全）		
1	DCS 系统机柜停机检修	1. DPU 机柜清灰使用电动风葫芦，发生人身触电	（1）使用电气工具和用具前，必须检查是否贴有合格证且在有效期内；电线是否完好，有无接地线；使用时应接好合格的漏电保护器和接地线；电源开关外壳和电线绝缘有破损、绝缘不良或带电部分外露时不准使用。 （2）工作现场所用的临时电源盘及电缆线绝缘应良好，电源盘应装设合格的漏电保护器，电源接线牢固。临时电源线应架空或加防护罩。 （3）有接地线的电气工具和用具必须可靠接地。 （4）使用电气工具和用具时不得提着导线或转动部分。 （5）不熟悉电气工具和用具使用方法的工作人员不准擅自使用。 （6）使用电钻等电气工具时须戴绝缘手套。 （7）在金属容器（如汽鼓、凝汽器、槽箱等）内工作时，必须使用 24V 以下的电气工具，否则需使用Ⅱ类工具，装设额定动作电流不大于 15mA、动作时间不大于 0.1s 的漏电保护器，且应设专人在外不间断地监护。漏电保护器、电源连接器和控制箱等应放在容器外面。 （8）使用行灯时，行灯电压不超过 36V。在特别潮湿或周围均属金属导体的地方工作时，如在汽鼓、凝汽器、加热器、蒸发器、除氧器及其他金属容器或水箱等内部，行灯的电压不超过 12V。行灯电源应由携带式或固定式的变压器供给，变压器不准放在汽鼓、燃烧室及凝汽器等的内部。 （9）电气工具和用具的电线不准接触热体，不要放在湿地上，并避免载重车辆和重物压在电线上
		2. DPU 机柜使用 220VAC 电源，不停电就进行电源供电部分测绝缘等检修工作，造成检修人员有触电的危险	在 DPU 机柜检修前，对 DCS 电源柜内电源停电，并在电源开关上悬挂“禁止操作　有人工作”标志牌，验电确认后方可继续进行工作
		3. 在进行停机机组的 DPU 检修时，误入运行机组电子间工作，造成运行机组出现不安全事件	在检修工作间和运行机组电子间设置围栏，并悬挂“运行机组”标志牌
		4. 在进行 DPU 停电前，没有对 DPU 内的应用程序进行备份，可能造成应用程序丢失	在进行 DPU 停电前，对 DPU 内的应用程序进行备份，并妥善保管

序号	辨识项目	辨识内容	典型控制措施
1	DCS系统机柜停机检修	5. 在进行DPU检修前，没有对DPU进行停电，造成在检修工作中损坏设备	在进行DPU检修前，对DPU停电，并在电源开关上悬挂“禁止操作　有人工作”标志牌，验电确认后方可继续进行工作
		6. 对DPU供电部分测试绝缘电阻，使用绝缘电阻表时，未对所带设备采取措施，绝缘电阻表产生的高电压对设备造成损坏	（1）绝缘电阻表的引线绝缘要良好，防止接触设备。 （2）在使用绝缘电阻表前，检查绝缘电阻表合格，合格证在有效期内。 （3）对DPU供电部分测试绝缘电阻前，必须把电源所带的设备接线全部拆除，才能进行测试
		7. 在靠近运行机组地方使用电钻、电焊机等强电磁干扰的设备时，对运行机组产生电磁干扰，影响机组的正常运行	在靠近运行机组地方，严禁使用电钻、电焊机等强电磁干扰的设备
		8. 在进行机组DPU主机和卡件清灰、检查、测试时，未做好防静电措施，可能造成卡件损坏	（1）在进行卡件和DPU主机清灰前，拆下的卡件和DPU主机必须放在防静电的物品上，不能放在塑料布等容易产生静电的地方。同时，在接触卡件前，先用手触摸机柜地进行放电。 （2）在进行卡件和DPU主机检查和测试时，戴防静电环，防静电环可靠接地，接触卡件前，要先用手触摸机柜地进行放电
		9. 在DPU检修结束后，未检查I/O卡件所连就地设备的短路和接地情况就送电，造成DPU的电源和I/O卡件损坏	检查DCS系统的接地电阻在允许的范围内，检查I/O卡件所连就地设备无短路和接地情况，也没有强电通过时，才能对DPU送电
		10. DPU检修结束，未对电源接线、网络连接、I/O卡件和主机连接等情况全面检查，就送电调试，可能因接线不牢固，影响机组以后的正常运行	DPU检修结束，必须对电源接线、网络连接、I/O卡件和主机连接等情况全面检查，确保接线牢固
		11. 在DPU清灰时，粉尘污染地面和设备	在进行DPU清灰之前，对不需要清灰的设备用塑料布隔离，DPU清灰完成后，必须认真进行清理，确保设备和地面卫生良好

7.1.10 DCS 系统

作业项目	DCS 系统		
序号	辨识项目	辨识内容	典型控制措施
一	公共部分（健康与环境）		
	［表格内容同 1.1.1 公共部分（健康与环境）］		
二	作业内容（安全）		
1	DCS 系统操作员站主机更换	1. WDPF 系统的操作员站采用 UPS 和保安段两路 220V 交流电源供电，操作员站更换时，工作人员接触到电源的接线端子，造成触电	在进行操作员站更换前，必须从电源柜内对该操作员站停电，并在开关处悬挂“禁止合闸　有人工作”标志牌；工作前，在设备处验电确认后方可继续进行工作
		2. 更换操作员站前，没有对该操作员站停电，更换时造成该操作员站损坏加剧	更换操作员站前，按照正常的关机顺序将该操作员站运行在“OK”提示符下，然后把该操作员站上的电源开关停掉，再把电源柜内该操作员站的 UPS 和保安电源停掉
		3. 由于电源柜电源图纸错误，或电源柜操作员站电源开关标识错误，停错电源，造成其他设备停电	操作员站电源停电前，必须核对电源图纸，确保图纸正确；核对操作员站电源开关标识，确保无误，然后根据图纸确认操作员站 UPS 电源开关位置以及保安段电源开关位置，设备停电
		4. 拆卸操作员站连接信号电缆，没有进行记录，恢复时信号电缆插错，造成电缆插头损坏，操作员站不能正常启动	拆卸损坏的操作员站连接信号电缆时，作好记录，恢复信号电缆时，严格按照记录进行恢复
		5. 安装备用操作员站主机时用力过猛，造成备用操作员站主机坠落或碰撞，使备用操作员站损坏	安装备用操作员站主机时，要轻拿轻放，用力均匀，并观察操作员站的安装位置，防止超出支撑平台
		6. 备用操作员站由于长期放置等原因，造成更换后启动不正常	对备用操作员站必须加强管理，并定期检查备用操作员站工作正常。在更换备用操作员站之前，应先启动备用操作员站，确认工作正常
		7. 备用操作员站由于站号、WDPF 系统应用程序和其他操作员站相同，造成和其他操作员站冲突，影响其他操作员站的正常工作	备用操作员站接入实时数据网络前，应先启动备用操作员站，对备用操作员站的站号进行检查和修改，并从工程师站下载相应的 WDPF 应用程序后，方可接入网络投入运行

续表

序号	辨识项目	辨识内容	典型控制措施
2	DCS 系统 DPU 主机板更换	1. 触电：WDPF 系统的 DPU 采用 UPS 和保安段两路 220V 交流电源供电，检查、更换 DPU 主机板时，由于现场照明不足，误接触电源线的接线端子，造成触电	工作前确认照明充足，工作人员加强责任心，提高风险意识，工作时保证至少有两名工作人员在场，一人监护，一人工作
		2. 外力：由于 DPU 主机板安装在导轨箱内，主机板和导轨箱接触牢固，在拔插主机板时用力过猛，造成人员伤害	拔插 DPU 主机板时要均匀用力
		3. 在进行 DPU 主机板的检查、更换前，没有对该 DPU 停电；在检查、更换主机板过程中，由于接触主机板，可能造成主机板损坏加剧	在进行 DPU 主机板的检查、更换前，必须对该 DPU 上的电源开关进行停电
		4. 在进行 DPU 主机停电过程中，由于现场照明不足，或工作人员责任心不强、风险意识差，造成主控 DPU 主机电源停电，使该 DPU 的所有受控设备失去控制，导致机组停运	工作前确认照明充足，工作人员加强责任心，提高风险意识，检修时保证至少有两名工作人员在场，一人监护，一人停电，当两人共同确认 DPU 位置正确后，进行该 DPU 的停电工作
		5. DCS 机柜中两台 DPU 主机互为冗余，布置紧密，冗余 DPU 主机板检查、更换时，误碰到主控 DPU；或者未对故障 DPU 主机板进行确认，造成更换其他工作正常的 DPU 主机板，影响机组的安全运行	检修时保证至少有两名工作人员在场，一人监护，一人更换；检修前，根据图纸和 DPU 主机板的标识，共同确认 DPU 主机板的位置
		6. DPU 主机板检查、更换时，因静电击穿主机板上的电子元件，造成更大的设备损坏	DPU 插件或部件更换时，戴防静电环，防静电环可靠接地，接触插件前先用手触摸机柜地，释放静电

7.1.11 卡件

作业项目	卡件		
序号	辨识项目	辨识内容	典型控制措施
一	公共部分（健康与环境）		
	［表格内容同 1.1.1 公共部分（健康与环境）］		
二	作业内容（安全）		
1	送风自动控制系统输出卡件更换	1. 触电：送风控制系统 DPU 柜使用 220V 交流电源，更换卡件时误接触 220V 交流电源线的接线端子，造成触电	工作前确认照明充足，工作人员加强责任心，提高风险意识，工作时保证至少有两名工作人员在场，一人监护，一人工作
		2. 外力：由于送风自动控制系统输出卡件安装在导轨箱内，卡件和导轨箱接触牢固，在拔插卡件时由于用力过猛造成人员伤害	拔插卡件时要均匀用力
		3. 在更换送风控制系统输出卡件前，没有将该台送风机执行机构控制方式从遥控位切换到就地位，更换卡件时，卡件的输出指令 0mA，导致送风机执行机构全关，总风量迅速减少，严重时总风量低保护动作，锅炉 MFT	在更换送风控制系统输出卡件前，请运行人员将该台送风机执行机构控制方式从遥控位切换到就地位方式，工作人员到现场确认合格
		4. 检修前未解除送风自动、氧量自动，工作人员在检修前没有确认送风自动已解除就开始工作，导致锅炉送风自动调节不稳定，影响锅炉燃烧	在更换送风控制系统输出卡件前，必须经相关领导同意，并办理送风自动解除手续，解除送风自动和氧量自动。工作人员确认自动已解除，经运行许可后，方开始工作
		5. DCS 系统卡件布置紧密，送风自动控制卡件更换时，误换别的卡件；更换卡件时用力过猛，接触到其他卡件	卡件更换时，至少有两名工作人员在场，一人监护，一人更换，共同确认卡件位置正确后方可更换；拔插卡件时要均匀用力，避免接触到其他卡件

续表

序号	辨识项目	辨识内容	典型控制措施
1	送风自动控制系统输出卡件更换	6. 送风控制系统输出卡件更换完成后，在送风控制指令和执行器反馈存在较大偏差时，把送风执行机构从就地位切换为遥控位，造成总风量波动大，严重时总风量低保护动作，锅炉 MFT	送风控制系统输出卡件更换完成后，检查和操作该送风机软手操器的输出指令，保证指令和反馈相等，并用万用表测量卡件的输出电流，确认输出电流和输出指令相符合，然后把送风机执行机构从就地位切换为遥控位
		7. 送风控制系统输出卡件更换完成后，总风量测量值和给定值存在较大偏差时，投入送风自动，导致锅炉送风自动调节不稳定，影响锅炉燃烧	确认总风量测量值和给定值的偏差满足要求后，经相关领导同意，并办理送风自动投入手续，投入送风自动和氧量自动
		8. 送风控制系统输出卡件更换时，有卡件因静电击穿损坏的危险	卡件更换时，戴防静电环，防静电环可靠接地；接触卡件前，要先用手触摸机柜地进行放电
		9. 卡件更换前对运行人员书面交代不清楚，导致运行人员对故障执行器进行操作	告知运行人员被检修的送风机执行机构已无法进行遥控操作，只可就地手动操作
2	给水自动控制系统输出卡件更换	1. 触电：给水控制系统 DPU 柜使用 220V 交流电源，更换卡件时误接触 220V 交流电源线的接线端子，造成触电	工作前确认照明充足，工作人员加强责任心，提高风险意识，工作时保证至少有两名工作人员在场，一人监护，一人工作
		2. 外力：由于给水控制系统输出卡件安装在导轨箱内，卡件和导轨箱接触牢固，在拔插卡件时由于用力过猛造成人员伤害	拔插卡件时要均匀用力
		3. 在更换给水控制系统输出卡件前，没有将该小机 MEH 的控制方式从锅炉自动切换到转速自动，在更换卡件时，卡件的输出指令到 0mA，造成该台给水泵出口流量迅速减少，汽包水位异常，严重时会造成汽包水位低 MFT 保护动作	在更换给水控制系统输出卡件前，请运行人员将该小机 MEH 的控制方式从“锅炉自动”切到“转速自动”，工作人员到现场确认合格

续表

序号	辨识项目	辨识内容	典型控制措施
2	给水自动控制系统输出卡件更换	4. 进行给水自动控制系统卡件更换时，不解除给水自动，工作人员在检修前没有确认给水自动已解除就开始工作，造成给水自动失灵、汽包水位异常	在更换给水控制系统输出卡件前，必须经相关领导同意，并办理给水自动解除手续，解除给水自动。工作人员现场确认自动已解除，经运行许可后，方开始工作
		5. DCS 系统卡件布置紧密，给水自动控制系统卡件更换时，误换别的卡件，或者在更换卡件时用力过猛，接触到其他卡件	卡件更换时，至少有两名工作人员在场，一人监护，一人更换，共同确认卡件位置正确后方可更换。拔插卡件时要均匀用力，避免接触到其他卡件
		6. 给水控制系统卡件更换完成后，当汽包水位和设定值存在较大偏差时投入给水自动，造成给水流量波动，汽包水位异常	在汽包水位测量值和给定值的偏差满足要求（一般应该小于 10mm）后，经相关领导同意，并办理给水自动投入手续，投入给水自动。工作人员确认自动已投入
		7. 卡件更换时，有静电损坏卡件的危险	卡件更换时，戴防静电环，防静电环可靠接地；接触卡件前，先用手触摸机柜地进行放电
3	FSSS 机柜检修	1. FSSS 的继电器触点回路使用 220V 交流电，回路检查未断开分支电源开关或未核对电源开关编号，拉错开关	核对电源柜内分支电源开关的编号与图纸一致后，断开电源开关，并悬挂“禁止合闸 有人工作”标志牌，验电确认后方可继续工作
		2. 因 DO 卡件的一个通道故障须更换整个卡件时，未对此卡件的其他受控挡板、阀门采取保位措施，造成挡板或阀门误动；或者对送到其他保护系统的信号未采取可靠的安全措施，造成其他保护系统误动	（1）更换 DO 卡件时，对其所控挡板或阀门采取停气或信号短接的保位措施。 （2）对送到其他保护系统的信号采取可靠的安全措施。 （3）核对电源柜内分支电源开关的编号与图纸一致后，断开电源开关。 （4）正确使用万用表进行电源电压的测量
		3. 卡件检查更换时，因静电击穿卡件电子元器件	卡件更换时，戴防静电环，防静电环可靠接地；接触卡件前，要先用手触摸机柜地进行放电
		4. FSSS 保护逻辑检查时，误修改了保护逻辑	检查 FSSS 逻辑时以只读方式登录

续表

序号	辨识项目	辨识内容	典型控制措施
4	FSSS 火焰检测系统检修	1. 触电：火检控制柜的供电采用“一路为 UPS 电源，一路来自厂用保安电源”的配置，电源回路检查未断开该路电源的电源开关	检查火检柜的 UPS 或保安电源回路，应核对电源柜内分支电源开关的编号与图纸一致后，断开电源开关，悬挂“禁止合闸　有人工作”标志牌，验电确认后方可继续工作
		2. 坠落：工作人员更换火检光纤或探头时从脚手架上坠落	（1）详见公共项目“现场工作人员的要求”。 （2）高处作业均须先搭好脚手架，脚手架须经有关部门验收合格，签发合格证后才能使用。 （3）凡能在地面上预先做好的工作，都必须在地面上做好，尽量减少高处作业。 （4）高处作业必须使用安全带，在没有脚手架或没有栏杆的脚手架上工作，高度超过 1.5m 时必须使用安全带。安全带的合格证应在有效期内，安全带的挂钩应挂在结实、牢固的构件上，或专挂安全带的钢丝绳上。安全带要高挂低用。 （5）短时间可以完成的工作可以使用梯子。使用梯子前，应先检查梯子的结构是否牢固，有无缺陷。使用时，梯子与地面成 60° 角。使用梯子须采用可靠的防止下部滑动的措施，要用人扶牢。在通道和门口使用梯子，还要采取防止有人突然开门的措施
		3. 烫伤：直接触摸刚从炉膛内抽出的火检光纤	插在炉膛内的火检光纤的头部具有较高的温度，更换光纤时，应穿防护衣服，戴防护手套，并设专人监护；不要接触刚刚抽出的光纤头部
		4. 灭火保护误动或拒动： （1）停火检控制柜工作电源或检查工作电源时引起工作电源开关跳闸，备用电源未在备用状态或者是备用电源自投不成功，造成运行中的火检全部失电误发全炉膛灭火保护信号，导致机组 MFT。 （2）更换火检探头、放大器卡件后未调整放大器卡件的 PICKUP、DRCP、GAIN 及 TDON 等参数，导致火检信号过于灵敏或迟钝，影响灭火保护的正确动作	（1）检查或停火检工作电源前，应确认火检备用电源在备用状态；机组在停运时，应对火检两路电源的切换回路进行检查，并有两路电源的切换试验记录，确保备用电源的自投功能正常。 （2）火检探头、放大器卡件更换后，应查看核对卡件的 PICKUP、DROP、GAIN 及 TDON 等参数

续表

序号	辨识项目	辨识内容	典型控制措施
4	FSSS 火焰检测系统检修	5. 单角灭火： （1）检查煤火检回路时，未强制该火检信号，导致与之相对应的给粉机跳闸或煤粉关断门关闭。 （2）检查油火检回路时，未强制该火检信号，导致与之相对应的油角阀关闭	（1）检查正在运行的煤火检信号回路时，短时间强制该角煤火检有火，检查完后取消强制。 （2）检查正在运行的油火检信号回路时，短时间强制该角油火检有火，检查完后取消强制
		6. 更换火检光纤或探头时，未关闭火检冷却风手动隔离门，导致火检冷却风泄漏	更换火检光纤或探头前，关闭该角的火检冷却风手动隔离门
		7. 更换火检光纤时，光纤未插到位，影响火焰的正确检测	在运行工况许可的条件下，运行人员调整喷燃器摆角至水平位
		8. 插入光纤时用力不当，损坏光纤头部的光导纤维	插入光纤时，要均匀用力。不易插入时，可用旋转法缓慢插入
5	FSSS 点火系统检修	1. 触电：高能点火器、点火枪推进器、油枪推进器、油阀、吹扫阀的控制使用同一路 220V 交流电源。更换高能点火器或推进器、油阀及吹扫阀的电磁阀时，未断开电源开关；短接指令信号进行执行器、阀门动作试验或高能点火器的打火试验时，使用了绝缘不好的短接线	更换高能点火器或推进器、油阀及吹扫阀的电磁阀时，应断开电源开关，悬挂“禁止合闸　有人工作”标志牌，验电确认后方可继续工作；使用绝缘可靠的短接线，短接指令信号完成动作试验
		2. 灼伤：作高能点火器打火试验时，检修人员靠近点火杆，被电弧灼伤	作高能点火器的打火试验时，禁止靠近点火杆的电嘴，避免被高压电弧灼伤；不要直视弧光，以免伤害眼睛
		3. 外力：作油枪或点火枪推进、退出动作试验时，碰伤检修人员	进行油枪、点火枪动作试验时，检修人员必须站在油枪、点火枪的侧面，并保持通信畅通
		4. 检查油跳闸阀时，误碰油跳闸阀的关到位行程开关，FSSS“油跳闸阀关”保护动作，切除所有正在运行的油角；检查油角阀时，误碰油角阀的关到位行程开关，FSSS“油角阀关”保护动作，切除该油角的运行	检查正在运行的油角阀、油跳闸阀时，注意检修站位，不要误碰油阀的行程开关

续表

序号	辨识项目	辨识内容	典型控制措施
5	FSSS 点火系统检修	5. 测试点火枪、油枪、油阀及吹扫阀的行程开关信号电缆绝缘时，未从 DCS 端子板甩开信号进线，绝缘电阻表产生的高电压串入 DCS 卡件，导致卡件烧损	测试点火枪、油枪、油阀及吹扫阀的行程开关信号电缆绝缘前，从 DCS 端子板甩开信号进线，并用绝缘胶布分别包好
		6. 误用万用表的电流挡测量高能点火器、点火枪推进器、油枪推进器、油阀、吹扫阀的控制电源，导致电源开关跳闸、万用表烧损	正确使用万用表进行电源电压的测量
		7. 点火杆更换时未对点火杆的插入深度做好标记，导致点火杆的打火位置不在燃油雾化区，不能点燃燃油	准确测量点火杆在炉膛外的长度，新的点火杆插入后，露在炉膛外的长度与更换前相同，保证点火杆的打火位置在燃油雾化区内
		8. 锅炉燃油系统打油循环，未关闭油角阀前的手动隔离门作油角阀动作试验，造成燃油漏入炉膛，引起爆燃	油角阀动作试验前，须由运行人员关闭对应的手动隔离门，并悬挂“禁止操作　有人工作”标志牌，经检修人员确认后方可工作
		9. 未关闭吹扫阀前的手动隔离门作吹扫阀动作试验，造成蒸汽漏入炉膛，影响锅炉燃烧	燃油蒸汽吹扫阀动作试验前，须由运行人员关闭对应的手动隔离门，并悬挂“禁止操作　有人工作”标志牌，经确认后方可工作
6	FSSS 炉膛压力开关检修	1. 坠落：工作人员检查炉膛压力测点、管路吹扫时从脚手架上坠落	（1）详见公共项目“现场工作人员的要求”。 （2）高处作业均须先搭好脚手架，脚手架须经有关部门验收合格，签发合格证后才能使用。 （3）凡能在地面上预先做好的工作，都必须在地面上做好，尽量减少高处作业。 （4）高处作业必须使用安全带，在没有脚手架或没有栏杆的脚手架上工作，高度超过 1.5m 时必须使用安全带。安全带的合格证应在有效期内，安全带的挂钩应挂在结实、牢固的构件上，或专挂安全带的钢丝绳上。安全带要高挂低用。 （5）短时间可以完成的工作可以使用梯子。使用梯子前，应先检查梯子的结构是否牢固，有无缺陷。使用时，梯子与地面成 60° 角。使用梯子须采用可靠的防止下部滑动的措施，要用人扶牢。在通道和门口使用梯子，还要采取防止有人突然开门的措施

续表

序号	辨识项目	辨识内容	典型控制措施
6	FSSS 炉膛压力开关检修	2. 烫伤：疏通炉膛压力开关测点取样装置时，人体正对着取样管口，炉膛冒正压，造成人员烫伤	（1）炉膛压力开关取样装置疏通过程中，运行人员加强燃烧调整，尽量维持锅炉负压燃烧。 （2）炉膛压力开关取样装置疏通时，检修人员不要正对着取样管口且疏通要缓慢。 （3）炉膛压力开关取样装置疏通时，检修人员应穿防护衣服，戴防护手套，并设专人监护
		3. 炉膛压力开关取样管路可能与炉膛压力变送器的取样管路、一次风／炉膛差压开关的取样管路、火检冷却风／炉膛差压开关的取样管路相通，吹扫前未对管路的连通情况进行检查核对，较高的吹扫压力导致低量程的炉膛压力变送器、一次风／炉膛差压开关或火检冷却风／炉膛差压开关损坏	炉膛压力开关管路吹扫前，应检查有无其他开关或变送器与之相通。若有，应拆除并将接口密封后方可吹扫
		4. 炉膛压力开关取样管路吹扫时，影响了与之相通的炉膛压力变送器的显示，并有可能导致炉膛压力调节不良，影响炉膛的稳定燃烧	炉膛压力开关管路吹扫前，应检查有无炉膛压力变送器与之相通。若有，应在工作票中注明需运行人员解除炉膛压力自动，并加强其他炉膛压力变送器示值的监视
		5. 炉膛压力开关取样管路吹扫时，导致炉膛压力保护、一次风／炉膛差压低保护或火检冷却风／炉膛差压低保护误动	炉膛压力开关管路吹扫前，应检查一次风／炉膛差压低开关、火检冷却风／炉膛差压低开关及其他炉膛压力开关均正确投入
		6. 吹扫用的检修压缩空气含油带水，吹扫前没有排污，吹扫时压缩空气中的油、水进入仪表管	吹扫用的压缩空气在吹扫前进行彻底排污，确认压缩空气干净
		7. 开关定值不准的风险： （1）炉膛压力开关检验时未执行热工仪表的校验规程，导致开关定值不准。 （2）炉膛压力开关校验完毕至现场安装的过程中，因碰撞、振动导致开关定值不准	（1）炉膛压力开关校验时，严格执行热工开关量仪表的校验规程。 （2）炉膛压力开关要轻拿轻放，严禁受到外力的撞击

续表

序号	辨识项目	辨识内容	典型控制措施
6	FSSS炉膛压力开关检修	8. 炉膛压力开关拆、接线时，信号线误碰开关壳体或取样管，导致信号线接地损坏FSSS卡件	炉膛压力开关信号线拆下后，应分别用绝缘胶布包好，缓慢地从开关电缆孔中抽出，并固定牢固
		9. 炉膛压力开关接线时，误将信号线接至开关的动断触点	确认炉膛压力开关的动合、动断触点的位置，接线完毕后，到DCS画面检查，应无炉膛压力高、低报警
		10. 复装后的取样管路的连接部件未进行气密性检查，因密封不良导致取样管路泄漏	炉膛压力开关及管路恢复后，进行接头的气密性检查

7.1.12 DEH系统

作业项目	DEH系统		
序号	辨识项目	辨识内容	典型控制措施
一	公共部分（健康与环境）		
	[表格内容同1.1.1公共部分（健康与环境）]		
二	作业内容（安全）		
1	DEH系统操作员站主机更换	1. 更换操作员站部件时，未停操作员站电源，造成人身触电	更换部件时，操作员站停机，拔下操作员站电源插头
		2. EH系统操作员站故障，运行人员无法监视DEH画面	可临时将工程师站切换至操作员站功能，供运行人员监视和操作，然后再对操作员站进行处理
		3. 在更换操作员站卡件时未停操作员站电源，导致卡件损坏	更换部件时，操作员站停机，拔下操作员站电源插头
2	DEH系统VPC（VCC）卡更换	1. VPC（VCC）卡调试时，受控阀门处有人工作，导致人员挤伤	VPC（VCC）卡调试时，现场应有专人监护，确保受控阀门处无人工作

续表

序号	辨识项目	辨识内容	典型控制措施
2	DEH 系统 VPC（VCC）卡更换	2. 更换卡件前，未将受控阀门以一定的速率缓慢地全关，导致阀门瞬间全关，机组负荷突变	更换卡件前，将 DEH 系统切至单阀控制方式并投入功率回路；以每次不大于 5%的幅度关闭该调节汽门；现场确认全关后，将该调节汽门伺服阀油系统手动隔离门关严
		3. VPC（VCC）卡更换完毕，送电自检通过后，需调试该 VPC（VCC）卡的电气零位、满度和运行值。调试过程中，阀门开关速度过快，造成机组负荷突变	更换完 VPC（VCC）卡后，打开该调节汽门伺服阀油系统手动隔离门，以每次不大于 5%幅度增减该阀门指令；调整位移传感器的零位与量程，零位量程调完后，阀门开至 50%，调整偏置。最后，将阀门开启到当时机组负荷所对应的理论开度，放开该调节汽门指令，使该调节汽门投入正常运行
		4. 卡件检查更换时，因静电击穿卡件电子元器件	卡件更换时，戴防静电环，防静电环可靠接地；接触卡件前，要先用手触摸机柜地进行放电
3	DEH 系统 AI 卡件更换	1. DPU 机柜的电源为 220V 交流电，工作过程中检修人员误碰电源接线端子	卡件更换时前，必须从电源柜内对该 DPU 停电，并在开关处悬挂“禁止合闸　有人工作”标志牌，工作前先验电确认
		2. 新卡件的版本号、地址跳线与原卡件不一致，卡件不能正常工作	新卡件插入前，核对新卡的版本号与原卡相同，并参照原卡正确设置新卡的地址跳线
		3. 拔卡件或卡件恢复时，造成卡件上其他通道的模拟量数据异常，导致对应的自动调节失灵，保护误动	（1）工作前，将与该卡件测点相关的自动调节回路切至手动。 （2）退出相关的联锁保护。 （3）强制相关的 AI 测点数值为安全值。 （4）换上新的 AI 卡，在端子板侧测量示值正确，AI 卡工作指示灯正常，然后逐一将强制的测点恢复。 （5）在 CRT 上观察测点显示正确后，投入自动及保护
		4. 更换卡件时，因静电击穿卡件电子元器件	卡件更换时，戴防静电环，防静电环可靠接地；接触卡件前，要先用手触摸机柜地进行放电

7.1.13 给煤机控制系统

作业项目	给煤机控制系统		
序号	辨识项目	辨识内容	典型控制措施
一	公共部分（健康与环境）		
	[表格内容同 1.1.1 公共部分（健康与环境）]		
二	作业内容（安全）		
1	称重式给煤机控制系统检修	1. 触电：给煤机控制回路查线时，未停给煤机控制柜电源；送电时接线未全部正确恢复	断开给煤机控制柜内的电源总开关，悬挂“禁止合闸　有人工作”标志牌，验电确认后方可继续进行查线工作；工作过程中，将拆下的线逐根分别用绝缘胶布包扎，并作好记录；检修后检查核对接线正确，测量回路绝缘良好，确认工作现场无发生触电的危险，方可合上电源总开关送电
		2. 外力：给煤机称重传感器检查更换时，给煤机突然启动，转动的皮带挤伤检修人员	更换给煤机称重传感器时，断开给煤机控制柜内电源总开关，并悬挂“禁止合闸　有人工作”标志牌
		3. 给煤机控制柜内的输入卡件、输出卡件、主机板、电源板更换时，因静电击穿卡件的电子元器件	卡件更换时，戴防静电环，防静电环可靠接地；接触卡件前，要先用手触摸机柜地进行放电
		4. 带电插拔给煤机控制卡件，或电源及信号线接线错误，造成卡件损坏	插拔卡件前必须停电；接线前核对拆线记录和图纸，确保接线无误
		5. 未从 DCS 端子板甩开给煤机的给煤量指令信号线、给煤量反馈信号线、给煤机的启停信号线，用绝缘电阻表测试电缆绝缘，造成 DCS 的对应卡件损坏	从 DCS 端子板甩开信号进线后，方可进行信号电缆的绝缘测试
		6. 给煤机入口挡板未关，点动给煤机试车，给煤机因堵煤停转后，强行点动给煤机，导致皮带划伤	给煤机入口挡板未全关，不能多次点动给煤机
		7. 给煤机因异物卡塞跳闸后，强行点动给煤机试车，导致皮带划伤	给煤机因断煤或测速反馈与指令偏差大等原因跳闸后，未检查给煤机内是否有异物，不能强行点动给煤机

续表

序号	辨识项目	辨识内容	典型控制措施
1	称重式给煤机控制系统检修	8. 给煤机称重传感器或主机板更换后，未对给煤机做校验工作，或校验结束后，校验措施恢复不全，给煤机投入运行后，出力不足	给煤机更换主机板或称重传感器后，必须对给煤机进行校验工作；给煤机校验结束后，恢复所有校验措施
		9. 给煤机校验打开本体侧门前，未关闭给煤机出口挡板，导致磨煤机内煤粉大量泄漏	给煤机校验打开给煤机本体侧门前，须确认给煤机出口挡板在全关位

7.1.14 给粉机变频器

作业项目	给粉机变频器		
序号	辨识项目	辨识内容	典型控制措施
一	公共部分（健康与环境）		
	[表格内容同 1.1.1 公共部分（健康与环境）]		
二	作业内容（安全）		
1	给粉机变频器	1. 触电：给粉机变频器的电源为380V交流电。更换变频器时，误把变频器无显示当做已停电，造成人身触电	更换给粉机变频器时，须核对电源开关编号与图纸相符后，断开变频器电源开关，悬挂“禁止合闸　有人工作”标志牌，验电确认后方可继续进行工作
		2. 外力：更换、调试测速探头时不停给粉电动机，造成转动设备伤人	给粉机停电，检修人员就地确认给粉电动机停止转动后，方可更换或调试测速探头
		3. 给粉机变频器停电时，拉错电源开关，误停正常运行的给粉机，导致运行的给粉机跳闸	变频器电源开关编号要正确、清楚，工作时仔细核对开关编号与变频器是否一致，确认无误后方可停电；停电源时应设专人监护
		4. 变频器更换后，内部参数设置不当，导致给粉机不能正常给粉，影响锅炉燃烧	更换变频器后，参照正常运行的变频器参数及变频器说明书，设置变频器参数

7.1.15 阀控制系统

<table>
<tr><td>作业项目</td><td colspan="3">阀控制系统</td></tr>
<tr><td>序号</td><td>辨识项目</td><td>辨识内容</td><td>典型控制措施</td></tr>
<tr><td>一</td><td colspan="3">公共部分（健康与环境）</td></tr>
<tr><td></td><td colspan="3">［表格内容同 1.1.1 公共部分（健康与环境）］</td></tr>
<tr><td>二</td><td colspan="3">作业内容（安全）</td></tr>
<tr><td rowspan="3">1</td><td rowspan="3">汽轮机ETS系统AST电磁阀线圈更换</td><td>1. 汽轮机 AST 电磁阀线圈接在110V 的跳闸回路，AST 电磁阀线圈进行拆接线时，发生人身触电</td><td>汽轮机正常运行时，不能断开 ETS 电源，可从 ETS 接线端子处，甩开电磁阀线圈的接线。从 ETS 柜拆除电磁阀接线时，应注意以下事项：
（1）应使用完好、无损伤的绝缘螺丝刀，穿绝缘鞋。
（2）避免裸手接触带电导线，禁止同时接触两根导线，或一只手接触导线，另一只手接触金属外壳。
（3）拆下的导线逐根分别用绝缘胶布包扎，作好记录，并对电磁阀线圈验电，确认已停电后方可更换。
（4）严格执行双人监护制度</td></tr>
<tr><td>2. 误将另一通道 AST 电磁阀引线解除，泄去 AST 油压，汽轮机跳闸</td><td>工作人员准备 ETS 接线图纸，并保证图纸正确。根据图纸，从 ETS 柜内确认对应 AST 电磁阀的引线，由监护人核对无误后，工作人员从端子上先拆除故障电磁阀线圈中的一根引线，用绝缘胶布包扎完毕后，再拆下另一根引线并包扎</td></tr>
<tr><td>3. 更换 AST 电磁阀线圈后，电磁阀功能不正常，降低了汽轮机保护动作正确率</td><td>（1）更换电磁阀线圈完成后，恢复接线。
（2）把铁磁体放在已更换 AST 电磁阀线圈顶部，检查有磁力，确认已更换的电磁阀线圈处于励磁状态。
（3）在 DEH 画面上检查 ASP 压力开关状态已恢复正常指示</td></tr>
<tr><td rowspan="2">2</td><td rowspan="2">主汽 PCV 阀控制系统检修</td><td>1. 触电：起座电磁阀和回座电磁阀的工作电源为直流 220V。测量电磁阀阻值或更换电磁阀时，未从电源柜停掉电磁阀的工作电源的开关</td><td>PCV 阀电磁阀线圈阻值测试或更换电磁阀时，应断开电磁阀电源开关，悬挂“禁止合闸　有人工作”标志牌，验电确认后方可继续进行工作</td></tr>
<tr><td>2. 烫伤：
（1）更换电触点压力表，未关闭压力表取样一、二次门。
（2）更换电触点压力表，未进行放水消压或放水消压不彻底</td><td>（1）由运行人员关闭电触点压力表一次门，悬挂“禁止合闸　有人工作”标志牌。
（2）关闭电触点压力表二次门。拆卸时，工作人员站在仪表管路接头的侧面，先缓慢松动接头，确认无压力后进行拆卸</td></tr>
</table>

续表

序号	辨识项目	辨识内容	典型控制措施
2	主汽 PCV 阀控制系统检修	3. 外力：检修过程中，因机组甩负荷导致锅炉超压，PCV 阀动作，危及现场工作人员人身安全	现场检修过程中，锅炉滑压运行，防止锅炉超压，PCV 阀动作
		4. 检修电触点压力表前未解除压力高保护或检修后未恢复保护，造成 PCV 阀误动或拒动	检修电触点压力表前，解除 PCV 阀压力高保护；在系统恢复时，核对电触点压力表的触点状态，确认正确后恢复压力高保护
		5. 电触点压力表校验时，校验人员未严格遵守热工仪表校验规程，致使压力表的高保护定值不准	压力表校验时，校验人员严格遵守热工仪表校验规程
3	凝结水泵出口电动门检修	1. 触电：电动门控制回路为 220V 交流电，动力回路为 380V 交流电，未停电、验电就开展工作，造成触电事故	从电动门 MCC 柜断开凝结水泵出口电动门电源开关，取下控制回路伤及动力回路熔断器，悬挂“禁止合闸有人工作”标志牌，验电确认后方可继续进行工作
		2. 外力：起吊电动头时，悬挂点断裂、钢丝绳脱扣或断裂，造成人身伤害。电动开关电装，手电动开关未推至电动位，使手轮飞转，造成人身伤害	（1）在脚手架上工作必须使用安全带。 （2）安全带在使用前应进行检查无缺陷，且检验合格证在有效期内。 （3）安全带的挂钩或绳子应挂在结实、牢固的物件上或专挂安全带的钢丝绳上，禁止挂在移动或不牢固的物件上。安全带要高挂低用。 （4）上下脚手架必须经由爬梯或斜步道。 （5）工作过程中，不准随意改变脚手架的结构，必要时必须经过技术负责人员的同意。 （6）吊式脚手架所使用的钢丝绳的直径根据计算决定。吊物的安全系数不小于 6，吊人的安全系数不小于 14。 （7）吊式脚手架和吊篮禁止使用麻绳。 （8）移动脚手架时，脚手架上所有的工作人员必须撤离 **【重点是防止手拉葫芦悬挂点断裂、钢丝绳脱扣或断裂造成人身伤害】**
		3. 凝结水泵运行时，出口电动门故障在线处理时，电动门误关，造成运行凝结水泵跳闸	凝结水泵出口电动门故障在线处理时，应断开凝结水泵出口电动门电源开关，并取下控制回路及动力回路熔断器
		4. 电动门行程开关定位不准确，造成阀门过开或过关，损坏阀门电动装置	由机务确定阀门的全开全关位，热工准确定位电动门行程开关位置

序号	辨识项目	辨识内容	典型控制措施
3	凝结水泵出口电动门检修	5. 电动门控制回路接线错误，造成阀门开、关到位时不能停车，损坏阀门电动装置	电动门拆线时，作好拆线记录；恢复时严格按照记录和图纸接线，接线完毕后须再次核对一遍，严防控制回路的行程开关接反线，造成阀门到位后不能停车
		6. 因阀门卡涩、润滑不良、负载过大、电源缺相等原因损坏电动门电动机	润滑油脂正常，三相电源正常，避免连续长时间试车，以防电动机过热，损坏电动机
		7. 起吊电动门时，悬挂点断裂、钢丝绳脱扣或断裂造成电动门损坏	见公共项目“起重作业” 【重点是防止手拉葫芦悬挂点断裂、钢丝绳脱扣或断裂造成设备损坏】
4	系统检修	1. 触电：最小流量阀检修时，未停电磁阀电源，造成人员触电	最小流量阀检修前，应断开电磁阀电源开关，并悬挂“禁止合闸　有人工作”标志牌，验电确认后方可继续工作
		2. 烫伤：拆装给水泵出口流量变送器前没有对该变送器隔离，或一次门不严，检修人员在进行变送器消压时，泄漏的高压给水伤人	拆装变送器前，必须首先请运行人员隔离测量系统，关闭变送器一次门，悬挂“禁止操作　有人工作”标志牌，检修人员缓慢打开排污门对变送器进行放水消压，确保消压彻底。如果长时间不能消压，则说明变送器一次门关不严，不能进行检修作业
		3. 检修最小流量阀时，阀门误开，引起锅炉给水流量变化，造成汽包水位波动，危及锅炉运行	给水泵出口最小流量阀检修时，应根据执行器的特点，做好停电或停气等“保位”措施
		4. 给水泵出口流量变送器检查或更换时，运行中的给水泵跳闸	强制给水泵出口流量至正常值后，方可拆除给水泵出口流量变送器
		5. 给水泵出口流量变送器的解投方法不正确，变送器损坏	变送器停运，按照关负压二次门—开平衡门—关正压二次门—变送器停运的顺序进行；变送器投运，按照开正压二次门—关平衡门—开负压二次门—变送器投运的顺序进行
5	伺服电动机检修	1. 触电： （1）伺服电动机绝缘电阻检查、电动机拆装时，未停电动机电源。 （2）用绝缘电阻表测试电动机绝缘时，工作人员误碰测试回路	（1）伺服电动机绝缘电阻检查、电动机拆装，须核对电动机电源开关编号与图纸一致，断开电动机电源开关，悬挂“禁止合闸　有人工作”标志牌，验电确认后方可继续工作。 （2）用绝缘电阻表测试电动机绝缘时，工作人员要精力集中，以防误碰测试回路，被绝缘电阻产生的高电压击伤
		2. 外力：拆装电动机时未做好安全防护措施，砸伤工作人员	拆装电动机时，先用支架或绳索固定好电动机，拆卸完螺栓后，逐渐放下

续表

序号	辨识项目	辨识内容	典型控制措施
5	伺服电动机检修	3. 电动机解体方法不当造成电动机损坏	抽电动机转子时，由专人扶持，防止碰撞定子线圈或铁芯；穿转子前，应仔细检查定子膛内，防止异物遗留
		4. 电动机试车时，电动机反转、堵转等，造成电动机损坏	电动机恢复后，将阀门或挡板手摇至中间位，试验正反转，阀门试验过程中，工作人员保持通信畅通，发现电动机堵转，立即停止运行
6	高压加热器水位基地调节仪检修	1. 烫伤：基地调节仪测量单元的取样门关闭不严，拆卸仪表接头时，汽水泄漏，导致人员烫伤	拆卸高压加热器水位基地调节仪时，工作人员应戴手套和穿专用的防护工作服；关闭测量单元取样阀门，悬挂"禁止操作　有人工作"标志牌，打开测量筒排污门泄压；拆卸时，检修人员站在仪表管路接头的侧面，先缓慢松动变送器接头，确认无压力后进行拆卸
		2. 外力：气动基地调节仪弹性部件弹出伤人	利用长螺栓替换法拆装弹性部件，确保弹性部件释放弹性后拆卸
		3. 高压加热器水位基地调节仪检修时，高压加热器危急疏水门动作不正常，导致高压加热器水位保护动作，高压加热器解列	高压加热器水位基地调节仪检修前，应试验高压加热器危急疏水门动作正常，检查危急疏水门的联锁回路正常
		4. 拆装不当，杂物进入基地调节仪管路，造成基地调节仪损坏	（1）弹性部件要释放弹性后拆装，拆装时利用长螺栓替换的方法拆装弹性部件，防止损坏精密控制元件。 （2）拆下的管接头必须包扎严密，防止堵塞管路系统及内部部件
		5. 未整定检修后的基地调节仪的比例带、积分时间等参数，就投入高压加热器水位自动，造成水位调节不良	逐渐增减基地调节仪的 PID 参数，调试时以每次不大于 5%的幅度改变定值，直至水位调节品质达到规程要求
7	循环水泵出口液控蝶阀控制系统检修	1. 触电：蝶阀油泵的控制回路使用 220V 交流电，回路检查时，未停电，造成触电事故	蝶阀控制回路检查时，须先停掉蝶阀油泵电源，悬挂"禁止合闸　有人工作"标志牌，验电确认后方可继续进行工作
		2. 外力： （1）蝶阀开启或补压过程中，因高油压保护开关定值调校不准，高压油管路或蝶阀油缸有泄油伤人的危险。 （2）拆卸运行循环水泵的压力开关时，未做隔离措施，高压油喷出伤人	（1）压力开关定值校验准确，检查开关接点通断良好；调试中密切监视系统油压，出现油压异常升高时，立即停油泵电动机电源。 （2）关闭压力开关一次门，并悬挂"禁止操作　有人工作"标志牌，缓慢松动压力开关接头，确认开关接头处介质无压力后，方可拆除压力开关

序号	辨识项目	辨识内容	典型控制措施
7	循环水泵出口液控蝶阀控制系统检修	3. 蝶阀的行程开关检查或更换时，使“蝶阀关跳泵”保护发出，造成循环水泵跳闸	检查正在运行的蝶阀的行程开关时，解除“蝶阀关跳泵”保护，并与运行人员保持通信畅通，发现蝶阀关时，马上联系运行人员，停运该泵
		4. 检修备用循环水泵的蝶阀控制回路时，误开蝶阀，机组真空下降	备用循环水泵的蝶阀检修时，蝶阀油泵须停电，防止蝶阀误开
		5. 校验备用循环水泵蝶阀的高、低油压开关时，解除了循环水泵的联锁，工作期间运行泵跳闸，备用泵不能联启，机组真空下降	备用循环水泵的压力开关校验时，不能扩大安全措施范围，误解除循环水泵之间的联锁
8	空气预热器油循环控制系统检修	1. 触电：检修电动机控制回路时，未停电	（1）使用电气工具和用具前必须检查是否贴有合格证且在有效期内；电线是否完好，有无接地线；使用时应按接好合格的漏电保护器和接地线；电源开关外壳和电线绝缘有破损、绝缘不良或带电部分外露时不准使用。 （2）工作现场所用的临时电源盘及电缆线绝缘应良好，电源盘应装设合格的漏电保护器，电源接线牢固。临时电源线应架空或加防护罩。 （3）有接地线的电气工具和用具必须可靠接地。 （4）使用电气工具和用具时不得提着导线或转动部分。 （5）不熟悉电气工具和用具使用方法的工作人员不准擅自使用。 （6）使用电钻等电气工具时须戴绝缘手套。 （7）在金属容器（如汽鼓、凝汽器、槽箱等）内工作时，必须使用24V以下的电气工具，否则需使用Ⅱ类工具，装设额定动作电流不大于15mA、动作时间不大于0.1s的漏电保护器，且应设专人在外不间断地监护。漏电保护器、电源连接器和控制箱等应放在容器外面。 （8）使用行灯时，行灯电压不超过36V。在特别潮湿或周围均属金属导体的地方工作时，如在汽鼓、凝汽器、加热器、蒸发器、除氧器及其他金属容器或水箱内部，行灯的电压不超过12V。行灯电压应由携带式或固定式的变压器供给，变压器不准放在汽鼓、燃烧室及凝汽器的内部。 （9）电气工具和用具的电线不准接触热体，不要放在湿地上，并避免载重车辆和重物压在电线上

续表

序号	辨识项目	辨识内容	典型控制措施
8	空气预热器油循环控制系统检修	2. 外力：掉落工具或者零件砸伤下方人员；温度元件及电动机安装处空间狭窄，工作时碰伤人员	（1）检修时，工作场所铺设隔离板。 （2）拆装温度元件、电动机时注意周围物体，避免用力过猛、动作过大，移动前先注意观察周围环境
		3. 电动机试车时，电动机反转、堵转等，造成电动机损坏	（1）电动机与油泵连接前，确认电动机旋转方向与油泵的工作转向一致。 （2）电动机启动前与现场工作人员保持通信畅通，发现电动机堵转，立即停止运行

7.1.16 汽包水位计

作业项目	汽包水位计		
序号	辨识项目	辨识内容	典型控制措施
一	公共部分（健康与环境）		
	［表格内容同 1.1.1 公共部分（健康与环境）］		
二	作业内容（安全）		
1	汽包电极式水位计电极更换	1. 烫伤：检修前汽包电极式水位计测量筒一次门关闭不严密，或电极更换安装不正确高温高压汽水泄漏伤人	（1）检修前，运行人员关闭汽包电极式水位计测量筒汽、水侧一次门，然后打开排污门将测量筒泄压，确认压力完全泄掉并且测量筒冷却后，才可进行电极的更换工作。 （2）拆装电极时，应站在所更换电极的侧面，缓慢拧松电极，确认电极接口无泄漏后，拆下需更换的电极；拆装电极时避免敲打。 （3）电极应正对安装孔拧入，不可偏斜，应使用退火紫铜垫片
		2. 外力：电极在高压状态下有飞出危险，造成人员伤害	检修人员避免人身正面和电极相处，在确定无压的情况下进行电极拆除工作
		3. 电极拆除和安装时由于方法不对而损坏筒体电极座内螺纹	电极在拆除和安装时用力要均匀，不允许使用超大扳手或用敲打的方法进行
		4. 电极更换后，投用过快，方法不对而损坏电极	电极更换后在投入运行过程中要先预热后再投入运行

7.1.17 TV 监视系统

作业项目	TV 监视系统		
序号	辨识项目	辨识内容	典型控制措施
一	公共部分（健康与环境）		
	[表格内容同 1.1.1 公共部分（健康与环境）]		
二	作业内容（安全）		
1	汽包水位 TV 监视系统检修	1. 触电：水位 TV 系统摄像机电源和双色水位计照明，使用 220V 交流电源，在汽包水位 TV 监视系统出现故障进行检修时，由于没有停电就进行电源线的拆除，或检修完成后，现场电源线未及时恢复就送电，使检修人员有触电的危险	（1）在进行水位电视监视系统检修时，必须对设备进行停电，在核对图纸确保图纸正确，核对汽包水位 TV 监视系统电源开关标识确保无误后，根据图纸确认汽包水位 TV 监视系统电源开关位置，设备停电，在开关处悬挂“禁止合闸　有人工作”标示牌；工作前在设备处验电，验电确认后方可继续进行工作。工作时，将拆下的线逐根分别用绝缘胶布包扎，并作好记录。 （2）在汽包水位 TV 监视系统检修完成后，根据记录核对接线正确，测量回路绝缘良好，检查工作现场无发生触电危险后，设备送电
		2. 烫伤：汽包双色水位计是高温高压设备，现场汽包水位 TV 监视系统检修和调试时接触高温设备或双色水位计泄漏烫伤检修人员	（1）在检修和调试汽包水位 TV 监视系统时，工具和备件准备充分，确保汽包小室和集控室内通信畅通，尽量缩短检修、调试时间，以减少在高温高压设备旁停留的时间。 （2）在检修和调试汽包水位 TV 监视系统时，做好必要的安全措施，戴手套和穿专用的防护工作服，工作时必须站在水位计侧面，避免靠近和长时间停留在可能烫伤的地方。 （3）在检修和调试汽包水位 TV 监视系统时，禁止用工具用力敲打双色水位计，以防双色水位计发生泄漏伤人
		3. 外力：汽包水位 TV 监视系统出现故障进行检修时，如果扳手等工具使用不当、检修现场照明不足，可能造成人身伤害	工作人员在使用扳手等工具前必须进行检查，确认工具完好、合格，工作中应按照工具的用途规范正确使用
		4. 现场汽包水位 TV 监视系统检修和调试时有可能因碰撞和坠落等原因，造成摄像机、照明系统的损坏	摄像机、镜头、照明系统等精密设备，在工作时应轻拿轻放，用力均匀

序号	辨识项目	辨识内容	典型控制措施
2	炉膛火焰TV监视系统检修	1. 触电：电气工器具（如：在进行火焰电视摄像机清灰时使用电动风葫芦）使用不当，造成人员触电。炉膛火焰TV监视系统电源使用220V交流电源，检修时由于没有停电就进行电源线的拆除，或检修完成后现场电源线未及时恢复就送电，使检修人员有触电的危险	（1）详见公共项目“电气工具和用具的使用”。 （2）进行炉膛火焰电视摄像系统检修前，必须对设备进行停电。步骤是：在核对图纸确保图纸正确，核对炉膛火焰电视摄像系统电源开关标识确保无误后，根据图纸确认炉膛火焰电视摄像系统电源开关位置，将设备停电，在开关处悬挂“禁止合闸　有人工作”警示牌；工作前在设备处验电，验电确认后方可继续工作。工作时，将拆下的线逐根分别用绝缘胶布包扎，并作好记录。 （3）在火焰TV监视系统检修完成后，再根据记录，核对接线正确，测量回路绝缘良好，检查工作现场无发生触电的危险后，给设备送电
		2. 烫伤：从炉膛中取出的透镜管温度高，易造成人员烫伤；正对着透镜管安装口有烫伤的危险	在火焰TV监视系统检修和调试时必须做好必要安全措施，戴手套和穿专用的防护工作服，避免靠近和长时间停留在可能烫伤的地方
		3. 坠落：炉膛火焰TV系统就地设备拆装时，检修使用的工具和备件可能跌落砸伤其他人员	工作场所铺设隔板，或在下方设围栏，工具及配件用绳带拴牢后使用，配件应放在工具袋内
		4. 检修前未解除“冷却风压力低，退出炉膛火焰监视装置”保护，造成在检修时由于关闭冷却风系统造成电动机误启动，使电动机长时间运行损坏电动机。在检修后冷却风压力低保护未及时投入，造成在正常运行中电动机保护拒动，炉膛高温损坏炉膛火焰监视装置	（1）检修前核对解除相关的保护。 （2）检修后恢复保护，并进行相关试验确认
		5. 轨道卡涩、润滑不良时、对电动机连续进行操作等，易造成进退电动机损坏	（1）确保电动机接线正确，控制可靠。 （2）检查轨道的连接，确保轨道滑动灵活
		6. 压缩空气投入不及时，造成炉膛高温，损坏炉膛火焰监视装置	透镜管在退出炉膛之前禁止关断冷却用压缩空气，待温度降低后方可停压缩空气
		7. 设备拆卸、搬运时，有可能因坠落或碰撞等原因造成设备损坏	设备拆卸时应均匀用力，防止突然松开损伤设备；取下的设备应存放在合适的场所，以防损坏；搬运时应轻拿轻放，作好监护

7.1.18 温度元件

作业项目	温度元件		
序号	辨识项目	辨识内容	典型控制措施
一	公共部分（健康与环境）		
	［表格内容同 1.1.1 公共部分（健康与环境）］		
二	作业内容（安全）		
1	主蒸汽温度元件更换	1. 烫伤：由于主蒸汽温度元件安装地点靠近高温管道，因此拆除、安装主蒸汽温度元件时，接触到高温管道造成人员烫伤；接触刚拆下的主蒸汽温度元件热端，造成人员烫伤	拆除、安装主蒸汽温度元件时戴防护手套，不要接触高温管道，不要触摸未冷却的主蒸汽温度元件热端
		2. 外力：现场照明不足和使用扳手等工具不当，造成人员伤害	（1）使用扳手等工器具前必须进行检查，保持工具完好、合格。工作中应按照工具的用途规范正确使用，避免伤及设备及人身。 （2）工作场所应有足够的照明，若照明不良，应先恢复照明，必要时使用手电筒，并作好人员间的相互监护
		3. 检查、更换检验合格的主蒸汽温度元件，使主蒸汽温度测点显示错误，造成主汽温度自动失灵	利用冗余的、显示正常的温度测点参与自动控制，否则解除主汽温自动
		4. 检查、更换锅炉主蒸汽温度元件后，当主蒸汽温度实际值与设定值偏差较大时投入自动，将造成汽温控制异常	检修结束后，主蒸汽温度测量值和给定值的偏差满足要求（一般偏差应在 3℃以内）后，投入自动
		5. 检查、更换锅炉主蒸汽温度元件前，对逻辑中使用主蒸汽温度补偿的主蒸汽流量没有采取强制，使其保持当前值措施，造成给水自动异常	（1）在给水自动调节逻辑中，将用于补偿主蒸汽流量信号的主汽温度强制为正常值。 （2）待主蒸汽温度元件更换完成、主蒸汽温度显示正常后解除强制
		6. 主蒸汽温度元件检查、更换后，没有解除强制就投入主汽温度自动，引起主汽温控制失灵	检查、更换锅炉主蒸汽温度元件后，把该主蒸汽温度测点解除强制，确认显示正常，才能投入主汽温度自动

续表

序号	辨识项目	辨识内容	典型控制措施
1	主蒸汽温度元件更换	7. 主汽温度元件在复装、搬运时，有可能因坠落或碰撞等原因造成设备损坏	设备复装时应均匀用力，防止损伤设备；搬运时应轻拿轻放，防止主汽温度元件折断
2	低压缸排汽温度元件检修	1. 检修过程中，如果使用工具（如：使用扳手进行排汽温度元件套管拆卸）不当、检修现场照明不足可能造成人身伤害	工作人员在使用工具前必须进行检查，确定使用的工具合格，工作中应按照工具的用途、用法规范正确使用，避免伤人
		2. 在拆除低压缸排汽温度元件接线时，不解除保护或保护解除不正确，造成后缸喷水保护误动。在检修结束后，保护没有及时投入或投入不正确，造成保护拒动	在检查或更换排汽温度元件前，应办理保护解除手续，并经总工批准。保护解除时执行保护解除操作卡，确保保护解除正确。防止后缸喷水保护误动。在工作结束后，应办理保护投入手续，并经总工批准。保护投入时执行保护投入操作卡，确保保护投入正确
		3. 在拆除低压缸排汽温度元件保护套管时，造成真空局部降低，严重时可能引起低真空保护误动作	必须拆除保护套管时，如不能立即将新套管插入，应封堵安装孔。若附近有低真空保护测点，宜解除低真空保护
		4. 在低压缸排汽温度测点检查或更换完成后，没有检查该测点显示是否正确就投入保护，造成保护误动和拒动	在低压缸排汽温度测点检查或更换完成后，必须检查该测点显示正确后投入保护；在检查或更换排汽温度元件前，应办理保护解除手续，并经总工批准。保护解除时执行保护解除操作卡，确保保护解除正确。防止后缸喷水保护误动。在工作结束后，应办理保护投入手续，并经总工批准。保护投入时执行保护投入操作卡，确保保护投入正确

7.1.19 电缆

作业项目	电缆		
序号	辨识项目	辨识内容	典型控制措施
一	公共部分（健康与环境）		
	[表格内容同 1.1.1 公共部分（健康与环境）]		

续表

序号	辨识项目	辨识内容	典型控制措施
二	作业内容（安全）		
1	敷设电缆	1. 坠落：部分电缆桥架位置高于1.5m 以上，需要搭设脚手架和梯子，攀登脚手架、梯子或在脚手架上工作行走时存在高处坠落危险	（1）患有精神病、癫痫病及经医师鉴定患有高血压、心脏病等不宜从事高处作业病症的人员，不准参加高处作业。凡发现工作人员有饮酒、精神不振时，禁止登高作业。所有工作人员都应学会触电窒息急救法、心肺复苏法，并熟悉有关烧伤、烫伤、外伤、气体中毒等急救常识。发现有人触电，应立即切断电源，使触电人脱离电源，并进行急救。如在高处工作，抢救时必须注意防止高处坠落。 （2）高处作业均须先搭好脚手架，脚手架须经有关部门验收合格，签发合格证后才能使用。 （3）凡能在地面上预先做好的工作，都必须在地面上做好，尽量减少高处作业。 （4）高处作业必须使用安全带，在没有脚手架或没有栏杆的脚手架上工作，高度超过1.5m 时必须使用安全带。安全带的合格证应在有效期内，安全带的挂钩应挂在结实、牢固的构件上，或专挂安全带的钢丝绳上。安全带要高挂低用。 （5）短时间可以完成的工作可以使用梯子。使用梯子前，应先检查梯子的结构是否牢固，有无缺陷。使用时，梯子与地面成 60° 角。使用梯子须采用可靠的防止下部滑动的措施，要用人扶牢。在通道和门口使用梯子，还要采取防止有人突然开门的措施。如需在电缆桥架上工作，应先检查电缆桥架的牢固度能符合施工人员在电缆桥架上工作的要求
		2. 外力：后方人员用力过猛，造成前方人员的手或手臂被电缆和周围物体挤伤；工作人员的手掌被电缆钢甲划伤；搬运电缆盘挤伤手脚	（1）防止后方人员用力过猛，造成人员挤伤的措施：拉电缆时，应有专人指挥，听从号令，避免生拉硬拽。 （2）防止工作人员的手掌被电缆钢甲划伤的措施：工作人员必须戴手套以防止手掌划伤；钢甲电缆的端头必须包扎好。 （3）防止搬运电缆盘挤伤手脚的措施：搬运电缆盘必须听从指挥，统一行动，在确认能够避免挤伤人员时，方可放置电缆盘
		3. 在桥架上拐弯、换层及进出桥架处，施放电缆过猛，拉力过大会造成电缆损伤	在桥架上拐弯、换层及进出桥架处应设专人负责，保证电缆裕度一致，松紧适当
		4. 桥架边框及内部有尖锐物，或穿墙体时洞内突起物，均会造成电缆损伤	（1）施放电缆前，应检查桥架边框及内部是否有尖锐物，若有应处理完尖锐物并加装防护板后再进行电缆施放。 （2）零星电缆穿过地面或墙体时应加装防护套管

续表

序号	辨识项目	辨识内容	典型控制措施
		5. 转弯半径过小导致电缆损伤	普通软电缆的转弯半径不小于电缆直径的 6 倍；铠装电缆的转弯半径不小于电缆直径的 12 倍
1	敷设电缆	6. 坠落：部分电缆桥架位置高于 1.5m 以上，需要搭设脚手架和梯子，攀登脚手架、梯子或在脚手架上工作行走时存在高处坠落危险	（1）患有精神病、癫痫病及经医师鉴定患有高血压、心脏病等不宜从事高处作业病症的人员，不准参加高处作业。凡发现工作人员有饮酒、精神不振时，禁止登高作业。所有工作人员都应学会触电窒息急救法、心肺复苏法，并熟悉有关烧伤、烫伤、外伤、气体中毒等急救常识。发现有人触电，应立即切断电源，使触电人脱离电源，并进行急救。如在高处工作，抢救时必须注意防止高处坠落。 （2）高处作业均须先搭好脚手架，脚手架须经有关部门验收合格，签发合格证后才能使用。 （3）凡能在地面上预先做好的工作，都必须在地面上做好，尽量减少高处作业。 （4）高处作业必须使用安全带，在没有脚手架或没有栏杆的脚手架上工作，高度超过 1.5m 时必须使用安全带。安全带的合格证应在有效期内，安全带的挂钩应挂在结实、牢固的构件上，或专挂安全带的钢丝绳上。安全带要高挂低用。 （5）短时间可以完成的工作可以使用梯子。使用梯子前，应先检查梯子的结构是否牢固，有无缺陷。使用时，梯子与地面成 60° 角。使用梯子须采用可靠的防止下部滑动的措施，要用人扶牢。在通道和门口使用梯子，还要采取防止有人突然开门的措施。如需在电缆桥架上工作，应先检查电缆桥架的牢固度能符合施工人员在电缆桥架上工作的要求

第8章　综合通用与公共项目

8.1　工作安全分析单

8.1.1　通信

作业项目	线务作业		
序号	辨识项目	辨识内容	典型控制措施
一	公共部分（健康与环境）		
1	身体、 心理素质	作业人员的身体状况，心理素质不适于高处作业	（1）不安排此次作业。 （2）不安排高处作业，安排地面辅助工作。 （3）现场配备急救药品。 ⋮
2	精神状态	作业人员连续工作，疲劳困乏或情绪异常	（1）不安排此次作业。 （2）不安排高强度、注意力高度集中、反应能力要求高的工作。 （3）作业过程适当安排休息时间。 ⋮
3	环境条件	作业区域上部有落物的可能；照明充足；安全设施完善	（1）暂时停止高处作业，工作负责人先安排检查接地线等各项安全措施是否完整，无问题后可恢复作业。 ⋮
4	业务技能	新进人员参与作业或安排人员承担不胜任的工作	（1）安排能胜任或辅助性工作。 （2）设置专责监护人进行监护。 ⋮
5	作业组合	人员搭配不合适	（1）调整人员的搭配、分工。 （2）事先协调沟通，在认识和协作上达成一致。 ⋮

续表

序号	辨识项目	辨识内容	典型控制措施
6	工期因素	工期紧张，作业人员及骨干人员不足	（1）增加人员或适当延长工期。 （2）优化作业组合或施工方案、工序。 ⋮
⋮	⋮	⋮	⋮
二	作业内容（安全）		
1		1. 人员的安全和各种技术指标的规定	（1）在临近电力线工作时应有专人监护，并有安全措施，工作人员与电力线应保持安全距离。 （2）跨越电力线架设、撤线工作，应停电或采取有效的措施。 （3）在有高压危险影响区段工作时，必须带绝缘手套，穿绝缘鞋，使用带绝缘的工具。 （4）当通信与供电线（10kV 以上）接触，或供电线路落到地面时，必须按下列各项规定处理： 1）立即停止一切有关工作。 2）不可接近或用工具触动线条。 3）将发生的事故情况立即报告上级有关单位，采取必要的措施。 4）必须等到事故已经消除的正式通知后才可以进行恢复工作
		2. 喷灯使用时的危险点	（1）不得使用漏油、漏气喷灯，气压不可过高，在易燃易爆物体附近不得存放、修理和使用喷灯。 （2）喷灯必须熄灭后加油，加油不宜过满。 （3）点燃的喷灯禁止猛烈振动或拆卸修理。 （4）喷灯用完必须完全熄灭后再行放气
		3. 射钉枪使用时的危险点	（1）使用射钉枪前必须对枪做全面检查，然后按操作方法和规定操作，防止意外。 （2）射钉枪在发射时，枪管与护罩必须紧贴在被射画上，严禁在凹凸不平的物体上射击。如第一枪未能射入，禁止在原位射击，以防发生事故。 （3）当发现有“臭弹”或发射不灵现象时，取出子弹查明原因后可再使用。 （4）厚度不大、强度低的建筑物，严禁使用射钉枪，以免射透建筑物发生事故（被射物厚度不小于钉弹长度的 2.5 倍。 （5）射入点距建筑物边缘不得过近（不小于 10cm），以防混凝土构件震碎

续表

序号	辨识项目	辨识内容	典型控制措施
1		4. 工具有缺陷，不合格	认真选取作业工具，如脚扣子、安全带、手绳、滑车，不允许登高人员带病工作
		5. 天气不好，施工复杂，交叉作业	天气不好，户外工作禁止施工
		6. 大型作业无技术措施	按规定制定技术和安全措施
		7. 环境复杂，人车共行	现场设有监护人，设有安全围栏
		8. 没有按《安规》规定进行工作	登高作业时，必须按通信规程中的有关规定执行，不得有习惯性违章作业的现象
		9. 使用前没有检查梯子的牢固性	要有可靠的牢固性，立放要平稳，要有良好的梯子挂钩
		10. 梯上有超负荷工作人员	梯上不能同时站有两人以上的工作人员，梯上工作要系好安全带
		11. 搭放梯子不安全	严禁自行移动梯子，防止摔伤
		12. 没有监护人员	梯上有人工作时下面应有专人扶持
		13. 车辆管理	准予厂内行驶的所有机动车辆，必须有市劳动部门核发的牌号和行驶证，自觉接受安监、车管、劳动部门的有关监督、检查、指导、管理以及对违章事故的处理，场内机动车辆不准到厂区以外公路上行驶，驾驶人员必须遵守交管会管理规定，自觉遵守各项操作规程，要随身携带驾驶证
		14. 车辆管理考核细则	（1）驾驶员必须做到严守规定，谨慎驾驶，确保安全。 （2）驾驶员必须增强安全意识，认真执行道路交通管理处罚条例和车辆管理与交通监察细则。 （3）驾驶员不准酒后开车。 （4）不准超速行驶，强行超车，车况不好和习惯性违章。 （5）私人用车必须请示领导，同意后方可出车。 （6）不准车辆在生活区内乱停乱放。 （7）如有违反，按规定处罚
		15. 车辆维护	要加强对车辆保养维护，利用春秋两季安全大检查，进行车辆检查、保养，对检查出来的毛病进行检修，检修不了的报分厂领导，坚决不出病车，保证生产安全

续表

序号	辨识项目	辨识内容	典型控制措施
1		16. 人员的安全和被剪伐的树木	（1）剪伐树木工作，应系好安全带，攀登树木要注意安全，上下树木时，严禁随身携带剪伐工具，潮湿天气注意防滑。 （2）严禁攀登已砍过或锯过的树木。 （3）雷雨和六级以上的大风天禁止剪伐工作。 （4）砍伐树木应用绳索控制，以防倒向线路；使用绳索前，应检查其强度和长度，防止放树木伤人。 （5）砍伐树木时，应先在折倒的相反一面割一切口，锯到一定程度后，在切口处嵌入一个楔子，切勿在树的周围转圈锯
		17. 人员的安全和施工现场	（1）挖掘土方前，应了解地下管道和电缆的分布情况，做好防护措施，防止发生事故。 （2）在居民区挖坑（沟）时，应装设醒目标志（白天红旗，晚上红灯）；在无法设置标志的情况下，应通知有关单位、街道，做好宣传工作，防止伤人。 （3）在土质松软的地方或靠近建筑物附近挖坑（沟）时，要防止坑（沟）倒塌，应采取防护措施。 （4）在挖坑（沟）时，禁止非工作人员在工作地点站立和通行，防止伤人。 （5）经常检查坑壁和沟是否有裂缝，防止倒塌，特别是雨后工作更应注意
		18. 人员的安全和设备的质量	（1）立、撤杆工作要听从统一指挥，明确分工，密切合作，做好安全措施。 （2）立、撤杆要使用合格的起重器具，严禁过载使用，在光滑地面应有防滑措施。 （3）立、撤杆过程中，杆坑内严禁有人工作，除指挥人员和指定人员外，其余人员必须远离两倍于杆高距离以外的地方。 （4）在撤杆的工作中，在拆除杆上导线前，应先检查杆根情况，做好防止倒杆措施。 （5）已经立起的电杆，只有在杆基牢固后方可撤去叉杆和拉绳。 （6）在斜坡上立、撤杆，应采取必要的措施，以防止电杆伤人。 （7）在铁路附近立、撤杆，当火车临近时，应停止一切有妨碍行车安全的工作

作业项目	程控交换机		
序号	辨识项目	辨识内容	典型控制措施
一	公共部分（健康与环境）		
	［表格内容同 1.1.1 公共部分（健康与环境）］		

续表

序号	辨识项目	辨识内容	典型控制措施
二	作业内容（安全）		
1	S	1. 人身触电	（1）服装符合着装要求，穿绝缘鞋，并佩戴静电保安器。 （2）必须有监护人方可开工，严禁个人独自开工
		2. 防静电	（1）放电。 （2）佩戴防静电护腕
		3. 拔插电路板	（1）备份。 （2）退出服务。 （3）按规定确定无误方可更换。 （4）投入服务状态
		4. 接错线	认真核对局内、局外线对，确定无误方可接线
		5. 雷击	（1）做好保安措施。 （2）做好接地
		6. 接错电源	（1）有监护人，且确认无误方可接电源。 （2）按规定配备熔丝
		7. 人身触电	（1）服装符合着装要求，穿绝缘鞋，并佩戴静电保安器。 （2）必须有监护人方可开工，严禁个人独自开工

8.1.2 机加工

作业项目	车床加工		
序号	辨识项目	辨识内容	典型控制措施
一	公共部分（健康与环境）		
	［表格内容同 1.1.1 公共部分（健康与环境）］		

续表

序号	辨识项目	辨识内容	典型控制措施
二	作业内容（安全）		
1	S	1. 加工活件，尤其是毛坯时，习惯戴手套操作机床，易造成事故	班长安全员严格监督，严禁戴手套操作机床
		2. 更换卡盘时，卡盘易滑下伤人或忘记旋紧保险螺钉，造成使用时卡盘飞出伤人	装卸卡盘时，床面要垫木板，不准开车装卸卡盘，该上保险的螺钉必须上紧
		3. 上班前饮酒，易造成事故	勒令回家反省并罚款
		4. 用手拉铁屑，易划伤或被铁屑卷住，造成事故	配备专用清理铁屑的钩子，禁止用手拉铁屑
		5. 磨刀不戴防护眼镜，造成砂轮末崩眼	砂轮旁边配置眼镜，并保证人手一副眼镜，发现违章处以罚款
		6. 工件夹持不紧飞出伤人造成事故	可用接长套筒，禁止用榔头敲打，装夹工件后应立即取下扳手
		7. 超长工件尾部延伸时易造成事故	车头前伸出部分不得超过工作直径的 20～25 倍，车头后面伸出超过 300mm 时，必须架托架，必要时装设防护栏杆
		8. 机床周围工件多，妨碍机床正常转动	妨碍转动的东西要清除，人体与旋转体保持一定的距离，旋转工作台上禁止站人
		9. 对设备的熟悉程度差	必须熟悉所使用设备，保证保险装置、防护装置灵活好用
		10. 两人在同一台设备工作时，易发生误动操作，造成事故	必须明确主操作人负责统一指挥，两人互相配合，非主操作人员不得下操作命令
		11. 偏重件加工，易造工件移位，产生事故	必须加平衡铁，并要牢固可靠，刹车不要过猛
		12. 不当的测量工件及传递物品，易造成事故	切削过程中禁止测量工件和变换工作台转速及方向，不准隔着回转的工件取东西或清理铁屑，发现异常立即停车检查
		13. 加工高大活件，易发生事故	在切削过程中，观察部件时注意安全，禁止将身体伸向旋转体，并应有人监护

作业项目	钻床加工		
序号	辨识项目	辨识内容	典型控制措施
一	公共部分（健康与环境）		
	[表格内容同 1.1.1 公共部分（健康与环境）]		
二	作业内容（安全）		
1	S	1. 划线时，工件易落下伤人	工件要支牢垫好，支撑大型工件不能用手直接拿着千斤顶，不能将手臂伸入工件下面
		2. 紫色酒精存放不当易引起火灾	所用紫色酒精，要有专门存放地点，3m 内不能接触明火，并不准放在暖气片上
		3. 常用工具使用不当易伤人	（1）所用手锤、洋冲等工具要认真检查，不得有裂纹、边、毛刺。 （2）使用扁铲，不能对着人铲。 （3）锉刀、刮刀不能当手锤、撬棒或冲子使用，以免折断伤人
		4. 攻丝、铰孔铰刀易断伤人	攻套丝和铰孔时要对正对直，用力适当，以防折断
		5. 磨钻头方法不当，易伤人	磨削钻头，尤其是大钻头时，要站在砂轮机侧面，不要站在正面，同时不能用力过猛，不能撞击砂轮。小钻头要拿牢，磨削时要戴眼镜
		6. 钻削不当易产生事故	（1）使用钻床时，禁止戴手套。防护罩应卡牢，夹紧装置应锁紧。 （2）钻孔时，工件必须用钳子、夹子或压铁夹紧压牢，禁止用于拿着钻孔。钻薄工件时，下面要垫木板。 （3）在钻孔开始或工件要钻穿时，要轻轻用力，以防工件转动或甩出。 （4）工作中，要把工件放下，用力要均匀，以防钻头折断
		7. 使用梯子不当易造成伤害事故	使用梯子角度以 75° 为宜，人登梯子时，下面必须有人扶梯，不能两人同登一梯
		8. 使用手电钻时易感电	使用手电钻一定要戴胶皮手套，穿胶皮靴，潮湿地方必须站在橡皮垫或干燥的木板上工作

8.1.3 电（气）焊

作业项目	电焊作业		
序号	辨识项目	辨识内容	典型控制措施
一	公共部分（健康与环境）		
	［表格内容同 1.1.1 公共部分（健康与环境）］		
二	作业内容（安全）		
1	S	1. 触电	（1）所有焊接设备接线必须正确，接触良好，机壳接地可靠。焊机一次线不得超过 3m，如超过 3m 应采取措施，加临时电源开关。 （2）电焊机必须由专业电工接线，必须是一机、一闸、一漏电保护器。焊机在使用过程中发生故障，焊工应立即切断电源，通知电工检查修理。焊工不得随意拆、修焊接设备。焊机的装设、检查和修理工作，必须在切断电源后进行。 （3）焊工在合上电焊开关前，应先检查电焊设备，如焊机外壳的接地线是否良好，电焊机的引出线是否有绝缘损伤、断路或接触不良等现象，应戴干燥的手套合（断）电源开关，人侧向开关，禁止接触电焊机的外壳。 （4）电源线要完好无损并架空布置，如无法架空时，应覆盖安全防护罩。 （5）焊钳应有可靠的绝缘，防止焊钳与焊件（钢筋、预埋件等）发生短路，烧毁电焊机或发生其他意外。焊接完毕后，焊钳应放在可靠的地方，再切断电源。焊钳的把柄必须由电木、橡胶、塑料等绝缘材料制成。 （6）焊机一次、二次电缆线的型号规格应符合要求，绝缘必须良好，不能把电缆随意压在钢筋下或靠近电弧，防止压损或高温破坏绝缘层。电缆磨损破皮应立即修好或更换。 （7）更换焊条时，要戴干燥的防护手套；工作服潮湿及作业环境潮湿时，焊工必须站在干燥的木板上。 （8）作业时要穿好帆布工作服、橡胶绝缘鞋、脚罩，戴好防护手套。 （9）焊工必须熟悉和掌握有关用电的基本知识，掌握预防触电及触电急救等方面的知识。 （10）焊工所使用的二次焊线，必须是绝缘良好的橡皮线。如有接头，则应连接牢固，并包有可靠的绝缘。连接到电焊钳上的一端，至少有 5m 为绝缘软导线。 （11）在金属容器内、金属结构上及其他狭小工作场所焊接时，必须采取专门的防护措施（如采用垫橡皮垫、戴干燥的电焊手套、穿橡胶绝缘鞋，容器外面设监护人，可随时切断电源等），以保障焊工身体与焊件间绝缘。禁止使用简易无绝缘外壳的电焊钳。 （12）在密闭容器内使用电压不超过 12V 的行灯，不准同时进行电焊和气焊工作

续表

序号	辨识项目	辨识内容	典型控制措施
1	S	2. 弧光烧伤	（1）焊工操作时，必须使用有防护玻璃且不漏光的合格面罩，身穿长袖帆布工作服，戴干燥的电焊手套，并戴上鞋罩，不得有皮肤裸露在外。 （2）在室内或露天进行电焊焊接时，必要时应使用屏风隔挡，防止弧光伤害周围人的眼睛。 （3）焊工施焊前，要及时提醒周围工作人员注意弧光伤眼，配合人员工作中要佩戴紫外线防护眼镜
		3. 焊渣烧、烫伤	（1）电焊工应穿帆布工作服，戴工作帽，上衣不准扎在裤子内，口袋须有遮盖，裤脚不得挽起，脚面应有鞋罩。 （2）清除焊渣、铁锈、毛刺、飞溅物时，应戴好手套和白光眼镜，并避免对着人的方向敲打焊渣。 （3）翻动焊件时，要戴好手套，且小心谨慎，防止误触热焊件造成烫伤
		4. 爆炸	（1）在可能引起火灾的场所附近进行焊接工作时，工作现场应备有足够的消防器材。焊接人员离开现场前必须进行检查，现场不残留任何火种。 （2）禁止在储存有易燃易爆物品的室内或场地上焊接。在可燃物品附近焊接作业，应远离 10m 以外进行，配备防火器材并用防火材料做成的挡板隔开。露天作业时，必须采取防风措施，人应在上风位置作业。风力大于 5 级时，不宜露天焊接。 （3）高处作业时，下面不得存放易燃易爆物品，作业区下面不得有其他人员，否则应采取拉设安全围栏或铺设防火高温石棉布隔离等措施。 （4）焊接带油的容器和管道，必须将油放尽，并用蒸汽、碱水冲洗，确认无油气、易燃物残渣存在。施焊时要将封口打开，操作者要远离封口处，防止容器内油脂蒸发燃烧造成烫伤或其他事故。 （5）禁止在装有易燃易爆物品的容器上、不明容器上或油漆未干的结构和其他物体上进行焊接
		5. 意外伤害	（1）在起吊部件过程中，严禁边吊边焊，只有在摘除钢丝绳后方可进行焊接。 （2）风力超过 5 级及雨、雪天时，禁止露天进行焊接；在风力 5 级以下 3 级以上进行露天焊接时，必须搭设挡风屏以防火星飞溅引起火灾。 （3）在高处进行焊接时，应遵照高处作业的有关规定。 （4）在梯子上只能进行短时不繁重的焊接工作，禁止登在梯子的最高梯阶上进行焊接工作

续表

序号	辨识项目	辨识内容	典型控制措施
1	S	5. 意外伤害	（5）不准在带有压力（液体压力或气体压力）的设备上或带电的设备上进行焊接。在特殊情况下需在带压和带电的设备上进行焊接时，必须制定专项的安全措施，并经主管生产厂长或总工程师批准。对承重构架进行焊接，必须经过有关技术部门的许可。 （6）禁止在装有易燃物品的容器上或在油漆未干的结构上或其他不明物体上进行焊接
		6. 设备损坏	（1）电焊工全面仔细地检查电焊导线，有损坏的一律不准带入金属容器内（如汽包）使用，以免损坏的电焊线与设备产生电弧击伤设备。在转动设备上进行焊接时，电焊机二次接地线要接到焊接处接地，不得远距离通过转动设备连接接地，以防电击造成轴承损坏。 （2）电焊作业时，严禁在金属容器内壁（如汽包）、轴承箱等重要设备部位引弧。 （3）电焊导线和电焊钳应完好无损，不使用时应盘放整齐并妥善放置

作业项目	钻床加气焊（气割）作业工		
序号	辨识项目	辨识内容	典型控制措施
一	公共部分（健康与环境）		
	［表格内容同 1.1.1 公共部分（健康与环境）］		
二	作业内容（安全）		
1	S	1. 烧伤烫伤：割渣飞溅或误触热物件造成人员烧伤、烫伤	（1）施工人员应穿帆布工作服，戴工作帽，上衣不准扎在裤子里，口袋须有遮盖，裤脚不得挽起，脚面应有鞋罩。 （2）气割炬不准对着周围工作人员。 （3）烘烤联轴器等物件时，不准触摸被烘烤物件。 （4）清除割渣、铁锈、毛刺、飞溅物时，应戴好手套和白光防护眼镜。 （5）禁止在起吊的设备、带电设备、运行设备上进行切割工作。 （6）进行切割工作时，必须铺设防火石棉布，防止金属熔渣掉落引起火灾。焊接人员离开现场前，必须确保现场不残留任何火种

序号	辨识项目	辨识内容	典型控制措施
1	S	2. 爆燃伤人：氧气、乙炔瓶等气割工具使用不规范或橡胶软管漏气造成气体爆燃	（1）气瓶搬运使用专门的手推车，气瓶上应套有不小于 25mm 的橡皮圈两个，以免碰撞；不论空瓶还是充气瓶，都应将瓶颈上的保险帽盖好才能运输。气瓶上禁止有损坏的部位。 （2）严禁氧气瓶和乙炔瓶放在一起运送，也不准与易燃物品或装有可燃气体的容器一起运送。气瓶上不能沾染油脂、沥青等。 （3）气焊橡胶软管两端的接头，必须用特制的卡子卡紧，或用软的和退火的金属绑线扎紧以免漏气或松脱。 （4）使用中的乙炔橡胶软管如发生脱落、破裂或着火时，应首先将焊枪的燃火熄灭，停止供气；橡胶软管着火时，应先拧松减压器上的调整螺杆或将氧气瓶上的阀门关闭，停止供气。 （5）使用中的氧气瓶、乙炔瓶要保证 8m 以上的安全距离，且距离有火地点 10m 以上，做好防火措施并将乙炔瓶、氧气瓶垂直固定牢靠，同一地点禁止存放两瓶以上的氧气瓶。 （6）乙炔气管冻结时，如用气体吹通，应将管内残留气体完全放净，直至有乙炔味溢出才可点火，以防氧、乙炔在气管内混合，点火时产生回火。 （7）冬季氧气表、乙炔表发生结冻时，应放室内解冻，严禁用火烤。 （8）配制乙炔减压器的零件及橡胶管连接件不准使用纯铜（紫铜），以免产生乙炔铜的危险。 （9）连接减压器前，应将氧气瓶的输气阀门开启 1/4 圈吹扫 1～2s，然后用扳手安上减压器，工作人员应站在气瓶的侧方。开启乙炔气瓶时，要用专用扳手，严禁用凿子、锤子开启。 （10）如发现有气瓶上的阀门或减压器气门缺陷时，应立即停止工作，进行修理。 （11）氧气、乙炔瓶露天放置时，应采取措施，避免日光曝晒。 （12）减压器的压力表失效，一概不准使用
		3. 爆炸伤人：在未采取措施的油系统管道或其他易燃易爆物品区域进行切割工作时，引起火灾或爆炸	在可能引起火灾的场所进行切割工作，工作现场应配备足够的灭火器，其他措施见“电焊作业”

续表

序号	辨识项目	辨识内容	典型控制措施
1	S	4. 意外伤害：在露天、狭小空间及高处工作环境条件下进行切割造成的意外伤害；焊工或工作人员在切割部件工作中选择工作位置不当，割除过程中部件塌陷造成人身伤害；割除部件时对被割件周围观察不周全，措施不当，造成人身伤害	（1）防止在露天、狭小空间及高处工作环境条件下进行切割造成意外伤害的措施：密闭容器内不准同时进行电焊和气割工作。 风力超过5级时，禁止露天进行气割。但风力在5级以下3级以上进行露天气割时，必须搭设防风屏以防火星飞溅引起火灾。 在高处进行气割时，应遵照高处作业的有关规定。 在梯子上只能进行短时不繁重的切割工作，禁止登在梯子的最高梯阶上进行气割工作。 （2）防止焊工在割除部件工作中选择工作位置不当，割除过程中部件塌陷造成人身伤害的措施：切割部件时，焊工及工作人员要注意站在被切割件的侧方，以防割除件坠落被伤害。切割物件时，应采取措施将被切割件固定牢固，以防切割后突然坠落。 （3）防止割除部件时对被割件周围观察不周全，措施不当，造成人身伤害的措施：切割时，应观察周围有无其他人在工作，在确认对他人无伤害时，方可进行切割工作。切割时，现场严禁交叉作业。工作场所周围设围栏、挂标志牌并由专人监护，以防无关人员靠近。大件割除时，应由专人指挥
		5. 割除部件时对被割件周围观察不周全，措施不当，造成设备损坏	（1）切割时现场严禁交叉作业。 （2）切割件下方及周围有设备时，切割前应采取措施保护好设备不被坠落件损坏，如搭设临时架棚等隔离措施。 （3）割除大件时应由专人指挥

作业项目	氩弧焊作业		
序号	辨识项目	辨识内容	典型控制措施
一	公共部分（健康与环境）		
	[表格内容同1.1.1公共部分（健康与环境）]		
二	作业内容（安全）		
1	S	1. 触电：焊接设备接线不规范或误触带电部分造成人身触电	（1）所有焊接设备接线必须正确，接触良好，机壳接地可靠。焊机一次线不得超过3m，如超过3m应采取措施，加临时电源开关。 （2）电焊机必须由专业电工接线，必须是一机、一闸、一漏电保护器。焊机在使用过程中发生故障，焊工应立即切断电源，通知电工检查修理。焊工不得随意拆、修焊接设备。焊机的装设、检查和修理工作，必须在切断电源后进行。

续表

序号	辨识项目	辨识内容	典型控制措施
1	S	1. 触电：焊接设备接线不规范或误触带电部分造成人身触电	（3）焊工在合上电焊开关前，应先检查电焊设备，如焊机外壳的接地线是否良好，电焊机的引出线是否有绝缘损伤、断路或接触不良等现象，应戴干燥的手套合（断）电源开关，人侧向开关，禁止接触电焊机的外壳。 （4）焊钳应有可靠的绝缘，焊接完毕后，焊钳应放在可靠的地方，再切断电源。焊钳的把柄必须由电木、橡胶、塑料等绝缘材料制成
		2. 化合物烟尘：氩弧焊产生的弧光、臭氧、氮气化合物及金属烟尘对人体造成危害	（1）焊工必须使用有防护玻璃且不漏光的合格面罩、静电口罩，身穿长袖工作服，戴好工作手套，不得有皮肤裸露在外。 （2）在人员众多的地方焊接时，应使用屏风挡隔，防止弧光伤害周围人的眼睛。 （3）焊工施焊前，要及时提醒周围工作人员注意弧光伤眼，配合人员工作中要佩戴紫外线防护眼镜。 （4）室内进行氩弧焊时空气要流通
		3. 放射：焊接高频电流、焊接用钨极放射对人体危害	（1）氩弧焊时应尽量减少使用高频引弧时间，使用高频电流仅在引弧瞬时接通。 （2）氩弧焊使用的钨极放在专用铅盒内，阻隔放射对人体的危害
		4. 意外：在工作场所狭窄及带电和运行设备上进行氩弧焊工作，造成的意外伤害	（1）在高处进行焊接时，应遵照高处作业的有关规定。 （2）在梯子上只能进行短时不繁重的焊接工作，禁止登在梯子的最高梯阶上进行焊接工作。 （3）不准在带有压力（液体压力或气体压力）的设备上或带电和运行的设备上进行焊接。在特殊情况下需在带压和带电及运行的设备上进行焊接时，必须采取安全措施，并经厂主管生产领导批准。 （4）在容器内不准氩弧焊与电焊、气割同时工作

8.1.4 运输

作业项目	载货运输		
序号	辨识项目	辨识内容	典型控制措施
一	公共部分（健康与环境）		
	［表格内容同 1.1.1 公共部分（健康与环境）］		

续表

序号	辨识项目	辨识内容	典型控制措施
二	作业内容（安全）		
1	S	1. 车辆载货	严格执行交通法规及公路运输条例
		2. 高速公路行驶	严格执行公安部关于高速公路车辆行驶中的有关规定（车速、停车等）
		3. 驾驶员	严格执行交通法规及公路运输规程，驾驶员除必须持有公安机关的驾驶证外，还必须持有本系统或本厂按规定颁发的车辆驶准驾证
		4. 道路行驶	严格执行交通法规及公路运输规程，做到车辆“三检制”，严禁违章行驶
		5. 冰雪路面行驶	严格执行交通法规中关于冰雪路面行驶中的行车速度、车距及有关刹车等规定
		6. 铲车、自卸车的装车	自卸车用铲车提货时，铲车自卸车周围不得有人走动，自卸车司机不得趁机检查车辆等
		车辆载货	严格执行交通法规及公路运输条例

作业项目	客车		
序号	辨识项目	辨识内容	典型控制措施
一	公共部分（健康与环境）		
	[表格内容同 1.1.1 公共部分（健康与环境）]		
二	作业内容（安全）		
1	S	1. 道路行驶	严格执行交通法规及公路运输规程，做到车辆“三检制”，严禁违章行驶
		2. 载客	严格执行交通法规及公路运输规程，严禁超员，按行车证的规定人数执行
		3. 客车上下乘客	严格执行交通法规及公路运输规程，必须车辆停稳后，乘客方可上下车，严禁车辆行驶中上下乘客
		4. 驾驶员	严格执行交通法规及公路运输规程，驾驶员除必须持有公安机关的驾驶证外，还必须持有本系统或本厂按规定颁发的车辆驶准驾证

续表

序号	辨识项目	辨识内容	典型控制措施
1	S	5. 冰雪路面行驶	严格执行交通法规中关于冰雪路面行驶中的行车速度、车距及有关刹车等规定
		6. 高速公路行驶	严格执行公安部关于高速公路车辆行驶中的有关规定（车速、停车等）
		7. 客车的调头和倒车	严格执行交通法规，客车调头、倒车时，乘务员要配合好驾驶员到车下指挥、查看等

作业项目	厂内机动车的驾驶与使用		
序号	辨识项目	辨识内容	典型控制措施
一	公共部分（健康与环境）		
	［表格内容同 1.1.1 公共部分（健康与环境）］		
二	作业内容（安全）		
1	S	1. 触电：操作高处升降车时，观察检查不到位、误碰电缆等带电物，未按规定操作造成作业人员触电	驾驶员应认真观察上方是否有架空电缆、带电设备，保证与带电设备保持安全距离。必要时做好停电措施后方可作业
		2. 高处坠落或落物伤人：操作高处升降车时，未按规定操作，造成作业人员高处坠落或落物伤人	（1）使用移动式升降车必须检查防护栏完好，围栏门能够可靠关闭。 （2）使用移动式升降车的驾驶员认真观察作业区前后、上下、左右是否有障碍物，在狭窄区域特别要谨慎操作，避免碰撞伤人或损坏设备。 （3）在移动式升降车工作平台上的工作人员不得超过规定定员，应系好安全带，身体不能探出防护围栏栏杆。 （4）移动式升降车工作半径内禁止有人逗留和通过
		3. 驾驶人员无证驾驶、驾驶证超期未检或驾驶与驾驶证不相符的车辆、将车辆借与无驾驶资格的人员等，造成人身伤害	（1）机动车的驾驶人员必须经过劳动部门或者其指定单位组织的有关专业技术培训和考核，并取得驾驶证以后方可进行驾驶。 （2）不得驾驶与驾驶证不相符的车辆。 （3）机动车驾驶员必须经过企业车辆管理部门的批准。 （4）驾驶员应熟悉所驾驶车辆的特性，并熟练掌握驾驶操作技能。 （5）严禁机动车驾驶员将车辆借与无驾驶资格的其他人员

续表

序号	辨识项目	辨识内容	典型控制措施
1	S	4. 驾驶员行驶时注意力不集中，违反交通法规、厂内驾驶有关规定、操作规程等造成人身伤害	（1）学习并熟知厂内机动车驾驶的有关安全规定和管理规章制度，做到遵章守法。 （2）熟练掌握厂内机动车驾驶所必备的安全操作技术和操作规程，不断提高自身的驾驶操作技能。 （3）严禁酒后驾驶车辆，不得在驾驶时做有碍安全行车的活动。 （4）身体过度疲劳或患病等不得驾驶机动车辆
		5. 特殊路段行车及停车不当造成人身伤害	（1）如通过有盖板的沟道，应熟知其载荷后方可通过，否则要采取铺设相应厚度的钢板加固或采取其他防护措施，或者改变原行驶路线。 （2）如通过狭窄、有障碍物、行人较多的路段、交叉路口、无人看守铁道路口等，应减速缓慢行驶。 （3）进出厂房、仓库大门、停车场等地段时，车速不得超过 5km / h。 （4）距离消防栓 20m 以内、交叉路口、转弯、厂房大门、仓库门口、职工医院大门或重要工作场所附近严禁随意停车
		6. 特殊天气情况行车及停车不当造成人身伤害	（1）在结冰、积雪、积水的道路或恶劣天气能见度 30m 以内行车时，车速不得超过 10km/h。 （2）在大雾、下雪、大雨等情况下行车，车速不超过 5km / h。 （3）恶劣天气能见度在 5m 以内时，应停止行驶
		7. 车辆超速行驶、货物装载超限、违章载人等造成人身伤害	（1）在厂区内道路正常行驶时，车速一般不超过 20km / h。 （2）铲运物件和在生产现场行驶时，车速不超过 5km / h；厂区内行驶时，不超过 10km/h；大雾、下雪、大雨天气，不超过 5km / h。 （3）严禁超高、超长、超宽、超重装载货物。 （4）机动车倒车、超车和通过厂房、大门、道口及人流密度大的地方时，应谨慎驾驶，放慢车速，做到一慢、二看、三通过。 （5）平板车辆上不得载人。 （6）严禁客货混装。 （7）严禁在叉车、铲车驾驶室以外承载人员

续表

序号	辨识项目	辨识内容	典型控制措施
1	S	8. 机动车老化、因车辆技术故障造成设备损坏	（1）出车前认真检查车辆油、气、水，轮胎气压、刹车气压是否合格等，检查确认无误后方可出车。 （2）应随时监视机动车辆的运行情况，发现缺陷，及时消除，严禁开“带病车”。 （3）认真检查机动车的制动器、转向器、喇叭、灯光、雨刷和后视镜，必须保持齐全有效。行驶途中如制动器、转向器、喇叭、灯光发生故障或雨雪天雨刷发生故障，应停车修复后方可继续行驶。 （4）驾驶员应经常对车辆的传动、电路部分进行检查。如机件有松动，应及时紧固、修复。 （5）组织专业技术人员按时定期对车辆的安全技术状况进行检查，发现故障及时排除。 （6）车辆应设专人负责。 （7）车辆使用年限或者里程已超过有关规定，车辆严重损坏不能修复或者修复后不能安全行驶时，应按规定办理报废
		9. 生产现场铲运、载运大型或特殊的物件时，因视线不好及货物固定不好造成物件跌落使设备损毁	（1）事先勘察好行驶路线，必须经有关交通安全部门的批准，按指定路线、时间和安全操作要求行驶，必要时周围区域做好安全警告标志。 （2）铲运大型物件时，铲架应放到最宽处，对容易滚动和超出车辆货架的物件应采取捆绑措施使其固定牢固。 （3）铲运的物件挡住司机的视线时，应采用倒车的方法前进。 （4）在进出大门、拐弯，或晚上工作视线、照明不足时应缓慢行车，并设专人指挥。 （5）出现场大门时，应将铲架放到最低处，防止碰挂上部的管道及其他设备设施。 （6）严禁铲运超过车辆载荷的物件。 （7）现场操作时，应先探明底下设备设施及地面承载情况，严禁在不明情况的地沟盖板上操作与行驶。如必须进行，应先做好防护措施，方可进行操作
		10. 载运易燃易爆、化学品等危险物品，易造成环境污染	（1）车辆要有明显的安全警告标志。 （2）车辆驾驶员必须由具有 5 万 km 以上和 3 年以上安全驾驶经历的人员担任，并选派熟悉危险品性质和有关安全防护知识的人员担任押运员。 （3）根据危险物品的性质，车上应配备足够数量、相应的防护用品和消防器材。 （4）中途停车应选择安全地点停靠。停车或未卸完货物前，驾驶员和押运员不得离开
		11. 载运易被风吹落，易造成环境污染的物品	（1）载运易被风吹落的物品、易造成环境污染的物品时，必须用篷布或其他可靠的覆盖物盖好并固定牢固。 （2）载运易造成环境污染的粉煤灰等物品必须使用专用密封车，装卸料口关闭严密

8.1.5 高处作业

作业项目	脚手架搭设		
序号	辨识项目	辨识内容	典型控制措施
一	公共部分（健康与环境）		
	［表格内容同 1.1.1 公共部分（健康与环境）］		
二	作业内容（安全）		
1	S	1. 杆板和铅丝：使用有伤痕的杆板，杆径太细，板的厚度不够或跨度太大；铅丝直径不够	严格选用合格的杆板和铅丝
		2. 工作环境：照明不足，落灰、落焦伤人，落物伤人	现场应有充足的照明，搭设炉膛架子时，应先将屏式过热器的灰和焦块捅掉，搭拆过程中工作人员应注意协作，防止杆板、别棍等脱落砸伤人和设备
		3. 人员：情绪不好，饮酒，高处作业未及时使用安全带，站位、攀位不稳	情绪不好时，应禁止高处作业；禁止饮酒高处作业；必须使用安全带，站位、攀位要稳并且在此过程中，不许失去安全带的保护
		4. 脚手架的使用过程中超出允许载荷或随意更改脚手架结构	脚手架的使用过程中，严禁超出允许载荷或随意更改脚手架结构；脚手架上禁止乱拉电线；必须安装临时照明时，木制脚手架应加绝缘子，金属脚手架应另设木横担。脚手架上使用电动工具，必须使用漏电保护器，并做好防高处坠落的措施
		5. 倒塌、架板折断，上下摔伤	禁止在脚手架上和脚手板上超重聚集人员和放置超过计算荷重的材料；脚手架应装有牢固的梯子，以便工作人员上下和运送材料；用起重机装置起吊重物时，不准把起重装置和脚手架结构相连接；脚手架和脚手板相互间应连接牢固，脚手板两头均应放在横杆上，固定牢固。脚手板不准在跨度之间有接头，严禁搭设探头板

8.1.6 机加工

作业项目	脚手架拆除		
序号	辨识项目	辨识内容	典型控制措施
一	公共部分（健康与环境）		
	［表格内容同 1.1.1 公共部分（健康与环境）］		

续表

序号	辨识项目	辨识内容	典型控制措施
二	作业内容（安全）		
1	S	1. 杆板和铅丝：使用有伤痕的杆板，杆径太细，板的厚度不够或跨度太大；铅丝直径不够	严格选用合格的杆板和铅丝
		2. 搭拆过程中，杆距过大，板的两头未固定，杆未顶紧造成的脚手架不稳固；铅丝绑扎过紧或过松，拆时未按顺序拆	按普通人的身材定杆距，板的两头绑扎固定，杆应顶紧炉墙使脚手架稳固，铅丝应按规定绑扎，拆时按顺序拆
		3. 工作环境：照明不足，落灰、落焦伤人，落物伤人	现场应有充足的照明，搭设炉膛架子时，应先将屏式过热器的灰和焦块捅掉；搭拆过程中，工作人员应注意协作，防止杆板、别棍等脱落砸伤人和设备
		4. 人员：情绪不好，饮酒，高处作业未及时使用安全带，站位、攀位不稳	情绪不好时，应禁止高处作业，禁止饮酒高处作业；必须使用安全带，站位、攀位要稳并且在此过程中，不许失去安全带的保护
		5. 脚手架的使用过程中超出允许载荷或随意更改脚手架结构	脚手架的使用过程中，严禁超出允许载荷或随意更改脚手架结构；脚手架上禁止乱拉电线；必须安装临时照明时，木制脚手架应加绝缘子，金属脚手架应另设木横担。脚手架上使用电动工具，必须使用漏电保护器，并做好防高处坠落的措施
		6. 倒塌、架板折断，上下摔伤	禁止在脚手架上和脚手板上超重聚集人员和放置超过计算荷重的材料；脚手架应装有牢固的梯子，以便工作人员上下和运送材料；用起重机装置起吊重物时，不准把起重装置和脚手架结构相连接；脚手架和脚手板相互间应连接牢固，脚手板两头均应放在横杆上，固定牢固。脚手板不准在跨度之间有接头，严禁搭设探头板

作业项目	高处作业		
序号	辨识项目	辨识内容	典型控制措施
一	公共部分（健康与环境）		
	[表格内容同 1.1.1 公共部分（健康与环境）]		

续表

序号	辨识项目	辨识内容	典型控制措施
二	作业内容（安全）		
1		1. 坠落：工作人员高处坠落伤人	（1）详见公共项目“现场工作人员的要求”。 （2）高处作业均须先搭好脚手架，脚手架须经有关部门验收合格，签发合格证后才能使用。 （3）凡能在地面上预先做好的工作，都必须在地面上做好，尽量减少高处作业。 （4）高处作业必须使用安全带，在没有脚手架或没有栏杆的脚手架上工作，高度超过1.5m时必须使用安全带。安全带的合格证应在有效期内，安全带的挂钩应挂在结实、牢固的构件上，或专挂安全带的钢丝绳上。安全带要高挂低用。 （5）短时间可以完成的工作可以使用梯子。使用梯子前，应先检查梯子的结构是否牢固，有无缺陷。使用时，梯子与地面成60°角。使用梯子须采用可靠的防止下部滑动的措施，要用人扶牢。在通道和门口使用梯子，还要采取防止有人突然开门的措施
		2. 落物：从脚手架上落物伤人	（1）高处作业必须使用工具袋，工具和材料要用绳子上下传递，严禁上下抛掷，较大的工具和材料要用绳子绑牢，防止落物伤人。 （2）高处作业时，除有关人员外，不准他人在工作地点的下方行走和停留。工作地点的下面应有明显的围栏，悬挂“当心落物”的标志牌。上下层同时作业时，中间须有牢固的防护隔板、罩棚或其他隔离措施
		3. 倾倒、坍塌：脚手架使用的材料不合格、不按规定搭设或使用不当等，造成脚手架倾倒、坍塌，对工作人员造成伤害	详见公共项目“脚手架搭设与使用”

作业项目	脚手架搭设与使用		
序号	辨识项目	辨识内容	典型控制措施
一	公共部分（健康与环境）		
	［表格内容同1.1.1 公共部分（健康与环境）］		

续表

序号	辨识项目	辨识内容	典型控制措施
二	作业内容（安全）		
1		1. 摔伤：脚手架不牢固造成人身伤害	（1）搭设脚手架的杆柱应使用金属管。对有缺陷的杆柱禁止使用。 （2）脚手板和脚手架之间连接牢稳，脚手板的两头应放在横杆上固定牢固。脚手板不准在跨度间有接头、疤痕，其厚度应不小于5cm。 （3）脚手架要与建筑物连接牢固，立杆与支杆的底端要坐落在结实的地面或物件上。 （4）金属脚手架的接头应用特制的金属铰链搭接，连接各个构件之间的螺栓必须拧紧。 （5）工作过程中，不准随便改变脚手架的结构，必要时，必须经过技术负责人的同意。 （6）高处作业用的脚手架或吊架须能足够承受站在上面的人员和材料等的质量。 （7）移动式脚手架必须经过计算、试验和验收。 （8）移动式脚手架到达工作地点后，应将活动部分可靠地绑牢并固定，然后将脚手架本身与建筑物绑住。工作人员上下应使用固定的梯子。 （9）脚手架距地面1.5m处配置“必须使用安全带”标志牌。应按规定设置爬梯或斜步道，并在爬梯或斜步道处悬挂“从此上下”标志牌。 （10）在脚手架周围设置临时防护遮栏，并在遮栏四周外侧配置“当心坠落”标志牌。 （11）在脚手架上危险的边沿处工作，临空的一面应装设安全网或防护栏杆、护板等。 （12）脚手架必须由专业人员搭设，由专业安全人员、搭设脚手架部门负责人、检修工作负责人共同验收，悬挂验收合格证后方准使用。检修工作负责人每日应检查所使用的脚手架和脚手板的状况，如有缺陷必须立即整改
		2. 触电：在脚手架上工作，使用临时电源不规范或误触带电部分造成人身触电	（1）现场的检修和照明电源必须由专业电工接设，并配备漏电保护器。 （2）炉膛或尾部烟道内的作业区照明必须使用36V以下的安全电压。如需加强照明，可由电工接设220V临时性的固定照明，制定专项安全措施审批后执行。照明用的电源线必须绝缘良好，架空布置并固定牢固。安装临时照明后，必须由检修工作负责人检查。禁止带电移动220V的临时照明。 （3）行灯变压器禁止放置在炉膛或尾部烟道内部。 （4）电源线应完好无损并架空布置，如无法架空时，应覆盖安全防护罩。 （5）脚手架接近带电体时，应做好防止触电的措施，如用绝缘胶布绑扎或采用绝缘隔离。 （6）脚手架上禁止乱拉电线。必须安装临时照明线路时，木竹脚手架应采用绝缘隔离，金属管脚手架应另设木横担

续表

序号	辨识项目	辨识内容	典型控制措施
1		3. 坠落：作业人员高处坠落	（1）在脚手架上工作必须使用安全带。 （2）安全带在使用前应进行检查无缺陷，且检验合格证在有效期内。 （3）安全带的挂钩或绳子应挂在结实、牢固的物件上或专挂安全带的钢丝绳上，禁止挂在移动或不牢固的物件上。安全带要高挂低用。 （4）上下脚手架必须经由爬梯或斜步道。 （5）工作过程中，不准随意改变脚手架的结构，必要时，必须经过技术负责人员的同意。 （6）吊式脚手架所使用的钢丝绳的直径根据计算决定。吊物的钢丝绳安全系数不小于6，吊人的钢丝绳安全系数不小于14。 （7）吊式脚手架和吊篮禁止使用麻绳。 （8）移动脚手架时，脚手架上所有的工作人员必须撤离
			（1）禁止在脚手架和脚手板上起吊重物、聚集人员或放置超过计算荷重的材料。 （2）工器具要用工具包携带，材料用绳索传递，禁止投掷。 （3）随时清理工作现场上层平台的杂物。 （4）禁止交叉作业，特殊情况必须交叉作业时，中间隔层必须搭设牢固、可靠的防护隔板或护网。 （5）在靠近人行通道处使用脚手架时，脚手架下方周围必须装设防护围栏并挂“当心落物”标志牌
		4. 倾倒、坍塌	脚手架必须使用合格的材料，并严格按照规定搭设和使用
		5. 火灾	在热体、火种周围的脚手架禁止使用易燃材质（木质、竹质），在其他地方使用竹、木脚手架时，必须采取防火措施
		6. 搭设脚手架时，绑在管道或附近设备上造成设备损坏	搭设脚手架时严禁借用管道、栏杆、电缆桥架等设备搭设脚手架
		7. 脚手架着火并烧坏附近设备（电缆、油管道等）	在热体、火种周围搭设脚手架禁止使用易燃材质（木质、竹质）

8.1.7 起重作业

作业项目	重物起吊		
序号	**辨识项目**	**辨识内容**	**典型控制措施**
一	**公共部分（健康与环境）**		
	［表格内容同 1.1.1 公共部分（健康与环境）］		
二	**作业内容（安全）**		
1	S	1. 工具情况：工具未作检查和试验，超载使用	使用前应仔细检查和试验，有缺陷的和不合格的不准使用
		2. 作业环境：大雨、雪、大雾、大风等恶劣天气，现场照明不足；作业现场混乱没有监护人和安全围栏	恶劣天气条件下禁止起吊作业，工作现场应有充足的照明；作业现场设监护人和安全围栏
		3. 人员：安全意识差，不按规定操作或无操作合格证	加强安全培训，按规定操作，操作人员必须有合格证
		4. 大型起吊作业无安全技术组织措施，或随意更改措施	大型起吊作业应有安全技术组织措施，并且在工作过程中不得随意更改

作业项目	卷扬机		
序号	**辨识项目**	**辨识内容**	**典型控制措施**
一	**公共部分（健康与环境）**		
	［表格内容同 1.1.1 公共部分（健康与环境）］		

续表

序号	辨识项目	辨识内容	典型控制措施
二	作业内容（安全）		
1	S	1. 使用前未对卷扬机认真检查，使用中因卷扬机存在缺陷而造成人身伤害	（1）卷扬机必须有荷重铭牌，使用前核准卷扬机的额定荷重及起吊物的质量。 （2）检查转动部分有无缺陷，特别是制动装置是否灵活可靠。 （3）对于电动卷扬机，应检查电动机接地线、熔断器、电线、控制器和制动器等的接头是否牢固良好、动作灵敏。 （4）轴承、齿轮（齿轮箱）、钢丝绳、滑轮等润滑情况要良好。 （5）检查各起重部件，如钢丝绳、滑轮、吊钩和各连接器应完好无损。 （6）如能空车转动，则应空转一二转，确认各部传动装置有无故障，齿轮啮合是否良好，再检查各部螺栓、弹簧、销子有无松动，机器内部及周围有无妨碍运转的物件
		2. 没有固定或固定不牢的卷扬机在使用中自身被突然拉动，使所吊物件下落，造成人身伤害	（1）移动用的卷扬机在使用前必须牢固地封好，没有封固的卷扬机禁止使用。 （2）起重工作负责人在起吊前，必须对各起重部位详细检查，发现问题及时纠正。 （3）新安装的卷扬机必须作静荷载试验，以额定负载的25倍的质量试起吊10min，检查各部件无异常变化
		3. 卷扬机在运转中，操作人员未按要求操作使控制器损坏，造成人身伤害	（1）卷扬机的操作人员必须经过严格培训、考试合格、持证上岗。 （2）运转中的卷扬机必须完全停止后，才可以逆向启动
		4. 卷扬机在起吊过程中，钢丝绳与其他设备或建筑物（构筑物）等摩擦发生断丝、断股，造成人身伤害	（1）钢丝绳在需要转向时必须设转向滑轮，防止钢丝绳与其他设备或建筑物（构筑物）靠近发生摩擦。 （2）转向滑轮应固定在牢固的构件或地锚上，滑轮的受力应大于卷扬机的拉力，一般情况应是卷扬机拉力的1.5～2倍
		5. 卷扬机滚筒的中心线与第一个导向滑轮不垂直，使钢丝绳与滑轮槽内沿尖角摩擦或使滑轮处钢丝绳发生脱槽造成钢丝绳挤伤、割伤、拉断，造成人身伤害	（1）卷扬机滚筒的中心与第一个转向滑轮要在一条直线上，距离应大于滚筒长度的20倍，一般应在10m以上。 （2）工作中钢丝绳应在滚筒上排列整齐，卷扬机在运转中严禁用任何手段改变滚筒上缠绕的不正确的钢丝绳
		6. 起吊重物时，将卷扬机滚筒上的钢丝绳放尽或少于5圈，钢丝绳易滑落滚筒，造成人身伤害	卷扬机滚筒上的钢丝绳在工作中严禁放尽，至少保留5～6圈

续表

序号	辨识项目	辨识内容	典型控制措施
1	S	7. 滑轮或滑轮组等在使用前未经检查，造成人身伤害	（1）滑轮或滑轮组上要有荷重铭牌，使用前要认真检查。 （2）滑轮的外观要完整，吊钩或吊环无变形和裂纹，滑轮无破损。 （3）无严重腐蚀，滑轮与轴之间润滑要充分，滑轮转动灵活。 （4）各部件螺栓紧固，无松动。 （5）固定用的转向滑轮，应有防止钢丝绳脱出的装置。 （6）工作中选用适当的滑轮，其荷重能力一般应是钢丝绳拉力的 1.5～2 倍。任何情况下，滑轮的实际受力不许超过铭牌规定
		8. 卷扬机没有进行定期试验，其内在缺陷未及时发现，在使用中造成人身伤害	按规定对卷扬机定期进行静力试验

作业项目	手拉葫芦		
序号	辨识项目	辨识内容	典型控制措施
一	公共部分（健康与环境）		
	[表格内容同 1.1.1 公共部分（健康与环境）]		
二	作业内容（安全）		
1	S	1. 手拉葫芦自身存在缺陷，在使用前未经认真检查，在使用中发生断链、断钩、自动下滑，造成人身伤害	（1）手拉葫芦必须具有有效期内的检验合格证。 （2）使用前应对吊钩、起重链条及制动器进行检查，确保没有变形和损坏，制动器应灵活、可靠。 （3）检查转动部分，试拉一下，不能有滑链和掉链的现象，转动部分加油润滑，但不能将油渗到摩擦片上，以防制动失灵。 （4）严禁手拉葫芦超负荷使用和用手拉葫芦长时间吊拉重物。 （5）磨损和锈蚀严重的手拉葫芦要坚决报废
		2. 使用手拉葫芦方法不当，造成人身伤害	（1）使用前应作无负荷起落试验一次，起重链条应处于垂直状态，不能有扭劲现象。 （2）重物不能挂在吊钩的尖端部位，应挂在吊钩底部。 （3）悬挂点要牢固可靠，不准把手拉葫芦挂在任何管道上或管道的支吊架上。 （4）拉手拉链时，操作者应站在手链轮的同一面均匀、缓和地用力。 （5）2t 以下的手拉葫芦，只能有 1 人拉；2t 以上的可以 2 人同拉，严禁多人同拉。 （6）已吊起的重物需要悬挂移动时，要把手拉链拴在起重链上，防止悬挂重物自动下滑，同时要在重物的下方加牢固的支撑

续表

序号	辨识项目	辨识内容	典型控制措施
1	S	3. 手拉葫芦没有进行定期试验，其内在缺陷未及时发现，在使用中造成人身伤害	按规定定期进行静力试验

作业项目	钢丝绳、吊环和卡环		
序号	辨识项目	辨识内容	典型控制措施
一	公共部分（健康与环境）		
	［表格内容同 1.1.1 公共部分（健康与环境）］		
二	作业内容（安全）		
1	S	1. 钢丝绳在使用前未进行检查，在使用中被拉断，钢丝绳使用不当，如有打结现象，受力后造成塑性弯曲，降低抗拉强度，造成人身伤害	（1）钢丝绳在使用前应认真检查，有下列情况之一者，即应报废： 1）钢丝绳变形和表面起刺严重的。 2）有断股的。 3）磨损和腐蚀严重的。 4）断丝不多，但在使用中断丝增加很快的。 5）受严重火烧和电火烧的。 6）棉芯脱出的。 （2）钢丝绳应每年作一次静力试验，检查检验合格证是否在有效期内
		2. 插制的钢丝绳（吊索具），结合段长度不够，在使用中被拉开；钢丝绳穿过破损的滑轮被割伤或钢丝绳脱落把滑轮挤坏，造成人身伤害	（1）发现钢丝绳有打结现象，应立即纠正，不要受力后再纠正。 （2）插制的钢丝绳，其结合段的长度不应小于钢丝绳直径的 20 倍。 （3）严禁钢丝绳穿过破损的滑轮
		3. 钢丝绳（吊索具）使用不正确会被棱角割断，同一根钢丝绳（吊索具）的两端捆绑长形物件时，吊索具中间挂吊钩处不平衡易滑偏，造成人身伤害	（1）在选用钢丝绳时，必须保证足够的安全系数。 （2）用两绳合吊同一物件，其两绳间的夹角应保持在 60° 以内，最大不超过 90°。 （3）捆绑有尖锐棱角的金属物件，其棱角处要用木块、麻布或胶皮垫好，否则不准起吊。 （4）用一根钢丝绳的两端吊长形物件时，中间挂吊钩处必须打一个倒“8”字扣，以防止滑动，所吊物件要保持水平，两端还应加拉绳，防止起吊后摆动和旋转

续表

序号	辨识项目	辨识内容	典型控制措施
1	S	4. 使用的吊环和卡环未认真检查，存在裂纹缺陷、螺旋内丝滑丝等；使用吊环不规范，造成人身伤害	（1）使用前认真检查，吊环应无锈蚀、变形，螺纹无磨损，卡环应无变形、裂纹。 （2）吊环拧入螺孔时，一定要拧到螺杆根部，以防螺杆受力弯曲甚至拉断。 （3）卡环使用时，受力点一是在销轴上，二是在U形环的底部，禁止受力点在U形环的两侧，使许用负荷大大降低甚至造成卡环变形、拉坏
		5. 在吊索具一端的圆环内加两个方向相反的作用力，把接插处拉开；直接把吊索具穿在割制的粗糙的吊耳内使用，吊耳内孔处的棱角未垫防磨瓦把吊索具割断，造成人员伤害	（1）起重工作中，把两个作用相反的力加在同一圆环内是一种严重错误且十分危险的做法，应坚决杜绝。工作负责人应随时检查工作人员的具体工作方法，发现问题及时纠正。 （2）在吊耳孔内接钢丝绳，必须用卡环连接，不准直接穿入
		6. 吊拉不锈钢物件时，使用普通的钢丝绳吊索会产生腐蚀	吊拉不锈钢物件，必须使用专用吊索

作业项目	千斤顶		
序号	辨识项目	辨识内容	典型控制措施
一	公共部分（健康与环境）		
	[表格内容同1.1.1 公共部分（健康与环境）]		
二	作业内容（安全）		
1	S	1. 千斤顶自身存在缺陷，使用方法不当，受力后在重物的压力下倾倒下滑，造成人身伤害	（1）常用的千斤顶有油压和螺旋两种，均应定期进行试验，检验合格证应在有效期内。 （2）使用前应认真检查，螺旋千斤顶各部位应转动灵活、润滑充分，油压千斤顶应没有渗漏油的现象。 （3）安置千斤顶的位置要坚硬平整，或用钢板和垫木垫牢，防止因地面下陷而产生歪斜。 （4）千斤顶要置于重物的正下方，顶重物时，先用手摇动摇把，使顶头顶住重物，再插入手柄加力。 （5）千斤顶的顶头必须能防止重物的滑动，使用时可在与重物之间垫麻布或薄木板。 （6）使用油压千斤顶时，起升到一定高度时，重物下方必须加垫板；往下落时，应随重物下方的高度逐步撤去垫板

续表

序号	辨识项目	辨识内容	典型控制措施
1	S	2. 千斤顶手柄上加套管或用其他方法增加手柄的长度，把千斤顶顶坏，造成人身伤害	千斤顶手柄的长度有严格的规定，在使用中严禁随便加长

作业项目	汽机房行车起重		
序号	辨识项目	辨识内容	典型控制措施
一	公共部分（健康与环境）		
	［表格内容同 1.1.1 公共部分（健康与环境）］		
二	作业内容（安全）		
1	S	1. 坠落：行车司机没有检查行车及轨道上有没有其他人员，当行车启动时发生人员高处坠落	行车司机在使用行车前，必须检查行车及轨道上有没有其他人员，或者了解行车是否正在进行检修工作
		2. 外力：起重行车不合格；操作手柄故障或制动器失灵；电气装置失控、停电；钢丝绳滑脱；行车操作、指挥人员失误；选用吊具不当；放置位置不当；人员站立在起吊大件上跌伤；吊钩斜拉；钢丝绳滑脱、反弹伤人；设备连接螺栓牵连；两部行车配合不当；落物伤人	（1）防止起重行车未经检验合格或带缺陷使用造成人员伤害的措施：起重行车必须经有关部门检验合格，并在有效期内；制定日、周、月的定期检查工作，及时消除行车缺陷，严禁行车带缺陷使用；行车静力试验应合格；行车动力试验应合格。 （2）防止行车在进行起吊作业时，因操作手柄故障、限位开关拒动或制动器失灵，造成人员伤害的措施：在使用行车前认真检查限位开关、紧急开关、操作手柄、大小车缓冲限位等设备，检查行车过电流保护和制动器状况良好，行车试运行各种操作确保动作可靠；当重物超过行车负荷或起吊件未完全脱离，不可强行起吊；如在起吊中突然发生制动器失灵，应立即采取上升吊钩或其他措施防止吊物下落，并及时鸣警铃通知地面人员注意，同时将行车开到安全地带。 （3）防止行车在进行起吊作业时，因电气控制或行车总电源突然发生故障使行车停电，发生吊钩下滑，造成人员伤害的措施：在行车操作过程中一旦停电，行车司机应将启动器恢复至原来静止的位置，再将电源开关拉开，设有制动装置的应将其闸紧，并停留在驾驶室内等待维修，尽快查明原因恢复送电；行车操作工作完毕或休息时，也应将行车开关拉开；驾驶人员离开驾驶室时，应将总开关和起重机滑行导线开关拉开，切断电源，并将吊钩挂起，不用时应停放在下面没有设备的上空；送电试吊正常无误后方可恢复工作。

续表

序号	辨识项目	辨识内容	典型控制措施
1	S	2. 外力：起重行车不合格；操作手柄故障或制动器失灵；电气装置失控、停电；钢丝绳滑脱；行车操作、指挥人员失误；选用吊具不当；放置位置不当；人员站立在起吊大件上跌伤；吊钩斜拉；钢丝绳滑脱、反弹伤人；设备连接螺栓牵连；两部行车配合不当；落物伤人	（4）防止行车在起吊时，因为被吊物件捆绑不牢固或方法不当，在起吊后发生物件滑脱，造成地面上的人员伤害的措施：吊拉时，两根钢丝绳之间的夹角一般不得大于90°，使用单绳吊拉时，必须在吊钩上缠绕“8”字扣；使用吊鼻螺栓或U形螺栓的螺纹必须拧到底，其中U形螺栓的一个绳环必须扣在螺栓上，不准两个绳环都扣在U形环上；吊拉捆绑时，重物或设备构件的锐边快口处必须加装衬垫物；吊运大的或不规则的构件时，如需增加手拉葫芦来配合行车找平衡，手拉葫芦不得直接挂在吊钩的钢丝绳绳环内，必须单独悬挂在吊钩上；松拉手拉葫芦时，必须缓慢操作，防止构件突然歪斜伤人；吊运大的或不规则的构件时，应系以牢固的拉绳牵引，使其在吊运过程中不摇摆、旋转；如果需要在重物上设置临时吊鼻，必须由合格焊工按有关规定施焊。 （5）防止行车司机或指挥人员未经过专业的培训，或考试不合格就进行行车的操作或指挥工作，发生操作失误或指挥错误等行为，造成人身伤害的措施：行车指挥或操作人员必须经考试合格、持证上岗，禁止两人以上同时指挥行车；指挥人员必须佩带明显标志，站在行车司机视线清楚的范围内，指挥手势要清晰准确，用准确响亮的哨声配合手势，不准戴手套指挥行车；行车行走前，必须先鸣笛警告，且行车行走下方禁止人员逗留和穿越；开始起吊重物时，不得快速提升，吊起重物后，行车不得边升降边行走；行车在作业过程中，没有得到行车司机的同意，任何人不准登上行车或行车轨道；行车起吊货物运走时，尽可能不越过运行设备，应按指定的通道行进，严禁从人头上越过。 （6）防止在起吊物件时因为选用的钢丝绳和卡环等吊拉件规格不匹配，或钢丝绳存在缺陷，发生吊拉件或钢丝绳等断裂，造成人员伤害的措施：吊同一件重物，几根钢丝绳均匀受力时，钢丝绳直径应一致，不宜混用钢丝绳；检查卡环、专用横担等无裂纹、变形及其他异常；钢丝绳必须定期进行检验，无断股、锈蚀、缠绕现象；检查调整螺栓螺纹无损坏，调整灵活，调整行程满足要求。 （7）防止行车起吊放置物件时，因为放置地点不牢固，或者物件下部没有垫置加固，发生放置后物件倾倒或滑移，造成工作人员伤害的措施：放置、垫置大型物件应事先选好地点，放好方木等衬垫物品，确保平稳牢固；大型物件的放置地点必须为荷重区域，严禁将物件放置在孔、洞的盖板或非支撑平台上面；起吊重物下方禁止通行或站人；如必须在起吊重物下方工作，应采取可靠安全措施，如垫置方木等。 （8）防止工作人员站在起吊的物件上，进行检修和调整吊具工作，或者利用起重行车运送工作人员，发生人员伤害的措施：禁止工作人员在已经起吊状态的情况下，进行检修或调整吊具的工作；禁止工作人员使用起重行车进行运输人员的工作。

序号	辨识项目	辨识内容	典型控制措施
1	S	2. 外力：起重行车不合格；操作手柄故障或制动器失灵；电气装置失控、停电；钢丝绳滑脱；行车操作、指挥人员失误；选用吊具不当；放置位置不当；人员站立在起吊大件上跌伤；吊钩斜拉；钢丝绳滑脱、反弹伤人；设备连接螺栓牵连；两部行车配合不当；落物伤人	（9）防止吊钩斜着拖吊重物，造成物件摆动或行车钢丝绳脱轨伤人的措施：行车吊钩要挂在物品的质心上；禁止使吊钩斜着拖吊重物；当被吊物件起吊后有可能摆动或转动时，应采用绳牵引方法，防止物件摆动伤人或碰坏设备。 （10）防止行车放置物件后拆除钢丝绳时，行车起吊钢丝绳一端发生钢丝绳脱开甩伤人的措施：行车放置物件前，下面提前垫好枕木，必须人工解除钢丝绳，禁止用行车拽拉钢丝绳；在拆解较粗的钢丝绳时，工作人员不得站在钢丝绳的对面，防止被钢丝绳弹伤或砸伤。 （11）防止在进行吊拉工作时，在螺栓或定位销未拆除，强行起吊造成行车钢丝绳或专用吊具断开伤人的措施：在起吊前，必须确认螺栓及定位销全部拆除，并使用千斤顶等专用工器具，将有关接合面顶开均匀间隙后方可起吊。 （12）防止需要两台行车配合使用时，因选取的吊点质心偏离使两台行车的负荷分配不均，造成钢丝绳断开伤人的措施：两台行车的起重容量如大小不同，则在挂绳子时应根据起重容量计算绑扎钢丝绳的距离来分配荷重，或按不同的起重容量制作横梁来承受起重量，以免一台所受的负荷过重，一台过轻，造成事故；每台行车的荷重均不准超过其安全起重量；应由专人统一指挥，指挥人应站在两台行车的驾驶人员均能看清的地方；起重物应保持水平，起重绳应保持垂直；应在工作负责人的直接领导下，按照由企业总工程师批准的安全技术措施进行。 （13）防止落物伤人的措施：启动行车前，行车司机必须检查确认行车及轨道上没有其他人员或杂物；行车入口门装锁，由行车司机保管，出入后行车司机必须锁好入口门，防止其他人员进入；行车进行检修或定期检查工作结束后，检查人员必须与行车司机一起对行车及轨道进行检查验收，确认无其他物件遗留在行车及轨道上。其余详见公共项目“高处作业”
		3. 行车损坏：行车在进行起吊作业时，工作人员对被吊物件的质量估计不足，造成行车超负荷起吊，损坏行车	在启动行车前，应充分计算被吊物件的质量，确保行车不超负荷起吊；起吊前检查起吊物是否完全脱离固定点，试吊无异常后，方可正式起吊；根据吊钩额定荷载，选择满足起吊重物的吊钩，避免用错大、小吊钩；定期对行车的钢丝绳进行安全检验，发现直径减小超过 30%，肉眼容易看到表面腐蚀性麻点或有整股断损、绳芯被挤出的钢丝绳应予以报废处理

作业项目	起重部分		
序号	辨识项目	辨识内容	典型控制措施
一	公共部分（健康与环境）		
	[表格内容同 1.1.1 公共部分（健康与环境）]		
二	作业内容（安全）		
1	S	1. 人身伤亡	（1）卷扬机必须有荷重铭牌，使用前核准卷扬机的额定荷重及起吊物的质量。 （2）检查转动部分有无缺陷，特别是制动装置是否灵活可靠。 （3）对于电动卷扬机，应检查电动机接地线、熔断器、电线、控制器和制动器等的接头是否牢固良好、动作灵敏。 （4）轴承、齿轮（齿轮箱）、钢丝绳、滑轮等润滑情况要良好。 （5）检查各起重部件，如钢丝绳、滑轮、吊钩和各连接器应完好无损。 （6）如能空车转动，则应空转一二转，确认各部传动装置有无故障，齿轮啮合是否良好，再检查各部螺栓、弹簧、销子有无松动，机器内部及周围有无妨碍运转的物件
		2. 人身伤害	（1）防止起重行车未经检验合格或带缺陷使用造成人员伤害的措施：起重行车必须经有关部门检验合格，并在有效期内；制定日、周、月的定期检查工作，及时消除行车缺陷，严禁行车带缺陷使用；行车静力试验应合格；行车动力试验应合格。 （2）防止行车在进行起吊作业时，因操作手柄故障、限位开关拒动或制动器失灵，造成人员伤害的措施：在使用行车前认真检查限位开关、紧急开关、操作手柄、大小车缓冲限位等设备，检查行车过电流保护和制动器状况良好，行车试运行各种操作确保动作可靠；当重物超过行车负荷或起吊件未完全脱离，不可强行起吊；如在起吊中突然发生制动器失灵，应立即采取上升吊钩或其他措施防止吊物下落，并及时鸣警铃通知地面人员注意，同时将行车开到安全地带。 （3）防止行车在进行起吊作业时，因电气控制或行车总电源突然发生故障使行车停电，发生吊钩下滑，造成人员伤害的措施：在行车操作过程中一旦停电，行车司机应将启动器恢复至原来静止的位置，再将电源开关拉开，设有制动装置的应将其闸紧，并停留在驾驶室内等待维修，尽快查明原因恢复送电；行车操作工作完毕或休息时，也应将行车开关拉开；驾驶人员离开驾驶室时，应将总开关和起重机滑行导线开关拉开，切断电源，并将吊钩挂起，不用时应停放在下面没有设备的上空；送电试吊正常无误后方可恢复工作。

续表

序号	辨识项目	辨识内容	典型控制措施
1	S	2. 人身伤害	（4）防止行车在起吊时，因为被吊物件捆绑不牢固或方法不当，在起吊后发生物件滑脱，造成地面上的人员伤害的措施：吊拉时，两根钢丝绳之间的夹角一般不得大于90°，使用单绳吊拉时，必须在吊钩上缠绕“8”字扣；使用吊鼻螺栓或U形螺栓的螺纹必须拧到底，其中U形螺栓的一个绳环必须扣在螺栓上，不准两个绳环都扣在U形环上；吊拉捆绑时，重物或设备构件的锐边快口处必须加装衬垫物；吊运大的或不规则的构件时，如需增加手拉葫芦来配合行车找平衡，手拉葫芦不得直接挂在吊钩的钢丝绳绳环内，必须单独悬挂在吊钩上；松拉手拉葫芦时，必须缓慢操作，防止构件突然歪斜伤人；吊运大的或不规则的构件时，应系以牢固的拉绳牵引，使其在吊运过程中不摇摆、旋转；如果需要在重物上设置临时吊鼻，必须由合格焊工按有关规定施焊。 （5）防止行车司机或指挥人员未经过专业的培训，或考试不合格就进行行车的操作或指挥工作，发生操作失误或指挥错误等行为，造成人身伤害的措施：行车指挥或操作人员必须经考试合格、持证上岗，禁止两人以上同时指挥行车；指挥人员必须佩带明显标志，站在行车司机视线清楚的范围内，指挥手势要清晰准确，用准确响亮的哨声配合手势，不准戴手套指挥行车；行车行走前，必须先鸣笛警告，且行车行走下方禁止人员逗留和穿越；开始起吊重物时，不得快速提升，吊起重物后，行车不得边升降边行走；行车在作业过程中，没有得到行车司机的同意，任何人不准登上行车或行车轨道；行车起吊货物运走时，尽可能不越过运行设备，应按指定的通道行进，严禁从人头上越过。 （6）防止没有封固的卷扬机或封固时未按规定封好，在使用中自身被拉偏、拖走使所吊物件自动下滑造成人身伤害的措施： 1）移动用的卷扬机在使用前必须牢固地封好，没有封固的卷扬机禁止使用。 2）起重工作负责人在起吊前，必须对各起重部位详细检查，发现问题及时纠正。 3）新安装的卷扬机必须作静荷载试验，以额定负载的1.25倍的质量试起吊10min，检查各部件无异常变化。 （7）防止卷扬机在运转中操作人员未按规程要求操作，将操作手柄突然逆转，使钢丝绳、滑轮连接器受冲击，导致钢丝绳拉断、滑轮损坏、连接部位脱落、控制器损坏而造成人身伤害的措施： 1）卷扬机的操作人员必须经过严格培训、考试合格、持证上岗。 2）运转中的卷扬机必须完全停止后，才可以逆向启动。 （8）防止卷扬机钢丝绳在起吊过程中，与其他设备或建筑物（构筑物）靠近产生摩擦，造成断丝、断股、拉断、钢丝绳走偏或脱离滑轮，造成人身伤害的措施： 1）钢丝绳在需要转向时必须设转向滑轮，防止钢丝绳与其他设备或建筑物（构筑物）靠近发生摩擦。

续表

序号	辨识项目	辨识内容	典型控制措施
1	S	2. 人身伤害	2）转向滑轮应固定在牢固的构件或地锚上，滑轮的受力应大于卷扬机的拉力，一般情况应是卷扬机拉力的1.5～2倍。 （9）防止卷扬机滚筒的中心与第一个转向滑轮不垂直且距离过小，使卷扬机在工作中把钢丝绳缠乱、挤变形，严重的还会产生冲击力使所吊物件在空中颤动，甚至拉断钢丝绳，造成人身伤害的措施： 1）卷扬机滚筒的中心与第一个转向滑轮要在一条直线上，距离应大于滚筒长度的20倍，一般应在10m以上。 2）工作中钢丝绳应在滚筒上排列整齐，卷扬机在运转中严禁用任何手段改变滚筒上缠绕的不正确的钢丝绳。 （10）防止卷扬机滚筒上的钢丝绳在工作中放尽（或少于5圈），受力后钢丝绳滑落滚筒，摔坏所吊物件造成人身伤害的措施：卷扬机滚筒上的钢丝绳在工作中严禁放尽，至少保留5～6圈。 （11）防止滑轮或滑轮组在使用前未经检查或因使用方法不当，在使用中产生破损使钢丝绳脱轮、割伤甚至拉断造成人身伤害的措施： 1）滑轮或滑轮组上要有荷重铭牌，使用前要认真检查。 2）滑轮的外观要完整，吊钩或吊环无变形和裂纹，滑轮无破损。 3）无严重腐蚀，滑轮与轴之间润滑要充分，滑轮转动灵活。 4）各部件螺栓紧固，无松动。 5）固定用的转向滑轮，应有防止钢丝绳脱出的装置。 6）工作中选用适当的滑轮，其荷重能力一般应是钢丝绳拉力的1.5～2倍。任何情况下，滑轮的实际受力不许超过铭牌规定。 （12）防止卷扬机没有进行定期试验，其内在缺陷未及时发现，在使用中造成人身伤害的措施：按规定对卷扬机定期进行静力试验

8.1.8 动保护

作业项目	个人劳动保护用品的使用		
序号	辨识项目	辨识内容	典型控制措施
一	公共部分（健康与环境）		
	［表格内容同1.1.1公共部分（健康与环境）］		

续表

序号	辨识项目	辨识内容	典型控制措施
二	作业内容（安全）		
1	S	1. 进入生产现场未戴或未正确戴好安全帽而造成人身伤害	（1）任何人进入生产现场，必须戴安全帽。 （2）认真核查安全帽的生产日期、生产许可证、出厂合格证和经过检验的安全技术检验标志，必须使用在检验周期内的合格安全帽。 （3）检查帽箍、顶衬、后箍、下额带等组件是否存在缺陷，顶部缓冲空间是否小于25～50mm。如存在不合格现象，应及时更换
		2. 安全带不合格或使用不正确而造成人身伤害	（1）安全带定期（每隔6个月）进行静荷重试验；试验荷重为225kg，试验时间为5min，试验后检查是否有变形、破裂等情况，并作好试验记录。 （2）检查试验不合格的安全带、超过规定使用年限的安全带，应及时报废处理。 （3）加强日常的检查维护、妥善保管等管理工作。 （4）在没有脚手架或者在没有栏杆的脚手架上工作，高度超过1.5m时，必须使用安全带或采取其他可靠的安全措施。 （5）必须正确佩带、使用安全带，检查合格后方能使用。 （6）安全带的挂钩或绳子应挂在牢固的构件上或专挂安全带的钢丝绳上，禁止挂在移动或者不牢固的物件上。 （7）在其他规定使用安全带的工作区域，按照有关规定正确使用安全带
		3. 着装不符合规定而造成人身伤害	（1）工作人员的工作服不应有可能被转动的机器绞住的部分；工作时必须穿着工作服，衣服和袖口必须扣好；禁止戴围巾和穿长衣服。工作人员禁止穿使用尼龙、化纤或棉、化纤混纺面料制作的工作服进入现场。工作人员进入生产现场禁止穿拖鞋、凉鞋，女性工作人员禁止穿裙子、高跟鞋，辫子、长发必须盘在工作帽内。做接触高温物体的工作时，应戴手套和穿专用的防护工作服。任何进入生产现场的人员必须戴安全帽。 （2）氢站、油区作业人员，特殊工种作业人员在工作过程中要按规定正确着装
		4. 工作人员在进行接触高温物体工作时，容易造成人身烫伤	做接触高温物体工作时，应使用专用的手套、专用的防护工作服、工作鞋等必要的安全用具
		5. 从事放射性工作的作业人员未穿隔离服造成人身伤害	（1）现场进行放射性工作时，作业人员必须穿好放射性隔离服，在作业区设置遮栏，并在遮栏上悬挂“当心辐射”警告标志牌、“放射工作　切勿靠近”文字标志牌。 （2）医务人员在从事放射性作业时，必须穿好放射性隔离服

续表

序号	辨识项目	辨识内容	典型控制措施
1	S	6. 工作人员在工作中接触有毒气体时，容易造成人身中毒	（1）接触有可能产生有毒气体的工作时，必须戴经检验合格的防毒面具或正压式消防空气呼吸器。预防一氧化碳等有毒气体时，须戴上有氧气囊的防毒面具。 （2）工作场所应准备氧气、脱脂棉等急救药品，并保持工作场所的良好通风。 （3）在地下维护室或沟道内工作前，工作负责人必须检查有无有害气体。检查方法可用仪器测量，也可用绳子吊下专用的矿灯或小动物作试验，但禁止用燃烧的火柴来检查。工作中应使用携带式的防爆电灯或矿工用的蓄电池灯。工作时尽可能在上风口位置工作。 （4）在容器内工作，工作中还应使用安全带，安全带绳子的一端紧握在外面监护人手中。如果监护人必须进入容器内作救护，应先戴上防毒面具和系上安全带，并应另有他人在上面作监护
		7. 在锅炉吹管、安全阀试验检验或转动机械噪声超标等现场未佩戴安全防护用品而造成人身伤害	对工作人员加强个体防护，在锅炉吹管、安全阀试验检验或转动机械噪声超标等现场工作时要配戴耳塞或耳罩、防护棉、隔音罩、头盔等防护用品，以减轻噪声对人体的危害
		8. 在清灰、煤粉设备等粉尘超标区域吸入粉尘对人体健康的影响	（1）加强个人防护和个人卫生，佩戴合适的口罩和面具是重要的措施。 （2）为了及时发现尘肺患者，应定期进行健康检查
		9. 在有毒气体场所，未使用防毒面罩等劳动保护用品而造成人身伤害	（1）接触产生有毒气体的工作时，必须戴经检验合格的防毒面具或正压式消防空气呼吸器。预防一氧化碳等有毒气体时，须戴上有氧气囊的防毒面具。 （2）扑救可能产生有毒气体的火灾（如电缆着火等），扑救人员应使用正压式消防空气呼吸器。 （3）在可能有瓦斯的地点工作时必须戴防毒面具，并尽可能在上风口工作。应准备氧气、氨水、脱脂棉等急救药品。 （4）在地下维护室或沟道内工作前，工作负责人必须检查有无有害气体。在可能发生有害气体的地下维护室或沟道内进行工作的人员，除必须戴防毒面具外，还必须使用安全带，安全带绳子的一端紧握在地面上监护人手中。如监护人必须进入作救护，应先戴上防毒面具和系上安全带，并另有其他人员在上面作监护。 （5）当有大量氯气漏出时，工作人员应立即戴上防毒面具，关闭门窗，开启室内淋水阀门，将氯瓶放入碱水池内，最后用排气风扇抽出余氯
		10. 使用工器具时，方法错误或不用劳动保护用品而造成人身伤害	（1）不准戴手套或用单手抡大锤。 （2）使用钻床不准戴手套。 （3）使用电钻等电气工具时须戴绝缘手套。 （4）使用砂轮机、角磨机、磨光机，用凿子凿坚硬或脆性物体时，必须戴防护眼镜。 （5）严禁用手直接触摸裸露的电源线头。严禁用湿手触摸电灯开关及其他电气设备（安全电压的电气设备除外）

序号	辨识项目	辨识内容	典型控制措施
1	S	11. 进入煤斗、煤粉仓工作，未佩戴好安全防护用品而造成人身伤害。	（1）进入煤斗的工作人员应戴口罩、手套，把袖口和裤脚扎好，使用安全带，安全带的绳子应缚在外面的固定装置上（禁止把绳子缚在铁轨上）。工作人员应使用梯子上下煤斗。 （2）清扫煤粉仓的工作人员应戴防毒面罩、防护眼镜、手套，服装应合身，袖口、裤脚须用带子扎紧或穿专用防尘服。进入仓内必须使用安全带，安全带的绳子应缚在仓外固定物上。工作人员进出煤粉仓应使用梯子上下
		12. 观察锅炉燃烧情况，未佩戴好安全防护用品而造成人身伤害	观察锅炉燃烧情况时，须戴防护眼镜或用有色玻璃遮着眼睛。打开观察孔时，必须戴防护手套
		13. 锅炉吹灰、出灰、除焦时或者停运后锅炉清灰，未佩戴好安全防护用品而造成人身伤害	（1）锅炉吹灰时，工作人员应戴好防护手套。 （2）锅炉除灰时，工作人员应戴手套，穿专用工作服和长筒靴，并将裤脚套在靴外面，以防热灰进入靴内。 （3）除焦时，工作人员必须穿着专用工作服、工作鞋，戴专用的手套和必要的安全用具。 （4）锅炉清灰工作人员戴好防护眼镜和口罩
		14. 进入沟道或井下，工作人员未佩戴好安全防护用品而造成人身伤害	（1）在地下维护室或沟道内工作前，工作负责人必须检查有无有害气体。 （2）进入沟道或井下工作人员须戴安全帽，使用安全带，安全带的绳子应绑在地面牢固的物体上，由监护人不间断地监护。 （3）在可能产生有害气体的地下维护室或沟道内进行工作的人员，除必须戴防毒面具外，还必须使用安全带，安全带绳子的一端紧握在上面监护人手中。如监护人必须进入作救护，应先戴上防毒面具和系上安全带，并另有其他人员在上面作监护
		15. 进入储水池，工作人员未佩戴好安全防护用品而造成人身伤害	进入喷水池或冷却塔的储水池内工作，如必须在池内水中工作，须使用安全带，戴救生圈或穿救生衣
		16. 化验人员未佩戴好安全防护用品或化验室内缺少劳动保护用品而造成人身伤害	（1）化验人员应穿专用工作服。 （2）化验室内应有自来水，通风设备，消防器材，急救箱，急救酸、碱伤害时中和用的溶液以及毛巾、肥皂等物品。 （3）在进行酸碱类工作的地点，应备有自来水、毛巾、药棉及急救时中和用的溶液。 （4）对有挥发性的药品，在操作时必须在通风柜内或通风良好的地方进行

续表

序号	辨识项目	辨识内容	典型控制措施
1	S	17. 搬运和使用浓酸或强碱类药品的工作人员未佩戴好安全防护用品而造成人身伤害。	（1）搬运和使用浓酸或强碱类药品的工作人员，应熟悉药品的性质和操作方法，并根据工作需要戴口罩、橡胶手套及防护眼镜，穿橡胶围裙及长筒胶靴（裤脚须放在靴外）。 （2）酸碱类工作的现场应备有自来水、毛巾、药棉以及急救时中和用的溶液。操作人员应熟悉化学灼伤急救常识
		18. 制氢室内未备有工作人员使用的安全防护用品而造成人身伤害	制氢室内应备有橡胶手套和防护眼镜，还应备有稀硼酸溶液
		19. 焊工工作时未使用个人安全防护用品和安全防护用具而造成人身伤害	（1）焊接工作时，焊工要正确佩带安全防护用品。 （2）焊工应穿帆布工作服，戴工作帽，上衣不准扎在裤子内。口袋须有遮盖，脚面应有鞋罩，以免焊接时被烧伤。 （3）在潮湿的地方进行电焊工作，焊工必须站在干燥的木板上或者穿橡胶绝缘鞋。 （4）氩弧焊工作时，焊工应戴防护眼镜、静电口罩或专用面罩，以防臭氧、氮氧化合物及金属烟尘吸入人体。 （5）电焊工应备有的防护用具：镶有滤光镜的手把面罩或套头面罩、电焊手套、橡胶绝缘鞋、清除焊渣用的白光眼镜（防护镜）
		20. 检查、操作电气设备时，未佩戴使用绝缘手套、绝缘靴造成人身伤害	（1）雷雨天气需要巡视室外高压设备时，应穿绝缘靴，并不得靠近避雷器和避雷针。 （2）高压设备发生接地时，室内不得接近故障点 4m 以内，室外不得接近故障点 8m 以内。进入上述范围人员必须穿绝缘靴，接触设备的外壳和构架时，应戴绝缘手套。 （3）合（断）断路器、隔离开关，均应戴绝缘手套。雨天穿绝缘靴。接地电阻不符合要求时，晴天也应穿绝缘靴。 （4）装拆接地线均应使用绝缘棒和戴绝缘手套

8.1.9 电动机检修

作业项目	拆电动机电源引线		
序号	辨识项目	辨识内容	典型控制措施
一	公共部分（健康与环境）		
	[表格内容同 1.1.1 公共部分（健康与环境）]		

续表

序号	辨识项目	辨识内容	典型控制措施
二	作业内容（安全）		
1	S	电动机电源开关误送电造成检修人员人身触电	拆电动机引线前，必须检查电动机电源开关已断开，安全措施已做好；拆电动机引线后，及时将三相电源电缆短路并可靠接地

作业项目	电动机吊运		
序号	辨识项目	辨识内容	典型控制措施
一	公共部分（健康与环境）		
	[表格内容同 1.1.1 公共部分（健康与环境）]		
二	作业内容（安全）		
1	S	1. 使用起重器具吊运电动机时发生人身伤害	见公共项目“起重作业”
		2. 电动机吊离后出现孔洞，造成人员跌落受伤	电动机吊离后出现的孔洞，必须设置安全围栏及警示标志
		3. 使用起重器具吊运电动机时发生设备损坏	起吊前必须检查联轴器和地脚螺栓已全部拆除；其余详见公共项目“起重作业”
		4. 电动机运输时，因摆放不稳或路况颠簸造成电动机掉落损坏	运输前检查车辆，并选择平坦的运输路径；机动车辆必须由专业驾驶员操作；电动机应固定牢靠

作业项目	电动机解体		
序号	辨识项目	辨识内容	典型控制措施
一	公共部分（健康与环境）		
	[表格内容同 1.1.1 公共部分（健康与环境）]		

续表

序号	辨识项目	辨识内容	典型控制措施
二	作业内容（安全）		
1	S	1. 使用气焊加热，造成人员烧、烫伤	见公共项目“气焊（气割）作业”
		2. 使用起重器具吊运电动机时发生人身伤害	见公共项目“起重作业”
		3. 使用起重器具吊运电动机转子时发生设备损坏	起吊前必须检查端盖螺栓已全部拆除；吊转子时，由专人扶持，防止碰撞定子绕组或铁芯
		4. 复装时定子膛内遗留异物，损坏电动机	穿转子前应仔细检查定子膛内，防止异物遗留；转子吊起后，应认真清理、检查转子表面及通风沟内干净，无杂物

作业项目	电动机定子检修		
序号	辨识项目	辨识内容	典型控制措施
一	公共部分（健康与环境）		
	［表格内容同 1.1.1 公共部分（健康与环境）］		
二	作业内容（安全）		
1	S	1. 清洁剂及油漆溶剂等化学物品防护不当对人身造成伤害	现场做好通风措施；使用压缩空气吹扫或清洗剂清理定子时，应戴口罩、防尘面罩、乳胶手套和护目眼镜
		2. 更换或加固槽楔时损坏绕组绝缘	更换或加固槽楔时，不得使用铁锤击打槽楔
		3. 焊接绕组连线时，火焰烧坏绕组绝缘	焊接绕组连线由专业气焊工进行焊接，邻近焊点的引线用石棉布包好

作业项目	电动机转子检修		
序号	辨识项目	辨识内容	典型控制措施
一	公共部分（健康与环境）		
	[表格内容同 1.1.1 公共部分（健康与环境）]		
二	作业内容（安全）		
1	S	清洁剂及油漆溶剂等化学物品防护不当对人身造成伤害	现场做好通风措施；使用压缩空气吹扫或清洗剂清理定子时，应戴口罩、防尘面罩、乳胶手套和护目眼镜

作业项目	电动机滚动轴承检修或更换新轴承		
序号	辨识项目	辨识内容	典型控制措施
一	公共部分（健康与环境）		
	[表格内容同 1.1.1 公共部分（健康与环境）]		
二	作业内容（安全）		
1	S	1. 加热轴承时，造成人员烧伤、烫伤	见公共项目“气焊（气割）作业”
		2. 装配轴承时，加热温度过高损坏轴承	装配轴承时，严格控制加热温度不得超过 120℃

作业项目	电动机的组装与就位		
序号	辨识项目	辨识内容	典型控制措施
一	公共部分（健康与环境）		
	[表格内容同 1.1.1 公共部分（健康与环境）]		
二	作业内容（安全）		
1	S	1. 接线时电动机相序接错，电动机反转造成设备损坏	拆电动机引线前，要做好相序记号，恢复时严格按照相序记号接线

续表

序号	辨识项目	辨识内容	典型控制措施
1	S	2. 电动机引线与电缆线鼻子结合面接触不良，接头发热造成电动机损坏	电动机引线与电缆线鼻子结合面应打磨干净，无氧化层及污物；螺栓压接应紧固，垫圈齐全
		3. 软连接形式的引线接头绝缘未处理好，造成爬电	连接螺栓不应太长，以免刺伤绝缘；软连接引线须使用绝缘薄膜包扎 7 层以上，并用相位带紧密包扎

作业项目	电动机空载试运		
序号	辨识项目	辨识内容	典型控制措施
一	公共部分（健康与环境）		
	[表格内容同 1.1.1 公共部分（健康与环境）]		
二	作业内容（安全）		
1	S	1. 电动机转动，部件脱落伤人	电动机试运前，应检查各转动部件紧固无异常，转动部件上无其他杂物，机械负载完全脱离，保护罩固定良好
		2. 电动机绝缘电阻不合格，试运时烧毁	送电试运前，应测量定子线圈绝缘值合格，电动机保护必须投入运行；试运时出现异常应立即停运

8.1.10 电气工具和用具

作业项目	电气工具和用具的使用		
序号	辨识项目	辨识内容	典型控制措施
一	公共部分（健康与环境）		
	[表格内容同 1.1.1 公共部分（健康与环境）]		

续表

序号	辨识项目	辨识内容	典型控制措施
二	作业内容（安全）		
1	S	1. 防止触电	（1）使用电气工具和用具前，必须检查是否贴有合格证且在有效期内；电线是否完好，有无接地线；使用时应接好合格的漏电保护器和接地线；电源开关外壳和电线绝缘有破损、绝缘不良或带电部分外露时不准使用。 （2）工作现场所用的临时电源盘及电缆线绝缘应良好，电源盘应装设合格的漏电保护器，电源接线牢固。临时电源线应架空或加防护罩。 （3）有接地线的电气工具和用具必须可靠接地。 （4）使用电气工具和用具时，不得提着导线或转动部分。 （5）不熟悉电气工具和用具使用方法的工作人员不准擅自使用。 （6）使用电钻等电气工具时须戴绝缘手套。 （7）在金属容器（如汽鼓、凝汽器、槽箱等）内工作时，必须使用24V以下的电气工具，否则需使用Ⅱ类工具，装设额定动作电流不大于15mA、动作时间不大于0.1s的漏电保护器，且应设专人在外不间断地监护。漏电保护器、电源连接器和控制箱等应放在容器外面。 （8）使用行灯时，行灯电压不超过36V。在特别潮湿或周围均属金属导体的地方工作时，如在汽鼓、凝汽器、加热器、蒸发器、除氧器及其他金属容器或水箱等内部，行灯的电压不超过12V。行灯电源应由携带式或固定式的变压器供给，变压器不准放在汽鼓、燃烧室及凝汽器等的内部。 （9）电气工具和用具的电线不准接触热体，不要放在湿地上，并避免载重车辆和重物压在电线上
		2. 外力伤害	（1）不熟悉电气工具和用具使用方法的工作人员不准擅自使用。使用时严格按照说明书规定进行。 （2）在梯子上使用电气工具时，应做好防止触感应电坠落的安全措施。 （3）在使用电气工具工作中，因故离开工作场所或暂时停止工作以及遇到临时停电时，需立即切断电源。 （4）禁止在运行中或机器未完全停止运行前清扫、擦拭润滑机器的旋转和移动的部分。 （5）使用钻床时不准戴手套，须把钻眼的物体安装牢固后，才可开始工作。大工件钻孔时，工件下面应垫木板还应加设支撑，严禁手扶施钻。薄工件钻孔时，工件下面应垫木板，且工件与木板应同时夹牢。清除钻孔内金属碎屑时，必须停止钻头的转动，不准用手直接清除铁屑。钻头尚未停止转动时，禁止拆换钻头和用手刹住转动的钻头。用压杆压电钻时，压杆应与电钻垂直，如杆的一端插在固定体上，压杆的固定点须十分牢固。

续表

序号	辨识项目	辨识内容	典型控制措施
1	S	2. 外力伤害	（6）使用砂轮研磨时，应戴防护眼镜或装设防护玻璃，应使火星向下，不准用砂轮的侧面研磨。 （7）使用无齿锯时，操作人员应站在锯片的侧面，锯片应缓慢地靠近被锯物体，不准用力过猛

8.1.11 现场环境

作业项目	现场工作人员的要求		
序号	辨识项目	辨识内容	典型控制措施
一	公共部分（健康与环境）		
	[表格内容同 1.1.1 公共部分（健康与环境）]		
二	作业内容（安全）		
1	S	人身伤害	（1）防止工作人员健康状况不能满足电力生产工作基本要求而造成人身伤害的措施： 1）工作人员必须身体健康，定期进行体格检查合格。 2）凡患有病症不适于担任热力和机械生产、电气作业工作或其他特殊工种要求的人员，经医生鉴定和有关部门批准，应调换其他工作。 3）患有精神病、癫痫病及经医师鉴定患有高血压、心脏病等不宜从事高处作业病症的人员，不准参加高处作业。 4）凡发现工作人员有饮酒、精神不振时，禁止登高作业。 （2）防止新参加工作人员、调动到新工作岗位的人员、离岗后再上岗前工作人员未进行安全教育培训进入现场而造成人身伤害的措施：新参加工作人员入厂前必须进行三级安全教育培训合格，调动到新工作岗位的人员或离岗连续超过 3 个月及以上人员，在开始工作前或重新上岗前必须学习安全规程的有关部分，并经过考试合格。 （3）防止特种作业工作人员不能做到持证上岗而造成人身伤害的措施： 1）特殊工种人员上岗前必须经过有关部门组织的专业培训并考试合格，持有有关政府行政管理部门颁发的资格证书，方可安排上岗。 2）特殊工种人员资格证书必须在有效期内，到期及时安排审验、换证。 3）未按规定进行安全教育培训并考试合格的人员，不得安排上岗和从事生产工作；严禁无证人员从事特殊作业。

续表

序号	辨识项目	辨识内容	典型控制措施
1	S	人身伤害	（4）防止工作人员不熟悉掌握安全急救方法而未能避免人身伤害的措施： 1）所有工作人员都应学会触电窒息急救法、心肺复苏法，并熟悉有关烧伤、烫伤、外伤、气体中毒等急救常识。 2）发现有人触电，应立即切断电源，使触电人脱离电源，并进行急救。如在高处工作，抢救时必须注意防止高处坠落。 （5）防止工作人员不熟悉消防知识，未掌握消防救护技能而造成人身伤害的措施： 1）工作人员要加强消防知识的学习和培训，应熟悉常用灭火器材及本部位配置的各种灭火设施的性能、布置和适用范围，要掌握消防器材的使用方法，定期组织消防演练。 2）参加灭火人员在灭火过程中，应防止被火烧伤或被燃烧物产生的气体引起中毒、窒息，并防止引起爆炸。 3）电器设备灭火时还应防止触电，针对不同的着火电气设备，正确使用消防器材。 （6）防止工作人员不熟悉可燃物品特性而引起火灾造成人身伤害的措施：使用可燃物品（如乙炔、氢气、油类、瓦斯等）的人员，必须熟悉这些材料的特性及防火防爆规则。 （7）防止工作人员不熟悉化学药品、剧毒物品、有毒气体等危险品的特性而引起火灾或人身伤害的措施： 1）熟悉有关化学药品、剧毒物品、有毒气体等危险品的特性。 2）加强有关化学药品、剧毒物品、有毒气体等危险品的使用、保管。 3）懂得有关化学药品、剧毒物品、有毒气体等危险品的急救方法。 （8）防止工作人员不熟悉工器具的正确操作方法而造成人身伤害的措施： 1）工作人员严格遵守《电业安全工作规程　第一部分：热力和机械》有关要求和安全工器具、电动工器具、起重机械工器具等各类工器具的安全操作规定，熟悉工器具的设备特性，掌握工器具的正确操作方法。 2）工器具使用前必须保证检查、检验合格后方能使用，不合格的工器具严禁带到工作现场。 （9）防止工作人员不熟悉作业现场周围的危险部位和紧急通道出口而造成人身伤害的措施： 1）工作人员要熟悉作业现场周围的危险部位（设备带电、高温、高压、设备转动、高处作业、易燃易爆、有毒、酸碱腐蚀、通风不良、潮湿、积灰结渣、积水结冰、步道楼梯通道的障碍物、高处落物、顶部碰头和地面绊跤、地面孔洞等）。 2）应熟悉作业现场周围易造成误操作、误碰的运行设备。 3）应熟悉周围的消防设施。 4）熟悉作业现场周围的紧急通道出口。

续表

序号	辨识项目	辨识内容	典型控制措施
1	S	人身伤害	5）工作人员在熟悉作业现场周围的危险部位后，要严格遵守《电业安全工作规程　第一部分：热力和机械》有关条文规定，并采取必要的防范措施。 （10）防止运行中清扫、擦拭和润滑机器的旋转和移动部分而造成人身伤害的措施：禁止在运行中清扫、擦拭和润滑机器的旋转和移动部分，以及把手伸入栅栏内。擦拭运转中机器的固定部分时，不准把抹布缠在手上或手指上使用，只有在转动部分对工作人员没有危险时，方可允许用长嘴油壶或油枪往油盅和轴承里加油。 （11）防止在栏杆上、管道上、联轴器上、安全罩上或运行设备的轴承上行走和坐立而造成人身伤害的措施：禁止在栏杆上、管道上、联轴器上、安全罩上或运行设备的轴承上行走和坐立，如必须在管道上坐立才能工作时，必须做好安全措施。 （12）防止靠近或长时间停留在可能受到烫伤的地方而造成人身伤害的措施： 1）工作人员应尽可能避免靠近或长时间停留在可能受到烫伤的地方，例如汽、水、燃油管道的法兰盘、阀门，煤粉系统和锅炉烟道的人孔及检查孔和防爆门、安全门、除氧器、热交换器、汽鼓的水位计等处。如因工作需要，必须在这些处所长时间停留时，应做好安全措施。 2）设备异常运行可能危及人身安全时，应停止设备运行。在停止运行前，除必需的运行维护人员外，其他人员均不准接近该设备或在该设备附近逗留。 （13）防止工作人员不熟悉安全用电知识而造成人身触电伤害的措施： 1）工作人员应严格遵守《电业安全工作规程　第一部分：热力和机械》有关要求和本单位安全用电的管理规定。 2）严禁非专业电工私自接线，严禁用手直接触摸裸露的电源线头，严禁用湿手触摸电灯开关及其他电气设备（安全电压的电气设备除外）。 3）电源开关外壳和电线绝缘有破损不完整或带电部分外露时，不准使用。 4）严格执行“两票”管理制度、工作监护制度和设备停送电联系制度。 5）不准靠近或接触任何有电设备的带电部分，特殊许可的工作，应遵守《电业安全工作规程（发电厂和变电所电气部分）》和《电业安全工作规程（电力线路部分）》中的有关规定。 6）遇有电气设备着火，应立即断开电源，然后按照有关规定正确进行扑救。 （14）防止工作人员违反“两票”管理制度而造成人身伤害的措施： 1）严格执行“两票”管理规定，按规定办理工作票和使用操作票。严禁无票作业。 2）现场工作负责人、工作票签发人、工作许可人及操作人、监护人和单独巡视高压电气人员，设备动火票签发人、动火工作负责人等必须是经考试合格由厂行文公布或符合有关规定要求的人员担任。

续表

序号	辨识项目	辨识内容	典型控制措施
1	S	人身伤害	3）各级人员做到认真履行职责，不越权审批，不越位操作。 4）工作负责人严格按照工作票已确定的工作范围进行检修，严禁随意扩大工作范围。工作全部结束后要尽快办理终结手续。如再次检修需重新办理工作票。 （15）防止工作人员不办理动火工作票或动火防范措施不当而造成人身伤害的措施： 1）工作人员严格执行《电业安全工作规程》、《电力设备典型消防规程》及上级和本单位有关安全规章制度。 2）防火重点部位或场所以及禁止明火区如需动火工作时，根据动火级别必须按规定办理动火工作票，按规定做好动火现场监护和必要的防范措施。 （16）防止工作前不进行有关安全措施学习、不进行危险点分析或者安全措施执行不到位而造成人身伤害的措施： 1）布置工作要做到“两交清”：交清工作任务、交清安全措施。班长负责组织工作组成员对安全措施和危险点分析进行学习并签字。 2）严格“两票”管理，正确操作、执行安全措施。 3）工作开工前，工作负责人全面检查安全隔离措施执行情况，确认无误方可工作。 （17）防止野蛮施工、违章指挥而造成的人身伤害、设备损坏的措施： 1）各级领导、工作人员必须严格遵守国家有关法律法规和上级有关规章制度。 2）各级领导、工作人员认真实施反违章实施细则。 3）工作人员必须严格遵守安全规程、检修规程、作业指导书。 4）工作人员严格执行检修工艺。 5）各级人员按分工恪尽职守，做到安全文明施工，制止和杜绝各类违章现象的发生。 （18）防止工作现场失去监护或现场监护不到位造成人身伤害的措施： 1）工作负责人认真履行职责，组织工作组成员认真学习安全措施内容，作好危险点分析。 2）工作负责人在开工前要仔细检查安全隔离措施是否已正确执行。 3）工作负责人负责检查工作成员在工作过程中是否遵守安全规程和安全措施。 4）重点做好各类外来人员的现场监护，不允许其单独工作和随意走动到非本工作区域。 5）运行操作严格执行操作监护制度。监护人不得进行运行操作。 6）凡在容器、槽箱内部进行工作时，工作人员不得少于两人，其中一人在外监护。在可能发生有害气体的情况下，工作人员不得少于三人，其中两人在外面监护。监护人应站在能够看到或听到容器内工作人员的地方，以便随时进行监护。监护人不得同时担任其他工作。 （19）防止在容器内由于监护不到位、工作结束后检查不到位而造成人身伤害的措施：

序号	辨识项目	辨识内容	典型控制措施
1	S	人身伤害	1）在炉内、金属容器内、凝汽器内、煤粉仓内、烟道内、转动机械内、井下、沟道内等封闭系统或设备中工作时，必须在外部有专门的监护人，不得随意离开。 2）工作结束后，工作负责人必须清点工作人员、工器具、材料等，检查是否遗留在内部。检查完毕确认无误后，方可关闭孔、门。 （20）防止外包工程管理不到位而造成人身伤害的措施： 1）外包工程项目必须由有资质的队伍承担。人员身体健康，体检合格。 2）严格按照本单位的有关规定办理开工手续，做好工作人员的安全教育考试，进行安全技术交底和安全措施学习并签字。 3）外包工程项目由有关责任部门实行全过程管理和控制，不能“以包代管”。 4）工作负责人必须监护到位，确保各项安全措施落实到位，及时检查纠正外包项目工作人员的各类不安全行为。 （21）防止工作组织措施不明确、工作协调配合不当、工作联系不到位而造成人身伤害的措施： 1）各级人员要严格按照有关规定认真落实安全生产责任制，履行职责，按照“保人身、保设备、保发电”的原则，确保安全生产，紧密协调配合，不得相互扯皮推诿，延误工作。 2）严格执行“两票”管理制度和设备停送电联系制度。不能约时停送电。 3）特殊作业及重要工作现场必须设专人负责统一指挥协调，其他工作人员认真服从工作安排。 （22）防止非运行人员随意操作运行及备用设备、未经许可或批准而随意检查试验设备等造成人身伤害的措施： 1）工作人员严格遵守并认真执行运行、检修规程，遵守“两票三制”、设备停复役等各项规章制度。 2）加强工作人员安全技术的学习，提高操作技能，提升业务素质。 3）工作人员应熟悉作业现场周围有可能易误碰、误操作的运行设备。 4）除规定的运行操作人员外，严禁其他人员随意启停、开关操作运行、备用的系统设备。 5）未经办理有关手续并得到许可或批准，严禁任何工作人员随意操作或检查试验设备。 （23）防止应急救援不及时造成人身伤害的措施： 1）建立健全本单位应急救援体系，编制审批本单位各项应急预案。 2）定期组织人员学习并掌握应急预案。 3）定期组织演练，结合实际修改并完善应急预案。

序号	辨识项目	辨识内容	典型控制措施
1	S	人身伤害	4）应急救援人员提高应急反应意识，作好自身防护。 （24）防止运行维护人员检查设备运行情况、重大危险操作时，由于站位不好而造成人身伤害的措施： 1）锅炉点火启动期间或燃烧不稳时，不可站在看火孔、检查孔或燃烧器检查孔的正对面。 2）当制粉系统设备内部有煤粉空气混合物流动时，禁止打开检查门。开启锅炉看火孔、检查门、灰渣门时，必须缓慢小心，工作人员须站在门后，并看好向两旁躲避的退路。 3）冲洗水位计时，应站在水位计侧面，打开阀门时应缓慢小心。 4）吹灰、排污、除焦时，工作人员应站在平台上或地面上，不准站在楼梯上、管道上、栏杆上等地方，工作人员不要正对检查孔、排污、灰闸门等。 （25）防止检修时开启汽包、加热器、水箱等压力容器人孔门由于安全隔离措施不完善、人员站位不好、操作不当而造成人身伤害的措施： 1）开启汽包、加热器、水箱等压力容器人孔门时，松开螺栓要小心，不可把脸靠近，人员不要正对法兰站立，以防水汽冲出伤人。 2）设备检修前，工作负责人认真检查安全隔离措施已可靠、完全地执行。 （26）防止机炉设备运行，工作人员带压对承压部件进行焊接、捻缝、紧螺栓等工作而造成人身伤害的措施： 1）不准在运行中带压对机、炉承压部件进行焊接、捻缝、紧螺栓等工作。在特殊紧急情况下，需带压进行上述工作时，必须采取安全可靠措施，并经厂主管生产的领导（总工程师）批准，方可进行临时处理。 2）检修后的锅炉，允许在升火过程中热紧法兰、人孔、手孔等处的螺栓。但热紧螺栓时，锅炉汽压不准超过下列数值：额定汽压小于 5.884MPa 时，锅炉汽压 0.294MPa；额定汽压大于 5.884MPa 时，锅炉汽压 0.490MPa。紧螺栓只许有经验的人员进行，并必须使用标准扳手，不准接长扳手的手把。 3）不准在有压力的管道上进行任何检修工作。对于运行中的管道，可允许带压力紧阀门盘根和在管道上打卡子以消除轻微泄漏，但必须经领导批准并取得值长同意，由指定熟练人员在工作负责人的指导和监护下进行。工作中要特别注意正确的操作方法。在特殊紧急情况下，需带压进行上述工作时，必须采取安全可靠措施，并经厂主管生产的领导（总工程师）批准，方可进行临时处理处理

8.1.12 电气工具和用具

作业项目	工作场地的要求		
序号	辨识项目	辨识内容	典型控制措施
一	公共部分（健康与环境）		
	[表格内容同 1.1.1 公共部分（健康与环境）]		
二	作业内容（安全）		
1	S	人身伤害	（1）防止在无照明或照明不足的工作现场工作造成人身伤害的措施： 1）工作现场常用照明应该保证足够的亮度。在装有水位计、压力表、真空表、温度表、各种记录仪表的仪表盘、楼梯、通道以及所有靠近机器转动部分和高温表面的狭窄地方的照明，尤须光亮充足。 2）在操作盘、重要表计（如水位计等）、主要楼梯、通道等地点还必须设有事故照明。 3）工作地点应备有相当数量的完整手电筒，以便必要时使用。 4）危险性较大或者重要的检修工作、有重大操作的地点和通道上，如照明不满足要求时，工作人员应停止工作。 （2）防止工作场所的井、坑、孔、洞、沟道等未有盖板、护栏、警告标志等不符合基本安全要求而造成人身伤害的措施： 1）工作场所的井、坑、孔、洞或沟道必须覆以与地面齐平的坚固的盖板。在检修工作中如需将盖板取下，必须设临时围栏和警示标志。施工结束后，临时打的孔、洞，必须恢复原状。 2）在楼板和结构上打孔或在规定地点以外安装起重滑车或堆放重物等，必须事先经过本单位有关技术部门的审核许可。规定放置重物及安装滑车的地点应标以明显的标记（标出界限和荷重限制） 3)所有升降口、大小孔洞、楼梯和平台必须装设不低于 1050mm 的栏杆和不低于 100mm 的护板。 4）如在检修期间需将栏杆拆除时，按规定办理相关手续并得到批准，在拆除后必须及时装设临时遮栏和警示标志，并在检修结束时将栏杆立即装回恢复。 （3）防止工作场所的楼梯、平台、通道、栏杆不完整或不合格且未有安全警告标志，地面有灰浆污泥、油垢、积水结冰，通道或地面上堆有障碍物等不符合安全要求而造成人身伤害的措施： 1）所有楼梯、平台、通道、栏杆都应保持完整，铁板必须铺设牢固。铁板表面应有纹路以防滑跌。

续表

序号	辨识项目	辨识内容	典型控制措施
1	S	人身伤害	2）门口、通道、楼梯和平台等处，不准放置杂物或有其他障碍物，以免阻碍通行。 3）电缆及管道不应敷设在经常有人通行的地板上，以免妨碍通行。 4）地板上临时放有容易使人绊跤的物件（如钢丝绳等），必须设置明显的警告标志。 5）地面有灰浆污泥、油垢、积水结冰等，要及时清除，必要时铺设草毡子、草袋子等以防滑跌。 6）楼梯、平台、通道、栏杆等不合格区域，应采取措施整改合格。如暂不能整改，应在周围区域做出可靠隔离，并设置明显的警告标志牌。 （4）防止工作场所的厂房倾斜、塌陷、裂纹、漏水、高处有易坠落物品等厂房设施不符合安全要求造成人身伤害的措施： 1）厂房上部有易坠落物品，如锈蚀严重的管段、设备脱开的保温铁皮、易被风吹落的设施部件、材料等，必须及时清除。 2）寒冷地区的厂房、烟囱、水塔等处的冰溜子，若有掉落伤人的危险时，应及时清除。如不能清除，应采取安全防护措施。 3）厂房必须定期检查，厂房的结构应无倾斜、裂纹、风化、下塌的现象，门窗应完整。 4）加强厂房设施的维护修缮，保证质量。 （5）防止生产厂房使用的电梯未经过检验合格、有重大安全隐患、未制定安全使用规定和定期检验维护制度而造成人身伤害的措施： 1）生产厂房装设的电梯，在使用前应经有关部门检验合格，取得合格证并制订安全使用规定和定期检验维护制度。 2）电梯应有专责人负责维护管理。电梯的安全闭锁装置、自动装置、机械部分、信号照明等有缺陷时必须停止使用，并采取必要的安全措施，防止高处摔跌等伤亡事故。 3）电梯内要有应急报警电话。 （6）防止工作场所存有汽油、煤油、酒精等易燃易爆物品，气瓶储存不符合规定而造成人身伤害的措施： 1）禁止在工作场所存储易燃物品，如汽油、煤油、酒精等。运行中所需少量的润滑油和日常需用的油壶、油枪，必须存放在指定地点的储藏室内。 2）装有氧气的气瓶不准与乙炔气瓶或其他可燃气体的气瓶储存在同一仓库。储存气瓶的仓库内必须备有消防用具，并应采用防爆照明，室内通风应良好。 3）储存气瓶的仓库周围 10m 距离以内，不准堆置可燃物品，不准进行锻造、焊接等明火工作，也不准吸烟。 （7）防止工作场所油系统设备、油管漏油未及时处理，油系统设备使用材料不符合规定要求而造成人身伤害的措施：

续表

序号	辨识项目	辨识内容	典型控制措施
1	S	人身伤害	1）在油管的法兰盘和阀门的周围，如敷设有热管道或其他热体，为了防止漏油而引起火灾，必须在这些热体保温层外面再包上铁皮。 2）不论在检修或运行中，如有油漏到保温层上，应将保温层更换。 3）油管应尽量少用法兰盘连接。在热体附近的法兰盘必须装金属罩壳。禁止使用塑料垫或胶皮垫。 4）油管的法兰和阀门以及轴承、调速系统等应保持严密不漏油。如有漏油现象，应及时修好；漏油应及时拭净，不许任其留在地面上。 （8）防止工作场所的消防设施配备不全、未定期检查和试验、消防工具移作他用等不符合安全要求造成人身伤害的措施： 1）生产厂房及仓库应备有必要的消防设施，例如消防栓、水龙带、灭火器、砂箱、石棉布和其他消防工具。 2）消防设备应定期检查和试验，保证随时可用。 3）消防工具不准移作他用。 （9）防止工作场所的高温管道、容器等设备保温设施不符合要求造成人身伤害的措施： 1）所有高温管道、容器等设备上都应有保温层，保温层应保证完整。当室内温度在25℃时，保温层表面的温度一般不超过50℃。 2）发现保温层破损，应及时安排修复处理。 （10）防止工作场所的电缆孔洞未封堵而造成人身伤害的措施：生产厂房内外的电缆，在进入控制室、电缆夹层、控制柜、开关柜等处的电缆孔洞，必须用防火材料严密封闭。 （11）防止厂房外墙和烟囱等处固定爬梯锈蚀、固定不牢固或有其他安全隐患而造成人身伤害的措施： 1）厂房外墙和烟囱等处固定爬梯，必须牢固可靠，应设有护圈，高百米以上的爬梯，中间应设有休息的平台，并应定期进行检查和维护。 2）上爬梯必须逐挡检查爬梯是否牢固，上下爬梯必须抓牢，并不准两手同时抓一个梯阶。 （12）防止工作现场转动机械无防护设施、设备运行期间工作、未经许可或批准就工作、安全措施未可靠执行等造成人身伤害的措施： 1）机器的转动部分必须装有防护罩或其他防护设备（如栅栏），露出的轴端必须设有护盖，以防绞卷衣服。禁止在机器转动时，从联轴器和齿轮上取下防护罩或其他防护设备。 2）对于正在转动中的机器，不准装卸和校正皮带，或直接用手往皮带上洒松香等物。 3）设备检修必须办理工作票手续并得到批准。

续表

序号	辨识项目	辨识内容	典型控制措施
1	S	人身伤害	4）在机器完全停止转动之前，不准进行修理工作。修理中的机器应做好防止转动的安全措施：如切断电源（电动机开关、刀闸或熔丝应拉开，开关操作电源的熔丝也应取下）；切断风源、水源、气源；所有有关闸板、阀门等应关闭；上述地点都挂上警告牌。必要时，还应采取可靠的制动措施。检修工作负责人在工作前必须对上述安全措施进行检查，确认无误后方可开始工作。 （13）防止锅炉带压放水、排污、除焦、放灰、安全阀拉试等重大运行操作区域造成人身伤害的措施：锅炉带压放水、排污、除焦、放灰等操作前，应检查系统设备附近无人工作或逗留。 （14）防止靠近或长时间停留在可能受到烫伤的地方而造成人身伤害的措施： 1）工作人员应尽可能避免靠近或长时间停留在可能受到烫伤的地方，例如汽、水、燃油管道的法兰盘、阀门，煤粉系统和锅炉烟道的人孔及检查孔和防爆门、安全门、除氧器、热交换器、汽鼓的水位计等处。如因工作需要，必须在这些处所长时间停留时，应做好安全措施。 2）设备异常运行可能危及人身安全时，应停止设备运行。在停止运行前，除必须的运行维护人员外，其他清扫、油漆等作业人员以及参观人员不准接近该设备或在该设备附近逗留。 （15）防止现场的电气设备安全防护缺少或被无关人员移动造成人身伤害的措施： 1）所有电气设备的金属外壳均应有良好的接地装置，使用中不准把接地装置拆除或对其进行任何工作。 2）任何电气设备上的标志牌，除原来放置人员或负责的运行值班人员外，其他任何人员不准移动。 （16）防止制粉系统现场积粉清理不及时或处理不当造成人身伤害的措施： 1）制粉设备的厂房内不应有积粉，积粉应随时清除，以防自燃。 2）发现积粉自燃时，应用喷壶或其他器具把水喷成雾状，熄灭火焰。不准用压力水管直接浇注着火的煤粉，以防煤粉飞扬引起爆炸。 3）禁止在制粉设备的附近吸烟或点火。不准在运行的制粉设备上进行焊接工作，如需在运行设备附近进行焊接工作，必须采取必要的安全措施，并得到上级领导批准。 （17）防止炉内、烟道内工作现场通风降温不好、上部有大块积灰结焦、交叉作业、照明不足、炉内检修平台或脚手架不合格等造成人身伤害的措施： 1）燃烧室及烟道内的温度在60℃以上时，不准入内进行检修和清扫工作。若有必要进入60℃以上的燃烧室、烟道内进行短时间的工作时，应制定具体的安全措施，设专人监护，并经厂主管生产的领导（总工程师）批准。

续表

序号	辨识项目	辨识内容	典型控制措施
1	S	人身伤害	2）在工作人员进入燃烧室、烟道以前，应充分通风，不准进入空气不流通的烟道内部进行工作。检修的锅炉不应漏进炉烟、热风、煤粉或油、气。 3）检查有无耐火砖、大块焦块塌落的危险。遇有可能塌落的砖块和焦渣，应先用长棒从人孔或看火孔等处打落。检查有无尚未完全燃烧的燃料堆积在死角等处所，如有须立即清除掉。 4）在燃烧室上部或排管处有人进行工作时，下部不准有人同时进行工作。清扫烟道或空气预热器上部时，下部不准有人工作或停留。 5）燃烧室内搭设的脚手架必须牢固，要经过有关安监人员和工作负责人验收合格后方能使用。脚手架搭设的位置要便于工作人员出入。 6）保证炉内工作有足够的照明。炉内有人工作时，照明电源严禁随意切断。燃烧室内工作如需加强照明时，可由电工安装 110、220V 临时性的固定电灯，电灯及电线须绝缘良好，并安装牢固，放在碰不着人的高处。禁止带电移动 110、220V 的临时电灯。 7）在燃烧室内进行清灰等工作，如需启动风机以加强通风降温，需先通知内部工作人员撤出，待风机启动和锅炉内部灰尘减少后再进入。 （18）防止汽包、凝汽器、水箱等容器内工作现场通风降温不好、不符合安全用电规定、监护不当等因措施不当造成人身伤害的措施： 1）容器内工作必须加强通风，保证通风良好。 2）工作人员进入汽包前，检查内部温度一般不超过 40℃，并有良好的通风方可进入。在汽包内工作的人员应根据身体状况轮流工作与休息。 3）汽包内工作时，底部的管口用胶皮垫或者木堵等封堵严密，避免异物落入。 4）进入容器的工作人员，衣袋中不准有零星物件，以防落入炉管内。拿入容器内部使用的工具、材料必须登记

8.1.13 工作票办理

作业项目	热力机械工作票办理		
序号	辨识项目	辨识内容	典型控制措施
一	公共部分（健康与环境）		
	［表格内容同 1.1.1 公共部分（健康与环境）］		

续表

序号	辨识项目	辨识内容	典型控制措施
二	作业内容（安全）		
1	S	1. 触电：未断开相关设备电源时，误操作发生人身触电	对生产设备、系统进行消压、吹扫等任何一项检修工作，要求生产设备、系统停止运行或退出备用时，按《电业安全工作规程　第一部分：热力和机械》规定，必须办理热力机械工作票，同时断开相关设备电源
		2. 外力：未隔断相关设备与运行设备联系的热力系统，误操作发生人身伤害	对生产设备、系统进行消压、吹扫等任何一项检修工作，要求生产设备、系统停止运行或退出备用时，按《电业安全工作规程　第一部分：热力和机械》规定，必须办理热力机械工作票，同时隔断相关设备与运行设备联系的热力系统
		3. 未办票作业，误操作发生设备损坏	（1）对生产设备、系统进行消压、吹扫等任何一项检修工作，要求生产设备、系统停止运行或退出备用时，按《电业安全工作规程　第一部分：热力和机械》规定，必须办理热力机械工作票，断开相关设备电源，隔断相关设备与运行设备联系的热力系统。 （2）需要运行值班人员在运行方式、操作调整上采取保障人身、设备运行安全措施的工作，必须办理热力机械工作票。 （3）同一车间有两个及以上班组在同一个设备系统、同一安全措施范围内（或班组之间安全措施范围有交叉）进行检修工作时，一般应由车间签发一张总的工作票，并指定一名工作负责人统一办理工作许可和工作终结手续，协调各班组间工作的正确配合。各个工作负责人仍应对其工作范围内的安全负责。 （4）一个班组在同一个设备系统上依次进行同类型的设备检修工作，如全部安全措施不能在工作开始前一次完成，应分别办理工作票。 （5）在生产现场禁火区域内进行动火作业，应同时执行动火工作票制度
		4. 填票内容不正确，误操作发生设备损坏	（1）填写工作票时，应写明设备名称和设备编号，并与现场相符。 （2）工作票填写应用钢笔或签字笔，填写清楚，票面修改不超过 3 处，修改的部分应字迹清楚并加盖修改人印章。 （3）工作票重要内容（如设备名称、设备编号、压板、插头；操作“动词”，如“拉开”、“合上”、“开”、“关”、“启”“停”、“送”等）不得涂改，若有错误，必须重新填写工作票。 （4）要求运行人员做好的安全措施，如断开电源、隔断与运行设备联系的热力系统、对检修设备消压、吹扫等。填写热力机械工作票时，应具体写明必须停电的设备名称（包括应拉开的断路器、隔离开关和熔断器等）、必须关闭或开启的截门（应写明名称和编号），并悬挂标志牌，还应写明按《电业安全工作规程　第一部分：热力和机械》规定应加锁的截门。 （5）写明要求运行值班人员在运行方式、操作调整上采取的措施。

续表

序号	辨识项目	辨识内容	典型控制措施
1	S	4. 填票内容不正确，误操作发生设备损坏	（6）写明为保证人身安全和设备安全必须采取的防护措施。 （7）写明防止检修人员中毒、窒息、气体爆燃等特殊的安全措施。 （8）工作许可人接票后，要认真、仔细地审查，若发现安全措施不完善，必须进行必要的补充，以保障检修现场人身安全和设备运行安全
		5. 安全措施执行不正确，误操作发生设备损坏	（1）热力设备检修需要断开电源时，应在已拉开的断路器、隔离开关和检修设备控制开关的操作把手上悬挂“禁止合闸　有人工作”标志牌，并取下操作熔断器。 （2）安全措施中如需执行断开电源措施时，应填写停电联系单，据此布置和执行断开电源措施。措施执行完毕，填好措施完成时间、执行人签名后，将停电联系单作好记录；如电气和热机为非集中控制，措施执行完毕，填好措施完成时间、执行人签名后，可用电话通知热机运行班长，并在联系单上记录受话的热机班长姓名，停电联系单可保存在电气运行班长处备查，热机运行班长接到通知后应作好记录。 （3）氢气、瓦斯及油系统等易燃、易爆或可能引起人员中毒的系统检修，必须关严有关截门后立即在法兰上加装堵板，并保证严密不漏。 （4）汽、水、烟、风系统，公用排污、疏水系统检修必须将应关闭的截门、闸板、挡板关严加锁，挂标志牌。如截门不严，必须采取关严前一道截门并加锁、挂标志牌或采取经车间批准的其他安全措施。 （5）凡属第（4）、（5）条中的电动截门，应将电动截门的电源切断，并确认相关热控设备执行元件的操作能源也应可靠切断。 （6）运行值班人员执行完安全措施后，工作许可人应现场检查、验收，确定无误后，方可办理工作票开工
		6. 未办理工作票延期，误操作发生设备损坏	（1）工作任务不能按批准完工期限完成时，工作负责人一般应在批准完工期限前2h向工作许可人（班长、单元长或值长）申明理由，办理延期手续。 （2）2日及以上的工作应在批准完工期限前一天办理延期手续。 （3）延期手续只能办理一次。如需再延期，应重新签发工作票，并注明原因

作业项目	动火工作票办理		
序号	辨识项目	辨识内容	典型控制措施
一	公共部分（健康与环境）		
	［表格内容同 1.1.1 公共部分（健康与环境）］		

续表

序号	辨识项目	辨识内容	典型控制措施
二	作业内容（安全）		
1	S	1. 火灾或爆炸发生人身伤亡：未办理动火工作票，未落实防火安全措施，工作票填写不清楚，在重点防火区域动火工作引发火灾或爆炸，造成人员伤亡	（1）在一、二级防火区域动火工作，应相应办理一、二级动火工作票。 （2）办理工作票时，应检查动火工作票上所列安全措施正确完备并已全部落实。 （3）根据现场实际情况的需要，检修自行补充安全措施。 （4）有关防火安全措施应详细列入相应工作票的安全措施和危险点分析内，所有工作人员都应掌握并能复述。 （5）动火工作票的填写应用钢笔或签字笔，填写清楚，修改的部分应字迹清楚并加盖修改人印章。 （6）动火工作票不能代替其他工作票。 （7）检查动火工作区域周围无易燃易爆物品，并放置灭火器。 （8）动火工作结束，必须彻底检查现场无残留火种方可离开
		2. 火灾或爆炸发生设备损毁：未办理动火工作票，未落实防火安全措施，工作票填写不清楚，在重点防火区域动火工作引发火灾，造成设备损毁	（1）在一、二级防火区域动火工作，应相应办理一、二级动火工作票。 （2）办理工作票时应检查动火工作票上所列安全措施正确完备并已全部落实。 （3）根据现场实际情况的需要，检修自行补充安全措施。 （4）有关防火安全措施应详细列入相应工作票的安全措施和危险点分析内，所有工作人员都应掌握并能复述。 （5）动火工作票的填写应用钢笔或签字笔，填写清楚，修改的部分应字迹清楚并加盖修改人印章。 （6）动火工作票不能代替其他工作票。 （7）检查动火工作区域周围无易燃易爆物品，并放置灭火器。 （8）动火工作结束，必须彻底检查现场无残留火种方可离开